U0317088

中国外来入侵植物名录

The Checklist of
the Alien Invasive Plants in China

主 编

马金双　　李惠茹

高等教育出版社·北京

内容简介

　　根据全国范围内的野外调查、文献记载、标本查阅与学名考证（截至 2017 年
12 月），《中国外来入侵植物名录》共记载植物 95 科 466 属 845 种。全书分成两部
分：第一部分包括外来入侵植物（1 级恶性入侵种；2 级严重入侵种；3 级局部入侵
种；4 级一般入侵种）48 科 142 属 239 种和有待观察种 49 科 147 属 225 种；第
二部分包括建议排除种（附录 1）98 种和中国国产种（附录 2）283 种。

　　本书收录了每个种的中文名（含中文别名）、学名、学名原始文献、学名主要参
考依据、入侵等级、入侵省份、引证文献、地理分布等。本书被子植物科的排序采
用了恩格勒系统（1964），蕨类植物采用秦仁昌系统（1978）。

　　本名录是我国现阶段外来入侵植物全国范围内的系统总结，是了解和认识中国
外来入侵植物的必备参考书，对科研、教学、管理以及科学普及等具有重要的指导
意义。

图书在版编目（CIP）数据

　　中国外来入侵植物名录 / 马金双，李惠茹主编 . --
北京：高等教育出版社，2018.5
　　ISBN 978-7-04-048875-3

　　Ⅰ . ①中… Ⅱ . ①马… ②李… Ⅲ . ①植物 - 侵入种
- 中国 - 名录 Ⅳ . ① Q941-61

　　中国版本图书馆 CIP 数据核字（2017）第 312145 号

Zhongguo Wailai Ruqin Zhiwu Minglu

策划编辑　孟　丽	责任编辑　孟　丽	封面设计　张申申	责任印制　尤　静

出版发行	高等教育出版社	网　　　址	http://www.hep.edu.cn
社　　址	北京市西城区德外大街 4 号		http://www.hep.com.cn
邮政编码	100120	网上订购	http://www.hepmall.com.cn
印　　刷	涿州市星河印刷有限公司		http://www.hepmall.com
开　　本	787mm×960mm　1/16		http://www.hepmall.cn
印　　张	19.75		
字　　数	680 千字	版　　次	2018 年 5 月第 1 版
购书热线	010-58581118	印　　次	2018 年 5 月第 1 次印刷
咨询电话	400-810-0598	定　　价	78.00 元

本书如有缺页、倒页、脱页等质量问题，请到所购图书销售部门联系调换
版权所有　侵权必究
物　料　号　48875-00

编审名单

主　编　马金双　李惠茹
副主编　闫小玲　王瑞江　王樟华　严　靖

编　者（以姓氏拼音为序）

　　　　　李惠茹　刘正宇　马海英　马金双
　　　　　齐淑艳　税玉民　唐赛春　王发国
　　　　　王瑞江　汪　远　王樟华　严　靖
　　　　　闫小玲　张　军　张　勇　曾宪锋

主　审　李振宇　刘全儒

Editor's List

Editor in Chief: Jinshuang MA, Huiru LI
Vice Editors in Chief: Xiaoling YAN, Ruijiang WANG, Zhanghua WANG, Jing YAN

Authors: (Alphabetically by LAST NAME)

Huiru LI, Zhengyu LIU, Haiying MA, Jinshuang MA, Shuyan QI,
Yumin SHUI, Saichun TANG, Faguo WANG, Ruijiang WANG,
Yuan WANG, Zhanghua WANG, Jing YAN, Xiaoling YAN,
Jun ZHANG, Yong ZHANG, Xianfeng ZENG

Reviewer in Chief: Zhenyu LI, Quanru LIU

《中国入侵植物名录》自2013年出版以来，深受各界欢迎。随着野外调查与研究工作的不断深入，入侵植物的信息也在不断变化中，特别是种类、数量、分布、等级等。为了更真实地反映我国现阶段外来入侵植物的基本信息，项目组在大量野外考察和文献资料搜集的基础上对我国的外来入侵植物现状进行了系统、全面的研究，共记载植物95科466属845种，其中外来入侵种48科142属239种，有待观察种49科147属225种，建议排除种98种，中国国产种283种。

与《中国入侵植物名录》(2013) 相比，《中国外来入侵植物名录》在结构和内容方面均有比较大的改动。一方面，在承袭《中国入侵植物名录》(2013) 关于外来入侵植物等级划分原则的基础上，将本书划分为两部分：其中第一部分包括外来入侵种（入侵等级的名称、定义及划分原则详见编写说明）和有待观察种；第二部分包括建议排除种（附录1）和中国国产种（附录2）。另一方面，根据最新的研究成果，本书增加了一些新的入侵种，如假刺苋 *Amaranthus dubius* Martius ex Thellung、蝇子草 *Silene gallica* Linnaeus、鲍氏苋 *Amaranthus powellii* S. Watson、白花金钮扣 *Acmella radicans* var. *debilis* (Kunth) R.K. Jansen 等；同时删除了一些仅处于栽培状态或在自然环境中偶有逃逸但尚未建立稳定入侵种群的种类，比如欧洲云杉 *Picea abies* (Linnaeus) H. Karsten、辣根 *Armoracia rusticana* P. Gaertner、一串红 *Salvia splendens* K. Gawler 等。根据课题组了解和掌握的情况调整了一些物种的入侵等级，如垂序商陆 *Phytolacca americana* Linnaeus、长芒苋 *Amaranthus palmeri* S. Watson、飞扬草 *Euphorbia hirta* Linnaeus、紫茉莉 *Mirabilis jalapa* Linnaeus、麦仙翁 *Agrostemma githago* Linnaeus、龙珠果 *Passiflora foetida* Linnaeus 等；更正了一些种的学名，如南美天胡荽的学名是 *Hydrocotyle verticillata* Thunberg 而不是 *Hydrocotyle vulgaris* Linnaeus 等。此外，还重新核实了一些原产地有异议的种，并对个别物种的中文名称进行了考证。

本书在结构和内容上均发生了重要变化，将《中国入侵植物名录》(2013) 中的中国国产种和建议排除种移至第二部分（附录），故定名为《中国外来入侵植物名录》。同时本书在文献筛查和野外调查的基础上进行了多方面的改进，结构框架更加合理，内容更加丰富，信息来源更加全面，物种鉴定和名称处理更加准确，入侵等级划分更为客观，既能反映最新的研究成果，又能突显特色。

此项工作由中国科学院上海辰山植物科学研究中心／上海辰山植物园植物分类学研究组主持、科技部科技基础性工作专项"中国外来入侵植物志"全体参与人员共同完成。项目由马金双研究员主持，全国各地理区域资料的收集与野外调查分工为：华东地区闫小玲（负责人）、李惠茹、王樟华、严靖、汪远参加；华中地区李振宇（负责人）、刘正宇、张军参加；三北地区刘全儒（负责人）、齐淑艳、张勇参加，华南地区王瑞江（负责人）、曾宪锋、王发国参加；西南地区马海英、唐赛春、税玉民参加。本名录经全体参加者集体讨论，最后由李惠茹、闫小玲、王樟华、严靖和汪远定稿。感谢李振宇研究员和刘全儒教授百忙之中对本书进行审定。科技部科技基础性工作专项"中国外来入侵植物志"（2014FY120400）、上海市绿化和市容管理局科技项目"中国归化植物调查"（G152432）联合资助。

本书是了解和认识中国外来入侵植物的必备参考书，为科研、教学、管理以及科学普及等提供重要参考。然而需要注意的一个事实是，中国植物分类学本底毕竟比较贫乏①，很多物种的基本信息与研究还亟待加强。我们的工作也仅仅是开始，有待进一步充实、完善与提高。欢迎国内外同行批评指正！

编者

2018 年 3 月 15 日

① 马金双．中国植物分类学的现状与挑战，科学通报，2014，59（6）：510-521.

编写说明

1. 内容与等级

《中国外来入侵植物名录》收录了国内外文献报道的入侵中国的植物种类，全书分为两部分，共记载植物 95 科 466 属 845 种。第一部分包括 1~4 级外来入侵植物 48 科 142 属 239 种（1 级，恶性入侵种，37 种；2 级，严重入侵种，50 种；3 级，局部入侵种，73 种；4 级，一般入侵种，79 种）和有待观察种 49 科 147 属 225 种；附录部分包括建议排除种（附录 1）98 种和中国国产种（附录 2）283 种。入侵等级的划分原则、1~4 级的名称及定义如下：

1 级，恶性入侵种： 指在国家层面上已经对经济和生态效益造成巨大损失和严重影响，入侵范围在 1 个以上自然地理区域的入侵植物；**2 级，严重入侵种：** 指在国家层面上对经济和生态效益造成较大的损失与影响，并且入侵范围至少在 1 个自然地理区域的入侵植物；**3 级，局部入侵种：** 指没有造成国家层面上大规模危害，分布范围在 1 个以上自然地理区域并造成局部危害的入侵植物；**4 级，一般入侵种：** 指地理分布范围无论广泛还是狭窄，其生物学特性已经确定其危害性不明显，并且难以形成新的发展趋势的入侵植物。

此外，本书不仅收录了外来入侵种，还收录了**有待观察种**（指目前没有达到入侵的级别，尚处于归化的状态，或了解不详细而目前无法确定未来发展趋势的物种）、**建议排除种**（指虽然有文献报道称其为入侵，但经过野外调查发现仅处于栽培状态或在自然环境中偶有逃逸但尚未建立稳定种群的物种）、**中国国产种**（指虽然有报道称其为入侵但经考证发现原产于中国的物种）。

2. 分类系统

本书被子植物科的排列顺序参考恩格勒系统（1964），蕨类植物采用了秦仁昌系统（1978）。每个科内以属的学名字母顺序排列，而属内则以种的学名字母顺序排列。

3. 物种名称及分类学处理

本书所载物种均收录了种的科名、中文名、中文别名、学名、学名原始文献、异名；本书中的所有异名及中文别名仅为收录文献中使用的名称，并非全部名称；接受名以及异名的分类学处理主要参考了最新的分类学成果 Flora of China（1994—2014）；Flora of China 未收录或者与 Flora of China 不同的处理则给出参考资料。本书学名原始发表文献主要参照 Flora of China；本书的中文名主要参照 Flora of China，并统一用法，纠正常见别字。此外，本书纠正了以往入侵专著中一些种的学名，增加了大量的异名，并将一些文献中的错误鉴定及学名误用标出。文中异名以 Syn.、基源异名以 Bas.、错误鉴定以 auct. non 标出。

本书学名的主要参考依据标注在每个种的学名之后，并采用如下缩写：

FOC: Flora of China (http://flora.huh.harvard.edu/china/)

Tropicos: http://www.tropicos.org

FNA: Flora of North America (http://floranorthamerica.org/)

TPL: The Plant List (http://www.theplantlist.org/)

4. 地理分布信息

本书在《中国入侵植物名录》（2013）的基础上增加了大量的省级地理分布信息，并对部分物种的原产地和归化地进行了核实。本书地理分布信息包括 3 部分：

第 1 部分主要来源于已经报道的入侵文献信息，采用的中国省市区代码缩写[①]，详细信息如下：

省市区	代码	省市区	代码	省市区	代码	省市区	代码
安徽	AH	海南	HN	辽宁	LN	台湾	TW
澳门	MC	河北	HJ	内蒙古	NM	天津	TJ
北京	BJ	河南	HY	宁夏	NX	西藏	XZ
重庆	CQ	黑龙江	HL	青海	QH	香港	HK
福建	FJ	湖北	HB	山东	SD	新疆	XJ
甘肃	GS	湖南	HX	山西	SX	云南	YN
广东	GD	吉林	JL	陕西	SA	浙江	ZJ
广西	GX	江苏	JS	上海	SH		
贵州	GZ	江西	JX	四川	SC		

第 2 部分的地理分布是中国已知的分布信息（包括入侵、归化、逸生、栽培），主要来源于报道入侵及归化植物的文献、Flora of China、地方植物志、野外调查及各大标本馆的标本信息。标本信息主要是参考了中国数字植物标本馆 (CVH:http://www.cvh.ac.cn/)、国家标本平台（NSII: www.nsii.org.cn）和国内主要的标本馆，本部分采用中国省市区中文简称并以汉语拼音顺序排列。

第 3 部分是入侵物种的原产地及归化地，主要参考了 Flora of China、CABI (https://www.cabi.org/isc/)、GBIF（https://www.gbif.org/）、USDA（https://www.

---

① 马金双. 东亚高等植物分类学文献概览. 北京: 高等教育出版社. 2011: 380-381.

usda.gov/）、Flora of North America、Flora of Pakistan 等国内外文献及数据库，并对一些原产地有争议的种进行了核实。

5. 文献

本书收录了大量的引证文献（有确定分布信息的文献，在文中均有引用，并将引证文献标注在相应植物种类的地理分布条目下）和参考文献（因没有具体的省市分布信息，书中没有进行单独引用）。本书收录的文献以报道入侵植物的文献为主，部分报道植物归化的重要文献也一并收录。为了确保物种的准确性，对于一些没有学名的入侵植物文献，不予收录。

6. 编写范例

科中文名 ⋯⋯⋯⋯⋯ **胡椒科 Piperaceae** ⋯⋯⋯⋯⋯⋯⋯⋯⋯⋯ 科学名

草胡椒 **4** ⋯⋯ 外来入侵等级①

中文名拼音 ⋯⋯⋯⋯ *cao hu jiao*

中文别名 ⋯⋯⋯⋯ 透明草

学名 ⋯⋯⋯⋯ ***Peperomia pellucida*** (Linnaeus) Kunth, ⋯ 原始文献
Nov. Gen. Sp. (quarto ed.) 1: 64. 1815. **(FOC)** ⋯ 学名来源

异名 ⋯⋯⋯⋯ Syn. *Piper pellucidum* Linnaeus, Sp. Pl. ⋯ 异名文献
1: 30. 1753.

已报道的入侵范围 ⋯⋯ **AH**（陈明林等，2003；淮北地区，胡刚等，⋯ 报道文献
2005a，2005b；黄山，汪小飞等，2007；黄山
区，梁宇轩等，2015），**BJ**（刘全儒等，2002；
车晋滇，2004；车晋滇等，2004；杨景成⋯⋯

已知分布范围 ⋯⋯⋯⋯ 安徽、澳门、北京、福建、广东、广西、
海南、河北、湖北、湖南、江苏、江西、山
东、上海、台湾、香港、西藏、云南、浙江；
原产于热带美洲；归化于热带。

原产地 ⋯⋯⋯⋯⋯⋯⋯

归化地 ⋯⋯⋯⋯⋯⋯⋯

①：第一部分，外来入侵等级分为 1~4 级，此处用数字表示；有待观察种则用文字在此处注明。第二部分，建议排除种和中国国产种分别编排为附录 1 和附录 2，此处不再注明。

Contents 目录

第一部分

外来入侵种和有待观察种

◇ 外来入侵种等级划分：

　　1级　恶性入侵种

　　2级　严重入侵种

　　3级　局部入侵种

　　4级　一般入侵种

◇ 有待观察种：书中标记为"有待观察"。

蕨类植物

槐叶蘋科 Salviniaceae

速生槐叶蘋　　　　　3
su sheng huai ye pin

人厌槐叶萍　圆叶槐叶萍

Salvinia molesta D. S. Mitchell, Brit. Fern Gaz. 10 (5): 251-252. 1972. **(FOC)**
Syn. *Salvinia adnata* Desvaux, Mém. Soc. Linn. Paris 6: 177. 1827.

　　HK（叶彦等，2015），**JS**（寿海洋等，2014；严辉等，2014），**TW**（苗栗地区，陈运造，2006；解焱，2008；徐海根和强胜，2011），**ZJ**（闫小玲等，2014）。

　　海南、江苏、台湾、香港、浙江；各地观赏花鸟鱼虫市场、水族馆等地；原产于南美洲。

满江红科 Azollaceae

细叶满江红　　　　　3
xi ye man jiang hong

蕨状满江红

Azolla filiculoides Lamarck, Encycl. 1 (1): 343. 1783. **(FOC)**

　　HX（彭兆普等，2008）；**HY**（储嘉琳等，2016）；**JS**（寿海洋等，2014）；**ZJ**（闫小玲等，2014；杭州，金祖达等，2015；周天焕等，2016）。

　　河南、湖南、江苏、台湾、云南、浙江；长江流域以南水田；原产于美洲；归化于世界。

被子植物

桑科 Moraceae

大麻　　　　　　　　4
da ma

火麻　线麻

Cannabis sativa Linnaeus, Sp. Pl. 2: 1027. 1753. **(FOC)**
Syn. *Cannabis sativa* Linnaeus var. *ruderalis* (Janischewsky) S. Z. Liou, Fl. Liaoningica 1: 289. 1988.

　　AH（徐海根和强胜，2004，2011；解焱，2008），**BJ**（刘全儒等，2002；彭程等，2010；松山自然保护区，刘佳凯等，2012；王苏铭等，2012；松山自然保护区，王惠惠等，2014），**CQ**（徐海根和强胜，2011），**FJ**（徐海根和强胜，2004，2011），**GD**（徐海根和强胜，2004，2011；林建勇等，2012；乐昌，邹滨等，2016），**GS**（徐海根和强胜，2004，2011；赵慧军，2012），**GX**（徐海根和强胜，2004，2011；谢云珍等，2007；北部湾经济区，林建勇等，2011a，2011b；林建勇等，2012；百色，贾桂康，2013），**GZ**（徐海根和强胜，2004，2011；贵阳市，石登红和李灿，2011），**HB**（徐海根和强胜，2004，2011；喻大昭等，2011），**HJ**（徐海根和强胜，2004，2011；衡水湖，李惠欣，2008；龙茹等，2008；解焱，2008；秦皇岛，李顺才等，2009；陈超等，2012；武安国家森林公园，张浩等，2012），**HL**（徐海根和强胜，2004，2011；解焱，2008；郑宝江和潘磊，2012），**HN**（徐海根和强胜，2004，2011；王伟等，2007；林建勇等，2012；曾宪锋等，2014），**HX**（徐海根和强胜，2004，2011；彭兆普等，2008；湘西地区，徐亮等，2009），**HY**（徐海根和强胜，2004，2011；朱长山等，2007；储嘉琳等，2016），**JL**（长白山区，周繇，2003；徐海根和强胜，2004，2011；长春地区，李斌等，2007；解焱，2008；长白山区，苏丽涛和马立军，2009；长春地区，曲同宝等，2015），**JS**（徐海根和强胜，2004，2011；寿海洋等，2014；严辉等，2014），**JX**（徐海根和强胜，2004，2011；季春峰等，2009；王宁，2010；鞠建文等，2011），**LN**（曲波，2003；徐海根和强胜，2004，2011；齐淑艳和徐文铎，2006；曲波等，2006a，2006b，2010；解焱，2008；沈阳，付海滨等，2009；高燕和曹伟，2010；大连，张淑梅等，2013；大连，张恒庆等，2016），**NM**（徐海根和强胜，2004，2011；张永宏和袁淑珍，2010；陈超等，2012），**NX**（徐海根和强胜，2004，2011），**QH**（徐海根和强胜，2004，2011），**SA**（徐海根和强胜，2004，2011；栾晓睿等，2016），**SC**（徐海根和强胜，2004，2011；周小刚等，2008；马丹炜等，2009），**SD**（肖素荣等，2003；田家怡和吕传笑，2004；徐海根和强胜，2004，2011；衣艳君等，2005；黄河三角洲，刘庆年等，2006；宋楠等，2006；吴彤等，2006；惠洪者，2007；青岛，罗艳和刘爱华，2008；解焱，2008；张绪良等，2010），**SH**（张晴柔等，2013），**SX**（徐海根和强胜，2004，2011；解焱，2008），**TW**（徐海根和强胜，2004，2011），**XJ**（徐海根和强胜，2004，2011），**XZ**（徐海根和强胜，2004，2011），**YN**（徐海根和强胜，2004，2011；丁莉等，2006；申时才等，2012；怒江流域，沈利峰等，2013；杨忠兴等，2014），**ZJ**（徐海根和强胜，2004，2011；闫小玲等，2014；杭州，金祖达等，2015；周天焕，2016）；各地均分布（车晋滇，2009；万方浩等，2012）；黄河三角洲地区（赵怀浩等，2011）；东北草地（石洪山等，2016）。

安徽、澳门、北京、重庆、福建、甘肃、广东、广西、贵州、海南、河北、河南、黑龙江、湖北、湖南、吉林、江苏、江西、辽宁、内蒙古、宁夏、青海、陕西、山东、山西、上海、四川、台湾、天津、西藏、香港、新疆、云南、浙江；原产于不丹、印度及中亚。

荨麻科 Urticaceae

小叶冷水花   **4**
xiao ye leng shui hua

玻璃草 礼花草 透明草 小叶冷水麻

Pilea microphylla (Linnaeus) Liebmann, Kongel. Danske Vidensk. Selsk. Skr., Naturvidensk. Math. Afd. ser 5, 5 (2): 296. 1851. (FOC)

AH（黄山，汪小飞等，2007），**BJ**（刘全儒等，2002；车晋滇，2004；车晋滇等，2004；杨景成等，2009；万方浩等，2012），**CQ**（金佛山自然保护区，林茂祥等，2007），**FJ**（李振宇和解焱，2002；厦门地区，陈恒彬，2005；厦门，欧健和卢昌义，2006a，2006b；范志伟等，2008；罗明永，2008；解焱，2008；车晋滇，2009；杨坚和陈恒彬，2009；徐海根和强胜，2011；万方浩等，2012），**GD**（李振宇和解焱，2002；鼎湖山，贺握权和黄忠良，2004；深圳，严岳鸿等，2004；珠海市，黄辉宁等，2005b；范志伟等，2008；中山市，蒋谦才等，2008；白云山，李海生等，2008；广州，王忠等，2008；解焱，2008；车晋滇，2009；鼎湖山国家级自然保护区，宋小玲等，2009；王芳等，2009；粤东地区，曾宪锋等，2009；Fu 等，2011；徐海根和强胜，2011；岳茂峰等，2011；付岚等，2012；林建勇等，2012；万方浩等，2012；稔平半岛，于飞等，2012；粤东地区，朱慧，2012；广州，李许文等，2014；广州南沙黄山鲁森林公园，李海生等，2015；乐昌，邹滨等，2015，2016），**GX**（李振宇和解焱，2002；吴桂容，2006；谢云珍等，2007；桂林，陈秋霞等，2008；范志伟等，2008；唐赛春等，2008b；解焱，2008；车晋滇，2009；柳州市，石亮成等，2009；贾洪亮等，2011；北部湾经济区，林建勇等，2011a，2011b；徐海根和强胜，2011；林建勇等，2012；胡刚和张忠华，2012；梧州市，马多等，2012；万方浩等，2012；防城金花茶自然保护区，吴儒华和李福阳，2012；郭成林等，2013；百色，贾桂康，2013；来宾市，林春华等，2015；灵山县，刘在松，2015），**GZ**（申敬民等，2010），**HK**（李振宇和解焱，2002；严岳鸿等，2005；范志伟等，2008；解焱，2008；车晋滇，2009；Leung 等，2009；徐海根和强胜，2011；万方浩等，2012），**HN**（李振宇和解焱，2002；单家林等，2006；安锋等，2007；范志伟等，2008；铜鼓岭国家级自然保护区，秦卫华等，2008；解焱，2008；车晋滇，2009；徐海根和强胜，2011；林建勇等，2012；万方浩等，2012；曾宪锋等，2014），**HX**（湘西地区，徐亮等，2009），**JS**（徐海根和强胜，2011；寿海洋等，2014；严辉等，2014；南京城区，吴秀臣和芦建国，2015），**JX**（李振宇和解焱，2002；范志伟等，2008；解焱，2008；车晋滇，2009；Fu 等，2011；鞠建文等，2011；徐海根和强胜，2011；付岚等，2012；万方浩等，2012；江西南部，程淑媛等，2015），**MC**（李振宇和解焱，2002；王发国等，2004；解焱，2008；车晋滇，2009；徐海根和强胜，2011；万方浩等，2012），

SH（张晴柔等，2013），TW（李振宇和解焱，2002；苗栗地区，陈运造，2006；范志伟等，2008；解焱，2008；车晋滇，2009；徐海根和强胜，2011；万方浩等，2012），YN（丁莉等，2006；西双版纳，管志斌等，2006；纳板河自然保护区，刘峰等，2008；徐海根和强胜，2011；申时才等，2012；怒江流域，沈利峰等，2013；杨忠兴等，2014；西双版纳自然保护区，陶永祥等，2017），ZJ（李振宇和解焱，2002；杭州，陈小永，2006；台州，陈模舜，2008；范志伟等，2008；杭州市，王嫩仙，2008；解焱，2008；车晋滇，2009；杭州西湖风景区，梅笑漫等，2009；张建国和张明如，2009；温州，丁炳扬和胡仁勇，2011；温州地区，胡仁勇等，2011；徐海根和强胜，2011；万方浩等，2012；杭州，谢国雄等，2012；闫小玲等，2014；杭州，金祖达等，2015；周天焕等，2016）。

安徽、澳门、北京、重庆、福建、广东、广西、贵州、海南、湖北、湖南、江苏、江西、山西、上海、台湾、香港、云南、浙江；原产于热带美洲；归化于热带。

蓼科 Polygonaceae

珊瑚藤　　　　　　　　　　3
shan hu teng
紫苞藤

Antigonon leptopus Hooker & Arnott, Bot. Beechey Voy. 308-309, t. 69. 1838. **(Tropicos)**

GD（粤东地区，曾宪锋等，2009；粤东地区，朱慧，2012），HN（范志伟等，2008；曾宪锋等，2014），JS（寿海洋等，2014），TW（苗栗地区，陈运造，2006）。

安徽、澳门、福建、广东、广西、海南、江苏、台湾、香港、云南；原产于墨西哥；归化于大洋洲和热带亚洲。

商陆科 Phytolaccaceae

蒜味草　　　　　　　　有待观察
suan wei cao

Petiveria alliacea Linnaeus, Sp. Pl. 1: 342.

1753. **(Tropicos)**

FJ（童庆宣和池敏杰，2013）。

福建；原产于北美洲和南美洲。

垂序商陆　　　　　　　　1
chui xu shang lu
垂穗商陆　美国商陆　美商陆　美洲商陆　十蕊商陆　洋商陆

Phytolacca americana Linnaeus, Sp. Pl. 1: 441. 1753. **(FOC)**

AH（郭水良和李扬汉，1995；李振宇和解焱，2002；陈明林等，2003；徐海根和强胜，2004，2011；淮北地区，胡刚等，2005a，2005b；黄山，汪小飞等，2007；范志伟等，2008；何家庆和葛结林，2008；解焱，2008；车晋滇，2009；张中信，2009；万方浩等，2012；黄山市城区，梁宇轩等，2015；环境保护部和中国科学院，2016），BJ（李振宇和解焱，2002；车晋滇，2004，2009；车晋滇等，2004；徐海根和强胜，2004，2011；范志伟等，2008；建成区，郎金顶等，2008；解焱，2008；杨景成等，2009；建成区，赵娟娟等，2010；万方浩等，2012；王苏铭等，2012；环境保护部和中国科学院，2016），CQ（李振宇和解焱，2002；石胜璋等，2004；徐海根和强胜，2004，2011；黔江区，邓绪国，2006；金佛山自然保护区，林茂祥等，2007；范志伟等，2008；金佛山自然保护区，滕永青，2008；解焱，2008；车晋滇，2009；金佛山自然保护区，孙娟等，2009；万州区，余顺慧和邓洪平，2011a，2011b；万方浩等，2012；北碚区，杨柳等，2015；环境保护部和中国科学院，2016；北碚区，严桧等，2016），FJ（李振宇和解焱，2002；徐海根和强胜，2004，2011；厦门地区，陈恒彬，2005；厦门，欧健和卢昌义，2006a，2006b；范志伟等，2008；解焱，2008；车晋滇，2009；杨坚和陈恒彬，2009；万方浩等，2012；长乐，林为凃，2013；武夷山市，李国平等，2014；环境保护部和中国科学院，2016），GD（李振宇和解焱，2002；徐海根和强胜，2004，2011；深圳，严岳鸿等，2004；范志伟等，2008；中山市，蒋谦才等，2008；广州，王忠等，2008；解焱，2008；车晋滇，2009；王芳等，2009；岳茂峰等，2011；佛山，黄益燕等，2011；林建勇等，2012；万方浩等，2012；深圳，蔡毅等，2015；乐昌，邹滨等，2015，2016；环境保护部和中国科学院，2016），**GS**（环境保护部和中国科学院，2016），**GX**（李振宇和解焱，2002；徐海根和强胜，2004，2011；吴桂容，2006；谢云珍等，2007；桂林，陈秋霞等，2008；范志伟等，2008；唐赛春等，2008b；解焱，2008；车晋滇，2009；柳州市，石亮成等，2009；北部湾经济区，林建勇等，2011a，2011b；林建勇等，2012；胡刚和张忠华，2012；万方浩等，2012；郭成林等，2013；百色，贾桂康，2013；来宾市，林春华等，2015；灵山县，刘在松，2015；环境保护部和中国科学院，2016），**GZ**（李振宇和解焱，2002；徐海根和强胜，2004，2011；黔南地区，韦美玉等，2006；范志伟等，2008；大沙河自然保护区，林茂祥等，2008；解焱，2008；车晋滇，2009；申敬民等，2010；贵阳市，石登红和李灿，2011；万方浩等，2012；贵阳市，陈菊艳等，2016；环境保护部和中国科学院，2016），**HB**（李振宇和解焱，2002；刘胜祥和秦伟，2004；徐海根和强胜，2004，2011；范志伟等，2008；天门市，沈体忠等，2008；解焱，2008；车晋滇，2009；李儒海等，2011；黄石市，姚发兴，2011；喻大昭等，2011；万方浩等，2012；环境保护部和中国科学院，2016），**HJ**（李振宇和解焱，2002；徐海根和强胜，2004，2011；范志伟等，2008；龙茹等，2008；解焱，2008；车晋滇，2009；秦皇岛，李顺才等，2009；万方浩等，2012；环境保护部和中国科学院，2016），**HK**（环境保护部和中国科学院，2016），**HN**（范志伟等，2008；林建勇等，2012；万方浩等，2012；曾宪锋等，2014），**HX**（李振宇和解焱，2002；徐海根和强胜，2004，2011；郴州，陈国发，2006；南岳自然保护区，谢红艳等，2007；范志伟等，2008；彭兆普等，2008；洞庭湖区，彭友林等，2008；解焱，2008；车晋滇，2009；常德市，彭友林等，2009；湘西地区，徐亮等，2009；衡阳市，谢红艳等，2011；万方浩等，2012；谢红艳和张雪芹，2012；长沙，张磊和刘尔潞，2013；环境保护部和中国科学院，2016；益阳市，黄含吟等，2016），**HY**（李振宇和解焱，2002；徐海根和强胜，2004，2011；田朝阳等，2005；朱长山等，2007；范志伟等，2008；解焱，2008；车晋滇，2009；许昌市，姜罡丞，2009；王列富和陈元胜，2009；李长看等，2011；新乡，许桂芳和简在友，2011；万方浩等，2012；储嘉琳等，2016；环境保护部和中国科学院，2016），**JS**（郭水良和李扬汉，1995；李振宇和

解焱，2002；南京，吴海荣和强胜，2003；南京，吴海荣等，2004；徐海根和强胜，2004，2011；范志伟等，2008；李亚等，2008；解焱，2008；车晋滇，2009；董红云等，2010a；苏州，林敏等，2012；万方浩等，2012；李敏等，2014；寿海洋等，2014；严辉等，2014；南京城区，吴秀臣和芦建国，2015；胡长松等，2016；环境保护部和中国科学院，2016），**JX**（郭水良和李扬汉，1995；李振宇和解焱，2002；徐海根和强胜，2004，2011；庐山风景区，胡天印等，2007c；范志伟等，2008；解焱，2008；车晋滇，2009；季春峰等，2009；鄱阳湖国家级自然保护区，葛刚等，2010；雷平等，2010；王宁，2010；鞠建文等，2011；万方浩等，2012；南昌市，朱碧华和杨凤梅，2012；朱碧华和朱大庆，2013；朱碧华，2014；江西南部，程淑媛等，2015；环境保护部和中国科学院，2016），**LN**（老铁山自然保护区，吴晓姝等，2010；大连，张淑梅等，2013；环境保护部和中国科学院，2016；大连，张恒庆等，2016），**SA**（李振宇和解焱，2002；徐海根和强胜，2004，2011；范志伟等，2008；解焱，2008；车晋滇，2009；西安地区，祁云枝等，2010；万方浩等，2012；杨凌地区，何纪琳等，2013；环境保护部和中国科学院，2016；栾晓睿等，2016），**SC**（李振宇和解焱，2002；徐海根和强胜，2004，2011；范志伟等，2008；解焱，2008；周小刚等，2008；车晋滇，2009；马丹炜等，2009；万方浩等，2012；孟兴等，2015；环境保护部和中国科学院，2016），**SD**（李振宇和解焱，2002；徐海根和强胜，2004，2011；吴彤等，2006；范志伟等，2008；青岛，罗艳和刘爱华，2008；解焱，2008；车晋滇，2009；万方浩等，2012；曲阜，赵灏，2015；环境保护部和中国科学院，2016），**SH**（郭水良和李扬汉，1995；李振宇和解焱，2002；徐海根和强胜，2004，2011；范志伟等，2008；解焱，2008；车晋滇，2009；万方浩等，2012；张晴柔等，2013；汪远等，2015；环境保护部和中国科学院，2016），**SX**（李振宇和解焱，2002；徐海根和强胜，2004，2011；范志伟等，2008；解焱，2008；车晋滇，2009；万方浩等，2012；环境保护部和中国科学院，2016），**TJ**（李振宇和解焱，2002；徐海根和强胜，2004，2011；范志伟等，2008；解焱，2008；车晋滇，2009；万方浩等，2012；环境保护部和中国科学院，2016），**TW**（李振宇和解焱，2002；苗栗地区，陈运造，2006；

范志伟等，2008；解焱，2008；车晋滇，2009；万方浩等，2012；环境保护部和中国科学院，2016），**XJ**（乌鲁木齐，张源，2007；环境保护部和中国科学院，2016），**YN**（李振宇和解焱，2002；孙卫邦和向其柏，2004；徐海根和强胜，2004，2011；丁莉等，2006；西双版纳，管志斌等，2006；红河流域，徐成东等，2006；徐成东和陆树刚，2006；李乡旺等，2007；范志伟等，2008；纳板河自然保护区，刘峰等，2008；解焱，2008；车晋滇，2009；申时才等，2012；万方浩等，2012；环境保护部和中国科学院，2016），**ZJ**（郭水良和李扬汉，1995；李振宇和解焱，2002；徐海根和强胜，2004，2011；杭州，陈小永等，2006；李根有等，2006；金华市郊，胡天印等，2007b；金华市郊，李娜等，2007；台州，陈模舜，2008；范志伟等，2008；杭州市，王嫩仙，2008；解焱，2008；车晋滇，2009；杭州西湖风景区，梅笑漫等，2009；西溪湿地，舒美英等，2009；张建国和张明如，2009；杭州，张明如等，2009；天目山自然保护区，陈京等，2011；温州，丁炳扬和胡仁勇，2011；温州地区，胡仁勇等，2011；天目山自然保护区，李新华等，2011；西溪湿地，缪丽华等，2011；万方浩等，2012；杭州，谢国雄等，2012；宁波，徐颖等，2014；闫小玲等，2014；杭州，金祖达等，2015；环境保护部和中国科学院，2016；周天焕，2016）。

安徽、北京、重庆、福建、甘肃、广东、广西、贵州、海南、河北、河南、黑龙江、湖北、湖南、江苏、江西、辽宁、陕西、山东、上海、四川、台湾、天津、香港、新疆、云南、浙江；原产于北美洲；归化于欧亚。

数珠珊瑚   3
shu zhu shan hu

蕾芬 珊瑚珠

Rivina humilis Linnaeus, Sp. Pl. 1: 121. 1753. (FOC)

TW（苗栗地区，陈运造，2006）。

福建、广东、广西、台湾、浙江；原产于热带美洲；归化于热带、亚热带。

紫茉莉   4
zi mo li

草茉莉 地雷花 粉豆花 胭脂花 状元花

Mirabilis jalapa Linnaeus, Sp. Pl. 1: 177. 1753. (FOC)

AH（郭水良和李扬汉，1995；李振宇和解焱，2002；陈明林等，2003；徐海根和强胜，2004，2011；淮北地区，胡刚等，2005b；黄山，汪小飞等，2007；范志伟等，2008；何家庆和葛结林，2008；解焱，2008；何冬梅等，2010；万方浩等，2012；黄山市城区，梁宇轩等，2015），**BJ**（李振宇和解焱，2002；刘全儒等，2002；范志伟等，2008；建成区，郎金顶等，2008；解焱，2008；杨景成等，2009；彭程等，2010；万方浩等，2012），**CQ**（李振宇和解焱，2002；石胜璋等，2004；黔江区，邓绪国，2006；金佛山自然保护区，林茂祥等，2007；范志伟等，2008；解焱，2008；金佛山自然保护区，孙娟等，2009；徐海根和强胜，2011；万州区，余顺慧和邓洪平，2011a，2011b；万方浩等，2012；北碚区，杨柳等，2015；北碚区，严桧等，2016），**FJ**（郭水良和李扬汉，1995；李振宇和解焱，2002；徐海根和强胜，2004，2011；厦门地区，陈恒彬，2005；厦门，欧健和卢昌义，2006a，2006b；范志伟等，2008；解焱，2008；杨坚和陈恒彬，2009；万方浩等，2012；福州，彭海燕和高关平，2013；武夷山市，李国平等，2014），**GD**（李振宇和解焱，2002；白云山，黄彩萍和曾丽梅，2003；鼎湖山，贺握权和黄忠良，2004；范志伟等，2008；广州，王忠等，2008；解焱，2008；王芳等，2009；粤东地区，曾宪锋等，2009；徐海根和强胜，2011；岳茂峰等，2011；林建勇等，2012；万方浩等，2012；稔平半岛，于飞等，2012；粤东地区，朱慧，2012；乐昌，邹滨等，2015，2016），**GS**（南部，李振宇和解焱，2002；南部，范志伟等，2008；解焱，2008；南部，万方浩等，2012），**GX**（邓晰朝和卢旭，2004；吴桂容，2006；谢云珍等，2007；桂林，陈秋霞等，2008；唐赛春等，2008b；解焱，2008；柳州市，石亮成等，2009；和太平等，2011；北部湾经济区，林建勇等，2011a，2011b；徐海根和强胜，2011；林建勇等，2012；胡刚和张忠华，2012；梧州市，马多等，2012；郭成林等，2013；百色，贾桂康，2013；

双子叶植物

来宾市，林春华等，2015；灵山县，刘在松，2015），**GZ**（李振宇和解焱，2002；黔南地区，韦美玉等，2006；范志伟等，2008；大沙河自然保护区，林茂祥等，2008；解焱，2008；申敬民等，2010；贵阳市，石登红和李灿，2011；徐海根和强胜，2011；万方浩等，2012；贵阳市，陈菊艳等，2016），**HB**（李振宇和解焱，2002；刘胜祥和秦伟，2004；范志伟等，2008；天门市，沈体忠等，2008；解焱，2008；徐海根和强胜，2011；黄石市，姚发兴，2011；喻大昭等，2011；万方浩等，2012），**HJ**（李振宇和解焱，2002；范志伟等，2008；龙茹等，2008；解焱，2008；秦皇岛，李顺才等，2009；万方浩等，2012），**HN**（李振宇和解焱，2002；单家林等，2006；安锋等，2007；范志伟等，2008；东寨港国家级自然保护区，秦卫华等，2008；解焱，2008；林建勇等，2012；万方浩等，2012；曾宪锋等，2014），**HX**（李振宇和解焱，2002；郴州，陈国发，2006；南岳自然保护区，谢红艳等，2007；范志伟等，2008；彭兆普等，2008；湘西地区，刘兴锋等，2009；湘西地区，徐亮等，2009；衡阳市，谢红艳等，2011；徐海根和强胜，2011；万方浩等，2012；谢红艳和张雪芹，2012；益阳市，黄含吟等，2016），**HY**（李振宇和解焱，2002；范志伟等，2008；解焱，2008；许桂芳等，2008；李长看等，2011；新乡，许桂芳和简在友，2011；万方浩等，2012），**JS**（郭水良和李扬汉，1995；李振宇和解焱，2002；南京，吴海荣等，2004；徐海根和强胜，2004，2011；范志伟等，2008；解焱，2008；董红云等，2010a；苏州，林敏等，2012；万方浩等，2012；寿海洋等，2014；严辉等，2014；南京城区，吴秀臣和芦建国，2015；胡长松等，2016），**JX**（李振宇和解焱，2002；徐海根和强胜，2004，2011；庐山风景区，胡天印等，2007c；范志伟等，2008；解焱，2008；季春峰等，2009；王宁，2010；鞠建文等，2011；万方浩等，2012；南昌市，朱碧华和杨凤梅，2012；朱碧华和朱大庆，2013，朱碧华等，2014；江西南部，程淑媛等，2015），**LN**（大连，张淑梅等，2013），**MC**（王发国等，2004），**SA**（李振宇和解焱，2002；范志伟等，2008；解焱，2008；西安地区，祁云枝等，2010；万方浩等，2012；杨凌地区，何纪琳等，2013；栾晓睿等，2016），**SC**（李振宇和解焱，2002；范志伟等，2008；解焱，2008；周小刚等，2008；马丹炜等，2009；徐海根和强胜，2011；万方浩等，2012），**SD**（李振宇和解焱，2002；衣艳君等，2005；吴彤等，2006；昆嵛山，赵宏和董翠玲，2007；范志伟等，2008；青岛，罗艳和刘爱华，2008；解焱，2008；万方浩等，2012；曲阜，赵灏，2015），**SH**（郭水良和李扬汉，1995；李振宇和解焱，2002；范志伟等，2008；解焱，2008；徐海根和强胜，2011；万方浩等，2012），**SH**（张晴柔等，2013），**SX**（石瑛等，2006；阳泉市，张垚，2016），**TW**（苗栗地区，陈运造，2006），**YN**（孙卫邦和向其柏，2004；丁莉等，2006；西双版纳，管志斌等，2006；红河流域，徐成东等，2006；徐成东和陆树刚，2006；李乡旺，2007；瑞丽，赵见明，2007；纳板河自然保护区，刘峰等，2008；解焱，2008；徐海根和强胜，2011；申时才等，2012；杨忠兴等，2014；西双版纳自然保护区，陶永祥等，2017），**ZJ**（郭水良和李扬汉，1995；李振宇和解焱，2002；徐海根和强胜，2004，2011；杭州，陈小永等，2006；李根有等，2006；金华市郊，李娜等，2007；台州，陈模舜，2008；范志伟等，2008；杭州市，王嫩仙，2008；解焱，2008；杭州西湖风景区，梅笑漫等，2009；西溪湿地，舒美英等，2009；张建国和张明如，2009；杭州，张明如等，2009；天目山自然保护区，陈京等，2011；温州，丁炳扬和胡仁勇，2011；温州地区，胡仁勇等，2011；西溪湿地，缪丽华等，2011；万方浩等，2012；杭州，谢国雄等，2012；宁波，徐颖等，2014；闫小玲等，2014；杭州，金祖达等，2015）；各地均有分布（车晋滇，2009）；赤水河中游地区（窦全丽等，2015）。

安徽、澳门、北京、重庆、福建、甘肃、广东、广西、贵州、海南、河北、河南、湖北、湖南、江苏、江西、辽宁、青海、陕西、山东、山西、上海、四川、台湾、天津、香港、新疆、云南、浙江；原产于热带美洲；广泛归化于世界温带至热带地区。

番杏科 Aizoaceae

番杏
fan xing

4

Tetragonia tetragonioides (Pallas) Kuntze, Revis. Gen. Pl. 1: 264. 1891. **(FOC)**

 GD（粤东地区，曾宪锋等，2009；粤东地区，朱慧，2012），**HN**（曾宪锋等，2014），**JS**（寿海洋等，

2014；严辉等，2014）。

福建、广东、海南、江苏、上海、台湾、香港、云南、浙江；原产于澳大利亚、新西兰、阿根廷、智利；归化于东亚、非洲和南美洲。

毛马齿苋 3
mao ma chi xian

Portulaca pilosa Linnaeus, Sp. Pl. 1: 445. 1753. **(FOC)**

FJ（徐海根和强胜，2011），**GD**（徐海根和强胜，2011），**GX**（徐海根和强胜，2011），**HN**（徐海根和强胜，2011），**TW**（苗栗地区，陈运造，2006；徐海根和强胜，2011），**YN**（徐海根和强胜，2011）。

澳门、福建、广东、广西、海南、台湾、香港、云南；原产于美洲。

棱轴土人参 有待观察
leng zhou tu ren shen

假人参

Talinum fruticosum (Linnaeus) Jussieu, Gen. Pl. 312, 1789. **(TPL)**
Syn. *Talinum triangulare* (Jacquin) Willdenow, Sp. Pl. 2 (2): 862. 1799.

TW（苗栗地区，陈运造，2006）。

海南、台湾、香港；原产于热带美洲。

土人参 4
tu ren shen

栌兰 土高丽参 土洋参

Talinum paniculatum (Jacquin) Gaertner, Fruct. Sem. Pl. 2: 219. 1791. **(FOC)**
Syn. *Talinum patens* (Linnaeus) Willdenow, Sp. Pl. 2 (2): 863. 1799.

AH（何家庆和葛结林，2008；万方浩等，2012），**CQ**（金佛山自然保护区，孙娟等，2009；徐海根和强胜，2011；万州区，余顺慧和邓洪平，2011a，2011b；北碚区，杨柳等，2015；北碚区，严桧等，2016），**FJ**（厦门地区，陈恒彬，2005；

万方浩等，2012；长乐，林为凃，2013；武夷山市，李国平等，2014），**GD**（白云山，黄彩萍和曾丽梅，2003；深圳，严岳鸿等，2004；中山市，蒋谦才等，2008；粤东地区，曾宪锋等，2009；岳茂峰等，2011；林建勇等，2012；万方浩等，2012；稔平半岛，于飞等，2012；粤东地区，朱慧，2012；乐昌，邹滨等，2016），**GX**（邓晰朝和卢旭，2004；谢云珍等，2007；和太平等，2011；北部湾经济区，林建勇等，2011a，2011b；林建勇等，2012；万方浩等，2012；郭成林等，2013；百色，贾桂康，2013；来宾市，林春华等，2015；灵山县，刘在松，2015），**GZ**（贵阳市，石登红和李灿，2011；万方浩等，2012），**HB**（黄石市，姚发兴，2011；喻大昭等，2011），**HJ**（秦皇岛，李顺才等，2009），**HN**（安锋等，2007；范志伟等，2008；林建勇等，2012；曾宪锋等，2014），**HX**（彭兆普等，2008；湘西地区，徐亮等，2009），**HY**（徐海根和强胜，2004，2011；万方浩等，2012），**JS**（徐海根和强胜，2004，2011；万方浩等，2012；季敏等，2014；寿海洋等，2014；严辉等，2014），**JX**（季春峰等，2009；王宁，2010；鞠建文等，2011；江西南部，程淑媛等，2015），**MC**（王发国等，2004），**SA**（栾晓睿等，2016），**SC**（马丹炜等，2009；万方浩等，2012；孟兴等，2015），**SD**（衣艳君等，2005；青岛，罗艳和刘爱华，2008），**SH**（张晴柔等，2013），**SX**（石瑛等，2006），**TW**（苗栗地区，陈运造，2006），**YN**（徐海根和强胜，2004，2011；丁莉等，2006；西双版纳，管志斌等，2006；申时才等，2012；万方浩等，2012），**ZJ**（杭州，陈小永等，2006；金华市郊，李娜等，2007；台州，陈模舜，2008；杭州市，王嫩仙，2008；杭州西湖风景区，梅笑漫等，2009；张建国和张明如，2009；天目山自然保护区，陈京等，2011；温州，丁炳扬和胡仁勇，2011；温州地区，胡仁勇等，2011；万方浩等，2012；杭州，谢国雄等，2012；闫小玲等，2014；杭州，金祖达等，2015）；中国中部和南部以至台湾省（范志伟等，2008；解焱，2008）；主要分布于河南以南的各省市（车晋滇，2009）；赤水河中游地区（窦全丽等，2015）。

安徽、澳门、北京、重庆、福建、甘肃、广东、广西、贵州、河南、湖北、湖南、江苏、江西、陕西、山东、山西、上海、四川、台湾、天津、香港、云南、浙江；原产于热带美洲。

双子叶植物

落葵薯

1

luo kui shu

川七 金钱珠 藤三七 藤子三七 土三七 细枝落葵薯 小年药 心叶落葵薯 洋落葵 中枝莲

Anredera cordifolia (Tenore) Steenis, Fl. Malesiana, Ser. 1, Spermatoph. 5 (3): 303. 1957. **(FOC)**

AH（黄山，汪小飞等，2007），BJ（范志伟等，2008；解焱，2008），CQ（李振宇和解焱，2002；石胜璋等，2004；金佛山自然保护区，林茂祥等，2007；杨丽等，2008；车晋滇，2009；金佛山自然保护区，孙娟等，2009；环境保护部和中国科学院，2010；徐海根和强胜，2011；万州区，余顺慧和邓洪平，2011a，2011b；万方浩等，2012；北碚区，杨柳等，2015；北碚区，严桧等，2016），FJ（李振宇和解焱，2002；厦门地区，陈恒彬，2005；厦门，欧健和卢昌义，2006a，2006b；范志伟等，2008；解焱，2008；车晋滇，2009；杨坚和陈恒彬，2009；环境保护部和中国科学院，2010；徐海根和强胜，2011；万方浩等，2012；长乐，林为凃，2013；武夷山市，李国平等，2014），GD（李振宇和解焱，2002；范志伟等，2008；中山市，蒋谦才等，2008；广州，王忠等，2008；车晋滇，2009；王芳等，2009；粤东地区，曾宪锋等，2009；环境保护部和中国科学院，2010；徐海根和强胜，2011；岳茂峰等，2011；林建勇等，2012；万方浩等，2012；粤东地区，朱慧，2012；乐昌，邹滨等，2015，2016），GX（李振宇和解焱，2002；谢云珍等，2007；唐赛春等，2008b；车晋滇，2009；柳州市，石亮成等，2009；环境保护部和中国科学院，2010；北部湾经济区，林建勇等，2011a，2011b；徐海根和强胜，2011；林建勇等，2012；胡刚和张忠华，2012；万方浩等，2012；郭成林等，2013；百色，贾桂康，2013；来宾市，林春华等，2015；于永浩等，2016；），GZ（李振宇和解焱，2002；大沙河自然保护区，林茂祥等，2008；车晋滇，2009；环境保护部和中国科学院，2010；申敬民等，2010；徐海根和强胜，2011；万方浩等，2012；贵阳市，陈菊艳等，2016），HB（万方浩等，2012），HK（李振宇和解焱，2002；车晋滇，2009；环境保护部和中国科学院，2010；徐海根和强胜，2011；万方浩等，2012），HN（安锋等，2007；范志伟等，2008；曾宪锋等，2014），HX（李振宇和解焱，2002；车晋滇，2009；湘西地区，刘兴锋等，2009；环境保护部和中国科学院，2010；徐海根和强胜，2011；万方浩等，2012），JS（范志伟等，2008；解焱，2008；万方浩等，2012；寿海洋等，2014；严辉等，2014），JX（鞠建文等，2011；江西南部，程淑媛等，2015），MC（王发国等，2004），SC（范志伟等，2008；解焱，2008；周小刚等，2008；环境保护部和中国科学院，2010；徐海根和强胜，2011；万方浩等，2012；陈开伟，2013；孟兴等，2015），TW（苗栗地区，陈运造，2006；万方浩等，2012），YN（丁莉等，2006；西双版纳，管志斌等，2006；红河流域，徐成东等，2006；徐成东和陆树刚，2006；范志伟等，2008；解焱，2008；车晋滇，2009；红河州，何艳萍等，2010；环境保护部和中国科学院，2010；徐海根和强胜，2011；申时才等，2012；万方浩等，2012；怒江流域，沈利峰等，2013；西双版纳自然保护区，陶永祥等，2017），ZJ（李根有等，2006；台州，陈模舜，2008；范志伟等，2008；杭州市，王嫩仙，2008；解焱，2008；张建国和张明如，2009；温州，丁炳扬和胡仁勇，2011；温州地区，胡仁勇等，2011；万方浩等，2012；闫小玲等，2014）；我国南方至华北地区有栽培，在京、津地区以根状茎越冬（李振宇和解焱，2002）；赤水河中游地区（窦全丽等，2015）。

安徽、澳门、北京、重庆、福建、广东、广西、贵州、海南、湖北、湖南、江苏、江西、四川、台湾、天津、香港、云南、浙江；原产于热带美洲；世界栽培，归化于暖温带。

短序落葵薯

有待观察

duan xu luo kui shu

洋落葵

Anredera scandens (Linnaeus) Moquin-Tandon, de Candolle, Prodr. 13(2): 230. 1849. **(FOC)**

GD（粤东地区，曾宪锋等，2009；粤东地区，朱慧，2012），TW（苗栗地区，陈运造，2006）。

福建、广东、台湾；原产于美洲。

落葵
luo kui
有待观察

木耳菜

Basella alba Linnaeus, Sp. Pl. 1: 272. 1753. (FOC)

Syn. *Basella rubra* Linnaeus, Sp. Pl. 1: 272. 1753.

GD（粤东地区，曾宪锋等，2009；粤东地区，朱慧，2012；乐昌，邹滨等，2016），GX（来宾市，林春华等，2015），HN（范志伟等，2008；曾宪锋等，2014），JS（严辉等，2014；胡长松等，2016），MC（王发国等，2004），TW（苗栗地区，陈运造，2006）；我国南北各地（范志伟等，2008）。

澳门、重庆、广东、广西、海南、湖南、江苏、江西、上海、四川、台湾、天津、香港、云南、浙江；原产于热带亚洲。

石竹科 Caryophyllaceae

麦仙翁
4
mai xian weng

麦毒草

Agrostemma githago Linnaeus, Sp. Pl. 1: 435. 1753. (FOC)

GZ（贵阳市，石登红和李灿，2011），HL（李振宇和解焱，2002；徐海根和强胜，2004，2011；李玉生等，2005；解焱，2008；张国良等，2008；高燕和曹伟，2010；鲁萍等，2012；万方浩等，2012；郑宝江和潘磊，2012），HX（李振宇和解焱，2002），JL（李振宇和解焱，2002；长白山区，周繇，2003；徐海根和强胜，2004，2011；解焱，2008；张国良等，2008；长白山区，苏丽涛和马立军，2009；高燕和曹伟，2010；万方浩等，2012；长春地区，曲同宝等，2015），JX（李振宇和解焱，2002；鞠建文等，2011），LN（李振宇和解焱，2002；徐海根和强胜，2004，2011；解焱，2008；张国良等，2008；高燕和曹伟，2010；万方浩等，2012；大连，张淑梅等，2013），NM（李振宇和解焱，2002；徐海根和强胜，2004，2011；苏亚拉图等，2007；张国良等，2008；万方浩等，2012；庞立东等，2015），SA（西安地区，

祁云枝等，2010；栾晓睿等，2016），SD（徐海根和强胜，2004，2011；青岛，解焱，2008；万方浩等，2012），SH（郭水良和李扬汉，1995；李振宇和解焱，2002；张国良等，2008；万方浩等，2012；张晴柔等，2013；汪远等，2015），XJ（李振宇和解焱，2002；徐海根和强胜，2004，2011；解焱，2008；张国良等，2008；万方浩等，2012）；东北地区（郑美林和曹伟，2013）。

北京、贵州、黑龙江、湖南、吉林、江西、辽宁、内蒙古、陕西、山东、上海、新疆、浙江；原产于地中海地区；归化于欧亚大陆、北非和北美洲。

球序卷耳
4
qiu xu juan er

粘毛卷耳 婆婆指甲菜

Cerastium glomeratum Thuillier, Fl. Env. Paris, ed. 2, 226. 1799. (FOC)

BJ（车晋滇，2004，2009；车晋滇等，2004），FJ（李扬汉，1998；车晋滇，2009），HX（李扬汉，1998；车晋滇，2009），JS（李扬汉，1998；车晋滇，2009；严辉等，2014；胡长松等，2016），JX（李扬汉，1998；车晋滇，2009），TW（李扬汉，1998；车晋滇，2009），XZ（李扬汉，1998；车晋滇，2009），ZJ（李扬汉，1998；车晋滇，2009；闫小玲等，2014；杭州，金祖达等，2015；周天焕等，2016）。

安徽、北京、重庆、福建、广东、广西、贵州、河南、湖北、湖南、江苏、江西、辽宁、山东、上海、四川、台湾、西藏、云南、浙江；原产于欧洲；归化于世界。

蝇子草
有待观察
ying zi cao

西欧蝇子草

Silene gallica Linnaeus, Sp. Pl. 1: 417. 1753. (Tropicos)

ZJ（严靖等，2016）。

重庆、福建、河北、河南、湖北、江苏、陕西、四川、台湾、云南、浙江；原产于欧洲、西亚和北非。

白花蝇子草

bai hua ying zi cao

有待观察

异株女娄菜

Silene latifolia Poiret subsp. *alba* (Miller) Greuter & Burdet, Willdenowia 12(2): 189. 1982. **(FOC)**

Syn. *Melandrium album* (Miller) Garcke, Fl. Deutschland 55. 1858；*Silene pratensis* (Rafn) Grenier & Godron, Fl. France 1: 216. 1847.

JL（长春地区，曲同宝等，2015），**LN**（曲波，2003；曲波等，2006a，2006b；沈阳，付海滨等，2009；高燕和曹伟，2010；九龙川自然保护区，吴晓姝等，2010）；东北地区（郑美林和曹伟，2013）。

甘肃、广西、黑龙江、吉林、辽宁、内蒙古、新疆；原产于西亚和欧洲、地中海地区及非洲西北部。

无瓣繁缕

wu ban fan lü

4

小繁缕

Stellaria pallida (Dumortier) Crépin, Man. Fl. Belgique (ed. 2) 19. 1866. **(FOC)**

Stellaria apetala auct. non Ucria ex Roemer：郭水良和李扬汉，1995；吴海荣等，2004；徐海根和强胜，2004；严岳鸿等，2004；朱长山等，2007；何家庆和葛结林，2008；彭兆普等，2008；解焱，2008；周小刚等，2008；季春峰等，2009；林秦文等，2009；马丹炜等，2009；王宁，2010；鞠建文等，2011；李长看等，2011；喻大昭等，2011；申时才等，2012；谢国雄等，2012；万方浩等，2012；周天焕等，2016.

AH（郭水良和李扬汉，1995；徐海根和强胜，2004，2011；何家庆和葛结林，2008；解焱，2008；万方浩等，2012），**BJ**（林秦文等，2009；万方浩等，2012），**GD**（深圳，严岳鸿等，2004），**HB**（喻大昭等，2011），**HX**（彭兆普等，2008），**HY**（朱长山等，2007；李长看等，2011；万方浩等，2012；储嘉琳等，2016），**JS**（郭水良和李扬汉，1995；南京，吴海荣等，2004；徐海根和强胜，2004，2011；解焱，2008；万方浩等，2012；寿海洋等，2014；严辉，

2014），**JX**（徐海根和强胜，2004，2011；解焱，2008；季春峰等，2009；王宁，2010；鞠建文等，2011；万方浩等，2012），**SC**（周小刚等，2008；马丹炜等，2009），**SH**（郭水良和李扬汉，1995；徐海根和强胜，2004，2011；张晴柔等，2013），**XJ**（万方浩等，2012），**YN**（申时才等，2012），**ZJ**（郭水良和李扬汉，1995；徐海根和强胜，2004，2011；解焱，2008；万方浩等，2012；杭州，谢国雄等，2012；闫小玲等，2014；周天焕等，2016）。

安徽、北京、广东、河南、湖北、湖南、江苏、江西、山东、上海、四川、新疆、云南、浙江；原产于欧洲；归化于亚洲和美洲。

麦蓝菜

mai lan cai

4

麦篮子 王不留行

Vaccaria hispanica (Miller) Rauschert, Wiss. Z. Martin-Luther-Univ. Halle-Wittenberg, Math. -Naturwiss. Reihe 14: 496. 1965. **(FOC)**

Syn. *Vaccaria segetalis* (Necker) Garcke ex Ascherson, Fl. Brandenburg 1: 84. 1864.

AH（郭水良和李扬汉，1995；陈明林等，2003；徐海根和强胜，2004，2011；淮北地区，胡刚等，2005a，2005b；臧敏等，2006；何家庆和葛结林，2008；车晋滇，2009），**BJ**（刘全儒等，2002；杨景成等，2009；万方浩等，2012；王苏铭等，2012），**GS**（徐海根和强胜，2004，2011；车晋滇，2009；万方浩等，2012；赵慧军，2012；河西地区，陈叶等，2013），**GZ**（屠玉麟，2002；黔南地区，韦美玉等，2006；申敬民等，2010；贵阳市，石登红和李灿，2011），**HB**（喻大昭等，2011），**HJ**（徐海根和强胜，2004，2011；衡水湖，李惠欣，2008；龙茹等，2008；车晋滇，2009；秦皇岛，李顺才等，2009；衡水市，牛玉璐和李建明，2010；万方浩等，2012；武安国家森林公园，张浩等，2012），**HL**（徐海根和强胜，2004，2011；车晋滇，2009；鲁萍等，2012；万方浩等，2012），**HX**（彭兆普等，2008；谢红艳和张雪芹，2012），**HY**（杜卫兵等，2002；徐海根和强胜，2004，2011；开封，张桂宾，2004；东部，张桂宾，2006；董东平和叶永忠，2007；朱长山等，2007；车晋滇，2009；许昌市，姜罡丞，2009；王列富和陈元胜，2009；李长看等，2011；新乡，许

桂芳和简在友，2011；万方浩等，2012；储嘉琳等，2016），**JL**（长白山区，周繇，2003；徐海根和强胜，2004，2011；长春地区，李斌等，2007；车晋滇，2009；长白山区，苏丽涛和马立军，2009；万方浩等，2012；长春地区，曲同宝等，2015），**JS**（郭水良和李扬汉，1995；徐海根和强胜，2004，2011；车晋滇，2009；万方浩等，2012；寿海洋等，2014），**JX**（郭水良和李扬汉，1995；江西南部，程淑媛等，2015），**LN**（曲波，2003；徐海根和强胜，2004，2011；齐淑艳和徐文铎，2006；曲波等，2006a，2006b；车晋滇，2009；沈阳，付海滨等，2009；高燕和曹伟，2010；万方浩等，2012），**NM**（苏亚拉图等，2007；庞立东等，2015），**QH**（徐海根和强胜，2004，2011；车晋滇，2009；万方浩等，2012），**SA**（徐海根和强胜，2004，2011；车晋滇，2009；西安地区，祁云枝等，2010；万方浩等，2012；栾晓睿等，2016），**SC**（徐海根和强胜，2004，2011；周小刚等，2008；车晋滇，2009；万方浩等，2012），**SD**（田家怡和吕传笑，2004；衣艳君等，2005；黄河三角洲，刘庆年等，2006；宋楠等，2006；惠洪者，2007；青岛，罗艳和刘爱华，2008；南四湖湿地，王元军，2010；张绪良等，2010；万方浩等，2012），**SH**（郭水良和李扬汉，1995；张晴柔等，2013），**SX**（徐海根和强胜，2004，2011；石瑛等，2006；车晋滇，2009；马世军和王建军，2011；万方浩等，2012），**XJ**（徐海根和强胜，2004，2011；车晋滇，2009；万方浩等，2012），**XZ**（徐海根和强胜，2004，2011；车晋滇，2009；万方浩等，2012），**YN**（徐海根和强胜，2004，2011；丁莉等，2006；怒江干热河谷区，胡发广等，2007；车晋滇，2009；申时才等，2012），**ZJ**（郭水良和李扬汉，1995；杭州，陈小永等，2006；张建国和张明如，2009；闫小玲等，2014）；整个北方地区及西南高海拔地区、华东、华中及台湾（解焱，2008）；黄河三角洲地区（赵怀浩等，2011）。

安徽、北京、甘肃、贵州、河北、河南、黑龙江、湖北、湖南、吉林、江苏、江西、辽宁、内蒙古、宁夏、青海、陕西、山东、山西、上海、天津、西藏、新疆、云南、浙江；原产于欧洲至西亚；归化于亚洲和北美洲。

四翅滨藜
si chi bin li

有待观察

Atriplex canescens (Pursh) Nuttall, Gen. N. Amer. Pl. 1: 197. 1818. **(TPL)**

SA（栾晓睿等，2016）。

甘肃、吉林、内蒙古、宁夏、陕西、新疆；原产于美国。

杖藜
zhang li

有待观察

Chenopodium giganteum D. Don, Prodr. Fl. Nepal. 75. 1825. **(FOC)**

SA（栾晓睿等，2016），**SH**（郭水良和李扬汉，1995）；东北地区（郑美林和曹伟，2013）。

北京、重庆、甘肃、广西、贵州、河北、河南、黑龙江、湖南、江西、辽宁、内蒙古、陕西、山西、上海、四川、台湾、云南、浙江；原产于印度；归化于亚洲。

杂配藜   2
za pei li

大叶藜 血见愁

Chenopodium hybridum Linnaeus, Sp. Pl. 1: 219. 1753. **(FOC)**

BJ（李振宇和解焱，2002；贾春虹等，2005；解焱，2008；车晋滇，2009；林秦文等，2009；杨景成等，2009；徐海根和强胜，2011；万方浩等，2012；王苏铭等，2012），**CQ**（李振宇和解焱，2002；石胜璋等，2004；金佛山自然保护区，林茂祥等，2007；解焱，2008；车晋滇，2009；徐海根和强胜，2011；万州区，余顺慧和邓洪平，2011a，2011b；万方浩等，2012），**GS**（李振宇和解焱，2002；解焱，2008；车晋滇，2009；徐海根和强胜，2011；尚斌，2012；万方浩等，2012；河西地区，陈叶等，2013），**GX**（吴桂容，2006；桂林，陈秋霞等，2008），**GZ**（大沙河自然保护区，林茂祥等，2008；申敬民等，2010），**HB**（李振宇和解焱，2002；刘胜祥和秦伟，2004；解焱，2008；车晋滇，2009；徐海根和强胜，2011；喻大昭等，2011；万方浩等，2012），**HJ**（李振宇和解焱，2002；龙

双子叶植物

茹等，2008；解焱，2008；车晋滇，2009；秦皇岛，李顺才等，2009；徐海根和强胜，2011；万方浩等，2012），**HL**（李振宇和解焱，2002；李玉生等，2005；解焱，2008；车晋滇，2009；高燕和曹伟，2010；徐海根和强胜，2011；鲁萍等，2012；万方浩等，2012；郑宝江和潘磊，2012），**HY**（开封，张桂宾，2004；田朝阳等，2005；东部，张桂宾，2006；董东平和叶永忠，2007；朱长山等，2007；许昌市，姜罡丞，2009；李长看等，2011；新乡，许桂芳和简在友，2011；万方浩等，2012；储嘉琳等，2016），**JL**（李振宇和解焱，2002；解焱，2008；车晋滇，2009；高燕和曹伟，2010；徐海根和强胜，2011；万方浩等，2012；长春地区，曲同宝等，2015），**LN**（李振宇和解焱，2002；齐淑艳和徐文铎，2006；解焱，2008；车晋滇，2009；高燕和曹伟，2010；徐海根和强胜，2011；万方浩等，2012；大连，张淑梅等，2013），**NM**（李振宇和解焱，2002；解焱，2008；车晋滇，2009；高燕和曹伟，2010；徐海根和强胜，2011；万方浩等，2012），**NX**（李振宇和解焱，2002；解焱，2008；车晋滇，2009；徐海根和强胜，2011；万方浩等，2012），**QH**（李振宇和解焱，2002；解焱，2008；车晋滇，2009；徐海根和强胜，2011；万方浩等，2012），**SA**（李振宇和解焱，2002；解焱，2008；车晋滇，2009；西安地区，祁云枝等，2010；徐海根和强胜，2011；万方浩等，2012；栾晓睿等，2016），**SC**（李振宇和解焱，2002；解焱，2008；周小刚等，2008；车晋滇，2009；徐海根和强胜，2011；万方浩等，2012），**SD**（李振宇和解焱，2002；肖素荣等，2003；田家怡和吕传笑，2004；黄河三角洲，刘庆年等，2006；宋楠等，2006；惠洪者，2007；昆嵛山，赵宏和董翠玲，2007；解焱，2008；车晋滇，2009；南四湖湿地，王元军，2010；张绪良等，2010；徐海根和强胜，2011；万方浩等，2012；昆嵛山，赵宏和丛海燕，2012），**SH**（张晴柔等，2013；汪远等，2015），**SX**（李振宇和解焱，2002；石瑛等，2006；解焱，2008；车晋滇，2009；马世军和王建军，2011；徐海根和强胜，2011；万方浩等，2012；阳泉市，张垚，2016），**TJ**（车晋滇，2009），**XJ**（李振宇和解焱，2002；解焱，2008；车晋滇，2009；徐海根和强胜，2011；万方浩等，2012），**XZ**（李振宇和解焱，2002；解焱，2008；车晋滇，2009；徐海根和强胜，2011；万方浩等，2012），**YN**（李振宇和解焱，2002；徐成东和

陆树刚，2006；李乡旺等，2007；解焱，2008；车晋滇，2009；红河州，何艳萍等，2010；徐海根和强胜，2011；申时才等，2012；万方浩等，2012；杨忠兴等，2014），**ZJ**（李振宇和解焱，2002；解焱，2008；车晋滇，2009；徐海根和强胜，2011；万方浩等，2012；闫小玲等，2014）；黄河三角洲地区（赵怀浩等，2011）；东北地区（郑美林和曹伟，2013）。

安徽、北京、重庆、甘肃、广西、贵州、河北、河南、黑龙江、湖北、湖南、吉林、辽宁、内蒙古、宁夏、青海、陕西、山东、上海、山西、台湾、天津、四川、西藏、新疆、云南、浙江；原产于欧洲和西亚；归化于北温带。

土荆芥 1
tu jing jie

臭杏 鹅脚草 胡椒菜 九层塔 杀虫芥 醒头香

Dysphania ambrosioides (Linnaeus) Mosyakin & Clemants, Ukrajins'k. Bot. Žurn. 59 (4): 382. 2002. **(FOC)**
Bas. *Chenopodium ambrosioides* Linnaeus, Sp. Pl. 1: 219-220. 1753.

AH（郭水良和李扬汉，1995；陈明林等，2003；徐海根和强胜，2004，2011；淮北地区，胡刚等，2005a，2005b；臧敏等，2006；黄山，汪小飞等，2007；何家庆和葛结林，2008；何冬梅等，2010），**BJ**（李振宇和解焱，2002；贾春虹等，2005；范志伟等，2008；解焱，2008；环境保护部和中国科学院，2010；万方浩等，2012；王苏铭，2012），**CQ**（李振宇和解焱，2002；石胜璋等，2004；黔江区，邓绪国，2006；金佛山自然保护区，林茂祥等，2007；范志伟等，2008；金佛山自然保护区，滕永青，2008；解焱，2008；杨丽等，2008；车晋滇，2009；金佛山自然保护区，孙娟等，2009；环境保护部和中国科学院，2010；徐海根和强胜，2011；万州区，余顺慧和邓洪平，2011a，2011b；万方浩等，2012；北碚区，杨柳等，2015；北碚区，严桧等，2016），**FJ**（郭水良和李扬汉，1995；李振宇和解焱，2002；徐海根和强胜，2004，2011；刘巧云和王玲萍，2006；厦门，欧健和卢昌义，2006a，2006b；范志伟等，2008；罗明永，2008；解焱，2008；车晋滇，2009；杨坚和陈恒彬，2009；环境保护部和中国科学院，2010；万方浩等，2012；长乐，林为涂，

2013；武夷山市，李国平等，2014），**GD**（李振宇和解焱，2002；白云山，黄彩萍和曾丽梅，2003；鼎湖山，贺握权和黄忠良，2004；徐海根和强胜，2004，2011；深圳，严岳鸿等，2004；珠海市，黄辉宁等，2005b；范志伟等，2008；中山市，蒋谦才等，2008；广州，王忠等，2008；解焱，2008；车晋滇，2009；王芳等，2009；粤东地区，曾宪锋等，2009；环境保护部和中国科学院，2010；Fu 等，2011；岳茂峰等，2011；佛山，黄益燕等，2011；林建勇等，2012；万方浩等，2012；稔平半岛，于飞等，2012；粤东地区，朱慧，2012；深圳，蔡毅等，2015；广州南沙黄山鲁森林公园，李海生等，2015；乐昌，邹滨等，2016），**GX**（李振宇和解焱，2002；邓晰朝和卢旭，2004；徐海根和强胜，2004，2011；十万大山自然保护区，韦原莲等，2006；吴桂容，2006；谢云珍等，2007；解焱，2008；桂林，陈秋霞等，2008；范志伟等，2008；唐赛春等，2008b；十万大山自然保护区，叶铎等，2008；车晋滇，2009；柳州市，石亮成等，2009；环境保护部和中国科学院，2010；和太平等，2011；北部湾经济区，林建勇等，2011a，2011b；林建勇等，2012；付岚等，2012；胡刚和张忠华，2012；梧州市，马多等，2012；万方浩等，2012；郭成林等，2013；百色，贾桂康，2013；来宾市，林春华等，2015；灵山县，刘在松，2015），**GZ**（李振宇和解焱，2002；黔南地区，韦美玉等，2006；范志伟等，2008；解焱，2008；车晋滇，2009；环境保护部和中国科学院，2010；申敬民等，2010；贵阳市，石登红和李灿，2011；万方浩等，2012；贵阳市，陈菊艳等，2016），**HB**（李振宇和解焱，2002；刘胜祥和秦伟，2004；范志伟等，2008；天门市，沈体忠等，2008；车晋滇，2009；环境保护部和中国科学院，2010；黄石市，姚发兴，2011；喻大昭等，2011；万方浩等，2012），**HJ**（衡水湖，李惠欣，2008；秦皇岛，李顺才等，2009），**HK**（李振宇和解焱，2002；范志伟等，2008；解焱，2008；车晋滇，2009；环境保护部和中国科学院，2010；万方浩等，2012），**HN**（李振宇和解焱，2002；徐海根和强胜，2004，2011；单家林等，2006；安锋等，2007；王伟等，2007；范志伟等，2008；石灰岩地区，秦新生等，2008；解焱，2008；环境保护部和中国科学院，2010；霸王岭自然保护区，胡雪华等，2011；林建勇等，2012；万方浩等，2012；曾宪锋等，2014；陈玉凯，2016），**HX**（李振宇和解

焱，2002；徐海根和强胜，2004，2011；南岳自然保护区，谢红艳等，2007；范志伟等，2008；彭兆普等，2008；洞庭湖区，彭友林等，2008；车晋滇，2009；湘西地区，刘兴锋等，2009；常德市，彭友林等，2009；湘西地区，徐亮等，2009；环境保护部和中国科学院，2010；衡阳市，谢红艳等，2011；万方浩等，2012；谢红艳和张雪芹，2012；长沙，张磊和刘尔潞，2013；益阳市，黄含吟等，2016），**HY**（田朝阳等，2005；董东平和叶永忠，2007；朱长山等，2007；许昌市，姜罡丞，2009；王列富和陈元胜，2009；李长看等，2011；储嘉琳等，2016），**JS**（郭水良和李扬汉，1995；南京，吴海荣和强胜，2003；南京，吴海荣等，2004；徐海根和强胜，2004，2011；李亚等，2008；解焱，2008；车晋滇，2009；万方浩等，2012；寿海洋等，2014；严辉等，2014；南京城区，吴秀臣和芦建国，2015；胡长松等，2016），**JX**（郭水良和李扬汉，1995；李振宇和解焱，2002；徐海根和强胜，2004，2011；庐山风景区，胡天印等，2007c；范志伟等，2008；解焱，2008；车晋滇，2009；季春峰等，2009；鄱阳湖国家级自然保护区，葛刚等，2010；环境保护部和中国科学院，2010；雷平等，2010；王宁，2010；Fu 等，2011；鞠建文等，2011；付岚等，2012；万方浩等，2012；朱碧华和朱大庆，2013；江西南部，程淑媛等，2015），**MC**（李振宇和解焱，2002；王发国等，2004；解焱，2008；车晋滇，2009；万方浩等，2012），**SA**（李振宇和解焱，2002；范志伟等，2008；解焱，2008；车晋滇，2009；环境保护部和中国科学院，2010；西安地区，祁云枝等，2010；万方浩等，2012；杨凌地区，何纪琳等，2013；栾晓睿等，2016），**SC**（徐海根和强胜，2004，2011；周小刚等，2008；车晋滇，2009；马丹炜等，2009；邛海湿地，杨红，2009；万方浩等，2012；陈开伟，2013；孟兴等，2015），**SD**（李振宇和解焱，2002；衣艳君等，2005；宋楠等，2006；吴彤等，2006；范志伟等，2008；青岛，罗艳和刘爱华，2008；解焱，2008；车晋滇，2009；环境保护部和中国科学院，2010；张绪良等，2010；万方浩等，2012），**SH**（郭水良和李扬汉，1995；李振宇和解焱，2002；秦卫华等，2007；范志伟等，2008；解焱，2008；车晋滇，2009；环境保护部和中国科学院，2010；万方浩等，2012；张晴柔等，2013），**TW**（李振宇和解焱，2002；徐海根和强胜，2004，2011；苗栗地区，

　　　　　　　　　　　　　　　　　双子叶植物

陈运造，2006；范志伟等，2008；解焱，2008；车
晋滇，2009；环境保护部和中国科学院，2010；万方
浩等，2012)，**YN**（李振宇和解焱，2002；丁莉等，
2006；西双版纳，管志斌等，2006；红河流域，徐
成东等，2006；徐成东和陆树刚，2006；李乡旺等，
2007；瑞丽，赵见明，2007；范志伟等，2008；纳
板河自然保护区，刘峰等，2008；解焱，2008；车
晋滇，2009；陈建业等，2010；红河州，何艳萍
等，2010；环境保护部和中国科学院，2010；洱海
流域，张桂彬等，2011；申时才等，2012；万方浩
等，2012；怒江流域，沈利峰等，2013；许美玲等，
2014；杨忠兴等，2014；西双版纳自然保护区，陶
永祥等，2017)，**ZJ**（郭水良和李扬汉，1995；李振
宇和解焱，2002；李根有等，2006；金华市郊，胡天
印等，2007b；范志伟等，2008；杭州市，王嫩仙，
2008；解焱，2008；车晋滇，2009；杭州西湖风景
区，梅笑漫等，2009；西溪湿地，舒美英等，2009；
张建国和张明如，2009；环境保护部和中国科学院，
2010；天目山自然保护区，陈京等，2011；温州，丁
炳扬和胡仁勇，2011；温州地区，胡仁勇等，2011；
西溪湿地，缪丽华等，2011；万方浩等，2012；杭
州，谢国雄等，2012；宁波，徐颖等，2014；闫小
玲等，2014；杭州，金祖达等，2015；周天焕等，
2016)。

安徽、澳门、北京、重庆、福建、甘肃、广东、广
西、贵州、海南、河北、河南、黑龙江、湖北、湖南、
吉林、江苏、江西、宁夏、陕西、山东、山西、上海、
四川、台湾、西藏、香港、云南、浙江；原产于热带美
洲；归化于旧热带和亚热带。

铺地藜   3
pu di li

Dysphania pumilio (R. Brown) Mosyakin &
Clemants, Ukrayins'k. Bot. Zhurn.,n. s. 59 (4):
382. 2002. **(Tropicos)**
Syn. *Chenopodium pumilio* R. Brown, Prodr.
407. 1810.

HY（朱长山等，2007；李长看等，2011；储嘉
琳等，2016)。

北京、河南、山东；原产于澳大利亚。

北美海蓬子   有待观察
bei mei hai peng zi

Salicornia bigelovii Torrey, Rep. U. S. Mex.
Bound. 2 (1): 184. 1859. **(TPL)**

中国南方沿海滩涂（徐海根和强胜，2011)。

广东、广西、海南、山东、浙江；原产于美国东南
沿海及墨西哥沿海地区。

刺沙蓬   4
ci sha peng

Salsola tragus Linnaeus, Cent. Pl. II 13. 1756.
(FOC)
Syn. *Salsola ruthenica* Iljin, Sornye Rast.
Tadzikistana 2: 137. 1934.

JS（严辉等，2014)，**SA**（栾晓睿等，2016)，
SH（郭水良和李扬汉，1995)。

北京、甘肃、河北、黑龙江、吉林、江苏、辽宁、
内蒙古、宁夏、青海、陕西、山东、山西、上海、天
津、西藏、新疆、浙江；原产于中亚、西亚和欧洲东南
部；广泛归化于亚洲、欧洲、非洲、南美洲、北美洲和
澳大利亚。

苋科 Amaranthaceae

华莲子草   3
hua lian zi cao

红莲子草 红苋草 花莲子草 绿苋草 美洲虾钳草 匙叶莲子
草 星星虾蚶菜 竹叶眼子菜

Alternanthera paronychioides A. Saint-Hilaire,
Voy. Distr. Diam. 2: 439. 1833. **(FOC)**

GD（深圳，严岳鸿等，2004；王伟等，2007；
广州，王忠等，2008；解焱，2008；王芳等，2009；
徐海根和强胜，2011；乐昌，邹滨等，2016)，**HN**
（单家林等，2006；王伟等，2007；范志伟等，2008；
解焱，2008；徐海根和强胜，2011；曾宪锋等，
2014；陈玉凯等，2016)，**MC**（王发国等，2004；
徐海根和强胜，2011)，**TW**（王伟等，2007；范志伟
等，2008；解焱，2008；徐海根和强胜，2011)。

澳门、广东、广西、海南、台湾、香港；原产

于热带美洲。

喜旱莲子草　1
xi han lian zi cao

长梗满天星 东洋草 革命草 过江龙 湖羊草 花生藤草 甲藤草 抗战草 空心莲 空心莲子草 空心莲子菜 空心苋 螃蜞菊 水冬瓜 水花生 水马兰头 水杨梅 水雍菜 通通草 洋马兰 野花生 猪笼草

Alternanthera philoxeroides (Martius) Grisebach, Abh. Königl. Ges. Wiss. Göttingen 24: 36. 1879. (FOC)

AH（郭水良和李扬汉，1995；陈明林等，2003；徐海根和强胜，2004，2011；淮北地区，胡刚等，2005a，2005b；臧敏等，2006；黄山，汪小飞等，2007；何家庆和葛结林，2008；解焱，2008；张国良等，2008；张中信，2009；何冬梅等，2010；黄山市城区，梁宇轩等，2015），**BJ**（刘全儒等，2002；车晋滇，2004；解焱，2008；杨景成等，2009；建成区，赵娟娟等，2010；松山自然保护区，刘佳凯等，2012；万方浩等，2012；松山自然保护区，王惠惠等，2014），**CQ**（石胜璋等，2004；徐海根和强胜，2004，2011；黔江区，邓绪国，2006；金佛山自然保护区，林茂祥等，2007；金佛山自然保护区，滕永青，2008；解焱，2008；杨丽等，2008；金佛山自然保护区，孙娟等，2009；万州区，余顺慧和邓洪平，2011a，2011b；万方浩等，2012；北碚区，杨柳等，2015；北碚区，严桧等，2016），**FJ**（郭水良和李扬汉，1995；徐海根和强胜，2004，2011；厦门地区，陈恒彬，2005；刘巧云和王玲萍，2006；厦门，欧健和卢昌义，2006a，2006b；闫淑君等，2006；宁昭玉等，2007；罗明永，2008；解焱，2008；张国良等，2008；杨坚和陈恒彬，2009；万方浩等，2012；长乐，林为涂，2013；福州，彭海燕和高关平，2013；武夷山市，李国平等，2014），**GD**（白云山，黄彩萍和曾丽梅，2003；缪绅裕和李冬梅，2003；鼎湖山，贺握权和黄忠良，2004；徐海根和强胜，2004，2011；许凯扬等，2004；深圳，严岳鸿等，2004；珠海市，黄辉宁等，2005b；许凯扬等，2005a；许凯扬等，2005b；许凯扬等，2005c；惠州，郑洲翔等，2006；揭阳市，邱东萍等，2007；中山市，蒋谦才等，2008；白云山，李海生等，2008；广州，王忠等，2008；解焱，2008；张

国良等，2008；鼎湖山国家级自然保护区，宋小玲等，2009；王芳等，2009；粤东地区，曾宪锋等，2009；周伟等，2010；粤东，朱慧和马瑞君，2010；Fu等，2011；北师大珠海分校，吴杰等，2011，2012；岳茂峰等，2011；佛山，黄益燕等，2011；付岚等，2012；林建勇等，2012；万方浩等，2012；雷平半岛，于飞等，2012；粤东地区，朱慧，2012；深圳，张春颖等，2013；广州，李许文等，2014；深圳，蔡毅等，2015；广州南沙黄山鲁森林公园，李海生等，2015；乐昌，邹滨等，2015，2016），**GX**（邓晰朝和卢旭，2004；徐海根和强胜，2004，2011；十万大山自然保护区，韦原莲等，2006；吴桂容，2006；谢云珍等，2007；桂林，陈秋霞等，2008；唐赛春等，2008b；解焱，2008；十万大山自然保护区，叶铎等，2008；张国良等，2008；柳州市，石亮成等，2009；和太平等，2011；贾洪亮等，2011；北部湾经济区，林建勇等，2011a，2011b；林建勇等，2012；胡刚和张忠华，2012；梧州市，马多等，2012；万方浩等，2012；防城金花茶自然保护区，吴儒华和李福阳，2012；郭成林等，2013；百色，贾桂康，2013；来宾市，林春华等，2015；灵山县，刘在松，2015；金子岭风景区，贾桂康和钟林敏，2016；于永浩等，2016），**GZ**（屠玉麟，2002；徐海根和强胜，2004，2011；黔南地区，韦美玉等，2006；大沙河自然保护区，林茂祥等，2008；解焱，2008；张国良等，2008；申敬民等，2010；草海湿地，袁旸旸，2010；贵阳市，石登红和李灿，2011；万方浩等，2012；贵阳市，陈菊艳等，2016），**HB**（刘胜祥和秦伟，2004；徐海根和强胜，2004，2011；天门市，沈体忠等，2008；解焱，2008；张国良等，2008；李儒海等，2011；黄石市，姚发兴，2011；喻大昭等，2011；万方浩等，2012；章承林等，2012），**HJ**（衡水湖，李惠欣，2008；解焱，2008；秦皇岛，李顺才等，2009；徐海根和强胜，2011；万方浩等，2012），**HK**（严岳鸿等，2005），**HN**（徐海根和强胜，2004，2011；单家林等，2006；安锋等，2007；邱庆军等，2007；王伟等，2007；范志伟等，2008；东寨港国家级自然保护区，秦卫华等，2008；解焱，2008；霸王岭自然保护区，胡雪华等，2011；周祖光，2011；林建勇等，2012；万方浩等，2012；曾宪锋等，2014；罗文启等，2015；陈玉凯等，2016），**HX**（徐海根和强胜，2004，2011；南岳自然保护区，谢红艳等，2007；彭兆普等，2008；

　　　　　　　　　　　　　　　　　　双子叶植物

洞庭湖区，彭友林等，2008；张国良等，2008；常德市，彭友林等，2009；湘西地区，徐亮等，2009；衡阳市，谢红艳等，2011；万方浩等，2012；谢红艳和张雪芹，2012；长沙，张磊和刘尔潞，2013；益阳市，黄含吟等，2016），**HY**（杜卫兵等，2002；徐海根和强胜，2004，2011；开封，张桂宾，2004；张秀艳等，2004；田朝阳等，2005；东部，张桂宾，2006；董东平和叶永忠，2007；朱长山等，2007；解焱，2008；许昌市，姜罡丞，2009；王列富和陈元胜，2009；李长看等，2011；新乡，许桂芳和简在友，2011；万方浩等，2012；储嘉琳等，2016），**JS**（郭水良和李扬汉，1995；淮虎银等，2003a，2003b；南京，吴海荣和强胜，2003；南京，吴海荣等，2004；项卫东和张亚梅，2004；徐海根和强胜，2004，2011；李亚等，2008；解焱，2008；张国良等，2008；董红云等，2010a；苏州，林敏等，2012；万方浩等，2012；季敏等，2014；寿海洋等，2014；严辉等，2014；南京城区，吴秀臣和芦建国，2015；胡长松等，2016），**JX**（郭水良和李扬汉，1995；徐海根和强胜，2004，2011；庐山风景区，胡天印等，2007c；解焱，2008；南昌，詹书侠等，2008；张国良等，2008；季春峰等，2009；鄱阳湖国家级自然保护区，葛刚等，2010；雷平等，2010；王宁，2010；鞠建文等，2011；万方浩等，2012；南昌市，朱碧华和杨凤梅，2012；朱碧华和朱大庆，2013；熊兴旺，2013；江西南部，程淑媛等，2015），**LN**（曲波等，2010；大连，张淑梅等，2013），**MC**（王发国等，2004；林鸿辉等，2008），**SA**（徐海根和强胜，2004，2011；解焱，2008；西安地区，祁云枝等，2010；安康，谢世学，2011；栾晓睿等，2016），**SC**（徐海根和强胜，2004，2011；凉山州，袁颖和王志民，2006；解焱，2008；张国良等，2008；周小刚等，2008；成都，朱栩等，2008；乐山市，刘忠等，2009；马丹炜等，2009；邛海湿地，杨红，2009；万方浩等，2012；陈开伟，2013；周小刚等，2014；孟兴等，2015），**SD**（肖素荣等，2003；田家怡和吕传笑，2004；徐海根和强胜，2004，2011；衣艳君等，2005；黄河三角洲，刘庆年等，2006；宋楠等，2006；吴彤等，2006，2007；惠洪者，2007；青岛，罗艳和刘爱华，2008；解焱，2008；南四湖湿地，王元军，2010；张绪良等，2010；万方浩等，2012），**SH**（郭水良和李扬汉，1995；徐海根和强胜，2004，2011；印丽萍

等，2004；秦卫华等，2007；解焱，2008；张国良等，2008；青浦，左倬等，2010；万方浩等，2012；张晴柔等，2013；汪远等，2015），**SX**（万方浩等，2012），**TJ**（解焱，2008；万方浩等，2012），**TW**（苗栗地区，陈运造，2006；解焱，2008；徐海根和强胜，2011），**YN**（刘鹏程，2004；徐海根和强胜，2004，2011；丁莉等，2006；西双版纳，管志斌等，2006；兰阳平原，吴永华，2006；红河流域，徐成东等，2006；徐成东和陆树刚，2006；怒江干热河谷区，胡发广等，2007；李乡旺等，2007；瑞丽，赵见明，2007；纳板河自然保护区，刘峰等，2008；解焱，2008；张国良等，2008；陈建业等，2010；德宏州，马柱芳和谷芸，2011；洱海流域，张桂彬等，2011；申时才等，2012；普洱，陶川，2012；万方浩等，2012；文山州，杨焙妤，2012；昭通，季青梅，2014；许美玲等，2014；杨忠兴等，2014；西双版纳自然保护区，陶永祥等，2017），**ZJ**（郭水良和李扬汉，1995；徐海根和强胜，2004，2011；杭州，陈小永等，2006；李根有等，2006；金华市郊，胡天印等，2007b；金华市郊，李娜等，2007；台州，陈模舜，2008；杭州市，王嫩仙，2008；解焱，2008；张国良等，2008；杭州西湖风景区，梅笑漫等，2009；西溪湿地，舒美英等，2009；张建国和张明如，2009；张明如等，2009；天目山自然保护区，陈京等，2011；温州，丁炳扬和胡仁勇，2011；温州地区，胡仁勇等，2011；西溪湿地，缪丽华等，2011；万方浩等，2012；杭州，谢国雄等，2012；宁波，徐颖等，2014；闫小玲等，2014；杭州，金祖达，2015；周天焕等，2016）；几乎遍及我国黄河流域及以南地区，天津近年也发现归化植物（李振宇和解焱，2002；环境总局和中国科学院，2003；范志伟等，2008）、黄河流域以南（缪绅裕和李冬梅，2003）；广泛分布于华东、华中、华南和西南地区（向言词等，2002b；车晋滇，2009）；黄河三角洲地区（赵怀浩等，2011）；赤水河中游地区（窦全丽等，2015）；海河流域滨岸带（任颖等，2015）。

安徽、澳门、北京、重庆、福建、甘肃、广东、广西、贵州、海南、河北、河南、湖北、湖南、江苏、江西、辽宁、青海、陕西、山东、山西、上海、四川、台湾、天津、香港、云南、浙江；原产于巴西；归化于热带、亚热带和暖温带半湿润地区。

刺花莲子草 3
ci hua lian zi cao

地雷草 空心莲子草

Alternanthera pungens Kunth, Nov. Gen. Sp. (quarto ed.) 2 (7): 206. 1817. **(FOC)**

AH（万方浩等，2012），**BJ**（车晋滇，2004；张国良等，2008），**FJ**（郭水良和李扬汉，1995；南部，李振宇和解焱，2002；南部，徐海根和强胜，2004，2011；厦门地区，陈恒彬，2005；厦门，欧健和卢昌义，2006a，2006b；范志伟等，2008；解焱，2008；南部，张国良等，2008；车晋滇，2009；杨坚和陈恒彬，2009；南部，万方浩等，2012），**GD**（深圳，严岳鸿等，2004；广州，王忠等，2008；张国良等，2008；岳茂峰等，2011；林建勇等，2012），**GZ**（万方浩等，2012），**HK**（徐海根和强胜，2004，2011；范志伟等，2008；解焱，2008；张国良等，2008；车晋滇，2009；万方浩等，2012），**HN**（李振宇和解焱，2002；徐海根和强胜，2004，2011；安锋等，2007；王伟等，2007；范志伟等，2008；铜鼓岭国家级自然保护区、东寨港国家级自然保护区、大田国家级自然保护区，秦卫华等，2008；石灰岩地区，秦新生等，2008；解焱，2008；张国良等，2008；车晋滇，2009；霸王岭自然保护区，胡雪华等，2011；周祖光，2011；林建勇等，2012；万方浩等，2012；曾宪锋等，2014；陈玉凯等，2016），**HX**（湘西地区，刘兴锋等，2009；衡阳市，谢红艳等，2011），**JS**（万方浩等，2012；严辉等，2014；胡长松等，2016），**JX**（万方浩等，2012；江西南部，程淑媛等，2015），**SC**（西南部，李振宇和解焱，2002；西南部，徐海根和强胜，2004，2011；范志伟等，2008；解焱，2008；西南部，张国良等，2008；周小刚等，2008；车晋滇，2009；马丹炜等，2009；邛海湿地，杨红，2009；西南部，万方浩等，2012；陈开伟，2013），**YN**（李振宇和解焱，2002；徐海根和强胜，2004，2011；丁莉等，2006；西双版纳，管志斌等，2006；红河流域，徐成东等，2006；徐成东和陆树刚，2006；李乡旺等，2007；范志伟等，2008；解焱，2008；张国良等，2008；车晋滇，2009；申时才等，2012；万方浩等，2012；杨忠兴等，2014）。

安徽、澳门、北京、福建、广东、贵州、海南、湖南、江苏、江西、四川、香港、云南、浙江；原产于南美洲；归化于热带和温带。

白苋 3
bai xian

反枝苋 西天谷

Amaranthus albus Linnacus, Syst. Nat. (ed. 10) 2: 1268. 1759. **(FOC)**

BJ（车晋滇，2009），**GZ**（贵阳市，石登红和李灿，2011），**HB**（天门市，沈体忠等，2008），**HJ**（徐海根和强胜，2004，2011；龙茹等，2008；解焱，2008；车晋滇，2009），**HL**（徐海根和强胜，2004，2011；解焱，2008；车晋滇，2009；高燕和曹伟，2010；鲁萍等，2012），**HX**（洞庭湖区，向国红等，2010a，2010b），**HY**（徐海根和强胜，2011），**JL**（长春地区，李斌等，2007；高燕和曹伟，2010；长春地区，曲同宝等，2015），**JS**（胡长松等，2016），**LN**（徐海根和强胜，2004，2011；曲波等，2006a，2006b；车晋滇，2009；高燕和曹伟，2010；大连，张淑梅等，2013），**NM**（苏亚拉图等，2007；高燕和曹伟，2010；庞立东等，2015），**SH**（郭水良和李扬汉，1995；张晴柔等，2013；汪远等，2015），**XJ**（徐海根和强胜，2004，2011；乌鲁木齐，张源，2007；解焱，2008；车晋滇，2009）；东北地区（郑美林和曹伟，2013）；东北草地（石洪山等，2016）。

北京、贵州、广西、河北、河南、黑龙江、湖南、江苏、辽宁、内蒙古、陕西、山东、上海、天津、新疆；原产于北美洲；归化于东亚、中亚及欧洲。

北美苋 4
bei mei xian

美苋

Amaranthus blitoides S. Watson, Proc. Amer. Acad. Arts 12: 273-274. 1877. **(FOC)**

AH（何家庆和葛结林，2008），**BJ**（刘全儒等，2002；车晋滇，2009），**HB**（徐海根和强胜，2011），**HJ**（徐海根和强胜，2004，2011；衡水湖，李惠欣，2008；龙茹等，2008；解焱，2008；车晋滇，2009），**HL**（徐海根和强胜，2011；鲁萍等，2012），**HY**（董东平和叶永忠，2007；许昌市，姜罡丞，2009；储嘉琳等，2016），**JL**（长春地区，曲同

宝等，2015），**JS**（胡长松等，2016），**LN**（曲波，2003；徐海根和强胜，2004，2011；齐淑艳和徐文铎，2006；曲波等，2006a，2006b；解焱，2008；车晋滇，2009；沈阳，付海滨等，2009；高燕和曹伟，2010；老铁山自然保护区，吴晓姝等，2010；大连，张淑梅等，2013；大连，张恒庆等，2016），**NM**（苏亚拉图等，2007；张永宏和袁淑珍，2010；徐海根和强胜，2011；庞立东等，2015），**SC**（周小刚等，2008），**SD**（肖素荣等，2003；衣艳君等，2005；宋楠等，2006；吴彤等，2006；青岛，罗艳和刘爱华，2008；张绪良等，2010），**SH**（郭水良和李扬汉，1995；徐海根和强胜，2011；张晴柔等，2013），**XJ**（乌鲁木齐，张源，2007）；东北地区（郑美林和曹伟，2013）；海河流域滨岸带（任颖等，2015）；东北草地（石洪山等，2016）。

安徽、北京、河北、河南、吉林、黑龙江、湖北、辽宁、内蒙古、山东、上海、陕西、四川、天津、新疆；原产于北美洲；归化于欧洲和中亚。

凹头苋 2
ao tou xian

凹叶苋菜 野苋 紫苋

Amaranthus blitum Linnaeus, Sp. Pl. 2: 990. 1753. (FOC)

Syn. *Amaranthus ascendens* Loiseleur-Deslongchamps, Not. Fl. France 141-142. 1810; *Amaranthus lividus* Linnaeus, Sp. Pl. 2: 990. 1753.

AH（黄山，汪小飞等，2007），**BJ**（王苏铭等，2012；吕玉峰等，2015），**CQ**（北碚区，杨柳等，2015；北碚区，严桧等，2016），**GD**（中山市，蒋谦才等，2008；鼎湖山国家级自然保护区，宋小玲等，2009；王芳等，2009；岳茂峰等，2011；林建勇等，2012；乐昌，邹滨等，2015，2016），**GX**（林建勇等，2012；郭成林等，2013），**HJ**（衡水市，牛玉璐和李建明，2010），**HL**（高燕和曹伟，2010；郑宝江和潘磊，2012），**HN**（林建勇等，2012；曾宪锋等，2014），**HX**（洞庭湖区，彭友林等，2008；湘西地区，刘兴锋等，2009；洞庭湖区，向国红等，2010b），**HY**（董东平和叶永忠，2007；朱长山等，2007；许昌市，姜罡丞，2009；李长看等，2011；储嘉琳等，2016），**JL**（高燕和曹伟，2010；长春

地区，曲同宝等，2015），**JS**（季敏等，2014；寿海洋等，2014；严辉等，2014；胡长松等，2016），**JX**（庐山风景区，胡天印等，2007c；鞠建文等，2011；江西南部，程淑媛等，2015），**LN**（齐淑艳和徐文铎，2006；高燕和曹伟，2010；大连，张淑梅等，2013；大连，张恒庆等，2016），**NM**（庞立东等，2015），**SA**（栾晓睿等，2016），**SD**（田家怡和吕传笑，2004；黄河三角洲，刘庆年等，2006；宋楠等，2006；惠洪者，2007；张绪良等，2010），**SH**（汪远等，2015），**TW**（苗栗地区，陈运造，2006），**XJ**（乌鲁木齐，张源，2007），**YN**（西双版纳，管志斌等，2006；红河流域，徐成东等，2006；徐成东和陆树刚，2006；申时才等，2012；杨忠兴等，2014），**ZJ**（金华市郊，李娜等，2007；杭州西湖风景区，梅笑漫等，2009；天目山自然保护区，陈京等，2011；西溪湿地，缪丽华等，2011；闫小玲等，2014；杭州，金祖达等，2015；周天焕等，2016），除内蒙古、宁夏、青海、西藏外，其他省区均有分布（车晋滇，2009；万方浩等，2012）；黄河三角洲地区（赵怀浩等，2011）；东北地区（郑美林和曹伟，2013）；海河流域滨岸带（任颖等，2015）。

安徽、澳门、北京、重庆、福建、甘肃、广东、广西、贵州、海南、河北、河南、黑龙江、湖北、湖南、吉林、江苏、江西、辽宁、内蒙古、陕西、山东、山西、上海、四川、台湾、天津、香港、新疆、云南、浙江；原产于地中海地区；归化于日本、南亚、北非、欧洲及澳大利亚。

老枪谷 有待观察
lao qiang gu

尾穗苋

Amaranthus caudatus Linnaeus, Sp. Pl. 2: 990. 1753. (FOC)

AH（徐海根和强胜，2004，2011；淮北地区，胡刚等，2005b；何家庆和葛结林，2008），**BJ**（彭程等，2010；王苏铭等，2012），**CQ**（金佛山自然保护区，孙娟等，2009；徐海根和强胜，2011；万州区，余顺慧和邓洪平，2011a，2011b），**FJ**（徐海根和强胜，2004，2011），**GD**（徐海根和强胜，2004，2011；深圳，严岳鸿等，2004；岳茂峰等，2011；林建勇等，2012），**GS**（徐海根和强胜，2004，2011；赵慧军，2012；河西地区，陈叶

等，2013），**GX**（徐海根和强胜，2004，2011；谢云珍等，2007；桂林，陈秋霞等，2008；和太平等，2011；胡刚和张忠华，2012；林建勇等，2012），**GZ**（徐海根和强胜，2004，2011；贵阳市，石登红和李灿，2011），**HB**（徐海根和强胜，2004，2011；喻大昭等，2011；章承林等，2012），**HJ**（徐海根和强胜，2004，2011；龙茹等，2008；秦皇岛，李顺才等，2009，衡水市，牛玉璐和李建明，2010；陈超等，2012），**HL**（徐海根和强胜，2004，2011），**HN**（徐海根和强胜，2004，2011；王伟等，2007；范志伟等，2008；林建勇等，2012；曾宪锋等，2014；陈玉凯等，2016），**HX**（徐海根和强胜，2004，2011；彭兆普等，2008；湘西地区，徐亮等，2009），**HY**（徐海根和强胜，2004，2011；新乡，许桂芳和简在友，2011），**JL**（长白山区，周鹥，2003；徐海根和强胜，2004，2011；长白山区，苏丽涛和马立军，2009；长春地区，曲同宝等，2015），**JS**（徐海根和强胜，2004，2011；寿海洋等，2014；严辉等，2014），**JX**（徐海根和强胜，2004，2011；季春峰等，2009；王宁，2010；鞠建文等，2011），**LN**（徐海根和强胜，2004，2011；齐淑艳和徐文铎，2006；曲波等，2006a，2006b；高燕和曹伟，2010），**NM**（徐海根和强胜，2004，2011；苏亚拉图等，2007；陈超等，2012；庞立东等，2015），**NX**（徐海根和强胜，2004，2011），**QH**（徐海根和强胜，2004，2011），**SA**（徐海根和强胜，2004，2011；栾晓睿等，2016），**SC**（徐海根和强胜，2004，2011；周小刚等，2008），**SD**（徐海根和强胜，2004，2011；衣艳君等，2005；吴彤等，2006），**SH**（张晴柔等，2013），**SX**（徐海根和强胜，2004，2011；石瑛等，2006；阳泉市，张垚，2016），**TW**（徐海根和强胜，2004，2011），**XJ**（徐海根和强胜，2004，2011），**XZ**（徐海根和强胜，2004，2011），**YN**（徐海根和强胜，2004，2011；丁莉等，2006；申时才等，2012），**ZJ**（徐海根和强胜，2004，2011；杭州西湖风景区，梅笑漫等，2009；张建国和张明如，2009；闫小玲等，2014）；全国各省区（范志伟等，2008）；大部分地区分布（车晋滇，2009）；华北农牧交错带（陈超等，2012）；东北地区（郑美林和曹伟，2013）。

安徽、北京、重庆、福建、甘肃、广东、广西、贵州、海南、河北、河南、黑龙江、湖北、湖南、吉林、江苏、江西、辽宁、内蒙古、宁夏、青海、陕西、山东、山西、上海、四川、台湾、天津、西藏、新疆、云南、浙江；原产于热带美洲；归化于热带和温带地区。

老鸦谷 3
lao ya gu

繁穗苋 鸦谷 天雪米 西天谷

Amaranthus cruentus Linnaeus, Syst. Nat. (ed. 10) 2: 1269. 1759. **(FOC)**
Syn. *Amaranthus paniculatus* Linnaeus, Sp. Pl. (ed. 2) 2: 1406. 1763.

AH（黄山，汪小飞等，2007），**BJ**（万方浩等，2012；王苏铭等，2012），**GD**（Fu 等，2011；付岚等，2012；林建勇等，2012；万方浩等，2012），**GS**（河西地区，陈叶等，2013），**JL**（长春地区，李斌等，2007），**JS**（寿海洋等，2014；严辉等，2014），**LN**（曲波，2003；曲波等，2006a，2006b；沈阳，付海滨等，2009；高燕和曹伟，2010；万方浩等，2012），**JS**（胡长松等，2016），**SA**（栾晓睿等，2016），**ZJ**（天目山自然保护区，陈京等，2011；宁波，徐颖等，2014；闫小玲等，2014）；中国各地栽培或逸生，分布于平地至海拔 2 150 m 地区（徐海根和强胜，2011）；东北地区（郑美林和曹伟，2013）。

安徽、北京、重庆、福建、甘肃、广西、广东、贵州、河北、河南、黑龙江、湖北、湖南、吉林、江苏、江西、辽宁、内蒙古、青海、陕西、山东、山西、上海、四川、天津、西藏、云南、浙江；原产于中美洲；归化于热带和温带地区。

假刺苋 3
jia ci xian

Amaranthus dubius Martius ex Thellung, Fl. Adv. Montpellier 203. 1912. **(FOC)**

AH（严靖等，2016），**GD**（潮州市，王秋实等，2015；严靖等，2016），**TW**（严靖等，2016），**ZJ**（严靖等，2016）。

安徽、北京、广东、河南、江西、台湾、云南、浙江；原产于南美洲、墨西哥和西印度群岛。

绿穗苋 2
lü sui xian

Amaranthus hybridus Linnaeus, Sp. Pl. 2:

990. 1753. **(FOC)**

Syn. *Amaranthus chlorostachys* Willdenow, Hist. Amaranth. 34. 1790; *Amaranthus patulus* Bertoloni, Comm. Neap. 171. 1837.

AH（陈明林等，2003；淮北地区，胡刚等，2005b；臧敏等，2006；黄山，汪小飞等，2007；解焱，2008；徐海根和强胜，2011），**GD**（林建勇等，2012；乐昌，邹滨等，2015，2016），**GX**（桂林，陈秋霞等，2008；林建勇等，2012），**GZ**（黔南地区，韦美玉等，2006；解焱，2008；徐海根和强胜，2011），**HB**（刘胜祥和秦伟，2004；解焱，2008；徐海根和强胜，2011；喻大昭等，2011；章承林等，2012），**HX**（彭兆普等，2008；解焱，2008；徐海根和强胜，2011；谢红艳和张雪芹，2012），**HY**（解焱，2008；新乡，许桂芳和简在友，2011；徐海根和强胜，2011；储嘉琳等，2016），**JS**（解焱，2008；徐海根和强胜，2011；寿海洋等，2014；严辉等，2014；胡长松等，2016），**JX**（解焱，2008；鄱阳湖国家级自然保护区，葛刚等，2010；鞠建文等，2011；徐海根和强胜，2011），**LN**（老铁山自然保护区，吴晓姝等，2010；大连，张恒庆等，2016），**SA**（解焱，2008；南部，徐海根和强胜，2011；栾晓睿等，2016），**SC**（解焱，2008；周小刚等，2008；邛海湿地，杨红，2009；徐海根和强胜，2011），**SH**（张晴柔等，2013；汪远等，2015），**TW**（苗栗地区，陈运造，2006），**YN**（申时才等，2012），**ZJ**（解焱，2008；杭州西湖风景区，梅笑漫等，2009；徐海根和强胜，2011；杭州，陈小永等，2006；张建国和张明如，2009；温州，丁炳扬和胡仁勇，2011；温州地区，胡仁勇等，2011；闫小玲等，2014）；赤水河中游地区（窦全丽等，2015）。

安徽、重庆、福建、甘肃、广东、广西、贵州、河南、湖北、湖南、江苏、江西、辽宁、陕西、山东、上海、四川、台湾、香港、新疆、云南、浙江；原产于美洲；归化于亚洲、欧洲和大洋洲。

千穗谷 3
qian sui gu

长穗苋

Amaranthus hypochondriacus Linnaeus, Sp. Pl. 2: 991. 1753. **(FOC)**

Syn. *Amaranthus leucocarpus* S. Watson,

Proc. Amer. Acad. Arts 10: 347. 1875.

AH（淮北地区，胡刚等，2005a），**HY**（储嘉琳等，2016），**JS**（寿海洋等，2014；严辉等，2014；胡长松等，2016），**ZJ**（李惠茹等，2016b）。

安徽、重庆、贵州、河北、河南、吉林、江苏、内蒙古、四川、天津、新疆、云南、浙江；原产于墨西哥。

长芒苋 1
chang mang xian

Amaranthus palmeri S. Watson, Proc. Amer. Acad. Arts 12: 274. 1877. **(Tropicos)**

AH（严靖等，2015；李慧琪等，2015），**BJ**（李振宇，2003；郎金顶等，2008；车晋滇，2008；车晋滇，2009；徐海根和强胜，2011；万方浩等，2012；吕玉峰等，2015；环境保护部和中国科学院，2016），**HJ**（环境保护部和中国科学院，2016），**HY**（储嘉琳等，2016），**JL**（长春地区，曲同宝等，2015），**JS**（徐海根和强胜，2011；寿海洋等，2014；严辉等，2014；环境保护部和中国科学院，2016），**LN**（徐海根和强胜，2011；大连，张淑梅等，2013；环境保护部和中国科学院，2016），**SD**（徐海根和强胜，2011；万方浩等，2012；环境保护部和中国科学院，2016），**SH**（张晴柔等，2013），**TJ**（万方浩等，2012；李慧琪等，2015；环境保护部和中国科学院，2016；莫训强等，2017），**ZJ**（李慧琪等，2015）；海河流域滨岸带（任颖等，2015）。

安徽、北京、广东、广西、河南、河北、吉林、江苏、辽宁、山东、上海、天津、浙江；原产于美国西部至墨西哥北部；归化于欧洲、大洋洲、日本等。

合被苋 3
he bei xian

泰山苋

Amaranthus polygonoides Linnaeus, Pl. Jamaic. Pug. 27. 1759. **(Tropicos)**

AH（李振宇等，2002；李振宇和解焱，2002；解焱，2008；车晋滇，2009；徐海根和强胜，2011；万方浩等，2012），**BJ**（李振宇等，2002；李振宇和解焱，2002；车晋滇，2004，2009；贾春虹等，2005；解焱，2008；林秦文等，2009；杨景成等，

2009；徐海根和强胜，2011；万方浩等，2012；吕玉峰等，2015），**GX**（桂林，陈秋霞等，2008；徐海根和强胜，2011），**HY**（储嘉琳等，2016），**LN**（老铁山自然保护区，吴晓姝等，2010；大连，张恒庆等，2016），**SD**（李振宇等，2002；李振宇和解焱，2002；衣艳君等，2005；青岛，罗艳和刘爱华，2008；解焱，2008；车晋滇，2009；徐海根和强胜，2011；万方浩等，2012），**SH**（汪远等，2015），**ZJ**（张小伟等，2015；李惠茹等，2016b）；海河流域滨岸带（任颖等，2015）。

安徽、北京、广西、河北、河南、江苏、辽宁、山东、上海、天津、浙江；原产于美国西南部和墨西哥；归化于欧洲、中亚和西亚。

鲍氏苋
bao shi xian

有待观察

Amaranthus powellii S. Watson, Proc. Amer. Acad. Arts 10: 347. 1875. **(Tropicos)**

HJ（严靖等，2016），**JS**（胡长松等，2016），**NM**（严靖等，2016），**SX**（严靖等，2016）。

河北、江苏、内蒙古、山西；原产于美国西南部和墨西哥邻近地区。

反枝苋①
fan zhi xian

1

绿苋 人苋菜 西风谷 野苋菜

Amaranthus retroflexus Linnaeus, Sp. Pl. 2: 991. 1753. **(FOC)**

AH（李振宇和解焱，2002；徐海根和强胜，2004，2011；淮北地区，胡刚等，2005a，2005b；黄山，汪小飞等，2007；何家庆和葛结林，2008；万方浩等，2012；环境保护部和中国科学院，2014），**BJ**（李振宇和解焱，2002；刘全儒等，2002；贾春虹等，2005；雷霆等，2006；建成区，郎金顶等，2008；林秦文等，2009；杨景成等，2009；彭程等，2010；建成区，赵娟娟等，2010；松山自然保护区，刘佳凯等，2012；万方浩等，2012；王苏铭等，2012；松山国家自然保护区，王惠惠等，2014；吕玉峰等，2015），**CQ**（李振宇和解焱，2002；石胜璋等，2004；金佛山自然保护区，林茂祥等，2007；金佛山自然保护区，孙娟等，2009；徐海根和强胜，2011；万方浩等，2012；环境保护部和中国科学院，2014；北碚区，杨柳等，2015；北碚区，严栓等，2016），**FJ**（徐海根和强胜，2004，2011；武夷山市，李国平等，2014），**GD**（徐海根和强胜，2004，2011；北师大珠海分校，吴杰等，2011，2012；岳茂峰等，2011；林建勇等，2012；万方浩等，2012；稔平半岛，于飞等，2012；环境保护部和中国科学院，2014），**GS**（李振宇和解焱，2002；徐海根和强胜，2004，2011；金塔地区，董平等，2010；尚斌，2012；万方浩等，2012；赵慧军，2012；河西地区，陈叶等，2013；环境保护部和中国科学院，2014），**GX**（徐海根和强胜，2004，2011；谢云珍等，2007；桂林，陈秋霞等，2008；唐赛春等，2008b；柳州市，石亮成等，2009；胡刚和张忠华，2012；林建勇等，2012；万方浩等，2012；环境保护部和中国科学院，2014；来宾市，林春华等，2015；灵山县，刘在松，2015），**GZ**（屠玉麟，2002；李扬汉，1998；徐海根和强胜，2004，2011；黔南地区，韦美玉等，2006；大沙河自然保护区，林茂祥等，2008；车晋滇，2009；申敬民等，2010；贵阳市，石登红和李灿，2011；万方浩等，2012；环境保护部和中国科学院，2014；贵阳市，陈菊艳等，2016），**HB**（李振宇和解焱，2002；刘胜祥和秦伟，2004；徐海根和强胜，2004，2011；星斗山国家级自然保护区，卢少飞等，2005；天门市，沈体忠等，2008；李儒海等，2011；喻大昭等，2011；万方浩等，2012；环境保护部和中国科学院，2014），**HJ**（李振宇和解焱，2002；徐海根和强胜，2004，2011；衡水湖，李惠欣，2008；龙茹等，2008；车晋滇，2009；秦皇岛，李顺才等，2009；衡水市，牛玉璐和李建明，2010；陈超等，2012；万方浩等，2012；环境保护部和中国科学院，2014），**HL**（李振宇和解焱，2002；徐海根和强胜，2004，2011；李玉生等，2005；高燕和曹伟，2010；鲁萍等，2012；万方浩等，2012；郑宝江和潘磊，2012；环境保护部和中国科学院，2014），**HN**（徐海根和强胜，2004；安锋等，2007；王伟等，2007；周祖光，2011；彭

---

① 国内对反枝苋 *A. retroflexus* 和绿穗苋 *A. hybridus* 的鉴定和报道大多存在混淆，有待详细考证。反枝苋 *A. retroflexus* 广泛分布于东北、华北和西北地区，长江流域及其以南地区极少分布。

双子叶植物

宗波等，2013；陈玉凯等，2016），**HX**（李振宇和解焱，2002；徐海根和强胜，2004，2011；彭兆普等，2008；洞庭湖区，彭友林等，2008；湘西地区，刘兴锋等，2009；常德市，彭友林等，2009；洞庭湖区，向国红等，2010a；衡阳市，谢红艳等，2011；万方浩等，2012；环境保护部和中国科学院，2014），**HY**（杜卫兵等，2002；李振宇和解焱，2002；徐海根和强胜，2004，2011；开封，张桂宾，2004；田朝阳等，2005；东部，张桂宾，2006；朱长山等，2007；王列富和陈元胜，2009；李长看等，2011；新乡，许桂芳和简在友，2011；万方浩等，2012；环境保护部和中国科学院，2014；储嘉琳等，2016），**JL**（李振宇和解焱，2002；长白山区，周繇，2003；徐海根和强胜，2004，2011；长白山区，苏丽涛和马立军，2009；高燕和曹伟，2010；万方浩等，2012；环境保护部和中国科学院，2014；长春地区，曲同宝等，2015），**JS**（李振宇和解焱，2002；南京，吴海荣和强胜，2003；李亚等，2008；董红云等，2010a；徐海根和强胜，2011；苏州，林敏等，2012；万方浩等，2012；环境保护部和中国科学院，2014；李敏等，2014；寿海洋等，2014；严辉等，2014；南京城区，吴秀臣和芦建国，2015；胡长松等，2016），**JX**（李振宇和解焱，2002；徐海根和强胜，2004，2011；季春峰等，2009；庐山风景区，胡天印等，2007c；雷平等，2010；王宁，2010；鞠建文等，2011；万方浩等，2012；朱碧华和朱大庆，2013；环境保护部和中国科学院，2014；江西南部，程淑媛等，2015），**LN**（李振宇和解焱，2002；曲波，2003；徐海根和强胜，2004，2011；齐淑艳和徐文铎，2006；高燕和曹伟，2010；曲波等，2010；鸭绿江口滨海湿地自然保护区、医巫闾山自然保护区、九龙川自然保护区，吴晓姝等，2010；万方浩等，2012；大连，张淑梅等，2013；环境保护部和中国科学院，2014；大连，张恒庆等，2016），**NM**（李振宇和解焱，2002；徐海根和强胜，2004，2011；苏亚拉图等，2007；高燕和曹伟，2010；张永宏和袁淑珍，2010；陈超等，2012；万方浩等，2012；环境保护部和中国科学院，2014；庞立东等，2015），**NX**（李振宇和解焱，2002；徐海根和强胜，2004，2011；万方浩等，2012；环境保护部和中国科学院，2014），**QH**（李振宇和解焱，2002；徐海根和强胜，2004，2011；万方浩等，2012；环境保护部和中国科学院，2014），**SA**（李振宇和解焱，2002；徐海根和强胜，

2004，2011；西安地区，祁云枝等，2010；万方浩等，2012；杨凌地区，何纪琳等，2013；环境保护部和中国科学院，2014；栾晓睿等，2016），**SC**（李振宇和解焱，2002；徐海根和强胜，2004，2011；周小刚等，2008；马丹炜等，2009；邛海湿地，杨红，2009；万方浩等，2012；环境保护部和中国科学院，2014；孟兴等，2015），**SD**（李振宇和解焱，2002；肖素荣等，2003；田家怡和吕传笑，2004；徐海根和强胜，2004，2011；衣艳君等，2005；黄河三角洲，刘庆年等，2006；宋楠等，2006；惠洪者，2007；昆嵛山，赵宏和董翠玲，2007；青岛，罗艳和刘爱华，2008；车晋滇，2009；南四湖湿地，王元军，2010；张绪良等，2010；万方浩等，2012；环境保护部和中国科学院，2014；曲阜，赵灏，2015），**SH**（郭水良和李扬汉，1995；李振宇和解焱，2002；秦卫华等，2007；青浦，左倬等，2010；南部，万方浩等，2012；张晴柔等，2013；环境保护部和中国科学院，2014；汪远等，2015），**SX**（李振宇和解焱，2002；徐海根和强胜，2004，2011；石瑛等，2006；马世军和王建军，2011；万方浩等，2012；环境保护部和中国科学院，2014；阳泉市，张垚，2016），**TJ**（环境保护部和中国科学院，2014），**TW**（徐海根和强胜，2004，2011；苗栗地区，陈运造，2006；万方浩等，2012；环境保护部和中国科学院，2014），**XJ**（李振宇和解焱，2002；徐海根和强胜，2004，2011；乌鲁木齐，张源，2007；万方浩等，2012；环境保护部和中国科学院，2014），**XZ**（李振宇和解焱，2002；徐海根和强胜，2004，2011；万方浩等，2012；环境保护部和中国科学院，2014），**YN**（李扬汉，1998；徐海根和强胜，2004，2011；丁莉等，2006；怒江干热河谷区，胡发广等，2007；车晋滇，2009；申时才等，2012；万方浩等，2012；环境保护部和中国科学院，2014），**ZJ**（郭水良和李扬汉，1995；李振宇和解焱，2002；徐海根和强胜，2004，2011；李根有等，2006；金华市郊，李娜等，2007；杭州市，王嫩仙，2008；西溪湿地，舒美英等，2009；张建国和张明如，2009；杭州，张明如等，2009；天目山自然保护区，陈京等，2011；温州，丁炳扬和胡仁勇，2011；温州地区，胡仁勇等，2011；西溪湿地，缪丽华等，2011；万方浩等，2012；杭州，谢国雄等，2012；环境保护部和中国科学院，2014；宁波，徐颖等，2014；闫小玲等，2014；杭州，金祖达等，2015；周天焕等，2016）；除西藏、台湾、广

东、广西、云南、海南、福建、香港、贵州、澳门外的其他所有省份（解焱，2008）；东北、华北、华东、华中、西北（车晋滇，2009）；我国分布于华北、东北、西北、华东、华中等地（李扬汉，1998）；黄河三角洲地区（赵怀浩等，2011）；华北农牧交错带（陈超等，2012）；东北地区（郑美林和曹伟，2013）；赤水河中游地区（窦全丽等，2015）；海河流域滨岸带（任颖等，2015）；东北草地（石洪山等，2016）。

安徽、北京、重庆、福建、甘肃、广东、广西、贵州、海南、河北、河南、黑龙江、湖北、湖南、吉林、江苏、江西、辽宁、内蒙古、宁夏、青海、陕西、山东、山西、上海、四川、台湾、天津、西藏、新疆、云南、浙江；原产于北美洲、中美洲；归化于世界。

刺苋　　　　　　　　　　1
ci xian

刺苋菜　勒苋菜

Amaranthus spinosus Linnaeus, Sp. Pl. 2: 991. 1753. (FOC)

AH（李振宇和解焱，2002；陈明林等，2003；徐海根和强胜，2004，2011；淮北地区，胡刚等，2005a，2005b；臧敏等，2006；黄山，汪小飞等，2007；范志伟等，2008；何家庆和葛结林，2008；解焱，2008；车晋滇，2009；何冬梅等，2010；环境保护部和中国科学院，2010；万方浩等，2012；黄山市城区，梁宇轩等，2015），**BJ**（李振宇和解焱，2002；刘全儒等，2002；车晋滇，2004，2009；车晋滇等，2004；贾春虹等，2005；范志伟等，2008；解焱，2008；林秦文等，2009；杨景成等，2009；环境保护部和中国科学院，2010；彭程等，2010；建成区，赵娟娟等，2010；万方浩等，2012；王苏铭等，2012；吕玉峰等，2015），**CQ**（李振宇和解焱，2002；石胜璋等，2004；金佛山自然保护区，林茂祥等，2007；范志伟等，2008；解焱，2008；杨丽等，2008；车晋滇，2009；环境保护部和中国科学院，2010；徐海根和强胜，2011；万州区，余顺慧和邓洪平，2011a，2011b；万方浩等，2012；北碚区，杨柳等，2015；北碚区，严桧等，2016），**FJ**（郭水良和李扬汉，1995；李振宇和解焱，2002；徐海根和强胜，2004，2011；厦门地区，陈恒彬，2005；厦门，欧健和卢昌义，2006a，2006b；范志伟等，2008；解焱，2008；车晋滇，2009；杨坚和陈恒彬，2009；

环境保护部和中国科学院，2010；万方浩等，2012；武夷山市，李国平等，2014），**GD**（李振宇和解焱，2002；鼎湖山，贺握权和黄忠良，2004；徐海根和强胜，2004，2011；珠海市，黄辉宁等，2005b；中山市，蒋谦才等，2008；广州，王忠等，2008；解焱，2008；车晋滇，2009；王芳等，2009；粤东地区，曾宪锋等，2009；环境保护部和中国科学院，2010；粤东，朱慧和马瑞君，2010；Fu等，2011；北师大珠海分校，吴杰等，2011，2012；岳茂峰等，2011；佛山，黄益燕等，2011；付岚等，2012；林建勇等，2012；万方浩等，2012；稔平半岛，于飞等，2012；粤东地区，朱慧，2012；潮州市，陈丹生等，2013；广州，李许文等，2014；乐昌，邹滨等，2015，2016），**GS**（徐海根和强胜，2004，2011；范志伟等，2008；万方浩等，2012；赵慧军，2012），**GX**（李振宇和解焱，2002；邓晰朝和卢旭，2004；徐海根和强胜，2004，2011；十万大山自然保护区，韦原莲等，2006；吴桂容，2006；谢云珍等，2007；桂林，陈秋霞等，2008；范志伟等，2008；唐赛春等，2008b；解焱，2008；十万大山自然保护区，叶铎等，2008；车晋滇，2009；柳州市，石亮成等，2009；环境保护部和中国科学院，2010；和太平等，2011；北部湾经济区，林建勇等，2011a，2011b；林建勇等，2012；胡刚和张忠华，2012；梧州市，马多等，2012；万方浩等，2012；防城金花茶自然保护区，吴儒华和李福阳，2012；郭成林等，2013；百色，贾桂康，2013；来宾市，林春华等，2015；金子岭风景区，贾桂康和钟林敏，2016），**GZ**（李扬汉，1998；李振宇和解焱，2002；徐海根和强胜，2004，2011；黔南地区，韦美玉等，2006；范志伟等，2008；大沙河自然保护区，林茂祥等，2008；解焱，2008；车晋滇，2009；环境保护部和中国科学院，2010；申敬民等，2010；万方浩等，2012），**HB**（李振宇和解焱，2002；刘胜祥和秦伟，2004；徐海根和强胜，2004，2011；星斗山国家级自然保护区，卢少飞等，2005；范志伟等，2008；天门市，沈体忠等，2008；解焱，2008；环境保护部和中国科学院，2010；黄石市，姚发兴，2011；喻大昭等，2011；万方浩等，2012），**HJ**（南部，李振宇和解焱，2002；徐海根和强胜，2004，2011；南部，范志伟等，2008；衡水湖，李惠欣，2008；龙茹等，2008；南部，解焱，2008；车晋滇，2009；衡水市，牛玉璐和李建明，2010；万方浩等，2012），**HK**（李振宇和解焱，2002；严岳鸿等，2005；范志伟等，2008；解焱，2008；车晋滇，2009；环境保护部和中国科学院，2010；万方浩等，2012），**HL**（徐海根和强胜，2004；鲁萍等，2012；万方浩等，2012），**HN**（李振宇和解焱，2002；徐海根和强胜，2004，2011；单家林等，2006；安锋等，2007；王伟等，2007；范志伟等，2008；铜鼓岭国家级自然保护区、东寨港国家级自然保护区、大田国家级自然保护区，秦卫华等，2008；石灰岩地区，秦新生等，2008；解焱，2008；车晋滇，2009；环境保护部和中国科学院，2010；霸王岭自然保护区，胡雪华等，2011；甘什岭自然保护区，张荣京和邢福武，2011；周祖光，2011；林建勇等，2012；万方浩等，2012；曾宪锋等，2014；陈玉凯等，2016），**HX**（李振宇和解焱，2002；徐海根和强胜，2004，2011；范志伟等，2008；彭兆普等，2008；洞庭湖区，彭友林等，2008；解焱，2008；车晋滇，2009；常德市，彭友林等，2009；湘西地区，徐亮等，2009；环境保护部和中国科学院，2010；洞庭湖区，向国红等，2010a，2010b；万方浩等，2012），**HY**（李扬汉，1998；李振宇和解焱，2002；徐海根和强胜，2004，2011；开封，张桂宾，2004；田朝阳等，2005；东部，张桂宾，2006；董东平和叶永忠，2007；朱长山等，2007；范志伟等，2008；解焱，2008；车晋滇，2009；许昌市，姜罡丞，2009；王列富和陈元胜，2009；环境保护部和中国科学院，2010；李长看等，2011；新乡，许桂芳和简在友，2011；万方浩等，2012；储嘉琳等，2016），**JL**（徐海根和强胜，2004，2011；万方浩等，2012；长春地区，曲同宝等，2015），**JS**（郭水良和李扬汉，1995；李振宇和解焱，2002；范志伟等，2008；李亚等，2008；解焱，2008；车晋滇，2009；环境保护部和中国科学院，2010；万方浩等，2012；李敏等，2014；寿海洋等，2014；严辉等，2014；胡长松等，2016），**JX**（李振宇和解焱，2002；徐海根和强胜，2004，2011；范志伟等，2008；解焱，2008；车晋滇，2009；李春峰，2009；鄱阳湖国家级自然保护区，葛刚等，2010；环境保护部和中国科学院，2010；雷平等，2010；王宁，2010；鞠建文等，2011；万方浩等，2012；朱碧华和朱大庆，2013；江西南部，程淑媛等，2015），**LN**（徐海根和强胜，2004，2011；曲波等，2010；万方浩等，2012），**MC**（李振宇和解焱，2002；王发国等，2004；解焱，2008；车晋滇，2009），**SA**（李扬汉，1998；李振宇和解焱，2002；

徐海根和强胜，2004，2011；范志伟等，2008；解焱，2008；车晋滇，2009；环境保护部和中国科学院，2010；西安地区，祁云枝等，2010；万方浩等，2012；栾晓睿等，2016），**SC**（李扬汉，1998；李振宇和解焱，2002；徐海根和强胜，2004，2011；范志伟等，2008；解焱，2008；周小刚等，2008；车晋滇，2009；马丹炜等，2009；邛海湿地，杨红，2009；环境保护部和中国科学院，2010；万方浩等，2012；孟兴等，2015），**SD**（李振宇和解焱，2002；肖素荣等，2003；田家怡和吕传笑，2004；徐海根和强胜，2004，2011；衣艳君等，2005；黄河三角洲，刘庆年等，2006；宋楠等，2006；惠洪者，2007；范志伟等，2008；青岛，罗艳和刘爱华，2008；解焱，2008；车晋滇，2009；环境保护部和中国科学院，2010；南四湖湿地，王元军，2010；张绪良等，2010；万方浩等，2012），**SH**（郭水良和李扬汉，1995；青浦，左倬等，2010；张晴柔等，2013；汪远等，2015），**SX**（徐海根和强胜，2004，2011；万方浩等，2012），**TW**（李扬汉，1998；李振宇和解焱，2002；徐海根和强胜，2004，2011；苗栗地区，陈运造，2006；范志伟等，2008；解焱，2008；车晋滇，2009；环境保护部和中国科学院，2010；万方浩等，2012），**XJ**（徐海根和强胜，2004，2011；万方浩等，2012），**YN**（李扬汉，1998；李振宇和解焱，2002；徐海根和强胜，2004，2011；丁莉等，2006；西双版纳，管志斌等，2006；红河流域，徐成东等，2006；徐成东和陆树刚，2006；怒江干热河谷区，胡发广等，2007；李乡旺等，2007；瑞丽，赵见明，2007；范志伟等，2008；纳板河自然保护区，刘峰等，2008；解焱，2008；车晋滇，2009；红河州，何艳萍等，2010；环境保护部和中国科学院，2010；申时才等，2012；普洱，陶川，2012；万方浩等，2012；怒江流域，沈利峰等，2013；西双版纳自然保护区，陶永祥等，2017），**ZJ**（郭水良和李扬汉，1995；李振宇和解焱，2002；徐海根和强胜，2004，2011；杭州，陈小永等，2006；李根有等，2006；范志伟等，2008；杭州市，王嫩仙，2008；解焱，2008；车晋滇，2009；杭州西湖风景区，梅笑漫等，2009；西溪湿地，舒美英等，2009；张建国和张明如，2009；环境保护部和中国科学院，2010；天目山自然保护区，陈京等，2011；温州，丁炳扬和胡仁勇，2011；温州地区，胡仁勇等，2011；西溪湿地，缪丽华等，2011；万方浩等，2012；杭州，谢国雄等，

2012；宁波，徐颖等，2014；闫小玲等，2014；杭州，金祖达等，2015；周天焕等，2016）；分布于华东、华中、华南等省区（李扬汉，1998）；黄河三角洲地区（赵怀浩等，2011）；海河流域滨岸带（任颖等，2015）。

安徽、澳门、北京、重庆、福建、甘肃、广东、广西、贵州、海南、河北、河南、黑龙江、湖北、湖南、吉林、江苏、江西、辽宁、陕西、山东、山西、上海、四川、台湾、西藏、香港、新疆、云南、浙江；原产于热带美洲；归化于世界。

菱叶苋　　　　　　　有待观察
ling ye xian

Amaranthus standleyanus Parodi ex Covas, Darwiniana 5: 339. 1941. **(Tropicos)**

　　BJ（玉渊潭附近，李振宇，2004；海淀区，车晋滇，2009）。

北京；原产于阿根廷；归化于欧洲。

薄叶苋　　　　　　　有待观察
bao ye xian

Amaranthus tenuifolius Willdenow, Sp. Pl. (ed. 4) 4:381. 1805. **(Tropicos)**

　　课题组观察资料。

山东、河南；原产于印度和巴基斯坦。

苋　　　　　　　　　　4
xian

刺苋 老来少 老少年 三色苋 雁来红

Amaranthus tricolor Linnaeus, Sp. Pl. 2: 989. 1753. **(FOC)**

Syn. *Amaranthus mangostanus* Linnaeus, Cent. Pl. 1: 32. 1755.

　　AH（陈明林等，2003；徐海根和强胜，2004，2011；淮北地区，胡刚等，2005b；臧敏等，2006；何家庆和葛结林，2008；万方浩等，2012），**BJ**（刘全儒等，2002；彭程等，2010；松山自然保护区，刘佳凯等，2012；万方浩等，2012；王苏铭等，2012），**CQ**（金佛山自然保护区，孙娟等，2009；徐海根和强胜，2011；北碚区，杨柳等，2015），**FJ**（徐海根和强胜，2004，2011；万方浩等，2012；武夷山市，李国平等，2014），**GD**（徐海根和强胜，2004，2011；惠州红树林自然保护区，曹飞等，2007；粤东地区，曾宪锋等，2009；Fu 等，2011；付岚等，2012；林建勇等，2012；万方浩等，2012；粤东地区，朱慧，2012；潮州市，陈丹生等，2013；乐昌，邹滨，2016），**GS**（徐海根和强胜，2004，2011；万方浩等，2012；赵慧军，2012；河西地区，陈叶等，2013），**GX**（邓晰朝和卢旭，2004；徐海根和强胜，2004，2011；吴桂容，2006；桂林，陈秋霞等，2008；北部湾经济区，林建勇等，2011a，2011b；林建勇等，2012；梧州市，马多等，2012；万方浩等，2012；郭成林等，2013；来宾市，林春华等，2015；灵山县，刘在松，2015），**GZ**（徐海根和强胜，2004，2011；黔南地区，韦美玉等，2006；贵阳市，石登红和李灿，2011；万方浩等，2012），**HB**（刘胜祥和秦伟，2004；徐海根和强胜，2004，2011；星斗山国家级自然保护区，卢少飞等，2005；天门市，沈体忠等，2008；黄石市，姚发兴，2011；喻大昭等，2011；万方浩等，2012），**HJ**（徐海根和强胜，2004，2011；龙茹等，2008；衡水市，牛玉璐和李建明，2010；万方浩等，2012），**HL**（徐海根和强胜，2004，2011；高燕和曹伟，2010；万方浩等，2012；郑宝江和潘磊，2012），**HN**（徐海根和强胜，2004，2011；王伟等，2007；铜鼓岭国家级自然保护区、东寨港国家级自然保护区、大田国家级自然保护区，秦卫华等，2008；石灰岩地区，秦新生等，2008；林建勇等，2012；万方浩等，2012；陈玉凯等，2016），**HX**（徐海根和强胜，2004，2011；范志伟等，2008；南岳自然保护区，谢红艳等，2007；湘西地区，刘兴锋等，2009；湘西地区，徐亮等，2009；衡阳市，谢红艳等，2011；万方浩等，2012；谢红艳和张雪芹，2012），**HY**（徐海根和强胜，2004，2011；新乡，许桂芳和简在友，2011；万方浩等，2012；储嘉琳等，2016），**JL**（长白山区，周繇，2003；徐海根和强胜，2004，2011；长春地区，李斌等，2007；长白山区，苏丽涛和马立军，2009；高燕和曹伟，2010；万方浩等，2012；长春地区，曲同宝等，2015），**JS**（徐海根和强胜，2004，2011；万方浩等，2012；寿海洋等，2014；严辉等，2014；胡长松等，2016），**JX**（徐海根和强胜，2004，2011；季春峰等，2009；王宁，2010；鞠建文等，2011；万方浩等，2012；江西南部，程淑媛等，2015），**LN**

双子叶植物

（曲波，2003；徐海根和强胜，2004，2011；齐淑艳和徐文铎，2006；曲波等，2006a，2006b；付海滨等，2009；高燕和曹伟，2010；万方浩等，2012），**MC**（王发国等，2004），**NM**（徐海根和强胜，2004，2011；高燕和曹伟，2010；万方浩等，2012），**NX**（徐海根和强胜，2004，2011；万方浩等，2012），**QH**（徐海根和强胜，2004，2011；万方浩等，2012），**SA**（徐海根和强胜，2004，2011；西安地区，祁云枝等，2010；万方浩等，2012；栾晓睿等，2016），**SC**（徐海根和强胜，2004，2011；周小刚等，2008；万方浩等，2012；陈开伟，2013），**SD**（徐海根和强胜，2004，2011；衣艳君等，2005；昆嵛山，赵宏和董翠玲，2007；青岛，罗艳和刘爱华，2008；万方浩等，2012；昆嵛山，赵宏和丛海燕，2012），**SH**（张晴柔等，2013），**SX**（徐海根和强胜，2004，2011；万方浩等，2012；阳泉市，张垚，2016），**TW**（徐海根和强胜，2004，2011；苗栗地区，陈运造，2006；万方浩等，2012），**XJ**（徐海根和强胜，2004，2011；万方浩等，2012），**XZ**（徐海根和强胜，2004，2011；万方浩等，2012），**YN**（徐海根和强胜，2004，2011；丁莉等，2006；申时才等，2012；万方浩等，2012），**ZJ**（徐海根和强胜，2004，2011；杭州，陈小永等，2006；台州，陈模舜，2008；杭州市，王嫩仙，2008；张建国和张明如，2009；天目山自然保护区，陈京等，2011；万方浩等，2012；杭州，谢国雄等，2012；宁波，徐颖等，2014；闫小玲等，2014）；全国各地均有分布（范志伟等，2008；解焱，2008）；大部分地区分布（车晋滇，2009）；东北地区（郑美林和曹伟，2013）；海河流域滨岸带（任颖等，2015）。

安徽、澳门、北京、重庆、福建、甘肃、广东、广西、贵州、海南、河北、河南、黑龙江、湖北、湖南、吉林、江苏、江西、辽宁、内蒙古、宁夏、青海、陕西、山东、山西、上海、四川、台湾、天津、西藏、香港、新疆、云南、浙江；原产于热带亚洲；归化于热带亚洲。

糙果苋 3
cao guo xian

Amaranthus tuberculatus (Moquin-Tandon) J. D. Sauer, Madroño 13 (1): 18. 1955. (Tropicos)

BJ（苗雪鹏和李学东，2016）。
北京、河北、辽宁、山东；原产于北美洲。

皱果苋 2
zhou guo xian

绿苋 苋 野人苋 野苋

Amaranthus viridis Linnaeus, Sp. Pl. (ed. 2) 2: 1405. 1763. (FOC)

AH（陈明林等，2003；徐海根和强胜，2004，2011；淮北地区，胡刚等，2005a，2005b；臧敏等，2006；黄山，汪小飞等，2007；何家庆和葛结林，2008；何冬梅等，2010；万方浩等，2012），**BJ**（刘全儒等，2002；贾春虹等，2005；建成区，郎金顶等，2008；杨景成等，2009；彭程等，2010；建成区，赵娟娟等，2010；松山自然保护区，刘佳凯等，2012；万方浩等，2012；王苏铭等，2012；松山自然保护区，王惠惠等，2014；吕玉峰等，2015），**CQ**（石胜璋等，2004；金佛山自然保护区，林茂祥等，2007；徐海根和强胜，2011；万州区，余顺慧和邓洪平，2011a，2011b），**FJ**（徐海根和强胜，2004，2011；厦门，欧健和卢昌义，2006a，2006b；杨坚和陈恒彬，2009；万方浩等，2012；长乐，林为涂，2013；武夷山市，李国平等，2014），**GD**（鼎湖山，贺握权和黄忠良，2004；徐海根和强胜，2004，2011；中山市，蒋谦才等，2008；广州，王忠等，2008；王芳等，2009；粤东地区，曾宪锋等，2009；粤东，朱慧和马瑞君，2010；Fu等，2011；佛山，黄益燕等，2011；岳茂峰等，2011；付岚等，2012；林建勇等，2012；万方浩等，2012；粤东地区，朱慧，2012；稔平半岛，于飞等，2012；潮州市，陈丹生等，2013；深圳，蔡毅等，2015；广州南沙黄山鲁森林公园，李海生等，2015；乐昌，邹滨等，2015，2016），**GS**（徐海根和强胜，2004，2011；万方浩等，2012；赵慧军，2012），**GX**（徐海根和强胜，2004，2011；吴桂容，2006；十万大山自然保护区，韦原莲等，2006；谢云珍等，2007；唐赛春等，2008b；十万大山自然保护区，叶铎等，2008；和太平等，2011；北部湾经济区，林建勇等，2011a，2011b；林建勇等，2012；胡刚和张忠华，2012；万方浩等，2012；防城金花茶自然保护区，吴儒华和李福阳，2012；郭成林等，2013；百色，贾桂康，2013；来宾市，林春华等，2015；灵山县，刘在松，2015），**GZ**（黔南地区，韦美玉等，2006；大沙河自然保护区，林茂祥等，2008；申敬民等，2010），**HB**（刘胜祥和秦伟，2004；星斗山国家级自然保护区，卢少飞等，2005；天门市，沈体忠等，2008；黄石市，姚发兴，2011；喻大昭等，2011；章承林等，2012），**HJ**（徐海根和强胜，2004，2011；衡水湖，李惠欣，2008；龙茹等，2008；秦皇岛，李顺才等，2009；衡水市，牛玉璐和李建明，2010；万方浩等，2012），**HL**（徐海根和强胜，2004，2011；李玉生等，2005；高燕和曹伟，2010；鲁萍等，2012；万方浩等，2012），**HN**（徐海根和强胜，2004，2011；单家林等，2006；安锋等，2007；王伟等，2007；范志伟等，2008；铜鼓岭国家级自然保护区，秦卫华等，2008；石灰岩地区，秦新生等，2008；林建勇等，2012；万方浩等，2012；曾宪锋等，2014；陈玉凯等，2016），**HX**（彭兆普等，2008；洞庭湖区，彭友林等，2008；湘西地区，刘兴锋等，2009；常德市，彭友林等，2009；洞庭湖区，向国红等，2010a，2010b；衡阳市，谢红艳等，2011；谢红艳和张雪芹，2012），**HY**（杜卫兵等，2002；徐海根和强胜，2004，2011；开封，张桂宾，2004；田朝阳等，2005；东部，张桂宾，2006；董东平和叶永忠，2007；朱长山等，2007；许昌市，姜罡丞，2009；李长看等，2011；新乡，许桂芳和简在友，2011；万方浩等，2012；储嘉琳等，2016），**JL**（长白山区，周繇，2003；徐海根和强胜，2004，2011；长白山区，苏丽涛和马立军，2009；高燕和曹伟，2010；万方浩等，2012；长春地区，曲同宝等，2015），**JS**（徐海根和强胜，2004，2011；苏州，林敏等，2012；万方浩等，2012；寿海洋等，2014；严辉等，2014；胡长松等，2016），**JX**（雷平等，2010；鞠建文等，2011；万方浩等，2012；江西南部，程淑媛等，2015），**LN**（徐海根和强胜，2004，2011；齐淑艳和徐文铎，2006；高燕和曹伟，2010；曲波等，2010；万方浩等，2012；大连，张淑梅等，2013），**MC**（王发国等，2004），**NM**（徐海根和强胜，2004，2011；高燕和曹伟，2010；万方浩等，2012；庞立东等，2015），**SA**（徐海根和强胜，2004，2011；西安地区，祁云枝等，2010；万方浩等，2012；栾晓睿等，2016），**SC**（周小刚等，2008；邛海湿地，杨红，2009），**SD**（肖素荣等，2003；田家怡和吕传笑，2004；徐海根和强胜，2004，2011；衣艳君等，2005；黄河三角洲，刘庆年，2006；宋楠

等，2006；惠洪者，2007；昆嵛山，赵宏和董翠玲，2007；青岛，罗艳和刘爱华，2008；南四湖湿地，王元军，2010；张绪良等，2010；万方浩等，2012；昆嵛山，赵宏和丛海燕，2012；曲阜，赵灏，2015），**SH**（青浦，左倬等，2010；汪远等，2015），**SX**（徐海根和强胜，2004，2011；石瑛等，2006；万方浩等，2012），**TW**（徐海根和强胜，2004，2011；车晋滇，2009；万方浩等，2012），**XJ**（乌鲁木齐，张源，2007），**YN**（李振宇和解焱，2002；丁莉等，2006；西双版纳，管志斌等，2006；红河流域，徐成东等，2006；徐成东和陆树刚，2006；怒江干热河谷区，胡发广等，2007；李乡旺等，2007；瑞丽，赵见明，2007；范志伟等，2008；纳板河自然保护区，刘峰等，2008；车晋滇，2009；红河州，何艳萍等，2010；申时才等，2012；万方浩等，2012），**ZJ**（徐海根和强胜，2004，2011；李根有等，2006；杭州市，王嫩仙，2008；杭州西湖风景区，梅笑漫等，2009；张建国和张明如，2009；温州，丁炳扬和胡仁勇，2011；温州地区，胡仁勇等，2011；西溪湿地，缪丽华等，2011；万方浩等，2012；杭州，谢国雄等，2012；宁波，徐颖等，2014；杨忠兴等，2014；闫小玲等，2014；杭州，金祖达等，2015；周天焕等，2016）；东北、华北、华东、华中、华南（李振宇和解焱，2002；范志伟等，2008；车晋滇，2009）；除西北、西部外的其他地区（解焱，2008）；黄河三角洲地区（赵怀浩等，2011）；东北地区（郑美林和曹伟，2013）；海河流域滨岸带（任颖等，2015）。

安徽、澳门、北京、重庆、福建、甘肃、广东、广西、贵州、海南、河北、河南、黑龙江、湖北、湖南、吉林、江苏、江西、辽宁、内蒙古、陕西、山东、山西、上海、四川、台湾、天津、香港、新疆、云南、浙江；原产于南美洲；归化于泛热带及温带地区。

鸡冠花 有待观察
ji guan hua

Celosia cristata Linnaeus, Sp. Pl. 1: 205. 1753. (FOC)

AH（陈明林等，2003），**GX**（来宾市，林春华等，2015），**JS**（寿海洋等，2014；严辉等，2014），**SA**（栾晓睿等，2016），**ZJ**（杭州，陈小永等，2006；金华市郊，李娜等，2007；杭州，谢国雄等，2012；宁波，徐颖等，2014；闫小玲等，2014）。

安徽、北京、澳门、重庆、福建、甘肃、广东、广西、贵州、河北、河南、湖北、湖南、江苏、江西、辽宁、内蒙古、陕西、山东、山西、上海、四川、天津、香港、新疆、云南、浙江；原产于热带美洲；归化于泛热带地区。

银花苋 3
yin hua xian

鸡冠千日红 假千日红

Gomphrena celosioides Martius, Nova Acta Phys. -Med. Acad. Caes. Leop. -Carol. Nat. Cur. 13 (1): 301-302. 1826. **(FOC)**

AH（黄山，汪小飞等，2007），**GD**（徐海根和强胜，2004，2011；深圳，严岳鸿等，2004；珠海市，黄辉宁等，2005b；范志伟等，2008；广州，王忠等，2008；解焱，2008；王芳等，2009；粤东地区，曾宪锋等，2009；粤东，朱慧和马瑞君，2010；岳茂峰等，2011；林建勇等，2012；饶平、博罗、肇庆、广州、湛江，万方浩等，2012；粤东地区，朱慧，2012），**GX**（北部湾经济区，林建勇等，2011a，2011b；林建勇等，2012；郭成林等，2013；灵山县，刘在松，2015），**HK**（Leung 等，2009），**HN**（徐海根和强胜，2004，2011；单家林等，2006；王伟等，2007；范志伟等，2008；铜鼓岭国家级自然保护区、东寨港国家级自然保护区、大田国家级自然保护区，秦卫华等，2008；解焱，2008；林建勇等，2012；海口、三亚、西沙群岛，万方浩等，2012；曾宪锋等，2014；陈玉凯等，2016），**MC**（王发国等，2004），**TW**（徐海根和强胜，2004，2011；苗栗地区，陈运造，2006；范志伟等，2008；解焱，2008；万方浩等，2012）。

安徽、澳门、福建、广东、广西、海南、江西、台湾、香港、云南；原产于热带美洲；归化于泛热带地区。

仙人掌科 Cactaceae

量天尺 有待观察
liang tian chi

三角柱

Hylocereus undatus (Haworth) Britton & Rose, Fl. Bermuda 256. 1918. **(FOC)**

GD（深圳，严岳鸿等，2004；中山市，蒋谦才等，2008），**GX**（谢云珍等，2007；和太平等，2011；胡刚和张忠华，2012；百色，贾桂康，2013；来宾市，林春华等，2015；灵山县，刘在松，2015），**HN**（曾宪锋等，2014），**MC**（王发国等，2004），**TW**（苗栗地区，陈运造，2006）。

澳门、福建、广东、广西、海南、台湾、香港；原产于中美洲至南美洲；归化于热带亚洲及大洋洲东部。

仙人掌 2
xian ren zhang

缩刺仙人掌 仙巴掌

Opuntia dillenii (Ker Gawler) Haworth, Suppl. Pl. Succ. 79. 1819. **(FOC)**
Syn. *Opuntia stricta* (Haworth) Haworth var. *dillenii* (Ker Gawler) L. D. Benson, Cact. Succ. J. (Los Angeles) 41(3): 126. 1969; *Opuntia stricta* auct. non (Haworth) Haworth: 于飞等，2012；郭成林等，2013；刘在松，2015.

CQ（金佛山自然保护区，孙娟等，2009；万州区，余顺慧和邓洪平，2011a，2011b），**FJ**（厦门，欧健和卢昌义，2006a，2006b；解焱，2008；杨坚和陈恒彬，2009），**GD**（李振宇和解焱，2002；深圳，严岳鸿等，2004；珠海市，黄辉宁等，2005b；范志伟等，2008；中山市，蒋谦才等，2008；广州，王忠等，2008；解焱，2008；车晋滇，2009；王芳等，2009；粤东地区，曾宪锋等，2009；徐海根和强胜，2011；岳茂峰等，2011；林建勇等，2012；万方浩等，2012；稔平半岛，于飞等，2012；粤东地区，朱慧，2012；乐昌，邹滨等，2015），**GX**（南部，李振宇和解焱，2002；吴桂容，2006；谢云珍等，2007；南部，范志伟等，2008；唐赛春等，2008b；解焱，2008；南部，车晋滇，2009；柳州市，石亮成等，2009；和太平等，2011；北部湾经济区，林建勇等，2011a，2011b；南部，徐海根和强胜，2011；林建勇等，2012；胡刚和张忠华，2012；南部，万方浩等，2012；郭成林等，2013；百色，贾桂康，2013；来宾市，林春华等，2015；灵山县，刘在松，2015；北部湾海岸带，刘熊，2017），**HK**（李振宇和解焱，2002；车晋滇，2009；徐海根和强胜，2011；万方浩等，2012），**HN**（沿海地区，李振宇和解焱，2002；单家林等，2006；安锋等，2007；邱庆军等, 2007; 范志伟等, 2008; 铜鼓岭国家级自然保护区、东寨港国家级自然保护区, 秦卫华等, 2008; 解焱, 2008; 沿海地区, 车晋滇, 2009; 沿海地区, 徐海根和强胜, 2011; 林建勇等, 2012; 万方浩等, 2012; 曾宪锋等, 2014; 陈玉凯等, 2016), **HX** (南岳自然保护区, 谢红艳等, 2007; 湘西地区, 刘兴锋等, 2009; 衡阳市, 谢红艳等, 2011; 谢红艳和张雪芹, 2012), **JS** (苏州, 林敏等, 2012; 严辉等, 2014), **JX** (江西南部, 程淑媛等, 2015), **MC** (李振宇和解焱, 2002; 王发国等, 2004; 解焱, 2008; 车晋滇, 2009; 徐海根和强胜, 2011), **SA** (杨凌地区, 何纪琳等, 2013), **SC** (车晋滇, 2009; 陈开伟, 2013), **SD** (吴彤等, 2006, 2007), **TW** (苗栗地区, 陈运造, 2006; 解焱, 2008), **YN** (红河流域, 徐成东等, 2006; 徐成东和陆树刚, 2006; 车晋滇, 2009; 申时才等, 2012), **ZJ** (台州, 陈模舜, 2008; 杭州市, 王嫩仙, 2008; 温州, 丁炳扬和胡仁勇, 2011; 温州地区, 胡仁勇等, 2011; 闫小玲等, 2014)。

澳门、重庆、福建、广东、广西、海南、湖南、江苏、江西、陕西、山东、四川、台湾、天津、香港、云南、浙江; 原产于加勒比海地区; 广泛归化于热带地区。

梨果仙人掌　　　　　　　2

li guo xian ren zhang

大型宝剑　米邦塔仙人掌　仙人掌　仙桃　印榕仙人掌

Opuntia ficus-indica (Linnaeus) Miller, Gard. Dict. (ed. 8) no. 2. 1768. **(FOC)**

CQ (北碚区, 杨柳等, 2015), **FJ** (解焱, 2008; 张国良等, 2008; 万方浩等, 2012), **GD** (解焱, 2008; 张国良等, 2008; 万方浩等, 2012), **GX** (西部, 李振宇和解焱, 2002; 谢云珍等, 2007; 唐赛春等, 2008b; 解焱, 2008; 张国良等, 2008; 车晋滇, 2009; 柳州市, 石亮成等, 2009; 北部湾经济区, 林建勇等, 2011a, 2011b; 西部, 徐海根和强胜, 2011; 林建勇等, 2012; 胡刚和张忠华, 2012; 万方浩等, 2012; 郭成林等, 2013; 百色, 贾桂康, 2013; 灵山县, 刘在松, 2015), **GZ** (西南部, 李振宇和解焱, 2002; 解焱, 2008; 张国良等, 2008; 车晋滇, 2009; 申敬民等, 2010; 西南部, 徐海根和强胜, 2011; 万方浩等, 2012), **SC** (西南部, 李振宇和解焱, 2002; 解焱, 2008; 张国良等, 2008;

周小刚等, 2008; 车晋滇, 2009; 西南部, 徐海根和强胜, 2011; 万方浩等, 2012), **TW** (解焱, 2008; 张国良等, 2008; 万方浩等, 2012), **XZ** (东南部, 李振宇和解焱, 2002; 东南部, 车晋滇, 2009; 东南部, 徐海根和强胜, 2011; 东南部, 万方浩等, 2012), **YN** (北部及东部, 李振宇和解焱, 2002; 丁莉等, 2006; 徐成东和陆树刚, 2006; 解焱, 2008; 张国良等, 2008; 车晋滇, 2009; 红河州, 何艳萍等, 2010; 北部及东部, 徐海根和强胜, 2011; 申时才等, 2012; 万方浩等, 2012), **ZJ** (解焱, 2008; 张国良等, 2008; 闫小玲等, 2014); 南方栽培 (李振宇和解焱, 2002; 徐海根和强胜, 2011; 万方浩等, 2012)。

重庆、福建、广东、广西、贵州、四川、台湾、西藏、云南、浙江; 可能原产于墨西哥; 归化于热带和亚热带。

单刺仙人掌　　　　　　　2

dan ci xian ren zhang

绿仙人掌　月月掌

Opuntia monacantha Haworth, Suppl. Pl. Succ. 81. 1819. **(FOC)**

GD (徐海根和强胜, 2004, 2011; 林建勇等, 2012; 乐昌, 邹滨等, 2015), **FJ** (南部, 李振宇和解焱, 2002; 厦门, 欧健和卢昌义, 2006a, 2006b; 杨坚和陈恒彬, 2009; 长乐, 林为凃, 2013; 武夷山市, 李国平等, 2014), **GX** (李振宇和解焱, 2002; 徐海根和强胜, 2004, 2011; 吴桂容, 2006; 桂林, 陈秋霞等, 2008; 唐赛春等, 2008b; 柳州市, 石亮成等, 2009; 北部湾经济区, 林建勇等, 2011a, 2011b; 林建勇等, 2012; 郭成林等, 2013; 百色, 贾桂康, 2013; 来宾市, 林春华等, 2015; 灵山县, 刘在松, 2015), **GZ** (贵阳市, 石登红和李灿, 2011), **HB** (喻大昭等, 2011), **HL** (鲁萍等, 2012), **HN** (徐海根和强胜, 2004, 2011; 安锋等, 2007; 王伟等, 2007; 周祖光, 2011; 林建勇等, 2012; 彭宗波等, 2013; 曾宪锋等, 2014), **HX** (彭兆普等, 2008; 湘西地区, 徐亮等, 2009), **SC** (徐海根和强胜, 2004, 2011; 周小刚等, 2008), **TW** (沿海, 李振宇和解焱, 2002; 徐海根和强胜, 2004, 2011), **YN** (南部和西部, 李振宇和解焱, 2002; 徐海根和强胜, 2004, 2011; 丁莉等, 2006; 西双版

纳，管志斌等，2006；红河流域，徐成东等，2006；申时才等，2012）；我国各地都有引种（北方温室栽培）（李振宇和解焱，2002）；各省栽培，云南南部及西部、广西、福建南部和台湾沿海地区归化扩散（解焱，2008；车晋滇，2009）。

重庆、福建、广东、广西、贵州、海南、黑龙江、湖北、湖南、四川、台湾、西藏、云南；原产于南美洲；广泛归化于热带、亚热带地区。

木麒麟　　　　　　　　　　　　有待观察
mu qi lin

虎刺

Pereskia aculeata Miller, Gard. Dic. (ed. 8) no. 1. 1768. **(FOC)**

GD（粤东地区，曾宪锋等，2009；粤东地区，朱慧，2012），GX（来宾市，林春华等，2015）。

澳门、福建、广东、广西、云南；原产于热带美洲；广泛归化于热带、亚热带地区。

毛茛科 Ranunculaceae

田野毛茛　　　　　　　　　　　　　4
tian ye mao gen

Ranunculus arvensis Linnaeus, Sp. Pl. 1: 555. 1753. **(FOC)**

AH（徐海根和强胜，2004，2011；淮北地区，胡刚等，2005a，2005b；何家庆和葛结林，2008；何冬梅等，2010），HB（刘胜祥和秦伟，2004；徐海根和强胜，2004，2011；解焱，2008；喻大昭等，2011），HY（徐海根和强胜，2004，2011），JS（胡长松等，2016），YN（申时才等，2012）。

安徽、广西、河南、湖北、江苏、江西；原产于欧洲和西亚。

刺果毛茛　　　　　　　　　　　　　3
ci guo mao gen

Ranunculus muricatus Linnaeus, Sp. Pl. 1: 555. 1753. **(FOC)**

JS（季敏等，2014；寿海洋等，2014；严辉等，2014），SH（Hsu，2010；汪远等，2015），ZJ（闫

小玲等，2014；周天焕等，2016）。

安徽、江苏、江西、陕西、上海、浙江；原产于欧洲、西亚和北非。

欧毛茛　　　　　　　　　　　　有待观察
ou mao gen

Ranunculus sardous Crantz, Stirp. Austr. Fasc. 2: 84. 1763. **(FOC)**

SH（郭水良和李扬汉，1995）。

上海；原产于欧洲。

睡莲科 Nymphaeaceae

竹节水松　　　　　　　　　　　　　3
zhu jie shui song

绿菊花草　水盾草

Cabomba caroliniana A. Gray, Ann. Lyceum Nat. Hist. 4: 46-47. 1837. **(FOC)**

AH（万方浩等，2012），BJ（张劲林和孟世勇，2013；刘全儒和张劲林，2014），FJ（万方浩等，2012），GD（林建勇等，2012；万方浩等，2012），GX（柳州市，石亮成等，2009；万方浩等，2012），HB（万方浩等，2012），HX（万方浩等，2012），JS（太湖流域，李振宇和解焱，2002；太湖流域，丁炳扬等，2003；太湖流域，徐海根和强胜，2004，2011；太湖流域，于明坚等，2004；太湖流域，俞建等，2004；解焱，2008；南部的太湖流域，张国良等，2008；太湖流域，车晋滇，2009；何金星等，2011；万方浩等，2012；寿海洋等，2014；严辉等，2014；南京城区，吴秀臣和芦建国，2015；环境保护部和中国科学院，2016），JX（万方浩等，2012），SD（南四湖，侯元同等，2012），SH（西部，李振宇和解焱，2002；淀山湖附近，丁炳扬等，2003；淀山湖附近的河网地带，徐海根和强胜，2004，2011；淀山湖附近，于明坚等，2004；解焱，2008；西部的淀山湖附近的河网地带，张国良等，2008；西部，车晋滇，2009；青浦，左倬等，2010；西部，万方浩等，2012；李宏庆等，2013；张晴柔等，2013；汪远等，2015；环境保护部和中国科学院，2016），YN（洱海流域，张桂彬等，2011），ZJ（宁波，沈脂红，2000；杭嘉湖平原和宁绍平原，李振宇和解

焱，2002；杭嘉湖平原和宁绍平原、建德新安江，丁炳扬等，2003；杭嘉湖平原和宁绍平原，徐海根和强胜，2004，2011；杭嘉湖平原、宁绍平原和建德富春江水库，于明坚等，2004；杭嘉湖平原、宁绍平原，俞建等，2004；杭州，陈小永等，2006；李根有等，2006；金华市郊，李娜等，2007；杭州市，王嫩仙，2008；解焱，2008；杭嘉湖平原和宁绍平原，张国良等，2008；杭嘉湖平原和宁绍平原，车晋滇，2009；西溪湿地，舒美英等，2009；张建国和张明如，2009；张明如等，2009；西溪湿地，缪丽华等，2011；杭嘉湖平原和宁绍平原，万方浩等，2012；杭州，谢国雄等，2012；闫小玲等，2014；杭州，金祖达等，2015；环境保护部和中国科学院，2016；周天焕等，2016）。

安徽、北京、重庆、福建、广东、广西、湖北、湖南、江苏、江西、上海、台湾、云南、浙江；原产于美洲；归化于温带地区。

胡椒科 Piperaceae

草胡椒

4

cao hu jiao

透明草

Peperomia pellucida (Linnaeus) Kunth, Nov. Gen. Sp. (quarto ed.) 1: 64. 1815. **(FOC)**
Syn. *Piper pellucidum* Linnaeus, Sp. Pl. 1: 30. 1753.

AH（陈明林等，2003；淮北地区，胡刚等，2005a，2005b；黄山，汪小飞等，2007；黄山市城区，梁宇轩等，2015），**BJ**（刘全儒等，2002；车晋滇，2004；车晋滇等，2004；杨景成等，2009），**FJ**（李振宇和解焱，2002；厦门地区，陈恒彬，2005；厦门，欧健和卢昌义，2006a，2006b；范志伟等，2008；南部，解焱，2008；车晋滇，2009；杨坚和陈恒彬，2009；徐海根和强胜，2011；万方浩等，2012；武夷山市，李国平等，2014），**GD**（李振宇和解焱，2002；鼎湖山，贺握权和黄忠良，2004；深圳，严岳鸿等，2004；珠海市，黄辉宁等，2005b；范志伟等，2008；中山市，蒋谦才等，2008；白云山，李海生等，2008；广州，王忠等，2008；南部，解焱，2008；车晋滇，2009；鼎湖山国家级自然保护区，宋小玲等，2009；王芳，2009；粤东地区，曾宪锋

等，2009；北师大珠海分校，吴杰等，2011，2012；徐海根和强胜，2011；岳茂峰等，2011；林建勇等，2012；万方浩等，2012；稔平半岛，于飞等，2012；粤东地区，朱慧，2012；广州南沙黄山鲁森林公园，李海生等，2015；乐昌，邹滨等，2015，2016），**GX**（李振宇和解焱，2002；吴桂容，2006；谢云珍等，2007；桂林，陈秋霞等，2008；范志伟等，2008；唐赛春等，2008b；南部，解焱，2008；车晋滇，2009；柳州市，石亮成等，2009；贾洪亮等，2011；北部湾经济区，林建勇等，2011a，2011b；徐海根和强胜，2011；林建勇等，2012；胡刚和张忠华，2012；万方浩等，2012；郭成林等，2013；来宾市，林春华等，2015；灵山县，刘在松，2015），**HK**（李振宇和解焱，2002；范志伟等，2008；车晋滇，2009；徐海根和强胜，2011；万方浩等，2012），**HN**（李振宇和解焱，2002；单家林等，2006；安锋等，2007；范志伟等，2008；东寨港国家级自然保护区，秦卫华等，2008；车晋滇，2009；徐海根和强胜，2011；林建勇等，2012；万方浩等，2012；曾宪锋等，2014），**HX**（湘西地区，徐亮等，2009），**JS**（董红云等，2010a；徐海根和强胜，2011；寿海洋等，2014；严辉等，2014；南京城区，吴秀臣和芦建国，2015），**MC**（李振宇和解焱，2002；王发国等，2004；车晋滇，2009；徐海根和强胜，2011），**SH**（董旭等，2012；张晴柔等，2013）；**TW**（李振宇和解焱，2002；苗栗地区，陈运造，2006；范志伟等，2008；车晋滇，2009；徐海根和强胜，2011；万方浩等，2012），**YN**（南部，李振宇和解焱，2002；丁莉等，2006；西双版纳，管志斌等，2006；红河流域，徐成东等，2006；徐成东和陆树刚，2006；李乡旺等，2007；瑞丽，赵见明，2007；南部，范志伟等，2008；纳板河自然保护区，刘峰等，2008；南部，解焱，2008；车晋滇，2009；南部，徐海根和强胜，2011；申时才等，2012；南部，万方浩等，2012；西双版纳自然保护区，陶永祥等，2017），**ZJ**（杭州，陈小永等，2006；杭州市，王嫩仙，2008；杭州西湖风景区，梅笑漫等，2009；张建国和张明如，2009；温州，丁炳扬和胡仁勇，2011；温州地区，胡仁勇等，2011；杭州，谢国雄等，2012）。

安徽、澳门、北京、福建、广东、广西、海南、河北、湖北、湖南、江苏、江西、山东、上海、台湾、香港、西藏、云南、浙江；原产于热带美洲；归化于热带。

　　　　　　　　　　　　　　　双子叶植物

蓟罂粟 3
ji ying su

Argemone mexicana Linnaeus, Sp. Pl. 1: 508-509. 1753. **(FOC)**

HN（曾宪锋等，2014）；JS（严辉等，2014；胡长松等，2016）；YN（丁莉等，2006；申时才等，2012）。

澳门、北京、重庆、福建、广东、广西、贵州、湖北、湖南、江苏、四川、台湾、香港、新疆、云南、浙江；原产于热带美洲；归化于热带和亚热带地区。

皱子白花菜 3
zhou zi bai hua cai

Cleome rutidosperma de Candolle, Prodr. 1: 241. 1824. **(FOC)**

AH（徐海根和强胜，2011），GD（徐海根和强胜，2011），GX（徐海根和强胜，2011；林建勇等，2012；灵山县，刘在松，2015），HK（徐海根和强胜，2011），HN（徐海根和强胜，2011；曾宪锋等，2014），TW（徐海根和强胜，2011），YN（徐海根和强胜，2011）。

安徽、广东、广西、海南、江西、台湾、香港、云南；原产于热带非洲；归化于热带美洲、热带亚洲和大洋洲。

欧洲庭荠 有待观察
ou zhou ting ji

欧庭芥

Alyssum alyssoides (Linnaeus) Linnaeus, Syst. Nat. (ed. 10) 2: 1130. 1759. **(FOC)**

LN（曲波等，2006a，2006b；高燕和曹伟，2010）；东北地区（郑美林和曹伟，2013）。

辽宁；原产于西亚、北非、欧洲；归化于美洲。

弯曲碎米荠[①] 4
wan qu sui mi ji

Cardamine flexuosa Withering, Arr. Brit. Pl. (ed. 3) 3: 578-579. 1796. **(FOC)**

BJ（刘全儒等，2002；车晋滇，2004；车晋滇等，2004），HN（曾宪锋等，2014），HY（储嘉琳等，2016），JS（严辉等，2014），SA（栾晓睿等，2016），ZJ（闫小玲等，2014）。

安徽、澳门、北京、重庆、福建、甘肃、广东、广西、贵州、海南、河北、河南、湖北、湖南、江苏、江西、辽宁、内蒙古、陕西、山东、上海、四川、台湾、天津、西藏、香港、新疆、云南、浙江；原产于欧洲；归化于澳大利亚、北美洲和南美洲。

臭荠 4
chou ji

臭滨芥 臭芥 肾果荠

Coronopus didymus (Linnaeus) Smith, Fl. Brit. 2: 691. 1800. **(FOC)**

AH（李振宇和解焱，2002；徐海根和强胜，2004，2011；淮北地区，胡刚等，2005a，2005b；黄山，汪小飞等，2007；何家庆和葛结林，2008；解焱，2008；车晋滇，2009；张中信，2009；何冬梅等，2010；万方浩等，2012），BJ（车晋滇，2004，2009；杨景成等，2009），CQ（石胜璋等，2004；徐海根和强胜，2011），FJ（李振宇和解焱，2002；徐海根和强胜，2004，2011；厦门地区，陈恒彬，2005；厦门，欧健和卢昌义，2006a，2006b；罗明永，2008；解焱，2008；车晋滇，2009；杨坚和陈恒彬，2009；万方浩等，2012；长乐，林为涂，2013），GD（李振宇和解焱，2002；徐海根和强胜，2004，2011；珠海市，黄辉宁等，2005b；广州，王忠等，2008；解焱，2008；车晋滇，2009；王芳等，2009；粤东地区，曾宪锋等，2009；林建

① 最新的研究表明：先前命名为 *Cardamine flexuosa* 的东亚类群"Asian *Cardamine flexuosa*"名称应为 *Cardamine occulta*，原产于欧洲的类群名称为 *Cardamine flexuosa*（Marhold K *et al.*，2016）。上述两种我国是否均有分布有待进一步研究。

勇等，2012；万方浩等，2012；粤东地区，朱慧，2012；乐昌，邹滨等，2015，2016），**HB**（李振宇和解焱，2002；徐海根和强胜，2004，2011；刘胜祥和秦伟，2004；天门市，沈体忠等，2008；解焱，2008；车晋滇，2009；黄石市，姚发兴，2011；喻大昭等，2011；万方浩等，2012），**HK**（李振宇和解焱，2002；解焱，2008；车晋滇，2009；万方浩等，2012），**HX**（南岳自然保护区，谢红艳等，2007；彭兆普等，2008；洞庭湖区，彭友林等，2008；解焱，2008；湘西地区，刘兴锋等，2009；常德市，彭友林等，2009；湘西地区，徐亮等，2009；衡阳市，谢红艳等，2011；万方浩等，2012；谢红艳和张雪芹，2012），**HY**（徐海根和强胜，2004，2011；开封，张桂宾，2004；田朝阳等，2005；东部，张桂宾，2006；董东平和叶永忠，2007；朱长山等，2007；解焱，2008；许昌市，姜罡丞，2009；王列富和陈元胜，2009；李长看等，2011；新乡，许桂芳和简在友，2011；万方浩等，2012；储嘉琳等，2016），**HN**（曾宪锋等，2014）；**JS**（李振宇和解焱，2002；南京，吴海荣和强胜，2003；南京，吴海荣等，2004；徐海根和强胜，2004，2011；李亚等，2008；解焱，2008；车晋滇，2009；董红云等，2010a；苏州，林敏等，2012；万方浩等，2012；季敏等，2014；寿海洋等，2014；严辉等，2014；南京城区，吴秀臣和芦建国，2015；胡长松等，2016），**JX**（李振宇和解焱，2002；徐海根和强胜，2004，2011；解焱，2008；车晋滇，2009；季春峰等，2009；鄱阳湖国家级自然保护区，葛刚等，2010；王宁，2010；鞠建文等，2011；万方浩等，2012；朱碧华和朱大庆，2013；江西南部，程淑媛等，2015），**MC**（王发国等，2004），**SA**（杨凌地区，何纪琳等，2013），**SC**（李振宇和解焱，2002；徐海根和强胜，2004，2011；周小刚等，2008；车晋滇，2009；万方浩等，2012），**SD**（李振宇和解焱，2002；徐海根和强胜，2004，2011；宋楠等，2006；昆嵛山，赵宏和董翠玲，2007；青岛，罗艳和刘爱华，2008；解焱，2008；车晋滇，2009；张绪良等，2010；万方浩等，2012；昆嵛山，赵宏和丛海燕，2012），**SH**（秦卫华等，2007；青浦，左倬等，2010；张晴柔等，2013；汪远等，2015），**TW**（李振宇和解焱，2002；徐海根和强胜，2004，2011；苗栗地区，陈运造，2006；解焱，2008；车晋滇，2009；万方浩等，2012），**YN**（李振宇和解焱，2002；徐海根和强

胜，2004，2011；丁莉等，2006；红河流域，徐成东等，2006；徐成东和陆树刚，2006；解焱，2008；车晋滇，2009；申时才等，2012；万方浩等，2012；杨忠兴等，2014），**ZJ**（李振宇和解焱，2002；徐海根和强胜，2004，2011；杭州市，王嫩仙，2008；解焱，2008；杭州西湖风景区，梅笑漫等，2009；西溪湿地，舒美英等，2009；张建国和张明如，2009；杭州，张明如等，2009；天目山自然保护区，陈京等，2011；车晋滇，2009；温州，丁炳扬和胡仁勇，2011；温州地区，胡仁勇等，2011；西溪湿地，缪丽华等，2011；万方浩等，2012；杭州，谢国雄等，2012；宁波，徐颖等，2014；闫小玲等，2014；杭州，金祖达等，2015；周天焕等，2016）。

安徽、澳门、北京、重庆、福建、甘肃、广东、河南、湖北、湖南、江苏、江西、辽宁、山东、上海、四川、台湾、西藏、香港、云南、浙江；原产于南美洲；归化于亚洲、欧洲和北美洲。

二行芥   有待观察
er hang jie

二列芥

Diplotaxis muralis (Linnaeus) de Candolle, Syst. Nat. 2: 634. 1821. **(FOC)**

LN（高燕和曹伟，2010；大连，徐海根和强胜，2011；大连，张淑梅等，2013）；东北地区（郑美林和曹伟，2013）。

辽宁；原产于欧洲。

粗梗糖芥   有待观察
cu geng tang jie

粗柄糖芥

Erysimum repandum Linnaeus, Demonstr. Pl. 17. 1753. **(FOC)**

LN（曲波等，2006a，2006b；高燕和曹伟，2010；大连，张淑梅等，2013）；东北地区（郑美林和曹伟，2013）。

辽宁、山西、四川、新疆；原产于中亚、西亚、北亚、欧洲。

南美独行菜
nan mei du xing cai

有待观察

Lepidium bonariense Linnaeus, Sp. Pl. 2: 645. 1753. **(Tropicos)**

TW（许再文等，2005）。

台湾；原产于南美洲。

绿独行菜
lü du xing cai

4

荒野独行菜

Lepidium campestre (Linnaeus) R. Brown, Hort. Kew. (ed. 2) 4: 88. 1812. **(FOC)**
Syn. *Lepidium campestre* (Linnaeus) R. Brown f. *glabratum* Thellung, Neue Denkschr. Schweiz. Naturf. Ges. 41: 94. 1906.

GS（徐海根和强胜，2004，2011；赵慧军，2012），GZ（黔南地区，韦美玉等，2006），HJ（徐海根和强胜，2004，2011；龙茹等，2008），HL（解焱，2008；鲁萍等，2012），JL（徐海根和强胜，2004，2011；解焱，2008），LN（徐海根和强胜，2004，2011；齐淑艳和徐文铎，2006；解焱，2008；高燕和曹伟，2010；大连，张淑梅等，2013；大连，张恒庆等，2016），NM（徐海根和强胜，2004，2011；庞立东等，2015），SA（徐海根和强胜，2004，2011；栾晓睿等，2016），SC（徐海根和强胜，2004，2011；周小刚等，2008），SD（徐海根和强胜，2004，2011；解焱，2008），SH（郭水良和李扬汉，1995）；东北地区（郑美林和曹伟，2013）。

甘肃、贵州、河北、黑龙江、吉林、辽宁、内蒙古、陕西、山东、上海、四川；原产于欧洲；归化于亚洲和美洲。

密花独行菜
mi hua du xing cai

有待观察

北美独行菜

Lepidium densiflorum Schrader, Index Sem. Hort. Gött. 4. 1832. **(FOC)**

BJ（彭程等，2010；王苏铭等，2012），HJ（龙茹等，2008；解焱，2008；秦皇岛，李顺才等，

2009），HL（徐海根和强胜，2004，2011；解焱，2008；高燕和曹伟，2010；鲁萍等，2012；郑宝江和潘磊，2012），JL（长白山区，周繇，2003；解焱，2008；长白山区，苏丽涛和马立军，2009；高燕和曹伟，2010；长春地区，曲同宝等，2015），LN（徐海根和强胜，2004，2011；齐淑艳和徐文铎，2006；解焱，2008；高燕和曹伟，2010；大连，张淑梅等，2013；大连，张恒庆等，2016），SD（解焱，2008），YN（解焱，2008）；东北地区（郑美林和曹伟，2013）。

安徽、北京、福建、甘肃、广西、贵州、河北、河南、黑龙江、湖北、湖南、吉林、江西、辽宁、内蒙古、山东、云南；原产于北美洲；归化于朝鲜半岛、蒙古、俄罗斯和中亚。

抱茎独行菜
bao jing du xing cai

有待观察

穿叶独行菜

Lepidium perfoliatum Linnaeus, Sp. Pl. 2: 643. 1753. **(FOC)**

JS（寿海洋等，2014），LN（高燕和曹伟，2010；大连，张淑梅等，2013；大连，张恒庆等，2016）；东北地区（郑美林和曹伟，2013）。

甘肃、吉林、江苏、辽宁、上海、山西、新疆；原产西亚、北非、欧洲；归化于北温带。

北美独行菜
bei mei du xing cai

2

独行菜 辣椒菜 辣椒根 小白浆 星星菜

Lepidium virginicum Linnaeus, Sp. Pl. 2: 645. 1753. **(FOC)**

AH（郭水良和李扬汉，1995；陈明林等，2003；徐海根和强胜，2004，2011；淮北地区，胡刚等，2005a，2005b；臧敏等，2006；黄山，汪小飞等，2007；范志伟等，2008；何家庆和葛结林，2008；解焱，2008；张中信，2009；何冬梅等，2010；万方浩等，2012），CQ（石胜璋等，2004；徐海根和强胜，2011），FJ（郭水良和李扬汉，1995；徐海根和强胜，2004，2011；厦门地区，陈恒彬，2005；厦门，欧健和卢昌义，2006a，2006b；范志伟等，2008；罗明永，2008；解焱，2008；杨坚和陈恒彬，2009；万方浩等，2012；长乐，林为涂，2013；

武夷山市，李国平等，2014），**GD**（徐海根和强胜，2004，2011；深圳，严岳鸿等，2004；范志伟等，2008；广州，王忠等，2008；解焱，2008；王芳等，2009；粤东地区，曾宪锋等，2009；佛山，黄益燕等，2011；林建勇等，2012；万方浩等，2012；稔平半岛，于飞等，2012；粤东地区，朱慧，2012；乐昌，邹滨等，2015，2016），**GS**（徐海根和强胜，2004，2011；万方浩等，2012；赵慧军，2012），**GX**（吴桂容，2006；谢云珍等，2007；范志伟等，2008；唐赛春等，2008b；胡刚和张忠华，2012；林建勇等，2012；万方浩等，2012；郭成林等，2013；灵山县，刘在松，2015），**GZ**（屠玉麟，2002；徐海根和强胜，2004，2011；黔南地区，韦美玉等，2006；范志伟等，2008；大沙河自然保护区，林茂祥等，2008；解焱，2008；申敬民等，2010；贵阳市，石登红和李灿，2011；万方浩等，2012；贵阳市，陈菊艳等，2016），**HB**（李振宇和解焱，2002；刘胜祥和秦伟，2004；徐海根和强胜，2004，2011；星斗山国家级自然保护区，卢少飞等，2005；范志伟等，2008；天门市，沈体忠等，2008；解焱，2008；车晋滇，2009；黄石市，姚发兴，2011；喻大昭等，2011；万方浩等，2012），**HJ**（龙茹等，2008），**HL**（徐海根和强胜，2004，2011；万方浩等，2012），**HN**（安锋等，2007；范志伟等，2008；解焱，2008；周祖光，2011；林建勇等，2012；万方浩等，2012；曾宪锋等，2014），**HX**（李振宇和解焱，2002；徐海根和强胜，2004，2011；南岳自然保护区，谢红艳等，2007；范志伟等，2008；彭兆普等，2008；洞庭湖区，彭友林等，2008；解焱，2008；湘西地区，刘兴锋等，2009；常德市，彭友林等，2009；衡阳市，谢红艳等，2011；万方浩等，2012；谢红艳和张雪芹，2012；长沙，张磊和刘尔潞，2013；益阳市，黄含吟等，2016），**HY**（杜卫兵等，2002；徐海根和强胜，2004，2011；开封，张桂宾，2004；田朝阳等，2005；东部，张桂宾，2006；董东平和叶永忠，2007；朱长山等，2007；范志伟等，2008；许昌市，姜罡丞，2009；王列富和陈元胜，2009；李长看等，2011；万方浩等，2012；储嘉琳等，2016），**JL**（李振宇和解焱，2002；徐海根和强胜，2004，2011；范志伟等，2008；解焱，2008；高燕和曹伟，2010；万方浩等，2012；长春地区，曲同宝等，2015），**JS**（郭水良和李扬汉，1995；南京，吴海荣和强胜，2003；南京，吴海荣等，2004；徐

海根和强胜，2004，2011；范志伟等，2008；解焱，2008；苏州，林敏等，2012；万方浩等，2012；季敏等，2014；寿海洋等，2014；严辉等，2014；南京城区，吴秀臣和芦建国，2015；胡长松等，2016），**JX**（郭水良和李扬汉，1995；徐海根和强胜，2004，2011；庐山风景区，胡天印，2007c；范志伟等，2008；季春峰等，2009；鄱阳湖国家级自然保护区，葛刚等，2010；雷平等，2010；王宁，2010；鞠建文等，2011；万方浩等，2012；朱碧华和朱大庆，2013；江西南部，程淑媛等，2015），**LN**（李振宇和解焱，2002；徐海根和强胜，2004，2011；范志伟等，2008；解焱，2008；高燕和曹伟，2010；鸭绿江口滨海湿地自然保护区，吴晓姝等，2010；万方浩等，2012；大连，张淑梅等，2013），**NM**（范志伟等，2008；解焱，2008；万方浩等，2012），**NX**（徐海根和强胜，2004，2011；万方浩等，2012），**QH**（徐海根和强胜，2004，2011），**SA**（徐海根和强胜，2004，2011；万方浩等，2012；杨凌地区，何纪琳等，2013；栾晓睿等，2016），**SC**（徐海根和强胜，2004，2011；周小刚等，2008；万方浩等，2012），**SD**（潘怀剑和田家怡，2001；肖素荣等，2003；田家怡和吕传笑，2004；徐海根和强胜，2004，2011；衣艳君等，2005；黄河三角洲，刘庆年等，2006；宋楠等，2006；惠洪者，2007；昆嵛山，赵宏和董翠玲，2007；范志伟等，2008；青岛，罗艳和刘爱华，2008；解焱，2008；南四湖湿地，王元军，2010；张绪良等，2010；万方浩等，2012；昆嵛山，赵宏和丛海燕，2012；曲阜，赵灏，2015），**SH**（郭水良和李扬汉，1995；秦卫华，2007；张晴柔等，2013；汪远等，2015），**SX**（解焱，2008），**TW**（苗栗地区，陈运造，2006；范志伟等，2008；解焱，2008；万方浩等，2012），**XJ**（徐海根和强胜，2004，2011；万方浩等，2012），**XZ**（徐海根和强胜，2004，2011；万方浩等，2012），**YN**（徐海根和强胜，2004，2011；丁莉等，2006；红河流域，徐成东等，2006；徐成东和陆树刚，2006；范志伟等，2008；解焱，2008；申时才等，2012；万方浩等，2012；杨忠兴等，2014），**ZJ**（郭水良和李扬汉，1995；徐海根和强胜，2004，2011；李根有等，2006；金华市郊，胡天印等，2007b；台州，陈模舜，2008；范志伟等，2008；杭州市，王嫩仙，2008；解焱，2008；杭州西湖风景区，梅笑漫等，2009；西溪湿地，舒美英等，2009；张建国和张明如，2009；

　　　　　　　　　　　　　　　　　双子叶植物

天目山自然保护区，陈京等，2011；温州，丁炳扬和胡仁勇，2011；温州地区，胡仁勇等，2011；西溪湿地，缪丽华等，2011；万方浩等，2012；杭州，谢国雄等，2012；闫小玲等，2014；杭州，金祖达等，2015；周天焕等，2016）；华北、华东、华南（李振宇和解焱，2002）；东北、华北、华东、华中、华南、西北、西南（车晋滇，2009）；黄河三角洲地区（赵怀浩等，2011）；东北地区（郑美林和曹伟，2013）。

安徽、澳门、北京、重庆、福建、甘肃、广东、广西、贵州、海南、河北、河南、黑龙江、湖北、湖南、吉林、江苏、江西、辽宁、内蒙古、宁夏、青海、陕西、山东、山西、上海、四川、台湾、西藏、香港、新疆、云南、浙江；原产于北美洲；归化于欧亚。

豆瓣菜 4
dou ban cai

水田芥 西洋菜

Nasturtium officinale W. T. Aiton, Hort. Kew. (ed. 2) 4: 110. 1812. **(FOC)**

AH（陈明林等，2003；臧敏等，2006；黄山，汪小飞等，2007；解焱，2008），**BJ**（刘全儒等，2002；雷霆等，2006），**GD**（中山市，蒋谦才等，2008；解焱，2008；粤东地区，曾宪锋等，2009；粤东地区，朱慧，2012；乐昌，邹滨等，2015，2016），**GX**（邓晰朝和卢旭，2004；谢云珍等，2007；解焱，2008；来宾市，林春华等，2015），**GZ**（屠玉麟，2002；解焱，2008；申敬民等，2010），**HB**（喻大昭等，2011），**HJ**（解焱，2008），**HL**（解焱，2008），**HY**（杜卫兵等，2002；董东平和叶永忠，2007；解焱，2008；储嘉琳等，2016），**JS**（解焱，2008；寿海洋等，2014；严辉等，2014），**SA**（解焱，2008；栾晓睿等，2016），**SC**（解焱，2008），**SD**（宋楠等，2006；解焱，2008；张绪良等，2010），**SX**（解焱，2008），**XZ**（解焱，2008），**YN**（解焱，2008；杨忠兴等，2014）；东北、华北、华东、华中、华南、西南（车晋滇，2009）；黄河三角洲地区（赵怀浩等，2011）；赤水河中游地区（窦全丽等，2015）；海河流域滨岸带（任颖等，2015）。

安徽、澳门、北京、重庆、广东、广西、贵州、河北、河南、黑龙江、湖北、江苏、江西、吉林、陕西、山东、山西、上海、四川、台湾、西藏、香港、新疆、云南；原产于西亚和欧洲；归化于亚洲和美洲。

野萝卜 4
ye luo bo

Raphanus raphanistrum Linnaeus, Sp. Pl. 2: 669. 1753. **(FOC)**

JS（胡长松等，2016），**QH**（徐海根和强胜，2011），**SC**（徐海根和强胜，2011）。

甘肃、广东、江苏、辽宁、青海、山西、四川、台湾；原产于欧洲、西亚和北非。

两栖蔊菜 3
liang qi han cai

Rorippa amphibia (Linnaeus) Besser, Enum. Pl. 27. 1821. **(Tropicos)**

LN（大连，张淑梅等，2013）。

黑龙江（哈尔滨）、辽宁；原产于欧洲，高加索地区、俄罗斯西伯利亚地区和中亚。

黄木犀草 4
huang mu xi cao

细叶木犀草

Reseda lutea Linnaeus, Sp. Pl. 1: 449. 1753. **(FOC)**

LN（徐海根和强胜，2004，2011；齐淑艳和徐文铎，2006；曲波等，2006a，2006b；解焱，2008；高燕和曹伟，2010；老铁山自然保护区，吴晓姝等，2010；大连，张淑梅等，2013；大连，张恒庆等，2016）；东北地区（郑美林和曹伟，2013）。

江苏、吉林、辽宁、内蒙古、上海、台湾；原产于西亚至地中海地区；广泛归化于各地。

洋吊钟 4
yang diao zhong

棒叶景天 肉吊莲

Bryophyllum delagoense (Ecklon & Zeyher)

Schinz, Mém. Herb. Boissier 10: 38. 1900.
(FNA)

Bas. *Kalanchoe delagoensis* Ecklon & Zeyher, Enum. Pl. Afr. Austral. 305. 1837; Syn. *Bryophyllum verticillatum* (Scott-Elliot) A. Berger, Nat. Pflanzenfam. (ed. 2) 18a: 411. 1930; *Kalanchoe tubiflora* Raymond-Hamet, Beih. Bot. Centralbl. 29 (2): 41. 1912; *Kalanchoe verticillata* Scott-Elliot, J. Linn. Soc.,Bot. 29 (197): 14-15, pl. 3. 1891.

AH（黄山，汪小飞等，2007），**GD**（粤东地区，曾宪锋等，2009；粤东地区，朱慧，2012；乐昌，邹滨等，2016），**TW**（苗栗地区，陈运造，2006）；中国各地都有栽培，部分地区已经出现归化和扩散（解焱，2008）。

安徽、北京、澳门、福建、广东、广西、上海、台湾、香港；原产于马达加斯加。

落地生根　　　　　　　　　　4
luo di sheng gen

灯笼花　土三七　叶生根

Bryophyllum pinnatum (Lamarck) Oken, Allg. Naturgesch. 3 (3): 1966. 1841. **(FOC)**

FJ（范志伟等，2008；徐海根和强胜，2011），**GD**（深圳，严岳鸿等，2004；范志伟等，2008；中山市，蒋谦才等，2008；粤东地区，曾宪锋等，2009；徐海根和强胜，2011；粤东地区，朱慧，2012；乐昌，邹滨等，2015，2016），**GX**（谢云珍等，2007；范志伟等，2008；和太平等，2011；徐海根和强胜，2011；百色，贾桂康，2013；来宾市，林春华等，2015；灵山县，刘在松，2015），**HK**（严岳鸿等，2005），**HN**（范志伟等，2008；徐海根和强胜，2011；曾宪锋等，2014），**MC**（王发国等，2004），**SD**（吴彤等，2006），**TW**（苗栗地区，陈运造，2006；范志伟等，2008；徐海根和强胜，2011），**YN**（丁莉等，2006；范志伟等，2008；徐海根和强胜，2011；申时才等，2012）。

北京、重庆、澳门、福建、广东、广西、贵州、海南、湖北、江西、山东、四川、台湾、天津、香港、云南、浙江；原产于马达加斯加；归化于各地。

银荆　　　　　　　　　　有待观察
yin jing

圣诞树　银荆树

Acacia dealbata Link, Enum. Hort. Berol. Alt. 2: 445. 1822. **(FOC)**

GX（谢云珍等，2007；百色，贾桂康，2013），**JS**（寿海洋等，2014；严辉等，2014），**YN**（丁莉等，2006；付增娟等，2006）。

重庆、福建、广东、广西、贵州、海南、湖北、江苏、江西、湖南、上海、四川、台湾、云南、浙江；原产于澳大利亚。

线叶金合欢　　　　　　　　有待观察
xian ye jin he huan

绿荆树

Acacia decurrens Willdenow, Sp. Pl. 4 (2): 1072. 1806. **(FOC)**

ZJ（温州地区，胡仁勇等，2011；闫小玲等，2014）。

重庆、广东、广西、贵州、海南、湖南、四川、云南、浙江；原产于澳大利亚。

金合欢　　　　　　　　　　有待观察
jin he huan

刺球花　牛角花　消息花　消息树　鸭皂树

Acacia farnesiana (Linnaeus) Willdenow, Sp. Pl. 4 (2): 1083-1084. 1806. **(FOC)**

CQ（李振宇和解焱，2002；石胜璋等，2004；解焱，2008；徐海根和强胜，2011；万方浩等，2012），**FJ**（李振宇和解焱，2002；厦门，欧健和卢昌义，2006a，2006b；范志伟等，2008；解焱，2008；杨坚和陈恒彬，2009；徐海根和强胜，2011；万方浩等，2012），**GD**（李振宇和解焱，2002；范志伟等，2008；广州，王忠等，2008；解焱，2008；王芳等，2009；粤东地区，曾宪锋等，2009；北师大珠海分校，吴杰等，2011，2012；徐海根和强胜，2011；岳茂峰等，2011；林建勇等，2012；万方浩等，2012；粤东地区，朱慧，2012），**GX**（李振宇和解焱，2002；吴桂容，2006；谢云珍等，2007；范志伟等，2008；唐赛春等，2008b；解焱，2008；徐海根和强胜，2011；胡刚和张忠华，2012；林建勇等，2012；万方浩等，2012；百色，贾桂康，2013），**GZ**（申敬民等，2010；万方浩等，2012），**HN**（李振宇和解焱，2002；单家林等，2006；安锋等，2007；范志伟等，2008；解焱，2008；徐海根和强胜，2011；林建勇等，2012；万方浩等，2012；曾宪锋等，2014），**JX**（鞠建文等，2011；江西南部，程淑媛等，2015），**MC**（王发国等，2004），**SC**（西南部，李振宇和解焱，2002；西南部，范志伟等，2008；解焱，2008；周小刚等，2008；西南部，徐海根和强胜，2011；万方浩等，2012），**TW**（李振宇和解焱，2002；范志伟等，2008；解焱，2008；徐海根和强胜，2011；万方浩等，2012），**YN**（李振宇和解焱，2002；丁莉等，2006；西双版纳，管志斌等，2006；红河流域，徐成东等，2006；徐成东和陆树刚，2006；李乡旺等，2007；范志伟等，2008；解焱，2008；红河州，何艳萍等，2010；徐海根和强胜，2011；万方浩等，2012），**ZJ**（南部，李振宇和解焱，2002；南部，范志伟等，2008；杭州市，王嫩仙，2008；南部，解焱，2008；南部，徐海根和强胜，2011；万方浩等，2012；闫小玲等，2014）。

重庆、福建、广东、广西、贵州、海南、河南、湖南、江西、上海、四川、台湾、香港、云南、浙江；原产于热带美洲；归化于旧大陆热带地区。

长叶相思树
chang ye xiang si shu 有待观察

Acacia longifolia (Andrews) Willdenow, Sp. Pl. 4 (2): 1052. 1806. **(Tropicos)**

课题组观察资料。

重庆、福建、广东；原产于澳大利亚。

黑荆   **3**
hei jing

黑荆树

Acacia mearnsii De Wildeman, Pl. Bequaert. 3 (1): 62. 1925. **(FOC)**

GX（谢云珍等，2007），**JX**（江西南部，程淑媛等，2015），**YN**（丁莉等，2006；付增娟等，2006），

ZJ（温州，蔡延骑等，2009；温州，李乐等，2009；温州，冯幼义等，2010；温州，柯倩倩等，2010；温州，丁炳扬和胡仁勇，2011；温州地区，胡仁勇等，2011；闫小玲等，2014）。

重庆、福建、广东、广西、贵州、海南、湖北、湖南、江西、四川、台湾、云南、浙江；原产于澳大利亚；归化于各地。

海滨合欢
hai bin he huan 有待观察

Acacia spinosa E. Meyer, Comm. Pl. Afr. Austr. 170. 1836. **(Tropicos)**

YN（西双版纳，管志斌等，2006）。

云南；原产于非洲南部。

敏感合萌
min gan he meng 有待观察

美洲合萌

Aeschynomene americana Linnaeus, Sp. Pl. 2: 713. 1753. **(FOC)**

HN（单家林等，2006；范志伟等，2008；曾宪锋等，2014），**JS**（胡长松等，2016），**TW**（范志伟等，2008）。

澳门、广东、海南、江苏、台湾；原产于热带美洲。

阔荚合欢
kuo jia he huan 有待观察

Albizia lebbeck (Linnaeus) Bentham, London J. Bot. 3: 87. 1844. **(FOC)**

GD（粤东地区，曾宪锋等，2009；粤东地区，朱慧，2012；乐昌，邹滨等，2016），**HN**（曾宪锋等，2014），**JS**（寿海洋等，2014；严辉等，2014）。

澳门、福建、广东、广西、贵州、海南、湖北、江苏、四川、台湾、香港、云南、浙江；原产于热带亚洲、大洋洲；归化于热带亚洲。

木豆 有待观察
mu dou

三叶豆 树豆

Cajanus cajan (Linnaeus) Huth, Helios 11: 133. 1893. **(FOC)**

FJ（范志伟等，2008），GD（范志伟等，2008；粤东地区，曾宪锋等，2009；粤东地区，朱慧，2012），GX（范志伟等，2008），HK（范志伟等，2008），HN（范志伟等，2008；曾宪锋等，2014），HX（范志伟等，2008），JS（范志伟等，2008；寿海洋等，2014；严辉等，2014），JX（范志伟等，2008），SC（范志伟等，2008），TW（苗栗地区，陈运造，2006；范志伟等，2008），YN（范志伟等，2008），ZJ（范志伟等，2008）。

北京、福建、甘肃、广东、广西、贵州、海南、湖北、湖南、江苏、江西、山东、上海、山西、四川、台湾、西藏、香港、云南、浙江；可能原产于热带亚洲；归化于各地。

毛蔓豆 3
mao man dou

Calopogonium mucunoides Desvaux, Ann. Sci. Nat. (Paris) 9: 423. 1826. **(FOC)**

GD（南部，范志伟等，2008），GX（南部，范志伟等，2008），HN（范志伟等，2008；曾宪锋等，2014），YN（西双版纳，范志伟等，2008；申时才等，2012）。

广东、广西、海南、河北、台湾、云南；原产于热带美洲。

距瓣豆 有待观察
ju ban dou
蝴蝶豆 山珠豆

Centrosema pubescens Bentham, Comm. Legum. Gen. 55. 1837. **(FOC)**

GD（范志伟等，2008），HN（单家林等，2006；范志伟等，2008；甘什岭自然保护区，张荣京和邢福武，2011；曾宪锋等，2014），JS（范志伟等，2008；寿海洋等，2014；严辉等，2014），TW（苗栗地区，陈运造，2006；范志伟等，2008），YN（范志伟等，2008）。

福建、广东、海南、河南、江苏、台湾、云南；原产于中美洲和南美洲。

山扁豆 3
shan bian dou
含羞草决明 决明子 水皂角

Chamaecrista mimosoides (Linnaeus) Greene, Pittonia 4: 27. 1897. **(FOC)**
Bas. *Cassia mimosoides* Linnaeus, Sp. Pl. 1: 379. 1753.

AH（何家庆和葛结林，2008），FJ（徐海根和强胜，2004，2011；厦门地区，陈恒彬，2005；范志伟等，2008；解焱，2008；万方浩等，2012），GD（徐海根和强胜，2004，2011；深圳，严岳鸿等，2004；范志伟等，2008；中山市，蒋谦才等，2008；广州，王忠等，2008；解焱，2008；王芳等，2009；粤东地区，曾宪锋等，2009；Fu等，2011；岳茂峰等，2011；付岚等，2012；林建勇等，2012；万方浩等，2012；粤东地区，朱慧，2012；乐昌，邹滨等，2015，2016），GX（徐海根和强胜，2004，2011；谢云珍等，2007；范志伟等，2008；解焱，2008；北部湾经济区，林建勇等，2011a，2011b；林建勇等，2012；万方浩等，2012；郭成林等，2013；灵山县，刘在松，2015），GZ（徐海根和强胜，2004，2011；黔南地区，韦美玉等，2006；范志伟等，2008；解焱，2008；万方浩等，2012），HB（黄石市，姚发兴，2011），HK（严岳鸿等，2005），HN（徐海根和强胜，2004，2011；单家林等，2006；安锋等，2007；王伟等，2007；范志伟等，2008；东寨港国家级自然保护区，秦卫华等，2008；解焱，2008；林建勇等，2012；万方浩等，2012；曾宪锋等，2014；陈玉凯等，2016），HX（湘西地区，徐亮等，2009），JS（严辉等，2014），JX（徐海根和强胜，2004，2011；范志伟等，2008；解焱，2008；季春峰等，2009；雷平等，2010；王宁，2010；鞠建文等，2011；万方浩等，2012；江西南部，程淑媛等，2015），MC（王发国等，2004），TW（徐海根和强胜，2004，2011；范志伟等，2008；解焱，2008；万方浩等，2012），YN（徐海根和强胜，2004，2011；丁莉等，2006；西双版纳，管志斌等，2006；瑞丽，赵见明，2007；范志伟等，2008；解焱，2008；申时才等，2012；万方浩等，2012；西双版纳自然保护区，陶永祥等，2017）。

安徽、澳门、北京、重庆、福建、广东、广西、贵州、海南、河北、黑龙江、湖北、湖南、江苏、江西、辽宁、陕西、山东、上海、山西、四川、台湾、天津、香港、云南、浙江；原产于热带美洲；归化于热带、亚热带地区。

蝶豆 有待观察
die dou

蓝蝴蝶

Clitoria ternatea Linnaeus, Sp. Pl. 2: 753. 1753. **(FOC)**

FJ（范志伟等，2008），GD（范志伟等，2008），GX（范志伟等，2008），HN（范志伟等，2008；曾宪锋等，2014），TW（苗栗地区，陈运造，2006；范志伟等，2008），YN（西双版纳，范志伟等，2008），ZJ（范志伟等，2008）。

澳门、福建、广东、广西、贵州、海南、江西、陕西、上海、台湾、香港、云南、浙江；广布于热带亚洲、非洲、大洋洲、美洲；原产于热带亚洲。

绣球小冠花 有待观察
xiu qiu xiao guan hua

Coronilla varia Linnarus, Sp. Pl. 2: 743. 1753. **(FOC)**

JS（李惠茹等，2016c；严靖等，2016）；SA（栾晓睿等，2016）。

北京、甘肃、江苏、辽宁、陕西、上海、新疆；原产于欧洲地中海地区。

圆叶猪屎豆 有待观察
yuan ye zhu shi dou

恒春野百合 猪屎青

Crotalaria incana Linnaeus, Sp. Pl. 2: 716. 1753. **(FOC)**

AH（徐海根和强胜，2011），GD（徐海根和强胜，2011），GX（徐海根和强胜，2011），JS（徐海根和强胜，2011；寿海洋等，2014；严辉等，2014），SH（张晴柔等，2013），TW（徐海根和强胜，2011），YN（徐海根和强胜，2011），ZJ（徐海根和强胜，2011；闫小玲等，2014）。

安徽、福建、广东、广西、江苏、上海、台湾、云南、浙江；原产于非洲，阿拉伯半岛，墨西哥和南美洲。

菽麻 有待观察
shu ma

大响铃 赫麻 太阳麻 印度麻 自消容

Crotalaria juncea Linnaeus, Sp. Pl. 2: 714. 1753. **(FOC)**

AH（张中信，2009），FJ（徐海根和强胜，2011），GD（粤东地区，曾宪锋等，2009；徐海根和强胜，2011；粤东地区，朱慧，2012），GX（谢云珍等，2007；徐海根和强胜，2011；百色，贾桂康，2013），JS（徐海根和强胜，2011；寿海洋等，2014；严辉等，2014），SA（栾晓睿等，2016），SC（徐海根和强胜，2011），SD（徐海根和强胜，2011），SH（张晴柔等，2013），TW（徐海根和强胜，2011），YN（徐海根和强胜，2011）。

安徽、重庆、福建、广东、广西、海南、河北、江苏、江西、陕西、山东、山西、上海、四川、台湾、新疆、云南、浙江；原产于印度；归化于热带地区。

长果猪屎豆 有待观察
chang guo zhu shi dou

长叶猪屎豆

Crotalaria lanceolata E. Meyer, Comm. Pl. Afr. Austr. 24-25. 1836. **(FOC)**

FJ（徐海根和强胜，2011），TW（徐海根和强胜，2011），YN（徐海根和强胜，2011）。

福建、广东、广西、海南、台湾、云南；原产于热带非洲；归化于美洲。

三尖叶猪屎豆 有待观察
san jian ye zhu shi dou

黄野百合 美洲野百合 三角叶猪屎豆

Crotalaria micans Link, Enum. Hort. Berol. Alt. 2: 228-229. 1822. **(FOC)**
Syn. *Crotalaria anagyroides* Kunth, Nov. Gen. Sp. (folio ed.) 6: 317. 1824.

FJ（南部，徐海根和强胜，2011），GD（鼎湖山，范志伟等，2008；徐海根和强胜，2011；乐昌，邹滨等，2016），GX（谢云珍等，2007；徐海根和强胜，

2011；百色，贾桂康，2013），**HB**（徐海根和强胜，2011），**HN**（范志伟等，2008；徐海根和强胜，2011；曾宪锋等，2014），**HX**（曾宪锋，2013b），**TW**（徐海根和强胜，2011），**YN**（徐海根和强胜，2011）。

福建、广东、广西、海南、湖北、湖南、内蒙古、台湾、云南；原产于南美洲和墨西哥；归化于旧大陆热带地区。

狭叶猪屎豆
xia ye zhu shi dou

条叶猪屎豆 狭线叶猪屎豆

有待观察

Crotalaria ochroleuca G. Don, Gen. Hist. 2: 138. 1832. **(FOC)**

GD（范志伟等，2008；徐海根和强胜，2011；乐昌，邹滨等，2016），**GX**（谢云珍等，2007；范志伟等，2008；徐海根和强胜，2011），**HN**（范志伟等，2008；徐海根和强胜，2011；曾宪锋等，2014），**SH**（张晴柔等，2013），**ZJ**（徐海根和强胜，2011；闫小玲等，2014）。

广东、广西、海南、云南、浙江；原产于非洲；归化于巴布亚新几内亚、大洋洲、北美洲、南美洲。

猪屎豆
zhu shi dou

黄野百合

有待观察

Crotalaria pallida Aiton, Hort. Kew. 3: 20. 1789. **(FOC)**

JS（寿海洋等，2014），**JX**（江西南部，程淑媛等，2015），**SA**（栾晓睿等，2016），**TW**（苗栗地区，陈运造，2006）。

安徽、澳门、福建、广东、广西、海南、湖北、湖南、江苏、江西、内蒙古、陕西、山东、上海、四川、台湾、香港、云南、浙江；可能原产于非洲；归化于热带亚洲、大洋洲和美洲。

光萼猪屎豆
guang e zhu shi dou

光萼野百合 苦罗豆 南美猪屎豆

有待观察

Crotalaria trichotoma Bojer, Ann. Sci. Nat.,Bot.,sér. 2, 4: 265-266. 1835. **(FOC)**

Syn. *Crotalaria zanzibarica* Bentham, London J. Bot. 2: 584. 1843.

FJ（范志伟等，2008；徐海根和强胜，2011），**GD**（范志伟等，2008；徐海根和强胜，2011；乐昌，邹滨等，2016），**GX**（谢云珍等，2007；范志伟等，2008；徐海根和强胜，2011；百色，贾桂康，2013；灵山县，刘在松，2015），**HN**（范志伟等，2008；徐海根和强胜，2011；曾宪锋等，2014），**HX**（范志伟等，2008；徐海根和强胜，2011），**JS**（寿海洋，2014），**SC**（范志伟等，2008；徐海根和强胜，2011），**TW**（苗栗地区，陈运造，2006；范志伟等，2008；徐海根和强胜，2011），**YN**（范志伟等，2008；徐海根和强胜，2011；申时才等，2012）。

福建、广东、广西、贵州、海南、湖南、江苏、内蒙古、四川、台湾、香港、云南；原产于东非；归化于热带亚洲至大洋洲。

合欢草
he huan cao

有待观察

Desmanthus pernambucanus (Linnaeus) Thellung, Fl. Adverntice de Montpellier, 296. 1912. **(FOC)**

Desmanthus virgatus auct. non (Linnaeus) Willdenow：孙卫邦和向其柏，2004；黄辉宁等，2005b；王芳等，2009；吴杰等，2011, 2012.

GD（珠海市，黄辉宁等，2005b；王芳等，2009；北京师范大学珠海分校，吴杰等，2011, 2012），**HN**（曾宪锋等，2014），**YN**（孙卫邦和向其柏，2004）。

广东、海南、台湾、香港、云南；原产于热带美洲。

南美山蚂蝗

3

nan mei shan ma huang

扁草子 逢人打

Desmodium tortuosum (Swartz) de Candolle, Prodr. 2: 332. 1825. **(FOC)**

GD（深圳，严岳鸿等，2004；王芳等，2009；广州，徐海根和强胜，2011；乐昌，邹滨等，2015, 2016），**HN**（曾宪锋等，2012b；曾宪锋等，2014；陈玉凯等，2016），**JX**（曾宪锋和邱贺媛，2013a）。

澳门、福建、广东、广西、海南、湖南、江西、台

双子叶植物

湾、香港；原产于热带美洲；归化于旧大陆。

野青树　　　　　　　　　　3
ye qing shu

番菁　靛　靛花　靛沫　假蓝靛　菁子　蓝靛　木蓝　小蓝青

Indigofera suffruticosa Miller, Gard. Dict. (ed. 8) no. 2. 1768. **(FOC)**

FJ（范志伟等，2008；徐海根和强胜，2011），**GD**（范志伟等，2008；粤东地区，曾宪锋等，2009；徐海根和强胜，2011；粤东地区，朱慧，2012），**GX**（范志伟等，2008；徐海根和强胜，2011），**HN**（范志伟等，2008；曾宪锋等，2014），**JS**（范志伟等，2008；徐海根和强胜，2011；寿海洋等，2014；严辉等，2014），**MC**（王发国等，2004），**SH**（张晴柔等，2013），**TW**（范志伟等，2008；徐海根和强胜，2011），**YN**（范志伟等，2008；徐海根和强胜，2011），**ZJ**（范志伟等，2008；徐海根和强胜，2011；闫小玲等，2014）。

澳门、北京、福建、广东、广西、贵州、海南、江苏、江西、内蒙古、上海、山西、台湾、香港、云南、浙江；原产于热带美洲；归化于热带和亚热带地区。

银合欢　　　　　　　　　　2
yin he huan

白合欢　百合欢　灰银合欢

Leucaena leucocephala (Lamarck) de Wit, Taxon 10 (2): 54. 1961. **(FOC)**
Bas. *Mimosa leucocephala* Lamarck, Encycl. 1 (1): 12. 1783；Syn. *Leucaena glauca* Bentham, J. Bot. (Hooker) 4 (32): 416. 1842.

CQ（徐海根和强胜，2011；北碚区，杨柳等，2015；北碚区，严桧等，2016），**FJ**（李振宇和解焱，2002；厦门地区，陈恒彬，2005；厦门，欧健和卢昌义，2006a，2006b；范志伟等，2008；解焱，2008；杨坚和陈恒彬，2009；徐海根和强胜，2011；万方浩等，2012；长乐，林为凃，2013；武夷山市，李国平等，2014），**GD**（李振宇和解焱，2002；深圳，严岳鸿等，2004；范志伟等，2008；中山市，蒋谦才等，2008；广州，王忠等，2008；解焱，2008；粤东地区，曾宪锋等，2009；Fu 等，2011；北师大珠海分校，吴杰等，2011，2012；徐海根和强胜，

2011；岳茂峰等，2011；付岚等，2012；林建勇等，2012；万方浩等，2012；粤东地区，朱慧，2012；潮州市，陈丹生等，2013；广州，李许文等，2014；深圳，蔡毅等，2015；广州南沙黄山鲁森林公园，李海生等，2015；乐昌，邹滨等，2015，2016），**GX**（李振宇和解焱，2002；邓晰朝和卢旭，2004；吴桂容，2006；谢云珍等，2007；桂林，陈秋霞等，2008；范志伟等，2008；唐赛春等，2008b；解焱，2008；柳州市，石亮成等，2009；和太平等，2011；北部湾经济区，林建勇等，2011a，2011b；徐海根和强胜，2011；林建勇等，2012；胡刚和张忠华，2012；梧州市，马多等，2012；万方浩等，2012；百色，贾桂康，2013；来宾市，林春华等，2015；灵山县，刘在松，2015；北部湾海岸带，刘熊，2017），**GZ**（李振宇和解焱，2002；范志伟等，2008；解焱，2008；申敬民等，2010；徐海根和强胜，2011；万方浩等，2012），**HK**（李振宇和解焱，2002；范志伟等，2008；解焱，2008；Leung 等，2009；徐海根和强胜，2011；万方浩等，2012），**HN**（李振宇和解焱，2002；单家林等，2006；安锋等，2007；范志伟等，2008；铜鼓岭国家级自然保护区、大田国家级自然保护区，秦卫华等，2008；解焱，2008；霸王岭自然保护区，胡雪华等，2011；徐海根和强胜，2011；甘什岭自然保护区，张荣京和邢福武，2011；林建勇等，2012；万方浩等，2012；曾宪锋等，2014），**HX**（范志伟等，2008；彭兆普等，2008；解焱，2008；衡阳市，谢红艳等，2011；徐海根和强胜，2011；万方浩等，2012），**JS**（严辉等，2014），**JX**（江西南部，程淑媛等，2015），**MC**（李振宇和解焱，2002；王发国等，2004；林鸿辉等，2008；解焱，2008；徐海根和强胜，2011；万方浩等，2012），**SA**（西安地区，祁云枝等，2010；栾晓睿等，2016），**SC**（西南部，李振宇和解焱，2002；西南部，范志伟等，2008；西南部，解焱，2008；周小刚等，2008；西南部，徐海根和强胜，2011；万方浩等，2012；孟兴等，2015），**TW**（袁秋英等，1994；李振宇和解焱，2002；苗栗地区，陈运造，2006；兰阳平原，吴永华，2006；范志伟等，2008；解焱，2008；杨宜津，2008；徐海根和强胜，2011；万方浩等，2012），**YN**（李振宇和解焱，2002；丁莉等，2006；西双版纳，管志斌等，2006；红河流域，徐成东等，2006；徐成东和陆树刚，2006；范志伟等，2008；纳板河自然保护区，刘峰等，2008；解焱，2008；红河州，

何艳萍等，2010；徐海根和强胜，2011；万方浩等，2012；怒江流域，沈利峰等，2013；西双版纳自然保护区，陶永祥等，2017），**ZJ**（万方浩等，2012；闫小玲等，2014）。

澳门、重庆、福建、广东、广西、贵州、海南、湖北、湖南、江苏、江西、内蒙古、陕西、上海、四川、台湾、香港、云南、浙江；原产于热带美洲；归化于旧大陆热带地区。

紫花大翼豆　　　　　　　有待观察
zi hua da yi dou

赛刍豆　紫菜豆

Macroptilium atropurpureum (Mociño & Sessé ex de Candolle) Urban, Symb. Antill. 9 (4): 457. 1928. **(FOC)**

GD（深圳，严岳鸿等，2004；王芳等，2009；徐海根和强胜，2011），**HN**（曾宪锋等，2012b），**JX**（徐海根和强胜，2011），**TW**（苗栗地区，陈运造，2006；徐海根和强胜，2011）。

澳门、福建、广东、广西、海南、江西、台湾、云南；原产于热带美洲；归化于旧大陆热带地区。

大翼豆　　　　　　　　　有待观察
da yi dou

宽翼豆

Macroptilium lathyroides (Linnaeus) Urban, Symb. Antill. 9 (4): 457. 1928. **(FOC)**

FJ（曾宪锋等，2011a），**GD**（曾宪锋等，2011b；乐昌，邹滨等，2015，2016），**HN**（曾宪锋等，2012b；曾宪锋等，2014），**TW**（苗栗地区，陈运造，2006）。

澳门、福建、广东、贵州、海南、台湾、香港；原产于热带美洲；归化于旧大陆热带地区。

南苜蓿　　　　　　　　　　　4
nan mu xu

刺荚苜蓿　刺苜蓿　黄花苜蓿　金花菜　母齐头

Medicago polymorpha Linnaeus, Sp. Pl. 2: 779. 1753. **(FOC)**

Syn. *Medicago hispida* Gaertner, Fruct. Sem.

Pl. 2: 349, pl. 155. 1791.

AH（郭水良和李扬汉，1995；徐海根和强胜，2004，2011；淮北地区，胡刚等，2005b；黄山，汪小飞等，2007；何家庆和葛结林，2008；解焱，2008；张中信，2009；何冬梅等，2010；黄山市城区，梁宇轩等，2015），**CQ**（徐海根和强胜，2011），**GD**（林建勇等，2012），**GX**（桂林，陈秋霞等，2008；林建勇等，2012；金子岭风景区，贾桂康和钟林敏，2016），**HB**（刘胜祥和秦伟，2004；星斗山国家级自然保护区，卢少飞等，2005；天门市，沈体忠等，2008；解焱，2008；车晋滇，2009；李儒海等，2011；黄石市，姚发兴，2011；喻大昭等，2011），**HN**（解焱，2008；徐海根和强胜，2011；曾宪锋等，2014），**HX**（徐海根和强胜，2004，2011；彭兆普等，2008；车晋滇，2009；湘西地区，刘兴锋等，2009；湘西地区，徐亮等，2009；谢红艳和张雪芹，2012），**HY**（徐海根和强胜，2004；李长看等，2011；储嘉琳等，2016），**JS**（郭水良和李扬汉，1995；南京，吴海荣和强胜，2003；南京，吴海荣等，2004；徐海根和强胜，2004，2011；朱长山等，2007；解焱，2008；车晋滇，2009；寿海洋等，2014；严辉等，2014；胡长松等，2016），**JX**（郭水良和李扬汉，1995；徐海根和强胜，2004，2011；解焱，2008；季春峰等，2009；鄱阳湖国家级自然保护区，葛刚等，2010；王宁，2010；鞠建文等，2011），**SA**（栾晓睿等，2016），**SC**（周小刚等，2008；马丹炜等，2009），**SD**（衣艳君等，2005），**SH**（郭水良和李扬汉，1995；徐海根和强胜，2011；张晴柔等，2013），**SX**（石瑛等，2006），**TW**（车晋滇，2009），**YN**（车晋滇，2009；申时才等，2012），**ZJ**（郭水良和李扬汉，1995；徐海根和强胜，2004，2011；杭州，陈小永等，2006；台州，陈模舜，2008；杭州市，王嫩仙，2008；解焱，2008；杭州西湖风景区，梅笑漫等，2009；张建国和张明如，2009；闫小玲等，2014；杭州，金祖达等，2015；周天焕等，2016）；西北（车晋滇，2009）。

安徽、北京、重庆、福建、甘肃、广东、广西、贵州、海南、河北、黑龙江、河南、湖北、湖南、江苏、江西、辽宁、内蒙古、陕西、山东、上海、四川、台湾、新疆、西藏、香港、云南、浙江；原产于西亚、中亚及地中海地区；归化于世界。

紫苜蓿 4

zi mu xu

苜蓿 蓿草 紫花苜蓿

Medicago sativa Linnaeus, Sp. Pl. 2: 778-779. 1753. (FOC)

　　AH（郭水良和李扬汉，1995；陈明林等，2003；徐海根和强胜，2004，2011；淮北地区，胡刚等，2005b；黄山，汪小飞等，2007；何家庆和葛结林，2008；解焱，2008），**BJ**（刘全儒等，2002；彭程等，2010；建成区，赵娟娟等，2010；徐海根和强胜，2011；王苏铭等，2012），**CQ**（徐海根和强胜，2011；北碚区，杨柳等，2015；北碚区，严桧等，2016），**GD**（林建勇等，2012；乐昌，邹滨等，2015，2016），**GS**（徐海根和强胜，2004，2011；解焱，2008；赵慧军，2012），**GX**（林建勇等，2012），**GZ**（贵阳市，石登红和李灿，2011；徐海根和强胜，2011；贵阳市，陈菊艳等，2016），**HB**（徐海根和强胜，2011；喻大昭等，2011），**HJ**（徐海根和强胜，2004，2011；衡水湖，李惠欣，2008；龙茹等，2008；解焱，2008；秦皇岛，李顺才等，2009；陈超等，2012），**HL**（高燕和曹伟，2010；郑宝江和潘磊，2012），**HX**（常德市，彭友林等，2009；湘西地区，徐亮等，2009；徐海根和强胜，2011；谢红艳和张雪芹，2012），**HY**（徐海根和强胜，2004，2011；朱长山等，2007；解焱，2008；李长看等，2011；新乡，许桂芳和简在友，2011；储嘉琳等，2016），**JL**（长白山区，周繇，2003；王虹扬等，2004；长白山区，苏丽涛和马立军，2009；高燕和曹伟，2010；徐海根和强胜，2011；长春地区，曲同宝等，2015），**JS**（郭水良和李扬汉，1995；徐海根和强胜，2004，2011；解焱，2008；寿海洋等，2014；严辉等，2014；南京城区，吴秀臣和芦建国，2015；胡长松等，2016），**JX**（徐海根和强胜，2011；江西南部，程淑媛等，2015），**LN**（徐海根和强胜，2004，2011；解焱，2008；高燕和曹伟，2010；大连，张淑梅等，2013），**NM**（徐海根和强胜，2004，2011；苏亚拉图等，2007；解焱，2008；高燕和曹伟，2010；张永宏和袁淑珍，2010；陈超等，2012；庞立东等，2015），**NX**（徐海根和强胜，2004，2011；苏亚拉图等，2007；解焱，2008），**QH**（徐海根和强胜，2004，2011；解焱，2008），**SA**（徐海根和强胜，2004，2011；解焱，2008；西安地区，祁云枝等，2010；杨凌地区，何纪琳等，2013；栾晓睿等，2016），**SC**（周小刚等，2008；车晋滇，2009；徐海根和强胜，2011；孟兴等，2015），**SD**（徐海根和强胜，2004，2011；衣艳君等，2005；昆嵛山，赵宏和董翠玲，2007；解焱，2008；南四湖湿地，王元军，2010；昆嵛山，赵宏和丛海燕，2012；曲阜，赵灏，2015），**SH**（郭水良和李扬汉，1995；秦卫华等，2007；徐海根和强胜，2011；张晴柔等，2013），**SX**（徐海根和强胜，2004，2011；石瑛等，2006；解焱，2008；阳泉市，张垚，2016），**TW**（徐海根和强胜，2004，2011；解焱，2008），**XJ**（徐海根和强胜，2004，2011；解焱，2008），**XZ**（徐海根和强胜，2004，2011；解焱，2008），**YN**（丁莉等，2006；车晋滇，2009；徐海根和强胜，2011；申时才等，2012；杨忠兴等，2014），**ZJ**（郭水良和李扬汉，1995；西溪湿地，舒美英等，2009；西溪湿地，缪丽华等，2011；徐海根和强胜，2011；闫小玲等，2014；杭州，金祖达等，2015；周天焕等，2016）；东北、华北、西北、华中（车晋滇，2009）；全国各地均有栽培或呈半野生状态分布（万方浩等，2012）；华北农牧交错带（陈超等，2012）；东北地区（郑美林和曹伟，2013）；海河流域滨岸带（任颖等，2015）；东北草地（石洪山等，2016）。

　　安徽、澳门、北京、重庆、福建、甘肃、广西、贵州、河北、河南、黑龙江、湖北、湖南、吉林、江苏、江西、辽宁、内蒙古、宁夏、青海、陕西、山东、山西、上海、四川、台湾、天津、西藏、香港、新疆、云南、浙江；原产于西亚；归化于世界。

白花草木犀 4

bai hua cao mu xi

白蓿草木犀 白花草木樨 白甜车轴草 白香草木犀 白香草木樨

Melilotus albus Medikus, Vorles. Churpfälz. Phys. -Ökon. Ges. 2: 382. 1787 . (FOC)

　　AH（郭水良和李扬汉，1995；徐海根和强胜，2004，2011；淮北地区，胡刚等，2005b；黄山，汪小飞等，2007；何家庆和葛结林，2008；解焱，2008；车晋滇，2009；何冬梅等，2010；万方浩等，2012），**BJ**（刘全儒等，2002；车晋滇，2009；杨景成等，2009；彭程等，2010；王苏铭等，2012），**CQ**（杨德等，2011；徐海根和强胜，2011；万州区，余顺慧和邓洪平，2011a，2011b；北碚区，杨柳等，2015；北碚区，严桧等，2016)，**FJ** (郭水良和李扬汉，1995；徐海根和强胜，2004，2011；厦门，欧健和卢昌义，2006a，2006b；车晋滇，2009；万方浩等，2012)，**GS** (徐海根和强胜，2004，2011；刘玲玲，2007；解焱，2008；车晋滇，2009；万方浩等，2012；赵慧军，2012；河西地区，陈叶等，2013)，**GZ** (屠玉麟，2002；黔南地区，韦美玉等，2006；申敬民等，2010；万方浩等，2012)，**HB** (刘胜祥和秦伟，2004；喻大昭等，2011)，**HJ** (徐海根和强胜，2004，2011；龙茹等，2008；解焱，2008；车晋滇，2009；秦皇岛，李顺才等，2009；陈超等，2012；万方浩等，2012；武安国家森林公园，张浩等，2012)，**HL** (徐海根和强胜，2004，2011；解焱，2008；车晋滇，2009；万方浩等，2012；郑宝江和潘磊，2012)，**HX** (湘西地区，徐亮等，2009)，**HY** (徐海根和强胜，2004，2011；董东平和叶永忠，2007；朱长山等，2007；车晋滇，2009；许昌市，姜罡丞，2009；李长看等，2011；新乡，许桂芳和简在友，2011；万方浩等，2012；储嘉琳等，2016)，**JL** (长白山区，周繇，2003；王虹扬等，2004；徐海根和强胜，2004，2011；解焱，2008；车晋滇，2009；长白山区，苏丽涛和马立军，2009；万方浩等，2012；长春地区，曲同宝等，2015)，**JS** (郭水良和李扬汉，1995；徐海根和强胜，2004，2011；解焱，2008；车晋滇，2009；苏州，林敏等，2012；万方浩等，2012；寿海洋等，2014；严辉等，2014)，**LN** (曲波，2003；徐海根和强胜，2004，2011；齐淑艳和徐文铎，2006；曲波等，2006a，2006b；解焱，2008；车晋滇，2009；沈阳，付海滨等，2009；高燕和曹伟，2010；万方浩等，2012；大连，张淑梅等，2013)，**NM** (苏亚拉图等，2007；车晋滇，2009；张永宏和袁淑珍，2010；陈超等，2012；庞立东等，2015)，**QH** (徐海根和强胜，2004，2011；车晋滇，2009；万方浩等，2012)，**SA** (徐海根和强胜，2004，2011；解焱，2008；车晋滇，2009；西安地区，祁云枝等，2010；万方浩等，2012；杨凌地区，何纪琳等，2013；栾晓睿等，2016)，**SC** (徐海根和强胜，2004，2011；解焱，2008；周小刚等，2008；车晋滇，2009；邛海湿地，杨红，2009；万方浩等，2012)，**SD** (潘怀剑和田家怡，2001；田家怡和吕传笑，2004；衣艳君等，2005；黄河三角洲，刘庆年等，2006；宋楠等，2006；吴彤等，2006；

惠洪者，2007；昆嵛山，赵宏和董翠玲，2007；南四湖湿地，王元军，2010；张绪良等，2010；昆嵛山，赵宏和丛海燕，2012)，**SH** (郭水良和李扬汉，1995；秦卫华等，2007；张晴柔，2013)，**SX** (徐海根和强胜，2004，2011；石瑛等，2006；解焱，2008；车晋滇，2009；马世军和王建军，2011；万方浩等，2012)，**XJ** (徐海根和强胜，2004，2011；车晋滇，2009；万方浩等，2012)，**XZ** (徐海根和强胜，2004，2011；车晋滇，2009；万方浩等，2012)，**YN** (徐海根和强胜，2004，2011；丁莉等，2006；解焱，2008；车晋滇，2009；申时才等，2012；万方浩等，2012)，**ZJ** (杭州市，王嫩仙，2008；杭州，谢国雄等，2012；闫小玲等，2014)；黄河三角洲地区 (赵怀浩等，2011)；华北农牧交错带 (陈超等，2012)；东北地区 (郑美林和曹伟，2013)；海河流域滨岸带 (任颖等，2015)；东北草地 (石洪山等，2016)。

安徽、北京、重庆、福建、甘肃、广东、贵州、海南、河北、河南、黑龙江、湖北、湖南、吉林、江苏、江西、辽宁、内蒙古、宁夏、青海、陕西、山东、山西、上海、四川、天津、西藏、新疆、云南、浙江；原产于西亚至南欧；归化于世界。

印度草木犀 有待观察

yin du cao mu xi

印度草木樨

Melilotus indicus (Linnaeus) Allioni, Fl. Pedem. 1: 308. 1785. **(FOC)**

AH (徐海根和强胜，2011)，**CQ** (徐海根和强胜，2011)，**FJ** (徐海根和强胜，2011)，**GD** (粤东地区，曾宪锋等，2009；徐海根和强胜，2011；粤东地区，朱慧，2012)，**GX** (徐海根和强胜，2011)，**GZ** (徐海根和强胜，2011)，**HB** (徐海根和强胜，2011)，**HJ** (徐海根和强胜，2011)，**HN** (徐海根和强胜，2011；曾宪锋等，2014)，**HX** (徐海根和强胜，2011；谢红艳和张雪芹，2012)，**HY** (储嘉琳等，2016)，**JS** (徐海根和强胜，2011；寿海洋等，2014；严辉等，2014)，**JX** (徐海根和强胜，2011)，**SA** (徐海根和强胜，2011；栾晓睿等，2016)，**SC** (徐海根和强胜，2011)，**SD** (徐海根和强胜，2011)，**SH** (张晴柔等，2013)，**TW** (徐海根和强胜，2011)，**XZ** (徐海根和强胜，2011)，**YN** (徐海根和

强胜，2011）。

安徽、北京、重庆、福建、甘肃、广东、广西、贵州、海南、河北、河南、湖北、湖南、江苏、江西、辽宁、青海、陕西、山东、上海、山西、四川、台湾、新疆、西藏、云南、浙江；原产于南亚、中亚至南欧。

草木樨　4
cao mu xi

黄花草木樨　黄甜车轴草　黄香草木樨　金花草

Melilotus officinalis (Linnaeus) Lamarck, Fl. Franç. 2: 594. 1778. **(FOC)**

CQ（杨德等，2011），**FJ**（刘巧云和王玲萍，2006），**GD**（粤东地区，曾宪锋等，2009；粤东地区，朱慧，2012），**GS**（河西地区，陈叶等，2013），**GZ**（申敬民等，2010），**HX**（洞庭湖区，彭友林等，2008；常德市，彭友林等，2009），**HY**（储嘉琳等，2016），**JL**（长春地区，曲同宝等，2015），**JS**（寿海洋等，2014；严辉等，2014），**SA**（杨凌地区，何纪琳等，2013；栾晓睿等，2016），**SC**（车晋滇，2009），**SD**（田家怡和吕传笑，2004；衣艳君等，2005；黄河三角洲，刘庆年等，2006；宋楠等，2006；吴彤等，2006；惠洪者，2007；张绪良等，2010），**XZ**（车晋滇，2009），**YN**（申时才等，2012），**ZJ**（杭州，陈小永等，2006；李根有等，2006；杭州西湖风景区，梅笑漫等，2009；西溪湿地，舒美英等，2009；张建国和张明如，2009；温州，丁炳扬和胡仁勇，2011；温州地区，胡仁勇等，2011；西溪湿地，缪丽华等，2011；杭州，谢国雄等，2012；闫小玲等，2014；杭州，金祖达等，2015；周天焕等，2016）；东北、华北、西北（车晋滇，2009）；黄河三角洲地区（赵怀浩等，2011）；海河流域滨岸带（任颖等，2015）。

安徽、北京、重庆、福建、甘肃、广东、广西、贵州、海南、河北、河南、黑龙江、湖北、湖南、吉林、江苏、江西、辽宁、内蒙古、青海、陕西、山东、山西、上海、四川、台湾、天津、西藏、新疆、云南、浙江；原产于中亚、西亚至南欧。

光荚含羞草　1
guang jia han xiu cao

簕仔树

Mimosa bimucronata (de Candolle) Kuntze, Revis. Gen. Pl. 1: 198. 1891. **(FOC)**
Syn. *Mimosa sepiaria* Bentham, J. Bot. (Hooker) 4 (32): 395. 1842.

FJ（南部，徐海根和强胜，2011；长乐，林为涂，2013；许瑾，2014；环境保护部和中国科学院，2016），**GD**（深圳，严岳鸿等，2004；南部沿海地区，范志伟等，2008；中山市，蒋谦才等，2008；广州，王忠等，2008；王芳，2009；粤东地区，曾宪锋等，2009；Fu，2011；南部，徐海根和强胜，2011；岳茂峰等，2011；付岚等，2012；林建勇等，2012；万方浩等，2012；粤东地区，朱慧，2012；深圳，张春颖等，2013；广州，李许文等，2014；许瑾，2014；广州南沙黄山鲁森林公园，李海生等，2015；乐昌，邹滨等，2015，2016；环境保护部和中国科学院，2016），**GX**（谢云珍等，2007；和太平等，2011；北部湾经济区，林建勇等，2011a，2011b；林建勇等，2012；胡刚和张忠华，2012；梧州市，马多等，2012；万方浩等，2012；防城金花茶自然保护区，吴င華和李福阳，2012；郭成林等，2013；百色，贾桂康，2013；许瑾，2014；来宾市，林春华等，2015；灵山县，刘在松，2015；环境保护部和中国科学院，2016；北部湾海岸带，刘熊，2017），**HK**（万方浩等，2012；许瑾，2014；环境保护部和中国科学院，2016），**HN**（安锋等，2007；范志伟等，2008；徐海根和强胜，2011；甘什岭自然保护区，张荣京和邢福武，2011；周祖光，2011；林建勇等，2012；万方浩等，2012；许瑾，2014；曾宪锋等，2014；环境保护部和中国科学院，2016），**HX**（许瑾，2014；环境保护部和中国科学院，2016），**JX**（Fu等，2011；付岚等，2012；曾宪锋等，2013a；许瑾，2014），**MC**（许瑾，2014；环境保护部和中国科学院，2016），**YN**（丁莉等，2006；申时才等，2012；万方浩等，2012；许瑾，2014；环境保护部和中国科学院，2016）。

澳门、重庆、福建、广东、广西、海南、湖南、江西、台湾、香港、云南；原产于南美洲。

巴西含羞草　2
ba xi han xiu cao

含羞草　美洲含羞草

Mimosa diplotricha C. Wright ex Sauvalle,

Anales Acad. Ci. Med. Habana 5: 405. 1868.
(FOC)

Syn. *Mimosa invisa* Martius, Flora 20 (2): Beibl. 121. 1837.

FJ（解焱，2008），**GD**（深圳，严岳鸿等，2004；范志伟等，2008；中山市，蒋谦才等，2008；车晋滇，2009；王芳等，2009；徐海根和强胜，2011；岳茂峰等，2011；林建勇等，2012；广州、深圳、肇庆，万方浩等，2012），**GX**（林建勇等，2012；万方浩等，2012；韦春强等，2013），**HK**（万方浩等，2012），**HN**（单家林等，2006；安锋等，2007；范志伟等，2008；石灰岩地区，秦新生等，2008；徐海根和强胜，2011；甘什岭自然保护区，张荣京和邢福武，2011；林建勇等，2012；万方浩等，2012；曾宪锋等，2014），**TW**（苗栗地区，陈运造，2006；杨宜津，2008；车晋滇，2009；徐海根和强胜，2011；南部，万方浩等，2012），**YN**（西双版纳，车晋滇，2009；万方浩等，2012）。

福建、广东、广西、海南、台湾、香港、云南；原产于热带美洲；归化于旧大陆热带地区。

无刺巴西含羞草　　　　　2
wu ci ba xi han xiu cao

无刺含羞草

Mimosa diplotricha C. Wright ex Sauvalle var. *inermis* (Adelbert) Veldkamp, Fl. Males. Bull. 9: 416. 1987. **(FOC)**

Syn. *Mimosa invisa* Martius var. *inermis* Adelbert, Reinwardtia 2: 359. 1953.

GD（深圳，严岳鸿等，2004；范志伟等，2008；中山市，蒋谦才等，2008；王芳等，2009；粤东地区，曾宪锋等，2009；林建勇等，2012；粤东地区，朱慧，2012），**GX**（范志伟等，2008；林建勇等，2012；灵山县，刘在松，2015），**HN**（单家林等，2006；安锋等，2007；范志伟等，2008；石灰岩地区，秦新生等，2008；周祖光，2011；林建勇等，2012；曾宪锋等，2014；陈玉凯等，2016），**YN**（西双版纳，管志斌等，2006；瑞丽，赵见明，2007；范志伟等，2008；申时才等，2012）。

福建、广东、广西、海南、云南；原产热带美洲；归化于旧大陆热带地区。

刺轴含羞草　　　　　3
ci zhou han xiu cao

Mimosa pigra Linnaeus, Cent. Pl. I: 13-14. 1755. **(Tropicos)**

HN（曾宪锋等，2013b；曾宪锋等，2014），**TW**（解焱，2008），**YN**（西双版纳，解焱，2008）。

海南、台湾、云南；原产于热带美洲。

含羞草　　　　　2
han xiu cao

爱困草 感应草 喝呼草 假死草 见笑草 惧内草 怕丑草 怕羞草 怕痒草 望江南 羞草 指佞草 知羞草

Mimosa pudica Linnaeus, Sp. Pl. 1: 518. 1753. **(FOC)**

AH（陈明林等，2003；臧敏等，2006；何家庆和葛结林，2008；何冬梅等，2010），**BJ**（彭程等，2010；建成区，赵娟娟等，2010），**CQ**（徐海根和强胜，2011；万州区，余顺慧和邓洪平，2011a，2011b），**FJ**（南部，李振宇和解焱，2002；南部，徐海根和强胜，2004，2011；厦门地区，陈恒彬，2005；厦门，欧健和卢昌义，2006a，2006b；南部，范志伟等，2008；南部，解焱，2008；南部，张国良等，2008；杨坚和陈恒彬，2009；万方浩等，2012；长乐，林为凃，2013），**GD**（李振宇和解焱，2002；鼎湖山，贺握权和黄忠良，2004；徐海根和强胜，2004，2011；深圳，严岳鸿等，2004；惠州，郑洲翔等，2006；惠州红树林自然保护区，曹飞等，2007；范志伟等，2008；中山市，蒋谦才等，2008；白云山，李海生等，2008；解焱，2008；张国良等，2008；鼎湖山国家级自然保护区，宋小玲等，2009；王芳等，2009；粤东地区，曾宪锋等，2009；Fu等，2011；北师大珠海分校，吴杰等，2011，2012；岳茂峰等，2011；付岚等，2012；林建勇等，2012；万方浩等，2012；稔平半岛，于飞等，2012；粤东地区，朱慧，2012；潮州市，陈丹生等，2013；广州，李许文等，2014；乐昌，邹滨等，2015，2016），**GX**（李振宇和解焱，2002；邓晰朝和卢旭，2004；徐海根和强胜，2004，2011；十万大山自然保护区，韦原莲等，2006；吴桂容，2006；谢云珍等，2007；桂林，陈秋霞等，2008；范志伟等，2008；唐赛春

　　　　　双子叶植物

等，2008b；解焱，2008；十万大山自然保护区，叶锋等，2008；张国良等，2008；柳州市，石亮成等，2009；和太平等，2011；北部湾经济区，林建勇等，2011a，2011b；林建勇等，2012；胡刚和张忠华，2012；万方浩等，2012；郭成林等，2013；百色，贾桂康，2013；灵山县，刘在松，2015；北部湾海岸带，刘熊，2017），**GZ**（屠玉麟，2002；申敬民等，2010；贵阳市，石登红和李灿，2011），**HB**（天门市，沈体忠等，2008；黄石市，姚发兴，2011；喻大昭等，2011；章承林等，2012），**HK**（李振宇和解焱，2002；徐海根和强胜，2004，2011；严岳鸿等，2005；范志伟等，2008；解焱，2008；张国良等，2008；车晋滇，2009；Leung 等，2009；万方浩等，2012），**HL**（鲁萍等，2012），**HN**（李振宇和解焱，2002；徐海根和强胜，2004，2011；单家林等，2006；安锋等，2007；邱庆军等，2007；王伟等，2007；范志伟等，2008；铜鼓岭国家级自然保护区、东寨港国家级自然保护区、大田国家级自然保护区，秦卫华等，2008；石灰岩地区，秦新生等，2008；解焱，2008；张国良等，2008；霸王岭自然保护区，胡雪华等，2011；甘什岭自然保护区，张荣京和邢福武，2011；周祖光，2011；林建勇等，2012；万方浩等，2012；曾宪锋等，2014；罗文启等，2015；陈玉凯等，2016），**HX**（郴州，陈国发，2006；彭兆普等，2008），**HY**（杜卫兵等，2002；李长看等，2011；新乡，许桂芳和简在友，2011），**JS**（寿海洋等，2014；严辉等，2014）；**JX**（庐山风景区，胡天印等，2007c；鞠建文等，2011；江西东南部，程淑媛等，2015），**LN**（齐淑艳和徐文铎，2006），**MC**（李振宇和解焱，2002；王发国等，2004；徐海根和强胜，2004，2011；解焱，2008；车晋滇，2009），**SA**（西安地区，祁云枝等，2010；栾晓睿等，2016），**SC**（周小刚等，2008；马丹炜等，2009），**SD**（潘怀剑和田家怡，2001；吴彤等，2006；青岛，罗艳和刘爱华，2008），**SH**（张晴柔等，2013），**SX**（石瑛等，2006），**TW**（李振宇和解焱，2002；徐海根和强胜，2004，2011；苗栗地区，陈运造，2006；范志伟等，2008；解焱，2008；杨宜津，2008；张国良等，2008；万方浩等，2012），**YN**（李振宇和解焱，2002；徐海根和强胜，2004，2011；丁莉等，2006；西双版纳，管志斌等，2006；红河流域，徐成东等，2006；徐成东和陆树刚，2006；怒江干热河谷区，胡发广等，2007；李乡旺等，2007；瑞丽，赵见明

2007；范志伟等，2008；纳板河自然保护区，刘峰等，2008；解焱，2008；张国良等，2008；红河州，何艳萍等，2010；德宏州，马柱芳和谷芸，2011；申时才等，2012；万方浩等，2012；文山州，杨焓妤，2012；杨忠兴等，2014；西双版纳自然保护区，陶永祥等，2017），**ZJ**（杭州，陈小永等，2006；台州，陈模舜，2008；杭州市，王嫩仙，2008；张建国和张明如，2009；温州地区，张明如等，2009；杭州，谢国雄等，2012；闫小玲等，2014）；华东、华南、西南（车晋滇，2009）。

安徽、澳门、北京、重庆、福建、广东、广西、贵州、海南、黑龙江、河南、湖北、湖南、江苏、江西、辽宁、内蒙古、陕西、山东、山西、上海、四川、台湾、天津、香港、新疆、云南、浙江；原产于热带美洲；归化于旧大陆热带地区。

毛鱼藤 有待观察
mao yu teng

Paraderris elliptica (Wallich) Adema, Thai Forest Bull.,Bot. 28: 11. 2001. **(FOC)**
Syn. *Derris elliptica* (Roxburgh)Bentham, J. Proc. Linn. Soc.,Bot. 4 (Suppl.): 111-112. 1860.

GD（范志伟等，2008），**GX**（范志伟等，2008），**HN**（范志伟等，2008；曾宪锋等，2014）。

广东、广西、贵州、海南、湖南、江西、台湾、云南；原产于南亚、东南亚。

刺槐 4
ci huai
洋槐

Robinia pseudoacacia Linnaeus, Sp. Pl. 2: 722. 1753. **(FOC)**

AH（徐海根和强胜，2004，2011；何家庆和葛结林，2008；解焱，2008；何冬梅等，2010），**BJ**（刘全儒等，2002；彭程等，2010；建成区，赵娟娟等，2010；徐海根和强胜，2011；松山自然保护区，刘佳凯等，2012；王苏铭等，2012；松山自然保护区，王惠惠等，2014），**CQ**（金佛山自然保护区，滕永青，2008；金佛山自然保护区，孙娟等，2009；徐海根和强胜，2011；万州区，余顺慧和邓洪

平，2011a，2011b），**FJ**（解焱，2008；徐海根和强胜，2011），**GD**（解焱，2008），**GS**（徐海根和强胜，2004，2011；解焱，2008；尚斌，2012；赵慧军，2012），**GX**（解焱，2008；林建勇等，2012），**GZ**（徐海根和强胜，2004，2011；解焱，2008；贵阳市，石登红和李灿，2011；贵阳市，陈菊艳等，2016），**HB**（刘胜祥和秦伟，2004；徐海根和强胜，2004，2011；星斗山国家级自然保护区，卢少飞等，2005；解焱，2008；黄石市，姚发兴，2011；喻大昭等，2011），**HJ**（徐海根和强胜，2004，2011；龙茹等，2008；解焱，2008；秦皇岛，李顺才等，2009），**HX**（徐海根和强胜，2004，2011；彭兆普等，2008；解焱，2008；谢红艳和张雪芹，2012），**HY**（徐海根和强胜，2004，2011；朱长山等，2007；解焱，2008；李长看等，2011；新乡，许桂芳和简在友，2011；储嘉琳等，2016），**JL**（长白山区，周繇，2003；长白山区，苏丽涛和马立军，2009；高燕和曹伟，2010；长春地区，曲同宝等，2015），**JS**（徐海根和强胜，2004，2011；解焱，2008；苏州，林敏等，2012；寿海洋等，2014；严辉等，2014；南京城区，吴秀臣和芦建国，2015），**JX**（徐海根和强胜，2004，2011；季春峰等，2009；王宁，2010；鞠建文等，2011；江西南部，程淑媛等，2015），**LN**（徐海根和强胜，2004，2011；解焱，2008；高燕和曹伟，2010；大连，张淑梅等，2013；大连，张恒庆等，2016），**NM**（解焱，2008），**SA**（徐海根和强胜，2004，2011；解焱，2008；西安地区，祁云枝等，2010；杨凌地区，何纪琳等，2013；栾晓睿等，2016），**SC**（徐海根和强胜，2004，2011；解焱，2008；周小刚等，2008），**SD**（衣艳君等，2005；昆嵛山，赵宏和董翠玲，2007；青岛，罗艳和刘爱华，2008；解焱，2008；南四湖湿地，王元军，2010；徐海根和强胜，2011），**SH**（秦卫华等，2007；徐海根和强胜，2011；张晴柔等，2013），**SX**（徐海根和强胜，2004，2011；石瑛等，2006；解焱，2008；阳泉市，张垚，2016），**YN**（徐海根和强胜，2004，2011；丁莉等，2006；解焱，2008），**ZJ**（徐海根和强胜，2004，2011；杭州市，王嫩仙，2008；解焱，2008；天目山自然保护区，陈京等，2011；杭州，谢国雄等，2012；闫小玲等，2014；杭州，金祖达等，2015；周天焕等，2016）；东北地区（郑美林和曹伟，2013）。

安徽、澳门、北京、重庆、福建、甘肃、广东、广西、贵州、河北、黑龙江、河南、湖北、湖南、吉林、江苏、江西、辽宁、内蒙古、陕西、山东、山西、上海、四川、天津、香港、新疆、西藏、云南、浙江；原产于北美洲。

翅荚决明　　　　　　　　　　　　　有待观察
chi jia jue ming

翅荚槐　刺荚黄槐　具翅决明　蜡烛花　翼柄决明　有翅决明

Senna alata (Linnaeus) Roxburgh, Fl. Ind. 2: 349. 1832. **(FOC)**
Bas. *Cassia alata* Linnaeus, Sp. Pl. 1: 378. 1753.

　　GD（范志伟等，2008；粤东地区，曾宪锋等，2009；徐海根和强胜，2011；粤东地区，朱慧，2012；乐昌，邹滨等，2015），**HN**（范志伟等，2008；徐海根和强胜，2011；曾宪锋等，2014），**TW**（苗栗地区，陈运造，2006；徐海根和强胜，2011），**YN**（丁莉等，2006；南部，范志伟等，2008；徐海根和强胜，2011）。

　　澳门、广东、广西、海南、江西、台湾、香港、云南；原产于墨西哥；世界热带栽培。

双荚决明　　　　　　　　　　　　　有待观察
shuang jia jue ming

Senna bicapsularis (Linnaeus) Roxburhg, Fl. Ind. 2: 342. 1832. **(FOC)**
Bas. *Cassia bicapsularis* Linnaeus，Sp. Pl. 1: 376. 1753.

　　GD（乐昌，邹滨等，2015），**LN**（鸭绿江口滨海湿地自然保护区，吴晓姝等，2010）。

　　澳门、重庆、福建、广东、广西、贵州、海南、湖北、辽宁、上海、四川、香港、云南、浙江；原产于热带美洲；归化于旧大陆热带地区。

伞房决明　　　　　　　　　　　　　有待观察
san fang jue ming

Senna corymbosa (Lamarck) H. S. Irwin & Barneby, Mem. New York Bot. Gard. 35: 397. 1982. **(Tropicos)**
Bas. *Cassia corymbosa* Lamarck，Encycl. 1

　　　　　　　　　　　　　　　　　　　　　　双子叶植物

（2）：644. 1785.

ZJ（西溪湿地，缪丽华等，2011；闫小玲等，2014）。

重庆、上海、江苏、江西、天津、云南、浙江；原产于南美洲。

长穗决明　　　　　　　　　　　有待观察
chang sui jue ming

Senna didymobotrya (Fresenius) H. S. Irwin & Barneby, Mem. New York Bot. Gard. 35: 467. 1982. **(FOC)**.
Bas. *Cassia didymobotrya* Fresenius，Flora 22（1）：53. 1839.

YN（丁莉等，2006）。

广东、海南、云南；原产于热带非洲；归化于南亚。

大叶决明　　　　　　　　　　　有待观察
da ye jue ming

Senna fruticosa (Miller) Howard Samuel Irwin & Barneby, Mem. New York Bot. Gard. 35: 121. 1982. **(FOC)**
Bas. *Cassia fruticosa* Miller, Gard. Dict. (ed. 8) no. 10. 1768.

GD（深圳，严岳鸿等，2004）。

广东；原产于热带美洲。

毛荚决明　　　　　　　　　　　有待观察
mao jia jue ming
毛决明

Senna hirsuta (Linnaeus) H. S. Irwin & Barneby, Phytologia 44 (7): 499. 1979. **(FOC)**
Bas. *Cassia hirsuta* Linnaeus, Sp. Pl. 1: 378. 1753.

FJ（徐海根和强胜，2011），**GD**（徐海根和强胜，2011），**HN**（徐海根和强胜，2011；曾宪锋等，2014），**TW**（徐海根和强胜，2011），**YN**（丁莉等，2006；徐海根和强胜，2011）。

福建、广东、海南、台湾、香港、云南；原产于热带美洲；归化于旧大陆热带地区。

钝叶决明　　　　　　　　　　　　　　**3**
dun ye jue ming

Senna obtusifolia (Linnaeus) Howard Samuel Irwin & Barneby, Mem. New York Bot. Gard. 35: 252. 1982. **(TPL)**
Bas. *Cassia obtusifolia* Linnaeus, Sp. Pl. 1: 377. 1753.

AH（何冬梅等，2010），**BJ**（彭程等，2010），**JS**（严辉等，2014；胡长松等，2016），**SA**（杨凌地区，何纪琳等，2013），**SD**（张绪良等，2010），**ZJ**（台州，陈模舜，2008）

安徽、北京、重庆、广西、贵州、河北、河南、江苏、陕西、山东、四川、浙江；原产于美洲。

望江南　　　　　　　　　　　　有待观察
wang jiang nan
狗屎豆　羊角豆　野扁豆

Senna occidentalis (Linnaeus) Link, Handbuch 2: 140. 1829. **(FOC)**
Bas. *Cassia occidentalis* Linnaeus, Sp. Pl. 1: 377. 1753.

AH（徐海根和强胜，2004，2011；黄山，汪小飞等，2007；范志伟等，2008；何家庆和葛结林，2008；解焱，2008；车晋滇，2009；何冬梅等，2010），**BJ**（车晋滇，2009），**CQ**（徐海根和强胜，2011），**FJ**（徐海根和强胜，2004，2011；厦门地区，陈恒彬，2005；范志伟等，2008；解焱，2008；车晋滇，2009），**GD**（徐海根和强胜，2004，2011；深圳，严岳鸿等，2004；珠海市，黄辉宁等，2005b；范志伟等，2008；中山市，蒋谦才等，2008；广州，王忠等，2008；解焱，2008；车晋滇，2009；王芳等，2009；粤东地区，曾宪锋等，2009；岳茂峰等，2011；林建勇等，2012；粤东地区，朱慧，2012；乐昌，邹滨等，2015，2016），**GX**（谢云珍等，2007；桂林，陈秋霞等，2008；范志伟等，2008；解焱，2008；车晋滇，2009；和太平等，2011；北部湾经济区，林建勇等，2011a，2011b；徐海根和强胜，2011；林建勇等，2012；郭成林等，2013；百色，贾桂康，2013；来宾市，林春华等，2015；北部湾海岸带，刘熊，2017），**GZ**（黔南地区，韦美玉等，

2006），**HB**（喻大昭等，2011），**HJ**（徐海根和强胜，2004，2011；范志伟等，2008；龙茹等，2008；解焱，2008；车晋滇，2009），**HN**（单家林等，2006；安锋等，2007；范志伟等，2008；铜鼓岭国家级自然保护区、东寨港国家级自然保护区、大田国家级自然保护区，秦卫华等，2008；车晋滇，2009；霸王岭自然保护区，胡雪华等，2011；林建勇等，2012；曾宪锋等，2014），**HX**（范志伟等，2008；彭兆普等，2008；解焱，2008；车晋滇，2009），**HY**（新乡，许桂芳和简在友，2011），**JS**（徐海根和强胜，2004，2011；范志伟等，2008；解焱，2008；车晋滇，2009；寿海洋等，2014；严辉等，2014；胡长松等，2016），**JX**（江西南部，程淑媛等，2015），**MC**（王发国等，2004），**SC**（周小刚等，2008），**SD**（徐海根和强胜，2004，2011；范志伟等，2008；解焱，2008；车晋滇，2009），**SH**（张晴柔等，2013），**TW**（徐海根和强胜，2004，2011；苗栗地区，陈运造，2006；范志伟等，2008；解焱，2008；车晋滇，2009），**YN**（徐海根和强胜，2004，2011；丁莉等，2006；西双版纳，管志斌等，2006；瑞丽，赵见明，2007；范志伟等，2008；解焱，2008；车晋滇，2009；申时才等，2012；西双版纳自然保护区，陶永祥等，2017），**ZJ**（台州，陈模舜，2008；杭州西湖风景区，梅笑漫等，2009；天目山自然保护区，陈京等，2011；闫小玲等，2014）。

安徽、澳门、北京、重庆、福建、广东、广西、贵州、海南、河北、河南、黑龙江、湖北、湖南、江苏、江西、内蒙古、陕西、山东、上海、四川、台湾、天津、西藏、香港、新疆、云南、浙江；原产于北美洲和南美洲；归化于旧大陆热带地区。

槐叶决明

有待观察

huai ye jue ming

茳芒决明

Senna sophera (Linnaeus) Roxburgh, Fl. Ind. 2: 347. 1832. **(FOC)**
Bas. *Cassia sophera* Linnaeus, Sp. Pl. 1: 379. 1753.

HN（范志伟等，2008），**JS**（寿海洋等，2014；严辉等，2014），**SA**（栾晓睿等，2016），**YN**（丁莉等，2006），**ZJ**（闫小玲等，2014）。

安徽、北京、重庆、福建、广东、广西、贵州、海

南、湖北、湖南、江苏、江西、辽宁、陕西、山东、山西、上海、四川、香港、台湾、天津、云南、浙江；原产于热带亚洲；归化于热带和亚热带地区。

田菁 2

tian jing

碱青 涝豆 田槐 铁青草 向天蜈蚣

Sesbania cannabina (Retzius) Poiret, Encycl. 7: 130. 1806. **(FOC)**

AH（黄山，汪小飞等，2007；何家庆和葛结林，2008；何冬梅等，2010；徐海根和强胜，2011），**FJ**（厦门地区，陈恒彬，2005；范志伟等，2008；徐海根和强胜，2011；长乐，林为涂，2013；武夷山市，李国平等，2014），**GD**（深圳，严岳鸿等，2004；中山市，蒋谦才等，2008；王芳等，2009；佛山，黄益燕等，2011；徐海根和强胜，2011；岳茂峰等，2011；稔平半岛，于飞等，2012；深圳，蔡毅等，2015；乐昌，邹滨等，2015，2016），**GX**（谢云珍等，2007；范志伟等，2008；Fu等，2011；和太平等，2011；徐海根和强胜，2011；付岚等，2012；郭成林等，2013；百色，贾桂康，2013；来宾市，林春华等，2015；灵山县，刘在松，2015），**HN**（单家林等，2006；范志伟等，2008；徐海根和强胜，2011；曾宪锋等，2014），**JS**（范志伟等，2008；徐海根和强胜，2011；寿海洋等，2014；严辉等，2014；胡长松等，2016），**JX**（范志伟等，2008；徐海根和强胜，2011），**MC**（王发国等，2004），**SA**（栾晓睿等，2016），**SH**（徐海根和强胜，2011；张晴柔等，2013；汪远等，2015），**TW**（苗栗地区，陈运造，2006；徐海根和强胜，2011），**YN**（西双版纳，管志斌等，2006；范志伟等，2008；徐海根和强胜，2011；申时才等，2012；西双版纳自然保护区，陶永祥等，2017），**ZJ**（李根有等，2006；张建国和张明如，2009；温州，丁炳扬和胡仁勇，2011；西溪湿地，缪丽华等，2011；徐海根和强胜，2011；宁波，徐颖等，2014；闫小玲等，2014；杭州，金祖达等，2015；周天焕等，2016）。

安徽、澳门、北京、重庆、福建、广东、广西、海南、河北、河南、湖北、湖南、江苏、江西、内蒙古、陕西、山东、山西、上海、四川、台湾、天津、香港、云南、浙江；可能原产于大洋洲至太平洋岛屿；归化于旧大陆热带地区。

大花田菁

da hua tian jing

有待观察

Sesbania grandiflora (Linnaeus) Persoon, Syn. Pl. 2: 316. 1807. **(FOC)**

HN（曾宪锋等，2014），TW（苗栗地区，陈运造，2006）。

福建、广东、广西、海南、内蒙古、台湾、云南；原产于热带亚洲。

印度田菁

yin du tian jing

有待观察

Sesbania sesban (Linnaeus) Merrill, Philipp. J. Sci.,C, 7: 235. 1912. **(FOC)**

TW（苗栗地区，陈运造，2006）。

北京、福建、广东、贵州、海南、湖南、台湾、云南、浙江；原产于印度至非洲北部。

圭亚那笔花豆

gui ya na bi hua dou

有待观察

巴西苜蓿

Stylosanthes guianensis (Aublet) Swartz, Kongl. Vetensk. Acad. Nya Handl. 10: 301-302. 1789. **(FOC)**

Syn. *Stylosanthes gracilis* Kunth, Nov. Gen. Sp. (quarto ed.) 6: 507-508, pl. 596. 1823.

GD（粤东地区，曾宪锋等，2009；粤东地区，朱慧，2012），HN（单家林等，2006；范志伟等，2008；曾宪锋等，2014）；华南（范志伟等，2008）。

广东、广西、海南、台湾、香港；原产于热带美洲。

酸豆

suan dou

有待观察

酸角

Tamarindus indica Linnaeus, Sp. Pl. 1: 34. 1753. **(FOC)**

HN（霸王岭自然保护区，胡雪华等，2011；曾宪锋等，2014），YN（丁莉等，2006）。

澳门、福建、广东、广西、贵州、海南、江苏、四川、台湾、香港、云南；原产于热带非洲。

白灰毛豆

bai hui mao dou

有待观察

短萼灰叶 山毛豆

Tephrosia candida de Candolle, Prodr. 2: 249. 1825. **(FOC)**

FJ（范志伟等，2008），GD（深圳，严岳鸿等，2004；范志伟等，2008；乐昌，邹滨等，2015），GX（范志伟等，2008），HN（范志伟等，2008；曾宪锋等，2014；赵怀宝等，2015），HX（曾宪锋，2013b），YN（范志伟等，2008）。

重庆、福建、广东、广西、海南、湖南、江西、台湾、四川、香港、云南；原产于印度。

杂种车轴草

za zhong che zhou cao

有待观察

爱沙苜蓿 金花草 杂三叶

Trifolium hybridum Linnaeus, Sp. Pl. 2: 766-767. 1753. **(FOC)**

HJ（徐海根和强胜，2011），HL（高燕和曹伟，2010；徐海根和强胜，2011），JL（徐海根和强胜，2011），LN（徐海根和强胜，2011），NM（徐海根和强胜，2011），SA（栾晓睿等，2016）；南方高海拔雨量多地区（徐海根和强胜，2011）；东北地区（郑美林和曹伟，2013）。

北京、甘肃、贵州、河北、河南、黑龙江、湖北、湖南、吉林、辽宁、内蒙古、宁夏、陕西、山西、山东、上海、四川、新疆、云南、浙江；原产于西亚和欧洲。

绛车轴草

jiang che zhou cao

有待观察

绛三叶

Trifolium incarnatum Linnaeus, Sp. Pl. 2: 769. 1753. **(FOC)**

AH（徐海根和强胜，2004，2011；解焱，2008），FJ（徐海根和强胜，2004，2011；解焱，2008），GD（徐海根和强胜，2004，2011；解焱，2008），GX（桂林，陈秋霞等，2008），HB（徐海根

和强胜，2004，2011；天门市，沈体忠等，2008；解焱，2008；喻大昭等，2011；章承林等，2012），**HL**（徐海根和强胜，2004，2011；解焱，2008；鲁萍等，2012），**HX**（徐海根和强胜，2004，2011；彭兆普等，2008；解焱，2008；湘西地区，徐亮等，2009），**HY**（徐海根和强胜，2004，2011；解焱，2008；新乡，许桂芳和简在友，2011），**JL**（徐海根和强胜，2004，2011；解焱，2008），**JS**（徐海根和强胜，2004，2011；解焱，2008；寿海洋等，2014；严辉等，2014），**JX**（徐海根和强胜，2004，2011；解焱，2008；季春峰等，2009；王宁，2010；鞠建文等，2011），**LN**（徐海根和强胜，2004，2011；解焱，2008），**SA**（徐海根和强胜，2004，2011；解焱，2008；栾晓睿等，2016），**SC**（徐海根和强胜，2004，2011；解焱，2008；周小刚等，2008），**SD**（徐海根和强胜，2004，2011；解焱，2008），**SH**（张晴柔等，2013），**ZJ**（徐海根和强胜，2004，2011；解焱，2008；闫小玲等，2014）。

安徽、北京、福建、广东、广西、贵州、河北、河南、黑龙江、湖北、湖南、吉林、江苏、江西、辽宁、内蒙古、陕西、山东、山西、四川、新疆、浙江；原产于欧洲地中海沿岸。

红车轴草　　4
hong che zhou cao

红花车轴草 红三叶 红三叶草

Trifolium pratense Linnaeus, Sp. Pl. 2: 768. 1753. **(FOC)**

AH（黄山，汪小飞等，2007；何家庆和葛结林，2008；解焱，2008；车晋滇，2009；徐海根和强胜，2011；万方浩等，2012），**CQ**（金佛山自然保护区，滕永青，2008；金佛山自然保护区，孙娟等，2009；徐海根和强胜，2011；万州区，余顺慧和邓洪平，2011a，2011b），**FJ**（武夷山市，李国平等，2014），**GS**（徐海根和强胜，2011），**GX**（谢云珍等，2007），**GZ**（徐海根和强胜，2004，2011；贵阳市，石登红和李灿，2011；贵阳市，陈菊艳等，2016），**HB**（刘胜祥和秦伟，2004；星斗山国家级自然保护区，卢少飞等，2005；喻大昭等，2011），**HJ**（秦皇岛，李顺才等，2009；徐海根和强胜，2011；万方浩等，2012），**HL**（高燕和曹伟，2010；鲁萍等，2012；万方浩等，2012；郑宝江和潘磊，2012），**HX**（湘西地

区，徐亮等，2009；谢红艳和张雪芹，2012），**HY**（徐海根和强胜，2004，2011；李长看等，2011；新乡，许桂芳和简在友，2011；万方浩等，2012；储嘉琳等，2016），**JL**（长白山区，周繇，2003；长白山区，苏丽涛和马立军，2009；高燕和曹伟，2010；万方浩等，2012；长春地区，曲同宝等，2015），**JS**（徐海根和强胜，2004，2011；解焱，2008；车晋滇，2009；万方浩等，2012；寿海洋等，2014；严辉等，2014；胡长松等，2016），**JX**（徐海根和强胜，2004，2011；庐山风景区，胡天印等，2007c；解焱，2008；车晋滇，2009；季春峰等，2009；王宁，2010；鞠建文等，2011；万方浩等，2012；江西南部，程淑媛等，2015），**LN**（徐海根和强胜，2004，2011；齐淑艳和徐文铎，2006；曲波等，2006a，2006b；高燕和曹伟，2010；万方浩等，2012；大连，张淑梅等，2013），**NM**（苏亚拉图等，2007；庞立东等，2015），**NX**（徐海根和强胜，2011），**QH**（徐海根和强胜，2011），**SA**（徐海根和强胜，2011；杨凌地区，何纪琳等，2013；栾晓睿等，2016），**SC**（周小刚等，2008；马丹炜等，2009；万方浩等，2012），**SD**（田家怡和吕传笑，2004；黄河三角洲，刘庆年等，2006；宋楠等，2006；吴彤等，2006；惠洪者，2007；青岛，罗艳和刘爱华，2008；南四湖湿地，王元军，2010；张绪良等，2010），**SH**（张晴柔等，2013；汪远等，2015），**SX**（徐海根和强胜，2011；万方浩等，2012），**XJ**（徐海根和强胜，2011），**YN**（徐海根和强胜，2004，2011；丁莉等，2006；洱海流域，张桂彬等，2011；申时才等，2012；万方浩等，2012；杨忠兴等，2014），**ZJ**（解焱，2008；车晋滇，2009；杭州，谢国雄等，2012；闫小玲等，2014；杭州，金祖达等，2015；周天焕等，2016）；华东、华北、西南（解焱，2008；车晋滇，2009；万方浩等，2012）；黄河三角洲地区（赵怀浩等，2011）；东北地区（郑美林和曹伟，2013）。

安徽、北京、重庆、福建、甘肃、广东、广西、贵州、海南、河北、河南、黑龙江、湖北、湖南、吉林、江苏、江西、辽宁、内蒙古、宁夏、青海、陕西、山东、山西、上海、四川、台湾、天津、新疆、西藏、云南、浙江；原产于北非、中亚和欧洲；归化于大洋洲和北美洲。

白车轴草 **2**

bai che zhou cao

白花苜蓿 白花三叶草 白三叶 白三叶草 白轴草 含羞草

Trifolium repens Linnaeus, Sp. Pl. 2: 767. 1753. **(FOC)**

AH（郭水良和李扬汉，1995；陈明林等，2003；淮北地区，胡刚等，2005b；黄山，汪小飞等，2007；何家庆和葛结林，2008；张中信，2009；徐海根和强胜，2011；黄山市城区，梁宇轩等，2015），**BJ**（刘全儒等，2002；彭程等，2010；建成区，赵娟娟等，2010；徐海根和强胜，2011），**CQ**（金佛山自然保护区，滕永青，2008；金佛山自然保护区，孙娟等，2009；徐海根和强胜，2011；万州区，余顺慧和邓洪平，2011a，2011b；北碚区，杨柳等，2015；北碚区，严桧等，2016），**FJ**（武夷山市，李国平等，2014），**GD**（徐海根和强胜，2011；林建勇等，2012；乐昌，邹滨等，2015，2016），**GS**（徐海根和强胜，2011），**GX**（谢云珍等，2007；贾洪亮等，2011；徐海根和强胜，2011；林建勇等，2012），**GZ**（徐海根和强胜，2004，2011；黔南地区，韦美玉等，2006；解焱，2008；贵阳市，石登红和李灿，2011；贵阳市，陈菊艳等，2016），**HB**（刘胜祥和秦伟，2004，2011；星斗山国家级自然保护区，卢少飞等，2005；湘西地区，刘兴锋等，2009；黄石市，姚发兴，2011；喻大昭等，2011），**HJ**（龙茹等，2008；秦皇岛，李顺才等，2009；徐海根和强胜，2011），**HL**（徐海根和强胜，2004，2011；解焱，2008；高燕和曹伟，2010；鲁萍等，2012；郑宝江和潘磊，2012），**HX**（南岳自然保护区，谢红艳等，2007；洞庭湖区，彭友林等，2008；湘西地区，刘兴锋等，2009；常德市，彭友林等，2009；湘西地区，徐亮等，2009；衡阳市，谢红艳等，2011；徐海根和强胜，2011；谢红艳和张雪芹，2012；益阳市，黄含吟等，2016），**HY**（徐海根和强胜，2004，2011；解焱，2008；李长看等，2011；新乡，许桂芳和简在友，2011；储嘉琳等，2016），**JL**（长白山区，周繇，2003；徐海根和强胜，2004，2011；解焱，2008；长白山区，苏丽涛和马立军，2009；高燕和曹伟，2010；长春地区，曲同宝等，2015），**JS**（郭水良和李扬汉，1995；南京，吴海荣和强胜，2003；南京，吴海荣等，2004；徐海根和强胜，2004，2011；庐

山风景区，胡天印等，2007c；解焱，2008；董红云等，2010a；苏州，林敏等，2012；季敏等，2014；寿海洋等，2014；严辉等，2014；南京城区，吴秀臣和芦建国，2015；胡长松等，2016），**JX**（郭水良和李扬汉，1995；徐海根和强胜，2004，2011；解焱，2008；季春峰等，2009；王宁，2010；鞠建文等，2011；南昌市，朱碧华和杨凤梅，2012；朱碧华和朱大庆，2013；朱碧华等，2014；江西南部，程淑媛等，2015），**LN**（曲波，2003；徐海根和强胜，2004，2011；齐淑艳和徐文铎，2006；曲波等，2006a，2006b；解焱，2008；沈阳，付海滨等，2009；高燕和曹伟，2010；鸭绿江口滨海湿地自然保护区，吴晓姝等，2010；大连，张淑梅等，2013），**NM**（苏亚拉图等，2007；徐海根和强胜，2011；庞立东等，2015），**NX**（徐海根和强胜，2011），**QH**（徐海根和强胜，2011），**SA**（西安地区，祁云枝等，2010；徐海根和强胜，2011；杨凌地区，何纪琳等，2013；栾晓睿等，2016），**SC**（周小刚等，2008；马丹炜等，2009；徐海根和强胜，2011；孟兴等，2015），**SD**（田家怡和吕传笑，2004；衣艳君等，2005；黄河三角洲，刘庆年等，2006；宋楠等，2006；吴彤等，2006；惠洪者，2007；昆嵛山，赵宏和董翠玲，2007；青岛，罗艳和刘爱华，2008；南四湖湿地，王元军，2010；张绪良等，2010；徐海根和强胜，2011；昆嵛山，赵宏和丛海燕，2012），**SH**（郭水良和李扬汉，1995；秦卫华等，2007；青浦，左倬等，2010；徐海根和强胜，2011；张晴柔等，2013；汪远等，2015），**SX**（徐海根和强胜，2011），**TW**（杨宜津，2008），**XJ**（徐海根和强胜，2011），**YN**（徐海根和强胜，2004，2011；丁莉等，2006；解焱，2008；洱海流域，张桂彬等，2011；申时才等，2012；杨忠兴等，2014），**ZJ**（郭水良和李扬汉，1995；杭州，陈小永等，2006；杭州市，王嫩仙，2008；杭州西湖风景区，梅笑漫等，2009；西溪湿地，舒美英等，2009；张建国和张明如，2009；杭州，张明如等，2009；徐海根和强胜，2011；杭州，谢国雄等，2012；宁波，徐颖等，2014；闫小玲等，2014；杭州，金祖达等，2015；周天焕等，2016）；东北、华北、华东、华中、西南等地（车晋滇，2009）；黄河三角洲地区（赵怀浩等，2011）；除云南、西藏、宁夏、海南、广东、广西、福建以外的所有省（市、自治区）均有分布（万方浩等，2012）；东北地区（郑美林和曹伟，2013）；东北草地（石洪山等，2016）。

豆科 Fabaceae（Leguminosae）

安徽、北京、重庆、福建、甘肃、广东、广西、贵州、河北、河南、黑龙江、湖北、湖南、吉林、江苏、江西、辽宁、内蒙古、宁夏、青海、陕西、山东、山西、上海、四川、台湾、天津、香港、新疆、云南、浙江；原产于北非、中亚、西亚和欧洲；归化于北美洲。

荆豆 有待观察
jing dou

Ulex europaeus Linnaeus, Sp. Pl. 2: 741. 1753. **(FOC)**

CQ（城口县，李振宇和解焱，2002；石胜璋等，2004；解焱，2008；城口县，徐海根和强胜，2011；万方浩等，2012），SH（张晴柔等，2013），JS（寿海洋等，2014）。

重庆、江苏、上海、云南；原产于欧洲。

长柔毛野豌豆 4
chang rou mao ye wan dou

毛苕子 毛叶苕子 柔毛苕子

Vicia villosa Roth, Tent. Fl. Germ. 2 (2): 182-183. 1793. **(FOC)**

AH（郭水良和李扬汉，1995；淮北地区，胡刚等，2005b），BJ（徐海根和强胜，2011），CQ（徐海根和强胜，2011），GD（解焱，2008；徐海根和强胜，2011），GS（解焱，2008；徐海根和强胜，2011；河西地区，陈叶等，2013），GZ（徐海根和强胜，2011），HB（章承林等，2012），HJ（徐海根和强胜，2011），HL（徐海根和强胜，2011），HX（彭兆普等，2008；解焱，2008；徐海根和强胜，2011），HY（徐海根和强胜，2011），JL（徐海根和强胜，2011），JS（郭水良和李扬汉，1995；解焱，2008；徐海根和强胜，2011；寿海洋等，2014；严辉等，2014；胡长松等，2016），LN（徐海根和强胜，2011），NM（徐海根和强胜，2011），NX（徐海根和强胜，2011），QH（徐海根和强胜，2011），SA（栾晓睿等，2016），SC（周小刚等，2008；徐海根和强胜，2011），SD（解焱，2008；徐海根和强胜，2011），SH（郭水良和李扬汉，1995；张晴柔等，2013），SX（徐海根和强胜，2011），TJ（徐海根和强胜，2011），XJ（徐海根和强胜，2011），XZ（徐海根和强胜，2011），YN（解焱，2008；徐海根和强

胜，2011；申时才等，2012），ZJ（郭水良和李扬汉，1995；杭州西湖风景区，梅笑漫等，2009；闫小玲等，2014）；东北、华北、西北、西南（解焱，2008）。

安徽、北京、重庆、甘肃、广东、广西、贵州、河北、河南、黑龙江、湖北、湖南、吉林、江苏、辽宁、内蒙古、宁夏、青海、陕西、山东、山西、上海、四川、台湾、天津、西藏、新疆、云南、浙江；原产于中亚、西亚、北非和欧洲。

酢浆草科 Oxalidaceae

大花酢浆草 有待观察
da hua cu jiang cao

红花酢浆草

Oxalis bowiei Herbert ex Lindley, Edward's Bot. Reg. 19: pl. 1585. 1833. **(FOC)**

JS（寿海洋等，2014；严辉等，2014），SA（栾晓睿等，2016），SH（李惠茹等，2017），ZJ（西溪湿地，缪丽华等，2011；闫小玲等，2014；周天焕等，2016）。

北京、河北、河南、江苏、陕西、山东、上海、山西、天津、新疆、浙江；原产于南非。

红花酢浆草 ① 4
hong hua cu jiang cao

大酸味草 红三叶 铜锤草 铜钱草 紫花酢浆草

Oxalis corymbosa de Candolle, Prodr. 1: 696. 1824. **(FOC)**

Syn. *Oxalis debilis* Kunth var. *corymbosa* (de Candolle) Lourteig, Ann. Missouri Bot. Gard. 67 (4): 840. 1980; *Oxalis martiana* Zuccarini, Denkschr. Königl. Akad. Wiss. München 9: 144-145. 1825; *Oxalis articulata* auct. non Savigny: 黄益燕等，2011; *Oxalis sericea* auct. non Thunberg: 于飞等，2012; *Oxalis debilis* auct. non Kunth: 李海生等，2015.

AH（郭水良和李扬汉，1995；陈明林等，2003；徐海根和强胜，2004，2011；淮北地区，胡刚等，

---

① 国内学者报道的红花酢浆草 O. corymbosa 和关节酢浆草 O. articulata，存在混淆，有待进一步考证。

双子叶植物

2005b；臧敏等，2006；何家庆和葛结林，2008；解焱，2008；黄山，汪小飞等，2007；张中信，2009；何冬梅等，2010；万方浩等，2012；黄山市城区，梁宇轩等，2015），**BJ**（刘全儒等，2002；车晋滇，2004，2009；车晋滇等，2004；贾春虹等，2005；解焱，2008；杨景成等，2009；徐海根和强胜，2011；万方浩等，2012），**CQ**（李振宇和解焱，2002；石胜璋等，2004；杨娟等，2002，2004；杨娟和钟章成，2004；黔江区，邓绪国，2006；金佛山自然保护区，林茂祥等，2007；范志伟等，2008；金佛山自然保护区，滕永青，2008；解焱，2008；杨丽等，2008；车晋滇，2009；金佛山自然保护区，孙娟等，2009；徐海根和强胜，2011；万州区，余顺慧和邓洪平，2011a，2011b；万方浩等，2012；北碚区，杨柳等，2015；北碚区，严桧等，2016），**FJ**（郭水良和李扬汉，1995；李振宇和解焱，2002；徐海根和强胜，2004，2011；厦门地区，陈恒彬，2005；厦门，欧健和卢昌义，2006a，2006b；范志伟等，2008；罗明永，2008；解焱，2008；车晋滇，2009；杨坚和陈恒彬，2009；万方浩等，2012；长乐，林为涂，2013；武夷山市，李国平等，2014），**GD**（李振宇和解焱，2002；鼎湖山，贺握权和黄忠良，2004；徐海根和强胜，2004，2011；深圳，严岳鸿等，2004；珠海市，黄辉宁等，2005b；白云山，李海生等，2008；范志伟等，2008；中山市，蒋谦才等，2008；解焱，2008；广州，王忠等，2008；车晋滇，2009；鼎湖山国家级自然保护区，宋小玲等，2009；王芳等，2009；北师大珠海分校，吴杰等，2011，2012；岳茂峰等，2011；佛山，黄益燕等，2011；林建勇等，2012；万方浩等，2012；稔平半岛，于飞等，2012；粤东地区，朱慧，2012；潮州市，陈丹生等，2013；广州，李许文等，2014；广州南沙黄山鲁森林公园，李海生等，2015；乐昌，邹滨等，2015，2016），**GS**（徐海根和强胜，2004，2011；尚斌，2012；万方浩等，2012；赵慧军，2012），**GX**（李振宇和解焱，2002；邓晰朝和卢旭，2004；徐海根和强胜，2004，2011；十万大山自然保护区，韦原莲等，2006；吴桂容，2006；谢云珍等，2007；桂林，陈秋霞等，2008；范志伟等，2008；唐赛春等，2008b；解焱，2008；十万大山自然保护区，叶铎等，2008；车晋滇，2009；柳州市，石亮成等，2009；贾洪亮等，2011；和太平等，2011；北部湾经济区，林建勇等，2011a，2011b；

林建勇等，2012；胡刚和张忠华，2012；梧州市，马多等，2012；万方浩等，2012；郭成林等，2013；百色，贾桂康，2013；来宾市，林春华等，2015；灵山县，刘在松，2015；于永浩等，2016），**GZ**（李振宇和解焱，2002；徐海根和强胜，2004，2011；黔南地区，韦美玉等，2006；范志伟等，2008；大沙河自然保护区，林茂祥等，2008；解焱，2008；车晋滇，2009；申敬民等，2010；万方浩等，2012；贵阳市，陈菊艳等，2016），**HB**（李振宇和解焱，2002；刘胜祥和秦伟，2004；徐海根和强胜，2004，2011；范志伟等，2008；天门市，沈体忠等，2008；解焱，2008；车晋滇，2009；黄石市，姚发兴，2011；喻大昭等，2011；万方浩等，2012），**HJ**（徐海根和强胜，2004，2011；龙茹等，2008；秦皇岛，李顺才等，2009；万方浩等，2012），**HK**（李振宇和解焱，2002；严岳鸿等，2005；范志伟等，2008；解焱，2008；车晋滇，2009；Leung等，2009；万方浩等，2012），**HL**（徐海根和强胜，2004；鲁萍等，2012；万方浩等，2012），**HN**（李振宇和解焱，2002；徐海根和强胜，2004，2011；安锋等，2007；王伟等，2007；范志伟等，2008；车晋滇，2009；霸王岭自然保护区，胡雪华等，2011；甘什岭自然保护区，张荣京和邢福武，2011；林建勇等，2012；万方浩等，2012；曾宪锋等，2014），**HX**（李振宇和解焱，2002；徐海根和强胜，2004，2011；南岳自然保护区，谢红艳等，2007；南岳，谢红艳和左家哺，2007；范志伟等，2008；彭兆普等，2008；洞庭湖区，彭友林等，2008；解焱，2008；车晋滇，2009；湘西地区，刘兴锋等，2009；常德市，彭友林等，2009；湘西地区，徐亮等，2009；衡阳市，谢红艳等，2011；万方浩等，2012；谢红艳和张雪芹，2012；长沙，张磊和刘尔潞，2013），**HY**（徐海根和强胜，2004，2011；李长看等，2011；新乡，许桂芳和简在友，2011；万方浩等，2012），**JL**（徐海根和强胜，2004，2011；万方浩等，2012），**JS**（郭水良和李扬汉，1995；李振宇和解焱，2002；南京，吴海荣和强胜，2003；南京，吴海荣等，2004；徐海根和强胜，2004，2011；范志伟等，2008；解焱，2008；车晋滇，2009；苏州，林敏等，2012；万方浩等，2012；寿海洋等，2014；南京城区，吴秀臣和芦建国，2015；胡长松等，2016），**JX**（李振宇和解焱，2002；徐海根和强胜，2004，2011；庐山风景区，胡天印等，2007c；范志伟等，2008；解焱，2008；车晋滇，2009；季春峰等，2009；雷平等，2010；王宁，2010；鞠建文等，2011；万方浩等，2012；南昌市，朱碧华和杨凤梅，2012；朱碧华和朱大庆，2013；朱碧华等，2014；江西南部，程淑媛等，2015），**LN**（徐海根和强胜，2004，2011；万方浩等，2012），**MC**（李振宇和解焱，2002；王发国等，2004；车晋滇，2009），**NM**（徐海根和强胜，2004，2011；万方浩等，2012；庞立东等，2015），**NX**（徐海根和强胜，2004，2011；万方浩等，2012），**QH**（徐海根和强胜，2004，2011；万方浩等，2012），**SA**（李振宇和解焱，2002；徐海根和强胜，2004，2011；范志伟等，2008；解焱，2008；车晋滇，2009；西安地区，祁云枝等，2010；万方浩等，2012；杨凌地区，何纪琳等，2013；栾晓睿等，2016），**SC**（李振宇和解焱，2002；徐海根和强胜，2004，2011；范志伟等，2008；解焱，2008；周小刚等，2008；车晋滇，2009；马丹炜等，2009；万方浩等，2012；陈开伟，2013；孟兴等，2015），**SD**（徐海根和强胜，2004，2011；吴彤等，2006；昆嵛山，赵宏和董翠玲，2007；南四湖湿地，王元军，2010；万方浩等，2012），**SH**（郭水良和李扬汉，1995；青浦，左倬等，2010；徐海根和强胜，2011；万方浩等，2012；张晴柔等，2013），**SX**（徐海根和强胜，2004，2011；石瑛等，2006；万方浩等，2012），**TJ**（解焱，2008；万方浩等，2012），**TW**（李振宇和解焱，2002；徐海根和强胜，2004，2011；苗栗地区，陈运造，2006；范志伟等，2008；解焱，2008；车晋滇，2009；万方浩等，2012），**XJ**（徐海根和强胜，2004，2011；万方浩等，2012），**XZ**（徐海根和强胜，2004，2011；万方浩等，2012），**YN**（李振宇和解焱，2002；孙卫邦和向其柏，2004；徐海根和强胜，2004，2011；丁莉等，2006；西双版纳，管志斌等，2006；陶川，2006；红河流域，徐成东等，2006；徐成东和陆树刚，2006；瑞丽，赵见明，2007；范志伟等，2008；解焱，2008；车晋滇，2009；申时才等，2012；万方浩等，2012；杨忠兴等，2014），**ZJ**（郭水良和李扬汉，1995；李振宇和解焱，2002；徐海根和强胜，2004，2011；杭州，陈小永等，2006；李根有等，2006；金华市郊，胡天印等，2007b；台州，陈模舜，2008；范志伟等，2008；杭州市，王嫩仙，2008；解焱，2008；车晋滇，2009；杭州西湖风景区，梅笑漫等，2009；西溪湿地，舒美英等，2009；张建国和

张明如，2009；杭州，张明如等，2009；温州，丁炳扬和胡仁勇，2011；温州地区，胡仁勇等，2011；万方浩等，2012；杭州，谢国雄等，2012；宁波，徐颖等，2014；闫小玲等，2014；杭州，金祖达等，2015；周天焕，2016）；我国南北各省均有栽培（李扬汉，1998）。

安徽、澳门、北京、重庆、福建、甘肃、广东、广西、贵州、海南、河北、河南、黑龙江、湖北、湖南、吉林、江苏、江西、辽宁、内蒙古、宁夏、青海、陕西、山东、四川、山西、上海、四川、台湾、天津、西藏、香港、新疆、云南、浙江；原产于热带美洲；归化于热带至温带地区。

宽叶酢浆草　　　　　　　4
kuan ye cu jiang cao

Oxalis latifolia Kunth, Nov. Gen. Sp. 5: 237. 1822. **(TPL)**

GD（李沛琼，2012），**TW**（汤东生等，2013），**YN**（汤东生等，2013）。

福建、广东、广西、台湾、云南；原产于美洲；归化于世界。

紫叶酢浆草　　　　　　有待观察
zi ye cu jiang cao

Oxalis triangularis A. Saint-Hilaire, Fl. Bras. Merid. (quarto ed.) 1: 102. 1825. **(Tropicos)**

JX（庐山风景区，胡天印等，2007c；南昌市，朱碧华和杨凤梅，2012）。

重庆、福建、河南、湖北、江西、上海、四川、台湾；原产于南美洲。

牻牛儿苗科 Geraniaceae

野老鹳草　　　　　　　　2
ye lao guan cao
老鹳草

Geranium carolinianum Linnaeus, Sp. Pl. 2: 682. 1753. **(FOC)**

AH（李振宇和解焱，2002；淮北地区，胡刚等，2005b；黄山，汪小飞等，2007；解焱，2008；张中

信，2009；徐海根和强胜，2011；万方浩等，2012），**CQ**（李振宇和解焱，2002；石胜璋等，2004；金佛山自然保护区，林茂祥等，2007；徐海根和强胜，2011；万方浩等，2012；北碚区，杨柳等，2015；北碚区，严桧等，2016），**FJ**（李振宇和解焱，2002；杨坚和陈恒彬，2009；徐海根和强胜，2011；万方浩等，2012；武夷山市，李国平等，2014），**GD**（李振宇和解焱，2002；林建勇等，2012；万方浩等，2012；乐昌，邹滨等，2015，2016），**GX**（李振宇和解焱，2002；吴桂容，2006；谢云珍等，2007；林建勇等，2012；万方浩等，2012），**GZ**（大沙河自然保护区，林茂祥等，2008；徐海根和强胜，2011；贵阳市，陈菊艳等，2016），**HB**（李振宇和解焱，2002；刘胜祥和秦伟，2004；星斗山国家级自然保护区，卢少飞等，2005；车晋滇，2009；李儒海等，2011；徐海根和强胜，2011；喻大昭等，2011；万方浩等，2012），**HJ**（解焱，2008），**HX**（李振宇和解焱，2002；南岳自然保护区，谢红艳等，2007；彭兆普等，2008；洞庭湖区，彭友林等，2008；解焱，2008；车晋滇，2009；湘西地区，刘兴锋等，2009；常德市，彭友林等，2009；衡阳市，谢红艳等，2011；徐海根和强胜，2011；万方浩等，2012；谢红艳和张雪芹，2012；长沙，张磊和刘尔潞，2013），**HY**（李振宇和解焱，2002；董东平和叶永忠，2007；解焱，2008；车晋滇，2009；许昌市，姜罡丞，2009；新乡，许桂芳和简在友，2011；徐海根和强胜，2011；万方浩等，2012；储嘉琳等，2016），**JS**（李振宇和解焱，2002；南京，吴海荣等，2004；李亚等，2008；解焱，2008；车晋滇，2009；董红云等，2010a；徐海根和强胜，2011；苏州，林敏等，2012；万方浩等，2012；季敏等，2014；寿海洋等，2014；严辉等，2014；南京城区，吴秀臣和芦建国，2015；胡长松等，2016），**JX**（李振宇和解焱，2002；庐山风景区，胡天印等，2007c；解焱，2008；车晋滇，2009；鄱阳湖国家级自然保护区，葛刚等，2010；雷平等，2010；鞠建文等，2011；徐海根和强胜，2011；万方浩等，2012；朱碧华和朱大庆，2013；江西南部，程淑媛等，2015），**SA**（徐海根和强胜，2011；栾晓睿等，2016），**SC**（李振宇和解焱，2002；解焱，2008；周小刚等，2008；马丹炜等，2009；徐海根和强胜，2011；万方浩等，2012），**SD**（李振宇和解焱，2002；黄河三角洲，刘庆年等，2006；宋楠等，2006；惠洪者，2007；解

焱，2008；车晋滇，2009；南四湖湿地，王元军，2010；张绪良等，2010；徐海根和强胜，2011；万方浩等，2012），**SH**（秦卫华等，2007；青浦，左倬等，2010；徐海根和强胜，2011；张晴柔等，2013；汪远等，2015），**SX**（李振宇和解焱，2002；车晋滇，2009；万方浩等，2012），**TW**（李振宇和解焱，2002；解焱，2008；万方浩等，2012），**YN**（李振宇和解焱，2002；丁莉等，2006；红河流域，徐成东等，2006；徐成东和陆树刚，2006；解焱，2008；徐海根和强胜，2011；申时才等，2012；万方浩等，2012；杨忠兴等，2014），**ZJ**（李振宇和解焱，2002；杭州，陈小永等，2006；金华市郊，胡天印等，2007b；金华市郊，李娜等，2007；台州，陈模舜，2008；杭州市，王嫩仙，2008；解焱，2008；车晋滇，2009；杭州西湖风景区，梅笑漫等，2009；西溪湿地，舒美英等，2009；张建国和张明如，2009；杭州，张明如等，2009；天目山自然保护区，陈京等，2011；温州，丁炳扬和胡仁勇，2011；温州地区，胡仁勇等，2011；西溪湿地，缪丽华等，2011；徐海根和强胜，2011；万方浩等，2012；杭州，谢国雄等，2012；闫小玲等，2014；杭州，金祖达等，2015；周天焕等，2016）；沿海保护区（蒋明康等，2007）；黄河三角洲地区（赵怀浩等，2011）。

安徽、北京、重庆、福建、广东、广西、贵州、河北、河南、湖北、湖南、江苏、江西、陕西、山东、山西、上海、四川、台湾、天津、西藏、云南、浙江；原产于北美洲；归化于旧大陆。

大戟科 Euphorbiaceae

硬毛巴豆
ying mao ba dou
有待观察

Croton hirtus L' Héritier, Stirp. Nov. 17. 1785. (TPL)

　　HN（王清隆等，2012）

　　海南；原产于热带美洲；归化于热带地区。

火殃勒
huo yang le
有待观察

金刚纂

Euphorbia antiquorum Linnaeus, Sp. Pl. 1:

450. 1753. (FOC)

HN（安锋等，2007；范志伟等，2008；曾宪锋等，2014），JS（寿海洋等，2014），SA（栾晓睿等，2016）；我国南北各地（范志伟等，2008）。

安徽、澳门、重庆、福建、广东、广西、贵州、海南、湖北、湖南、江苏、江西、陕西、四川、天津、西藏、香港、云南、浙江；原产于热带亚洲。

毛果地锦
mao guo di jin

有待观察

Euphorbia chamaeclada Ule, Bot. Jahrb. Syst. 42: 224. 1908. (TPL)

SH（郭水良和李扬汉，1995）。

上海；原产于巴西。

猩猩草
xing xing cao

3

草一品红 火苞草 一品红

Euphorbia cyathophora Murray, Commentat. Soc. Regiae Sci. Gott. 7: 81. 1786. (FOC)

BJ（万方浩等，2012），FJ（万方浩等，2012），GD（深圳，严岳鸿等，2004；粤东地区，曾宪锋等，2009；Fu 等，2011；付岚等，2012；林建勇等，2012；万方浩等，2012；粤东地区，朱慧，2012），GX（林建勇等，2012；郭成林等，2013；来宾市，林春华等，2015），GZ（万方浩等，2012），HB（万方浩等，2012），HN（单家林等，2006；王伟等，2007；范志伟等，2008；林建勇等，2012；万方浩等，2012；曾宪锋等，2014；陈玉凯等，2016），HY（万方浩等，2012），JS（万方浩等，2012；寿海洋等，2014），TW（苗栗地区，陈运造，2006；万方浩等，2012），YN（丁莉等，2006；申时才等，2012；万方浩等，2012）；全国大部分省区（范志伟等，2008）。

安徽、北京、重庆、福建、广东、广西、贵州、海南、河北、河南、湖北、湖南、江苏、江西、山东、山西、四川、台湾、香港、云南、浙江；原产于美洲；归化于旧大陆。

齿裂大戟
chi lie da ji

3

齿叶大戟 锯齿大戟 紫斑大戟

Euphorbia dentata Michaux, Fl. Bor. -Amer. 2: 211. 1803. (FOC)

BJ（李振宇和解焱，2002；车晋滇，2004，2009；车晋滇等，2004；刘全儒等，2002；贾春虹等，2005；解焱，2008；张国良等，2008；林秦文等，2009；杨景成等，2009；建成区，赵娟娟等，2010；徐海根和强胜，2011；万方浩等，2012；张路等，2012；张路，2015），GX（张路，2015），HB（张路，2015），HJ（曲红等，2007；徐海根和强胜，2011；万方浩等，2012；张路，2015），HN（罗文启等，2015），HX（喻勋林等，2007；湘西地区，刘兴锋等，2009；徐海根和强胜，2011；万方浩等，2012；张路，2015），JS（徐海根和强胜，2011；寿海洋等，2014；严辉等，2014；张路，2015），LN（大连，张淑梅等，2013），NM（张路，2015），SH（张晴柔等，2013），YN（德宏州，马柱芳和谷芸，2011；徐海根和强胜，2011；文山州，杨焙妤，2012；莫南，2014；张路，2015），ZJ（徐海根和强胜，2011；闫小玲等，2014；张路，2015）。

北京、广西、海南、河北、湖北、湖南、江苏、内蒙古、山东、四川、天津、云南、浙江；原产于北美洲。

白苞猩猩草
bai bao xing xing cao

2

桃叶猩猩草 猩猩草

Euphorbia heterophylla Linnaeus, Sp. Pl. 1: 453. 1753. (FOC)

AH（淮北地区，胡刚等，2005b；黄山，汪小飞等，2007），GD（粤东地区，曾宪锋等，2009；Fu 等，2011；付岚等，2012；林建勇等，2012；万方浩等，2012；粤东地区，朱慧，2012；乐昌，邹滨等，2015，2016），GX（来宾市，林春华等，2015），HN（曾宪锋等，2014），JS（寿海洋等，2014；严辉等，2014；胡长松等，2016），SA（栾晓睿等，2016），SC（万方浩等，2012），TW（苗栗地区，陈运造，2006；万方浩等，2012），YN（万方浩等，2012），ZJ（郭水良和李扬汉，1995；杭州，陈小永等，2006；张建国和张明如，2009；万方浩等，2012；宁波，徐颖等，2014；闫小玲等，2014）。

安徽、澳门、福建、甘肃、广东、广西、贵州、海南、河北、河南、湖北、湖南、江苏、江西、青海、陕西、山东、上海、四川、台湾、天津、云南、浙江；原产于美洲；归化于泛热带地区。

飞扬草　　　　　　　　　　　　2
fei yang cao

大本乳仔草　大飞扬　大飞扬草　节节花　乳籽草

Euphorbia hirta Linnaeus, Sp. Pl. 1: 454. 1753. **(FOC)**

Syn. *Chamaesyce hirta* (Linnaeus) Millspaugh, Publ. Field Columb. Mus.,Bot. Ser. 2 (7): 303. 1909.

BJ（刘全儒等，2002；车晋滇，2004；杨景成等，2009），**CQ**（李振宇和解焱，2002；石胜璋等，2004；金佛山自然保护区，林茂祥等，2007；范志伟等，2008；徐海根和强胜，2011；万州区，余顺慧和邓洪平，2011a，2011b；万方浩等，2012），**FJ**（李振宇和解焱，2002；厦门地区，陈恒彬，2005；刘巧云和王玲萍，2006；厦门，欧健和卢昌义，2006a，2006b；范志伟等，2008；罗明永，2008；解焱，2008；车晋滇，2009；杨坚和陈恒彬，2009；徐海根和强胜，2011；万方浩等，2012；长乐，林为涂，2013；武夷山市，李国平等，2014），**GD**（李振宇和解焱，2002；鼎湖山，贺握权和黄忠良，2004；深圳，严岳鸿等，2004；惠州，郑洲翔等，2006；惠州红树林自然保护区，曹飞等，2007；范志伟等，2008；中山市，蒋谦才等，2008；白云山，李海生等，2008；广州，王忠等，2008；解焱，2008；车晋滇，2009；鼎湖山国家级自然保护区，宋小玲等，2009；王芳等，2009；粤东地区，曾宪锋等，2009；Fu等，2011；佛山，黄益燕等，2011；徐海根和强胜，2011；岳茂峰等，2011；付岚等，2012；林建勇等，2012；万方浩等，2012；稔平半岛，于飞等，2012；粤东地区，朱慧，2012；潮州市，陈丹生等，2013；广州，李许文等，2014；深圳，蔡毅等，2015；广州南沙黄山鲁森林公园，李海生等，2015；乐昌，邹滨等，2015，2016），**GX**（李振宇和解焱，2002；邓晰朝和卢旭，2004；十万大山自然保护区，韦原莲等，2006；吴桂容，2006；谢云珍等，

2007；桂林，陈秋霞等，2008；范志伟等，2008；唐赛春等，2008b；解焱，2008；十万大山自然保护区，叶铎等，2008；车晋滇，2009；柳州市，石亮成等，2009；和太平等，2011；北部湾经济区，林建勇等，2011a，2011b；徐海根和强胜，2011；林建勇等，2012；胡刚和张忠华，2012；梧州市，马多等，2012；万方浩等，2012；防城金花茶自然保护区，吴儒华和李福阳，2012；郭成林等，2013；百色，贾桂康，2013；来宾市，林春华等，2015；灵山县，刘在松，2015；金子岭风景区，贾桂康和钟林敏，2016；北部湾海岸带，刘熊，2017），**GZ**（李振宇和解焱，2002；屠玉麟，2002；黔南地区，韦美玉等，2006；范志伟等，2008；大沙河自然保护区，林茂祥等，2008；解焱，2008；车晋滇，2009；申敬民等，2010；徐海根和强胜，2011；万方浩等，2012），**HB**（刘胜祥和秦伟，2004；范志伟等，2008；天门市，沈体忠等，2008；徐海根和强胜，2011；喻大昭等，2011；万方浩等，2012），**HK**（李振宇和解焱，2002；严岳鸿等，2005；范志伟等，2008；徐海根和强胜，2011；万方浩等，2012），**HN**（李振宇和解焱，2002；单家林等，2006；安锋等，2007；范志伟等，2008；铜鼓岭国家级自然保护区、东寨港国家级自然保护区、大田国家级自然保护区，秦卫华等，2008；石灰岩地区，秦新生等，2008；解焱，2008；霸王岭自然保护区，胡雪华等，2011；徐海根和强胜，2011；甘什岭自然保护区，张荣京和邢福武，2011；林建勇等，2012；万方浩等，2012；曾宪锋等，2014），**HX**（李振宇和解焱，2002；郴州，陈国发，2006；南岳自然保护区，谢红艳等，2007；范志伟等，2008；彭兆普等，2008；洞庭湖区，彭友林等，2008；解焱，2008；车晋滇，2009；湘西地区，刘兴锋等，2009；常德市，彭友林等，2009；衡阳市，谢红艳等，2011；徐海根和强胜，2011；万方浩等，2012；谢红艳和张雪芹，2012），**HY**（李振宇和解焱，2002），**JS**（车晋滇，2009；季敏等，2014；寿海洋等，2014；严辉等，2014），**JX**（李振宇和解焱，2002；庐山风景区，胡天印等，2007c；范志伟等，2008；解焱，2008；车晋滇，2009；鄱阳湖国家级自然保护区，葛刚等，2010；雷平等，2010；鞠建文等，2011；万方浩等，2012；朱碧华和朱大庆，2013；江西南部，程淑媛等，2015），**MC**（李振宇和解焱，2002；王发国等，2004；车晋滇，2009；徐海根和强胜，2011），**SC**（李振宇和解焱，2002；范

志伟等，2008；解焱，2008；周小刚等，2008；马丹炜等，2009；邛海湿地，杨红，2009；徐海根和强胜，2011；万方浩等，2012)，**TW**（李振宇和解焱，2002；苗栗地区，陈运造，2006；范志伟等，2008；解焱，2008；车晋滇，2009；徐海根和强胜，2011；万方浩等，2012)，**YN**（李振宇和解焱，2002；丁莉等，2006；西双版纳，管志斌等，2006；红河流域，徐成东等，2006；徐成东和陆树刚，2006；李乡旺等，2007；瑞丽，赵见明，2007；范志伟等，2008；纳板河自然保护区，刘峰等，2008；解焱，2008；车晋滇，2009；徐海根和强胜，2011；申时才等，2012；万方浩等，2012；怒江流域，沈利峰等，2013；杨忠兴等，2014；西双版纳自然保护区，陶永祥等，2017)，**ZJ**（李振宇和解焱，2002；李根有等，2006；金华市郊，李娜等，2007；范志伟等，2008；杭州市，王嫩仙，2008；张建国和张明如，2009；温州，丁炳扬和胡仁勇，2011；温州地区，胡仁勇等，2011；西溪湿地，缪丽华等，2011；徐海根和强胜，2011；万方浩等，2012；杭州，谢国雄等，2012；闫小玲等，2014；杭州，金祖达等，2015；周天焕等，2016)。

安徽、澳门、北京、重庆、福建、广东、广西、贵州、海南、河北、河南、湖北、湖南、江苏、江西、四川、台湾、香港、云南、浙江；原产于热带美洲；归化于热带和亚热带地区。

通奶草　　　　　　　　　　　3
tong nai cao
假紫斑大戟

Euphorbia hypericifolia Linnaeus, Sp. Pl. 1: 454. 1753. **(FOC)**
Euphorbia indica auct. non Lamarck: 刘全儒等，2002；雷霆等，2006；金祖达等，2015.

BJ（刘全儒等，2002；雷霆等，2006；建成区，郎金顶等，2008；林秦文等，2009；王苏铭等，2012)，**GD**（乐昌，邹滨等，2015，2016)，**GX**（郭成林等，2013；来宾市，林春华等，2015)，**HN**（曾宪锋等，2014)，**HY**（储嘉琳等，2016)，**TW**（苗栗地区，陈运造，2006)，**YN**（丁莉等，2006；申时才等，2012)，**ZJ**（杭州，金祖达等，2015)；海河流域滨岸带（任颖等，2015)。

安徽、澳门、北京、重庆、广东、广西、贵州、海南、河北、河南、湖北、江苏、湖南、江苏、江西、辽宁、内蒙古、山东、山西、上海、四川、台湾、天津、香港、云南、浙江；原产于美洲；归化于旧大陆。

紫斑大戟　　　　　　　　有待观察
zi ban da ji

Euphorbia hyssopifolia Linnaeus, Syst. Nat. (ed. 10) 2: 1048. 1759. **(FOC)**

FJ（曾宪锋和邱贺媛，2013b)，**GX**（曾宪锋，2013c)。

福建、广东、广西、海南、江西、台湾、香港；原产于美国南部至阿根廷；归化于热带。

斑地锦　　　　　　　　　　4
ban di jin
紫斑地锦　紫叶地锦

Euphorbia maculata Linnaeus, Sp. Pl. 1: 455. 1753. **(FOC)**
Syn. *Euphorbia supina* Rafinesque, Amer. Monthly Mag. & Crit. Rev. 2 (2): 119. 1817.

AH（郭水良和李扬汉，1995；陈明林等，2003；淮北地区，胡刚等，2005a，2005b；张中信，2009；徐海根和强胜，2011；黄山市城区，梁宇轩等，2015)，**BJ**（李振宇和解焱，2002；刘全儒等，2002；车晋滇，2004，2009；贾春虹等，2005；建成区，郎金顶等，2008；解焱，2008；杨景成等，2009；徐海根和强胜，2011；万方浩等，2012；王苏铭等，2012)，**CQ**（石胜璋等，2004；金佛山自然保护区，林茂祥等，2007；杨丽等，2008；金佛山自然保护区，孙娟等，2009；徐海根和强胜，2011；万州区，余顺慧和邓洪平，2011a，2011b；北碚区，杨柳等，2015；北碚区，严桧等，2016)，**FJ**（郭水良和李扬汉，1995；解焱，2008；杨坚和陈恒彬，2009；武夷山市，李国平等，2014)，**GD**（林建勇等，2012；万方浩等，2012)，**GX**（谢云珍等，2007；桂林，陈秋霞等，2008；唐赛春等，2008b；柳州市，石亮成等，2009；北部湾经济区，林建勇等，2011a，2011b；徐海根和强胜，2011；林建勇等，2012；胡刚和张忠华，2012；郭成林等，2013；百色，贾桂康，2013；北部湾海岸带，刘熊，2017)，**GZ**（大沙河自然保护区，林茂祥等，2008)，**HB**

（李振宇和解焱，2002；刘胜祥和秦伟，2004；解焱，2008；车晋滇，2009；李儒海等，2011；徐海根和强胜，2011；黄石市，姚发兴，2011；喻大昭等，2011；万方浩等，2012），**HJ**（李振宇和解焱，2002；龙茹等，2008；解焱，2008；车晋滇，2009；秦皇岛，李顺才等，2009；徐海根和强胜，2011；万方浩等，2012），**HN**（霸王岭自然保护区，胡雪华等，2011；曾宪锋等，2014），**HX**（洞庭湖区，彭友林等，2008；解焱，2008；车晋滇，2009；湘西地区，刘兴锋等，2009；常德市，彭友林等，2009；万方浩等，2012；长沙，张磊和刘尔潞，2013；益阳市，黄含吟等，2016），**HY**（李振宇和解焱，2002；田朝阳等，2005；董东平和叶永忠，2007；朱长山等，2007；车晋滇，2009；许昌市，姜罡丞，2009；李长看等，2011；新乡，许桂芳和简在友，2011；徐海根和强胜，2011；万方浩等，2012；储嘉琳等，2016），**JS**（郭水良和李扬汉，1995；李振宇和解焱，2002；李亚等，2008；解焱，2008；车晋滇，2009；董红云等，2010a；徐海根和强胜，2011；苏州，林敏等，2012；万方浩等，2012；季敏等，2014；寿海洋等，2014；严辉等，2014；南京城区，吴秀臣和芦建国，2015；胡长松等，2016），**JX**（郭水良和李扬汉，1995；李振宇和解焱，2002；庐山风景区，胡天印等，2007c；解焱，2008；车晋滇，2009；鞠建文等，2011；徐海根和强胜，2011；万方浩等，2012；朱碧华和朱大庆，2 013；江西南部，程淑媛等，2015），**LN**（曲波，2003；齐淑艳和徐文铎，2006；曲波等，2006a，2006b，2010；车晋滇，2009；沈阳，付海滨等，2009；高燕和曹伟，2010；老铁山自然保护区，吴晓姝等，2010；大连，张恒庆等，2016），**SA**（万方浩等，2012；杨凌地区，何纪琳等，2013；栾晓睿等，2016），**SC**（马丹炜等，2009），**SD**（田家怡和吕传笑，2004；黄河三角洲，刘庆年等，2006；宋楠等，2006；惠洪者，2007；昆嵛山，赵宏和董翠玲，2007；青岛，罗艳和刘爱华，2008；南四湖湿地，王元军，2010；张绪良等，2010；万方浩等，2012；昆嵛山，赵宏和丛海燕，2012；曲阜，赵灏，2015），**SH**（郭水良和李扬汉，1995；李振宇和解焱，2002；印丽萍等，2004；解焱，2008；车晋滇，2009；青浦，左倬等，2010；徐海根和强胜，2011；万方浩等，2012；张晴柔等，2013），**TJ**（解焱，2008），**TW**（李振宇和解焱，2002；解焱，2008；车晋滇，2009；徐海根

和强胜，2011；万方浩等，2012），**XJ**（乌鲁木齐，张源，2007），**ZJ**（郭水良和李扬汉，1995；李振宇和解焱，2002；杭州，陈小永等，2006；金华市郊，胡天印等，2007b；金华市郊，李娜等，2007；杭州市，王嫩仙，2008；解焱，2008；杭州西湖风景区，梅笑漫等，2009；西溪湿地，舒美英等，2009；张建国和张明如，2009；杭州，张明如等，2009；天目山自然保护区，陈京等，2011；温州，丁炳扬和胡仁勇，2011；温州地区，胡仁勇等，2011；西溪湿地，缪丽华等，2011；徐海根和强胜，2011；万方浩等，2012；杭州，谢国雄等，2012；宁波，徐颖等，2014；闫小玲等，2014；周天焕等，2016）；黄河三角洲地区（赵怀浩等，2011）；东北地区（郑美林和曹伟，2013）；赤水河中游地区（窦全丽等，2015）；海河流域滨岸带（任颖等，2015）。

　　安徽、北京、重庆、福建、广东、广西、贵州、海南、河北、河南、湖北、湖南、江苏、江西、辽宁、陕西、山东、上海、山西、四川、台湾、天津、新疆、浙江；原产于北美洲；归化于旧大陆。

银边翠　　　　　　　　　　　　　　有待观察
yin bian cui

高山积雪　象牙白

Euphorbia marginata Pursh, Fl. Amer. Sept. 2: 607. 1814. **(FOC)**

　　GD（徐海根和强胜，2011），**GX**（徐海根和强胜，2011），**HN**（徐海根和强胜，2011；曾宪锋等，2014），**JS**（寿海洋等，2014），**SD**（吴彤等，2006）。

　　安徽、北京、重庆、福建、甘肃、广东、广西、贵州、海南、河北、湖北、湖南、江苏、江西、内蒙古、宁夏、青海、陕西、山东、山西、上海、四川、台湾、天津、新疆、云南、浙江；原产于北美洲；归化于旧大陆。

美洲地锦草　　　　　　　　　　　　　3
mei zhou di jin cao

大地锦　大叶斑地锦

Euphorbia nutans Lagasca, Gen. Sp. Pl. 17. 1816. **(Tropicos)**

Syn. *Euphorbia preslii* Gussone, Fl. Sic. Prodr.

1: 539. 1827.

AH（淮北地区，胡刚等，2005b；车晋滇，2009；徐海根和强胜，2011；万方浩等，2012），BJ（车晋滇，2004，2009；车晋滇等，2004；徐海根和强胜，2011；万方浩等，2012；王苏铭等，2012），HJ（徐海根和强胜，2011），JS（车晋滇，2009；徐海根和强胜，2011；万方浩等，2012；寿海洋等，2014；严辉等，2014；胡长松等，2016），SH（张晴柔等，2013），LN（车晋滇，2009；徐海根和强胜，2011；万方浩等，2012），SH（郭水良和李扬汉，1995）。

安徽、北京、河北、湖北、江苏、辽宁、上海；原产于美洲。

南欧大戟 3
nan ou da ji

膜叶大戟 南欧戟

Euphorbia peplus Linnaeus, Sp. Pl. 1: 456. 1753. **(FOC)**

FJ（郭水良和李扬汉，1995；厦门地区，陈恒彬，2005），GD（粤东地区，曾宪锋等，2009；粤东地区，朱慧，2012）；HN（曾宪锋等，2014），JS（胡长松等，2016）。

北京、福建、广东、广西、贵州、海南、江苏、台湾、香港、云南；原产于欧洲、西亚。

匍匐大戟 4
pu fu da ji

铺地草 铺地锦

Euphorbia prostrata Aiton, Hort. Kew. 2: 139. 1789. **(FOC)**

AH（严靖等，2015），BJ（刘全儒等，2002），FJ（范志伟等，2008），GD（范志伟等，2008），GX（谢云珍等，2007；来宾市，林春华等，2015），HJ（范志伟等，2008），HN（单家林等，2006；范志伟等，2008；曾宪锋等，2014），JS（范志伟等，2008；寿海洋等，2014；严辉等，2014；胡长松等，2016），TW（范志伟等，2008），YN（范志伟等，2008；申时才等，2012）。

安徽、澳门、北京、福建、甘肃、广东、广西、海南、河北、湖北、湖南、江苏、江西、山东、上海、四川、台湾、香港、云南、浙江；原产于热带美洲；归化于旧大陆。

一品红 有待观察
yi pin hong

小叶地锦草

Euphorbia pulcherrima Willdenow ex Klotzsch, Allg. Gartenzeitung. 2: 27. 1834. **(FOC)**

HN（曾宪锋等，2014），JS（寿海洋等，2014），SH（郭水良和李扬汉，1995）。

安徽、澳门、北京、福建、广东、广西、贵州、海南、湖北、湖南、江苏、江西、山东、上海、山西、四川、台湾、天津、香港、云南、浙江；原产于中美洲；归化于旧大陆热带。

匍根大戟 有待观察
pu gen da ji

圆叶地锦

Euphorbia serpens Kunth, Nov. Gen. Sp. (quarto ed.) 2: 52. 1817. **(FOC)**

BJ（刘全儒等，2002；车晋滇，2004），JS（寿海洋等，2014；严辉等，2014）。北京、福建、江苏、青海、上海、台湾、浙江；原产于美洲。

绿玉树 有待观察
lü yu shu

光棍树

Euphorbia tirucalli Linnaeus, 1: 452. 1753. **(FOC)**

CQ（金佛山自然保护区，孙娟等，2009），HN（范志伟等，2008），JS（寿海洋等，2014）；我国南北各地（范志伟等，2008）。

安徽、澳门、重庆、福建、广东、广西、贵州、海南、湖北、湖南、江苏、江西、四川、台湾、天津、香港、云南、浙江；原产于非洲安哥拉；归化于热带亚洲地区。

双子叶植物

苦味叶下珠① 3

ku wei ye xia zhu

美洲珠子草

Phyllanthus amarus Schumacher & Thonning, Beskr. Guin. Pl. 421-423. 1827. **(FOC)**

GD（范志伟等，2008；粤东地区，曾宪锋等，2009；粤东地区，朱慧，2012），**HN**（范志伟等，2008），**YN**（范志伟等，2008；申时才等，2012）。

福建、广东、广西、海南、江西、上海、台湾、云南；原产于热带美洲。

锐尖叶下珠 有待观察

rui jian ye xia zhu

Phyllanthus debilis Klein ex Willdenow, Sp. Pl. Editio quarta 4 (1): 582. 1805. **(Tropicos)**

TW（Chen 和 Wu，1997；Wu 等，2010；周富三等，2011，2012，2013，2014，2015）。

福建、广东、海南、江西、台湾；可能原产于印度南部和斯里兰卡。

珠子草① 3

zhu zi cao

Phyllanthus niruri Linnaeus, Sp. Pl. 2: 981-982. 1753. **(Tropicos)**

GD（范志伟等，2008；粤东地区，曾宪锋等，2009；粤东地区，朱慧，2012），**GX**（范志伟等，2008），**HN**（单家林等，2006；范志伟等，2008；曾宪锋等，2014），**TW**（范志伟等，2008），**YN**（范志伟等，2008；申时才等，2012）。

澳门、福建、广东、广西、海南、河北、湖南、江西、四川、台湾、香港、云南；原产于美洲；归化于热带地区。

纤梗叶下珠 有待观察

xian geng ye xia zhu

---

① 国内对苦味叶下珠 *P. amarus* 和珠子草 *P. niruri* 的报道存在混淆，经文献查阅和野外调查，应该同属于 *P. amarus*，有待进一步考证。

Phyllanthus tenellus Roxburgh, Fl. Ind. (ed. 1832) 3: 668. 1832. **(Tropicos)**

TW（Chen 和 Wu，1997；Wu 等，2004，2010；周富三等，2011，2012，2013，2014，2015）。

澳门、福建、广东、海南、台湾、香港；原产于马达加斯加。

蓖麻 2

bi ma

Ricinus communis Linnaeus, Sp. Pl. 2: 1007. 1753. **(FOC)**

AH（郭水良和李扬汉，1995；陈明林等，2003；徐海根和强胜，2004；淮北地区，胡刚，2005b；何家庆和葛结林，2008；何冬梅等，2010），**BJ**（刘全儒等，2002；杨景成等，2009；徐海根和强胜，2011；王苏铭等，2012），**CQ**（石胜璋等，2004；金佛山自然保护区，林茂祥等，2007；杨丽等，2008；徐海根和强胜，2011；万州区，余顺慧和邓洪平，2011a，2011b；北碚区，杨柳等，2015；北碚区，严桧等，2016），**FJ**（郭水良和李扬汉，1995；徐海根和强胜，2004，2011；厦门，欧健和卢昌义，2006a，2006b；杨坚和陈恒彬，2009；长乐，林为凃，2013；福州，彭海燕和高关平，2013；武夷山市，李国平等，2014），**GD**（徐海根和强胜，2004，2011；珠海市，黄辉宁等，2005b；中山市，蒋谦才等，2008；广州，王忠等，2008；王芳等，2009；粤东地区，曾宪锋等，2009；岳茂峰等，2011；佛山，黄益燕等，2011；林建勇等，2012；稔平半岛，于飞等，2012；粤东地区，朱慧，2012；乐昌，邹滨等，2015，2016），**GX**（邓晰朝和卢旭，2004；徐海根和强胜，2004，2011；十万大山自然保护区，韦原莲等，2006；吴桂容，2006；谢云珍等，2007；桂林，陈秋霞等，2008；唐赛春等，2008b；十万大山自然保护区，叶铎等，2008；柳州市，石亮成等，2009；和太平等，2011；北部湾经济区，林建勇等，2011a，2011b；林建勇等，2012；胡刚和张忠华，2012；梧州市，马多等，2012；郭成林等，2013；百色，贾桂康，2013；来宾市，林春华等，2015；灵山县，刘在松，2015），**GZ**（徐海根和强胜，2004，2011；大沙河自然保护区，林茂祥等，2008；申敬民等，2010；贵阳市，石登红和李灿，2011；贵阳市，陈菊艳等，2016），**HB**（刘胜祥和秦伟，2004；徐海根和强胜，2004，2011；黄石市，姚发兴，2011；喻大昭等，2011），**HJ**（龙茹等，2008；秦皇岛，李顺才等，2009），**HL**（鲁萍等，2012；郑宝江和潘磊，2012），**HN**（徐海根和强胜，2004，2011；单家林等，2006；安锋等，2007；王伟等，2007；范志伟等，2008；铜鼓岭国家级自然保护区、东寨港国家级自然保护区，秦卫华等，2008；霸王岭自然保护区，胡雪华等，2011；林建勇等，2012；曾宪锋等，2014；陈玉凯等，2016），**HX**（徐海根和强胜，2004，2011；郴州，陈国发，2006；南岳自然保护区，谢红艳等，2007；彭兆普等，2008；湘西地区，刘兴锋等，2009；衡阳市，谢红艳等，2011；谢红艳和张雪芹，2012），**HY**（徐海根和强胜，2004，2011；开封，张桂宾，2004；田朝阳等，2005；东部，张桂宾，2006；董东平和叶永忠，2007；朱长山等，2007；许昌市，姜罡丞，2009；李长看等，2011；新乡，许桂芳和简在友，2011；储嘉琳等，2016），**JS**（郭水良和李扬汉，1995；徐海根和强胜，2004，2011；寿海洋等，2014；严辉等，2014），**JX**（郭水良和李扬汉，1995；徐海根和强胜，2004，2011；庐山风景区，胡天印等，2007c；季春峰，2009；雷平等，2010；王宁，2010；鞠建文等，2011；江西南部，程淑媛等，2015），**LN**（齐淑艳和徐文铎，2006；高燕和曹伟，2010；大连，张恒庆，2016），**MC**（王发国等，2004），**SA**（西安地区，祁云枝等，2010；杨凌地区，何纪琳等，2013；张晴柔等，2013；栾晓睿等，2016），**SC**（徐海根和强胜，2004，2011；周小刚等，2008；孟兴等，2015），**SD**（田家怡和吕传笑，2004；徐海根和强胜，2004，2011；衣艳君等，2005；黄河三角洲，刘庆年等，2006；宋楠等，2006；吴彤等，2006；惠洪者，2007；昆嵛山，赵宏和董翠玲，2007；青岛，罗艳和刘爱华，2008；张绪良等，2010；昆嵛山，赵宏和丛海燕，2012；曲阜，赵灏，2015），**SH**（郭水良和李扬汉，1995；徐海根和强胜，2011；汪远等，2015），**SX**（石瑛等，2006；阳泉市，张垚，2016），**TW**（徐海根和强胜，2004，2011；苗栗地区，陈运造，2006），**YN**（徐海根和强胜，2004，2011；丁莉等，2006；西双版纳，管志斌等，2006；红河流域，徐成东等，2006；徐成东和陆树刚，2006；纳板河自然保护区，刘峰等，2008；红河州，何艳萍等，2010；洱海流域，张桂彬等，2011；申时才

等，2012；怒江流域，沈利峰等，2013；西双版纳自然保护区，陶永祥等，2017），**ZJ**（郭水良和李扬汉，1995；徐海根和强胜，2004，2011；杭州，陈小永等，2006；金华市郊，李娜等，2007；台州，陈模舜，2008；杭州市，王嫩仙，2008；张建国和张明如，2009；天目山自然保护区，陈京等，2011；温州，丁炳扬和胡仁勇，2011；温州地区，胡仁勇等，2011；西溪湿地，缪丽华等，2011；杭州，谢国雄等，2012；宁波，徐颖等，2014；闫小玲等，2014；杭州，金祖达等，2015；周天焕等，2016）；全国各地栽培，常逸为野生（李振宇和解焱，2002；万方浩等，2012）；除东北各省、内蒙古、新疆、青海、甘肃、宁夏之外的其他各省（解焱，2008）；大部分省区（范志伟等，2008）；黄河三角洲地区（赵怀浩等，2011）；东北地区（郑美林和曹伟，2013）；赤水河中游地区（窦全丽等，2015）；海河流域滨岸带（任颖等，2015）。

安徽、澳门、北京、重庆、福建、甘肃、广东、广西、贵州、海南、河北、河南、黑龙江、湖北、湖南、吉林、江苏、江西、辽宁、内蒙古、宁夏、青海、陕西、山东、山西、上海、四川、台湾、天津、西藏、香港、新疆、云南、浙江；原产于东非；归化于热带至温带地区。

漆树科 Anacardiaceae

火炬树　　　　　　　　4
huo ju shu

鹿角漆

Rhus typhina Linnaeus, Cent. Pl. Ⅱ 14. 1756. (Tropicos)

AH（何家庆和葛结林，2008；何冬梅等，2010），**BJ**（刘全儒等，2002；李传文等，2004；陈佐忠等，2006；建成区，郎金顶等，2008；杨景成等，2009；建成区，赵娟娟等，2010；松山自然保护区，刘佳凯等，2012；王苏铭等，2012；松山自然保护区，王惠惠等，2014），**GS**（尚斌，2012），**HJ**（张明如等，2004；秦皇岛，李顺才等，2009；衡水市，牛玉璐和李建明，2010；陈超等，2012），**HY**（储嘉琳等，2016），**JL**（长春地区，曲同宝等，2015），**JS**（严辉等，2014），**LN**（高燕和曹伟，2010；老铁山自然保护区、医巫闾山自然保护区，吴晓姝等，2010；大连，张淑梅等，2013；大连，张

　　　　　　　　　　　双子叶植物

恒庆等，2016），**NM**（陈超等，2012），**SA**（西安地区，祁云枝等，2010；栾晓睿等，2016），**SD**（李传文等，2004；田家怡和吕传笑，2004；黄河三角洲，刘庆年等，2006；宋楠等，2006；惠洪者，2007；昆嵛山，赵宏和董翠玲，2007；张绪良等，2010）；黄河三角洲地区（赵怀浩等，2011）；华北农牧交错带（陈超等，2012）；东北地区（郑美林和曹伟，2013）。

安徽、北京、甘肃、河北、河南、湖北、吉林、江苏、辽宁、内蒙古、宁夏、青海、陕西、山东、山西、天津、云南；原产于北美洲。

凤仙花
feng xian hua

有待观察

急性子 指甲草

Impatiens balsamina Linnaeus, Sp. Pl. 2: 938. 1753. (**FOC**)

AH（陈明林等，2003），**BJ**（刘全儒等，2002；建成区，赵娟娟等，2010），**CQ**（金佛山自然保护区，孙娟等，2009），**GD**（乐昌，邹滨等，2016），**GX**（邓晰朝和卢旭，2004），**HX**（益阳市，黄含吟等，2016），**JL**（长春地区，曲同宝等，2015），**JS**（寿海洋等，2014；严辉等，2014），**JX**（庐山风景区，胡天印等，2007c；南昌市，朱碧华和杨凤梅，2012），**LN**（大连，张淑梅等，2013），**SA**（西安地区，祁云枝等，2010；栾晓睿等，2016），**ZJ**（杭州，陈小永等，2006；杭州市，王嫩仙，2008；天目山自然保护区，陈京等，2011；西溪湿地，缪丽华等，2011；闫小玲等，2014；杭州，金祖达等，2015；周天焕等，2016）。

安徽、澳门、北京、重庆、福建、甘肃、广东、广西、贵州、海南、河北、河南、黑龙江、湖北、湖南、吉林、江苏、江西、辽宁、内蒙古、宁夏、青海、陕西、山西、上海、四川、台湾、天津、香港、新疆、云南、浙江；原产于南亚；世界栽培。

五叶地锦
wu ye di jin

有待观察

美国地锦 五叶爬山虎

Parthenocissus quinquefolia (Linnaeus) Planchon, Monogr. Phan. 5 (2): 448. 1887. (**FOC**)

AH（何家庆和葛结林，2008），**BJ**（武菊英等，2004；解焱，2008），**GD**（解焱，2008），**GS**（尚斌，2012），**GX**（桂林，陈秋霞等，2008；来宾市，林春华等，2015），**GZ**（贵阳市，石登红和李灿，2011；贵阳市，陈菊艳等，2016），**HJ**（龙茹等，2008；解焱，2008；秦皇岛，李顺才等，2009；衡水市，牛玉璐和李建明，2010；陈超等，2012），**HL**（鲁萍等，2012；郑宝江和潘磊，2012），**HN**（铜鼓岭国家级自然保护区，秦卫华等，2008），**HY**（徐海根和强胜，2004，2011；新乡，许桂芳和简在友，2011；储嘉琳等，2016），**JL**（长春地区，曲同宝等，2015），**JS**（徐海根和强胜，2004，2011；季敏等，2014；寿海洋等，2014；严辉等，2014），**JX**（徐海根和强胜，2004，2011；季春峰等，2009；王宁，2010；鞠建文等，2011），**LN**（徐海根和强胜，2004，2011；齐淑艳和徐文铎，2006；解焱，2008；大连，张淑梅等，2013），**NM**（陈超等，2012），**SA**（解焱，2008；栾晓睿等，2016），**SC**（周小刚等，2008），**SD**（徐海根和强胜，2004，2011；昆嵛山，赵宏和董翠玲，2007；青岛，罗艳和刘爱华，2008；解焱，2008），**SH**（张晴柔等，2013），**SX**（石瑛等，2006；阳泉市，张垚，2016），**TW**（徐海根和强胜，2004，2011），**ZJ**（徐海根和强胜，2004，2011；杭州市，王嫩仙，2008；杭州，谢国雄等，2012；闫小玲等，2014）；华北农牧交错带（陈超等，2012）；东北地区（郑美林和曹伟，2013）。

安徽、北京、甘肃、广东、广西、贵州、海南、河北、河南、黑龙江、湖北、吉林、江苏、江西、辽宁、内蒙古、陕西、山东、山西、上海、台湾、天津、浙江；原产于北美洲东部。

长蒴黄麻
chang shuo huang ma

有待观察

山麻

Corchorus olitorius Linnaeus, Sp. Pl. 1: 529. 1753. (**FOC**)

GD（粤东地区，曾宪锋等，2009；粤东地区，朱慧，2012；乐昌，邹滨等，2016），**HN**（单家林等，2006；范志伟等，2008；曾宪锋等，2014），**JS**（寿海洋等，2014），**TW**（苗栗地区，陈运造，2006），**YN**（申时才等，2012）；我国南部各省区（范志伟等，2008）。

安徽、福建、广东、广西、贵州、海南、河北、湖南、江苏、江西、陕西、四川、台湾、云南；原产于印度和巴基斯坦。

苘麻　　　　　　　　　　　3
qing ma

Abutilon theophrasti Medikus, Malvenfam. 28. 1787. **(FOC)**

BJ（建成区，郎金顶等，2008；林秦文等，2009），**GD**（林建勇等，2012），**GS**（河西地区，陈叶等，2013），**GX**（林建勇等，2012），**HJ**（龙茹等，2008；秦皇岛，李顺才等，2009；陈超等，2012），**HL**（郑宝江和潘磊，2012），**HN**（林建勇等，2012；曾宪锋等，2014），**HY**（朱长山等，2007；李长看等，2011；储嘉琳等，2016），**JL**（长春地区，曲同宝等，2015），**JS**（寿海洋等，2014；严辉等，2014；胡长松等，2016），**LN**（曲波等，2010；鸭绿江口滨海湿地自然保护区、医巫闾山自然保护区，吴晓姝等，2010；大连，张恒庆等，2016），**NM**（陈超等，2012），**SA**（杨凌地区，何纪琳等，2013；栾晓睿等，2016），**SD**（田家怡和吕传笑，2004；黄河三角洲，刘庆年等，2006；惠洪者，2007；南四湖湿地，王元军，2010；张绪良等，2010；宋楠等，2006），**SH**（汪远等，2015），**ZJ**（杭州市，王嫩仙，2008；西溪湿地，舒美英等，2009；杭州，张明如等，2009；西溪湿地，缪丽华等，2011；杭州，谢国雄等，2012；宁波，徐颖等，2014；闫小玲等，2014；杭州，金祖达等，2015；周天焕等，2016）；黄河三角洲地区（赵怀浩等，2011）；华北农牧交错带（陈超等，2012）；除西藏外，其他地区均有分布（万方浩等，2012）；东北地区（郑美林和曹伟，2013）；海河流域滨岸带（任颖等，2015）。

安徽、北京、重庆、福建、甘肃、广东、广西、贵州、河北、河南、黑龙江、湖北、湖南、吉林、江苏、江西、辽宁、内蒙古、宁夏、陕西、山东、山西、上

海、四川、台湾、天津、香港、新疆、云南、浙江；原产于印度；世界广泛栽培。

泡果苘　　　　　　　　有待观察
pao guo qing

三色果苘麻

Herissantia crispa (Linnaeus) Brizicky, J. Arnold Arb. 49 (2): 279. 1968. **(FOC)**
Syn. *Abutilon crispum* (Linnaeus) Medikus, Malvenfam. 29. 1787.

GD（解焱，2008），**HN**（徐海根和强胜，2004，2011；单家林等，2006；安锋等，2007；王伟等，2007；范志伟等，2008；东寨港国家级自然保护区、大田国家级自然保护区，秦卫华等，2008；解焱，2008；霸王岭自然保护区，胡雪华等，2011；林建勇等，2012；曾宪锋等，2014；陈玉凯等，2016）。

福建、广东、海南、台湾；原产于美洲热带和亚热带；归化于热带亚洲。

野西瓜苗　　　　　　　　　4
ye xi gua miao

香铃草

Hibiscus trionum Linnaeus, Sp. Pl. 2: 697. 1753. **(FOC)**

AH（李振宇和解焱，2002；徐海根和强胜，2004，2011；黄山，汪小飞等，2007；何家庆和葛结林，2008；解焱，2008；何冬梅等，2010；万方浩等，2012），**BJ**（李振宇和解焱，2002；贾春虹等，2005；雷霆等，2006；林秦文等，2009；杨景成等，2009；彭程等，2010；建成区，赵娟娟等，2010；万方浩等，2012；王苏铭等，2012），**CQ**（李振宇和解焱，2002；石胜璋等，2004；徐海根和强胜，2011；万州区，余顺慧和邓洪平，2011a，2011b；万方浩等，2012），**FJ**（徐海根和强胜，2004，2011；厦门，欧健和卢昌义，2006a，2006b；解焱，2008；万方浩等，2012），**GD**（徐海根和强胜，2004，2011；解焱，2008；粤东地区，曾宪锋等，2009；林建勇等，2012；万方浩等，2012；粤东地区，朱慧，2012），**GS**（李振宇和解焱，2002；徐海根和强胜，2004，2011；解焱，2008；尚斌，2012；万方浩等，2012；赵慧军，2012；河西地区，

陈叶等，2013），**GX**（徐海根和强胜，2004，2011；解焱，2008；北部湾经济区，林建勇等，2011a，2011b；林建勇等，2012；万方浩等，2012），**GZ**（李振宇和解焱，2002；徐海根和强胜，2004，2011；解焱，2008；申敬民等，2010；万方浩等，2012），**HB**（李振宇和解焱，2002；刘胜祥和秦伟，2004；徐海根和强胜，2004，2011；天门市，沈体忠等，2008；解焱，2008；李儒海等，2011；喻大昭等，2011；万方浩等，2012），**HJ**（李振宇和解焱，2002；徐海根和强胜，2004，2011；衡水湖，李惠欣，2008；龙茹等，2008；解焱，2008；秦皇岛，李顺才等，2009；衡水市，牛玉璐和李建明，2010；陈超等，2012；万方浩等，2012；武安国家森林公园，张浩等，2012），**HL**（李振宇和解焱，2002；徐海根和强胜，2004，2011；李玉生等，2005；解焱，2008；高燕和曹伟，2010；鲁萍等，2012；万方浩等，2012；郑宝江和潘磊，2012），**HN**（徐海根和强胜，2004，2011；安锋等，2007；王伟等，2007；解焱，2008；林建勇等，2012；万方浩等，2012；彭宗波等，2013；曾宪锋等，2014），**HX**（徐海根和强胜，2004，2011；彭兆普等，2008；解焱，2008；万方浩等，2012），**HY**（李振宇和解焱，2002；徐海根和强胜，2004，2011；开封，张桂宾，2004；田朝阳等，2005；东部，张桂宾，2006；董东平和叶永忠，2007；朱长山等，2007；解焱，2008；许昌市，姜罡丞，2009；李长看等，2011；新乡，许桂芳和简在友，2011；万方浩等，2012；储嘉琳等，2016），**JL**（李振宇和解焱，2002；徐海根和强胜，2004，2011；解焱，2008；高燕和曹伟，2010；万方浩等，2012；长春地区，曲同宝等，2015），**JS**（李振宇和解焱，2002；徐海根和强胜，2004，2011；解焱，2008；万方浩等，2012；寿海洋等，2014；严辉等，2014；胡长松等，2016），**JX**（李振宇和解焱，2002；徐海根和强胜，2004，2011；解焱，2008；季春峰等，2009；鄱阳湖国家级自然保护区，葛刚等，2010；王宁，2010；鞠建文等，2011；万方浩等，2012；江西南部，程淑媛等，2015），**LN**（李振宇和解焱，2002；徐海根和强胜，2004，2011；齐淑艳和徐文铎，2006；解焱，2008；高燕和曹伟，2010；老铁山自然保护区，吴晓姝等，2010；万方浩等，2012；大连，张淑梅等，2013；大连，张恒庆等，2016），**NM**（李振宇和解焱，2002；徐海根和强胜，2004，2011；苏亚拉图等，2007；解焱，2008；高燕和曹伟，2010；张永宏和袁淑珍，2010；陈超等，2012；万方浩等，2012；庞立东等，2015），**NX**（李振宇和解焱，2002；徐海根和强胜，2004，2011；解焱，2008；万方浩等，2012），**QH**（李振宇和解焱，2002；徐海根和强胜，2004，2011；解焱，2008；万方浩等，2012），**SA**（李振宇和解焱，2002；徐海根和强胜，2004；解焱，2008；西安地区，祁云枝等，2010；万方浩等，2012；杨凌地区，何纪琳等，2013；栾晓睿等，2016），**SC**（李振宇和解焱，2002；徐海根和强胜，2004，2011；解焱，2008；周小刚等，2008；马丹炜等，2009；万方浩等，2012），**SD**（李振宇和解焱，2002；田家怡和吕传笑，2004；徐海根和强胜，2004，2011；衣艳君等，2005；黄河三角洲，刘庆年等，2006；宋楠等，2006；惠洪者，2007；昆嵛山，赵宏和董翠玲，2007；青岛，罗艳和刘爱华，2008；解焱，2008；南四湖湿地，王元军，2010；张绪良等，2010；万方浩等，2012；昆嵛山，赵宏和丛海燕，2012），**SH**（李振宇和解焱，2002；万方浩等，2012；张晴柔等，2013），**SX**（李振宇和解焱，2002；徐海根和强胜，2004，2011；石瑛等，2006；解焱，2008；马世军和王建军，2011；万方浩等，2012；阳泉市，张垚，2016），**TJ**（李振宇和解焱，2002；万方浩等，2012），**TW**（徐海根和强胜，2004，2011；解焱，2008；万方浩等，2012），**XJ**（李振宇和解焱，2002；徐海根和强胜，2004，2011；乌鲁木齐，张源，2007；解焱，2008；万方浩等，2012），**XZ**（徐海根和强胜，2004，2011；解焱，2008；万方浩等，2012），**YN**（李振宇和解焱，2002；徐海根和强胜，2004，2011；丁莉等，2006；西双版纳，管志斌等，2006；红河流域，徐成东等，2006；徐成东和陆树刚，2006；怒江干热河谷区，胡发广等，2007；解焱，2008；申时才等，2012；万方浩等，2012；杨忠兴等，2014；西双版纳自然保护区，陶永祥等，2017），**ZJ**（李振宇和解焱，2002；徐海根和强胜，2004，2011；杭州市，王嫩仙，2008；解焱，2008；西溪湿地，舒美英等，2009；西溪湿地，缪丽华等，2011；万方浩等，2012；闫小玲等，2014；杭州，金祖达等，2015；周天焕等，2016）；各地均有分布（车晋滇，2009）；黄河三角洲地区（赵怀浩等，2011）；华北农牧交错带（陈超等，2012）；东北地区（郑美林和曹伟，2013）；海河流域滨岸带（任颖等，2015）；东北草地（石洪山等，2016）。

安徽、北京、重庆、福建、甘肃、广东、广西、贵州、海南、河北、河南、黑龙江、湖北、湖南、吉林、江苏、江西、辽宁、内蒙古、宁夏、青海、陕西、山东、山西、上海、四川、台湾、天津、西藏、新疆、云南、浙江；可能原产于非洲；归化于泛热带地区。

穗花赛葵　　　　　　　　　　　　有待观察
sui hua sai kui

Malvastrum americanum (Linnaeus) Torrey, Rep. U. S. Mex. Bound. 2 (1): 38. 1859. **(FOC)**

　　FJ（郭水良和李扬汉，1995），**JS**（寿海洋等，2014），**SH**（郭水良和李扬汉，1995）。

　　安徽、福建、广西、江苏、上海、台湾；南亚、大洋洲；原产于美洲。

赛葵　　　　　　　　　　　　　　2
sai kui

黄花草　黄花棉　苦麻

Malvastrum coromandelianum (Linnaeus) Garcke, Bonplandia 5: 295, 297. 1857. **(FOC)**

　　FJ（郭水良和李扬汉，1995；李振宇和解焱，2002；徐海根和强胜，2004，2011；厦门地区，陈恒彬，2005；刘巧云和王玲萍，2006；厦门，欧健和卢昌义，2006a，2006b；范志伟等，2008；罗明永，2008；车晋滇，2009；杨坚和陈恒彬，2009；万方浩等，2012；长乐，林为涂，2013），**GD**（李振宇和解焱，2002；徐海根和强胜，2004，2011；深圳，严岳鸿等，2004；范志伟等，2008；中山市，蒋谦才等，2008；广州，王忠等，2008；车晋滇，2009；王芳等，2009；粤东地区，曾宪锋等，2009；Fu等，2011；岳茂峰等，2011；付岚等，2012；林建勇等，2012；万方浩等，2012；稔平半岛，于飞等，2012；粤东地区，朱慧，2012；乐昌，邹滨等，2015，2016），**GX**（李振宇和解焱，2002；邓晰朝和卢旭，2004；徐海根和强胜，2004，2011；十万大山自然保护区，韦原莲等，2006；吴桂容，2006；谢云珍等，2007；桂林，陈秋霞等，2008；范志伟等，2008；唐赛春等，2008b；十万大山自然保护区，叶铎等，2008；车晋滇，2009；柳州市，石亮成等，2009；和太平等，2011；北部湾经济区，林建勇等，2011a，2011b；林建勇等，2012；胡刚和张忠华，

2012；梧州市，马多等，2012；万方浩等，2012；郭成林等，2013；百色，贾桂康，2013；来宾市，林春华等，2015；灵山县，刘在松，2015；北部湾海岸带，刘熊，2017），**HK**（李振宇和解焱，2002；徐海根和强胜，2004，2011；范志伟等，2008；车晋滇，2009；万方浩等，2012），**HN**（李振宇和解焱，2002；徐海根和强胜，2004，2011；单家林等，2006；安锋等，2007；王伟等，2007；范志伟等，2008；铜鼓岭国家级自然保护区、东寨港国家级自然保护区、大田国家级自然保护区，秦卫华等，2008；石灰岩地区，秦新生等，2008；车晋滇，2009；霸王岭自然保护区，胡雪华等，2011；林建勇等，2012；万方浩等，2012；曾宪锋等，2014；陈玉凯等，2016），**JX**（曾宪锋等，2013a；江西南部，程淑媛等，2015），**MC**（李振宇和解焱，2002；王发国等，2004；徐海根和强胜，2004，2011），**SC**（万方浩等，2012；陈开伟，2013），**SH**（郭水良和李扬汉，1995；汪远等，2015），**TW**（李振宇和解焱，2002；徐海根和强胜，2004，2011；苗栗地区，陈运造，2006；范志伟等，2008；车晋滇，2009；万方浩等，2012），**YN**（李振宇和解焱，2002；徐海根和强胜，2004，2011；丁莉等，2006；西双版纳，管志斌等，2006；红河流域，徐成东等，2006；徐成东和陆树刚，2006；怒江干热河谷区，胡发广等，2007；李乡旺等，2007；范志伟等，2008；纳板河自然保护区，刘峰等，2008；南部山地，赵金丽等，2008b；车晋滇，2009；申时才等，2012；万方浩等，2012；怒江流域，沈利峰等，2013；西双版纳自然保护区，陶永祥等，2017）。

　　澳门、北京、福建、广东、广西、贵州、海南、河北、湖南、江西、上海、四川、台湾、香港、云南；原产于美洲；归化于热带。

黄花稔　　　　　　　　　　　　　4
huang hua ren

Sida acuta N. L. Burman, Fl. Indica 147. 1768. **(FOC)**

　　GD（粤东地区，曾宪锋等，2009；粤东地区，朱慧，2012；潮州市，陈丹生等，2013），**HN**（安锋等，2007；彭宗波等，2013），**JS**（严辉等，2014；胡长松等，2016）。

　　安徽、澳门、北京、福建、广东、广西、贵州、海

南、河北、湖北、湖南、江苏、江西、山东、四川、台湾、香港、云南、浙江；原产于美洲。

安徽、澳门、福建、广东、广西、海南、台湾、香港、云南；原产于热带美洲；归化于泛热带。

蛇婆子　3
she po zi

草梧桐　和他草　满地毯　太古粥　仙人撒网

Waltheria indica Linnaeus, Sp. Pl. 2: 673. 1753. **(FOC)**

Syn. *Waltheria americana* Linnaeus, Sp. Pl. 2: 673. 1753.

FJ（南部，李振宇和解焱，2002；厦门，欧健和卢昌义，2006a，2006b；南部，范志伟等，2008；解焱，2008；杨坚和陈恒彬，2009；徐海根和强胜，2011；南部，万方浩等，2012），**GD**（李振宇和解焱，2002；范志伟等，2008；解焱，2008；广州，王忠等，2008；王芳，2009；徐海根和强胜，2011；岳茂峰等，2011；林建勇等，2012；万方浩等，2012；乐昌，邹滨等，2015），**GX**（李振宇和解焱，2002；吴桂容，2006；谢云珍等，2007；范志伟等，2008；唐赛春等，2008b；解焱，2008；北部湾经济区，林建勇等，2011a，2011b；徐海根和强胜，2011；林建勇等，2012；万方浩等，2012；郭成林等，2013；百色，贾桂康，2013；灵山县，刘在松，2015），**HK**（李振宇和解焱，2002；范志伟等，2008；解焱，2008；徐海根和强胜，2011；万方浩等，2012），**HN**（李振宇和解焱，2002；安锋等，2007；范志伟等，2008；东寨港国家级自然保护区、大田国家级自然保护区，秦卫华等，2008；解焱，2008；石灰岩地区，秦新生等，2008；霸王岭自然保护区，胡雪华等，2011；徐海根和强胜，2011；周祖光，2011；林建勇等，2012；万方浩等，2012；曾宪锋等，2014；陈玉凯等，2016），**MC**（王发国等，2004），**TW**（李振宇和解焱，2002；苗栗地区，陈运造，2006；范志伟等，2008；解焱，2008；徐海根和强胜，2011；万方浩等，2012），**YN**（李振宇和解焱，2002；丁莉等，2006；西双版纳，管志斌等，2006；红河流域，徐成东等，2006；徐成东和陆树刚，2006；李乡旺等，2007；范志伟等，2008；解焱，2008；徐海根和强胜，2011；申时才等，2012；万方浩等，2012）。

西番莲　4
xi fan lian

转枝莲

Passiflora caerulea Linnaeus, Sp. Pl. 2: 959-960. 1753. **(FOC)**

CQ（解焱，2008），**FJ**（解焱，2008），**GD**（中山市，蒋谦才等，2008；解焱，2008），**GX**（解焱，2008；车晋滇，2009），**HN**（解焱，2008；曾宪锋等，2014），**JX**（解焱，2008；车晋滇，2009），**SC**（解焱，2008；车晋滇，2009），**YN**（丁莉等，2006；解焱，2008；车晋滇，2009；申时才等，2012）。

北京、重庆、福建、广东、广西、贵州、海南、江西、内蒙古、上海、山西、四川、天津、云南、浙江；原产于南美洲。

鸡蛋果　有待观察
ji dan guo

西番莲

Passiflora edulis Sims, Bot. Mag. 45: t. 1989. 1818. **(FOC)**

HN（曾宪锋等，2014），**JS**（寿海洋等，2014），**TW**（苗栗地区，陈运造，2006）。

澳门、重庆、福建、广东、广西、贵州、海南、江苏、四川、台湾、香港、云南、浙江；原产于南美洲。

龙珠果　3
long zhu guo

假苦果　龙须果　龙眼果　龙珠草　毛西番莲　香花果

Passiflora foetida Linnaeus, Sp. Pl. 2: 959. 1753. **(FOC)**

CQ（金佛山自然保护区，林茂祥等，2007），**FJ**（南部，李振宇和解焱，2002；厦门，欧健和卢昌义，2006a，2006b；南部，范志伟等，2008；南部，解焱，2008；杨坚和陈恒彬，2009；南部，徐海根和强胜，2011；南部，万方浩等，2012），**GD**（李振宇和解焱，2002；珠海市，黄辉宁等，2005b；惠州红树林自然保护区，曹飞等，2007；范志伟等，2008；中山市，蒋谦才等，2008；广州，王忠等，2008；解焱，2008；车晋滇，2009；王芳等，2009；粤东地区，曾宪锋等，2009；徐海根和强胜，2011；岳茂峰等，2011；林建勇等，2012；万方浩等，2012；稔平半岛，于飞等，2012；粤东地区，朱慧，2012；深圳，蔡毅等，2015；乐昌，邹滨等，2016），**GX**（李振宇和解焱，2002；吴桂容，2006；谢云珍等，2007；范志伟等，2008；唐赛春等，2008b；解焱，2008；车晋滇，2009；北部湾经济区，林建勇等，2011a，2011b；徐海根和强胜，2011；林建勇等，2012；胡刚和张忠华，2012；万方浩等，2012；郭成林等，2013；百色，贾桂康，2013；灵山县，刘在松，2015），**HK**（李振宇和解焱，2002；范志伟等，2008；解焱，2008；车晋滇，2009；徐海根和强胜，2011；万方浩等，2012），**HN**（李振宇和解焱，2002；安锋等，2007；范志伟等，2008；铜鼓岭国家级自然保护区、东寨港国家级自然保护区、大田国家级自然保护区，秦卫华等，2008；石灰岩地区，秦新生等，2008；解焱，2008；车晋滇，2009；霸王岭自然保护区，胡雪华等，2011；徐海根和强胜，2011；甘什岭自然保护区，张荣京和邢福武，2011；林建勇等，2012；万方浩等，2012；曾宪锋等，2014；陈玉凯等，2016），**MC**（王发国等，2004），**TW**（李振宇和解焱，2002；苗栗地区，陈运造，2006；范志伟等，2008；解焱，2008；杨宜津，2008；车晋滇，2009；徐海根和强胜，2011；万方浩等，2012），**YN**（南部，李振宇和解焱，2002；丁莉等，2006；西双版纳，管志斌等，2006；红河流域，徐成东等，2006；徐成东和陆树刚，2006；李乡旺等，2007；南部，范志伟等，2008；南部，解焱，2008；车晋滇，2009；南部，徐海根和强胜，2011；申时才等，2012；南部，万方浩等，2012；西双版纳自然保护区，陶永祥等，2017）。

澳门、重庆、福建、广东、广西、贵州、海南、江西、内蒙古、陕西、台湾、香港、云南；原产于热带美洲；归化于热带。

大果西番莲
da guo xi fan lian

日本瓜

有待观察

Passiflora quadrangularis Linnaeus, Syst. Nat. (ed. 10) 2: 1248. 1759. **(FOC)**

GD（范志伟等，2008），**GX**（范志伟等，2008），**HN**（单家林等，2006；范志伟等，2008；曾宪锋等，2014）。

福建、广东、广西、海南、河北、台湾、云南；原产于热带美洲。

细柱西番莲 [1]
xi zhu xi fan lian

革叶香莲 姬西番莲 南美西番莲 三角叶西番莲 栓皮西番莲

3

Passiflora suberosa Linnaeus, Sp. Pl. 2: 958. 1753. **(FOC)**

FJ（厦门地区，陈恒彬，2005；厦门，徐海根和强胜，2011；厦门，万方浩等，2012；曾宪锋等，2012a），**GD**（林建勇等，2012；万方浩等，2012），**HK**（徐海根和强胜，2011），**TW**（苗栗地区，陈运造，2006；徐海根和强胜，2011；万方浩等，2012）。

福建、广东、台湾、香港、云南；原产于热带美洲。

秋海棠科 Begoniaceae

四季秋海棠
si ji qiu hai tang

有待观察

Begonia cucullata Willdenow, Sp. Pl. 4 (1): 414. 1805. **(Tropicos)**

GD（粤东地区，曾宪锋等，2009；粤东地区，朱慧，2012）。

澳门、福建、广东、江西、上海、天津、云南、浙江；原产于巴西和阿根廷。

葫芦科 Cucurbitaceae

刺瓜
ci gua

有待观察

Echinocystis lobata (Michaux) Torrey & A.

① 《中国植物志》曾记载 *Passiflora gracilis*（原产南美北部）；但入侵物种研究中尚未与本种区分，有待详细研究。

双子叶植物

Gray, Fl. N. Amer. 1 (3): 542. 1840. (**Tropicos**)

HL（程树志和曹子余，2002）。

黑龙江、内蒙古；原产于北美洲。

刺果瓜①   2
ci guo gua

刺果藤 刺胡瓜 耷拉藤 棘瓜

Sicyos angulatus Linnaeus, Sp. Pl. 2: 1013. 1753. (**Tropicos**)

BJ（车晋滇等，2013；董杰等，2014；张克亮和于顺利，2015；苗雪鹏和李学东，2016；环境保护部和中国科学院，2016），HJ（张家口，曹志艳等，2014），LN（张国良等，2008；徐海根和强胜，2011；大连，张淑梅等，2013；环境保护部和中国科学院，2016），SC（邵秀玲等，2006；徐海根和强胜，2011；环境保护部和中国科学院，2016），SD（邵秀玲等，2006；王连东和李东军，2007；张国良等，2008；环境保护部和中国科学院，2016），TW（邵秀玲等，2006；徐海根和强胜，2011；环境保护部和中国科学院，2016），YN（邵秀玲等，2006；徐海根和强胜，2011；环境保护部和中国科学院，2016）。

北京、河北、辽宁、山东、山西、四川、台湾、云南；原产于北美洲。

长叶水苋菜   4
chang ye shui xian cai

红花水苋

Ammannia coccinea Rottbøll, Pl. Horti Univ. Rar. Progr. 7. 1773. (**FOC**)

AH（淮北地区，胡刚等，2005a，2005b），BJ（刘全儒等，2002；车晋滇，2004，2009；车晋滇等，2004），ZJ（绍兴，朱金文等，2015）。

安徽、北京、河北、山东、台湾、浙江；原产于北美洲。

香膏萼距花   2
xiang gao e ju hua

克非亚草

Cuphea carthagenensis (Jacquin) J. F. Macbride, Publ. Field Mus. Nat. Hist.,Bot. Ser. 8 (2): 124. 1930. (**FOC**)

Syn. *Cuphea balsamona* Chamisso & Schlechtendal, Linnae 2 (3): 363. 1827.

FJ（万方浩等，2012），GD（鼎湖山，贺握权和黄忠良，2004；粤东地区，曾宪锋等，2009；Fu等，2011；广州、东莞、深圳，徐海根和强胜，2011；付岚等，2012；林建勇等，2012；万方浩等，2012；粤东地区，朱慧，2012；乐昌，邹滨等，2015，2016），GX（万方浩等，2012），HN（曾宪锋等，2014），TW（苗栗地区，陈运造，2006；台北、台中、南投、高雄、屏东、宜兰，徐海根和强胜，2011），YN（万方浩等，2012）。

澳门、福建、广东、广西、湖南、江西、山西、台湾、云南；原产于热带美洲。

窿缘桉   有待观察
long yuan an

小叶桉

Eucalyptus exserta F. Müller, J. Proc. Linn. Soc., Bot. 3: 85. 1859. (**FOC**)

GD（珠海市，黄辉宁等，2005a），SC（邛海湿地，杨红，2009）。

重庆、福建、广东、广西、贵州、海南、湖南、江西、四川、香港、云南、浙江；原产于澳大利亚东北部。

蓝桉   有待观察
lan an

Eucalyptus globulus Labillardière, Voy. Rech.

---

① 本种曾用名刺果藤与《中国植物志》梧桐科刺果藤 *Byttneria aspera* 同名，因属葫芦科在此采用刺果瓜。

② 按本书的定义桉属不应列入，因为均是人为栽培，但考虑到很多栽培的已经产生负面报道，故收录于此。

Pérouse, 1: 153, pl. 13. 1799. **(FOC)**

SC（邛海湿地，杨红，2009）。

重庆、福建、甘肃、广东、广西、贵州、湖南、江西、四川、台湾、云南、浙江；原产于澳大利亚东南部。

直杆蓝桉 有待观察
zhi gan lan an

直杆桉

Eucalyptus globulus Labillardière subsp. *maidenii* (F. Müller) J. B. Kirkpatrick, Bot. J. Linn. Soc. 69: 101. 1974. **(FOC)**
Bas. *Eucalyptus maidenii* F. Müller, Proc. Linn. Soc. New South Wales 4: 1020, pl. 28-29. 1890.

SC（邛海湿地，杨红，2009）。

广西、江西、四川、云南；原产于澳大利亚南部。

桉 有待观察
an

桉树 白柴油树 大叶桉 大叶有加利 莽树

Eucalyptus robusta Smith, Spec. Bot. New Holland, 39. 1795. **(FOC)**

FJ（徐海根和强胜，2011），GD（徐海根和强胜，2011），GX（乐业旅游景区，贾桂康，2007a；徐海根和强胜，2011），HN（徐海根和强胜，2011），JX（江西南部，程淑媛等，2015），SC（邛海湿地，杨红，2009），YN（徐海根和强胜，2011）。

安徽、澳门、重庆、福建、广东、广西、贵州、海南、湖北、湖南、江苏、江西、四川、台湾、香港、云南、浙江；原产于澳大利亚东部。

番石榴 有待观察
fan shi liu

Psidium guajava Linnaeus, Sp. Pl. 1: 470. 1753. **(FOC)**

CQ（金佛山自然保护区，孙娟等，2009），FJ（长乐，林为凃，2013），GD（中山市，蒋谦才等，2008；粤东地区，曾宪锋等，2009；林建勇

等，2012；粤东地区，朱慧，2012；乐昌，邹滨等，2015，2016），GX（谢云珍等，2007；和太平等，2011；林建勇等，2012；百色，贾桂康，2013；来宾市，林春华等，2015），HK（严岳鸿等，2005；Leung等，2009），HN（甘什岭自然保护区，张荣京和邢福武，2011；林建勇等，2012；曾宪锋等，2014），MC（王发国等，2004），TW（苗栗地区，陈运造，2006），YN（丁莉等，2006；怒江流域，沈利峰等，2013；西双版纳自然保护区，陶永祥等，2017）。

澳门、重庆、福建、广东、广西、贵州、海南、湖南、内蒙古、山东、四川、台湾、香港、云南、浙江；原产于热带美洲。

海桑科 Sonneratiaceae

无瓣海桑 有待观察
wu ban hai sang

Sonneratia apetala Buchanan-Hamilton, Embassy Ava 477. 1800. **(FOC)**

GD（深圳，严岳鸿等，2004；珠海市，黄辉宁等，2005a，2005b；惠州红树林自然保护区，曹飞等，2007；南部至东部沿海市县，范志伟等，2008；中山市，蒋谦才等，2008；解焱，2008；王芳等，2009；岳茂峰等，2011；林建勇等，2012；深圳，蔡毅等，2015），GX（谢云珍等，2007；钦州沿海，范志伟等，2008；北部湾经济区，林建勇等，2011a，2011b；林建勇等，2012），HK（解焱，2008），HN（单家林等，2006；范志伟等，2008；东寨港国家级自然保护区，秦卫华等，2008；林建勇等，2012；曾宪锋等，2014），MC（王发国等，2004）。

澳门、福建、广东、广西、海南、香港；原产于南亚。

野牡丹科 Melastomataceae

毛野牡丹 有待观察
mao ye mu dan

Clidemia hirta (Linnaeus) D. Don, Mem. Wern. Nat. Hist. Soc. 4: 309. 1823. **(TPL)**

TW（南部，Yang，2001）。

台湾；原产于热带美洲。

克拉花
ke la hua

有待观察

极美古代稀

Clarkia pulchella Pursh, Fl. Amer. Sept. 1: 260-261, pl. 11. 1813. **(TPL)**

XZ（拉萨，徐海根和强胜，2011）。

广西、西藏、浙江；原产于北美洲。

小花山桃草
xiao hua shan tao cao

2

光果小花山桃草

Gaura parviflora Douglas ex Lehmann, Nov. Stirp. Pug. 2: 15. 1830. **(FOC)**

AH（裴鉴，1959；杜卫兵等，2003；淮北地区，胡刚等，2005a，2005b；徐海根和强胜，2011；万方浩等，2012），**BJ**（刘全儒等，2002；林秦文等，2009；万方浩等，2012），**FJ**（裴鉴，1959；杜卫兵等，2003；徐海根和强胜，2011；万方浩等，2012），**HB**（裴鉴，1959；杜卫兵等，2003；徐海根和强胜，2011；万方浩等，2012），**HJ**（裴鉴，1959；杜卫兵等，2003；衡水，芦站根，2009；衡水市，牛玉璐和李建明，2010；徐海根和强胜，2011；万方浩等，2012），**HN**（曾宪锋等，2014），**HY**（裴鉴，1959；杜卫兵等，2003；开封，张桂宾，2004；东部，张桂宾，2006；董东平和叶永忠，2007；朱长山等，2007；许昌市，姜罡丞，2009；李长看等，2011；新乡，许桂芳和简在友，2011；徐海根和强胜，2011；万方浩等，2012；储嘉琳等，2016），**JS**（裴鉴，1959；杜卫兵等，2003；徐海根和强胜，2011；万方浩等，2012；寿海洋等，2014；严辉等，2014；胡长松等，2016），**LN**（解焱，2008；老铁山自然保护区，吴晓姝等，2010；万方浩等，2012；大连，张淑梅等，2013；大连，张恒庆等，2016），**SD**（裴鉴，1959；杜卫兵等，2003；肖素荣等，2003；衣艳君等，2005；昆嵛山，赵宏和董翠玲，2007；青岛，罗艳和刘爱华，2008；解焱，2008；徐海根和强胜，2011；万方浩等，2012；昆嵛山，赵宏和丛海燕，2012），**SH**（汪远等，2015），**ZJ**（裴鉴，1959；杜卫兵等，2003；李根有等，2006；张建国和张明如，2009；万方浩等，2012；闫小玲等，2014）；长江

以南各省（解焱，2008）；海河流域滨岸带（任颖等，2015）。

安徽、北京、福建、河北、河南、湖北、江苏、辽宁、山东、上海、浙江；原产于北美洲中南部；归化于世界。

细果草龙
xi guo cao long

有待观察

Ludwigia leptocarpa (Nuttall) H. Hara, J. Jap. Bot. 28 (10): 292 1953. **(Tropicos)**

ZJ（杭州，金祖达等，2015；周天焕等，2016）。

江苏、上海、浙江；原产于美洲或澳大利亚。

月见草
yue jian cao

2

北美月见草 山芝麻 夜来香

Oenothera biennis Linnaeus, Sp. Pl. 1: 346. 1753. **(FOC)**

AH（徐海根和强胜，2011；万方浩等，2012），**BJ**（林秦文等，2009；万方浩等，2012；王苏铭等，2012），**CQ**（金佛山自然保护区，孙娟等，2009），**HJ**（徐海根和强胜，2011；万方浩等，2012），**HL**（高燕和曹伟，2010；徐海根和强胜，2011；鲁萍等，2012；万方浩等，2012；郑宝江和潘磊，2012），**HX**（湘西地区，徐亮等，2009），**HY**（董东平和叶永忠，2007；储亮琳等，2016），**JL**（长白山区，周繇，2003；长白山区，苏丽涛和马立军，2009；高燕和曹伟，2010；徐海根和强胜，2011；万方浩等，2012；长春地区，曲同宝等，2015），**JS**（徐海根和强胜，2011；万方浩等，2012；寿海洋等，2014；严辉等，2014），**JX**（庐山风景区，胡天印等，2007c；徐海根和强胜，2011；万方浩等，2012；朱碧华和朱大庆，2013；江西南部，程淑媛等，2015），**LN**（曲波，2003；齐淑艳和徐文铎，2006；曲波等，2006a，2006b，2010；沈阳，付海滨等，2009；高燕和曹伟，2010；老铁山自然保护区、九龙川自然保护区，吴晓姝等，2010；徐海根和强胜，2011；万方浩等，2012；大连，张淑梅等，2013；大连，张恒庆等，2016），**NM**（高燕和曹伟，2010），**SC**（万方浩等，2012），**SD**（肖素荣等，2003；衣艳君等，2005；昆嵛山，赵宏和董翠玲，2007；青岛，罗

艳和刘爱华，2008；徐海根和强胜，2011；万方浩等，2012；昆嵛山，赵宏和丛海燕，2012），**SH**（张晴柔等，2013），**TJ**（万方浩等，2012），**TW**（万方浩等，2012），**YN**（徐海根和强胜，2011；万方浩等，2012），**ZJ**（徐海根和强胜，2011；闫小玲等，2014）；海河流域滨岸带（任颖等，2015）；东北地区（郑美林和曹伟，2013）；东北草地（石洪山等，2016）。

安徽、北京、重庆、福建、广东、广西、贵州、河北、河南、黑龙江、湖北、湖南、吉林、江苏、江西、辽宁、内蒙古、陕西、山东、上海、四川、台湾、天津、云南、浙江；原产于北美洲东部；归化于亚洲、欧洲和南美洲等地。

海滨月见草　　　　　　　　有待观察
hai bin yue jian cao

海边月见草　海芙蓉　鲁蒙月见草

Oenothera drummondii Hooker, Bot. Mag. 61: pl. 3361. 1834. **(FOC)**

FJ（厦门地区，陈恒彬，2005；徐海根和强胜，2011），**GD**（深圳，严岳鸿等，2004；粤东地区，曾宪锋等，2009；徐海根和强胜，2011；粤东地区，朱慧，2012），**HK**（徐海根和强胜，2011），**HN**（徐海根和强胜，2011；曾宪锋等，2014）。

福建、广东、海南、江西、山东、香港；原产于美国大西洋海岸与墨西哥湾海岸；归化于非洲、西亚、澳大利亚、欧洲和南美洲。

黄花月见草　　　　　　　　4
huang hua yue jian cao

北美月见草　待宵草　待宵花　红萼月见草　夜来香　月见草

Oenothera glazioviana Micheli, Fl. Bras. 13 (2): 178. 1875. **(FOC)**
Syn. *Oenothera erythrosepala* (Bor-bás) Borbás, Magyar Bot. Lapok 2: 245. 1903.

AH（陈明林等，2003；徐海根和强胜，2004，2011；何家庆和葛结林，2008；解焱，2008），**BJ**（刘全儒等，2002；建成区，赵娟娟等，2010；徐海根和强胜，2011），**CQ**（徐海根和强胜，2011），**FJ**（徐海根和强胜，2011），**GD**（林建勇等，2012），**GX**（北部湾经济区，林建勇等，2011a，2011b；林

建勇等，2012），**GZ**（贵阳市，石登红和李灿，2011；徐海根和强胜，2011），**HB**（喻大昭等，2011），**HJ**（徐海根和强胜，2004，2011；龙茹等，2008；解焱，2008；秦皇岛，李顺才等，2009），**HL**（徐海根和强胜，2004，2011；解焱，2008），**HY**（许昌市，姜罡丞，2009；储嘉琳等，2016），**JL**（徐海根和强胜，2004，2011；解焱，2008），**JS**（南京，吴海荣等，2004；徐海根和强胜，2004，2011；解焱，2008；寿海洋等，2014；严辉等，2014），**JX**（徐海根和强胜，2004；解焱，2008；季春峰等，2009；王宁，2010；鞠建文等，2011；南昌市，朱碧华和杨凤梅，2012），**LN**（徐海根和强胜，2004，2011；解焱，2008），**NM**（徐海根和强胜，2011），**SA**（西安地区，祁云枝等，2010；徐海根和强胜，2011；栾晓睿等，2016），**SC**（周小刚等，2008；徐海根和强胜，2011），**SD**（徐海根和强胜，2004，2011；衣艳君等，2005；青岛，罗艳和刘爱华，2008；解焱，2008），**SH**（徐海根和强胜，2011；张晴柔等，2013），**SX**（徐海根和强胜，2011），**TJ**（徐海根和强胜，2011），**TW**（徐海根和强胜，2011），**YN**（孙卫邦和向其柏，2004；徐海根和强胜，2004，2011；解焱，2008；申时才等，2012），**ZJ**（徐海根和强胜，2004，2011；解焱，2008；闫小玲等，2014）。

安徽、北京、重庆、福建、甘肃、广西、贵州、河北、黑龙江、湖北、湖南、吉林、江苏、江西、辽宁、内蒙古、陕西、山东、山西、上海、四川、台湾、天津、云南、浙江；亚洲，非洲，欧洲，大洋洲，美洲；杂交起源。

裂叶月见草　　　　　　　　3
lie ye yue jian cao

Oenothera laciniata Hill, Veg. Syst. 12 (Appendix): 64, pl. 10. 1767. **(FOC)**

AH（严靖等，2015），**FJ**（长乐，林为涂，2013），**GD**（粤东地区，曾宪锋等，2009；粤东地区，朱慧，2012），**HY**（储嘉琳等，2016），**JS**（胡长松等，2016），**SH**（蒋明等，2004a，2004b；徐海根和强胜，2011；张晴柔等，2013），**TW**（苗栗地区，陈运造，2006；兰阳平原，吴永华，2006；徐海根和强胜，2011），**ZJ**（丽水，蒋明等，2004a，2004b；南康武等，2009；温州，丁炳扬和胡仁勇，2011；温州地区，胡仁勇等，2011；丽水和金华市

　　　　　　　　　　　　　　　　　　双子叶植物

郊，徐海根和强胜，2011；闫小玲等，2014）。

安徽、福建、甘肃、广东、河南、湖南、江苏、江西、上海、四川、台湾、浙江；日本；原产于北美洲东部；归化于南非、大洋洲、中美洲、南美洲和欧洲。

曲序月见草　　　　　　　　　有待观察
qu xu yue jian cao

Oenothera oakesiana (A. Gray) J. W. Robbins ex S. Watson & J. M. Coulter, Manual (ed. 6) 190. 1890. **(FOC)**

FJ（徐海根和强胜，2011）。

福建、湖南、江西；原产于北美洲东部；归化于欧洲。

小花月见草　　　　　　　　　有待观察
xiao hua yue jian cao

Oenothera parviflora Linnaeus, Syst. Nat.,ed. 10, 2: 998. 1759. **(FOC)**

LN（徐海根和强胜，2011）。

北京、福建、河北、辽宁、云南；原产于北美洲东部；归化于南非、欧洲和太平洋岛屿。

粉花月见草　　　　　　　　　有待观察
fen hua yue jian cao
粉花柳叶菜　红花月见草

Oenothera rosea L'Héritier ex Aiton, Hort. Kew. 2: 3. 1789. **(FOC)**

GX（林建勇等，2012；万方浩等，2012），GZ（屠玉麟，2002；黔南地区，韦美玉等，2006；解焱，2008；申敬民等，2010；徐海根和强胜，2011；万方浩等，2012；贵阳市，陈菊艳等，2016），JS（徐海根和强胜，2011；苏州，林敏等，2012；寿海洋等，2014；严辉等，2014），JX（解焱，2008；庐山，徐海根和强胜，2011；万方浩等，2012；江西南部，程淑媛等，2015），SC（邛海湿地，杨红，2009），SH（张晴柔等，2013），YN（丁莉等，2006；李乡旺等，2007；瑞丽，赵见明，2007；解焱，2008；昆明，徐海根和强胜，2011；申时才等，2012；昆明，万方浩等，2012；怒江流域，沈利峰等，2013；许美玲等，2014；杨忠兴等，2014），ZJ（徐海根和强胜，2011；万方浩等，2012；闫小玲等，2014）。

福建、广西、贵州、河北、湖北、江苏、江西、四川、上海、云南、浙江；日本；原产于热带美洲；归化于南亚和西亚、大洋洲、欧洲和南美洲。

美丽月见草　　　　　　　　　有待观察
mei li yue jian cao

Oenothera speciosa Nuttall, J. Acad. Nat. Sci. Philadelphia 2: 119. 1821. **(Tropicos)**

ZJ（杭州，金祖达等，2015；周天焕等，2016）。

安徽、山东、上海、浙江；原产于美洲；世界广泛栽培。

待宵草　　　　　　　　　　　有待观察
dai xiao cao
待宵花

Oenothera stricta Ledebour ex Link, Enum. Hort. Berol. Alt. 1: 377. 1821. **(FOC)**
Oenothera odorata auct. non Jacquin: 肖素荣等，2003；衣艳君等，2005；赵宏和董翠玲，2007；祁云枝等，2010；赵宏和丛海燕，2012.

FJ（徐海根和强胜，2011），GD（徐海根和强胜，2011），GX（徐海根和强胜，2011），GZ（徐海根和强胜，2011；贵阳市，陈菊艳等，2016），JS（徐海根和强胜，2011；寿海洋等，2014；严辉等，2014），JX（徐海根和强胜，2011），SA（西安地区，祁云枝等，2010；徐海根和强胜，2011；栾晓睿等，2016），SD（肖素荣等，2003；衣艳君等，2005；昆嵛山，赵宏和董翠玲，2007；昆嵛山，赵宏和丛海燕，2012），SH（张晴柔等，2013），TW（徐海根和强胜，2011），YN（丁莉等，2006；孙卫邦和向其柏，2004），ZJ（杭州，陈小永等，2006；张建国和张明如，2009；徐海根和强胜，2011）。

北京、重庆、福建、甘肃、广东、广西、贵州、河北、黑龙江、湖北、湖南、吉林、江苏、江西、辽宁、陕西、山东、四川、台湾、天津、云南；原产于南美洲；归化于各地区。

四翅月见草　　　　　　　　　有待观察
si chi yue jian cao
槌果月见草

Oenothera tetraptera Cavanilles, Icon. 3: 40. 1796. **(FOC)**

GZ（贵阳，徐海根和强胜，2011），TW（南投县，徐海根和强胜，2011），YN（昆明，徐海根和强胜，2011）。

北京、福建、广西、贵州、湖南、上海、四川、台湾、云南；原产于北美洲南部；归化于斯里兰卡、西亚、大洋洲、欧洲和美洲。

长毛月见草
chang mao yue jian cao

有待观察

Oenothera villosa Thunberg, Prodr. Fl. Cap. 75. 1794. **(FOC)**

BJ（徐海根和强胜，2011），HJ（徐海根和强胜，2011），HL（徐海根和强胜，2011），JL（徐海根和强胜，2011），LN（徐海根和强胜，2011；大连，张淑梅等，2013），TJ（徐海根和强胜，2011），YN（徐海根和强胜，2011）。

北京、河北、黑龙江、吉林、辽宁、天津、云南；原产于北美洲中东部；归化于日本、俄罗斯远东。

小二仙草科 Haloragaceae

粉绿狐尾藻
fen lü hu wei zao

3

Myriophyllum aquaticum Verdcourt, Kew Bull. 28 (1): 36. 1973. **(FOC)**

JS（李惠茹等，2016c），TW（兰阳平原，吴永华，2006；解焱，2008），ZJ（杭州，金祖达等，2015；李惠茹等，2016b；周天焕等，2016）。

安徽、福建、广东、海南、江苏、江西、台湾、云南、浙江；原产于南美洲；归化于欧洲。

伞形科 Apiaceae（Umbelliferae）

大阿米芹
da a mi qin

有待观察

Ammi majus Linnaeus, Sp. Pl. 1: 243. 1753. **(FOC)**

XJ（乌鲁木齐，张源，2007）。

江苏、新疆；原产于地中海地区。

细叶旱芹
xi ye han qin

4

茴香芹 细叶芹

Cyclospermum leptophyllum (Persoon) Sprague ex Britton & P. Wilson, Bot. Porto Rico 6: 25. 1925. **(FOC)**
Syn. *Apium leptophyllum* (Persoon) F. Müller ex Bentham, Fl. Austral. 3: 372-373. 1866; *Chaerophyllum temulum* auct. non Linnaeus: 汪小飞等，2007；*Chaerophyllum villosum* auct. non de Candolle: 徐亮等，2009；吴秀臣和芦建国，2015.

AH（郭水良和李扬汉，1995；陈明林等，2003；徐海根和强胜，2004，2011；淮北地区，胡刚等，2005b；臧敏等，2006；何家庆和葛结林，2008），CQ（石胜璋等，2004；金佛山自然保护区，林茂祥等，2007；徐海根和强胜，2011；万州区，余顺慧和邓洪平，2011a，2011b；北碚区，杨柳等，2015；北碚区，严桧等，2016），FJ（郭水良和李扬汉，1995；徐海根和强胜，2004，2011；厦门，欧健和卢昌义，2006a，2006b；解焱，2008；杨坚和陈恒彬，2009；万方浩等，2012），GD（徐海根和强胜，2004，2011；解焱，2008；粤东地区，曾宪锋等，2009；林建勇等，2012；万方浩等，2012；粤东地区，朱慧，2012；乐昌，邹滨等，2015，2016），GX（徐海根和强胜，2004，2011；吴桂容，2006；谢云珍等，2007；桂林，陈秋霞等，2008；唐赛春等，2008b；解焱，2008；柳州市，石亮成等，2009；北部湾经济区，林建勇等，2011a，2011b；林建勇等，2012；万方浩等，2012；灵山县，刘在松，2015），HB（刘胜祥和秦伟，2004；解焱，2008；喻大昭等，2011；万方浩等，2012），HJ（徐海根和强胜，2004，2011），HK（解焱，2008；万方浩等，2012），HN（徐海根和强胜，2004，2011；王伟等，2007；陈玉凯等，2016），HX（解焱，2008；万方浩等，2012；谢红艳和张雪芹，2012），JL（长春地区，曲同宝等，2015），JS（郭水良和李扬汉，1995；南京，吴海荣等，2004；徐海根和强胜，2004，2011；苏南，李亚等，2008；解焱，2008；苏州，林敏等，2012；南部，万方浩

双子叶植物

等，2012；寿海洋等，2014；严辉等，2014；南京城区，吴秀臣和芦建国，2015），**SD**（徐海根和强胜，2004，2011），**SH**（郭水良和李扬汉，1995；解焱，2008；徐海根和强胜，2011；万方浩等，2012；张晴柔等，2013），**TW**（解焱，2008；万方浩等，2012），**YN**（王焕冲等，2010；申时才等，2012；万方浩等，2012），**ZJ**（郭水良和李扬汉，1995；徐海根和强胜，2004，2011；金华市郊，胡天印等，2007b；台州，陈模舜，2008；杭州市，王嫩仙，2008；解焱，2008；杭州西湖风景区，梅笑漫等，2009；西溪湿地，舒美英等，2009；张建国和张明如，2009；温州，丁炳扬和胡仁勇，2011；温州地区，胡仁勇等，2011；西溪湿地，缪丽华等，2011；万方浩等，2012；杭州，谢则雄等，2012；闫小玲等，2014；杭州，金祖达等，2015；周天焕等，2016）。

安徽、北京、重庆、福建、广东、广西、海南、河北、湖北、湖南、吉林、江苏、江西、山东、上海、四川、台湾、西藏、香港、云南、浙江；原产于南美洲；归化于热带、亚热带地区。

野胡萝卜　2
ye hu luo bo

鹤虱草 假胡萝卜

Daucus carota Linnaeus, Sp. Pl. 1: 242. 1753. (FOC)

AH（李振宇和解焱，2002；黄山市，汪小飞等，2007；何家庆和葛结林，2008；解焱，2008；车晋滇，2009；张中信，2009；何冬梅等，2010；徐海根和强胜，2011），**BJ**（徐海根和强胜，2011），**CQ**（李振宇和解焱，2002；石胜璋等，2004；金佛山自然保护区，林茂祥等，2007；金佛山自然保护区，滕永青，2008；解焱，2008；杨丽等，2008；金佛山自然保护区，孙娟等，2009；徐海根和强胜，2011；万州区，余顺慧和邓洪平，2011a，2011b；北碚区，杨柳等，2015；北碚区，严桧等，2016），**FJ**（李振宇和解焱，2002；厦门地区，陈恒彬，2005；解焱，2008；杨坚和陈恒彬，2009；北部，徐海根和强胜，2011；长乐，林为涂，2013），**GD**（李振宇和解焱，2002；中山市，蒋谦才等，2008；解焱，2008；王芳等，2009；北部，徐海根和强胜，2011；岳茂峰等，2011；林建勇等，2012），**GS**（徐海根

和强胜，2011；尚斌，2012），**GX**（李振宇和解焱，2002；吴桂容，2006；谢云珍等，2007；唐赛春等，2008b；北部湾经济区，林建勇等，2011a，2011b；林建勇等，2012；徐海根和强胜，2011；胡刚和张忠华，2012；防城金花茶自然保护区，吴儒华和李福阳，2012；郭成林等，2013；百色，贾桂康，2013；灵山县，刘在松，2015），**GZ**（李振宇和解焱，2002；大沙河自然保护区，林茂祥等，2008；解焱，2008；申敬民等，2010；贵阳市，石登红和李灿，2011；徐海根和强胜，2011；贵阳市，陈菊艳等，2016），**HB**（李振宇和解焱，2002；刘胜祥和秦伟，2004；星斗山国家级自然保护区，卢少飞等，2005；天门市，沈体忠等，2008；解焱，2008；车晋滇，2009；李儒海等，2011；徐海根和强胜，2011；黄石市，姚发兴，2011；喻大昭等，2011），**HJ**（龙茹等，2008；秦皇岛，李顺才等，2009；徐海根和强胜，2011），**HL**（徐海根和强胜，2011），**HN**（安锋等，2007；林建勇等，2012；彭宗波等，2013；曾宪锋等，2014），**HX**（李振宇和解焱，2002；南岳自然保护区，谢红艳等，2007；彭兆普等，2008；洞庭湖区，彭友林等，2008；解焱，2008；湘西地区，刘兴锋等，2009；常德市，彭友林等，2009；衡阳市，谢红艳等，2011；徐海根和强胜，2011；谢红艳和张雪芹，2012；长沙，张磊和刘尔潞，2013），**HY**（开封，张桂宾，2004；田朝阳等，2005；东部，张桂宾，2006；董东平和叶永忠，2007；朱长山等，2007；许昌市，姜罡丞，2009；李长春等，2011；新乡，许桂芳和简在友，2011；徐海根和强胜，2011；储嘉琳等，2016），**JL**（徐海根和强胜，2011），**JS**（李振宇和解焱，2002；李亚等，2008；解焱，2008；车晋滇，2009；董红云等，2010a；徐海根和强胜，2011；苏州，林敏等，2012；季敏等，2014；寿海洋等，2014；严辉等，2014；南京城区，吴秀臣和芦建国，2015；胡长松等，2016），**JX**（李振宇和解焱，2002；解焱，2008；车晋滇，2009；鄱阳湖国家级自然保护区，葛刚等，2010；雷平等，2010；鞠建文等，2011；徐海根和强胜，2011；朱碧华和朱大庆，2013；江西南部，程淑媛等，2015），**LN**（徐海根和强胜，2011；大连，张恒庆等，2016），**MC**（王发国等，2004），**NM**（徐海根和强胜，2011；庞立东等，2015），**NX**（徐海根和强胜，2011），**QH**（徐海根和强胜，2011），**SA**（车晋滇，2009；西安地区，祁云枝等，2010；徐海根和强胜，2011；杨凌地区，

何纪琳等，2013；栾晓睿等，2016），**SC**（李振宇和解焱，2002；解焱，2008；周小刚等，2008；车晋滇，2009；马丹炜等，2009；徐海根和强胜，2011；孟兴等，2015），**SD**（田家怡和吕传笑，2004；刘庆年等，2006；宋楠等，2006；惠洪者，2007；昆嵛山，赵宏和董翠玲，2007；张绪良等，2010；徐海根和强胜，2011；昆嵛山，赵宏和丛海燕，2012），**SH**（秦卫华等，2007；青浦，左倬等，2010；徐海根和强胜，2011；张晴柔等，2013；汪远等，2015），**SX**（徐海根和强胜，2011），**TJ**（徐海根和强胜，2011），**XJ**（徐海根和强胜，2011），**XZ**（察隅，李振宇和解焱，2002；解焱，2008；车晋滇，2009；徐海根和强胜，2011），**YN**（李振宇和解焱，2002；红河流域，徐成东等，2006；徐成东和陆树刚，2006；怒江干热河谷区，胡发广等，2007；解焱，2008；车晋滇，2009；徐海根和强胜，2011；申时才等，2012；杨忠兴等，2014），**ZJ**（李振宇和解焱，2002；李根有等，2006；金华市郊，胡天印等，2007b；金华市郊，李娜等，2007；杭州市，王嫩仙，2008；解焱，2008；车晋滇，2009；杭州西湖风景区，梅笑漫等，2009；西溪湿地，舒美英等，2009；张建国和张明如，2009；杭州，张明如等，2009；温州，丁炳扬和胡仁勇，2011；温州地区，胡仁勇等，2011；西溪湿地，缪丽华等，2011；徐海根和强胜，2011；杭州，谢国雄等，2012；宁波，徐颖等，2014；闫小玲等，2014；杭州，金祖达等，2015；周天焕，2016）；黄河三角洲地区（赵怀浩等，2011）；全国各省（自治区、直辖市）均有分布（万方浩等，2012）；赤水河中游地区（窦全丽等，2015）。

安徽、澳门、北京、重庆、福建、甘肃、广东、广西、贵州、海南、河北、河南、黑龙江、湖北、湖南、吉林、江苏、江西、辽宁、内蒙古、宁夏、青海、陕西、山东、山西、上海、四川、天津、西藏、香港、新疆、云南、浙江；西亚、北非、欧洲；原产于欧洲、亚洲西南部、北非、归化于亚热带和温带地区。

刺芹

有待观察

ci qin

刺芫荽 假芫荽 假香荽 节节花 缅芫荽 香菜 香信 野香草 野芫荽 洋芫荽

Eryngium foetidum Linnaeus, Sp. Pl. 1: 232. 1753. **(FOC)**

GD（李振宇和解焱，2002；珠海市，黄辉宁等，2005b；范志伟等，2008；中山市，蒋谦才等，2008；广 9 州，王忠等，2008；解焱，2008；车晋滇，2009；王芳等，2009；粤东地区，曾宪锋等，2009；徐海根和强胜，2011；林建勇等，2012；万方浩等，2012；粤东地区，朱慧，2012），**GS**（尚斌，2012），**GX**（李振宇和解焱，2002；十万大山自然保护区，韦原莲等，2006；吴桂容，2006；谢云珍等，2007；范志伟等，2008；唐赛春等，2008b；解焱，2008；十万大山自然保护区，叶铎等，2008；车晋滇，2009；柳州市，石亮成等，2009；北部湾经济区，林建勇等，2011a，2011b；徐海根和强胜，2011；林建勇等，2012；胡刚和张忠华，2012；万方浩等，2012；郭成林等，2013；来宾市，林春华等，2015；灵山县，刘在松，2015；北部湾海岸带，刘熊，2017），**GZ**（李振宇和解焱，2002；范志伟等，2008；解焱，2008；车晋滇，2009；申敬民等，2010；徐海根和强胜，2011；万方浩等，2012），**HK**（李振宇和解焱，2002；范志伟等，2008；解焱，2008；车晋滇，2009；万方浩等，2012），**HN**（李振宇和解焱，2002；安锋等，2007；范志伟等，2008；石灰岩地区，秦新生等，2008；解焱，2008；车晋滇，2009；林建勇等，2012；万方浩等，2012；彭宗波等，2013；曾宪锋等，2014），**JX**（江西南部，程淑媛等，2015），**MC**（李振宇和解焱，2002；王发国等，2004；车晋滇，2009），**YN**（李振宇和解焱，2002；丁莉等，2006；西双版纳，管志斌等，2006；红河流域，徐成东等，2006；徐成东和陆树刚，2006；李乡旺等，2007；瑞丽，赵见明，2007；范志伟等，2008；纳板河自然保护区，刘峰等，2008；解焱，2008；车晋滇，2009；徐海根和强胜，2011；申时才等，2012；万方浩等，2012；杨忠兴等，2014；西双版纳自然保护区，陶永祥等，2017）。

澳门、重庆、甘肃、广东、广西、贵州、海南、江西、辽宁、四川、台湾、香港、云南、浙江；原产于中美洲；归化于热带、亚热带地区。

南美天胡荽 2

nan mei tian hu sui

钱币草 香菇草

Hydrocotyle verticillata Thunberg, Hydrocotyle 2, 5–6, pl. s. n. [2]. 1798. **(Tropicos)**

Hydrocotyle vulgaris auct. non Linnaeus: 陈运造，2006；缪丽华等，2011；严辉等，2014；闫小玲等，2014；金祖达等，2015；黄含吟等，2016；周天焕等，2016.

HX（益阳市，黄含吟等，2016），**JS**（严辉等，2014），**TW**（苗栗地区，陈运造，2006）；**ZJ**（西溪湿地，缪丽华等，2011；闫小玲等，2014；杭州，金祖达等，2015；周天焕等，2016）。

安徽、澳门、福建、广东、湖南、江苏、江西、上海、台湾、浙江；原产于热带美洲。

夹竹桃科 Apocynaceae

长春花 有待观察
chang chun hua

日春花 日日春 日日新 三万花 四时春 五瓣梅 雁来红

Catharanthus roseus (Linnaeus) G. Don, Gen. Hist. 4: 95. 1837. **(FOC)**

AH（徐海根和强胜，2011），**GD**（深圳，严岳鸿等，2004；乐昌，邹滨等，2015），**GZ**（徐海根和强胜，2011），**HB**（徐海根和强胜，2011），**HK**（严岳鸿等，2005），**HN**（单家林等，2006；范志伟等，2008；石灰岩地区，秦新生等，2008；曾宪锋等，2014），**HX**（徐海根和强胜，2011），**JS**（徐海根和强胜，2011；苏州，林敏等，2012；寿海洋等，2014；严辉等，2014；南京城区，吴秀臣和芦建国，2015），**JX**（朱碧华等，2014；江西南部，程淑媛等，2015），**MC**（王发国等，2004），**NM**（庞立东等，2015），**SA**（杨凌地区，何纪琳等，2013），**SC**（徐海根和强胜，2011），**SH**（徐海根和强胜，2011；张晴柔等，2013），**TW**（苗栗地区，陈运造，2006），**YN**（徐海根和强胜，2011；西双版纳自然保护区，陶永祥等，2017），**ZJ**（徐海根和强胜，2011；闫小玲等，2014）；各省区（范志伟等，2008）。

安徽、澳门、重庆、福建、广东、广西、贵州、海南、湖北、湖南、江苏、江西、内蒙古、陕西、山东、山西、上海、四川、台湾、天津、香港、云南、浙江；原产于马达加斯加；归化于热带、亚热带地区。

萝藦科 Asclepiadaceae

马利筋 有待观察
ma li jin

芳草花 莲生桂子花 水羊角 早生贵子

Asclepias curassavica Linnaeus, Sp. Pl. 1: 215. 1753. **(FOC)**

AH（黄山，汪小飞等，2007），**FJ**（范志伟等，2008；徐海根和强胜，2011），**GD**（深圳，严岳鸿等，2004；珠海市，黄辉宁等，2005b；范志伟等，2008；粤东地区，曾宪锋等，2009；徐海根和强胜，2011；粤东地区，朱慧，2012；乐昌，邹滨等，2015），**GX**（谢云珍等，2007；范志伟等，2008；徐海根和强胜，2011；胡刚和张忠华，2012；百色，贾桂康，2013），**GZ**（范志伟等，2008；徐海根和强胜，2011），**HN**（范志伟等，2008；石灰岩地区，秦新生等，2008；曾宪锋等，2014），**HX**（范志伟等，2008；徐海根和强胜，2011），**JS**（寿海洋等，2014；严辉等，2014），**JX**（范志伟等，2008；徐海根和强胜，2011），**LN**（曲波等，2006a，2006b），**MC**（王发国等，2004），**SA**（栾晓睿等，2016），**SC**（范志伟等，2008；徐海根和强胜，2011），**SD**（吴彤等，2006），**TW**（范志伟等，2008；徐海根和强胜，2011），**YN**（丁莉等，2006；西双版纳，管志斌等，2006；瑞丽，赵见明，2007；范志伟等，2008；徐海根和强胜，2011；申时才等，2012；西双版纳自然保护区，陶永祥等，2017），**ZJ**（闫小玲等，2014）。

安徽、澳门、北京、福建、广东、广西、贵州、海南、河北、河南、黑龙江、湖北、湖南、江苏、江西、辽宁、宁夏、青海、陕西、山东、上海、四川、台湾、天津、西藏、香港、云南、浙江；原产于热带美洲；归化于热带、亚热带地区。

茜草科 Rubiaceae

山东丰花草 4
shan dong feng hua cao

Diodia teres Walter, Fl. Carol. 87. 1788. **(FOC)**

Syn. *Borreria shandongensis* F. Z. Li & X. D. Chen, Acta Bot. Yunnan 7 (4): 419-420, pl. 1.

1985.

ZJ（张芬耀等，2009）

福建南部（金门）、山东（青岛）；原产于美洲；归化于北非、东亚和马达加斯加。

盖裂果 3
gai lie guo

Mitracarpus hirtus (Linnaeus) de Candolle, Prodr. 4: 572-573. 1830. **(FOC)**
Syn. *Mitracarpus villosus* (Swartz) de Candolle, Prodr. 4: 572. 1830.

BJ（车晋滇，2004），GD（王芳等，2009），HN（曾宪锋等，2014），JX（曾宪锋和邱贺媛，2013c）。

北京、福建、广东、广西、海南、江西、香港、云南；原产于美洲；归化于热带非洲、亚洲、澳大利亚和太平洋岛屿。

巴西墨苜蓿 3
ba xi mo mu xu

Richardia brasiliensis Gomes, Mem. Ipecac. Bras. 31. 1801. **(FOC)**

GD（深圳，严岳鸿等，2004）；HK（Leung 等，2009），HN（甘什岭自然保护区，张荣京和邢福武，2011）。

福建、广东、广西、海南、台湾、香港、浙江；原产于南美洲；归化于旧大陆热带。

墨苜蓿 4
mo mu xu

美洲茜草

Richardia scabra Linnaeus, Sp. Pl. 1: 330. 1753. **(FOC)**

BJ（车晋滇，2004），GD（博罗县罗浮山，范志伟等，2008；王芳等，2009；粤东地区，曾宪锋等，2009；Fu 等，2011；付岚等，2012；林建勇等，2012；万方浩等，2012；粤东地区，朱慧，2012；乐昌，邹滨等，2015，2016），GX（郭成林等，2013；来宾市，林春华等，2015），HK（万方浩等，2012），HN（单家林等，2006；王伟等，2007；

石灰岩地区，秦新生等，2008；林建勇等，2012；万方浩等，2012；曾宪锋等，2014；陈玉凯等，2016），JS（胡长松等，2016）。

澳门、北京、福建、广东、广西、海南、台湾、香港；原产于美洲安第斯山区；归化于旧大陆热带。

田茜 有待观察
tian qian

雪亚迪草

Sherardia arvensis Linnaeus, Sp. Pl. 1: 102. 1753. **(Tropicos)**

HX（长沙，徐永福和喻勋林，2014），JS（苏州，孙峰林，2014）。

湖南、江苏、台湾；原产于欧洲。

阔叶丰花草 1
kuo ye feng hua cao

阔叶鸭舌癀舅 日本草

Spermacoce alata Aublet, Hist. Pl. Guiane 1: 60. 1775. **(FOC)**
Syn. *Borreria latifolia* (Aublet) K. Schumann, Fl. Bras. 6 (6): 61. 1888；*Spermacoce latifolia* Aublet, Hist. Pl. Guiane 1: 55. 1775.

FJ（南部，李振宇和解焱，2002；厦门地区，陈恒彬，2005；厦门，欧健和卢昌义，2006a，2006b；南部，范志伟等，2008；南部，解焱，2008；杨坚和陈恒彬，2009；徐海根和强胜，2011；南部，万方浩等，2012），GD（南部，李振宇和解焱，2002；深圳，严岳鸿等，2004；珠海市，黄辉宁等，2005b；惠州，郑洲翔等，2006；南部，范志伟等，2008；中山市，蒋谦才等，2008；白云山，李海生等，2008；南部，解焱，2008；广州，王忠等，2008；王芳等，2009；粤东地区，曾宪锋等，2009；Fu 等，2011；徐海根和强胜，2011；岳茂峰等，2011；付岚等，2012；林建勇等，2012；南部，万方浩等，2012；粤东地区，朱慧，2012；深圳，蔡毅等，2015；广州南沙黄山鲁森林公园，李海生等，2015；乐昌，邹滨等，2015，2016），GX（谢云珍等，2007；桂林，陈秋霞等，2008；唐赛春等，2008b；柳州市，石亮成等，2009；北部湾经济区，林建勇等，2011a，2011b；林建勇等，2012；胡刚和张忠华，2012；郭成林等，

双子叶植物

2013；来宾市，林春华等，2015；灵山县，刘在松，2015；金子岭风景区，贾桂康和钟林敏，2016；于永浩等，2016；北部湾海岸带，刘熊，2017），**HK**（李振宇和解焱，2002；范志伟等，2008；解焱，2008；徐海根和强胜，2011；万方浩等，2012），**HN**（李振宇和解焱，2002；单家林等，2006；安锋等，2007；王伟等，2007；范志伟等，2008；石灰岩地区，秦新生等，2008；解焱，2008；徐海根和强胜，2011；周祖光，2011；林建勇等，2012；万方浩等，2012；曾宪锋等，2014；陈玉凯等，2016），**HX**（喻勋林等，2007；徐海根和强胜，2011），**JX**（曾宪锋和邱贺媛，2013c），**TW**（李振宇和解焱，2002；苗栗地区，陈运造，2006；范志伟等，2008；解焱，2008；徐海根和强胜，2011；万方浩等，2012），**YN**（丁莉等，2006；西双版纳，管志斌等，2006；李乡旺等，2007；瑞丽，赵见明，2007；纳板河自然保护区，刘峰等，2008；杨子林，2009；申时才等，2012；普洱，陶川，2012；怒江流域，沈利峰等，2013），**ZJ**（温州，高末等，2006；李根有等，2006；台州，陈模舜，2008；洪思思等，2008；张建国和张明如，2009；温州，丁炳扬和胡仁勇，2011；温州地区，胡仁勇等，2011；徐海根和强胜，2011；万方浩等，2012；闫小玲等，2014）。

澳门、福建、广东、广西、海南、湖南、江苏、江西、台湾、香港、云南、浙江；原产于热带美洲；归化于旧大陆热带。

光叶丰花草 4
guang ye feng hua cao

耳草

Spermacoce remota Lamarck, Tabl. Encycl. 1: 273. 1792. **(FOC)**

Borreria laevis auct. non (Lam.) Griseb: 郭怡卿等，2010；杨德等，2011.

CQ（杨德等，2011），**YN**（郭怡卿等，2010）。

重庆、广东、台湾、云南；原产于热带美洲；归化于热带亚洲和美洲温带地区。

杯花菟丝子 4
bei hua tu si zi

苜蓿菟丝子

Cuscuta approximata Babington, Ann. Mag. Nat. Hist. 13: 253. 1844. **(FOC)**

HX（益阳市，黄含吟等，2016），**XJ**（马德英等，2007）。

湖南、新疆、西藏；原产于欧洲和小亚细亚。

原野菟丝子 4
yuan ye tu si zi

Cuscuta campestris Yuncker, Mem. Torrey Bot. Club 18: 138. 1932. **(FOC)**

GD（李沛琼，2012）。

福建、广东、江苏、台湾、香港、新疆、浙江；原产于北美洲；归化于欧洲、亚洲、非洲和大洋洲。

亚麻菟丝子 4
ya ma tu si zi

Cuscuta epilinum Weihe, Arch. Apothek. nor. Deutschl. 8: 51. 1824. **(TPL)**

HL（刘晓红，2009），**XJ**（马德英等，2007）。

河北、黑龙江、陕西、新疆；原产于欧洲。

月光花 3
yue guang hua

Ipomoea alba Linnaeus, Sp. Pl. 1: 161. 1753. **(FOC)**

Syn. *Calonyction aculeatum* (Linnaeus)House, Bull. Torrey Bot. Club. 31 (11): 590. 1904.

GD（粤东地区，曾宪锋等，2009；粤东地区，朱慧，2012），**HN**（曾宪锋等，2014），**JS**（寿海洋等，2014），**NM**（庞立东等，2015），**SA**（西安地区，祁云枝等，2010；栾晓睿等，2016），**YN**（申时才等，2012），**ZJ**（闫小玲等，2014）。

福建、广东、广西、海南、河北、湖南、江苏、江西、内蒙古、陕西、山西、上海、四川、台湾、天津、香港、云南、浙江；原产于美洲热带、亚热带地区；

归化于热带亚洲。

五爪金龙　　　　　　　　1
wu zhua jin long

番仔藤 枫叶牵牛 槭叶牵牛 台湾牵牛花 五爪龙 掌叶牵牛

Ipomoea cairica (Linnaeus) Sweet, Hort. Brit. 2: 287. 1826. (FOC)

FJ（李振宇和解焱，2002；厦门地区，陈恒彬，2005；刘巧云和王玲萍，2006；厦门，欧健和卢昌义，2006a，2006b；范志伟等，2008；闫淑君等，2006；罗明永，2008；解焱，2008；张国良等，2008；车晋滇，2009；杨坚和陈恒彬，2009；林淳和刘国坤，2010；徐海根和强胜，2011；万方浩等，2012；长乐，林为涂，2013；福州，彭海燕和高关平，2013；环境保护部和中国科学院，2016），**GD**（李振宇和解焱，2002；曾宪锋，2003；鼎湖山，贺握权和黄忠良，2004；深圳，严岳鸿等，2004；珠海市，黄辉宁等，2005a，2005b；深圳，邵志芳等，2006；贾效成等，2007；惠州红树林自然保护区，曹飞等，2007；揭阳市，邱东萍等，2007；范志伟等，2008；中山市，蒋谦才等，2008；白云山，李海生等，2008；广州，王忠等，2008；解焱，2008；张国良等，2008；王芳等，2009；车晋滇，2009；龙永彬，2009；鼎湖山国家级自然保护区，宋小玲等，2009；粤东地区，曾宪锋等，2009；Fu等，2011；佛山，黄益燕等，2011；徐海根和强胜，2011；岳茂峰等，2011；北师大珠海分校，吴杰等，2011，2012；付岚等，2012；林建勇等，2012；万方浩等，2012；稔平半岛，于飞等，2012；粤东地区，朱慧，2012；潮州市，陈丹生等，2013；深圳，张春颖等，2013；广州，李许文等，2014；深圳，蔡毅等，2015；广州南沙黄山鲁森林公园，李海生等，2015；乐昌，邹滨等，2015，2016；环境保护部和中国科学院，2016），**GX**（李振宇和解焱，2002；邓晰朝和卢旭，2004；十万大山自然保护区，韦原莲等，2006；吴桂容，2006；谢云珍等，2007；范志伟等，2008；唐赛春等，2008b；解焱，2008；十万大山自然保护区，叶铎等，2008；张国良等，2008；车晋滇，2009；柳州市，石亮成等，2009；和太平等，2011；北部湾经济区，林建勇等，2011a，2011b；徐海根和强胜，2011；林建勇等，2012；胡刚和张忠华，2012；梧州市，马多等，2012；万方浩等，2012；郭成林等，2013；百色，贾桂康，2013；来宾市，林春华等，2015；灵山县，刘在松，2015；于永浩等，2016；环境保护部和中国科学院，2016；北部湾海岸带，刘熊，2017），**GZ**（黔南地区，韦美玉等，2006；环境保护部和中国科学院，2016），**HK**（李振宇和解焱，2002；严岳鸿等，2005；范志伟等，2008；解焱，2008；张国良等，2008；车晋滇，2009；徐海根和强胜，2011；万方浩等，2012；环境保护部和中国科学院，2016），**HN**（李振宇和解焱，2002；单家林等，2006；安锋等，2007；范志伟等，2008；铜鼓岭国家级自然保护区、东寨港国家级自然保护区、大田国家级自然保护区，秦卫华等，2008；石灰岩地区，秦新生等，2008；解焱，2008；张国良等，2008；车晋滇，2009；霸王岭自然保护区，胡雪华等，2011；徐海根和强胜，2011；甘什岭自然保护区，张荣京和邢福武，2011；林建勇等，2012；万方浩等，2012；曾宪锋等，2014；环境保护部和中国科学院，2016），**JS**（寿海洋等，2014；胡长松等，2016；环境保护部和中国科学院，2016），**JX**（江西南部，程淑媛等，2015），**MC**（李振宇和解焱，2002；王发国等，2004；林鸿辉等，2008；解焱，2008；张国良等，2008；车晋滇，2009；徐海根和强胜，2011；万方浩等，2012；环境保护部和中国科学院，2016），**TW**（李振宇和解焱，2002；苗栗地区，陈运造，2006；范志伟等，2008；解焱，2008；杨宜津，2008；张国良等，2008；车晋滇，2009；徐海根和强胜，2011；万方浩等，2012；环境保护部和中国科学院，2016），**YN**（南部，李振宇和解焱，2002；丁莉等，2006；红河流域，徐成东等，2006；徐成东和陆树刚，2006；瑞丽，赵见明，2007；南部，范志伟等，2008；南部，解焱，2008；南部，张国良等，2008；车晋滇，2009；红河州，何艳萍等，2010；南部，徐海根和强胜，2011；申时才等，2012；南部，万方浩等，2012；环境保护部和中国科学院，2016）。

澳门、福建、广东、广西、贵州、海南、江苏、江西、内蒙古、陕西、台湾、香港、云南；原产于热带非洲和热带亚洲；归化于热带地区。

毛果甘薯　　　　　　　　有待观察
mao guo gan shu

心叶番薯

Ipomoea cordatotriloba Dennstedt, Nomencl. Bot. 1: 246. 1810. **(Tropicos)**

ZJ（严靖等，2016）。

浙江；原产于美国东南部、墨西哥和南美洲。

橙红茑萝 有待观察
cheng hong niao luo

Ipomoea hederifolia Linnaeus, Syst. Nat. (ed. 10) 2: 925. 1759. **(FOC)**

Quamoclit coccinea auct. non (Linnaeus) Moench: 张建国和张明如，2009.

JS（季敏等，2014；寿海洋等，2014），SA（栾晓睿等，2016），ZJ（张建国和张明如，2009；闫小玲等，2014）。

安徽、北京、福建、河北、河南、吉林、江苏、辽宁、陕西、山东、山西、上海、四川、台湾、天津、香港、云南、浙江；原产于美洲。

变色牵牛 3
bian se qian niu

Ipomoea indica (Burman) Merrill, Interpr. Herb. Amboin. 445. 1917. **(FOC)**

Syn. *Pharbitis indica* (Burman) R. C. Fang, Fl. Reip. Pop. Sin. 64 (1): 105. 1979.

GD（东沙群岛及其他沿海岛屿，解焱，2008；徐海根和强胜，2011），GZ（贵阳市，陈菊艳等，2016），HN（徐海根和强胜，2011；曾宪锋等，2014），TW（解焱，2008；徐海根和强胜，2011），YN（怒江干热河谷区，胡发广等，2007）。

重庆、福建、广东、贵州、海南、台湾、香港、云南；原产于南美洲；归化于泛热带地区。

瘤梗甘薯 3
liu geng gan shu

Ipomoea lacunosa Linnaeus, Sp. Pl. 1: 161. 1753. **(Tropicos)**

AH（严靖等，2015），JS（严辉等，2014），SH（汪远等，2015），ZJ（李根有等，2006；杭州市，王嫩仙，2008；张建国和张明如，2009；温州，丁炳扬和胡仁勇，2011；温州地区，胡仁勇等，2011；杭

州，谢国雄等，2012；宁波，徐颖等，2014；闫小玲等，2014；杭州，金祖达等，2015；周天焕等，2016）。

安徽、河北、江苏、江西、山东、上海、天津、浙江；原产于北美洲。

七爪龙 有待观察
qi zhua long
掌叶牵牛

Ipomoea mauritiana Jacquin, Collectanea 4: 216. 1790. **(FOC)**

Ipomoea digitata auct. non: Linnaeus (1759)：严岳鸿等，2005；曾宪锋等，2009；朱慧，2012.

GD（粤东地区，曾宪锋等，2009；粤东地区，朱慧，2012），HK（严岳鸿等，2005），HN（曾宪锋等，2014），TW（苗栗地区，陈运造，2006）。

澳门、广东、广西、海南、河南、台湾、香港、云南；可能原产于热带美洲。

牵牛 ① 2
qian niu
黑丑 喇叭花 裂叶牵牛 牵牛花 三裂叶牵牛

Ipomoea nil (Linnaeus) Roth, Catal. Bot. 1: 36. 1797. **(FOC)**

Syn. *Ipomoea hederacea* Jacquin, Collectanea 1: 124, pl. 36. 1787; *Pharbitis hederacea* (Linnaeus) Choisy, Mém. Soc. Phys. Genève 6: 440. 1833; *Pharbitis nil* (Linnaeus) Choisy, Mém. Soc. Phys. Genève 6: 439-440. 1833.

AH（郭水良和李扬汉，1995；陈明林等，2003；徐海根和强胜，2004，2011；淮北地区，胡刚等，2005a，2005b；臧敏等，2006；黄山，汪小飞等，2007；范志伟等，2008；何家庆和葛结林，2008；解焱，2008；何冬梅等，2010），BJ（刘全儒等，2002；贾春虹等，2005；建成区，郎金顶等，2008；杨景成等，2009；彭程等，2010；建成

---

① 一些学者赞同裂叶牵牛 *I. hederacea* 与本种分开处理，但国内大部分文献报道都是混淆的；另大花牵牛 *I. limbata* 报道 **BJ**（王苏铭等，2012），有待考证。

区，赵娟娟等，2010；徐海根和强胜，2011；松山自然保护区，刘佳凯等，2012；王苏铭等，2012；松山自然保护区，王惠惠等，2014），**CQ**（徐海根和强胜，2011；北碚区，杨柳等，2015；北碚区，严桧等，2016），**FJ**（郭水良和李扬汉，1995；徐海根和强胜，2004，2011；厦门地区，陈恒彬，2005；范志伟等，2008；解焱，2008；武夷山市，李国平等，2014），**GD**（徐海根和强胜，2004，2011；深圳，严岳鸿等，2004；惠州，郑洲翔等，2006；范志伟等，2008；中山市，蒋谦才等，2008；广州，王忠等，2008；解焱，2008；鼎湖山国家级自然保护区，宋小玲等，2009；王芳等，2009；粤东地区，曾宪锋等，2009；岳茂峰等，2011；林建勇等，2012；稔平半岛，于飞等，2012；粤东地区，朱慧，2012；潮州市，陈丹生等，2013；广州，李许文等，2014；广州南沙黄山鲁森林公园，李海生，2015；乐昌，邹滨等，2015，2016），**GS**（尚斌，2012），**GX**（邓晰朝和卢旭，2004；徐海根和强胜，2004，2011；十万大山自然保护区，韦原莲等，2006；谢云珍等，2007；桂林，陈秋霞等，2008；范志伟等，2008；解焱，2008；十万大山自然保护区，叶铎等，2008；北部湾经济区，林建勇等，2011a，2011b；林建勇等，2012；胡刚和张忠华，2012；梧州市，马多等，2012；郭成林等，2013；百色，贾桂康，2013；来宾市，林春华等，2015；灵山县，刘在松，2015；金子岭风景区，贾桂康和钟林敏，2016；北部湾海岸带，刘熊，2017），**GZ**（徐海根和强胜，2004，2011；黔南地区，韦美玉等，2006；范志伟等，2008；解焱，2008；贵阳市，陈菊艳等，2016），**HB**（刘胜祥和秦伟，2004；徐海根和强胜，2004，2011；星斗山国家级自然保护区，卢少飞等，2005；范志伟等，2008；天门市，沈体忠等，2008；解焱，2008；黄石市，姚发兴，2011；喻大昭等，2011），**HJ**（徐海根和强胜，2004，2011；范志伟等，2008；解焱，2008；秦皇岛，李顺才等，2009；衡水市，牛玉璐和李建明，2010），**HK**（严岳鸿等，2005），**HL**（郑宝江和潘磊，2012），**HN**（徐海根和强胜，2004，2011；安锋等，2007；王伟等，2007；范志伟等，2008；解焱，2008；林建勇等，2012；曾宪锋等，2014；陈玉凯等，2016），**HX**（徐海根和强胜，2004，2011；范志伟等，2008；彭兆普等，2008；洞庭湖区，彭友林等，2008；解焱，2008；湘西地区，刘兴锋等，2009；常德市，彭友林等，

2009；湘西地区，徐亮等，2009），**HY**（徐海根和强胜，2004，2011；开封，张桂宾，2004；东部，张桂宾，2006；董东平和叶永忠，2007；朱长山等，2007；范志伟等，2008；解焱，2008；许昌市，姜罡丞，2009；李长看等，2011；新乡，许桂芳和简在友，2011；储嘉琳等，2016），**JL**（长春地区，李斌等，2007；长春地区，曲同宝等，2015），**JS**（郭水良和李扬汉，1995；南京，吴海荣和强胜，2003；南京，吴海荣等，2004；徐海根和强胜，2004，2011；范志伟等，2008；解焱，2008；苏州，林敏等，2012；季敏等，2014；寿海洋等，2014；严辉等，2014；胡长松等，2016），**JX**（徐海根和强胜，2004，2011；范志伟等，2008；解焱，2008；季春峰等，2009；王宁，2010；鞠建文等，2011；朱碧华和朱大庆，2013；朱碧华等，2014；江西南部，程淑媛等，2015），**LN**（曲波，2003；齐淑艳和徐文铎，2006；曲波等，2006a，2006b，2010；沈阳，付海滨等，2009；高燕和曹伟，2010；老铁山自然保护区，吴晓姝等，2010；大连，张淑梅等，2013），**MC**（王发国等，2004），**NM**（徐海根和强胜，2004，2011；范志伟等，2008；解焱，2008；庞立东等，2015），**SA**（徐海根和强胜，2004，2011；范志伟等，2008；解焱，2008；西安地区，祁云枝等，2010；杨凌地区，何纪琳等，2013；栾晓睿等，2016），**SC**（徐海根和强胜，2004，2011；范志伟等，2008；解焱，2008；周小刚等，2008；马丹炜等，2009；邛海湿地，杨红，2009），**SD**（肖素荣等，2003；田家怡和吕传笑，2004；徐海根和强胜，2004，2011；衣艳君等，2005；黄河三角洲，刘庆年等，2006；宋楠等，2006；惠洪者，2007；昆嵛山，赵宏和董翠玲，2007；范志伟等，2008；青岛，罗艳和刘爱华，2008；解焱，2008；南四湖湿地，王元军，2010；张绪良等，2010；昆嵛山，赵宏和丛海燕，2012；曲阜，赵灏，2015），**SH**（郭水良和李扬汉，1995；徐海根和强胜，2011；张晴柔等，2013；汪远等，2015），**SX**（徐海根和强胜，2004，2011；石瑛等，2006；范志伟等，2008；解焱，2008；阳泉市，张垚，2016），**TW**（徐海根和强胜，2004，2011；范志伟等，2008；解焱，2008），**YN**（徐海根和强胜，2004，2011；丁莉等，2006；怒江干热河谷区，胡发广等，2007；范志伟等，2008；解焱，2008；申时才等，2012；杨忠兴等，2014），**ZJ**（郭水良和李扬汉，1995；徐海根和强胜，2004，2011；

　　　　　　　　　　　　　　　　　双子叶植物

杭州，陈小永等，2006；丁莉等，2006；范志伟等，2008；杭州市，王嫩仙，2008；解焱，2008；台州，陈模舜，2008；杭州西湖风景区，梅笑漫等，2009；西溪湿地，舒美英等，2009；张建国和张明如，2009；杭州，张明如等，2009；天目山自然保护区，陈京等，2011；温州地区，胡仁勇等，2011；西溪湿地，缪丽华等，2011；杭州，谢国雄等，2012；宁波，徐颖等，2014）闫小玲等，2014；杭州，金祖达等，2015；周天焕等，2016）；各地均有分布（车晋滇，2009）；黄河三角洲地区（赵怀浩等，2011）；中国除西北和东北的一些省、自治区外，大部分地区均有分布（万方浩等，2012）；海河流域滨岸带（任颖等，2015）；东北地区（郑美林和曹伟，2013）。

安徽、澳门、北京、重庆、福建、广东、广西、贵州、海南、河北、河南、黑龙江、湖北、湖南、江苏、江西、内蒙古、宁夏、陕西、山东、山西、上海、四川、台湾、天津、西藏、香港、云南、浙江；原产于南美洲；归化于世界。

圆叶牵牛 1
yuan ye qian niu

毛牵牛　牵牛花　紫花牵牛

Ipomoea purpurea (Linnaeus) Roth, Bot. Abh. Beobacht. 27. 1787. **(FOC)**
Syn. *Pharbitis purpurea* (Linnaeus) Voigt, Hort. Suburb. Calcutt. 354. 1845.

AH（郭水良和李扬汉，1995；陈明林等，2003；徐海根和强胜，2004，2011；淮北地区，胡刚等，2005a，2005b；臧敏等，2006；黄山，汪小飞等，2007；何家庆和葛结林，2008；解焱，2008；张中信，2009；何冬梅等，2010；万方浩等，2012；环境保护部和中国科学院，2014；黄山市城区，梁宇轩等，2015），**BJ**（刘全儒等，2002；贾春虹等，2005；雷霆等，2006；建成区，郎金顶等，2008；解焱，2008；林秦文等，2009；杨景成等，2009；彭程等，2010；建成区，赵娟娟等，2010；松山自然保护区，刘佳凯等，2012；万方浩等，2012；王苏铭等，2012；松山自然保护区，王惠惠等，2014；环境保护部和中国科学院，2014），**CQ**（石胜璋等，2004；金佛山自然保护区，林茂祥等，2007；解焱，2008；徐海根和强胜，2011；万州区，余顺慧和邓洪平，2011a，2011b；万方浩等，2012；环

境保护部和中国科学院，2014；北碚区，杨柳等，2015；北碚区，严棨等，2016），**FJ**（郭水良和李扬汉，1995；厦门地区，陈恒彬，2005；厦门，欧健和卢昌义，2006a，2006b；解焱，2008；杨坚和陈恒彬，2009；万方浩等，2012；武夷山市，李国平等，2014；福州，彭海燕和高关平，2013；环境保护部和中国科学院，2014），**GD**（中山市，蒋谦才等，2008；广州，王忠等，2008；解焱，2008；王芳等，2009；岳茂峰等，2011；林建勇等，2012；万方浩等，2012；粤东地区，朱慧，2012；潮州市，陈丹生等，2013；环境保护部和中国科学院，2014；广州，李许文等，2014；深圳，蔡毅等，2015；乐昌，邹滨等，2015，2016），**GS**（尚斌，2012；环境保护部和中国科学院，2014），**GX**（邓晰朝和卢旭，2004；吴桂容，2006；谢云珍等，2007；桂林，陈秋霞等，2008；唐赛春等，2008b；解焱，2008；柳州市，石亮成等，2009；北部湾经济区，林建勇等，2011a，2011b；林建勇等，2012；胡刚和张忠华，2012；万方浩等，2012；防城金花茶自然保护区，吴儒华和李福阳，2012；郭成林等，2013；百色，贾桂康，2013；环境保护部和中国科学院，2014；灵山县，刘在松，2015；金子岭风景区，贾桂康和钟林敏，2016；于永浩等，2016；北部湾海岸带，刘熊，2017），**GZ**（屠玉麟，2002；徐海根和强胜，2004，2011；黔南地区，韦美玉等，2006；解焱，2008；申敬民等，2010；贵阳市，石登红和李灿，2011；万方浩等，2012；环境保护部和中国科学院，2014；贵阳市，陈菊艳等，2016），**HB**（刘胜祥和秦伟，2004；星斗山国家级自然保护区，卢少飞等，2005；天门市，沈体忠等，2008；解焱，2008；黄石市，姚发兴，2011；喻大昭等，2011；万方浩等，2012；环境保护部和中国科学院，2014），**HJ**（徐海根和强胜，2004，2011；衡水湖，李惠欣，2008；龙茹等，2008；解焱，2008；秦皇岛，李顺才等，2009；衡水市，牛玉璐和李建明，2010；陈超等，2012；万方浩等，2012；武安国家森林公园，张浩等，2012；环境保护部和中国科学院，2014），**HK**（解焱，2008；万方浩等，2012；环境保护部和中国科学院，2014），**HL**（李玉生等，2005；解焱，2008；高燕和曹伟，2010；鲁萍等，2012；万方浩等，2012；环境保护部和中国科学院，2014），**HN**（东寨港国家级自然保护区、大田国家级自然保护区，秦卫华等，2008；霸王岭自然保护区，胡雪华等，2011；林建勇等，

2012；郑宝江和潘磊，2012；环境保护部和中国科学院，2014；曾宪锋等，2014），**HX**（郴州，陈国发，2006；南岳自然保护区，谢红艳等，2007；彭兆普等，2008；洞庭湖区，彭友林等，2008；解焱，2008；湘西地区，徐亮等，2009；衡阳市，谢红艳等，2011；万方浩等，2012；谢红艳和张雪芹，2012；长沙，张磊和刘尔潞，2013；环境保护部和中国科学院，2014），**HY**（杜卫兵等，2002；开封，张桂宾，2004；田朝阳等，2005；东部，张桂宾，2006；董东平和叶永忠，2007；朱长山等，2007；解焱，2008；许昌市，姜罡丞，2009；王列富和陈元胜，2009；李长看等，2011；新乡，许桂芳和简在友，2011；万方浩等，2012；环境保护部和中国科学院，2014；储嘉琳等，2016），**JL**（长白山区，周繇，2003；长春地区，李斌等，2007；解焱，2008；长白山区，苏丽涛和马立军，2009；高燕和曹伟，2010；万方浩等，2012；环境保护部和中国科学院，2014；长春地区，曲同宝等，2015），**JS**（郭水良和李扬汉，1995；南京，吴海荣和强胜，2003；南京，吴海荣等，2004；徐海根和强胜，2004，2011；解焱，2008；苏州，林敏等，2012；万方浩等，2012；环境保护部和中国科学院，2014；季敏等，2014；寿海洋等，2014；严辉等，2014；南京城区，吴秀臣和芦建国，2015；胡长松等，2016），**JX**（郭水良和李扬汉，1995；庐山风景区，胡天印等，2007c；雷平等，2010；鞠建文等，2011；南昌市，朱碧华和杨凤梅，2012；朱碧华和朱大庆，2013；环境保护部和中国科学院，2014；朱碧华等，2014；江西南部，程淑媛等，2015），**LN**（曲波，2003；齐淑艳和徐文铎，2006；曲波等，2006a，2006b，2010；解焱，2008；沈阳，付海滨等，2009；高燕和曹伟，2010；老铁山自然保护区、医巫闾山自然保护区、九龙川自然保护区，吴晓姝等，2010；徐海根和强胜，2011；万方浩等，2012；大连，张淑梅等，2013；环境保护部和中国科学院，2014；大连，张恒庆等，2016），**NM**（苏亚拉图等，2007；高燕和曹伟，2010；张永宏和袁淑珍，2010；陈超等，2012；环境保护部和中国科学院，2014；庞立东等，2015），**NX**（环境保护部和中国科学院，2014），**QH**（解焱，2008；万方浩等，2012；环境保护部和中国科学院，2014），**SA**（徐海根和强胜，2004，2011；解焱，2008；西安地区，祁云枝等，2010；万方浩等，2012；杨凌地区，何纪琳等，2013；环境保护部和中国科学院，2014；栾晓

睿等，2016），**SC**（解焱，2008；周小刚等，2008；马丹炜等，2009；邛海湿地，杨红，2009；万方浩等，2012；陈开伟，2013；环境保护部和中国科学院，2014；孟兴等，2015），**SD**（潘怀剑和田家怡，2001；肖素荣等，2003；衣艳君等，2005；宋楠等，2006；吴彤等，2006；昆嵛山，赵宏和董翠玲，2007；解焱，2008；青岛，罗艳和刘爱华，2008；南四湖湿地，王元军，2010；张绪良等，2010；万方浩等，2012；昆嵛山，赵宏和丛海燕，2012；环境保护部和中国科学院，2014），**SH**（郭水良和李扬汉，1995；秦卫华等，2007；解焱，2008；万方浩等，2012；张晴柔等，2013；环境保护部和中国科学院，2014；汪远等，2015），**SX**（石瑛等，2006；解焱，2008；马世军和王建军，2011；万方浩等，2012；环境保护部和中国科学院，2014；阳泉市，张垚，2016），**TJ**（解焱，2008；万方浩等，2012；环境保护部和中国科学院，2014），**TW**（环境保护部和中国科学院，2014），**XJ**（解焱，2008；万方浩等，2012；环境保护部和中国科学院，2014），**XZ**（环境保护部和中国科学院，2014），**YN**（徐海根和强胜，2004，2011；丁莉等，2006；西双版纳，管志斌等，2006；红河流域，徐成东等，2006；徐成东和陆树刚，2006；怒江干热河谷区，胡发广等，2007；李乡旺等，2007；纳板河自然保护区，刘峰等，2008；曲靖市，施晓东等，2008；解焱，2008；红河州，何艳萍等，2010；申时才等，2012；万方浩等，2012；环境保护部和中国科学院，2014；杨忠兴等，2014；西双版纳自然保护区，陶永祥等，2017），**ZJ**（郭水良和李扬汉，1995；徐海根和强胜，2004，2011；李根有等，2006；金华市郊，李娜等，2007；台州，陈模舜，2008；杭州市，王嫩仙，2008；解焱，2008；西溪湿地，舒美英等，2009；张建国和张明如，2009；张明如等，2009；天目山自然保护区，陈京等，2011；温州，丁炳扬和胡仁勇，2011；温州地区，胡仁勇等，2011；西溪湿地，缪丽华等，2011；万方浩等，2012；杭州，谢国雄等，2012；环境保护部和中国科学院，2014；宁波，徐颖等，2014；闫小玲等，2014；杭州，金祖达等，2015；周天焕等，2016）；现已分布于我国大多数地区（李振宇和解焱，2002）；各地均有分布（车晋滇，2009）；华北农牧交错带（陈超等，2012）；东北地区（郑美林和曹伟，2013）；海河流域滨岸带（任颖等，2015）；东北草地（石洪山等，2016）。

　　　　　　　　　　　　　　双子叶植物

安徽、澳门、北京、重庆、福建、甘肃、广东、广西、贵州、海南、河北、河南、湖北、湖南、吉林、江苏、江西、辽宁、内蒙古、青海、陕西、山东、山西、上海、四川、台湾、天津、西藏、香港、新疆、云南、浙江；原产于美洲；归化于世界。

茑萝   3
niao luo

茑萝松

Ipomoea quamoclit Linnaeus, Sp. Pl. 1: 159-160. 1753. (FOC)

Syn. *Quamoclit pennata* (Desrousseaux) Bojer, Hortus Maurit. 224. 1837.

FJ（武夷山市，李国平等，2014），GX（来宾市，林春华等，2015），HB（喻大昭等，2011），HN（曾宪锋等，2014），JS（严辉等，2014；胡长松等，2016），JX（江西南部，程淑媛等，2015），LN（曲波等，2006a，2006b），SA（西安地区，祁云枝等，2010；杨凌地区，何纪琳等，2013；栾晓睿等，2016），TW（苗栗地区，陈运造，2006），ZJ（杭州，陈小永等，2006；金华市郊，李娜等，2007；杭州市，王嫩仙，2008；张建国和张明如，2009；杭州，谢国雄等，2012；宁波，徐颖等，2014；闫小玲等，2014；杭州，金祖达等，2015；周天焕等，2016）。

安徽、澳门、重庆、福建、广东、广西、贵州、黑龙江、海南、湖北、湖南、江苏、江西、辽宁、青海、山东、陕西、山西、上海、四川、台湾、天津、香港、云南、浙江；原产于热带美洲；归化于世界。

三裂叶薯   1
san lie ye shu

红花野牵牛 三裂叶牵牛 小花假番薯

Ipomoea triloba Linnaeus, Sp. Pl. 1: 161. 1753. (FOC)

AH（黄山，汪小飞等，2007），FJ（厦门地区，陈恒彬，2005；徐海根和强胜，2011），GD（鼎湖山，贺握权和黄忠良，2004；深圳，严岳鸿等，2004；徐海根和强胜，2011；岳茂峰等，2011；稔平半岛，于飞等，2012；乐昌，邹滨等，2015，2016），GX（桂林，陈秋霞等，2008），HK（徐海

根和强胜，2011；郭成林等，2013；来宾市，林春华等，2015），HX（湘西地区，刘兴锋等，2009），HY（储嘉琳等，2016），JS（徐海根和强胜，2011；苏州，林敏等，2012；寿海洋等，2014；严辉等，2014；南京城区，吴秀臣和芦建国，2015；胡长松等，2016），LN（老铁山自然保护区，吴晓姝等，2010；大连，张淑梅等，2013），SA（栾晓睿等，2016），SH（汪远等，2015），TW（苗栗地区，陈运造，2006；高雄，徐海根和强胜，2011），YN（瑞丽，赵见明，2007），ZJ（李根有等，2006；杭州市，王嫩仙，2008；西溪湿地，舒美英等，2009；张建国和张明如，2009；温州地区，胡仁勇等，2011；西溪湿地，缪丽华等，2011；杭州，谢国雄等，2012；宁波，徐颖等，2014；闫小玲等，2014；杭州，金祖达等，2015；周天焕等，2016）。

安徽、澳门、福建、广东、广西、海南、河北、河南、湖南、江苏、江西、辽宁、陕西、上海、台湾、香港、云南、浙江；原产于西印度群岛。

苞叶小牵牛   有待观察
bao ye xiao qian niu

头花小牵牛

Jacquemontia tamnifolia (Linnaeus) Grisebach, Fl. Brit. W. I. 474. 1862. (TPL)

GD（徐海根和强胜，2011），JS（胡长松等，2016），SH（郭水良和李扬汉，1995），TW（徐海根和强胜，2011）。

广东、广西、海南、江苏、江西、山东、上海、台湾；原产于美洲热带及亚热带地区。

块茎鱼黄草   有待观察
kuai jing yu huang cao

木玫瑰

Merremia tuberosa (Linnaeus) Rendle, Fl. Trop. Afr. 4 (2): 104. 1905. (TPL)

GD（深圳，李沛琼，2012）。

福建、广东、广西、海南、台湾、香港、云南；原产于热带美洲；归化于热带地区。

琉璃苣

有待观察

liu li ju

Borago officinalis Linnaeus, Sp. Pl. 1: 137. 1753. **(FOC)**

LN（老铁山自然保护区，吴晓姝等，2010；大连，张恒庆等，2016）。

江苏、江西、辽宁；原产于地中海地区。

椭圆叶天芥菜

有待观察

tuo yuan ye tian jie cai

天芥菜

Heliotropium ellipticum Ledebour, Pl. Nov. 10. 1831. **(TPL)**

BJ（徐海根和强胜，2011），GS（徐海根和强胜，2011），HY（徐海根和强胜，2011），JS（严辉等，2014），SH（郭水良和李扬汉，1995），XJ（徐海根和强胜，2011），XZ（徐海根和强胜，2011）。

北京、甘肃、河南、江苏、上海、西藏；原产于中亚和西亚。

天芥菜

有待观察

tian jie cai

毛果天芥菜 椭圆叶天芥菜

Heliotropium europaeum Linnaeus, Sp. Pl. 1: 130. 1753. **(FOC)**

BJ（徐海根和强胜，2004；解焱，2008），CQ（北碚区，严桧等，2016），HY（徐海根和强胜，2004；解焱，2008），SX（石瑛等，2006），XZ（徐海根和强胜，2004；解焱，2008）。

北京、重庆、甘肃、河北、河南、上海、山西、西藏、新疆；西亚、北非、南欧；原产于欧洲、西亚和北非。

聚合草

有待观察

ju he cao

Symphytum officinale Linnaeus, Sp. Pl. 1: 135. 1753. **(FOC)**

Syn. *Symphytum peregrinum* Ledebour, Ind. Sem. Hort. Dorpat. 4. 1820.

BJ（万方浩等，2012），FJ（万方浩等，2012），GS（河西地区，陈叶等，2013），HB（万方浩等，2012），HL（郑宝江和潘磊，2012），HX（万方浩等，2012），HY（储嘉琳等，2016），JL（长白山区，周繇，2003；长白山区，苏丽涛和马立军，2009；万方浩等，2012；长春地区，曲同宝等，2015），JS（万方浩等，2012），LN（曲波等，2006a，2006b；高燕和曹伟，2010），SC（万方浩等，2012），NM（庞立东等，2015），SD（潘怀剑和田家怡，2001；衣艳君等，2005；黄河三角洲，刘庆年等，2006；宋楠等，2006；惠洪者，2007；张绪良等，2010；万方浩等，2012；黄河三角洲地区（赵怀浩等，2011）；东北地区（郑美林和曹伟，2013）。

北京、重庆、福建、甘肃、广西、河北、河南、黑龙江、湖北、湖南、吉林、江苏、辽宁、内蒙古、青海、山东、山西、上海、四川、台湾、新疆、浙江；原产于中亚、西亚和欧洲。

马缨丹

1

ma ying dan

臭草 臭花箴 臭金凤 臭冷风 臭牡丹 穿墙风大红绣球 红花刺 黄色马缨丹 龙船花 毛神花 婆姐花 七变花 如意草 如意花 三星梅 杀虫花 山大丹 珊瑚球 天兰草 土红花 五彩花 五雷箭 五色花 五色梅 野眼菜

Lantana camara Linnaeus, Sp. Pl. 2: 627. 1753. **(FOC)**

Syn. *Lantana camara* Linnaeus var. *Flava* (Medikus) Moldenke, Known Geogr. Dist. Verbenaceae and Avicenniaceae 77. 1942.

AH（臧敏等，2006；黄山，汪小飞等，2007；何家庆和葛结林，2008；何冬梅等，2010；万方浩等，2012；黄山市城区，梁宇轩等，2015），CQ（石胜璋等，2004；徐海根和强胜，2011；万州区，余顺慧和邓洪平，2011a，2011b），FJ（李振宇和解焱，2002；徐海根和强胜，2004，2011；厦门地区，陈恒彬，2005；刘巧云和王玲萍，2006；厦门，欧健和卢昌义，2006a，2006b；范志伟等，2008；罗明永，2008；解焱，2008；张国良等，2008；车晋滇，2009；杨坚和陈恒彬，2009；环境保护部和中国科学院，2010；万方浩等，2012；长乐，林为涂，2013；福州，彭海燕和高关平，2013），**GD**（李振宇和解焱，2002；白云山，黄彩萍和曾丽梅，2003；鼎湖山，贺握权和黄忠良，2004；徐海根和强胜，2004，2011；深圳，严岳鸿等，2004；珠海市，黄辉宁等，2005a，2005b；惠州，郑洲翔等，2006；惠州红树林自然保护区，曹飞等，2007；揭阳市，邱东萍等，2007；范志伟等，2008；中山市，蒋谦才等，2008；白云山，李海生等，2008；广州，王忠等，2008；解焱，2008；张国良等，2008；车晋滇，2009；鼎湖山国家级自然保护区，宋小玲等，2009；王芳等，2009；粤东地区，曾宪锋等，2009；环境保护部和中国科学院，2010；Fu 等，2011；佛山，黄益燕等，2011；北师大珠海分校，吴杰等，2011，2012；岳茂峰等，2011；付岚等，2012；林建勇等，2012；万方浩等，2012；稔平半岛，于飞等，2012；粤东地区，朱慧，2012；潮州市，陈丹生等，2013；深圳，张春颖等，2013；广州，李许文等，2014；深圳，蔡毅等，2015；广州南沙黄山鲁森林公园，李海生等，2015；乐昌，邹滨等，2015，2016），**GX**（李振宇和解焱，2002；邓晰朝和卢旭，2004；徐海根和强胜，2004，2011；十万大山自然保护区，韦原莲等，2006；吴桂容，2006；谢云珍等，2007；桂林，陈秋霞等，2008；范志伟等，2008；唐赛春等，2008b；解焱，2008；十万大山自然保护区，叶铎等，2008；张国良等，2008；车晋滇，2009；柳州市，石亮成等，2009；环境保护部和中国科学院，2010；和太平等，2011；北部湾经济区，林建勇等，2011a，2011b；林建勇等，2012；胡刚和张忠华，2012；梧州市，马多等，2012；万方浩等，2012；郭成林等，2013；百色，贾桂康，2013；来宾市，林春华等，2015；灵山县，刘在松，2015；金子岭风景区，贾桂康和钟林敏，2016；于永浩等，2016；北部湾海岸带，刘熊，2017），**GZ**（屠玉麟，2002；申敬民等，2010；万方浩等，2012），HB 刘胜祥和秦伟，2004；黄石市，姚发兴，2011；喻大昭等，2011），**HJ**（秦皇岛，李顺才等，2009）**HK**（李振宇和解焱，2002；徐海根和强胜，2004，2011；严岳鸿等，2005；范志伟等，2008；解焱，2008；车晋滇，2009；Leung 等，2009；环境保护部和中国科学院，2010；万方浩等，2012），**HN**（李振宇和解焱，2002；徐海根和强胜，2004，2011；单家林等，2006；安锋等，2007；邱庆军等，2007；王伟等，2007；范志伟等，2008；

铜鼓岭国家级自然保护区、大田国家级自然保护区，秦卫华等，2008；石灰岩地区，秦新生等，2008；解焱，2008；张国良等，2008；车晋滇，2009；环境保护部和中国科学院，2010；霸王岭自然保护区，胡雪华等，2011；甘什岭自然保护区，张荣京和邢福武，2011；周祖光，2011；林建勇等，2012；万方浩等，2012；曾宪锋等，2014；罗文启等，2015；陈玉凯等，2016），**HX**（解焱，2008；湘西地区，徐亮等，2009；衡阳市，谢红艳等，2011；万方浩等，2012），**HY**（董东平和叶永忠，2007；许昌市，姜罡丞，2009；王列富和陈元胜，2009；新乡，许桂芳和简在友，2011；谢红艳和张雪芹，2012），**JS**（万方浩等，2012；严辉等，2014），**JX**（庐山风景区，胡天印，2007c；雷平等，2010；鞠建文等，2011；南昌市，朱碧华和杨凤梅，2012；朱碧华和朱大庆，2013；朱碧华等，2014；江西南部，程淑媛等，2015），**MC**（李振宇和解焱，2002；王发国等，2004；徐海根和强胜，2004，2011；车晋滇，2009），**SC**（凉山州，袁颖和王志民，2006；张国良等，2008；周小刚等，2008；邛海湿地，杨红，2009；车晋滇，2009；马丹炜等，2009；南部，环境保护部和中国科学院，2010；陈开伟，2013），**SD**（潘怀剑和田家怡，2001；衣艳君等，2005；吴彤等，2006，2007；青岛，罗艳和刘爱华，2008），**SX**（石瑛等，2006），**TW**（李振宇和解焱，2002；苗栗地区，陈运造，2006；徐海根和强胜，2004，2011；范志伟等，2008；解焱，2008；杨宜津，2008；张国良等，2008；车晋滇，2009；环境保护部和中国科学院，2010；万方浩等，2012），**YN**（李振宇和解焱，2002；刘鹏程，2004；徐海根和强胜，2004，2011；丁莉，2006；西双版纳，管志斌等，2006；陶川，2006；红河流域，徐成东等，2006；徐成东和陆树刚，2006；怒江干热河谷区，胡发广等，2007；李乡旺等，2007；瑞丽，赵见明，2007；范志伟等，2008；解焱，2008；张国良等，2008；车晋滇，2009；陈建业等，2010；红河州，何艳萍等，2010；环境保护部和中国科学院，2010；德宏州，马柱芳和谷芸，2011；申时才等，2012；普洱，陶川，2012；万方浩等，2012；文山州，杨焓妤，2012；昭通，季青梅，2014；杨忠兴等，2014；西双版纳自然保护区，陶永祥等，2017），**ZJ**（金华，郭水良等，2002；台州，陈模舜，2008；杭州市，王嫩仙，2008；张国良等，2008；温州地区，张明如等，2009；闫小玲等，2014）。

安徽、澳门、北京、重庆、福建、甘肃、广东、广西、贵州、海南、河北、河南、湖北、湖南、江苏、江西、陕西、山东、山西、上海、四川、台湾、天津、香港、云南、浙江；原产于热带美洲；归化于热带和亚热带地区。

蔓马缨丹　　　　　　　　　　　　有待观察
man ma ying dan

紫花马缨丹

Lantana montevidensis (Sprengel) Briquet, Annuaire Conserv. Jard. Bot. Genève 7-8: 301-302. 1904. **(Tropicos)**

FJ（厦门，欧健和卢昌义，2006a，2006b；解焱，2008），**GD**（白云山，黄彩萍和曾丽梅，2003；中山市，蒋谦才等，2008；徐海根和强胜，2011），**GX**（徐海根和强胜，2011），**HN**（安锋等，2007；徐海根和强胜，2011；周祖光，2011；彭宗波等，2013；陈玉凯等，2016），**TW**（徐海根和强胜，2011），**YN**（徐海根和强胜，2011）。

澳门、福建、广东、广西、海南、江西、上海、台湾、云南；原产于南美洲。

假马鞭　　　　　　　　　　　　　　3
jia ma bian

长穗木　假败酱　假马鞭草　铁马鞭

Stachytarpheta jamaicensis (Linnaeus) Vahl, Enum. Pl. 1: 206-207. 1804. **(FOC)**

CQ（石胜璋等，2004），**FJ**（南部，李振宇和解焱，2002；厦门，欧健和卢昌义，2006a，2006b；南部，范志伟等，2008；解焱，2008；车晋滇，2009；杨坚和陈恒彬，2009；徐海根和强胜，2011；南部，万方浩等，2012），**GD**（李振宇和解焱，2002；珠海市，黄辉宁等，2005b；范志伟等，2008；中山市，蒋谦才等，2008；广州，王忠等，2008；解焱，2008；车晋滇，2009；王芳等，2009；粤东地区，曾宪锋等，2009；徐海根和强胜，2011；岳茂峰等，2011；林建勇等，2012；万方浩等，2012；稳平半岛，于飞等，2012；粤东地区，朱慧，2012；广州南沙黄山鲁森林公园，李海生等，2015），**GX**（李振宇和解焱，2002；吴桂容，

2006；谢云珍等，2007；范志伟等，2008；唐赛春等，2008b；解焱，2008；车晋滇，2009；徐海根和强胜，2011；林建勇等，2012；万方浩等，2012；郭成林等，2013），**HK**（李振宇和解焱，2002；范志伟等，2008；解焱，2008；车晋滇，2009；徐海根和强胜，2011；万方浩等，2012），**HN**（李振宇和解焱，2002；单家林等，2006；安锋等，2007；范志伟等，2008；铜鼓岭国家级自然保护区、东寨港国家级自然保护区、大田国家级自然保护区，秦卫华等，2008；石灰岩地区，秦新生等，2008；解焱，2008；车晋滇，2009；霸王岭自然保护区，胡雪华等，2011；徐海根和强胜，2011；甘什岭自然保护区，张荣京和邢福武，2011；周祖光，2011；林建勇等，2012；万方浩等，2012；曾宪锋等，2014；陈玉凯等，2016），**MC**（李振宇和解焱，2002；王发国等，2004；车晋滇，2009；徐海根和强胜，2011），**TW**（李振宇和解焱，2002；苗栗地区，陈运造，2006；范志伟等，2008；解焱，2008；车晋滇，2009；徐海根和强胜，2011；万方浩等，2012），**YN**（南部，李振宇和解焱，2002；丁莉等，2006；西双版纳，管志斌等，2006；红河流域，徐成东等，2006；徐成东和陆树刚，2006；李乡旺等，2007；瑞丽，赵见明，2007；南部，范志伟等，2008；解焱，2008；车晋滇，2009；徐海根和强胜，2011；申时才等，2012；南部，万方浩等，2012）。

澳门、重庆、福建、广东、广西、海南、河北、台湾、香港、云南；原产于美洲；归化于热带地区。

荨麻叶假马鞭①　　　　　　　　　　有待观察
qian ma ye jia ma bian

Stachytarpheta urticifolia Sims, Bot. Mag. 43. 1848. **(Tropicos)**

HN（单家林，2009），**TW**（苗栗地区，陈运造，2006）。

海南、台湾；原产于热带亚洲。

---

① 根据最新的分类学文献处理，《中国入侵植物名录》（2013）中南假马鞭 *S. cayennensis* 下收录的异名 *S. urticifolia* 是接受名，中文名为荨麻叶假马鞭，故本书将其作为接受名单独列出。而南假马鞭 *S. cayennensis* 暂无入侵文献报道，故本书不再收录。

柳叶马鞭草

liu ye ma bian cao

有待观察

Verbena bonariensis Linnaeus, Sp. Pl. 1: 20. 1753. **(Tropicos)**

AH（严靖等，2016），JX（严靖等，2016），SH（李惠茹等，2016a）。

安徽、北京、重庆、福建、广东、江西、上海、四川、台湾、香港、云南；原产于南美洲。

长苞马鞭草

chang bao ma bian cao

有待观察

Verbena bracteata Cavanilles ex Lagasca & Rodrríguez, Anales Ci. Nat. 4 (12): 260-261. 1801. **(TPL)**

LN（大连，王青等，2005；大连，张淑梅等，2013）

广东、河北、辽宁；原产于北美洲。

狭叶马鞭草

xia ye ma bian cao

有待观察

Verbena brasiliensis Vellozo, Fl. Flumin. 17. 1825[1829]. **(Tropicos)**

SH（汪远等，2015），TW（Wu 等，2004，2010；周富三等，2012）

福建、广东、江西、上海、台湾、浙江；原产于南美洲。

唇形科 Lamiaceae（Labiatae）

短柄吊球草

duan bing diao qiu cao

3

Hyptis brevipes Poiteau, Ann. Mus. Hist. Nat. 7: 465. 1806. **(FOC)**

GD（深圳，严岳鸿等，2004；徐海根和强胜，2011；万方浩等，2012），GX（万方浩等，2012），HK（万方浩等，2012），HN（单家林等，2006；安锋等，2007；范志伟等，2008；解焱，2008；徐海根和强胜，2011；甘什岭自然保护区，张荣京和邢福武，2011；林建勇等，2012；万方浩等，2012；曾宪锋等，2014），MC（万方浩等，2012），TW（范志伟等，2008；解焱，2008；徐海根和强胜，2011；万方浩等，2012）。

澳门、广东、广西、海南、台湾、香港；原产于热带美洲；归化于热带地区。

吊球草

diao qiu cao

3

假走马风 四方骨 头花香苦草

Hyptis rhomboidea M. Martens & Galeotti, Bull. Acad. Roy. Sci. Bruxelles 11 (2): 188. 1844. **(FOC)**

GD（李振宇和解焱，2002；深圳，严岳鸿等，2004；范志伟等，2008；解焱，2008；徐海根和强胜，2011；林建勇等，2012），GX（李振宇和解焱，2002；吴桂容，2006；谢云珍等，2007；范志伟等，2008；唐赛春等，2008b；解焱，2008；北部湾经济区，林建勇等，2011a，2011b；徐海根和强胜，2011；林建勇等，2012；郭成林等，2013；北部湾海岸带，刘熊，2017），HK（李振宇和解焱，2002；范志伟等，2008；解焱，2008；徐海根和强胜，2011），HN（李振宇和解焱，2002；单家林等，2006；安锋等，2007；范志伟等，2008；大田国家级自然保护区，秦卫华等，2008；石灰岩地区，秦新生等，2008；解焱，2008；徐海根和强胜，2011；甘什岭自然保护区，张荣京和邢福武，2011；林建勇等，2012；曾宪锋等，2014），MC（李振宇和解焱，2002；范志伟等，2008；解焱，2008；徐海根和强胜，2011），TW（李振宇和解焱，2002；苗栗地区，陈运造，2006；范志伟等，2008；解焱，2008；徐海根和强胜，2011）。

安徽、澳门、广东、广西、海南、台湾、香港；原产于热带美洲；归化于泛热带地区。

山香

shan xiang

3

臭草 假藿香 毛老虎 毛射香 山薄荷 香苦草

Hyptis suaveolens (Linnaeus) Poiteau, Ann. Mus. Hist. Nat. 7: 472, pl. 29, f. 2. 1806. **(FOC)**

FJ（李振宇和解焱，2002；厦门地区，陈恒彬，

2005；厦门，欧健和卢昌义，2006a，2006b；范志伟等，2008；解焱，2008；杨坚和陈恒彬，2009；万方浩等，2012；福州，彭海燕和高关平，2013），**GD**（李振宇和解焱，2002；深圳，严岳鸿等，2004；珠海市，黄辉宁等，2005b；惠州，郑洲翔等，2006；范志伟等，2008；中山市，蒋谦才等，2008；广州，王忠等，2008；解焱，2008；王芳等，2009；粤东地区，曾宪锋等，2009；北师大珠海分校，吴杰等，2011，2012；徐海根和强胜，2011；林建勇等，2012；万方浩等，2012；粤东地区，朱慧，2012），**GX**（李振宇和解焱，2002；吴桂容，2006；谢云珍等，2007；范志伟等，2008；唐赛春等，2008b；解焱，2008；北部湾经济区，林建勇等，2011a，2011b；徐海根和强胜，2011；林建勇等，2012；万方浩等，2012；郭成林等，2013；百色，贾桂康，2013；来宾市，林春华等，2015；北部湾海岸带，刘熊，2017），**HK**（李振宇和解焱，2002；范志伟等，2008；解焱，2008；徐海根和强胜，2011；万方浩等，2012），**HN**（李振宇和解焱，2002；单家林等，2006；安锋等，2007；范志伟等，2008；东寨港国家级自然保护区、大田国家级自然保护区，秦卫华等，2008；石灰岩地区，秦新生等，2008；解焱，2008；徐海根和强胜，2011；甘什岭自然保护区，张荣京和邢福武，2011；周祖光，2011；林建勇等，2012；万方浩等，2012；曾宪锋等，2014；陈玉凯等，2016），**JS**（胡长松等，2016），**JX**（江西南部，程淑媛等，2015），**MC**（李振宇和解焱，2002；解焱，2008；徐海根和强胜，2011），**TW**（李振宇和解焱，2002；苗栗地区，陈运造，2006；范志伟等，2008；解焱，2008；徐海根和强胜，2011；万方浩等，2012），**YN**（申时才等，2012）。

澳门、福建、广东、广西、贵州、海南、河南、江苏、江西、台湾、香港；原产于热带美洲；归化于泛热带地区。

罗勒
luo le   有待观察

Ocimum basilicum Linnaeus, Sp. Pl. 2: 597. 1753. **(FOC)**

JS（寿海洋等，2014；严辉等，2014），**SA**（栾晓睿等，2016），**TW**（苗栗地区，陈运造，2006）。

安徽、澳门、北京、重庆、福建、甘肃、广东、广西、贵州、海南、河北、河南、湖北、湖南、吉林、江苏、江西、辽宁、内蒙古、陕西、山东、山西、上海、四川、台湾、天津、香港、新疆、云南、浙江；原产于热带亚洲。

无毛丁香罗勒
wu mao ding xiang luo le   有待观察

臭草 丁香罗勒 毛叶丁香罗勒

Ocimum gratissimum Linnaeus var. *suave* (Willdenow) Hooker f., Fl. Brit. India 4 (12): 609. 1885. **(FOC)**

FJ（范志伟等，2008；车晋滇，2009），**GD**（范志伟等，2008；车晋滇，2009；粤东地区，曾宪锋等，2009；粤东地区，朱慧，2012），**GX**（范志伟等，2008；车晋滇，2009），**HN**（单家林等，2006；范志伟等，2008；车晋滇，2009；曾宪锋等，2014），**JS**（范志伟等，2008；车晋滇，2009；寿海洋等，2014），**TW**（范志伟等，2008；车晋滇，2009），**YN**（范志伟等，2008；车晋滇，2009），**ZJ**（范志伟等，2008；车晋滇，2009；闫小玲等，2014）。

福建、广东、广西、海南、江苏、四川、台湾、云南、浙江；原产于非洲；归化于斯里兰卡。

朱唇
zhu chun   有待观察

红花鼠尾草

Salvia coccinea Buc'hoz ex Etlinger, De Salvia 23. 1777. **(FOC)**

SA（栾晓睿等，2016），**TW**（苗栗地区，陈运造，2006）。

安徽、广东、广西、贵州、河北、陕西、山东、上海、四川、台湾、天津、香港、云南、浙江；原产于墨西哥。

椴叶鼠尾草   3
duan ye shu wei cao

Salvia tiliifolia Vahl, Symb. Bot. 3: 7. 1794. **(Tropicos)**

SC（Hu等，2013）；**YN**（刘刚，2013；Hu等，2013）。

四川、云南；原产于中美洲。

田野水苏

tian ye shui su

有待观察

Stachys arvensis Linnaeus, Sp. Pl. ed. 2, 2: 814. 1762. **(FOC)**

FJ（徐海根和强胜，2011），GD（徐海根和强胜，2011），GX（徐海根和强胜，2011），GZ（徐海根和强胜，2011），TW（徐海根和强胜，2011），ZJ（徐海根和强胜，2011；闫小玲等，2014）。

福建、广东、广西、贵州、上海、台湾、浙江；原产于欧洲、西亚和北非。

茄科 Solanaceae

颠茄

dian qie

有待观察

Atropa belladonna Linnaeus, Sp. Pl. 1: 181. 1753. **(FOC)**

GX（邹蓉等，2009；防城金花茶自然保护区，吴儒华和李福阳，2012），HB（黄石市，姚发兴，2011），JS（寿海洋等，2014），JX（雷平等，2010；鞠建文等，2011）。

重庆、福建、广东、广西、黑龙江、河南、湖北、江苏、江西、四川、天津、新疆、云南、浙江；原产于欧洲、西亚和北非。

大花曼陀罗

da hua man tuo luo

有待观察

Brugmansia suaveolens (Humboldt & Bonpland ex Willdenow) Berchtold & C. Presl, Prir. Rostlin 45. 1820. **(Tropicos)**

TW（苗栗地区，陈运造，2006；杨宜津，2008）。

福建、广东、上海、台湾、云南；原产于巴西。

毛曼陀罗　　　　　　　　　　　　2

mao man tuo luo

曼陀罗 毛花曼陀罗 软刺曼陀罗

Datura innoxia Miller, Gard. Dict. (ed. 8) no. 5. 1768. **(FOC)**

BJ（建成区，赵娟娟等，2010；徐海根和强胜，2011），FJ（武夷山市，李国平等，2014），GS（徐海根和强胜，2011），GX（邹蓉等，2009），HB（徐海根和强胜，2011），HJ（龙茹等，2008；徐海根和强胜，2011），HY（田朝阳等，2005；董东平和叶永忠，2007；朱长山等，2007；许昌市，姜罡丞，2009；李长看等，2011；徐海根和强胜，2011；储嘉琳等，2016），JS（徐海根和强胜，2011；寿海洋等，2014；严辉等，2014），JS（胡长松等，2016），LN（齐淑艳和徐文铎，2006；高燕和曹伟，2010；曲波等，2010；徐海根和强胜，2011），SA（栾晓睿等，2016），SD（田家怡和吕传笑，2004；衣艳君等，2005；黄河三角洲，刘庆年等，2006；宋楠等，2006；惠洪者，2007；张绪良等，2010；徐海根和强胜，2011），SH（徐海根和强胜，2011；张晴柔等，2013；汪远等，2015），XJ（徐海根和强胜，2011），YN（怒江干热河谷区，胡发广等，2007）；东北地区（郑美林和曹伟，2013）。

安徽、北京、福建、甘肃、广西、河北、河南、黑龙江、湖北、湖南、江苏、江西、辽宁、陕西、山东、山西、上海、四川、天津、新疆、云南、浙江；原产于美洲。

洋金花　　　　　　　　　　　　　4

yang jin hua

白花曼陀罗 曼陀罗 洋伞花

Datura metel Linnaeus, Sp. Pl. 1: 179. 1753. **(FOC)**

AH（徐海根和强胜，2004，2011；黄山，汪小飞等，2007；何家庆和葛结林，2008；车晋滇，2009；万方浩等，2012），BJ（万方浩等，2012），CQ（徐海根和强胜，2011；万州区，余顺慧和邓洪平，2011a，2011b），FJ（徐海根和强胜，2004，2011；解焱，2008；车晋滇，2009；万方浩等，2012），GD（深圳，严岳鸿等，2004；珠海市，黄辉宁等，2005b；解焱，2008；中山市，蒋谦才等，2008；白云山，李海生等，2008；粤东地区，曾宪锋等，2009；林建勇等，2012；万方浩等，2012；稔平半岛，于飞等，2012；粤东地区，朱慧，2012），GS（徐海根和强胜，2004，2011；车晋滇，2009；万方浩等，2012；赵慧军，2012），GX（谢云珍等，2007；唐赛春等，2008b；解焱，2008；十万大山自然保护区，叶铎等，2008；车晋滇，2009；邹蓉等，2009；北部湾经济区，林建勇等，2011a，2011b；林建勇等，2012；丹阳和唐赛春，2012；胡刚和张忠华，2012；万方浩等，2012；郭成林等，2013；百色，贾桂康，2013；灵山县，刘在松，2015），GZ（解焱，2008；贵阳市，石登红和李灿，2011；万方浩等，2012），HB（解焱，2008；喻大昭等，2011；章承林等，2012），HJ（徐海根和强胜，2004，2011；龙茹等，2008；车晋滇，2009；秦皇岛，李顺才等，2009；万方浩等，2012），HL（徐海根和强胜，2004，2011；车晋滇，2009；鲁萍等，2012；万方浩等，2012），HN（单家林等，2006；范志伟等，2008；林建勇等，2012；曾宪锋等，2014），HX（彭兆普等，2008；湘西地区，徐亮等，2009），HY（徐海根和强胜，2004，2011；董东平和叶永忠，2007；车晋滇，2009；新乡，许桂芳和简在友，2011；万方浩等，2012；储嘉琳等，2016），JL（长白山区，周繇，2003；徐海根和强胜，2004，2011；孙仓等，2007；车晋滇，2009；长白山区，苏丽涛和马立军，2009；高燕和曹伟，2010；万方浩等，2012；长春地区，曲同宝等，2015），JS（郭水良和李扬汉，1995；徐海根和强胜，2004，2011；解焱，2008；车晋滇，2009；万方浩等，2012；寿海洋等，2014；严辉等，2014），JX（江西南部，程淑媛等，2015），LN（徐海根和强胜，2004，2011；齐淑艳和徐文铎，2006；车晋滇，2009；曲波等，2010；万方浩等，2012；大连，张恒庆等，2016），QH（徐海根和强胜，2004，2011；车晋滇，2009；万方浩等，2012），SA（徐海根和强胜，2004，2011；车晋滇，2009；万方浩等，2012；栾晓睿等，2016），SC（徐海根和强胜，2004，2011；解焱，2008；周小刚等，2008；车晋滇，2009；万方浩等，2012），SD（田家怡和吕传笑，2004；衣艳君等，2005；黄河三角洲，刘庆年等，2006；宋楠等，2006；惠洪者，2007；张绪良等，2010），SH（郭水良和李扬汉，1995；张晴柔等，2013），SX（徐海根和强胜，2004，2011；车晋滇，2009；万方浩等，2012），TW（苗栗地区，陈运造，2006；解焱，2008；万方浩等，2012），XJ（徐海根和强胜，2004，2011；车晋滇，2009；万方浩等，2012），XZ（徐海根和强胜，2004，2011；车晋滇，2009；万方浩等，2012），YN（徐海根和强胜，2004，2011；丁莉等，2006；西双版纳，管志斌等，2006；红河流域，徐成东等，2006；徐成

东和陆树刚，2006；解焱，2008；车晋滇，2009；申时才等，2012；万方浩等，2012），ZJ（解焱，2008；天目山自然保护区，陈京等，2011；万方浩等，2012；闫小玲等，2014）；全国各地（范志伟等，2008）；黄河三角洲地区（赵怀浩等，2011）；东北地区（郑美林和曹伟，2013）。

安徽、澳门、北京、重庆、福建、甘肃、广东、广西、贵州、海南、河北、河南、黑龙江、湖北、湖南、吉林、江苏、江西、辽宁、青海、陕西、山东、山西、上海、四川、台湾、天津、西藏、香港、新疆、云南、浙江；起源不详。

曼陀罗 2
man tuo luo

洋金花 醉仙桃 醉心花

Datura stramonium Linnaeus, Sp. Pl. 1: 179. 1753. (FOC)

AH（郭水良和李扬汉，1995；淮北地区，胡刚等，2005a，2005b；黄山，汪小飞等，2007），BJ（贾春虹等，2005；雷霆等，2006；建成区，郎金顶等，2008；杨景成等，2009；王苏铭等，2012），CQ（石胜璋等，2004；金佛山自然保护区，林茂祥等，2007；万州区，余顺慧和邓洪平，2011a，2011b），FJ（郭水良和李扬汉，1995；厦门地区，陈恒彬，2005；厦门，欧健和卢昌义，2006a，2006b；杨坚和陈恒彬，2009；长乐，林为凎，2013；福州，彭海燕和高关平，2013；武夷山市，李国平等，2014），GD（中山市，蒋谦才等，2008；广州，王忠等，2008；王芳等，2009；粤东地区，曾宪锋等，2009；岳茂峰等，2011；林建勇等，2012；粤东地区，朱慧，2012；广州南沙黄山鲁森林公园，李海生等，2015），GS（尚斌，2012；河西地区，陈叶等，2013），GX（十万大山自然保护区，韦原莲等，2006；吴桂容，2006；谢云珍等，2007；唐赛春等，2008b；柳州市，石亮成等，2009；邹蓉等，2009；和太平等，2011；北部湾经济区，林建勇等，2011a，2011b；林建勇等，2012；丹阳和唐赛春，2012；胡刚和张忠华，2012；梧州市，马多等，2012；百色，贾桂康，2013；灵山县，刘在松，2015；北部湾海岸带，刘熊，2017），GZ（申敬民等，2010；贵阳市，石登红和李灿，2011；贵阳市，陈菊艳等，2016），HB（刘胜祥和秦伟，2004；星斗山国家级自然保护

区，卢少飞等，2005；天门市，沈体忠等，2008；黄石市，姚发兴，2011；喻大昭等，2011；章承林等，2012），**HJ**（衡水湖，李惠欣，2008；龙茹等，2008；秦皇岛，李顺才等，2009；陈超等，2012；武安国家森林公园，张浩等，2012），**HL**（李玉生等，2005；高燕和曹伟，2010；鲁萍等，2012；郑宝江和潘磊，2012），**HN**（安锋等，2007；铜鼓岭国家级自然保护区、东寨港国家级自然保护区，秦卫华等，2008；石灰岩地区，秦新生等，2008；林建勇等，2012；曾宪锋等，2014），**HX**（南岳自然保护区，谢红艳等，2007；洞庭湖区，彭友林等，2008；彭兆普等，2008；常德市，彭友林等，2009；衡阳市，谢红艳等，2011；谢红艳和张雪芹，2012），**HY**（开封，张桂宾，2004；田朝阳等，2005；东部，张桂宾，2006；董东平和叶永忠，2007；朱长山等，2007；王列富和陈元胜，2009；李长看等，2011；新乡，许桂芳和简在友，2011；储嘉琳等，2016），**JL**（高燕和曹伟，2010；长春地区，曲同宝等，2015），**JS**（郭水良和李扬汉，1995；寿海洋等，2014；严辉等，2014；胡长松等，2016），**JX**（郭水良和李扬汉，1995；江西南部，程淑媛等，2015），**LN**（齐淑艳和徐文铎，2006；高燕和曹伟，2010；曲波等，2010；老铁山自然保护区，吴晓姝等，2010；大连，张淑梅等，2013；大连，张恒庆等，2016），**MC**（王发国等，2004），**NM**（高燕和曹伟，2010；张永宏和袁淑珍，2010；陈超等，2012；庞立东等，2015），**SA**（西安地区，祁云枝等，2010；杨凌地区，何纪琳等，2013；栾晓睿等，2016），**SC**（周小刚等，2008；马丹炜等，2009），**SD**（田家怡和吕传笑，2004；衣艳君等，2005；黄河三角洲，刘庆年等，2006；宋楠等，2006；惠洪者，2007；昆嵛山，赵宏和董翠玲，2007；青岛，罗艳和刘爱华，2008；南四湖湿地，王元军，2010；张绪良等，2010；昆嵛山，赵宏和丛海燕，2012），**SH**（郭水良和李扬汉，1995；张晴柔等，2013；汪远等，2015），**SX**（石瑛等，2006；马世军和王建军，2011；阳泉市，张垚，2016），**YN**（孙卫邦和向其柏，2004；西双版纳，管志斌等，2006；红河流域，徐成东等，2006；徐成东和陆树刚，2006；怒江干热河谷区，胡发广等，2007；李乡旺等，2007；纳板河自然保护区，刘峰等，2008；红河州，何艳萍等，2010；申时才等，2012；怒江流域，沈利峰等，2013；西双版纳自然保护区，陶永祥等，2017），**ZJ**（郭水良和李扬汉，1995；杭州市，

王嫩仙，2008；西溪湿地，缪丽华等，2011；杭州，谢国雄等，2012；闫小玲等，2014）；全国各地区栽培和归化（李振宇和解焱，2002）；各省区均有分布（解焱，2008；车晋滇，2009）；黄河三角洲地区（赵怀浩等，2011）；全国（徐海根和强胜，2011；万方浩等，2012）；华北农牧交错带（陈超等，2012）；东北地区（郑美林和曹伟，2013）；海河流域滨岸带（任颖等，2015）；东北草地（石洪山等，2016）。

安徽、澳门、北京、重庆、福建、甘肃、广东、广西、贵州、海南、河北、河南、黑龙江、湖北、湖南、吉林、江苏、江西、辽宁、内蒙古、宁夏、青海、陕西、山东、山西、上海、四川、台湾、天津、西藏、香港、新疆、云南、浙江；原产于墨西哥；归化于热带和温带。

假酸浆 3

jia suan jiang

鞭打绣球 冰粉 大千生 蓝花天仙子 大本炮仔草

Nicandra physalodes (Linnaeus) Gaertner, Fruct. Sem. Pl. 2: 237. 1791. **(FOC)**

AH（徐海根和强胜，2011），**FJ**（武夷山市，李国平等，2014），**GD**（佛山，黄益燕等，2011；徐海根和强胜，2011；岳茂峰等，2011；曾宪锋，2012），**GS**（徐海根和强胜，2011；万方浩等，2012），**GX**（邹蓉等，2009；郭成林等，2013），**GZ**（贵阳市，石登红和李灿，2011；徐海根和强胜，2011；万方浩等，2012；贵阳市，陈菊艳等，2016），**HB**（刘胜祥和秦伟，2004；李儒海等，2011；喻大昭等，2011；万方浩等，2012），**HJ**（徐海根和强胜，2011；万方浩等，2012），**HL**（徐海根和强胜，2011），**HN**（曾宪锋等，2014），**HX**（谢红艳和张雪芹，2012），**HY**（新乡，许桂芳和简在友，2011；徐海根和强胜，2011；储嘉琳等，2016），**JL**（孙仓等，2007；高燕和曹伟，2010；长春地区，曲同宝等，2015），**JS**（寿海洋等，2014；严辉等，2014；胡长松等，2016），**JX**（徐海根和强胜，2011），**LN**（曲波等，2006a，2006b；老铁山自然保护区，吴晓姝等，2010；徐海根和强胜，2011；大连，张淑梅等，2013；大连，张恒庆等，2016），**SA**（汉丹江流域，黎斌等，2015），**SC**（周小刚等，2008；徐海根和强胜，2011；万方浩等，2012；孟兴等，2015），**SD**（衣艳君等，2005；黄河三角洲，刘庆年等，2006；吴

彤等，2006；惠洪者，2007；徐海根和强胜，2011），TW（苗栗地区，陈运造，2006；万方浩等，2012），XJ（乌鲁木齐，张源，2007），XZ（徐海根和强胜，2011；万方浩等，2012），YN（徐海根和强胜，2011；申时才等，2012；万方浩等，2012），ZJ（温州，丁炳扬和胡仁勇，2011；温州地区，胡仁勇等，2011；闫小玲等，2014）；主要分布于西南、西北等地（车晋滇，2009）；东北地区（郑美林和曹伟，2013）；东北草地（石洪山等，2016）。

安徽、北京、重庆、福建、甘肃、广东、广西、贵州、河北、河南、黑龙江、湖北、海南、湖南、吉林、江苏、江西、辽宁、内蒙古、陕西、山东、山西、上海、四川、台湾、天津、西藏、香港、新疆、云南、浙江；原产于秘鲁。

苦蘵 4
ku zhi

灯笼草 灯笼果 灯笼泡 苦蘵酸浆

Physalis angulata Linnaeus, Sp. Pl. 1: 183. 1753. (FOC)

AH（徐海根和强胜，2011），FJ（徐海根和强胜，2011），GD（中山市，蒋谦才等，2008；徐海根和强胜，2011；乐昌，邹滨等，2015，2016），GS（徐海根和强胜，2011），GX（徐海根和强胜，2011；郭成林等，2013），GZ（徐海根和强胜，2011），HB（徐海根和强胜，2011），HJ（徐海根和强胜，2011），HN（安锋等，2007；范志伟等，2008；徐海根和强胜，2011；周祖光，2011；彭宗波等，2013；曾宪锋等，2014；陈玉凯等，2016），HX（彭ham普等，2008；徐海根和强胜，2011），HY（徐海根和强胜，2011；储嘉琳等，2016），JL（高燕和曹伟，2010；长春地区，曲同宝等，2015），JS（季敏等，2014；严辉等，2014），JX（徐海根和强胜，2011），LN（齐淑艳和徐文铎，2006；高燕和曹伟，2010；徐海根和强胜，2011），NM（庞立东等，2015），SA（栾晓睿等，2016），SC（徐海根和强胜，2011），SD（田家怡和吕传笑，2004；黄河三角洲，刘庆年等，2006；宋楠等，2006；惠洪者，2007；南四湖湿地，王元军，2010；张绪良等，2010；徐海根和强胜，2011），SH（张晴柔等，2013），TW（苗栗地区，陈运造，2006；徐海根和强胜，2011），XZ（徐海根和强胜，2011），YN（徐海根和强胜，2011；申时才

等，2012），ZJ（徐海根和强胜，2011）；华东、华中、华南及西南地区（范志伟等，2008；解焱，2008；车晋滇，2009）；黄河三角洲地区（赵怀浩等，2011）；东北地区（郑美林和曹伟，2013）；东北草地（石洪山等，2016）。

安徽、澳门、北京、重庆、福建、甘肃、广东、广西、贵州、海南、河北、河南、湖北、湖南、吉林、江苏、江西、辽宁、内蒙古、宁夏、陕西、山东、上海、四川、台湾、天津、西藏、香港、云南、浙江；原产于美洲；归化于世界。

小酸浆 4
xiao suan jiang

Physalis minima Linnaeus, Sp. Pl. 1: 183-184. 1753. (FOC)

AH（严靖等，2015），HX（谢红艳和张雪芹，2012），HY（储嘉琳等，2016），JS（寿海洋等，2014），SH（郭水良和李扬汉，1995）。

安徽、北京、重庆、福建、甘肃、广东、广西、贵州、海南、河北、河南、湖北、吉林、江苏、江西、陕西、山东、上海、四川、台湾、天津、云南、浙江；可能起源于热带美洲；归化于世界。

灯笼果 有待观察
deng long guo

灯笼草

Physalis peruviana Linnaeus, Sp. Pl. (ed. 2) 2: 1670. 1763. (FOC)

AH（黄山，汪小飞等，2007），CQ（金佛山自然保护区，孙娟等，2009），GD（林建勇等，2012；万方浩等，2012），HY（储嘉琳等，2016），JS（寿海洋等，2014；胡长松等，2016），YN（万方浩等，2012）。

安徽、重庆、福建、广东、河南、湖北、吉林、江苏、江西、四川、台湾、云南；原产于南美洲；归化于各地。

费城酸浆 4
fei cheng suan jiang

灯笼草 毛酸浆

Physalis philadelphica Lamarck, Encycl. 2 (1): 101. 1786. **(FOC)**

Physalis pubescens auct. non Linnaeus: 杜卫兵等，2002；周繇，2003；刘胜祥和秦伟，2004；徐海根和强胜，2004；齐淑艳和徐文铎，2006；曲波等，2006a；曲波等，2006b；韦美玉等，2006；孙仓等，2007；张源，2007；解焱，2008；周小刚等，2008；刘兴锋等，2009；彭友林等，2009；苏丽涛和马立军，2009；孙娟等，2009；高燕和曹伟，2010；左倬等，2010；喻大昭等，2011；鲁萍等，2012；申时才等，2012；谢国雄等，2012；张淑梅等，2013；郑美林和曹伟，2013；刘全儒和张劲林，2014；曲同宝等，2015.

BJ（刘全儒和张劲林，2014），**CQ**（金佛山自然保护区，孙娟等，2009），**GZ**（黔南地区，韦美玉等，2006），**HB**（刘胜祥和秦伟，2004；喻大昭等，2011），**HL**（徐海根和强胜，2004；解焱，2008；鲁萍等，2012；郑宝江和潘磊，2012），**HX**（湘西地区，刘兴锋等，2009；常德市，彭友林等，2009），**HY**（杜卫兵等，2002），**JL**（长白山区，周繇，2003；徐海根和强胜，2004；孙仓等，2007；解焱，2008；长白山区，苏丽涛和马立军，2009；高燕和曹伟，2010；长春地区，曲同宝等，2015），**JS**（徐海根和强胜，2004；寿海洋等，2014；胡长松等，2016），**LN**（徐海根和强胜，2004；齐淑艳和徐文铎，2006；曲波等，2006a，2006b；解焱，2008；大连，张淑梅等，2013），**SC**（周小刚等，2008）**SD**（衣艳君等，2005），**SH**（青浦，左倬等，2010），**XJ**（乌鲁木齐，张源，2007），**YN**（申时才等，2012），**ZJ**（杭州，谢国雄等，2012）；东北地区（郑美林和曹伟，2013）。

北京、重庆、福建、广西、贵州、河南、黑龙江、湖北、湖南、吉林、江苏、江西、辽宁、山东、上海、四川、新疆、云南；原产于墨西哥和中美洲。

毛酸浆 [1]   4
mao suan jiang

---

[1] 中国植物志记载的毛酸浆 *P. pubescens* 基于费城酸浆 *P. philadelphica* 的标本（Flora of China，1994-2014），故国内大部分文献将费城酸浆 *P. philadelphica* 错误鉴定成为毛酸浆 *P. pubescens*。

Physalis pubescens Linnaeus, Sp. Pl. 1: 183. 1753. **(Tropicos)**

Syn. *Physalis pubescens* var. *integrifolia* (Dunal) Waterfall，Rhodora 60（714）: 166. 1958.

JS（胡长松等，2016）。

湖南、湖北、江苏；原产于美洲。

喀西茄   2
ka xi qie

刺茄 刺天茄 颠茄 苦颠茄 苦天茄

Solanum aculeatissimum Jacquin, Icon. Pl. Rar. 1: 5, pl. 41. 1781. **(FOC)**

Syn. *Solanum khasianum* C. B. Clarke, Fl. Brit. India 4 (10): 234. 1883.

CQ（李振宇和解焱，2002；石胜璋等，2004；金佛山自然保护区，林茂祥等，2007；解焱，2008；车晋滇，2009；徐海根和强胜，2011；万州区，余顺慧和邓洪平，2011a，2011b；万方浩等，2012；北碚区，杨柳等，2015；北碚区，严桧等，2016；环境保护部和中国科学院，2016），**FJ**（李振宇和解焱，2002；解焱，2008；车晋滇，2009；杨坚和陈恒彬，2009；徐海根和强胜，2011；万方浩等，2012；环境保护部和中国科学院，2016），**GD**（李振宇和解焱，2002；深圳，严岳鸿等，2004；解焱，2008；车晋滇，2009；徐海根和强胜，2011；岳茂峰等，2011；林建勇等，2012；万方浩等，2012；环境保护部和中国科学院，2016），**GX**（李振宇和解焱，2002；吴桂容，2006；谢云珍等，2007；桂林，陈秋霞等，2008；唐赛春等，2008b；解焱，2008；车晋滇，2009；柳州市，石亮成等，2009；邹蓉等，2009；北部湾经济区，林建勇等，2011a，2011b；徐海根和强胜，2011；林建勇等，2012；胡刚和张忠华，2012；万方浩等，2012；郭成林等，2013；百色，贾桂康，2013；来宾市，林春华等，2015；环境保护部和中国科学院，2016；金子岭风景区，贾桂康和钟林敏，2016），**GZ**（李振宇和解焱，2002；大沙河自然保护区，林茂祥等，2008；解焱，2008；车晋滇，2009；申敬民等，2010；贵阳市，石登红和李灿，2011；徐海根和强胜，2011；万方浩等，2012；贵阳市，陈菊艳等，2016；环境保护部和中国科学院，2016），**HB**（喻大昭等，2011；章承林等，2012；环境保护部和中国科学院，2016），**HK**（解焱，2008；

环境保护部和中国科学院，2016），**HN**（单家林等，2006；安锋等，2007；铜鼓岭国家级自然保护区、大田国家级自然保护区，秦卫华等，2008；解焱，2008；霸王岭自然保护区，胡雪华等，2011；林建勇等，2012；彭宗波等，2013；环境保护部和中国科学院，2016），**HX**（李振宇和解焱，2002；彭兆普等，2008；解焱，2008；车晋滇，2009；徐海根和强胜，2011；万方浩等，2012；环境保护部和中国科学院，2016），**JS**（解焱，2008；寿海洋等，2014；严辉等，2014；环境保护部和中国科学院，2016），**JX**（李振宇和解焱，2002；解焱，2008；车晋滇，2009；徐海根和强胜，2011；万方浩等，2012；江西南部，程淑媛等，2015；环境保护部和中国科学院，2016），**SC**（李振宇和解焱，2002；解焱，2008；周小刚等，2008；车晋滇，2009；徐海根和强胜，2011；万方浩等，2012；孟兴等，2015；环境保护部和中国科学院，2016），**SH**（郭水良和李扬汉，1995；汪远等，2015；环境保护部和中国科学院，2016），**TW**（环境保护部和中国科学院，2016），**XZ**（李振宇和解焱，2002；解焱，2008；车晋滇，2009；徐海根和强胜，2011；万方浩等，2012；环境保护部和中国科学院，2016），**YN**（李振宇和解焱，2002；丁莉等，2006；西双版纳，管志斌等，2006；红河流域，徐成东等，2006；徐成东和陆树刚，2006；李乡旺等，2007；瑞丽，赵见明，2007；纳板河自然保护区，刘峰等，2008；解焱，2008；车晋滇，2009；红河州，何艳萍等，2010；徐海根和强胜，2011；申时才等，2012；普洱，陶川，2012；万方浩等，2012；怒江流域，沈利峰等，2013；杨忠兴等，2014；环境保护部和中国科学院，2016；西双版纳自然保护区，陶永祥等，2017），**ZJ**（平阳，李振宇和解焱，2002；解焱，2008；车晋滇，2009；徐海根和强胜，2011；万方浩等，2012；闫小玲等，2014；环境保护部和中国科学院，2016）。

重庆、福建、广东、广西、贵州、海南、湖北、湖南、江苏、江西、辽宁、陕西、上海、四川、台湾、西藏、香港、云南、浙江；原产于巴西；归化于旧大陆热带地区。

少花龙葵   3
shao hua long kui

光果龙葵

Solanum americanum Miller, Gard. Dict. ed. 8, no. 5. 1768. **(FOC)**
Syn. *Solanum photeinocarpum* Nakamura & Odashima, J. Soc. Trop. Agric. 8: 54, f. 2. 1936.

GD（稔平半岛，于飞等，2012），**GX**（来宾市，林春华等，2015），**HN**（甘什岭自然保护区，张荣京和邢福武，2011），**TW**（苗栗地区，陈运造，2006）。

澳门、重庆、福建、广东、广西、贵州、海南、河南、湖北、湖南、江西、四川、上海、台湾、香港、西藏、云南、浙江；原产于美洲。

牛茄子   3
niu qie zi

刺茄 大颠茄 颠茄 癫茄 颠茄子 番鬼茄 金银茄

Solanum capsicoides Allioni, Mélanges Philos. Math. Soc. Roy. Turin 5: 64. 1773. **(FOC)**

CQ（石胜璋等，2004；解焱，2008；徐海根和强胜，2011；万方浩等，2012），**FJ**（李振宇和解焱，2002；厦门地区，陈恒彬，2005；解焱，2008；杨坚和陈恒彬，2009；徐海根和强胜，2011；万方浩等，2012；长乐，林为凃，2013），**GD**（李振宇和解焱，2002；解焱，2008；粤东地区，曾宪锋等，2009；徐海根和强胜，2011；林建勇等，2012；北师大珠海分校，吴杰等，2011，2012；万方浩等，2012；粤东地区，朱慧，2012；深圳，蔡毅等，2015；乐昌，邹滨等，2015，2016），**GX**（吴桂容，2006；桂林，陈秋霞等，2008；唐赛春等，2008b；解焱，2008；柳州市，石亮成等，2009；邹蓉等，2009；北部湾经济区，林建勇等，2011a，2011b；徐海根和强胜，2011；林建勇等，2012；丹阳和唐赛春，2012；百色，贾桂康，2013），**GZ**（李振宇和解焱，2002；解焱，2008；徐海根和强胜，2011；万方浩等，2012），**HB**（解焱，2008），**HK**（李振宇和解焱，2002；解焱，2008；徐海根和强胜，2011；万方浩等，2012），**HN**（李振宇和解焱，2002；解焱，2008；徐海根和强胜，2011；林建勇等，2012；曾宪锋等，2014），**HX**（李振宇和解焱，2002；南岳自然保护区，谢红艳等，2007；解焱，2008；衡阳市，谢红艳等，2011；徐海根和强胜，2011；万方浩等，2012；谢红艳和张雪芹，2012），**HY**（解焱，

2008），**JS**（解焱，2008；徐海根和强胜，2011；寿海洋等，2014；严辉等，2014），**JX**（李振宇和解焱，2002；解焱，2008；徐海根和强胜，2011；万方浩等，2012），**SC**（李振宇和解焱，2002；解焱，2008；周小刚等，2008；徐海根和强胜，2011；万方浩等，2012），**SD**（解焱，2008），**SH**（解焱，2008；张晴柔等，2013），**TW**（李振宇和解焱，2002；苗栗地区，陈运造，2006；解焱，2008；徐海根和强胜，2011；万方浩等，2012），**YN**（李振宇和解焱，2002；丁莉等，2006；西双版纳，管志斌等，2006；红河流域，徐成东等，2006；徐成东和陆树刚，2006；李乡旺等，2007；解焱，2008；徐海根和强胜，2011；申时才等，2012；普洱，陶川，2012；万方浩等，2012），**ZJ**（杭州，陈小永等，2006；李根有等，2006；杭州市，王嫩仙，2008；解焱，2008；张建国和张明如，2009；温州，丁炳扬和胡仁勇，2011；西溪湿地，缪丽华等，2011；徐海根和强胜，2011；杭州，谢国雄等，2012；闫小玲等，2014；杭州，金祖达等，2015；周天焕等，2016）；赤水河中游地区（窦全丽等，2015）。

重庆、福建、广东、广西、贵州、海南、河南、湖北、湖南、江苏、江西、辽宁、陕西、山东、上海、四川、台湾、香港、云南、浙江；原产于巴西；归化于暖温带地区。

北美刺龙葵　　　　　　　　有待观察
bei mei ci long kui

北美水茄

Solanum carolinense Linnaeus, Sp. Pl. 1: 187. 1753. **(Tropicos)**

ZJ（李根有等，2006；台州，陈模舜，2008；张建国和张明如，2009；温州，丁炳扬和胡仁勇，2011；温州地区，胡仁勇等，2011；闫小玲等，2014；周天焕等，2016）。

江苏、上海、浙江；原产于北美洲；归化于日本。

黄果龙葵　　　　　　　　　有待观察
huang guo long kui

玛瑙珠

Solanum diphyllum Linnaeus, Sp. Pl. 1: 184. 1753. **(FOC)**

TW（苗栗地区，陈运造，2006）。

广西、台湾；原产于墨西哥和中美洲。

银毛龙葵　　　　　　　　　3
yin mao long kui

Solanum elaeagnifolium Cav.,Icon. 3: 22, t. 243. 1794. **(Tropicos)**

TW（许再文和曾彦学，2003）。

山东、台湾；原产于美洲。

假烟叶树　　　　　　　　　2
jia yan ye shu

牛茄子　茄树　土烟叶　洗碗叶　野烟叶

Solanum erianthum D. Don, Prodr. Fl. Nepal. 96. 1825. **(FOC)**

Solanum verbascifolium auct. non Linnaeus: 丁莉等，2006；徐成东和陆树刚，2006；徐成东等，2006；安锋等，2007；赵见明，2007；谢云珍等，2007；范志伟等，2008；蒋谦才等，2008；秦卫华等，2008；申敬民等，2010；申时才等，2012；刘在松，2015；陶永祥等，2017.

CQ（万方浩等，2012），**FJ**（范志伟等，2008李振宇和解焱，2002；厦门地区，陈恒彬，2005；厦门，欧健和卢昌义，2006a，2006b；解焱，2008；杨坚和陈恒彬，2009；徐海根和强胜，2011；万方浩等，2012），**GD**（范志伟等，2008；中山市，蒋谦才等，2008；李振宇和解焱，2002；广州，王忠等，2008；解焱，2008；王芳等，2009；粤东地区，曾宪锋等，2009；徐海根和强胜，2011；岳茂峰等，2011；林建勇等，2012；万方浩等，2012；稔平半岛，于飞等，2012；粤东地区，朱慧，2012；广州，李许文等，2014），**GX**（谢云珍等，2007；范志伟等，2008，李振宇和解焱，2002；吴桂容，2006；桂林，陈秋霞等，2008；唐赛春等，2008b；解焱，2008；柳州市，石亮成等，2009；邹蓉等，2009；和太平等，2011；北部湾经济区，林建勇等，2011a，2011b；徐海根和强胜，2011；林建勇等，2012；丹阳和唐赛春，2012；胡刚和张忠华，2012；万方浩等，2012；百色，贾桂康，2013；来宾市，林春华等，2015；灵山县，刘在松，2015），**GZ**（范志伟等，2008；申敬民等，2010，李振宇和解焱，2002；解焱，2008；徐海根和强胜，2011；万方浩等，2012），**HK**（范志伟等，2008，李振宇和解焱，2002；解焱，2008；徐海根和强胜，2011；万方浩等，2012），**HN**（安锋等，2007；范志伟等，2008；铜鼓岭国家级自然保护区、大田国家级自然保护区，秦卫华等，2008，李振宇和解焱，2002；石灰岩地区，秦新生等，2008；解焱，2008；徐海根和强胜，2011；甘什岭自然保护区，张荣京和邢福武，2011；林建勇等，2012；万方浩等，2012；曾宪锋等，2014），**HX**（彭兆普等，2008），**MC**（李振宇和解焱，2002；王发国等，2004；解焱，2008），**SC**（范志伟等，2008，李振宇和解焱，2002；解焱，2008；周小刚等，2008；徐海根和强胜，2011；万方浩等，2012），**TW**（范志伟等，2008，李振宇和解焱，2002；解焱，2008；徐海根和强胜，2011；万方浩等，2012），**XZ**（范志伟等，2008，李振宇和解焱，2002；解焱，2008；徐海根和强胜，2011；万方浩等，2012），**YN**（丁莉等，2006；红河流域，徐成东等，2006；徐成东和陆树刚，2006；瑞丽，赵见明，2007；范志伟等，2008，李振宇和解焱，2002；西双版纳，管志斌等，2006；李乡旺等，2007；纳板河自然保护区，刘峰等，2008；解焱，2008；红河州，何艳萍等，2010；徐海根和强胜，2011；申时才等，2012；万方浩等，2012；怒江流域，沈利峰等，2013；西双版纳自然保护区，陶永祥等，2017）。

澳门、重庆、福建、广东、广西、贵州、海南、四川、台湾、西藏、香港、云南；原产于美洲；归化于热带亚洲和太平洋岛屿。

珊瑚樱 有待观察
shan hu ying

玉珊瑚

Solanum pseudocapsicum Linnaeus, Sp. Pl. 1: 184. 1753. **(FOC)**

GD（粤东地区，曾宪锋等，2009；粤东地区，朱慧，2012），**GX**（邹蓉等，2009），**HB**（喻大昭等，2011；章承林等，2012），**HX**（谢红艳和张雪芹，2012；益阳市，黄含吟等，2016），**JS**（郭水良和李扬汉，1995；寿海洋等，2014；严辉，2014），**SA**（栾晓睿等，2016），**SH**（郭水良和李扬汉，1995），**TW**（苗栗地区，陈运造，2006），**ZJ**（郭水良和李扬汉，1995；杭州，陈小永等，2006；张建国和张明

如，2009；西溪湿地，缪丽华等，2011；闫小玲等，2014；杭州，金祖达等，2015）。

安徽、北京、澳门、重庆、福建、甘肃、广东、广西、贵州、河北、河南、湖北、湖南、江苏、江西、辽宁、陕西、山东、上海、四川、台湾、天津、西藏、云南、浙江；原产于南美洲；世界广泛归化。

珊瑚豆 有待观察
shan hu dou

Solanum pseudocapsicum Linnaeus var. ***diflorum*** (Vellozo) Bitter, 54 (5): 498. 1917. **(FOC)**

GX（邹蓉等，2009），**HB**（喻大昭等，2011）。

安徽、重庆、福建、广东、广西、贵州、河北、湖北、湖南、江苏、江西、陕西、山西、上海、四川、天津、云南；原产于巴西；归化于热带地区。

刺萼龙葵 1
ci e long kui

刺茄 黄花刺茄 尖嘴茄 堪萨斯蓟

Solanum rostratum Dunal, Hist. Nt. Solanum 234-235, pl. 24. 1813. **(Tropicos)**

BJ（车晋滇，2004，2009；车晋滇等，2004，2006；高芳和徐驰，2005；高芳等，2005；林玉和谭敦炎，2007；杨景成等，2009；向俊等，2011；徐海根和强胜，2011；万方浩等，2012；王苏铭等，2012；环境保护部和中国科学院，2016），**HJ**（高芳和徐驰，2005；高芳等，2005；林玉和谭敦炎，2007；张国良等，2008；车晋滇，2009；徐海根和强胜，2011；万方浩等，2012；环境保护部和中国科学院，2016），**HK**（徐海根和强胜，2011；环境保护部和中国科学院，2016），**JL**（高芳和徐驰，2005；高芳等，2005；林玉和谭敦炎，2007；张国良等，2008；万方浩等，2012；长春地区，曲同宝等，2015；环境保护部和中国科学院，2016），**JS**（徐海根和强胜，2011；寿海洋等，2014；环境保护部和中国科学院，2016），**LN**（包黎明和赵培智，2000；高芳和徐驰，2005；高芳等，2005；曲波等，2006a，2006b，2010，2011；林玉和谭敦炎，2007；张国良等，2008；车晋滇，2009；张延菊等，2009；高燕和曹伟，2010；老铁山自然保护

区，吴晓姝等，2010；万方浩等，2012；大连，张淑梅等，2013；环境保护部和中国科学院，2016；大连，张恒庆等，2016），**NM**（车晋滇，2009；贺俊英等，2011；庞立东等，2015；环境保护部和中国科学院，2016），**SA**（环境保护部和中国科学院，2016），**SH**（张晴柔等，2013），**SX**（张国良等，2008；车晋滇，2009；万方浩等，2012），**XJ**（林玉和谭敦炎，2007；乌鲁木齐，赵晓英等，2007；车晋滇，2009；周明冬等，2009；徐海根和强胜，2011；郭文超等，2012；宋珍珍等，2012a；万方浩等，2012；陈丽，2012；郭晓艳等，2012；邱娟等，2013；宋珍珍等，2013；环境保护部和中国科学院，2016），**YN**（环境保护部和中国科学院，2016）；东北地区（郑美林和曹伟，2013）；海河流域滨岸带（任颖等，2015）；东北草地（石洪山等，2016）。

北京、河北、吉林、江苏、辽宁、内蒙古、陕西、山西、台湾、香港、新疆、云南；原产于北美洲。

腺龙葵　　　　　　　　　　　　有待观察
xian long kui

毛龙葵

Solanum sarrachoides Sendtner, Fl. Bras. 10: 16. 1846. **(Tropicos)**

HY（田朝阳等，2005；朱长山等，2007；储嘉琳等，2016），**LN**（曲波等，2006a，2006b；高燕和曹伟，2010），**XJ**（乌鲁木齐，张源，2007）；东北地区（郑美林和曹伟，2013）。

北京、河南、山东、辽宁、新疆；原产于巴西。

蒜芥茄　　　　　　　　　　　　有待观察
suan jie qie

Solanum sisymbriifolium Lamarck, Tabl. Encycl. 2: 25. 1794. **(FOC)**

JS（胡长松等，2016），**YN**（徐海根和强胜，2011）。

广东、广西、河北、江苏、江西、辽宁、上海、台湾、云南；原产于南美洲；归化于非洲和澳大利亚。

水茄　　　　　　　　　　　　　　**2**
shui qie

刺茄　山颠茄

Solanum torvum Swartz, Prodr. 47. 1788. **(FOC)**

FJ（李振宇和解焱，2002；厦门，欧健和卢昌义，2006a，2006b；范志伟等，2008；解焱，2008；车晋滇，2009；杨坚和陈恒彬，2009；徐海根和强胜，2011；万方浩等，2012），**GD**（李振宇和解焱，2002；鼎湖山，贺握权和黄忠良，2004；珠海市，黄辉宁等，2005b；范志伟等，2008；中山市，蒋谦才等，2008；白云山，李海生等，2008；广州，王忠等，2008；解焱，2008；车晋滇，2009；鼎湖山国家级自然保护区，宋小玲等，2009；王芳等，2009；粤东地区，曾宪锋等，2009；Fu等，2011；佛山，黄益燕等，2011；徐海根和强胜，2011；岳茂峰等，2011；付岚等，2012；林建勇等，2012；万方浩等，2012；稔平半岛，于飞等，2012；粤东地区，朱慧，2012；潮州市，陈丹生等，2013；广州，李许文等，2014；广州南沙黄山鲁森林公园，李海生等，2015；乐昌，邹滨等，2015，2016），**GX**（李振宇和解焱，2002；十万大山自然保护区，韦原莲等，2006；吴桂容，2006；谢云珍等，2007；范志伟等，2008；唐赛春等，2008b；解焱，2008；十万大山自然保护区，叶铎等，2008；车晋滇，2009；邹蓉等，2009；和太平等，2011；贾洪亮等，2011；北部湾经济区，林建勇等，2011a，2011b；徐海根和强胜，2011；林建勇等，2012；丹阳和唐赛春，2012；胡刚和张忠华，2012；梧州市，马多等，2012；万方浩等，2012；百色，贾桂康，2013；来宾市，林春华等，2015；于永浩等，2016），**GZ**（李振宇和解焱，2002；范志伟等，2008；解焱，2008；车晋滇，2009；申敬民等，2010；徐海根和强胜，2011；万方浩等，2012），**HK**（范志伟等，2008；解焱，2008；车晋滇，2009；徐海根和强胜，2011；万方浩等，2012），**HN**（李振宇和解焱，2002；安锋等，2007；范志伟等，2008；大田国家级自然保护区，秦卫华等，2008；石灰岩地区，秦新生等，2008；解焱，2008；车晋滇，2009；徐海根和强胜，2011；甘什岭自然保护区，张荣京和邢福武，2011；林建勇等，2012；万方浩等，2012；曾宪锋等，2014），**MC**（李振宇和解焱，2002；王发国等，2004；范志伟等，2008；解焱，2008；车晋滇，2009；徐海根和强胜，2011；万方浩等，2012），**SC**（陈开伟，2013），**SD**（吴彤等，2006），**TW**（李振宇和解焱，2002；苗栗地区，陈运造，2006；范志伟等，

2008；解焱，2008；车晋滇，2009；徐海根和强胜，2011；万方浩等，2012），**XZ**（墨脱，李振宇和解焱，2002；墨脱，范志伟等，2008；解焱，2008；车晋滇，2009；墨脱县，徐海根和强胜，2011；墨脱，万方浩等，2012），**YN**（东南部、南部及西南部，李振宇和解焱，2002；丁莉等，2006；西双版纳，管志斌等，2006；红河流域，徐成东等，2006；徐成东和陆树刚，2006；怒江干热河谷区，胡发广等，2007；瑞丽，赵见明，2007；东南部、南部及西南部，范志伟等，2008；纳板河自然保护区，刘峰等，2008；解焱，2008；车晋滇，2009；东南部、南部及西南部，徐海根和强胜，2011；申时才等，2012；南部，万方浩等，2012；怒江流域，沈利峰等，2013；杨忠兴等，2014；西双版纳自然保护区，陶永祥等，2017）。

澳门、福建、甘肃、广东、广西、贵州、海南、湖南、内蒙古、山东、四川、台湾、西藏、香港、云南、浙江；原产于加勒比海；归化于热带地区。

玄参科 Scrophulariaceae

蔓柳穿鱼　　　　　有待观察
man liu chuan yu

Cymbalaria muralis G. Gaertner, B. Meyer & Scherbius, Oekon. Fl. Wetterau 2: 397. 1800. **(Tropicos)**

HY（鸡公山，朱长山等，2007；储嘉琳等，2016）。

北京、河南、江西；原产于欧洲。

戟叶凯氏草　　　　　有待观察
ji ye kai shi cao

Kickxia elatine (Linnaeus) Dumortier, Fl. Belg. 35. 1827. **(Tropicos)**

SH（李宏庆等，2013），ZJ（徐绍清等，2015）。

江苏、上海、浙江；原产于欧洲。

黄花假马齿　　　　　4
huang hua jia ma chi

伏胁花

Mecardonia procumbens (Miller) Small, Fl.

S. E. U. S. 1338. 1903. **(FOC)**

GD（李沛琼，2012）。

福建、澳门、广东、海南、台湾；原产于美洲热带和亚热带地区；归化于世界大部分地区。

野甘草　　　　　2
ye gan cao

冰糖草

Scoparia dulcis Linnaeus, Sp. Pl. 1: 116. 1753. **(FOC)**

BJ（车晋滇，2004；杨景成等，2009），**FJ**（李振宇和解焱，2002；徐海根和强胜，2004，2011；厦门地区，陈恒彬，2005；厦门，欧健和卢昌义，2006a，2006b；范志伟等，2008；解焱，2008；车晋滇，2009；杨坚和陈恒彬，2009；万方浩等，2012；长乐，林为涂，2013），**GD**（李振宇和解焱，2002；鼎湖山，贺握权和黄忠良，2004；徐海根和强胜，2004，2011；珠海市，黄辉宁等，2005b；惠州红树林自然保护区，曹飞等，2007；范志伟等，2008；中山市，蒋谦才等，2008；白云山，李海生等，2008；广州，王忠等，2008；解焱，2008；车晋滇，2009；鼎湖山国家级自然保护区，宋小玲等，2009；王芳等，2009；粤东地区，曾宪锋等，2009；Fu等，2011；北师大珠海分校，吴杰等，2011，2012；岳茂峰等，2011；付岚等，2012；林建勇等，2012；万方浩等，2012；稔平半岛，于飞等，2012；粤东地区，朱慧，2012；广州，李许文等，2014；广州南沙黄山鲁森林公园，李海生等，2015；乐昌，邹滨等，2015，2016），**GS**（尚斌，2012），**GX**（李振宇和解焱，2002；徐海根和强胜，2004，2011；吴桂容，2006；谢云珍等，2007；范志伟等，2008；唐赛春等，2008b；解焱，2008；车晋滇，2009；北部湾经济区，林建勇等，2011a，2011b；林建勇等，2012；胡刚和张忠华，2012；梧州市，马多等，2012；万方浩等，2012；郭成林等，2013；百色，贾桂康，2013；来宾市，林春华等，2015；灵山县，刘在松，2015；北部湾海岸带，刘熊，2017），**GZ**（黔南地区，韦美玉等，2006；申敬民等，2010），**HK**（李振宇和解焱，2002；徐海根和强胜，2004，2011；范志伟等，2008；解焱，2008；车晋滇，2009；万方浩等，2012），**HN**（李振宇和解焱，2002；徐海根和强胜，2004，2011；单家林等，2006；安锋等，2007；王伟等，2007；范志伟等，2008；东寨港国家级自然保护区、大田国家级自然保护区，秦卫华等，2008；石灰岩地区，秦新生等，2008；解焱，2008；车晋滇，2009；周祖光，2011；林建勇等，2012；万方浩等，2012；曾宪锋等，2014；陈玉凯等，2016），**JS**（胡长松等，2016），**JX**（Fu 等，2011；付岚等，2012；江西南部，程淑媛等，2015），**MC**（李振宇和解焱，2002；徐海根和强胜，2004，2011；王发国等，2004；解焱，2008；车晋滇，2009；万方浩等，2012），**SH**（李振宇和解焱，2002；范志伟等，2008；解焱，2008；万方浩等，2012；张晴柔等，2013；汪远等，2015），**TW**（李振宇和解焱，2002；徐海根和强胜，2004，2011；苗栗地区，陈运造，2006；范志伟等，2008；解焱，2008；车晋滇，2009；万方浩等，2012），**YN**（李振宇和解焱，2002；徐海根和强胜，2004，2011；丁莉等，2006；西双版纳，管志斌等，2006；红河流域，徐成东等，2006；徐成东和陆树刚，2006；怒江干热河谷区，胡发广等，2007；瑞丽，赵见明，2007；范志伟等，2008；纳板河自然保护区，刘峰等，2008；解焱，2008；车晋滇，2009；申时才等，2012；万方浩等，2012；西双版纳自然保护区，陶永祥等，2017）。

澳门、北京、福建、广东、广西、贵州、海南、河北、江苏、江西、山东、上海、四川、台湾、香港、云南；原产于热带美洲；归化于热带、亚热带地区。

蓝猪耳
lan zhu er

有待观察

Torenia fournieri Linden ex Fournier, Ill. Hort. 23: 129. 1876. **(FOC)**

GD（李沛琼，2012）。

福建、广东、广西、海南、河南、湖北、湖南、陕西、上海、四川、台湾、云南、浙江；原产于东南亚。

直立婆婆纳
zhi li po po na

4

Veronica arvensis Linnaeus, Sp. Pl. 1: 13. 1753; *Veronica didyma* auct. non Tenore: 邹滨等，2015；2016. **(FOC)**

AH（郭水良和李扬汉，1995；陈明林等，2003；

徐海根和强胜，2004，2011；淮北地区，胡刚等，2005a，2005b；何家庆和葛结林，2008；解焱，2008；车晋滇，2009；张中信，2009；万方浩等，2012），**BJ**（刘全儒等，2002；车晋滇，2004），**CQ**（金佛山自然保护区，孙娟等，2009；徐海根和强胜，2011；北碚区，杨柳等，2015；北碚区，严桧等，2016），**FJ**（郭水良和李扬汉，1995；徐海根和强胜，2004，2011；解焱，2008；车晋滇，2009；万方浩等，2012），**GD**（乐昌，邹滨等，2015，2016），**GX**（韦春强等，2013），**GZ**（徐海根和强胜，2004，2011；解焱，2008；车晋滇，2009；贵阳市，石登红和李灿，2011；万方浩等，2012），**HB**（刘胜祥和秦伟，2004；徐海根和强胜，2004，2011；解焱，2008；车晋滇，2009；黄石市，姚发兴，2011；喻大昭等，2011；万方浩等，2012），**HX**（徐海根和强胜，2004，2011；彭兆普等，2008；洞庭湖区，彭友林等，2008；解焱，2008；车晋滇，2009；湘西地区，刘兴锋等，2009；常德市，彭友林等，2009；万方浩等，2012；谢红艳和张雪芹，2012），**HY**（开封，张桂宾，2004；东部，张桂宾，2006；朱长山等，2007；车晋滇，2009；李长看等，2011；储嘉琳等，2016），**JS**（郭水良和李扬汉，1995；南京，吴海荣等，2004；徐海根和强胜，2004，2011；李亚等，2008；解焱，2008；车晋滇，2009；苏州，林敏等，2012；万方浩等，2012；寿海洋等，2014；严辉等，2014），**JX**（郭水良和李扬汉，1995；徐海根和强胜，2004，2011；庐山风景区，胡天印等，2007c；解焱，2008；车晋滇，2009；季春峰等，2009；王宁，2010；鞠建文等，2011；万方浩等，2012；朱碧华和朱大庆，2013），**SC**（周小刚等，2008），**SH**（郭水良和李扬汉，1995；秦卫华等，2007；张晴柔等，2013），**YN**（申时才等，2012），**ZJ**（郭水良和李扬汉，1995；徐海根和强胜，2004，2011；金华，陈坚波和陈国中，2005；杭州，陈小永等，2006；台州，陈模舜，2008；解焱，2008；杭州西湖风景区，梅笑漫等，2009；张建国和张明如，2009；杭州，张明如等，2009；车晋滇，2009；天目山自然保护区，陈京等，2011；温州，丁炳扬和胡仁勇，2011；温州地区，胡仁勇等，2011；万方浩等，2012；杭州，谢国雄等，2012；闫小玲等，2014；杭州，金祖达等，2015；周天焕等，2016）。

安徽、北京、重庆、福建、广东、广西、贵州、河南、湖北、湖南、江苏、江西、陕西、上海、四川、台湾、新疆、云南、浙江；原产于南欧和西亚；归化于北温带。

湾、西藏、新疆、云南、浙江；原产于北美洲；归化于亚洲和欧洲。

常春藤婆婆纳 4
chang chun teng po po na

睫毛婆婆纳

Veronica hederifolia Linnaeus, Sp. Pl. 1: 13-14. 1753. **(Tropicos)**

HX（常德市，彭友林等，2009），JS（南京，李振宇和解焱，2002；南京，吴海荣等，2004；徐海根和强胜，2004，2011；苏南，李亚等，2008；南京，解焱，2008；董红云等，2010a；寿海洋等，2014；严辉等，2014；南京城区，吴秀臣和芦建国，2015），SC（周小刚等，2008），SH（张晴柔等，2013），ZJ（定海，李振宇和解焱，2002；徐海根和强胜，2004，2011；定海，解焱，2008；闫小玲等，2014）。

河南、湖南、江苏、江西、上海、四川、台湾、浙江；原产于欧洲至北非；归化于北温带。

蚊母草 4
wen mu cao

水蓑衣 仙桃草

Veronica peregrina Linnaeus, Sp. Pl. 1: 14. 1753. **(FOC)**

AH（徐海根和强胜，2011），BJ（刘全儒等，2002；建成区，郎金顶等，2008），CQ（徐海根和强胜，2011），FJ（徐海根和强胜，2011），GZ（徐海根和强胜，2011），HB（徐海根和强胜，2011），HL（徐海根和强胜，2011），HX（徐海根和强胜，2011），HY（储嘉琳等，2016），JL（长白山区，周繇，2003；长白山区，苏丽涛和马立军，2009；徐海根和强胜，2011），JS（徐海根和强胜，2011；苏州，林敏等，2012；寿海洋等，2014；严辉等，2014），JX（徐海根和强胜，2011），LN（徐海根和强胜，2011），SC（徐海根和强胜，2011），SH（徐海根和强胜，2011；张晴柔等，2013），YN（徐海根和强胜，2011），ZJ（徐海根和强胜，2011；闫小玲等，2014）。

安徽、澳门、北京、重庆、福建、广东、广西、贵州、河南、黑龙江、湖北、湖南、吉林、江苏、江西、辽宁、内蒙古、青海、陕西、山东、上海、四川、台

阿拉伯婆婆纳 2
a la bo po po na

波斯婆婆纳

Veronica persica Poiret, Encycl. 8: 542. 1808. **(FOC)**

AH（郭水良和李扬汉，1995；徐海根和强胜，2004，2011；淮北地区，胡刚等，2005a，胡刚等，2005b；黄山，汪小飞等，2007；何家庆和葛结林，2008；解焱，2008；张国良等，2008；车晋滇，2009；张中信，2009；万方浩等，2012；黄山市城区，梁宇轩等，2015），BJ（刘全儒等，2002；车晋滇，2004；林秦文等，2009；杨景成等，2009；建成区，赵娟娟等，2010；万方浩等，2012），CQ（石胜璋等，2004；金佛山自然保护区，林茂祥等，2007；金佛山自然保护区，滕永青，2008；解焱，2008；杨丽等，2008；金佛山自然保护区，孙娟等，2009；徐海根和强胜，2011；万州区，余顺慧和邓洪平，2011a，2011b；北碚区，杨柳等，2015；北碚区，严桧等，2016），FJ（郭水良和李扬汉，1995；厦门地区，陈恒彬，2005；厦门，欧健和卢昌义，2006a，2006b；罗明永，2008；解焱，2008；杨坚和陈恒彬，2009；长乐，林为涂，2013），GD（粤东地区，曾宪锋等，2009；粤东地区，朱慧，2012；乐昌，邹滨等，2015），GX（吴桂容，2006；唐赛春等，2008b；解焱，2008；林建勇等，2012；郭成林等，2013；百色，贾桂康，2013），GZ（屠玉麟，2002；徐海根和强胜，2004，2011；黔南地区，韦美玉等，2006；大沙河自然保护区，林茂祥等，2008；解焱，2008；张国良等，2008；车晋滇，2009；申敬民等，2010；贵阳市，石登红和李灿，2011；万方浩等，2012；贵阳市，陈菊艳等，2016），HB（刘胜祥和秦伟，2004；徐海根和强胜，2004，2011；天门市，沈体忠等，2008；解焱，2008；张国良等，2008；车晋滇，2009；李儒海等，2011；万方浩等，2012），HJ（徐海根和强胜，2004，2011；龙茹等，2008；解焱，2008；张国良等，2008；车晋滇，2009；万方浩等，2012），HX（徐海根和强胜，2004，2011；南岳自然保护区，谢红艳等，2007；彭兆普等，2008；洞庭湖区，

彭友林等, 2008; 解焱, 2008; 张国良等, 2008; 车晋滇, 2009; 湘西地区, 刘兴锋等, 2009; 常德市, 彭友林等, 2009; 湘西地区, 徐亮等, 2009; 衡阳市, 谢红艳等, 2011; 万方浩等, 2012; 谢红艳和张雪芹, 2012; 益阳市, 黄含吟等, 2016), **HY** (杜卫兵等, 2002; 田朝阳等, 2005; 董东平和叶永忠, 2007; 朱长山等, 2007; 解焱, 2008; 许昌市, 姜罡丞, 2009; 王列富和陈元胜, 2009; 李长看等, 2011; 新乡, 许桂芳和简在友, 2011; 储嘉琳等, 2016), **JS** (郭水良和李扬汉, 1995; 南京, 吴海荣和强胜, 2003; 南京, 吴海荣等, 2004; 徐海根和强胜, 2004, 2011; 李亚等, 2008; 解焱, 2008; 张国良等, 2008; 车晋滇, 2009; 董红云等, 2010a; 苏州, 林敏等, 2012; 万方浩等, 2012; 寿海洋等, 2014; 严辉等, 2014; 南京城区, 吴秀臣和芦建国, 2015; 胡长松等, 2016), **JX** (郭水良和李扬汉, 1995; 徐海根和强胜, 2004, 2011; 庐山风景区, 胡天印等, 2007c; 解焱, 2008; 张国良等, 2008; 车晋滇, 2009; 季春峰等, 2009; 雷平等, 2010; 王宁, 2010; 鞠建文等, 2011; 万方浩等, 2012; 朱碧华和朱大庆, 2013; 江西南部, 程淑媛等, 2015), **LN** (大连, 张淑梅等, 2013), **SA** (西安地区, 祁云枝等, 2010; 杨凌地区, 何纪琳等, 2013; 栾晓睿等, 2016), **SC** (徐海根和强胜, 2004, 2011; 解焱, 2008; 张国良等, 2008; 周小刚等, 2008; 车晋滇, 2009; 马丹炜等, 2009; 万方浩等, 2012), **SD** (潘怀剑和田家怡, 2001; 衣艳君等, 2005; 宋楠等, 2006; 昆嵛山, 赵宏和董翠玲, 2007; 青岛, 罗艳和刘爱华, 2008; 张绪良等, 2010; 曲阜, 赵灏, 2015), **SH** (郭水良和李扬汉, 1995; 印丽萍等, 2004; 秦卫华等, 2007; 解焱, 2008; 青浦, 左倬等, 2010; 张晴柔等, 2013), **TW** (解焱, 2008), **XJ** (徐海根和强胜, 2004, 2011; 解焱, 2008; 张国良等, 2008; 车晋滇, 2009; 万方浩等, 2012), **XZ** (徐海根和强胜, 2004, 2011; 解焱, 2008; 张国良等, 2008; 车晋滇, 2009; 万方浩等, 2012), **YN** (丁莉等, 2006; 红河流域, 徐成东等, 2006; 徐成东和陆树刚, 2006; 李乡旺等, 2007; 解焱, 2008; 申时才等, 2012; 万方浩等, 2012; 杨忠兴等, 2014), **ZJ** (郭水良和李扬汉, 1995; 徐海根和强胜, 2004, 2011; 杭州, 陈小永等, 2006; 李根有等, 2006; 金华市郊, 胡天印等, 2007b; 台州, 陈模舜等, 2008;

杭州市, 王嫩仙, 2008; 解焱, 2008; 张国良等, 2008; 车晋滇, 2009; 杭州西湖风景区, 梅笑漫等, 2009; 西溪湿地, 舒美英等, 2009; 张建国和张明如, 2009; 杭州, 张明如等, 2009; 温州, 丁炳扬和胡仁勇, 2011; 温州地区, 胡仁勇等, 2011; 西溪湿地, 缪丽华等, 2011; 万方浩等, 2012; 杭州, 谢国雄等, 2012; 宁波, 徐颖等, 2014; 闫小玲等, 2014; 杭州, 金祖达等, 2015; 周天焕等, 2016); 华东、华中、西南、西北等地 (李振宇和解焱, 2002); 海河流域滨岸带 (任颖等, 2015)。

安徽、北京、重庆、福建、广东、广西、贵州、河北、河南、湖北、湖南、江苏、江西、青海、陕西、山东、山西、上海、四川、台湾、西藏、香港、新疆、云南、浙江; 原产于西亚; 归化于温带和亚热带地区。

婆婆纳 4
po po na

豆豆蔓 花花裹兜 老蔓盘子 老鸦枕头

Veronica polita Fries, Novit. Fl. Suec. Ait. 1-2. 1828. **(FOC)**

Syn. *Veronica didyma* M. Tenore, Fl. Napol. 1: 6. 1811; *Veronica didyma* var. *lilacina* T. Yamazaki, J. Fac. Sci. Univ. Tokyo, Sect. 3, Bot. 7 (2): 150–151. 1957.

AH (李振宇和解焱, 2002; 淮北地区, 胡刚等, 2005b; 解焱, 2008; 张中信, 2009; 徐海根和强胜, 2011; 万方浩等, 2012), **BJ** (李振宇和解焱, 2002; 车晋滇, 2004; 车晋滇等, 2004; 贾春虹等, 2005; 解焱, 2008; 车晋滇, 2009; 徐海根和强胜, 2011; 万方浩等, 2012), **CQ** (李振宇和解焱, 2002; 石胜璋等, 2004; 金佛山自然保护区, 林茂祥等, 2007; 解焱, 2008; 徐海根和强胜, 2011; 万州区, 余顺慧和邓洪平, 2011a, 2011b; 万方浩等, 2012; 北碚区, 杨柳等, 2015; 北碚区, 严桧等, 2016), **FJ** (李振宇和解焱, 2002; 厦门地区, 陈恒彬, 2005; 厦门, 欧健和卢昌义, 2006a, 2006b; 解焱, 2008; 杨坚和陈恒彬, 2009; 徐海根和强胜, 2011; 万方浩等, 2012; 武夷山市, 李国平等, 2014), **GD** (乐昌, 邹滨等, 2015, 2016), **GS** (李振宇和解焱, 2002; 解焱, 2008; 徐海根和强胜, 2011; 万方浩等, 2012), **GX** (李振宇和解焱, 2002; 吴桂容, 2006; 谢云珍等, 2007; 唐

赛春等，2008b；解焱，2008；柳州市，石亮成等，2009；贾洪亮等，2011；徐海根和强胜，2011；林建勇等，2012；万方浩等，2012），**GZ**（李振宇和解焱，2002；大沙河自然保护区，林茂祥等，2008；解焱，2008；申敬民等，2010；徐海根和强胜，2011；万方浩等，2012），**HB**（李振宇和解焱，2002；刘胜祥和秦伟，2004；星斗山国家级自然保护区，卢少飞等，2005；天门市，沈体忠等，2008；解焱，2008；徐海根和强胜，2011；黄石市，姚发兴，2011；喻大昭等，2011；万方浩等，2012；章承林等，2012），**HJ**（李振宇和解焱，2002；龙茹等，2008；解焱，2008；车晋滇，2009；徐海根和强胜，2011；万方浩等，2012），**HX**（南岳自然保护区，谢红艳等，2007；洞庭湖区，彭友林等，2008；湘西地区，刘兴锋等，2009；常德市，彭友林等，2009；衡阳市，谢红艳等，2011；万方浩等，2012；谢红艳和张雪芹，2012；益阳市，黄含吟等，2016），**HY**（李振宇和解焱，2002；田朝阳等，2005；董东平和叶永忠，2007；朱长山等，2007；解焱，2008；许昌市，姜罡丞等，2009；李长看等，2011；新乡，许桂芳和简在友，2011；徐海根和强胜，2011；万方浩等，2012；储嘉琳等，2016），**JS**（李振宇和解焱，2002；南京，吴海荣等，2004；李亚等，2008；解焱，2008；徐海根和强胜，2011；万方浩等，2012；季敏等，2014；寿海洋等，2014；严辉等，2014；南京城区，吴秀臣和芦建国，2015；胡长松等，2016），**JX**（李振宇和解焱，2002；解焱，2008；徐海根和强胜，2011；万方浩等，2012；江西南部，程淑媛等，2015），**NM**（解焱，2008），**QH**（李振宇和解焱，2002；解焱，2008；徐海根和强胜，2011；万方浩等，2012），**SA**（李振宇和解焱，2002；解焱，2008；西安地区，祁云枝等，2010；徐海根和强胜，2011；万方浩等，2012；栾晓睿等，2016），**SC**（李振宇和解焱，2002；解焱，2008；周小刚等，2008；马丹炜等，2009；徐海根和强胜，2011；万方浩等，2012），**SD**（李振宇和解焱，2002；田家怡和吕传笑，2004；黄河三角洲，刘庆年等，2006；宋楠等，2006；惠洪者，2007；昆嵛山，赵宏和董翠玲，2007；解焱，2008；南四湖湿地，王元军，2010；张绪良等，2010；徐海根和强胜，2011；万方浩等，2012；昆嵛山，赵宏和丛海燕，2012），**SH**（李振宇和解焱，2002；解焱，2008；青浦，左倬等，2010；徐海根和强胜，2011；

万方浩等，2012；张晴柔等，2013；汪远等，2015），**SX**（石瑛等，2006；万方浩等，2012），**TW**（解焱，2008；万方浩等，2012），**XJ**（李振宇和解焱，2002；解焱，2008；徐海根和强胜，2011；万方浩等，2012），**XZ**（万方浩等，2012），**YN**（李振宇和解焱，2002；丁莉等，2006；红河流域，徐成东，2006；徐成东和陆树刚，2006；怒江干热河谷区，胡发广等，2007；解焱，2008；徐海根和强胜，2011；申时才等，2012；万方浩等，2012；怒江流域，沈利峰等，2013），**ZJ**（李振宇和解焱，2002；杭州市，王嫩仙，2008；解焱，2008；杭州西湖风景区，梅笑漫等，2009；西溪湿地，舒美英等，2009；张建国和张明如，2009；杭州，张明如等，2009；温州，丁炳扬和胡仁勇，2011；温州地区，胡仁勇等，2011；西溪湿地，缪丽华等，2011；徐海根和强胜，2011；万方浩等，2012；杭州，谢国雄等，2012；闫小玲等，2014；杭州，金祖达等，2015；周天焕等，2016）；华东、华中、西北、西南（车晋滇，2009）；黄河三角洲地区（赵怀浩等，2011）。

安徽、北京、重庆、福建、甘肃、广东、广西、贵州、河北、河南、湖北、湖南、江苏、江西、青海、陕西、山东、山西、上海、四川、台湾、西藏、香港、新疆、云南、浙江；原产于西亚；归化于北温带和亚热带地区。

紫葳科 Bignoniaceae

猫爪藤   3
mao zhua teng

猫儿爪

Macfadyena unguis-cati (Linnaeus) A. H. Gentry, Brittonia 25 (3): 236-237. 1973. **(FOC)**

FJ（李振宇和解焱，2002；厦门，卢昌义和张明强，2003；张明强等，2004；厦门地区，陈恒彬，2005；厦门，欧健和卢昌义，2006a，2006b；闫淑君等，2006；宁昭玉等，2007；罗明永，2008；解焱，2008；张国良等，2008；杨坚和陈恒彬，2009；福州，彭海燕和高关平，2013），**GD**（解焱，2008；张国良等，2008），**GX**（柳州市，石亮成等，2009；林建勇等，2012）；**SC**（陈开伟，2013）；广东、福建有引入并作观赏栽培，在福建逸为野生（李振宇和解焱，2002；徐海根和强胜，2011）。

     双子叶植物

福建、广东、广西、海南、江西、四川；原产于热带美洲；归化于热带亚洲。

鸭嘴花
ya zui hua

大驳骨 大驳骨消 大接骨 大叶驳骨兰 蛤蟆花 龙头草 牛舌兰 野靛叶

有待观察

Justicia adhatoda Linnaeus, Sp. Pl. 1: 15. 1753. (FOC)
Syn. *Adhatoda vasica* Nees, Pl. Asiat. Rar. 3: 103. 1832.

GD（徐海根和强胜，2011；林建勇等，2012；万方浩等，2012；乐昌，邹滨等，2016），GX（徐海根和强胜，2011；林建勇等，2012；万方浩等，2012），HK（徐海根和强胜，2011；万方浩等，2012），HN（徐海根和强胜，2011；林建勇等，2012；万方浩等，2012），MC（徐海根和强胜，2011；万方浩等，2012），SH（万方浩等，2012），YN（徐海根和强胜，2011；万方浩等，2012）。

澳门、广东、广西、海南、上海、天津、香港、云南；原产于南亚和东南亚。

小驳骨
xiao bo gu

驳骨丹 尖尾凤

有待观察

Justicia gendarussa Nicolaus Laurent Burman, Fl. Indica, 10. 1768. (FOC)
Syn. *Gendarussa vulgaris* Nees, Pl. Asiat. Rar. 3: 104. 1832.

TW（苗栗地区，陈运造，2006）。

澳门、福建、广东、广西、海南、湖南、辽宁、青海、台湾、香港、云南；原产于热带亚洲。

芦莉草
lu li cao

块根芦莉草

有待观察

Ruellia tuberosa Linnaeus, Sp. Pl. 2: 635. 1753. (FOC)

HN（曾宪锋等，2014），TW（苗栗地区，陈运造，2006）。

福建、广东、海南、台湾、云南；原产于热带美洲；归化于热带地区。

翼叶山牵牛
yi ye shan qian niu

黑眼花 翼柄邓伯花

有待观察

Thunbergia alata Bojer ex Sims, Bot. Mag. 52: t. 2591. 1825. (FOC)

JS（寿海洋等，2014），TW（苗栗地区，陈运造，2006）。

澳门、福建、广东、广西、江苏、台湾、香港、云南；原产于热带非洲。

角胡麻
jiao hu ma

有待观察

Martynia annua Linnaeus, Sp. Pl. 2: 618. 1753. (FOC)

YN（南部，徐海根和强胜，2011）。

云南；原产于中美洲；归化于南亚。

光药列当
guang yao lie dang

有待观察

Orobanche brassicae (Novopokrovsky) Novopokrovsky, Izv. Donsk. Inst. Sel'sk. Kohz. Melior. 9: 47, 54, 58. 1929. (FOC)

FJ（厦门鼓浪屿，徐海根和强胜，2011）。

福建；原产于东欧；归化于印度。

芒苞车前
mang bao che qian

具芒车前

有待观察

Plantago aristata Michaux, Fl. Bor. -Amer. 1: 95. 1803. **(FOC)**

JS (宿迁, 徐海根和强胜, 2011; 寿海洋等, 2014; 严辉等, 2014), **SA** (栾晓睿等, 2016), **SD** (田家怡和吕传笑, 2004; 张绪良等, 2010; 青岛, 徐海根和强胜, 2011)。

安徽、重庆、广东、广西、河北、河南、湖北、湖南、江苏、内蒙古、陕西、山东、四川、新疆、云南; 原产于北美洲; 归化于东亚和欧洲。

北美车前 3
bei mei che qian

北美毛车前 白籽车前 弗吉尼亚车前 毛车前

Plantago virginica Linnaeus, Sp. Pl. 1: 113. 1753. **(FOC)**

AH (郭水良和李扬汉, 1995; 李振宇和解焱, 2002; 陈明林等, 2003; 徐海根和强胜, 2004, 2011; 臧敏等, 2006; 黄山, 汪小飞等, 2007; 何家庆和葛结林, 2008; 解焱, 2008; 张国良等, 2008; 车晋滇, 2009; 张中信, 2009; 万方浩等, 2012; 黄山市城区, 梁宇轩等, 2015), **BJ** (车晋滇, 2009), **CQ** (石胜璋等, 2004; 解焱, 2008; 徐海根和强胜, 2011), **FJ** (李振宇和解焱, 2002; 徐海根和强胜, 2004, 2011; 解焱, 2008; 张国良等, 2008; 车晋滇, 2009; 杨坚和陈恒彬, 2009; 万方浩等, 2012), **GD** (李振宇和解焱, 2002; 惠州红树林自然保护区, 曹飞等, 2007; 解焱, 2008; 张国良等, 2008; 车晋滇, 2009; 林建勇等, 2012; 万方浩等, 2012; 乐昌, 邹滨等, 2015, 2016), **GZ** (黔南地区, 韦美玉等, 2006; 申敬民等, 2010), **HB** (天门市, 沈体忠等, 2008; 李儒海等, 2011; 黄石市, 姚发兴, 2011; 喻大昭等, 2011), **HK** (解焱, 2008), **HX** (李振宇和解焱, 2002; 徐海根和强胜, 2004, 2011; 郴州, 陈国发, 2006; 彭兆普等, 2008; 解焱, 2008; 张国良等, 2008; 车晋滇, 2009; 湘西地区, 徐亮等, 2009; 衡阳市, 谢红艳等, 2011; 万方浩等, 2012; 谢红艳和张雪芹, 2012), **HY** (储嘉琳等, 2016), **JL** (长春地区, 曲同宝等, 2015), **JS** (郭水良和李扬汉, 1995; 李振宇和解焱, 2002; 南京, 吴海荣和强胜, 2003; 郭水良等, 2004; 南京, 吴海荣等, 2004; 徐海根和强胜, 2004, 2011; 解焱, 2008; 张国良等, 2008;

车晋滇, 2009; 董红云等, 2010a; 苏州, 林敏等, 2012; 万方浩等, 2012; 季敏等, 2014; 寿海洋等, 2014; 严辉等, 2014; 南京城区, 吴秀臣和芦建国, 2015), **JX** (郭水良和李扬汉, 1995; 李振宇和解焱, 2002; 郭水良等, 2004; 徐海根和强胜, 2004, 2011; 解焱, 2008; 张国良等, 2008; 车晋滇, 2009; 季春峰等, 2009; 雷平等, 2010; 鄱阳湖国家级自然保护区, 葛刚等, 2010; 王宁, 2010; 鞠建文等, 2011; 万方浩等, 2012; 朱碧华和朱大庆, 2013; 江西南部, 程淑媛等, 2015), **SC** (李振宇和解焱, 2002; 徐海根和强胜, 2004, 2011; 解焱, 2008; 张国良等, 2008; 周小刚等, 2008; 车晋滇, 2009; 邛海湿地, 杨红, 2009; 万方浩等, 2012; 陈开伟, 2013), **SH** (郭水良和李扬汉, 1995; 李振宇和解焱, 2002; 郭水良等, 2004; 徐海根和强胜, 2004, 2011; 解焱, 2008; 张国良等, 2008; 车晋滇, 2009; 万方浩等, 2012; 张晴柔等, 2013; 汪远等, 2015), **TW** (李振宇和解焱, 2002; 徐海根和强胜, 2004, 2011; 苗栗地区, 陈运造, 2006; 解焱, 2008; 张国良等, 2008; 车晋滇, 2009; 万方浩等, 2012), **YN** (丁莉等, 2006; 申时才等, 2012; 杨忠兴等, 2014), **ZJ** (郭水良和李扬汉, 1995; 郭水良等, 2004; 李振宇和解焱, 2002; 徐海根和强胜, 2004, 2011; 金华, 陈坚波和陈国中, 2005; 杭州, 陈小永等, 2006; 李根有等, 2006; 金华市郊, 胡天印等, 2007b; 台州, 陈模舜, 2008; 杭州市, 王嫩仙, 2008; 解焱, 2008; 张国良等, 2008; 车晋滇, 2009; 杭州西湖风景区, 梅笑漫等, 2009; 西溪湿地, 舒美英等, 2009; 张建国和张明如, 2009; 张明如等, 2009; 天目山自然保护区, 陈京等, 2011; 温州, 丁炳扬和胡仁勇, 2011; 温州地区, 胡仁勇等, 2011; 西溪湿地, 缪丽华等, 2011; 万方浩等, 2012; 杭州, 谢国雄等, 2012; 闫小玲等, 2014; 杭州, 金祖达等, 2015; 周天焕等, 2016)。

安徽、北京、重庆、福建、广东、广西、贵州、河南、湖北、湖南、吉林、江苏、江西、四川、上海、台湾、香港、云南、浙江; 原产于北美洲; 归化于中美洲、日本和欧洲。

马醉草
ma zui cao

同瓣草

有待观察

Hippobroma longiflora (Linnaeus) G. Don, Gen. Hist. 3: 717. 1834. **(FOC)**

Syn. *Laurentia longiflora* (Linnaeus) Petermann, Pflanzenreich 444. 1845.

　　GD（曾宪锋等，2009；粤东地区，朱慧，2012）。

　　广东、台湾、香港；原产于中美洲牙买加；归化于热带、亚热带地区。

穿叶异檐花
chuan ye yi yan hua

异檐花

有待观察

Triodanis perfoliata (Linnaeus) Nieuwland, Amer. Midl. Naturalist 3 (7): 192. 1914. **(FOC)**

　　FJ（崇安和建宁，陈令静等，1992；解焱，2008；徐海根和强胜，2011），**TW**（徐海根和强胜，2011），**ZJ**（徐海根和强胜，2011；闫小玲等，2014；周天焕等，2016）。

　　安徽、福建、湖南、江西、台湾、浙江；原产于美洲。

异檐花
yi yan hua

侧镜花　卵叶异檐花

有待观察

Triodanis perfoliata（Linnaeus）Nieuwland subsp. *biflora*（Ruiz & Pavón）Lammers，Novon 16: 72. 2006. **(FOC)**

Syn. *Triodanis biflora*（Ruiz & Pavón）Greene，Man. Bot. San Francisco Bay 230. 1894.

　　AH（安庆，陈令静等，1992；郭水良和李扬汉，1995；解焱，2008；徐海根和强胜，2011），**FJ**（将乐，陈令静等，1992；解焱，2008；徐海根和强胜，2011），**JX**（郭水良和李扬汉，1995），**SC**（陈开伟，2013），**TW**（解焱，2008；徐海根和强胜，2011），**ZJ**（普陀，陈令静等，1992；郭水良和李扬汉，

1995；金华，陈坚波和陈国中，2005；解焱，2008；温州，丁炳扬和胡仁勇，2011；温州地区，胡仁勇等，2011；徐海根和强胜，2011；闫小玲等，2014）。

　　安徽、福建、湖南、江苏、江西、四川、上海、台湾、浙江；原产于美洲。

刺苞果
ci bao guo

刺苞菊

4

Acanthospermum hispidum de Candolle, Prodr. 5: 522. 1836. **(FOC)**

Acanthospermum australe auct. non (Loefling) Kuntze: Liu 等，2006；申时才等，2012；杨忠兴等，2014；陶永祥等，2017.

　　BJ（车晋滇，2004；杨景成等，2009），**GX**（西部，李振宇和解焱，2002；吴桂容，2006；谢云珍等，2007；解焱，2008；林建勇等，2012；防城金花茶自然保护区，吴儒华和李福阳，2012；百色，贾桂康，2013），**HN**（东寨港国家级自然保护区，秦卫华等，2008；曾宪锋等，2014），**SC**（周小刚等，2008），**YN**（李振宇和解焱，2002；徐海根和强胜，2004；丁莉等，2006；西双版纳，管志斌等，2006；红河流域，徐成东等，2006；徐成东和陆树刚，2006；李乡旺等，2007；瑞丽，赵见明，2007；解焱，2008；申时才等，2012；杨忠兴等，2014；西双版纳自然保护区，陶永祥等，2017）。

　　北京、福建、广东、广西、海南、四川、香港、云南；原产于南美洲；归化于热带地区。

蓍
shi

锯草　欧蓍　千叶蓍　洋蓍草

有待观察

Achillea millefolium Linnaeus, Sp. Pl. 2: 899. 1753. **(FOC)**

　　BJ（车晋滇，2009），**GS**（解焱，2008；车晋滇，2009；徐海根和强胜，2011），**HL**（解焱，2008；车晋滇，2009；徐海根和强胜，2011；鲁萍等，2012），**JL**（长白山区，周繇，2003；解焱，2008；车晋滇，2009；长白山区，苏丽涛和马立军，

2009；高燕和曹伟，2010；徐海根和强胜，2011；长春地区，曲同宝等，2015），**LN**（解焱，2008；车晋滇，2009；高燕和曹伟，2010；徐海根和强胜，2011；大连，张恒庆等，2016），**NM**（解焱，2008；车晋滇，2009；徐海根和强胜，2011），**SA**（解焱，2008；车晋滇，2009；徐海根和强胜，2011），**XJ**（解焱，2008；车晋滇，2009；徐海根和强胜，2011）；东北地区（郑美林和曹伟，2013）。

北京、重庆、福建、甘肃、广东、广西、贵州、海南、河北、黑龙江、河南、湖北、湖南、吉林、江苏、江西、辽宁、内蒙古、陕西、山东、上海、山西、四川、天津、新疆、云南、浙江；原产于北半球温带地区。

桂圆菊　　　　　　　　　　　有待观察
gui yuan ju

印度金钮扣

Acmella oleracea (Linnaeus) R. K. Jansen, Syst. Bot. Monogr. 8: 65. 1985. **(FOC)**

Bas. *Spilanthes oleracea* Linnaeus Syst. Nat. ed, 12, 2: 534. 1767

TW（苗栗地区，陈运造，2006）。

台湾；原产于南美洲。

白花金钮扣　　　　　　　　　　3
bai hua jin niu kou

Acmella radicans var. *debilis* (Kunth) R. K. Jansen, Syst. Bot. Monogr. 8: 72, f. 18. 1985. **(Tropicos)**

AH（王樟华等，2015；严靖等，2016），**ZJ**（严靖等，2016）。

安徽、浙江；原产于南美洲和西印度群岛。

破坏草　　　　　　　　　　　　1
po huai cao

紫茎泽兰　霸王草　败马草　臭草　黑颈草　解放草　花升麻　细升麻　腺泽兰　亚热带飞机草

Ageratina adenophora（Sprengel）R. M. King & H. Robinson，Phytologia 19（4）: 211. 1970. **(FOC)**

Bas. *Eupatorium adenophorum* Sprengel，

Syst. Veg. 3：420. 1826.

CQ（唐川江和周俗，2003；石胜璋等，2004；杨丽等，2008；张国良等，2008；万方浩等，2012），**FJ**（福州，彭海燕和高关平，2013），**GD**（卿贵华等，2003；北师大珠海分校，吴杰等，2011，2012），**GX**（李振宇和解焱，2002；环境总局和中国科学院，2003；缪绅裕和李冬梅，2003；卿贵华等，2003；唐川江和周俗，2003；江贵波，2004；徐海根和强胜，2004，2011；段惠等，2005；乐业旅游景区，贾桂康，2007a，2007b，2008；谢云珍，2007；商显坤等，2008；唐赛春等，2008b；张国良等，2008；车晋滇，2009；和太平等，2011；桂西，贾桂康，2011；胡刚和张忠华，2012；林建勇等，2012；万方浩等，2012；郭成林等，2013；百色，贾桂康，2013；于永浩等，2016），**GZ**（屠玉麟，2002；李振宇和解焱，2002；环境总局和中国科学院，2003；缪绅裕和李冬梅，2003；卿贵华等，2003；唐川江和周俗，2003；张正文和张雪尽，2003；江贵波，2004；徐海根和强胜，2004，2011；段惠等，2005；黔南地区，韦美玉等，2006；陈吉斌等，2008；解焱，2008；张国良等，2008；车晋滇，2009；申敬民等，2010；贵阳市，石登红和李灿，2011；黔西南，詹孝慈，2011；万方浩等，2012；贵阳市，陈菊艳等，2016），**HB**（段惠等，2005；张国良等，2008；万方浩等，2012；章承林等，2012），**HL**（鲁萍等，2012），**HN**（曾宪锋等，2014），**HX**（万方浩等，2012），**JS**（季敏等，2014），**JX**（江西南部，程淑媛等，2015），**SC**（西南部，李振宇和解焱，2002；凉山州，陈艳，2003；凉山，何萍和刘勇，2003；西南部，环境总局和中国科学院，2003；西南，孟秀祥等，2003；西南，缪绅裕和李冬梅，2003；卿贵华等，2003；唐川江和周俗，2003；乐山地区，易建平等，2003；江贵波，2004；徐海根和强胜，2004，2011；于兴军等，2004；周俗等，2004；段惠等，2005；凉山州，袁颖和王志民，2006；宜宾市，郭宗锋等，2007；西南部，解焱，2008；张国良等，2008；周小刚等，2008；车晋滇，2009；乐山市，刘忠等，2009；马丹炜等，2009；邛海湿地，杨红，2009；峨眉山景区，黄娇和刘忠，2011；万方浩等，2012；陈开伟，2013；周小刚等，2014），**TW**（李振宇和解焱，2002；环境总局和中国科学院，2003；缪绅裕和李冬梅，2003；解焱，2008；车晋滇，2009；万方浩等，2012），

双子叶植物

XZ（卿贵华等，2003；唐川江和周俗，2003；江贵波，2004；段惠等，2005；张国良等，2008；徐海根和强胜，2011；万方浩等，2012），**YN**（李振宇和解焱，2002；万方浩等，2002；环境总局和中国科学院，2003；缪绅裕和李冬梅，2003；卿贵华等，2003；唐川江和周俗，2003；刘鹏程，2004；江贵波，2004；王俊峰和冯玉龙，2004；王俊峰等，2004；徐海根和强胜，2004，2011；张玉娟等，2004；段惠等，2005；冯士明等，2005；刘鹏程，2004；丁莉等，2006；西双版纳，管志斌等，2006；西双版纳，李园等，2006；红河流域，徐成东等，2006；徐成东和陆树刚，2006；怒江干热河谷区，胡发广等，2007；李乡旺等，2007；瑞丽，赵见明，2007；董世魁等，2008；纳板河自然保护区，刘峰等，2008；曲靖市，施晓东等，2008；解焱，2008；张国良等，2008；南部山地，赵金丽等，2008a；中部，赵金丽等，2008b；车晋滇，2009；肖正清等，2009；陈建业等，2010；滇中，付登高等，2010；红河州，何艳萍等，2010；德宏州，马柱芳和谷芸，2011；唐樱殷和沈有信，2011；洱海流域，张桂彬等，2011；申时才等，2012；普洱，陶川，2012；万方浩等，2012；曲靖市，王艳和成志荣，2012；文山州，杨焓妤，2012；李咏梅等，2013；怒江流域，沈利峰等，2013；昭通，季青梅，2014；许美玲等，2014；杨忠兴等，2014；西双版纳自然保护区，陶永祥等，2017）。

重庆、福建、广东、广西、贵州、海南、黑龙江、湖北、湖南、江苏、江西、四川、台湾、西藏、香港、云南；原产于墨西哥；归化于泛热带地区。

藿香蓟   1
huo xiang ji

白花草 白花臭草 白毛苦 重阳草 臭炉草 藿香菊 蓝翠球 绿升麻 脓泡草 山羊草 胜红蓟 胜红菊 水丁药 夏田菊 咸虾花 消炎草 紫花毛草

Ageratum conyzoides Linnaeus, Sp. Pl. 2: 839. 1753. **(FOC)**

    AH（郭水良和李扬汉，1995；徐海根和强胜，2004；何家庆和葛结林，2008；万方浩等，2012），**BJ**（车晋滇，2004；杨景成等，2009；建成区，赵娟娟等，2010；徐海根和强胜，2011；环境保护部和中国科学院，2016），**CQ**（李振宇和解焱，2002；

石胜璋等，2004；金佛山自然保护区，林茂祥等，2007；范志伟等，2008；解焱，2008；徐海根和强胜，2011；万方浩等，2012；万州区，余顺慧和邓洪平，2011a，2011b；万方浩等，2012；北碚区，杨柳等，2015；环境保护部和中国科学院，2016；北碚区，严桧等，2016；），**FJ**（郭水良和李扬汉，1995；李振宇和解焱，2002；徐海根和强胜，2004，2011；郝建华和强胜，2005；厦门地区，陈恒彬，2005；刘巧云和王玲萍，2006；厦门，欧健和卢昌义，2006a，2006b；范志伟等，2008；罗明永，2008；解焱，2008；张国良等，2008；杨坚和陈恒彬，2009；申时才等，2012；万方浩等，2012；长乐，林为涂，2013；武夷山市，李国平等，2014；环境保护部和中国科学院，2016），**GD**（李振宇和解焱，2002；白云山，黄彩萍和曾丽梅，2003；鼎湖山，贺握权和黄忠良，2004；徐海根和强胜，2004，2011；深圳，严岳鸿等，2004；郝建华和强胜，2005；珠海市，黄辉宁等，2005b；惠州，郑洲翔等，2006；惠州红树林自然保护区，曹飞等，2007；范志伟等，2008；中山市，蒋谦才等，2008；白云山，李海生等，2008；广州，王忠等，2008；解焱，2008；张国良等，2008；鼎湖山国家级自然保护区，宋小玲等，2009；王芳等，2009；粤东地区，曾宪锋等，2009；吴海荣等，2010b；Fu等，2011；北师大珠海分校，吴杰等，2011，2012；岳茂峰等，2011；付岚等，2012；林建勇等，2012；万方浩等，2012；粤东地区，朱慧，2012；潮州市，陈丹生等，2013；广州南沙黄山鲁森林公园，李海生等，2015；乐昌，邹滨等，2015，2016；环境保护部和中国科学院，2016），**GX**（李振宇和解焱，2002；邓晰朝和卢旭，2004；徐海根和强胜，2004，2011；郝建华和强胜，2005；十万大山自然保护区，韦原莲等，2006；吴桂容，2006；乐业旅游景区，贾桂康，2007a；谢云珍等，2007；桂林，陈秋霞等，2008；范志伟等，2008；唐赛春等，2008b；解焱，2008；十万大山自然保护区，叶铎等，2008；张国良等，2008；柳州市，石亮成等，2009；和太平，2011；北部湾经济区，林建勇等，2011a，2011b；林建勇等，2012；胡刚和张忠华，2012；梧州市，马多等，2012；万方浩等，2012；防城金花茶自然保护区，吴儒华和李福阳，2012；郭成林等，2013；百色，贾桂康，2013；来宾市，林春华等，2015；灵山县，刘在松，2015；环境保护部和中国科学院，2016；金子岭风景区，贾桂康和钟林敏，2016；北部湾海岸带，刘熊，2017），**GZ**（李振宇和解焱，2002；徐海根和强胜，2004，2011；黔南地区，韦美玉等，2006；范志伟等，2008；大沙河自然保护区，林茂祥等，2008；解焱，2008；张国良等，2008；申敬民等，2010；万方浩等，2012；贵阳市，陈菊艳等，2016；环境保护部和中国科学院，2016），**HB**（刘胜祥和秦伟，2004；徐海根和强胜，2004，2011；解焱，2008；李儒海等，2011；喻大昭等，2011；万方浩等，2012；环境保护部和中国科学院，2016），**HJ**（秦皇岛，李顺才等，2009；环境保护部和中国科学院，2016），**HK**（李振宇和解焱，2002；徐海根和强胜，2004，2011；郝建华和强胜，2005；范志伟等，2008；解焱，2008；Leung等，2009；万方浩等，2012；环境保护部和中国科学院，2016），**HL**（鲁萍等，2012；环境保护部和中国科学院，2016），**HN**（李振宇和解焱，2002；徐海根和强胜，2004，2011；郝建华和强胜，2005；单家林等，2006；安锋等，2007；邱庆军等，2007；王伟等，2007；范志伟等，2008；铜鼓岭国家级自然保护区、东寨港国家级自然保护区、大田国家级自然保护区，秦卫华等，2008；石灰岩地区，秦新生等，2008；解焱，2008；霸王岭自然保护区，胡雪华等，2011；甘什岭自然保护区，张荣京和邢福武，2011；周祖光，2011；林建勇等，2012；万方浩等，2012；曾宪锋等，2014；陈玉凯等，2016；环境保护部和中国科学院，2016），**HX**（李振宇和解焱，2002；徐海根和强胜，2004，2011；郴州，陈国发，2006；范志伟等，2008；彭兆普等，2008；洞庭湖区，彭友林等，2008；解焱，2008；湘西地区，刘兴锋等，2009；常德市，彭友林等，2009；湘西地区，徐亮等，2009；衡阳市，谢红艳等，2011；万方浩等，2012；谢红艳和张雪芹，2012；环境保护部和中国科学院，2016；益阳市，黄含吟等，2016），**HY**（新乡，许桂芳和简在友，2011；储嘉琳等，2016；环境保护部和中国科学院，2016），**JL**（环境保护部和中国科学院，2016），**JS**（郭水良和李扬汉，1995；李振宇和解焱，2002；徐海根和强胜，2004，2011；范志伟等，2008；解焱，2008；董红云等，2010a；苏州，林敏等，2012；万方浩等，2012；寿海洋等，2014；严辉等，2014；南京城区，吴秀臣和芦建国，2015；胡长松等，2016；环境保护部和中国科学院，2016），**JX**（郭水良和李扬汉，1995；李振宇和解焱，2002；徐海根和强胜，2004，2011；范志

伟等，2008；解焱，2008；张国良等，2008；季春峰等，2009；雷平等，2010；王宁，2010；Fu等，2011；鞠建文等，2011；付岚等，2012；万方浩等，2012；朱碧华和朱大庆，2013；朱碧华等，2014；江西南部，程淑媛等，2015；环境保护部和中国科学院，2016），**LN**（环境保护部和中国科学院，2016），**MC**（李振宇和解焱，2002；王发国等，2004；万方浩等，2012；环境保护部和中国科学院，2016），**SA**（西安地区，祁云枝等，2010；环境保护部和中国科学院，2016；栾晓睿等，2016），**SC**（李振宇和解焱，2002；徐海根和强胜，2004；范志伟等，2008；解焱，2008；张国良等，2008；周小刚等，2008；马丹炜等，2009；邛海湿地，杨红，2009；万方浩等，2012；陈开伟，2013；孟兴等，2015；环境保护部和中国科学院，2016），**SD**（衣艳君等，2005；徐海根和强胜，2011；环境保护部和中国科学院，2016），**SH**（郭水良和李扬汉，1995；张晴柔等，2013；汪远等，2015；环境保护部和中国科学院，2016），**TJ**（解焱，2008；环境保护部和中国科学院，2016），**TW**（李振宇和解焱，2002；徐海根和强胜，2004，2011；苗栗地区，陈运造，2006；兰阳平原，吴永华，2006；范志伟等，2008；解焱，2008；杨宜津，2008；车晋滇，2009；万方浩等，2012；环境保护部和中国科学院，2016），**XZ**（东南部，李振宇和解焱，2002；西南部，范志伟等，2008；解焱，2008；东南部，万方浩等，2012；环境保护部和中国科学院，2016），**YN**（李振宇和解焱，2002；刘鹏程，2004；徐海根和强胜，2004，2011；郝建华和强胜，2005；丁莉等，2006；西双版纳，管志斌等，2006；红河流域，徐成东等，2006；徐成东和陆树刚，2006；怒江干热河谷区，胡发广等，2007；李乡旺等，2007；瑞丽，赵见明，2007；范志伟等，2008；纳板河自然保护区，刘峰等，2008；解焱，2008；张国良等，2008；南部山地，赵金丽等，2008b；陈建业等，2010；红河州，何艳萍等，2010；洱海流域，张桂彬等，2011；普洱，陶川，2012；万方浩等，2012；怒江流域，沈利峰等，2013；许美玲等，2014；杨忠兴等，2014；环境保护部和中国科学院，2016；西双版纳自然保护区，陶永祥等，2017），**ZJ**（郭水良和李扬汉，1995；李振宇和解焱，2002；徐海根和强胜，2004，2011；金华，陈坚波和陈国中，2005；杭州，陈小永等，2006；李根有等，2006；金华市郊，李娜等，2007；范志伟等，2008；温州，高末等，2008；

双子叶植物

杭州市，王嫩仙，2008；解焱，2008；杭州西湖风景区，梅笑漫等，2009；西溪湿地，舒美英等，2009；张建国和张明如，2009；天目山自然保护区，陈京等，2011；温州，丁炳扬和胡仁勇，2011；温州地区，胡仁勇等，2011；西溪湿地，缪丽华等，2011；万方浩等，2012；杭州，谢国雄等，2012；闫小玲等，2014；杭州，金祖达等，2015；环境保护部和中国科学院，2016；周天焕等，2016）；华东、华中、华南、西南等地（车晋滇，2009）。

安徽、澳门、北京、重庆、福建、广东、广西、贵州、海南、河北、河南、黑龙江、湖北、湖南、江苏、江西、陕西、山东、上海、四川、台湾、天津、西藏、香港、云南、浙江；原产于热带美洲；归化于旧大陆热带、亚热带地区。

熊耳草　3
xiong er cao

紫花藿香蓟

Ageratum houstonianum Miller, Gard. Dict. ed. 8, Ageratum no. 2. 1768. (FOC)

AH（臧敏等，2006；范志伟等，2008；何家庆和葛结林，2008；解焱，2008；徐海根和强胜，2011；万方浩等，2012），**FJ**（徐海根和强胜，2004，2011；范志伟等，2008；解焱，2008；万方浩等，2012），**GD**（徐海根和强胜，2004，2011；深圳，严岳鸿等，2004；珠海市，黄辉宁等，2005b；范志伟等，2008；中山市，蒋谦才等，2008；广州，王忠等，2008；解焱，2008；王芳等，2009；万方浩等，2012；粤东地区，曾宪锋等，2009；Fu等，2011；岳茂峰等，2011；付岚等，2012；粤东地区，朱慧，2012），**GX**（徐海根和强胜，2004，2011；十万大山自然保护区，韦原莲等，2006；谢云珍等，2007；范志伟等，2008；唐赛春等，2008b；解焱，2008；十万大山自然保护区，叶铎等，2008；胡刚和张忠华，2012；万方浩等，2012；郭成林等，2013；百色，贾桂康，2013），**GZ**（范志伟等，2008；解焱，2008；徐海根和强胜，2011；万方浩等，2012），**HL**（范志伟等，2008；解焱，2008；鲁萍等，2012；万方浩等，2012），**HK**（Leung等，2009），**HN**（徐海根和强胜，2004，2011；安锋等，2007；王伟等，2007；范志伟等，2008；解焱，2008；周祖光，2011；万方浩等，2012；曾宪锋等，2014；陈玉凯

等，2016），**HX**（湘西地区，刘兴锋等，2009），**HY**（储嘉琳等，2016），**JS**（郭水良和李扬汉，1995；范志伟等，2008；解焱，2008；徐海根和强胜，2011；万方浩等，2012；寿海洋等，2014；严辉等，2014），**JX**（Fu等，2011；付岚等，2012；江西南部，程淑媛等，2015），**MC**（王发国等，2004），**SC**（范志伟等，2008；解焱，2008；周小刚等，2008；万方浩等，2012），**SD**（范志伟等，2008；解焱，2008；徐海根和强胜，2011；万方浩等，2012），**SH**（郭水良和李扬汉，1995；张晴柔等，2013），**TW**（徐海根和强胜，2004，2011；苗栗地区，陈运造，2006；范志伟等，2008；解焱，2008；杨宜津，2008；万方浩等，2012），**YN**（徐海根和强胜，2004，2011；丁莉等，2006；红河流域，徐成东等，2006；徐成东和陆树刚，2006；范志伟等，2008；解焱，2008；申时才等，2012；万方浩等，2012；杨忠兴等，2014；西双版纳自然保护区，陶永祥等，2017），**ZJ**（郭水良和李扬汉，1995；范志伟等，2008；解焱，2008；杭州西湖风景区，梅笑漫等，2009；徐海根和强胜，2011；万方浩等，2012；闫小玲等，2014；周天焕等，2016）；赤水河中游地区（窦全丽等，2015）。

安徽、澳门、北京、重庆、福建、广东、广西、贵州、海南、河北、河南、黑龙江、湖南、江苏、江西、辽宁、陕西、山东、上海、四川、台湾、天津、西藏、香港、云南、浙江；原产于热带美洲；归化于南亚和非洲。

豚草　1
tun cao

艾叶破布草　艾叶豚草　美洲艾　美洲豚草　普通豚草　猪草

Ambrosia artemisiifolia Linnaeus, Sp. Pl. 2: 988. 1753. (FOC)

AH（郭水良和李扬汉，1995；陈明林等，2003；徐海根和强胜，2004，2011；淮北地区，胡刚等，2005a，胡刚等，2005b；臧敏等，2006；何家庆和葛结林，2008；解焱，2008；张国良等，2008；张中信，2009；何冬梅等，2010；万方浩等，2012），**BJ**（刘全儒等，2002；车晋滇，2004；车晋滇等，2004；秦大唐和蔡博峰，2004；林秦文等，2009；贾春虹等，2005；杨景成等，2009；焦宇和刘龙，2010；彭程等，2010；徐海根和强胜，2011；万方浩等，2012；王苏铭等，2012），**FJ**（阮少江，

2002;厦门地区,陈恒彬,2005;刘巧云和王玲萍,2006;闫淑君等,2006;宁昭玉等,2007;张国良等,2008;杨坚和陈恒彬,2009;徐海根和强胜,2011;万方浩等,2012;长乐,林为淦,2013;福州,彭海燕等,2013;武夷山市,李国平等,2014),**GD**(曾宪锋,2003;粤东地区,曾宪锋等,2009;黄红英等,2010;韶关地区,周伟等,2010;岳茂峰等,2011;冯莉等,2012;黄久香等,2012;林建勇等,2012;万方浩等,2012;稔平半岛,于飞等,2012;粤东地区,朱慧,2012;乐昌,邹滨等,2015,2016),**GX**(吴桂容,2006;谢云珍等,2007;林建勇等,2012;万方浩等,2012;郭成林等,2013;来宾市,林春华等,2015),**GZ**(徐海根和强胜,2004,2011;解焱,2008;万方浩等,2012),**HB**(刘胜祥和秦伟,2004;徐海根和强胜,2004,2011;天门市,沈体忠等,2008;解焱,2008;张国良等,2008;黄石市,姚发兴,2011;喻大昭等,2011;万方浩等,2012),**HJ**(徐海根和强胜,2004,2011;龙茹等,2008;解焱,2008;张国良等,2008;秦皇岛,李顺才等,2009;万方浩等,2012),**HL**(徐海根和强胜,2004,2011;李玉生等,2005;解焱,2008;张国良等,2008;高燕和曹伟,2010;鲁萍等,2012;万方浩等,2012;郑宝江和潘磊,2012;镜泊湖国家公园,吴岩等,2013),**HN**(罗文启等,2015),**HX**(徐海根和强胜,2004,2011;彭兆普等,2008;洞庭湖区,彭友林等,2008;解焱,2008;张国良等,2008;邓旭等,2011;万方浩等,2012;谢红艳和张雪芹,2012),**HY**(田朝阳等,2005;董东平和叶永忠,2007;朱长山等,2007;张国良等,2008;王列富和陈元胜,2009;李长看等,2011;万方浩等,2012;储嘉琳等,2016),**JL**(长白山区,周繇,2003;徐海根和强胜,2004,2011;长春地区,李斌等,2007;孙仓等,2007;解焱,2008;张国良等,2008;长白山区,苏丽涛和马立军,2009;高燕和曹伟,2010;万方浩等,2012;长春地区,曲同宝等,2015),**JS**(张雪浓和陶世琪,1990;郭水良和李扬汉,1995;南京,吴海荣和强胜,2003;南京,吴海荣等,2004;徐海根和强胜,2004,2011;李亚等,2008;解焱,2008;张国良等,2008;董红云等,2010a;苏州,林敏等,2012;万方浩等,2012;季敏等,2014;寿海洋等,2014;严辉等,2014;南京城区,吴秀臣和芦建国,2015),**JX**(郭

水良和李扬汉,1995;徐海根和强胜,2004,2011;庐山风景区,胡天印等,2007c;解焱,2008;南昌,詹书侠等,2008;张国良等,2008;季春峰等,2009;鄱阳湖国家级自然保护区,葛刚等,2010;雷平等,2010;王宁,2010;鞠建文等,2011;万方浩等,2012;南昌市,朱碧华和杨凤梅,2012;朱碧华和朱大庆,2013;熊兴旺,2013),**LN**(曲波,2003;徐海根和强胜,2004,2011;齐淑艳和徐文铎,2006;曲波等,2006a,2006b,2010;解焱,2008;张国良等,2008;沈阳,付海滨等,2009;高燕和曹伟,2010;老铁山自然保护区,吴晓妹等,2010;宽甸地区,李竞峰,2012;万方浩等,2012;大连,张淑梅等,2013;大连,张恒庆等,2016),**NM**(徐海根和强胜,2004,2011;解焱,2008;万方浩等,2012),**SA**(张国良等,2008;栾晓睿等,2016),**SC**(徐海根和强胜,2004,2011;周小刚等,2008;万方浩等,2012;陈开伟,2013;周小刚等,2014),**SD**(潘怀剑和田家怡,2001;肖素荣等,2003;田家怡和吕传笑,2004;衣艳君等,2005;黄河三角洲,刘庆年等,2006;吴彤等,2006,2007;惠洪者,2007;青岛,罗艳和刘爱华,2008;解焱,2008;张国良等,2008;张绪良等,2010;徐海根和强胜,2011;万方浩等,2012),**SH**(郭水良和李扬汉,1995;徐海根和强胜,2004,2011;印丽萍等,2004;张国良等,2008;万方浩等,2012;张晴柔等,2013;汪远等,2015),**TJ**(徐海根和强胜,2011),**TW**(袁秋英等,1994;苗栗地区,陈运造,2006;解焱,2008;杨宜津,2008),**XZ**(徐海根和强胜,2004,2011;万方浩等,2012),**YN**(德宏州,马柱芳和谷芸,2011;万方浩等,2012),**ZJ**(郭水良和李扬汉,1995;徐海根和强胜,2004,2011;金华,陈坚波和陈国中,2005;杭州,陈小永等,2006;李根有等,2006;台州,陈模舜,2008;温州,高末等,2008;杭州市,王嫩仙,2008;解焱,2008;张国良等,2008;杭州西湖风景区,梅笑漫等,2009;西溪湿地,舒美英等,2009;张建国和张明如,2009;张明如等,2009;天目山自然保护区,陈京等,2011;温州,丁炳扬和胡仁勇,2011;温州地区,胡仁勇等,2011;西溪湿地,缪丽华等,2011;万方浩等,2012;杭州,谢国雄等,2012;闫小玲等,2014;杭州,金祖达等,2015;周天焕等,2016);东北、华北、华中、华东等地约15个省、直辖市(李振宇和解焱,

双子叶植物

2002；环境总局和中国科学院，2003；缪绅裕和李冬梅，2003）；东北、华北、华东、华中等地（车晋滇，2009）；东北地区（郑美林和曹伟，2013）；海河流域滨岸带（任颖等，2015）。

安徽、北京、福建、广东、广西、贵州、河北、河南、黑龙江、湖北、湖南、吉林、江苏、江西、辽宁、内蒙古、陕西、山东、山西、上海、四川、台湾、天津、西藏、云南、浙江；原产于中美洲和北美洲；归化于亚洲和欧洲。

三裂叶豚草　　　　　　　　　1
san lie ye tun cao

大破布草

Ambrosia trifida Linnaeus, Sp. Pl. 2: 987. 1753. (FOC)

Syn. *Ambrosia trifida* Linnaeus var. *integrifolia* (Muhlenberg ex Willdenow) Torrey & A. Gray, Fl. N. Amer. 2(2): 290. 1842.

AH（郭水良和李扬汉，1995；陈明林等，2003），**BJ**（刘全儒等，2002；秦大唐和蔡博峰，2004；车晋滇，2004；车晋滇等，2004；秦大唐和蔡博峰，2004；徐海根和强胜，2004，2011；贾春虹等，2005；林秦文等，2009；杨景成等，2009；环境保护部和中国科学院，2010；焦宇和刘龙，2010；彭程等，2010；万方浩等，2012；王苏铭等，2012），**HB**（万方浩等，2012），**HJ**（徐海根和强胜，2004，2011；龙茹等，2008；解焱，2008；秦皇岛，李顺才等，2009；环境保护部和中国科学院，2010；万方浩等，2012），**HL**（解焱，2008；鲁萍等，2012；万方浩等，2012；郑宝江和潘磊，2012；李明等，2014），**HX**（万方浩等，2012），**HY**（董东平和叶永忠，2007），**JL**（长白山区，周繇，2003；何春光等，2004；王虹扬等，2004；徐海根和强胜，2004，2011；长春地区，李斌等，2007；孙仓等，2007；长白山区，苏丽涛和马立军，2009；高燕和曹伟，2010；环境保护部和中国科学院，2010；万方浩等，2012；长春地区，曲同宝等，2015），**JS**（郭水良和李扬汉，1995；寿海洋等，2014；严辉等，2014），**JX**（郭水良和李扬汉，1995；南昌，詹书侠等，2008；万方浩等，2012），**LN**（曲波，2003；徐海根和强胜，2004，2011；齐淑艳和徐文铎，2006；曲波等，2006a，2006b，2010；解焱，

2008；沈阳，付海滨等，2009；阜新，郑国良和孟庆国，2009；高燕和曹伟，2010；环境保护部和中国科学院，2010；鸭绿江口滨海湿地自然保护区，吴晓姝等，2010；阜新，刘旭昕和方芳，2011；万方浩等，2012；大连，张淑梅等，2013；大连，张恒庆等，2016），**NM**（万方浩等，2012；庞立东等，2015），**SA**（栾晓睿等，2016），**SC**（周小刚等，2008；周小刚等，2014），**SD**（田家怡和吕传笑，2004；青岛，罗艳和刘爱华，2008；张绪良等，2010；万方浩等，2012；杨波等，2012），**SH**（郭水良和李扬汉，1995；佘山地区，达良俊等，2008；张晴柔等，2013；汪远等，2015），**TJ**（环境保护部和中国科学院，2010；徐海根和强胜，2011），**ZJ**（郭水良和李扬汉，1995；杭州，陈小永等，2006；李根有等，2006；杭州西湖风景区，梅笑漫等，2009；张建国和张明如，2009；万方浩等，2012；闫小玲等，2014；杭州，金ball达等，2015；周天焕等，2016）；东北、华北、华东、华中等地（车晋滇，2009）；东北地区（郑美林和曹伟，2013）。

安徽、北京、福建、广东、广西、河北、河南、黑龙江、湖北、湖南、吉林、江苏、江西、辽宁、内蒙古、陕西、山东、上海、四川、天津、浙江；原产于北美洲。

田春黄菊　　　　　　　　有待观察
tian chun huang ju

Anthemis arvensis Linnaeus, Sp. Pl. 2: 894. 1753. (FOC)

JL（徐海根和强胜，2004，2011），**LN**（徐海根和强胜，2004，2011）。

吉林、江西、辽宁、山东、四川；原产于欧洲。

白花鬼针草　　　　　　　　　1
bai hua gui zhen cao

大花咸丰草

Bidens alba (Linnaeus) de Candolle, Prodr. 5: 605. 1836. (TPL)

GD（深圳，严岳鸿等，2004；中山市，蒋谦才等，2008；粤东地区，曾宪锋等，2009；岳茂峰等，2011；粤东地区，朱慧，2012；乐昌，邹滨等，2015），**GX**（胡刚和张忠华，2012；百色，贾

桂康，2013；来宾市，林春华等，2015；于永浩等，2016；北部湾海岸带，刘熊，2017），**HK**（Leung 等，2009），**HN**（石灰岩地区，秦新生等，2008；曾宪锋等，2014），**MC**（王发国等，2004），**SA**（杨凌地区，何纪琳等，2013），**TW**（苗栗地区，陈运造，2006）。

安徽、澳门、福建、广东、广西、贵州、海南、湖北、江西、陕西、四川、台湾、香港；原产于美洲。

婆婆针　　　　　　　　　3
po po zhen

鬼针草　三叶鬼针草

Bidens bipinnata Linnaeus, Sp. Pl. 2: 832-833. 1753. (FOC)

CQ（万州区，余顺慧和邓洪平，2011a，2011b），**GD**（北师大珠海分校，吴杰等，2012；乐昌，邹滨等，2015，2016），**HL**（郑宝江和潘磊，2012），**HX**（洞庭湖区，彭友林等，2008），**HY**（储嘉琳等，2016），**JS**（寿海洋等，2014；严辉等，2014），**SA**（栾晓睿等，2016），**YN**（西双版纳，管志斌等，2006；许美玲等，2014；西双版纳自然保护区，陶永祥等，2017）；东北草地（石洪山等，2016）。

安徽、澳门、北京、重庆、福建、甘肃、广东、广西、贵州、河北、河南、黑龙江、湖北、湖南、吉林、江苏、江西、辽宁、内蒙古、青海、陕西、山东、山西、上海、四川、台湾、天津、西藏、香港、云南、浙江；可能原产于东亚和北美洲；归化于朝鲜半岛、南亚和欧洲。

大狼杷草　　　　　　　　1
da lang pa cao

大花咸丰草　大狼杷草　接力草　外国脱力草

Bidens frondosa Linnaeus, Sp. Pl. 2: 832. 1753. (FOC)

AH（郭水良和李扬汉，1995；陈明林等，2003；徐海根和强胜，2004，2011；淮北地区，胡刚等，2005a，2005b；臧敏等，2006；何家庆和葛结林，2008；车晋滇，2009；万方浩等，2012；黄山市城区，梁宇轩等，2015；环境保护部和中国科学院，2016），**BJ**（车晋滇，2009；林秦文等，2009；松山自然保护区，刘佳凯等，2012；万方浩等，2012；

松山自然保护区，王惠惠等，2014；环境保护部和中国科学院，2016），**CQ**（万州区，余顺慧和邓洪平，2011a，2011b；环境保护部和中国科学院，2016），**FJ**（武夷山市，李国平等，2014；环境保护部和中国科学院，2016），**GD**（惠州红树林自然保护区，曹飞等，2007；鼎湖山国家级自然保护区，宋小玲等，2009；岳茂峰等，2011；佛山，黄益燕等，2011；环境保护部和中国科学院，2016），**GX**（桂林，陈秋霞等，2008；防城金花茶自然保护区，吴儒华和李福阳，2012；郭成林等，2013；韦春强等，2013；环境保护部和中国科学院，2016），**GZ**（贵阳市，陈菊艳等，2016），**HB**（刘胜祥和秦伟，2004；李儒海等，2011；喻大昭等，2011；环境保护部和中国科学院，2016），**HJ**（解焱，2008；车晋滇，2009；万方浩等，2012；环境保护部和中国科学院，2016），**HL**（徐海根和强胜，2011；环境保护部和中国科学院，2016），**HN**（东寨港国家级自然保护区，秦卫华等，2008；曾宪锋等，2014；环境保护部和中国科学院，2016），**HX**（湘西地区，徐亮等，2009；环境保护部和中国科学院，2016），**HY**（董东平和叶永忠，2007；许昌市，姜罡丞，2009；万方浩等，2012；储嘉琳等，2016；环境保护部和中国科学院，2016），**JL**（长白山区，周繇，2003；解焱，2008；车晋滇，2009；长白山区，苏丽涛和马立军，2009；徐海根和强胜，2011；万方浩等，2012；长春地区，曲同宝等，2015；环境保护部和中国科学院，2016），**JS**（郭水良和李扬汉，1995；徐海根和强胜，2004，2011；李亚等，2008；解焱，2008；车晋滇，2009；董红云等，2010a；苏州，林敏等，2012；万方浩等，2012；寿海洋等，2014；严辉等，2014；胡长松等，2016），**JX**（郭水良和李扬汉，1995；雷平等，2010；朱碧华和朱大庆，2013；江西南部，程淑媛等，2015；环境保护部和中国科学院，2016），**LN**（曲波，2003；徐海根和强胜，2004，2011；曲波等，2006a，2006b，2010；解焱，2008；车晋滇，2009；沈阳，付海滨等，2009；鸭绿江口滨海湿地自然保护区，吴晓姝等，2010；万方浩等，2012；大连，张淑梅等，2013；大连，张恒庆等，2016；环境保护部和中国科学院，2016），**SC**（周小刚等，2008；环境保护部和中国科学院，2016），**SD**（潘怀剑和田家怡，2001；田家怡和吕传笑，2004；衣艳君等，2005；黄河三角洲，刘庆年等，2006；宋楠等，2006；吴彤等，2006；惠洪者，2007；昆嵛山，赵

　　　　　　　　　　　　　　　双子叶植物

宏和董翠玲，2007；青岛，罗艳和刘爱华，2008；张绪良等，2010；昆嵛山，赵宏和丛海燕，2012；环境保护部和中国科学院，2016），**SH**（郭水良和李扬汉，1995；解焱，2008；车晋滇，2009；万方浩等，2012；张晴柔等，2013；汪远等，2015；环境保护部和中国科学院，2016），**TW**（杨宜津，2008；环境保护部和中国科学院，2016），**YN**（丁莉等，2006；申时才等，2012；杨忠兴等，2014；环境保护部和中国科学院，2016），**ZJ**（郭水良和李扬汉，1995；徐海根和强胜，2004，2011；金华，陈坚波和陈国中，2005；杭州，陈小永等，2006；李根有等，2006；金华市郊，李娜等，2007；温州，高末等，2008；杭州市，王嫩仙，2008；解焱，2008；车晋滇，2009；杭州西湖风景区，梅笑漫等，2009；西溪湿地，舒美英等，2009；张建国和张明如，2009；杭州，张明如等，2009；温州，丁炳扬和胡仁勇，2011；温州地区，胡仁勇等，2011；西溪湿地，缪丽华等，2011；万方浩等，2012；杭州，谢国雄等，2012；宁波，徐颖等，2014；闫小玲等，2014；杭州，金祖达等，2015；周天焕，2016；环境保护部和中国科学院，2016）；黄河三角洲地区（赵怀浩等，2011）；海河流域滨岸带（任颖等，2015）。

安徽、北京、重庆、广东、广西、福建、贵州、海南、河北、河南、黑龙江、湖北、湖南、吉林、江苏、江西、辽宁、陕西、山东、上海、四川、台湾、云南、浙江；原产于北美洲；归化于日本。

鬼针草　　　　　　　　　　　　1
gui zhen cao
白花鬼针草　大花咸丰草　婆婆针　三叶鬼针草　引线草

Bidens pilosa Linnaeus, Sp. Pl. 2: 832. 1753.
(FOC)
Syn. *Bidens pilosa* Linnaeus var. *minor* (Blume) Sherff, Bot. Gaz. 80 (4): 387. 1925; *Bidens pilosa* Linnaeus var. *radiata* (S. Bipontinus) J. A. Schmidt, Beitr. Fl. Cap Verd. Ins. 197. 1852.

AH（淮北地区，胡刚等，2005a，2005b；臧敏等，2006；黄山，汪小飞等，2007；解焱，2008；徐海根和强胜，2011；万方浩等，2012；环境保护部和中国科学院，2014），**BJ**（刘全儒等，2002；车晋滇，2004，2009；贾春虹等，2005；雷霆等，

2006；杨景成等，2009；松山自然保护区，刘佳凯等，2012；万方浩等，2012；王苏铭等，2012；松山自然保护区，王惠惠等，2014；环境保护部和中国科学院，2014），**CQ**（石胜璋等，2004；黔江区，邓绪国，2006；金佛山自然保护区，林茂祥等，2007；佛山自然保护区，滕永青，2008；解焱，2008；杨丽等，2008；金佛山自然保护区，孙娟等，2009；徐海根和强胜，2011；万方浩等，2012；环境保护部和中国科学院，2014；北碚区，杨柳等，2015；北碚区，严桧等，2016），**FJ**（厦门地区，陈恒彬，2005；刘巧云和王玲萍，2006；厦门，欧健和卢昌义，2006a，2006b；罗明永，2008；解焱，2008；杨坚和陈恒彬，2009；徐海根和强胜，2011；万方浩等，2012；长乐，林为凎，2013；环境保护部和中国科学院，2014；武夷山市，李国平等，2014；），**GD**（鼎湖山，贺握权和黄忠良，2004；洪岚等，2004；深圳，严岳鸿等，2004；珠海市，黄辉宁等，2005b；惠州，郑洲翔等，2006；惠州红树林自然保护区，曹飞等，2007；中山市，蒋谦才等，2008；白云山，李海生等，2008；广州，王忠等，2008；解焱，2008；王芳等，2009；粤东地区，曾宪锋等，2009；广州，陈亮等，2011；Fu 等，2011；北师大珠海分校，吴杰等，2011，2012；徐海根和强胜，2011；岳茂峰等，2011；付岚等，2012；林建勇等，2012；万方浩等，2012；稔平半岛，于飞等，2012；粤东地区，朱慧，2012；潮州市，陈丹生等，2013；深圳，张春颖等，2013；环境保护部和中国科学院，2014；广州，李许文等，2014；深圳，蔡毅等，2015；广州南沙黄山鲁森林公园，李海生等，2015；乐昌，邹滨等，2016），**GX**（邓晰朝和卢旭，2004；唐赛春等，2008b；十万大山自然保护区，韦原莲等，2006；吴桂容，2006；谢云珍等，2007；桂林，陈秋霞等，2008；解焱，2008；柳州市，石亮成等，2009；和太平等，2011；北部湾经济区，林建勇等，2011a，2011b；林建勇等，2012；胡刚和张忠华，2012；梧州市，马多等，2012；万方浩等，2012；防城金花茶自然保护区，吴儒华和李福阳，2012；郭成林等，2013；百色，贾桂康，2013；环境保护部和中国科学院，2014；来宾市，林春华等，2015；灵山县，刘在松，2015；金子岭风景区，贾桂康和钟林敏，2016；于永浩等，2016；北部湾海岸带，刘熊，2017），**GZ**（屠玉麟，2002；大沙河自然保护区，林茂祥等，2008；解焱，2008；申敬民等，2010；贵阳市，石

登红和李灿，2011；徐海根和强胜，2011；万方浩等，2012；环境保护部和中国科学院，2014；贵阳市，陈菊艳等，2016)，**HB** (刘胜祥和秦伟，2004；星斗山国家级自然保护区，卢少飞等，2005；天门市，沈体忠等，2008；李儒海等，2011；徐海根和强胜，2011；黄石市，姚发兴，2011；喻大昭等，2011；万方浩等，2012；环境保护部和中国科学院，2014)，**HJ** (兴隆县雾灵山，李振宇和解焱，2002；兴隆县雾灵山，范志伟等，2008；龙茹等，2008；解焱，2008；车晋滇，2009；秦皇岛，李顺才等，2009；徐海根和强胜，2011；万方浩等，2012；环境保护部和中国科学院，2014)，**HK** (严岳鸿等，2005；Leung 等，2009；环境保护部和中国科学院，2014)，**HN** (单家林等，2006；安锋等，2007；范志伟等，2008；大田国家级自然保护区，秦卫华等，2008；解焱，2008；周祖光，2011；林建勇等，2012；万方浩等，2012；环境保护部和中国科学院，2014；曾宪锋等，2014；陈玉凯等，2016)，**HX** (郴州，陈国发，2006；南岳自然保护区，谢红艳等，2007；彭兆普等，2008；解焱，2008；湘西地区，刘兴锋等，2009；常德市，彭友林等，2009；湘西地区，徐亮等，2009；常德市，周国庆等，2010；衡阳市，谢红艳等，2011；谢红艳和张雪芹，2012；万方浩等，2012；长沙，张磊和刘尔潞，2013；环境保护部和中国科学院，2014；益阳市，黄含吟等，2016)，**HY** (田朝阳等，2005；董东平和叶永忠，2007；许昌市，姜罡丞，2009；王列富和陈元胜，2009；李长看等，2011；新乡，许桂芳和简在友，2011；高均昭等，2012；高均昭和王增琪，2012；万方浩等，2012；王增琪和高均昭，2012；环境保护部和中国科学院，2014；储嘉琳等，2016)，**JS** (南京，吴海荣等，2004；李亚等，2008；董红云等，2010a；徐海根和强胜，2011；苏州，林敏等，2012；环境保护部和中国科学院，2014；寿海洋等，2014；严辉等，2014；南京城区，吴秀臣和芦建国，2015；胡长松等，2016)，**JX** (庐山风景区，胡天印等，2007c；解焱，2008；鄱阳湖国家级自然保护区，葛刚等，2010；雷平等，2010；Fu 等，2011；鞠建文等，2011；付岚等，2012；万方浩等，2012；南昌市，朱碧华和杨凤梅，2012；环境保护部和中国科学院，2014；江西南部，程淑媛等，2015)，**LN** (徐海根和强胜，2011)，**MC** (王发国等，2004；环境保护部和中国科学院，2014)，**SA** (西安地区，祁云枝等，2010；徐海根和

强胜，2011；杨凌地区，何纪琳等，2013；栾晓睿等，2016)，**SC** (解焱，2008；周小刚等，2008；马丹炜等，2009；邛海湿地，杨红，2009；徐海根和强胜，2011；万方浩等，2012；环境保护部和中国科学院，2014；孟兴等，2015)，**SD** (田家怡和吕传笑，2004；黄河三角洲，刘庆年等，2006；宋楠等，2006；惠洪者，2007；南四湖湿地，王元军，2010；张绪良等，2010；环境保护部和中国科学院，2014)，**SH** (汪远等，2015)，**SX** (石瑛等，2006；环境保护部和中国科学院，2014；阳泉市，张垚，2016)，**SH** (张晴柔等，2013)，**TJ** (环境保护部和中国科学院，2014)，**TW** (袁秋英等，1994；兰阳平原，吴永华，2006；解焱，2008；徐海根和强胜，2011；万方浩等，2012；环境保护部和中国科学院，2014)，**XZ** (解焱，2008；万方浩等，2012；环境保护部和中国科学院，2014)，**YN** (丁莉等，2006；西双版纳，管志斌等，2006；红河流域，徐成东等，2006；徐成东和陆树刚，2006；怒江干热河谷区，胡发广等，2007；李乡旺等，2007；瑞丽，赵见明，2007；纳板河自然保护区，刘峰等，2008；解焱，2008；红河州，何艳萍等，2010；洱海流域，张桂彬等，2011；申时才等，2012；普洱，陶川，2012；万方浩等，2012；怒江流域，沈利峰等，2013；环境保护部和中国科学院，2014；许美玲等，2014；杨忠兴等，2014；西双版纳自然保护区，陶永祥等，2017)，**ZJ** (李根有等，2006；金华市郊，胡天印等，2007b；金华市郊，李娜等，2007；温州，高末等，2008；杭州市，王嫩仙，2008；解焱，2008；西溪湿地，舒美英等，2009；张建国和张明如，2009；天目山自然保护区，陈京等，2011；温州，丁炳扬和胡仁勇，2011；温州地区，胡仁勇等，2011；西溪湿地，缪丽华等，2011；万方浩等，2012；杭州，谢国雄等，2012；环境保护部和中国科学院，2014；闫小玲等，2014；杭州，金祖达等，2015；周天焕等，2016)；华东、华中、华南、中南、西南等地 (李振宇和解焱，2002；范志伟等，2008；车晋滇，2009)；黄河三角洲地区 (赵怀浩等，2011)；海河流域滨岸带 (任颖等，2015)。

　　安徽、澳门、北京、重庆、福建、甘肃、广东、广西、贵州、海南、河北、河南、黑龙江、湖北、湖南、江苏、江西、辽宁、陕西、山东、山西、上海、四川、台湾、西藏、香港、云南、浙江；原产于美洲；归化于热带、亚热带地区。

　　　　　　　　　　　　　　　　　　　双子叶植物

金腰箭舅
jin yao jian jiu

有待观察

Calyptocarpus vialis Lessing；Syn. Gen. Compos. 221. 1832. **(FOC)**

TW（苗栗地区，陈运造，2006）。

台湾、云南；原产于古巴、墨西哥和美国南部。

铺散矢车菊
pu san shi che ju

有待观察

Centaurea diffusa Lamarck, Encycl. 1 (2): 675-676. 1785. **(FOC)**

LN（高燕和曹伟，2010；老铁山自然保护区，吴晓姝等，2010；大连，张淑梅等，2013；大连，张恒庆等，2016）；东北地区（郑美林和曹伟，2013）。

辽宁；原产于西亚和欧洲。

飞机草
fei ji cao

1

香泽兰 先锋草 占地方草

Chromolaena odorata (Linnaeus) R. M. King & H. Robinson, Phytologia 20 (3): 204. 1970. **(FOC)**

Bas. *Eupatorium odoratum* Linnaeus, Syst. Nat. (ed. 10) 2: 1205. 1759.

FJ（宁昭玉等，2007），**GD**（李振宇和解焱，2002；环境总局和中国科学院，2003；缪绅裕和李冬梅，2003；曾宪锋，2003；曹洪麟等，2004；徐海根和强胜，2004，2011；陈进军等，2005；珠海市，黄辉宁等，2005b；范志伟等，2008；广州，王忠等，2008；解焱，2008；车晋滇，2009；龙永彬，2009；王芳等，2009；粤东地区，曾宪锋等，2009；周伟等，2010；Fu等，2011；北师大珠海分校，吴杰等，2011，2012；岳茂峰等，2011；付岚等，2012；林建勇等，2012；万方浩等，2012；粤东地区，朱慧，2012；潮州市，陈丹生等，2013；深圳，张春颖等，2013；广州，李许文等，2014），**GX**（李振宇和解焱，2002；环境总局和中国科学院，2003；缪绅裕和李冬梅，2003；徐海根和强胜，2004，2011；李志刚等，2006；十万大山自然保护区，韦原莲

等，2006；吴桂容，2006；乐业旅游景区，贾桂康，2007a，2012；谢云珍等，2007；范志伟等，2008；商显坤等，2008；唐赛春等，2008b；解焱，2008；十万大山自然保护区，叶铎等，2008；张国良等，2008；车晋滇，2009；和太平等，2011；贾桂康和薛跃规，2011；北部湾经济区，林建勇等，2011a，2011b；林建勇等，2012；岩溶石山，韦春强等，2011；胡刚和张忠华，2012；万方浩等，2012；防城金花茶自然保护区，吴儒华和李福阳，2012；百色，贾桂康，2013；来宾市，林春华等，2015；灵山县，刘在松，2015；于永浩等，2016；北部湾海岸带，刘熊，2017），**GZ**（西南部，李振宇和解焱，2002；环境总局和中国科学院，2003；西南部，缪绅裕和李冬梅，2003；黔南地区，韦美玉等，2006；西南部，范志伟等，2008；西南部，解焱，2008；张国良等，2008；车晋滇，2009；申敬民等，2010；西南部，万方浩等，2012），**HK**（李振宇和解焱，2002；环境总局和中国科学院，2003；缪绅裕和李冬梅，2003；范志伟等，2008；解焱，2008；车晋滇，2009；万方浩等，2012），**HN**（李振宇和解焱，2002；环境总局和中国科学院，2003；缪绅裕和李冬梅，2003；徐海根和强胜，2004，2011；单家林等，2006；安锋等，2007；邱庆军等，2007；王伟等，2007；吴孟科和胡晓惠，2007；范志伟等，2008；石灰岩地区，秦新生等，2008；解焱，2008；张国良等，2008；车晋滇，2009；铜鼓岭国家级自然保护区、东寨港国家级自然保护区、大田国家级自然保护区，秦卫华等，2008；符剑和黄青良，2010；霸王岭自然保护区，胡雪华等，2011；甘什岭自然保护区，张荣京和邢福武，2011；周祖光，2011；林建勇等，2012；万方浩等，2012；曾宪锋等，2014；罗文启等，2015；陈玉凯等，2016），**HX**（谢红艳和张雪芹，2012），**JX**（鞠建文等，2011；江西南部，程淑媛等，2015），**MC**（李振宇和解焱，2002；环境总局和中国科学院，2003；缪绅裕和李冬梅，2003；王发国等，2004；范志伟等，2008；解焱，2008；车晋滇，2009；万方浩等，2012），**SC**（张国良等，2008；周小刚等，2008；马丹炜等，2009；陈开伟，2013），**TW**（李振宇和解焱，2002；环境总局和中国科学院，2003；缪绅裕和李冬梅，2003；苗栗地区，陈运造，2006；范志伟等，2008；解焱，2008；车晋滇，2009；万方浩等，2012），**YN**（李振宇和解焱，2002；万方浩等，2002；环境总局和中国科学院，2003；缪绅裕

和李冬梅，2003；王俊峰等，2003；刘鹏程，2004；徐海根和强胜，2004，2011；冯士明等，2005；丁莉等，2006；西双版纳，管志斌等，2006；西双版纳，李园等，2006；李乡旺等，2007；红河流域，徐成东等，2006；徐成东和陆树刚，2006；瑞丽，赵见明，2007；范志伟等，2008；纳板河自然保护区，刘峰等，2008；解焱，2008；张国良等，2008；南部山地，赵金丽等，2008b；车晋滇，2009；陈建业等，2010；红河州，何艳萍等，2010；德宏州，马柱芳和谷芸，2011；申时才等，2012；普洱，陶川，2012；万方浩等，2012；曲靖市，王艳和成志荣，2012；文山州，杨焓妤，2012；李咏梅等，2013；怒江流域，沈利峰等，2013；昭通，季青梅，2014；西双版纳自然保护区，陶永祥等，2017）。

澳门、福建、广东、广西、贵州、海南、江西、四川、台湾、香港、云南；原产于墨西哥；归化于热带亚洲。

菊苣
ju ju

有待观察

Cichorium intybus Linnaeus, Sp. Pl. 2: 813. 1753. **(FOC)**

AH（徐海根和强胜，2004，2011；何家庆和葛结林，2008；解焱，2008），**BJ**（解焱，2008），**GD**（解焱，2008；乐昌，邹滨等，2015），**GZ**（黔南地区，韦美玉等，2006），**HJ**（徐海根和强胜，2004，2011；龙茹等，2008；解焱，2008），**HL**（解焱，2008；鲁萍等，2012；郑宝江和潘磊，2012），**HY**（徐海根和强胜，2004，2011；解焱，2008；新乡，许桂芳和简在友，2011），**JX**（解焱，2008），**LN**（齐淑艳和徐文铎，2006；解焱，2008；徐海根和强胜，2011；大连，张恒庆等，2016），**SA**（徐海根和强胜，2004，2011；解焱，2008；栾晓睿等，2016），**SC**（周小刚等，2008），**SD**（徐海根和强胜，2004，2011；衣艳君等，2005；解焱，2008），**SX**（石瑛等，2006；解焱，2008），**XJ**（乌鲁木齐，张源，2007；解焱，2008）；东北地区（郑美林和曹伟，2013）；东北草地（石洪山等，2016）。

安徽、北京、广东、贵州、河北、河南、黑龙江、湖北、湖南、江苏、江西、辽宁、陕西、山东、山西、四川、台湾、新疆、西藏；原产于欧洲、中亚、西亚和北非；归化于非洲和美洲。

金鸡菊
jin ji ju

有待观察

Coreopsis basalis (A. Dietrich) S. F. Blake, Proc. Amer. Acad. Arts 51 (10): 525. 1916. **(Tropicos)**

AH（郭水良和李扬汉，1995），**JS**（严辉等，2014），**SH**（郭水良和李扬汉，1995）。

安徽、重庆、广西、河南、湖北、江苏、江西、上海、浙江；原产于北美洲。

大花金鸡菊
da hua jin ji ju

有待观察

Coreopsis grandiflora Hogg ex Sweet, Brit. Fl. Gard. 2: pl. 175. 1826. **(FOC)**

AH（何家庆和葛结林，2008），**JS**（苏州，林敏等，2012；严辉等，2014；南京城区，吴秀臣和芦建国，2015），**JX**（朱碧华和朱大庆，2013；朱碧华等，2014），**SC**（周小刚等，2008），**SD**（肖素荣等，2003；衣艳君等，2005；吴彤等，2006；青岛，罗艳和刘爱华，2008；解焱，2008；徐海根和强胜，2011），**YN**（徐海根和强胜，2004，2011；丁莉等，2006；解焱，2008；申时才等，2012；杨忠兴等，2014），**ZJ**（李根有等，2006；台州，陈模舜，2008；温州，高末等，2008；杭州市，王嫩仙，2008；张建国和张明如，2009；天目山自然保护区，陈京等，2011；温州，丁炳扬和胡仁勇，2011；温州地区，胡仁勇等，2011；西溪湿地，缪丽华等，2011；闫小玲等，2014；杭州，金祖达等，2015）。

安徽、福建、河南、湖南、江苏、江西、陕西、山东、上海、四川、新疆、云南、浙江；原产于美国。

剑叶金鸡菊   4
jian ye jin ji ju
线叶金鸡菊

Coreopsis lanceolata Linnaeus, Sp. Pl. 2: 908. 1753. **(FOC)**

AH（陈明林等，2003；徐海根和强胜，2004，2011；淮北地区，胡刚等，2005b；何家庆和葛结林，2008；解焱，2008），**CQ**（徐海根和强胜，

2011），**FJ**（徐海根和强胜，2011；武夷山市，李国平等，2014），**GD**（林建勇等，2012），**GX**（北部湾经济区，林建勇等，2011a，2011b；林建勇等，2012），**GZ**（徐海根和强胜，2011），**HB**（喻大昭等，2011），**HJ**（秦皇岛，李顺才等，2009），**HN**（林建勇等，2012），**HX**（常德市，彭友林等，2009；长沙，张磊和刘尔潞，2013），**HY**（朱长山等，2007），**JS**（南京，吴海荣等，2004；徐海根和强胜，2004，2011；解焱，2008；苏州，林敏等，2012；寿海洋等，2014；严辉等，2014），**JX**（徐海根和强胜，2004，2011；庐山风景区，胡天印等，2007c；解焱，2008；季春峰等，2009；王宁，2010；鞠建文等，2011；南昌市，朱碧华和杨凤梅，2012；朱碧华和朱大庆，2013；朱碧华等，2014），**LN**（大连，张淑梅等，2013），**SA**（栾晓睿等，2016），**SC**（周小刚等，2008），**SD**（肖素荣等，2003；田家怡和吕传笑，2004；衣艳君等，2005；宋楠等，2006；吴彤等，2006；王连东和李东军，2007；昆嵛山，赵宏和董翠玲，2007；青岛，罗艳和刘爱华，2008；张绪良等，2010；昆嵛山，赵宏和丛海燕，2012），**SH**（张晴柔等，2013），**SX**（石瑛等，2006；阳泉市，张垚，2016），**ZJ**（徐海根和强胜，2004，2011；杭州，陈小永等，2006；解焱，2008；杭州西湖风景区，梅笑漫等，2009；西溪湿地，舒美英等，2009；张建国和张明如，2009；天目山自然保护区，陈京等，2011；杭州，谢国雄等，2012；闫小玲等，2014；杭州，金祖达等，2015）。

安徽、北京、重庆、福建、广西、贵州、海南、河北、河南、黑龙江、湖北、湖南、江苏、江西、辽宁、青海、陕西、山东、上海、四川、天津、云南、浙江；原产于美国。

两色金鸡菊 　　有待观察
liang se jin ji ju
蛇目菊

Coreopsis tinctoria Nuttall, J. Acad. Nat. Sci. Philadelphia 2: 114. 1821. **(FOC)**

AH（陈明林等，2003；徐海根和强胜，2004，2011；淮北地区，胡刚等，2005b；臧敏等，2006；何家庆和葛结林，2008），**GD**（沿海岛屿，解焱，2008；林建勇等，2012），**GX**（北部湾经济区，林建勇等，2011a，2011b；林建勇等，2012），**GZ**（屠

玉麟，2002），**HB**（喻大昭等，2011），**HJ**（秦皇岛，李顺才等，2009），**HL**（鲁萍等，2012），**HN**（林建勇等，2012），**HX**（彭兆普等，2008），**HY**（朱长山等，2007），**JS**（徐海根和强胜，2004，2011；寿海洋等，2014；严辉等，2014），**JX**（徐海根和强胜，2004，2011；季春峰等，2009；王宁，2010；鞠建文等，2011），**SC**（周小刚等，2008），**SD**（潘怀剑和田家怡，2001；衣艳君等，2005；黄河三角洲，刘庆年等，2006；惠洪者，2007），**SX**（石瑛等，2006；阳泉市，张垚，2016），**YN**（西双版纳，管志斌等，2006），**ZJ**（徐海根和强胜，2004，2011；闫小玲等，2014）。

安徽、澳门、北京、福建、广东、广西、贵州、河北、河南、黑龙江、湖北、湖南、江苏、江西、内蒙古、陕西、山东、山西、上海、四川、台湾、天津、新疆、云南、浙江；原产于美国。

秋英 　　　　　　　　　　　　4
qiu ying
波斯菊 大波斯菊

Cosmos bipinnatus Cavanilles, Icon. 1 (1): 10, pl. 14. 1791. **(FOC)**

AH（黄山，汪小飞等，2007；何家庆和葛结林，2008），**BJ**（刘全儒等，2002；车晋滇，2009；万方浩等，2012；王苏铭等，2012），**CQ**（徐海根和强胜，2011），**GD**（林建勇等，2012），**GX**（林建勇等，2012），**GZ**（贵阳市，石登红和李灿，2011），**HB**（喻大昭等，2011），**HJ**（车晋滇，2009；秦皇岛，李顺才等，2009；陈超等，2012；万方浩等，2012），**HL**（徐海根和强胜，2004，2011；解焱，2008；车晋滇，2009；鲁萍等，2012；万方浩等，2012），**HN**（林建勇等，2012），**HX**（湘西地区，徐亮等，2009），**HY**（新乡，许桂芳和简在友，2011），**JL**（徐海根和强胜，2004，2011；解焱，2008；车晋滇，2009；万方浩等，2012；长春地区，曲同宝等，2015），**JS**（徐海根和强胜，2011；苏州，林敏等，2012；寿海洋等，2014；严辉等，2014；南京城区，吴秀臣和芦建国，2015），**JX**（朱碧华和朱大庆，2013；朱碧华等，2014），**LN**（徐海根和强胜，2004，2011；解焱，2008；车晋滇，2009；万方浩等，2012；大连，张淑梅等，2013），**NM**（车晋滇，2009；陈超等，2012），**SA**（西安地区，祁云枝

等，2010；栾晓睿等，2016），**SC**（徐海根和强胜，2004，2011；解焱，2008；周小刚等，2008；车晋滇，2009；马丹炜等，2009；万方浩等，2012），**SD**（吴彤等，2006；青岛，罗艳和刘爱华，2008），**SH**（张晴柔等，2013），**SX**（石瑛等，2006；阳泉市，张垚，2016），**YN**（孙卫邦和向其柏，2004；徐海根和强胜，2004；丁莉等，2006；解焱，2008；车晋滇，2009；申时才等，2012；万方浩等，2012；杨忠兴等，2014），**ZJ**（台州，陈模舜，2008；西溪湿地，舒美英等，2009；西溪湿地，缪丽华等，2011；徐海根和强胜，2011；闫小玲等，2014；杭州，金祖达等，2015）；华北农牧交错带（陈超等，2012）。

安徽、澳门、北京、重庆、福建、甘肃、广东、广西、贵州、河北、河南、黑龙江、湖北、湖南、吉林、江苏、江西、辽宁、内蒙古、宁夏、青海、陕西、山东、山西、上海、四川、台湾、天津、西藏、新疆、云南、浙江；原产于墨西哥和美国西南部。

硫磺菊 4
liu huang ju

黄波斯菊 黄秋英

Cosmos sulphureus Cavanilles, Icon. 1 (3): 56, pl. 79. 1791. **(FOC)**

CQ（徐海根和强胜，2011），**FJ**（徐海根和强胜，2004，2011），**GD**（徐海根和强胜，2004，2011；解焱，2008），**GX**（桂林，陈秋霞等，2008），**GZ**（徐海根和强胜，2004，2011），**HX**（湘西地区，徐亮等，2009），**JS**（苏州，林敏等，2012；严辉等，2014；南京城区，吴秀臣和芦建国，2015），**SA**（栾晓睿等，2016），**SC**（徐海根和强胜，2004，2011；周小刚等，2008），**SX**（石瑛等，2006；阳泉市，张垚，2016），**TW**（徐海根和强胜，2004，2011），**YN**（徐海根和强胜，2004，2011；丁莉等，2006；解焱，2008；申时才等，2012；杨忠兴等，2014），**ZJ**（徐海根和强胜，2004，2011；台州，陈模舜，2008；闫小玲等，2014）。

安徽、北京、重庆、福建、广东、广西、贵州、海南、河北、河南、湖北、湖南、江苏、江西、陕西、山东、山西、四川、台湾、天津、新疆、云南、浙江；原产于墨西哥。

野茼蒿 2
ye tong hao

安南草 革命菜 山野茼 昭和草

Crassocephalum crepidioides (Bentham) S. Moore, J. Bot. 50: 211. 1912. **(FOC)**
Bas. *Gynura crepidioides* Bentham, Niger Fl. 438. 1849.

AH（徐海根和强胜，2011；黄山市城区，梁宇轩等，2015），**BJ**（车晋滇，2004；杨景成等，2009），**CQ**（李振宇和解焱，2002；石胜璋等，2004；黔江区，邓绪国，2006；金佛山自然保护区，林茂祥等，2007；范志伟等，2008；解焱，2008；杨丽等，2008；车晋滇，2009；金佛山自然保护区，孙娟等，2009；徐海根和强胜，2011；万州区，余顺慧和邓洪平，2011a，2011b；万方浩等，2012；北碚区，杨柳等，2015；北碚区，严桧等，2016），**FJ**（李振宇和解焱，2002；厦门地区，陈恒彬，2005；厦门，欧健和卢昌义，2006a，2006b；范志伟等，2008；李永强等，2008；罗明永，2008；解焱，2008；车晋滇，2009；杨坚和陈恒彬，2009；徐海根和强胜，2011；万方浩等，2012；长乐，林为凃，2013；武夷山市，李国平等，2014），**GD**（李振宇和解焱，2002；鼎湖山，贺握权和黄忠良，2004；珠海市，黄辉宁等，2005b；惠州红树林自然保护区，曹飞等，2007；范志伟等，2008；中山市，蒋谦才等，2008；白云山，李海生等，2008；广州，王忠等，2008；解焱，2008；车晋滇，2009；王芳等，2009；粤东地区，曾宪锋等，2009；Fu等，2011；佛山，黄益燕等，2011；徐海根和强胜，2011；岳茂峰等，2011；北师大珠海分校，吴杰等，2011，2012；付岚等，2012；林建勇等，2012；万方浩等，2012；稔平半岛，于飞等，2012；粤东地区，朱慧，2012；潮州市，陈丹生等，2013；乐昌，邹滨等，2015，2016），**GS**（南部，李振宇和解焱，2002；南部，范志伟等，2008；解焱，2008；车晋滇，2009；南部，徐海根和强胜，2011；南部，万方浩等，2012），**GX**（李振宇和解焱，2002；吴桂容，2006；谢云珍等，2007；桂林，陈秋霞等，2008；范志伟等，2008；唐赛春等，2008b；解焱，2008；车晋滇，2009；柳州市，石亮成等，2009；北部湾经济区，林建勇等，2011a，2011b；徐海根和强胜，2011；林建勇等，

2012；胡刚和张忠华，2012；万方浩等，2012；防城金花茶自然保护区，吴儒华和李福阳，2012；郭成林等，2013；百色，贾桂康，2013；来宾市，林春华等，2015；灵山县，刘在松，2015），**GZ**（李振宇和解焱，2002；范志伟等，2008；大沙河自然保护区，林茂祥等，2008；解焱，2008；车晋滇，2009；申敬民等，2010；贵阳市，石登红和李灿，2011；徐海根和强胜，2011；万方浩等，2012；贵阳市，陈菊艳等，2016），**HB**（李振宇和解焱，2002；刘胜祥和秦伟，2004；星斗山国家级自然保护区，卢少飞等，2005；范志伟等，2008；天门市，沈体忠等，2008；解焱，2008；车晋滇，2009；徐海根和强胜，2011；万方浩等，2012），**HK**（李振宇和解焱，2002；范志伟等，2008；解焱，2008；车晋滇，2009；Leung 等，2009；徐海根和强胜，2011；喻大昭等，2011；万方浩等，2012），**HN**（李振宇和解焱，2002；范志伟等，2008；石灰岩地区，秦新生等，2008；解焱，2008；车晋滇，2009；徐海根和强胜，2011；林建勇等，2012；万方浩等，2012；曾宪锋等，2014），**HX**（李振宇和解焱，2002；南岳自然保护区，谢红艳等，2007；范志伟等，2008；洞庭湖区，彭友林等，2008；车晋滇，2009；湘西地区，刘兴锋等，2009；常德市，彭友林等，2009；湘西地区，徐亮等，2009；衡阳市，谢红艳等，2011；徐海根和强胜，2011；万方浩等，2012；谢红艳和张雪芹，2012；长沙，张磊和刘尔潞，2013；益阳市，黄含吟等，2016），**HY**（田朝阳等，2005；朱长山等，2007；储嘉琳等，2016），**JS**（李亚等，2008；董红云等，2010a，2010b；李长看等，2011；徐海根和强胜，2011；季敏等，2014；寿海洋等，2014；严辉等，2014），**JX**（李振宇和解焱，2002；庐山风景区，胡天印等，2007c；解焱，2008；车晋滇，2009；Fu 等，2011；徐海根和强胜，2011；付岚等，2012；万方浩等，2012；朱碧华和朱大庆，2013；江西南部，程淑媛等，2015），**LN**（大连，张淑梅等，2013），**MC**（李振宇和解焱，2002；解焱，2008；车晋滇，2009；徐海根和强胜，2011；万方浩等，2012），**SA**（西安地区，祁云枝等，2010；汉丹江流域，黎斌等，2015；栾晓睿等，2016），**SC**（李振宇和解焱，2002；范志伟等，2008；解焱，2008；周小刚等，2008；车晋滇，2009；马丹炜等，2009；徐海根和强胜，2011；万方浩等，2012；陈开伟，2013；孟兴等，2015），**SH**（张晴柔等，

2013），**TW**（李振宇和解焱，2002；苗栗地区，陈运造，2006；范志伟等，2008；解焱，2008；杨宜津，2008；车晋滇，2009；徐海根和强胜，2011），**XZ**（东南部，李振宇和解焱，2002；东南部，范志伟等，2008；解焱，2008；车晋滇，2009；东南部，徐海根和强胜，2011；东南部，万方浩等，2012），**YN**（李振宇和解焱，2002；丁莉等，2006；西双版纳，管志斌等，2006；李根有等，2006；红河流域，徐成东等，2006；徐成东和陆树刚，2006；李乡旺等，2007；金华市郊，李娜等，2007；瑞丽，赵见明，2007；范志伟等，2008；纳板河自然保护区，刘峰等，2008；解焱，2008；车晋滇，2009；红河州，何艳萍等，2010；徐海根和强胜，2011；申时才等，2012；普洱，陶川，2012；万方浩等，2012；许美玲等，2014；杨忠兴等，2014；西双版纳自然保护区，陶永祥等，2017），**ZJ**（李振宇和解焱，2002；范志伟等，2008；温州，高末等，2008；杭州市，王嫩仙，2008；解焱，2008；车晋滇，2009；杭州西湖风景区，梅笑漫等，2009；张建国和张明如，2009；温州，丁炳扬和胡仁勇，2011；温州地区，胡仁勇等，2011；徐海根和强胜，2011；万方浩等，2012；杭州，谢国雄等，2012；闫小玲等，2014；杭州，金祖达等，2015；周天焕等，2016）；赤水河中游地区（窦全丽等，2015）。

安徽、澳门、北京、重庆、福建、甘肃、广东、广西、贵州、海南、河南、湖北、湖南、江苏、江西、辽宁、陕西、上海、四川、台湾、西藏、香港、云南、浙江；原产于非洲；归化于旧大陆热带地区。

蓝花野茼蒿　3
lan hua ye tong hao

Crassocephalum rubens (Jussieu ex Jacquin) S. Moore, J. Bot. 50: 212. 1912. **(FOC)**

YN（中部和南部，陈又生，2010；中部和南部，徐海根和强胜，2011；申时才等，2012）。

广东、广西、云南；原产于热带非洲。

屋根草　4
wu gen cao

还阳参

Crepis tectorum Linnaeus, Sp. Pl. 2: 807.

1753. **(FOC)**

JL（孙仓等，2007；长春地区，曲同宝等，2015），**LN**（曲波等，2006a，2006b）；东北地区（郑美林和曹伟，2013）。

甘肃、黑龙江、吉林、江西、辽宁、内蒙古、新疆、浙江；中亚、俄罗斯；原产于欧洲。

蓝花矢车菊

有待观察

lan hua shi che ju

翠兰 蓝芙蓉 荔枝菊

Cyanus segetum Hill, Veg. Syst. 4: 29, pl. 26, f. 3. 1762. **(FOC)**

Syn. *Centaurea cyanus* Linnaeus, Sp. Pl. 2: 911. 1753.

GD（深圳，严岳鸿等，2004；徐海根和强胜，2011），**GS**（徐海根和强胜，2011），**HB**（徐海根和强胜，2011；喻大昭等，2011），**HJ**（徐海根和强胜，2011），**JS**（徐海根和强胜，2011；寿海洋等，2014；严辉等，2014），**QH**（徐海根和强胜，2011），**SA**（徐海根和强胜，2011），**SD**（徐海根和强胜，2011），**SH**（张晴柔等，2013），**XJ**（徐海根和强胜，2011），**XZ**（徐海根和强胜，2011），**ZJ**（闫小玲等，2014）。

安徽、重庆、福建、甘肃、广东、广西、海南、河北、黑龙江、河南、湖北、湖南、江苏、江西、青海、陕西、上海、山东、山西、四川、天津、西藏、新疆、云南、浙江；原产于欧洲。

假苍耳

3

jia cang er

Cyclachaena xanthiifolia (Nuttall) Fresenius, Index Sem. 4. 1836. **(Tropicos)**

Bas. *Iva xanthiifolia* Nuttall, Gen. N. Amer. Pl. 2: 185. 1818.

HL（鲁萍等，2012；许志东等，2012；郑宝江和潘磊，2012），**LN**（曲波等，2006a，2006b；阜新，郑国良和孟庆国，2009；高燕和曹伟，2010；阜新，刘旭昕和方芳，2011；许志东等，2012）；东北草地（石洪山等，2016）。

黑龙江、吉林、辽宁、山东；原产于北美洲。

白花地胆草

4

bai hua di dan cao

Elephantopus tomentosus Linnaeus, Sp. Pl. 2: 814. 1753. **(FOC)**

GD（珠海市，黄辉宁等，2005b；乐昌，邹滨等，2016），**HK**（Leung 等，2009），**TW**（苗栗地区，陈运造，2006）。

澳门、广东、广西、海南、湖南、江西、福建、台湾、香港、浙江；热带；原产于北美洲。

离药金腰箭

有待观察

li yao jin yao jian

Eleutheranthera ruderalis (Swartz) S. Bipontinus, Bot. Zeitung (Berlin) 24: 165. 1866. **(FOC)**

TW（苗栗地区，陈运造，2006）。

海南、台湾；原产于中美洲和南美洲；归化于西非和大洋洲。

梁子菜

4

liang zi cai

饥荒草 美洲菊芹

Erechtites hieraciifolius (Linnaeus) Rafinesque ex de Candolle, Prodr. 6: 294. 1837. **(FOC)**

FJ（徐海根和强胜，2011），**GD**（徐海根和强胜，2011），**GX**（十万大山自然保护区，韦原莲等，2006；十万大山自然保护区，叶铎等，2008），**GZ**（徐海根和强胜，2011），**HB**（徐海根和强胜，2011），**HN**（徐海根和强胜，2011），**HX**（谢红艳和张雪芹，2012），**SC**（徐海根和强胜，2011），**TW**（苗栗地区，陈运造，2006；徐海根和强胜，2011），**YN**（徐海根和强胜，2011），**ZJ**（温州，凌文婷等，2013）。

福建、广东、广西、贵州、海南、湖北、湖南、四川、台湾、云南、浙江；原产于美洲；归化于南亚。

败酱叶菊芹

4

bai jiang ye ju qin

菊芹 飞机草

Erechtites valerianifolius (Link ex Sprengel)

双子叶植物

de Candolle, Prodr. 6: 295. 1838. (FOC)

GD（王芳等，2009；徐海根和强胜，2011；岳茂峰等，2011；林建勇等，2012；乐昌，邹滨等，2016），GX（林建勇等，2012；郭成林等，2013），GZ（徐海根和强胜，2011），HN（单家林等，2006；安锋等，2007；范志伟等，2008；徐海根和强胜，2011；周祖光，2011；林建勇等，2012；曾宪锋等，2014；陈玉凯等，2016），TW（苗栗地区，陈运造，2006；范志伟等，2008；解焱，2008；徐海根和强胜，2011）。

福建、广东、广西、贵州、海南、台湾、香港、云南；原产于热带美洲；归化于泛热带地区。

一年蓬   1

yi nian peng

白顶飞蓬 治疟草

Erigeron annuus (Linnaeus) Persoon, Syn. Pl. 2: 431. 1807. (FOC)

AH（郭水良和李扬汉，1995；李振宇和解焱，2002；陈明林等，2003；徐海根和强胜，2004，2011；淮北地区，胡刚等，2005a，2005b；臧敏等，2006；黄山，汪小飞等，2007；何家庆和葛结林，2008；车晋滇，2009；张中信，2009；何冬梅等，2010；万方浩等，2012；黄山市城区，梁宇轩等，2015），BJ（李振宇和解焱，2002；刘全儒等，2002；车晋滇，2004，2009；贾春虹等，2005；雷霆等，2006；杨景成等，2009；松山自然保护区，刘佳凯等，2012；万方浩等，2012；松山自然保护区，王惠惠等，2014；北碚区，杨柳等，2015），CQ（李振宇和解焱，2002；石胜璋等，2004；黔江区，邓绪国，2006；金佛山自然保护区，林茂祥等，2007；金佛山自然保护区，滕永青，2008；金佛山自然保护区，孙娟等，2009；徐海根和强胜，2011；万州区，余顺慧和邓洪平，2011a，2011b；万方浩等，2012；北碚区，杨柳等，2015；北碚区，严桧等，2016），FJ（李振宇和解焱，2002；徐海根和强胜，2004，2011；厦门，欧健和卢昌义，2006a，2006b；罗明永，2008；车晋滇，2009；杨坚和陈恒彬，2009；万方浩等，2012；武夷山市，李国平等，2014），GD（李振宇和解焱，2002；广州，王忠等，2008；王芳等，2009；粤东地区，曾宪锋等，2009；北师大珠海分校，吴杰等，2011，2012；林

建勇等，2012；万方浩等，2012；粤东地区，朱慧，2012；深圳，蔡毅等，2015；乐昌，邹滨等，2015，2016），GS（尚斌，2012；万方浩等，2012），GX（李振宇和解焱，2002；邓晰朝和卢旭，2004；吴桂容，2006；谢云珍等，2007；桂林，陈秋霞等，2008；唐赛春等，2008b；柳州市，石亮成等，2009；和太平等，2011；北部湾经济区，林建勇等，2011a，2011b；林建勇等，2012；胡刚和张忠华，2012；万方浩等，2012；防城金花茶自然保护区，吴儒华和李福阳，2012；郭成林等，2013；百色，贾桂康，2013；来宾市，林春华等，2015；灵山县，刘在松，2015；北部湾海岸带，刘熊，2017），GZ（李振宇和解焱，2002；屠玉麟，2002；徐海根和强胜，2004，2011；黔南地区，韦美玉等，2006；大沙河自然保护区，林茂祥等，2008；车晋滇，2009；申敬民等，2010；贵阳市，石登红和李灿，2011；万方浩等，2012；贵阳市，陈菊艳等，2016），HB（李振宇和解焱，2002；刘胜祥和秦伟，2004；徐海根和强胜，2004，2011；星斗山国家级自然保护区，卢少飞等，2005；天门市，沈体忠等，2008；车晋滇，2009；李儒海等，2011；黄石市，姚发兴，2011；喻大昭等，2011；万方浩等，2012），HJ（李振宇和解焱，2002；徐海根和强胜，2004，2011；龙茹等，2008；车晋滇，2009；衡水市，牛玉璐和李建明，2010；万方浩等，2012），HL（李振宇和解焱，2002；李玉生等，2005；高燕和曹伟，2010；鲁萍等，2012；万方浩等，2012；郑宝江和潘磊，2012），HN（大田国家级自然保护区，秦卫华等，2008；石灰岩地区，秦新生等，2008；霸王岭自然保护区，胡雪华等，2011），HX（李振宇和解焱，2002；徐海根和强胜，2004，2011；郴州，陈国发，2006；南岳自然保护区，谢红艳等，2007；彭兆普等，2008；洞庭湖区，彭友林等，2008；车晋滇，2009；湘西地区，刘兴锋等，2009；常德市，彭友林等，2009；湘西地区，徐亮等，2009；衡阳市，谢红艳等，2011；万方浩等，2012；谢红艳和张雪芹，2012；长沙，张磊和刘尔潞，2013；益阳市，黄含吟等，2016），HY（李振宇和解焱，2002；徐海根和强胜，2004，2011；田朝阳等，2005；董东平和叶永忠，2007；朱长山等，2007；车晋滇，2009；许昌市，姜罡丞，2009；王列富和陈元胜，2009；李长看等，2011；新乡，许桂芳和简在友，2011；高均昭等，2012；高均昭和王增琪，2012；万方浩等，2012；王增琪和

高均昭，2012；储嘉琳等，2016），**JL**（李振宇和解焱，2002；长白山区，周繇，2003；徐海根和强胜，2004，2011；长春地区，李斌等，2007；车晋滇，2009；长白山区，苏丽涛和马立军，2009；高燕和曹伟，2010；万方浩等，2012；长春地区，曲同宝等，2015），**JS**（李振宇和解焱，2002；南京，吴海荣等，2004；徐海根和强胜，2004，2011；李亚等，2008；车晋滇，2009；董红云等，2010a；苏州，林敏等，2012；万方浩等，2012；季敏等，2014；寿海洋等，2014；严辉等，2014；南京城区，吴秀臣和芦建国，2015；胡长松等，2016），**JX**（郭水良和李扬汉，1995；李振宇和解焱，2002；南京，吴海荣和强胜，2003；徐海根和强胜，2004，2011；庐山风景区，胡天印等，2007c；车晋滇，2009；季春峰等，2009；鄱阳湖国家级自然保护区，葛刚等，2010；雷平等，2010；王宁，2010；鞠建文等，2011；万方浩等，2012；南昌市，朱碧华和杨凤梅，2012；朱碧华和朱大庆，2013；江西南部，程淑媛等，2015），**LN**（李振宇和解焱，2002；曲波，2003；徐海根和强胜，2004，2011；齐淑艳和徐文铎，2006；曲波等，2006a，2006b，2010；车晋滇，2009；高燕和曹伟，2010；老铁山自然保护区、鸭绿江口滨海湿地自然保护区、医巫闾山自然保护区、九龙川自然保护区，吴晓姝等，2010；万方浩等，2012；大连，张淑梅等，2013；大连，张恒庆等，2016），**NM**（徐海根和强胜，2004，2011；车晋滇，2009；万方浩等，2012；庞立东等，2015），**NX**（万方浩等，2012），**SA**（李振宇和解焱，2002；徐海根和强胜，2004，2011；车晋滇，2009；西安地区，祁云枝等，2010；万方浩等，2012；杨凌地区，何纪琳等，2013；栾晓睿等，2016），**SC**（李振宇和解焱，2002；周小刚等，2008；马丹炜等，2009；邛海湿地，杨红，2009；徐海根和强胜，2011；万方浩等，2012；陈开伟，2013；孟兴等，2015），**SD**（潘怀剑和田家怡，2001；李振宇和解焱，2002；肖素荣等，2003；田家怡和吕传笑，2004；徐海根和强胜，2004，2011；衣艳君等，2005；黄河三角洲，刘庆年等，2006；宋楠，2006；吴彤等，2006；惠洪者，2007；昆嵛山，赵宏和董翠玲，2007；青岛，罗艳和刘爱华，2008；车晋滇，2009；南四湖湿地，王元军，2010；张绪良等，2010；万方浩等，2012；曲阜，赵灏，2015），**SH**（李振宇和解焱，2002；印丽萍等，2004；秦卫华等，2007；车晋滇，2009；

青浦，左倬等，2010；徐海根和强胜，2011；万方浩等，2012；张晴柔等，2013；汪远，2015），**SX**（李振宇和解焱，2002；徐海根和强胜，2004，2011；石瑛等，2006；车晋滇，2009；马世军和王建军，2011；万方浩等，2012；阳泉市，张垚，2016），**TJ**（万方浩等，2012），**TW**（苗栗地区，陈运造，2006），**XJ**（李振宇和解焱，2002；乌鲁木齐，张源，2007；万方浩等，2012），**XZ**（李振宇和解焱，2002；徐海根和强胜，2004，2011；车晋滇，2009；万方浩等，2012），**YN**（李振宇和解焱，2002；丁莉等，2006；西双版纳，管志斌等，2006；红河流域，徐成东等，2006；徐成东和陆树刚，2006；李乡旺等，2007；瑞丽，赵见明，2007；申时才等，2012；万方浩等，2012；怒江流域，沈利峰等，2013；杨忠兴等，2014；西双版纳自然保护区，陶永祥等，2017），**ZJ**（郭水良和李扬汉，1995；金华，郭水良等，2002；李振宇和解焱，2002；徐海根和强胜，2004，2011；杭州，陈小永等，2006；李根有等，2006；金华市郊，胡天印等，2007b；金华市郊，李娜等，2007；台州，陈模舜，2008；温州，高末等，2008；杭州市，王嫩仙，2008；车晋滇，2009；杭州西湖风景区，梅笑漫等，2009；西溪湿地，舒美英等，2009；张建国和张明如，2009；杭州，张明如等，2009；天目山自然保护区，陈京等，2011；温州，丁炳扬和胡仁勇，2011；温州地区，胡仁勇等，2011；西溪湿地，缪丽华等，2011；万方浩等，2012；杭州，谢国雄等，2012；闫小玲等，2014；杭州，金祖达等，2015；周天焕等，2016）；除XJ，NM，NX，HN外，各地都有（李振宇和解焱，2002；解焱，2008）；黄河三角洲地区（赵怀浩等，2011）；东北地区（郑美林和曹伟，2013）；除NM、NX、HN外，各地均有采集记录（环境保护部和中国科学院，2014）；赤水河中游地区（窦全丽等，2015）；海河流域滨岸带（任颖等，2015）。

安徽、北京、重庆、福建、广东、广西、贵州、海南、河北、河南、黑龙江、湖北、湖南、吉林、江苏、江西、辽宁、内蒙古、宁夏、陕西、山东、山西、上海、四川、台湾、天津、西藏、新疆、云南、浙江；原产于北美洲。

香丝草

2

xiang si cao

草蒿 黄蒿 黄花蒿 黄蒿子 灰绿白酒草 美洲假蓬 野塘蒿

Erigeron bonariensis Linnacus, Sp. Pl. 2: 863. 1753. **(FOC)**

Syn. *Conyza bonariensis* (Linnaeus) Cronquist, Bull. Torrey Bot. Club 70 (6): 632. 1943；*Conyza crispa* (Pourret) Ruprecht, Bull. Cl Phys. -Math. Acad. Imp. Sci. Saint-Pétersbourg 14: 235. 1856.

AH（陈明林等，2003；徐海根和强胜，2004，2011；淮北地区，胡刚等，2005a，2005b；臧敏等，2006；黄山，汪小飞等，2007；何家庆和葛结林，2008；解焱，2008；车晋滇，2009；张中信，2009；万方浩等，2012），**BJ**（建成区，郎金顶等，2008；车晋滇，2009；杨景成等，2009；万方浩等，2012），**CQ**（黔江区，邓绪国，2006；杨德等，2011；徐海根和强胜，2011；万州区，余顺慧和邓洪平，2011a，2011b；万方浩等，2012；北碚区，杨柳等，2015；北碚区，严桧等，2016），**FJ**（厦门，欧健和卢昌义，2006a，2006b；万方浩等，2012），**GD**（深圳，严岳鸿等，2004；珠海市，黄辉宁等，2005b；惠州红树林自然保护区，曹飞等，2007；中山市，蒋谦才等，2008；广州，王忠等，2008；王芳等，2009；粤东地区，曾宪锋等，2009；岳茂峰等，2011；佛山，黄益燕等，2011；林建勇等，2012；万方浩等，2012；粤东地区，朱慧，2012；乐昌，邹滨等，2015，2016），**GS**（解焱，2008；万方浩等，2012），**GX**（谢云珍等，2007；唐赛春等，2008b）北部湾经济区，林建勇等，2011a，2011b；林建勇等，2012；胡刚和张忠华，2012；万方浩等，2012；郭成林等，2013；百色，贾桂康，2013；灵山县，刘在松，2015；北部湾海岸带，刘熊，2017），**GZ**（黔南地区，韦美玉等，2006；贵阳市，石登红和李灿，2011；万方浩等，2012；贵阳市，陈菊艳等，2016），**HB**（刘胜祥和秦伟，2004；徐海根和强胜，2004，2011；星斗山国家级自然保护区，卢少飞等，2005；天门市，沈体忠等，2008；解焱，2008；车晋滇，2009；黄石市，姚发兴，2011；喻大昭等，2011；万方浩等，2012；章承林等，2012），**HJ**（徐海根和强胜，2004，2011；龙茹等，2008；解焱，2008；

车晋滇，2009；万方浩等，2012），**HK**（万方浩等，2012），**HN**（单家林等，2006；范志伟等，2008；甘什岭自然保护区，张荣京和邢福武，2011；曾宪锋等，2014），**HX**（常德市，彭友林等，2009；万方浩等，2012；谢红艳和张雪芹，2012），**HY**（杜卫兵等，2002；开封，张桂宾，2004；东部，张桂宾，2006；董东平和叶永忠，2007；朱长山等，2007；许昌市，姜罡丞，2009；李长看等，2011；新乡，许桂芳和简在友，2011；万方浩等，2012；储嘉琳等，2016），**JS**（南京，吴海荣和强胜，2003；南京，吴海荣等，2004；徐海根和强胜，2004，2011；李亚等，2008；车晋滇，2009；董红云等，2010a；苏州，林敏等，2012；万方浩等，2012；严辉等，2014；南京城区，吴秀臣和芦建国，2015；胡长松等，2016），**JX**（徐海根和强胜，2004，2011；黔江区，邓绪国，2006；庐山风景区，胡天印等，2007c；解焱，2008；车晋滇，2009；季春峰等，2009；王宁，2010；鞠建文等，2011；万方浩等，2012；朱碧华和朱大庆，2013），**LN**（大连，张淑梅等，2013），**MC**（王发国等，2004），**SA**（徐海根和强胜，2004，2011；解焱，2008；车晋滇，2009；西安地区，祁云枝等，2010；万方浩等，2012；栾晓睿等，2016），**SC**（周小刚等，2008；马丹炜等，2009；万方浩等，2012；孟兴等，2015），**SD**（潘怀剑和田家怡，2001；肖素荣等，2003；田家怡和吕传笑，2004；衣艳君等，2005；黄河三角洲，刘庆年等，2006；宋楠等，2006；吴彤等，2006；惠洪者，2007；昆嵛山，赵宏和董翠玲，2007；青岛，罗艳和刘爱华，2008；南四湖湿地，王元军，2010；张绪良等，2010；昆嵛山，赵宏和丛海燕，2012），**SH**（印丽萍等，2004；万方浩等，2012；张晴柔等，2013；汪远等，2015），**TW**（徐海根和强胜，2004，2011；苗栗地区，陈运造，2006；解焱，2008；车晋滇，2009；万方浩等，2012），**XZ**（万方浩等，2012），**YN**（徐海根和强胜，2004，2011；丁莉等，2006；西双版纳，管志斌等，2006；红河流域，徐成东等，2006；徐成东和陆树刚，2006；解焱，2008；车晋滇，2009；申时才等，2012；万方浩等，2012；杨忠兴等，2014），**ZJ**（金华，郭水良等，2002；徐海根和强胜，2004，2011；杭州，陈小永等，2006；李根有等，2006；金华市郊，胡天印等，2007b；金华市郊，李娜等，2007；温州，高末等，2008；杭州市，王嫩仙，2008；解焱，2008；车晋滇，2009；杭州西湖风景区，梅笑漫等，2009；西溪湿地，舒美英等，2009；张建国和张明如，2009；天目山自然保护区，陈京等，2011；温州，丁炳扬和胡仁勇，2011；温州地区，胡仁勇等，2011；西溪湿地，缪丽华等，2011；万方浩等，2012；杭州，谢国雄等，2012；宁波，徐颖等，2014；闫小玲等，2014；杭州，金祖达等，2015；周天焕等，2016）；黄河三角洲地区（赵怀浩等，2011）。

安徽、澳门、北京、重庆、福建、甘肃、广东、广西、贵州、海南、河北、河南、湖北、湖南、江苏、江西、辽宁、青海、陕西、山东、上海、四川、台湾、西藏、香港、云南、浙江；原产于南美洲；归化于热带、亚热带地区。

小蓬草 1
xiao peng cao

飞蓬 加拿大飞蓬 加拿大蓬 小白酒草 小飞蓬 野塘蒿 小叶飞蓬

Erigeron canadensis Linnaeus, Sp. Pl. 2: 863. 1753. (FOC)

Syn. *Conyza canadensis* (Linnaeus) Cronquist, Bull. Torrey Bot. Club 70 (6): 632. 1943.

AH（郭水良和李扬汉，1995；陈明林等，2003；徐海根和强胜，2004，2011；淮北地区，胡刚等，2005a，2005b；臧敏等，2006；黄山，汪小飞等，2007；何家庆和葛结林，2008；解焱，2008；张中信，2009；万方浩等，2012；环境保护部和中国科学院，2014；黄山市城区，梁宇轩等，2015），**BJ**（刘全儒等，2002；贾春虹等，2005；雷霆等，2006；建成区，郎金顶等，2008；林秦文等，2009；杨景成等，2009；彭程等，2010；王苏铭等，2012；环境保护部和中国科学院，2014），**CQ**（石胜璋等，2004；黔江区，邓绪国，2006；金佛山自然保护区，林茂祥等，2007；杨丽等，2008；金佛山自然保护区，孙娟等，2009；徐海根和强胜，2011；万州区，余顺慧和邓洪平，2011a，2011b；环境保护部和中国科学院，2014；北碚区，杨柳等，2015；北碚区，严桧等，2016），**FJ**（郭水良和李扬汉，1995；厦门地区，陈恒彬，2005；刘巧云和王玲萍，2006；厦门，欧健和卢昌义，2006a，2006b；罗明永，2008；杨坚和陈恒彬，2009；长乐，林为涂，2013；环境保护部和中国科学院，2014），**GD**（鼎湖山，贺握权

和黄忠良，2004；深圳，严岳鸿等，2004；珠海市，黄辉宁等，2005b；惠州，郑洲翔等，2006；中山市，蒋谦才等，2008；白云山，李海生等，2008；广州，王忠等，2008；王芳等，2009；粤东地区，曾宪锋等，2009；Fu 等，2011；北师大珠海分校，吴杰等，2011，2012；岳茂峰等，2011；佛山，黄益燕等，2011；付岚等，2012；稔平半岛，于飞等，2012；粤东地区，朱慧，2012；潮州市，陈丹生等，2013；环境保护部和中国科学院，2014；深圳，蔡毅，2015；乐昌，邹滨等，2015），**GS**（徐海根和强胜，2011；尚斌，2012；环境保护部和中国科学院，2014），**GX**（邓晰朝和卢旭，2004；十万大山自然保护区，韦原莲等，2006；吴桂容，2006；谢云珍等，2007；桂林，陈秋霞等，2008；唐赛春等，2008b；解焱，2008；柳州市，石亮成等，2009；北部湾经济区，林建勇等，2011a，2011b；胡刚和张忠华，2012；防城金花茶自然保护区，吴儒华和李福阳，2012；郭成林等，2013；百色，贾桂康，2013；环境保护部和中国科学院，2014；来宾市，林春华等，2015；灵山县，刘在松，2015；金子岭风景区，贾桂康和钟林敏，2016；于永浩等，2016），**GZ**（屠玉麟，2002；徐海根和强胜，2004，2011；黔南地区，韦美玉等，2006；大沙河自然保护区，林茂祥等，2008；解焱，2008；申敬民等，2010；和太平等，2011；贵阳市，石登红和李灿，2011；万方浩等，2012；环境保护部和中国科学院，2014；贵阳市，陈菊艳等，2016），**HB**（刘胜祥和秦伟，2004；徐海根和强胜，2004，2011；星斗山国家级自然保护区，卢少飞等，2005；天门市，沈体忠等，2008；解焱，2008；李儒海等，2011；黄石市，姚发兴，2011；喻大昭等，2011；万方浩等，2012；环境保护部和中国科学院，2014），**HJ**（徐海根和强胜，2004，2011；衡水湖，李惠欣，2008；龙茹等，2008；解焱，2008；秦皇岛，李顺才等，2009；衡水市，牛玉璐和李建明，2010；万方浩等，2012；武安国家森林公园，张浩等，2012；环境保护部和中国科学院，2014），**HK**（严岳鸿等，2005；环境保护部和中国科学院，2014），**HL**（徐海根和强胜，2004，2011；李玉生等，2005；解焱，2008；高燕和曹伟，2010；鲁萍等，2012；万方浩等，2012；郑宝江和潘磊，2012；环境保护部和中国科学院，2014），**HN**（单家林等，2006；安锋等，2007；范志伟等，2008；铜鼓岭国家级自然保护区、大田国家级自然保护区，秦

双子叶植物

卫华等，2008；石灰岩地区，秦新生等，2008；霸王岭自然保护区，胡雪华等，2011；徐海根和强胜，2011；甘什岭自然保护区，张荣京和邢福武，2011；周祖光，2011；环境保护部和中国科学院，2014；曾宪锋等，2014；陈玉凯等，2016），**HX**（郴州，陈国发，2006；南岳自然保护区，谢红艳等，2007；彭兆普等，2008；洞庭湖区，彭友林等，2008；湘西地区，刘兴锋等，2009；常德市，彭友林等，2009；湘西地区，徐亮等，2009；衡阳市，谢红艳等，2011；谢红艳和张雪芹，2012；环境保护部和中国科学院，2014；益阳市，黄含吟等，2016），**HY**（杜卫兵等，2002；徐海根和强胜，2004，2011；开封，张桂宾，2004；田朝阳等，2005；东部，张桂宾，2006；董东平和叶永忠，2007；朱长山等，2007；解焱，2008；许昌市，姜罡丞，2009；李长看等，2011；新乡，许桂芳和简在友，2011；高均昭等，2012；高均昭和王增琪，2012；万方浩等，2012；王增琪和高均昭，2012；环境保护部和中国科学院，2014；储嘉琳等，2016），**JL**（长白山区，周繇，2003；徐海根和强胜，2004，2011；长春地区，李斌等，2007；孙仓等，2007；解焱，2008；长白山区，苏丽涛和马立军，2009；高燕和曹伟，2010；万方浩等，2012；环境保护部和中国科学院，2014；长春地区，曲同宝等，2015），**JS**（郭水良和李扬汉，1995；南京，吴海荣和强胜，2003；南京，吴海荣等，2004；徐海根和强胜，2004，2011；李亚等，2008；解焱，2008；董红云等，2010a；苏州，林敏等，2012；万方浩等，2012；季敏等，2014；环境保护部和中国科学院，2014；寿海洋等，2014；严辉等，2014；南京城区，吴秀臣和芦建国，2015；胡长松等，2016），**JX**（郭水良和李扬汉，1995；徐海根和强胜，2004，2011；庐山风景区，胡天印等，2007c；解焱，2008；季春峰等，2009；雷平等，2010；王宁，2010；Fu等，2011；鞠建文等，2011；付岚等，2012；万方浩等，2012；南昌市，朱碧华和杨凤梅，2012；朱碧华和朱大庆，2013；环境保护部和中国科学院，2014；江西南部，程淑媛等，2015），**LN**（曲波，2003；徐海根和强胜，2004，2011；曲波等，2006a，2006b，2010；解焱，2008；沈阳，付海滨等，2009；高燕和曹伟，2010；老铁山自然保护区、鸭绿江口滨海湿地自然保护区、医巫闾山自然保护区、九龙川自然保护区，吴晓姝等，2010；万方浩等，2012；大连，张淑梅等，2013；环境保护部和中国科学院，2014；大连，张恒庆等，2016），**MC**（王发国等，2004；林鸿辉等，2008；环境保护部和中国科学院，2014），**NM**（徐海根和强胜，2004，2011；苏亚拉图等，2007；解焱，2008；万方浩等，2012；环境保护部和中国科学院，2014；庞立东等，2015），**NX**（环境保护部和中国科学院，2014），**QH**（环境保护部和中国科学院，2014），**SA**（徐海根和强胜，2004，2011；解焱，2008；西安地区，祁云枝等，2010；万方浩等，2012；杨凌地区，何纪琳等，2013；环境保护部和中国科学院，2014；栾晓睿等，2016），**SC**（徐海根和强胜，2004，2011；解焱，2008；周小刚等，2008；马丹炜等，2009；万方浩等，2012；环境保护部和中国科学院，2014；孟兴等，2015），**SD**（潘怀剑和田家怡，2001；肖素荣等，2003；田家怡和吕传笑，2004；徐海根和强胜，2004，2011；衣艳君等，2005；黄河三角洲，刘庆年等，2006；宋楠等，2006；惠洪者，2007；昆嵛山，赵宏和董翠玲，2007；青岛，罗艳和刘爱华，2008；解焱，2008；南四湖湿地，王元军，2010；张绪良等，2010；万方浩等，2012；昆嵛山，赵宏和丛海燕，2012；环境保护部和中国科学院，2014；曲阜，赵灏，2015），**SH**（郭水良和李扬汉，1995；印丽萍等，2004；秦卫华等，2007；青浦，左倬等，2010；张晴柔等，2013；汪远等，2015），**SX**（徐海根和强胜，2004，2011；石瑛等，2006；解焱，2008；马世军和王建军，2011；万方浩等，2012；环境保护部和中国科学院，2014），**TJ**（环境保护部和中国科学院，2014），**TW**（徐海根和强胜，2004，2011；苗栗地区，陈运造，2006；解焱，2008；杨宜津，2008；万方浩等，2012；环境保护部和中国科学院，2014），**XJ**（乌鲁木齐，张源，2007；环境保护部和中国科学院，2014），**XZ**（环境保护部和中国科学院，2014），**YN**（徐海根和强胜，2004，2011；丁莉等，2006；西双版纳，管志斌等，2006；红河流域，徐成东等，2006；徐成东和陆树刚，2006；怒江干热河谷区，胡发广等，2007；李乡旺等，2007；瑞丽，赵见明，2007；解焱，2008；陈建业等，2010；洱海流域，张桂彬等，2011；申时才等，2012；普洱，陶川，2012；万方浩等，2012；怒江流域，沈利峰等，2013；环境保护部和中国科学院，2014；杨忠兴等，2014；西双版纳自然保护区，陶永祥等，2017），**ZJ**（郭水良和李扬汉，1995；金华，郭水良等，2002；徐海根和强胜，2004，2011；杭州，陈小永等，2006；

李根有等，2006；金华市郊，胡天印等，2007b；金华市郊，李娜等，2007；台州，陈模舜，2008；温州，高末等，2008；杭州市，王嫩仙，2008；解焱，2008；杭州西湖风景区，梅笑漫等，2009；西溪湿地，舒美英等，2009；张建国和张明如，2009；张明如等，2009；天目山自然保护区，陈京等，2011；温州，丁炳扬和胡仁勇，2011；温州地区，胡仁勇等，2011；西溪湿地，缪丽华等，2011；万方浩等，2012；杭州，谢国雄等，2012；环境保护部和中国科学院，2014；宁波，徐颖等，2014；闫小玲等，2014；杭州，金祖达等，2015；周天焕等，2016）；我国各地均有分布，是我国分布最广的入侵物种之一（李振宇和解焱，2002；范志伟等，2008；车晋滇，2009；黄河三角洲地区（赵怀浩等，2011）；东北地区（郑美林和曹伟，2013）；赤水河中游地区（窦全丽等，2015）；海河流域滨岸带（任颖等，2015）；东北草地（石洪山等，2016）。

安徽、澳门、北京、重庆、福建、甘肃、广东、广西、贵州、海南、河北、河南、黑龙江、湖北、湖南、吉林、江苏、江西、辽宁、内蒙古、青海、陕西、山东、山西、上海、四川、台湾、天津、西藏、香港、新疆、云南、浙江；原产于北美洲。

春飞蓬　　　　　　　　　　　　　3
chun fei peng
春一年蓬　费城飞蓬

Erigeron philadelphicus Linnaeus, Sp. Pl. 2: 863. 1753. **(Tropicos)**

AH（徐海根和强胜，2004，2011；淮北地区，胡刚等，2005b；何家庆和葛结林，2008；解焱，2008），**GZ**（贵阳市，石登红和李灿，2011；贵阳市，陈菊艳等，2016），**JS**（郭水良和李扬汉，1995；徐海根和强胜，2004，2011；苏州，林敏等，2012；寿海洋等，2014；严辉等，2014；胡长松等，2016），**SC**（周小刚等，2008），**SH**（郭水良和李扬汉，1995；徐海根和强胜，2004，2011；汪远等，2015），**ZJ**（郭水良和李扬汉，1995；徐海根和强胜，2004，2011；杭州，张明如等，2009；朱莉莉和郭水良，2010；杭州，谢国雄等，2012；温州，凌文婷等，2013；闫小玲等，2014；杭州，金祖达等，2015；周天焕等，2016）。

安徽、贵州、江苏、江西、上海、四川、浙江；原

产于北美洲。

美丽飞蓬　　　　　　　　　　有待观察
mei li fei peng

Erigeron speciosus (Lindley) de Candolle, Prodr. 5: 284. 1836. **(Tropicos)**

ZJ（西溪湿地，缪丽华等，2011；闫小玲等，2014）。

浙江；原产于北美洲。

糙伏毛飞蓬　　　　　　　　　有待观察
cao fu mao fei peng
粗糙飞蓬

Erigeron strigosus Muhlenberg ex Willdenow, Sp. Pl. 3: 1956. 1803. **(FOC)**

JS（寿海洋等，2014；严辉等，2014），**SH**（郭水良和李扬汉，1995）。

安徽、福建、河北、河南、湖北、湖南、吉林、江苏、江西、山东、山西、上海、四川、西藏、浙江；原产于北美洲。

苏门白酒草　　　　　　　　　　　1
su men bai jiu cao
苏门白酒菊

Erigeron sumatrensis Retzius, Observ. Bot. 5: 28. 1789. **(FOC)**
Syn. *Conyza sumatrensis* (Retzius) E. Walker, J. Jap. Bot. 46: 72. 1971.

AH（徐海根和强胜，2011；黄山市城区，梁宇轩等，2015），**CQ**（李振宇和解焱，2002；石胜璋等，2004；金佛山自然保护区，林茂祥等，2007；解焱，2008；车晋滇，2009；徐海根和强胜，2011；万方浩等，2012；环境保护部和中国科学院，2014；北碚区，杨柳等，2015；北碚区，严桧等，2016），**FJ**（郭水良和李扬汉，1995；李振宇和解焱，2002；厦门地区，陈恒彬，2005；刘巧云和王玲萍，2006；厦门，欧健和卢昌义，2006a，2006b；范志伟等，2008；解焱，2008；车晋滇，2009；杨坚和陈恒彬，2009；徐海根和强胜，2011；万方浩等，2012；长乐，林为淦，2013；环境保护部和中国科

学院，2014），**GD**（李振宇和解焱，2002；范志伟等，2008；广州，王忠等，2008；解焱，2008；车晋滇，2009；王芳等，2009；Fu等，2011；佛山，黄益燕等，2011；徐海根和强胜，2011；岳茂峰等，2011；北师大珠海分校，吴杰等，2011，2012；付岚等，2012；林建勇等，2012；万方浩，2012；稔平半岛，于飞等，2012；环境保护部和中国科学院，2014），**GX**（李振宇和解焱，2002；吴桂容，2006；谢云珍等，2007；桂林，陈秋霞等，2008；范志伟等，2008；唐赛春等，2008b；解焱，2008；车晋滇，2009；柳州市，石亮成等，2009；徐海根和强胜，2011；胡刚和张忠华，2012；林建勇等，2012；万方浩等，2012；郭成林等，2013；百色，贾桂康，2013；环境保护部和中国科学院，2014；灵山县，刘在松，2015；金子岭风景区，贾桂康和钟林敏，2016），**GZ**（李振宇和解焱，2002；范志伟等，2008；大沙河自然保护区，林茂祥等，2008；解焱，2008；车晋滇，2009；申敬民等，2010；徐海根和强胜，2011；万方浩等，2012；环境保护部和中国科学院，2014；贵阳市，陈菊艳等，2016），**HB**（李振宇和解焱，2002；天门市，沈体忠等，2008；解焱，2008；车晋滇，2009；徐海根和强胜，2011；喻大昭等，2011；万方浩等，2012；环境保护部和中国科学院，2014），**HK**（环境保护部和中国科学院，2014），**HN**（李振宇和解焱，2002；安锋等，2007；范志伟等，2008；东寨港国家级自然保护区，秦卫华等，2008；解焱，2008；车晋滇，2009；徐海根和强胜，2011；周祖光，2011；林建勇等，2012；万方浩等，2012；环境保护部和中国科学院，2014；曾宪锋等，2014；罗文启等，2015；陈玉凯等，2016），**HX**（解焱，2008；衡阳市，谢红艳等，2011；徐海根和强胜，2011），**HY**（董东平和叶永忠，2007；许昌市，姜罡丞等，2009；新乡，许桂芳和简在友，2011；徐海根和强胜，2011；环境保护部和中国科学院，2014；储嘉琳等，2016），**JS**（宜兴等地，李亚等，2008；董红云等，2010a；徐海根和强胜，2011；苏州，林敏等，2012；环境保护部和中国科学院，2014；季敏等，2014；寿海洋等，2014；严辉等，2014；南京城区，吴秀臣和芦建国，2015；胡长松等，2016），**JX**（郭水良和李扬汉，1995；李振宇和解焱，2002；范志伟等，2008；解焱，2008；车晋滇，2009；Fu等，2011；徐海根和强胜，2011；付岚等，2012；万方浩等，2012；朱碧华和朱大庆，

2013；环境保护部和中国科学院，2014），**MC**（环境保护部和中国科学院，2014），**SA**（杨凌地区，何纪琳等，2013），**SC**（李振宇和解焱，2002；范志伟等，2008；解焱，2008；周小刚等，2008；车晋滇，2009；马丹炜等，2009；徐海根和强胜，2011；万方浩等，2012；环境保护部和中国科学院，2014；孟兴等，2015），**SD**（徐海根和强胜，2011），**SH**（郭水良和李扬汉，1995；张晴柔等，2013；汪远等，2015），**TW**（李振宇和解焱，2002；范志伟等，2008；解焱，2008；车晋滇，2009；徐海根和强胜，2011；万方浩等，2012；环境保护部和中国科学院，2014），**XZ**（吉隆，李振宇和解焱，2002；吉隆，范志伟等，2008；吉隆，解焱，2008；车晋滇，2009；徐海根和强胜，2011；万方浩等，2012；环境保护部和中国科学院，2014），**YN**（李振宇和解焱，2002；丁莉等，2006；西双版纳，管志斌等，2006；红河流域，徐成东等，2006；徐成东和陆树刚，2006；李乡旺等，2007；瑞丽，赵见明，2007；范志伟等，2008；解焱，2008；车晋滇，2009；陈建业等，2010；德宏州，马柱芳和谷芸，2011；徐海根和强胜，2011；申时才等，2012；普洱，陶川，2012；万方浩等，2012；曲靖市，王艳和成志荣，2012；文山州，杨焓妤，2012；怒江流域，沈利峰等，2013；环境保护部和中国科学院，2014；昭通，李青梅，2014；杨忠兴等，2014；西双版纳自然保护区，陶永祥等，2017），**ZJ**（郭水良和李扬汉，1995；李振宇和解焱，2002；李根有等，2006；范志伟等，2008；温州，高末等，2008；杭州市，王嫩仙，2008；解焱，2008；车晋滇，2009；杭州西湖风景区，梅笑漫等，2009；张建国和张明如，2009；杭州，张明如等，2009；温州，丁炳扬和胡仁勇，2011；温州地区，胡仁勇等，2011；徐海根和强胜，2011；万方浩等，2012；杭州，谢国雄等，2012；环境保护部和中国科学院，2014；宁波，徐颖等，2014；闫小玲等，2014；杭州，金祖达等，2015；周天焕等，2016）。

安徽、重庆、福建、甘肃、广东、广西、贵州、海南、河南、湖北、湖南、江苏、江西、陕西、山东、上海、四川、台湾、西藏、香港、云南、浙江；原产于南美洲；归化于热带、亚热带地区。

大麻叶泽兰 有待观察
da ma ye ze lan

Eupatorium cannabinum Linnaeus, Sp. Pl. 2: 838. 1753. **(FOC)**

JS（寿海洋等，2014；严辉等，2014）；**ZJ**（杭州，陈小永等，2006；张建国和张明如，2009；闫小玲等，2014）。

安徽、广东、广西、贵州、河南、湖北、江苏、江西、台湾、西藏、云南、浙江；原产于欧洲。

黄顶菊 1
huang ding ju
二齿黄菊 三脉黄顶菊

Flaveria bidentis (Linnaeus) Kuntze, Revis. Gen. Pl. 3 (3): 148. 1898. **(FOC)**
Flaveria trinervia auct. non (Sprengel) C. Mohr: 车晋滇, 2009.

BJ（刘华杰，2009a），**HJ**（高贤明等，2004；衡水，芦站根和周文杰，2006；芦站根等，2006；郭成亮等，2007；衡水湖，李惠欣，2008；龙茹等，2008；解焱，2008；张国良等，2008；沧州市，陆秀君等，2009；环境保护部和中国科学院，2010；李红岩等，2010；衡水湖，芦站根，2010；衡水市，牛玉璐和李建明，2010；衡水学院，平海涛，2010；乔建国等，2010；保定地区，岳强等，2010；徐海根和强胜，2011；陈超等，2012；万方浩等，2012；武安国家森林公园，张浩等，2012），**HN**（罗文启等，2015），**HY**（新乡，许桂芳和简在友，2011；徐海根和强胜，2011；万方浩等，2012；储嘉琳等，2016），**JX**（鞠建文等，2011），**NM**（陈超等，2012），**SD**（牛成峰等，2010；刘玉升等，2011；刘宁和刘玉升，2011；万方浩等，2012），**TJ**（高贤明等，2004；芦站根等，2006；解焱，2008；张国良等，2008；环境保护部和中国科学院，2010；徐海根和强胜，2011；万方浩等，2012）；华北农牧交错带（陈超等，2012）；海河流域滨岸带（任颖等，2015）。

北京、福建、海南、河北、河南、江西、山东、台湾、天津；原产于南美洲。

宿根天人菊 有待观察
su gen tian ren ju
车轮菊

Gaillardia aristata Pursh, Fl. Amer. Sept. 2: 573. 1814. **(FOC)**

JS（寿海洋等，2014），**ZJ**（西溪湿地，缪丽华等，2011）。

安徽、澳门、北京、福建、广东、广西、河南、湖北、江苏、四川；原产于北美洲。

天人菊 有待观察
tian ren ju

Gaillardia pulchella Fougeroux, Mém. Acad. Sci. (Paris) 1786: 5, f. 1. 1788. **(Tropicos)**

HB（喻大昭等，2011），**JS**（寿海洋等，2014），**SA**（栾晓睿等，2016），**TW**（苗栗地区，陈运造，2006；解焱，2008；杨宜津，2008），**ZJ**（杭州，金祖达等，2015）。

安徽、北京、重庆、福建、甘肃、广东、广西、贵州、海南、河北、黑龙江、河南、湖南、湖北、江苏、江西、辽宁、内蒙古、陕西、山东、上海、台湾、天津、西藏、香港、新疆、云南、浙江；原产于北美洲。

牛膝菊 ① 2
niu xi ju
辣子草 向阳花 小米菊

Galinsoga parviflora Cavanilles, Icon. 3 (2): 41-42, pl. 281. 1794. **(FOC)**

AH（徐海根和强胜，2004，2011；何家庆和葛结林，2008；解焱，2008；车晋滇，2009；万方浩等，2012；黄山市城区，梁宇轩等，2015），**BJ**（刘全儒等，2002；车晋滇，2004，2009；贾春虹等，2005；建成区，郎金顶等，2008；解焱，2008；林秦文等，2009；杨景成等，2009；彭程等，2010；徐海根和强胜，2011；王苏铭等，2012），**CQ**（石胜璋等，2004；金佛山自然保护区，林茂祥等，2007；杨丽等，2008；解焱，2008；徐海根和强胜，2011；万州区，余顺慧和邓洪平，2011a，2011b；北碚区，杨柳等，2015；北碚区，严桧等，2016），**FJ**（徐海根和强胜，2004，2011；厦门地区，陈恒彬，2005；刘巧云和王玲萍，2006；厦门，欧健和卢昌义，2006a，2006b；罗明永，2008；解焱，2008；车晋

---

① 本种与粗毛牛膝菊 *G.quadriradiata* 在以往文献报道中大多相混淆，有待详细考证。

双子叶植物

滇，2009；杨坚和陈恒彬，2009；万方浩等，2012；武夷山市，李国平等，2014），**GD**（广州，王忠等，2008；解焱，2008；王芳等，2009；粤东地区，曾宪锋等，2009；岳茂峰等，2011；林建勇等，2012；粤东地区，朱慧，2012；深圳，蔡毅等，2015；乐昌，邹滨等，2015，2016），**GS**（金塔地区，董平等，2010），**GX**（谢云珍等，2007；桂林，陈秋霞等，2008；唐赛春等，2008b；柳州市，石亮成等，2009；北部湾经济区，林建勇等，2011a，2011b；林建勇等，2012；胡刚和张忠华，2012；万方浩等，2012；郭成林等，2013；百色，贾桂康，2013；灵山县，刘在松，2015；北部湾海岸带，刘熊，2017），**GZ**（屠玉麟，2002；徐海根和强胜，2004，2011；黔南地区，韦美玉等，2006；大沙河自然保护区，林茂祥等，2008；解焱，2008；车晋滇，2009；申敬民等，2010；贵阳市，石登红和李灿，2011；万方浩等，2012；贵阳市，陈菊艳等，2016），**HB**（刘胜祥和秦伟，2004；徐海根和强胜，2004，2011；星斗山国家级自然保护区，卢少飞等，2005；天门市，沈体忠等，2008；解焱，2008；车晋滇，2009；喻大昭等，2011；万方浩等，2012；章承林等，2012），**HJ**（徐海根和强胜，2004，2011；龙茹等，2008；解焱，2008；秦皇岛，李顺才等，2009；陈超等，2012；万方浩等，2012），**HK**（解焱，2008），**HL**（李玉生等，2005；解焱，2008；高燕和曹伟，2010；鲁萍等，2012；万方浩等，2012；郑宝江和潘磊，2012），**HN**（安锋等，2007；铜鼓岭国家级自然保护区，秦卫华等，2008；周祖光，2011；林建勇等，2012；彭宗波等，2013；陈玉凯等，2016），**HX**（徐海根和强胜，2004，2011；南岳自然保护区，谢红艳，2007；彭兆普等，2008；解焱，2008；车晋滇，2009；湘西地区，刘兴锋等，2009；湘西地区，徐亮等，2009；衡阳市，谢红艳等，2011；万方浩等，2012；谢红艳和张雪芹，2012），**HY**（徐海根和强胜，2004，2011；田朝阳等，2005；董东平和叶永忠，2007；朱长山等，2007；车晋滇，2009；许昌市，姜罡丞，2009；王列富和陈元胜，2009；李长看等，2011；新乡，许桂芳和简在友，2011；万方浩等，2012；储嘉琳等，2016），**JL**（长白山区，周繇，2003；徐海根和强胜，2004，2011；长春地区，李斌等，2007；孙仓等，2007；解焱，2008；车晋滇，2009；长白山区，苏丽涛和马立军，2009；高燕和曹伟，2010；万方浩等，2012；长春地区，曲同宝

等，2015），**JS**（徐海根和强胜，2004，2011；李亚等，2008；解焱，2008；车晋滇，2009；董红云等，2010b；苏州，林敏等，2012；万方浩等，2012；寿海洋等，2014；严辉等，2014；南京城区，吴秀臣和芦建国，2015；胡长松等，2016），**JX**（徐海根和强胜，2004，2011；车晋滇，2009；季春峰等，2009；庐山风景区，胡天印等，2007c；解焱，2008；雷平等，2010；王宁，2010；鞠建文等，2011；万方浩等，2012；朱碧华和朱大庆，2013；江西南部，程淑媛等，2015），**LN**（曲波，2003；徐海根和强胜，2004，2011；齐淑艳和徐文铎，2006；齐淑艳等，2006；曲波等，2006a，2006b，2010；解焱，2008；车晋滇，2009；沈阳，付海滨等，2009；高燕和曹伟，2010；老铁山自然保护区，吴晓姝等，2010；万方浩等，2012；大连，张淑梅等，2013；大连，张恒庆等，2016），**MC**（解焱，2008），**NM**（徐海根和强胜，2004，2011；苏亚拉图等，2007；车晋滇，2009；陈超等，2012；万方浩等，2012；庞立东等，2015），**SA**（徐海根和强胜，2004，2011；车晋滇，2009；万方浩等，2012；栾晓睿等，2016），**SC**（解焱，2008；周小刚等，2008；马丹炜等，2009；邛海湿地，杨红，2009；万方浩等，2012；孟兴等，2015），**SD**（潘怀剑和田家怡，2001；徐海根和强胜，2004，2011；衣艳君等，2005；宋楠等，2006；青岛，罗艳和刘爱华，2008；车晋滇，2009；张绪良等，2010；万方浩等，2012），**SH**（解焱，2008；徐海根和强胜，2011；张晴柔等，2013），**SX**（徐海根和强胜，2004，2011；石瑛等，2006；车晋滇，2009；万方浩等，2012），**TJ**（解焱，2008；万方浩等，2012），**TW**（解焱，2008；万方浩等，2012），**XJ**（乌鲁木齐，张源，2007），**XZ**（徐海根和强胜，2004，2011；解焱，2008；车晋滇，2009；万方浩等，2012），**YN**（丁莉等，2006；西双版纳，管志斌等，2006；红河流域，徐成东等，2006；徐成东和陆树刚，2006；怒江干热河谷区，胡发广等，2007；李乡旺等，2007；解焱，2008；洱海流域，张桂彬等，2011；申时才等，2012；普洱，陶川，2012；万方浩等，2012；怒江流域，沈利峰等，2013；杨忠兴等，2014），**ZJ**（徐海根和强胜，2004，2011；杭州市，王嫩仙，2008；解焱，2008；天目山自然保护区，陈京等，2011；万方浩等，2012；杭州，谢国雄等，2012；闫小玲等，2014）；分布于除西北以外的全国各地（李振宇和解焱，2002）；

华北农牧交错带（陈超等，2012）；东北地区（郑美林和曹伟，2013）；海河流域滨岸带（任颖等，2015）。

安徽、澳门、北京、重庆、福建、甘肃、广东、广西、贵州、海南、河北、河南、黑龙江、湖北、湖南、吉林、江苏、江西、辽宁、内蒙古、陕西、山东、山西、上海、四川、台湾、天津、西藏、香港、新疆、云南、浙江；原产于南美洲。

粗毛牛膝菊 2
cu mao niu xi ju

粗毛辣子草 粗毛小米菊 睫毛牛膝菊 辣子草 牛膝菊 向阳花 珍珠草

Galinsoga quadriradiata Ruiz & Pavón, Syst. Veg. Fl. Peruv. Chil. 1: 198. 1798. **(FOC)** Syn. *Galinsoga ciliata* (Rafinesque) S. F. Blake, New Fl. 1: 67. 1836.

AH（郭水良和李扬汉，1995；陈明林等，2003；黄山，汪小飞等，2007；车晋滇，2009；徐海根和强胜，2011），**CQ**（杨德等，2011），**GX**（来宾市，林春华等，2015），**GZ**（车晋滇，2009；徐海根和强胜，2011），**HB**（刘胜祥和秦伟，2004；徐海根和强胜，2011），**HL**（郑宝江和潘磊，2012），**JL**（齐淑艳等，2012），**JS**（郭水良和李扬汉，1995；车晋滇，2009；徐海根和强胜，2011；寿海洋等，2014；严辉等，2014），**JX**（郭水良和李扬汉，1995；车晋滇，2009；徐海根和强胜，2011），**LN**（齐淑艳和徐文铎，2008；鸭绿江口滨海湿地自然保护区，吴晓姝等，2010；徐海根和强胜，2011；大连，张淑梅等，2013），**SA**（秦岭，田陌等，2011；栾晓睿等，2016），**SH**（郭水良和李扬汉，1995；车晋滇，2009；徐海根和强胜，2011；张晴柔等，2013；汪远等，2015），**TW**（苗栗地区，陈运造，2006；车晋滇，2009；徐海根和强胜，2011），**YN**（红河流域，徐成东等，2006；徐成东和陆树刚，2006；郭怡卿等，2010；徐海根和强胜，2011；申时才等，2012），**ZJ**（郭水良和李扬汉，1995；李根有等，2006；台州，陈模舜，2008；温州，高末等，2008；车晋滇，2009；杭州西湖风景区，梅笑漫等，2009；西溪湿地，舒美英等，2009；张建国和张明如，2009；温州，丁炳扬和胡仁勇，2011；温州地区，胡仁勇等，2011；西溪湿地，缪丽华等，2011；徐海根和强胜，2011；闫小玲等，2014；杭州，金祖达等，2015；

周天焕等，2016）；东北地区（郑美林和曹伟，2013）。

安徽、北京、重庆、福建、广东、广西、贵州、海南、河北、黑龙江、湖北、湖南、吉林、江苏、江西、辽宁、内蒙古、陕西、山东、山西、上海、四川、台湾、新疆、云南、浙江；原产于墨西哥。

茼蒿 有待观察
tong hao

春菊 杆子蒿 割谷花 蓬蒿 野茼蒿

Glebionis coronaria (Linnaeus) Cassini ex Spach, Hist. Nat. Veg. 10: 181. 1841. **(FOC)** Bas. *Chrysanthemum coronarium* Linnaeus, Sp. Pl. 2: 890. 1753.

AH（徐海根和强胜，2004，2011；何家庆和葛结林，2008；解焱，2008；何冬梅等，2010），**BJ**（刘全儒等，2002；彭程等，2010；王苏铭等，2012），**GD**（林建勇等，2012；乐昌，邹滨等，2015），**GS**（徐海根和强胜，2011），**GX**（邓晰朝和卢旭，2004；吴桂容，2006；北部湾经济区，林建勇等，2011a，2011b；林建勇等，2012），**HB**（黄石市，姚发兴，2011；喻大昭等，2011），**HJ**（徐海根和强胜，2004，2011；龙茹等，2008；解焱，2008），**HN**（安锋等，2007；林建勇等，2012），**HY**（徐海根和强胜，2004，2011；解焱，2008；新乡，许桂芳和简在友，2011），**JS**（苏州，林敏等，2012；寿海洋等，2014；严辉等，2014），**JX**（江西南部，程淑媛等，2015），**SA**（徐海根和强胜，2011；栾晓睿等，2016），**SD**（徐海根和强胜，2004，2011；解焱，2008），**SH**（张晴柔等，2013），**SX**（徐海根和强胜，2004，2011；解焱，2008），**YN**（徐海根和强胜，2011），**ZJ**（闫小玲等，2014）。

安徽、北京、重庆、福建、甘肃、广东、广西、贵州、海南、河北、河南、湖南、湖北、吉林、江苏、江西、辽宁、陕西、山西、山东、上海、四川、天津、香港、新疆、云南、浙江；原产于地中海地区。

南茼蒿 有待观察
nan tong hao

Glebionis segetum (Linnaeus) Fourreau, Ann. Soc. Linn. Lyon, sér. 2, 17: 90. 1869. **(FOC)** Bas. *Chrysanthemum segetum* Linnaeus, Sp.

Pl. 2: 889-890. 1753.

AH（何家庆和葛结林，2008；何冬梅等，2010），JS（寿海洋等，2014）。

安徽、澳门、北京、福建、广东、广西、贵州、海南、湖北、湖南、江苏、江西、山东、上海、四川、香港、云南、浙江；原产于地中海地区。

胶菀 有待观察
jiao wan

Grindelia squarrosa (Pursh) Dunal, Mém. Mus. Hist. Nat. 5: 50. 1819. **(FOC)**

LN（大连，张淑梅等，2013）。

辽宁；原产于北美洲西部；归化于温带亚洲和欧洲。

裸冠菊 有待观察
luo guan ju
光冠水菊

Gymnocoronis spilanthoides (D. Don ex Hooker & Arnott) de Candolle, Prodr. 7: 266. 1838. **(FOC)**

GD（李西贝阳等，2016），GX（高天刚和刘演，2007；阳朔县漓江，徐海根和强胜，2011），YN（王焕冲等，2010；申时才等，2012），ZJ（周天焕等，2016）。

广东、广西、江西、台湾、云南、浙江；原产于南美洲；归化于日本、大洋洲和太平洋岛屿。

堆心菊 有待观察
dui xin ju

Helenium autumnale Linnaeus, Sp. Pl. 2: 886. 1753. **(Tropicos)**

AH（陈明林等，2003；徐海根和强胜，2004，2011；臧敏等，2006；何家庆和葛结林，2008；解焱，2008），FJ（徐海根和强胜，2004，2011；解焱，2008），GD（徐海根和强胜，2004，2011；解焱，2008；林建勇等，2012），GX（徐海根和强胜，2004，2011；唐赛春等，2008b；解焱，2008；林建勇等，2012），GZ（黔南地区，韦美玉等，2006），HB（徐海根和强胜，2004，2011），HJ（解焱，

2008），HX（徐海根和强胜，2004，2011；彭兆普等，2008；解焱，2008），JS（郭水良和李扬汉，1995；徐海根和强胜，2004，2011；解焱，2008；寿海洋等，2014；严辉等，2014），JX（徐海根和强胜，2004，2011；季春峰等，2009；王宁，2010；鞠建文等，2011），SH（郭水良和李扬汉，1995；张晴柔等，2013），ZJ（郭水良和李扬汉，1995；徐海根和强胜，2004，2011；解焱，2008；闫小玲等，2014）。

安徽、福建、广东、广西、贵州、河北、湖北、湖南、江苏、江西、上海、浙江；原产于北美洲。

比格罗堆心菊 有待观察
bi ge luo dui xin ju

Helenium bigelovii A. Gray, Pacif. Railr. Rep. 4 (5): 107. 1857. **(Tropicos)**

GX（桂林，陈秋霞等，2008），GZ（申敬民等，2010）。

广东、广西、贵州、湖北、江苏；原产于北美洲。

微甘菊 1
wei gan ju
蔓菊 米甘草 山瑞香 薇甘菊 假泽兰 小花蔓泽兰

Mikania micrantha Kunth, Nov. Gen. Sp. (folio ed.) 4: 105. 1818 (1820) . **(FOC)**

FJ（车晋滇，2009；福州，彭海燕和高关平，2013），GD（珠江三角洲地区，冯惠玲等，2002；李振宇和解焱，2002；杨期和等，2002；张炜银等，2002；胡迪琴等，2003；黄彩萍和曾丽梅，2003；王勇军等，2003；殷祚云等，2003；曾宪锋，2003；江贵波，2004；王伯荪等，2004；徐海根和强胜，2004，2011；深圳，严岳鸿等，2004；钟晓青等，2004；珠海市，黄辉宁等，2005a，2005b；深圳，邵志芳等，2006；惠州，郑洲翔等，2006；深圳，李一农等，2007a，2007b；范志伟等，2008；深圳，姜丹玲，2008；中山市，蒋谦才等，2008；白云山，李海生等，2008；广州，王忠等，2008；解焱，2008；张国良等，2008；车晋滇，2009；龙永彬，2009；王芳等，2009；粤东地区，曾宪锋等，2009；廖庆强等，2010；广州，邱罗等，2010；周伟等，2010；广州，陈亮等，2011；Fu等，2011；佛山，黄益燕等，2011；北师大珠海分校，吴杰等，2011，

2012；深圳湾，于晓梅和杨逢建，2011；岳茂峰等，2011；付岚等，2012；林建勇等，2012；万方浩等，2012；稔平半岛，于飞等，2012；粤东地区，朱慧，2012；潮州市，陈丹生等，2013；深圳，张春颖等，2013；广州，李许文等，2014；深圳，蔡毅等，2015；广州南沙黄山鲁森林公园，李海生等，2015），**GX**（杨期和等，2002；胡迪琴等，2003；谢云珍等，2007；车晋滇，2009；林建勇等，2012；郭成林等，2013；韦春强等，2015），**GZ**（车晋滇，2009），**HK**（韩诗畴等，2001；李振宇和解焱，2002；向言词等，2002b；杨期和等，2002；张炜银等，2002；胡迪琴等，2003；环境总局和中国科学院，2003；缪绅裕和李冬梅，2003；杜德俊和高力行，2004；王伯荪等，2004；徐海根和强胜，2004，2011；严岳鸿等，2005；周先叶等，2006；李一农等，2007a，2007b；范志伟等，2008；解焱，2008；张国良等，2008；车晋滇，2009；万方浩等，2012），**HN**（王伟等，2007；范志伟等，2008；曾宪锋等，2014；罗文启等，2015；陈玉凯等，2016），**HX**（车晋滇，2009），**JX**（车晋滇，2009；赣州，曾宪锋，2013a），**MC**（李振宇和解焱，2002；环境总局和中国科学院，2003；缪绅裕和李冬梅，2003；王发国等，2004；徐海根和强胜，2004，2011；范志伟等，2008；林鸿辉等，2008；解焱，2008；车晋滇，2009；万方浩等，2012），**SC**（周小刚等，2008；车晋滇，2009；陈开伟，2013），**TW**（袁秋英等，1994；韩诗畴等，2001；杨期和等，2002；王伯荪等，2004；苗栗地区，陈运造，2006；范志伟等，2008；解焱，2008；徐海根和强胜，2011；万方浩等，2012），**XZ**（车晋滇，2009），**YN**（万方浩等，2002；丁莉等，2006；李乡旺等，2007；德宏州，莫南等，2007；德宏，张晓梅，2007；瑞丽，赵见明，2007；德宏，范志伟等，2008；车晋滇，2009；郭怡卿等，2010；德宏州，马柱芳和谷芸，2011；徐海根和强胜，2011；申时才等，2012）。

澳门、福建、广东、广西、贵州、海南、湖南、江西、四川、台湾、西藏、香港、云南；原产于中美洲和南美洲；归化于热带亚洲。

银胶菊 1
yin jiao ju

美洲银胶菊

Parthenium hysterophorus Linnaeus, Sp. Pl. 2: 988. 1753. **(FOC)**

Parthenium argentatum auct. non A. Gray: 商显坤等，2008；邹滨等，2015；2016.

CQ（陈玉菡等，2016），**FJ**（南部，李振宇和解焱，2002；厦门地区，陈恒彬，2005；刘巧云和王玲萍，2006；厦门，欧健和卢昌义，2006a，2006b；南部，范志伟等，2008；罗明永，2008；解焱，2008；南部，张国良等，2008；杨坚和陈恒彬，2009；环境保护部和中国科学院，2010；徐海根和强胜，2011；万方浩等，2012），**GD**（李振宇和解焱，2002；徐海根和强胜，2004，2011；范志伟等，2008；解焱，2008；张国良等，2008；王芳等，2009；粤东地区，曾宪锋等，2009；环境保护部和中国科学院，2010；Fu等，2011；佛山，黄益燕等，2011；北师大珠海分校，吴杰等，2011，2012；岳茂峰等，2011；付岚等，2012；林建勇等，2012；万方浩等，2012；稔平半岛，于飞等，2012；粤东地区，朱慧，2012；乐昌，邹滨等，2015，2016），**GX**（李振宇和解焱，2002；徐海根和强胜，2004，2011；吴桂容，2006；谢云珍等，2007；桂林，陈秋霞等，2008；范志伟等，2008；唐赛春等，2008a，2008b，2010a，2010b；解焱，2008；张国良等，2008；商显坤等，2008；柳州市，石亮成等，2009；环境保护部和中国科学院，2010；和太平等，2011；北部湾经济区，林建勇等，2011a，2011b；林建勇等，2012；胡刚和张忠华，2012；梧州市，马多等，2012；万方浩等，2012；防城金花茶自然保护区，吴儒华和李福阳，2012；郭成林等，2013；百色，贾桂康，2013；来宾市，林春华等，2015；灵山县，刘在松，2015；金子岭风景区，贾桂康和钟林敏，2016；于永浩等，2016；北部湾海岸带，刘熊，2017），**GZ**（西南部，李振宇和解焱，2002；屠玉麟，2002；徐海根和强胜，2004，2011；黔南地区，韦美玉等，2006；西南部，范志伟等，2008；解焱，2008；西南部，张国良等，2008；环境保护部和中国科学院，2010；申敬民等，2010；西南部，万方浩等，2012），**HK**（李振宇和解焱，2002；范志伟等，2008；解焱，2008；张国良等，2008；环境保护部和中国科学院，2010；徐海根和强胜，2011；万方浩等，2012），**HN**（李振宇和解焱，2002；单家林等，2006；安锋等，2007；邱庆军等，2007；王伟等，2007；范志伟等，2008；东

双子叶植物

赛港国家级自然保护区、大田国家级自然保护区，秦卫华等，2008；石灰岩地区，秦新生等，2008；解焱，2008；张国良等，2008；环境保护部和中国科学院，2010；徐海根和强胜，2011；周祖光，2011；林建勇等，2012；万方浩等，2012；曾宪锋等，2014；罗文启等，2015；陈玉凯等，2016），**HX**（谢红艳和张雪芹，2012），**JS**（胡长松等，2016），**JX**（鞠建文等，2011），**MC**（王发国等，2004），**SC**（周小刚等，2008；陈开伟，2013），**SD**（张国良等，2008；孙冬，2010；徐海根和强胜，2011），**TW**（袁秋英等，1994；苗栗地区，陈运造，2006；解焱，2008；杨宜津，2008；万方浩等，2012），**YN**（中部以南，李振宇和解焱，2002；徐海根和强胜，2004，2011；丁莉等，2006；红河流域，徐成东等，2006；徐成东和陆树刚，2006；李乡旺等，2007；中部以南，范志伟等，2008；解焱，2008；张国良等，2008；陈建业等，2010；环境保护部和中国科学院，2010；申时才等，2012；万方浩等，2012；曲靖市，王艳和成志荣，2012；文山州，杨焓妤，2012；杨忠兴等，2014）。

澳门、重庆、福建、广东、广西、贵州、海南、河北、湖南、江苏、江西、山东、四川、台湾、香港、云南；原产于热带美洲；归化于热带地区。

美洲阔苞菊
mei zhou kuo bao ju

有待观察

Pluchea carolinensis (Jacquin) G. Don in Sweet, Hort. Brit.,ed. 3, 350. 1839. **(FOC)**

TW（苗栗地区，陈运造，2006）。

台湾；原产于墨西哥和热带美洲；归化于热带和亚热带地区。

翼茎阔苞菊 3
yi jing kuo bao ju

Pluchea sagittalis (Lamarck) Cabrera, Bol. Soc. Argent. Bot. 3: 36. 1949. **(FOC)**

GD（佛山，黄益燕等，2011；徐海根和强胜，2011；岳茂峰等，2011；曾宪锋，2013c；乐昌，邹滨等，2016），**GX**（曾宪锋，2013c），**TW**（苗栗地区，陈运造，2006；徐海根和强胜，2011）。

福建、广东、广西、海南、台湾；原产于美洲。

假臭草 1
jia chou cao

猫腥草 猫腥菊

Praxelis clematidea R. M. King & H. Robinson, Phytologia 20 (3): 194. 1970. **(FOC)**
Syn. *Eupatorium catarium* Veldkamp, Gard. Bull. Singapore 51 (1): 121. 1999.

FJ（厦门，李振宇和解焱，2002；厦门地区，陈恒彬，2005；刘巧云和王玲萍，2006；厦门，欧健和卢昌义，2006a，2006b；宁昭玉等，2007；厦门，范志伟等，2008；解焱，2008；张国良等，2008；杨坚和陈恒彬，2009；徐海根和强胜，2011；厦门，万方浩等，2012；长乐，林为凃，2013；环境保护部和中国科学院，2014），**GD**（南部，李振宇和解焱，2002；深圳，严岳鸿等，2004；珠海市，黄辉宁等，2005a，2005b；惠州，郑洲翔等，2006；惠州红树林自然保护区，曹飞等，2007；南部，范志伟等，2008；中山市，蒋谦才等，2008；白云山，李海生等，2008；毛润乾等，2008；广州，王忠等，2008；南部，解焱，2008；张国良等，2008；王芳，2009；粤东地区，曾宪锋等，2009；Fu等，2011；佛山，黄益燕等，2011；徐海根和强胜，2011；岳茂峰等，2011；北师大珠海分校，吴杰等，2011，2012；付岚等，2012；林建勇等，2012；南部，万方浩等，2012；稳平半岛，于飞等，2012；粤东地区，朱慧，2012；深圳，张春颖等，2013；环境保护部和中国科学院，2014；广州南沙黄山鲁森林公园，李海生等，2015；乐昌，邹滨等，2015，2016），**GX**（吴桂容，2006；桂林，陈秋霞等，2008；北部湾经济区，林建勇等，2011a，2011b；徐海根和强胜，2011；林建勇等，2012；郭成林等，2013；环境保护部和中国科学院，2014；来宾市，林春华等，2015；灵山县，刘在松，2015；北部湾海岸带，刘熊，2017），**HK**（李振宇和解焱，2002；严岳鸿等，2005；范志伟等，2008；解焱，2008；张国良等，2008；Leung等，2009；徐海根和强胜，2011；万方浩等，2012；环境保护部和中国科学院，2014），**HN**（单家林等，2006；安锋等，2007；陈伟等，2007；王伟等，2007；范志伟等，2008；铜鼓岭国家级自然保护区、东赛港国家级自然保护区、大田国家级自然保护区，秦卫华等，2008；石灰岩地区，秦新生等，2008；张国良等，2008；霸王岭自然保护区，胡雪华等，2011；徐海根和强胜，2011；甘什岭自然保护区，张荣京和邢福武，2011；周祖光，2011；林建勇等，2012；万方浩等，2012；环境保护部和中国科学院，2014；曾宪锋等，2014；罗文启等，2015；陈玉凯等，2016），**JX**（Fu 等，2011；付岚等，2012），**MC**（李振宇和解焱，2002；王发国等，2004；范志伟等，2008；林鸿辉等，2008；解焱，2008；张国良等，2008；徐海根和强胜，2011；万方浩等，2012；环境保护部和中国科学院，2014），**SC**（周小刚等，2014），**TW**（苗栗地区，陈运造，2006；徐海根和强胜，2011；万方浩等，2012；环境保护部和中国科学院，2014），**YN**（张国良等，2008；德宏州，马柱芳和谷芸，2011；徐海根和强胜，2011；申时才等，2012；杨焓妤，2012；环境保护部和中国科学院，2014；昭通，季青梅，2014）。

澳门、福建、广东、广西、贵州、海南、江西、四川、台湾、香港、云南、浙江。原产于南美洲；归化于东亚和北澳。

假地胆草

jia di dan cao

有待观察

Pseudelephantopus spicatus (Jussieu ex Aublet) C. F. Baker, Trans. Acad. Sci. St. Louis 12 (5): 55. 1902. **(FOC)**

GD（徐海根和强胜，2004，2011；解焱，2008；林建勇等，2012），**TW**（徐海根和强胜，2004，2011；解焱，2008）。

广东、台湾、香港；原产于热带美洲；归化于热带亚洲。

黑心菊

hei xin ju

有待观察

黑眼菊 黑心金光菊

Rudbeckia hirta Linnaeus, Sp. Pl. 2: 907. 1753. **(FOC)**

BJ（刘全儒等，2002），**GX**（桂林，陈秋霞等，2008），**HB**（喻大昭等，2011），**SA**（栾晓睿等，2016），**XA**（西安地区，祁云枝等，2010）。

北京、重庆、福建、甘肃、广东、广西、贵州、河南、湖北、湖南、江西、青海、陕西、山东、上海、山西、四川、云南、浙江；原产于北美洲。

金光菊

jin guang ju

有待观察

Rudbeckia laciniata Linnaeus, Sp. Pl. 2: 906. 1753. **(FOC)**

GX（谢云珍等，2007；和太平等，2011；百色，贾桂康，2013），**HB**（喻大昭等，2011），**ZJ**（闫小玲等，2014）。

安徽、北京、重庆、广西、海南、河北、黑龙江、湖北、湖南、江苏、江西、辽宁、内蒙古、上海、山西、四川、西藏、新疆、云南、浙江；原产于北美洲。

欧洲千里光   4

ou zhou qian li guang

欧千里光

Senecio vulgaris Linnaeus, Sp. Pl. 2: 867. 1753. **(FOC)**

AH（徐海根和强胜，2004，2011；解焱，2008；万方浩等，2012），**CQ**（李振宇和解焱，2002；石胜璋等，2004；解焱，2008；车晋滇，2009；万方浩等，2012），**FJ**（徐海根和强胜，2004，2011；解焱，2008；万方浩等，2012），**GZ**（李振宇和解焱，2002；屠玉麟，2002；徐海根和强胜，2004，2011；解焱，2008；车晋滇，2009；申敬民等，2010；万方浩等，2012），**HB**（李振宇和解焱，2002；刘胜祥和秦伟，2004；解焱，2008；车晋滇，2009；喻大昭等，2011；万方浩等，2012），**HJ**（李振宇和解焱，2002；徐海根和强胜，2004，2011；龙茹等，2008；解焱，2008；车晋滇，2009；万方浩等，2012），**HK**（李振宇和解焱，2002；解焱，2008；车晋滇，2009；万方浩等，2012），**HL**（李振宇和解焱，2002；徐海根和强胜，2004，2011；李玉生等，2005；解焱，2008；车晋滇，2009；高燕和曹伟，2010；鲁萍等，2012；万方浩等，2012），**HX**（湘西地区，徐亮等，2009），**HY**（董东平和叶永忠，2007；许昌市，姜罡丞，2009），**JL**（李振宇和解焱，2002；长白山区，周繇，2003；徐海根和强胜，2004，2011；长春地区，李斌等，2007；孙仓等，2007；解焱，2008；车晋滇，2009；长白山区，苏丽涛和马立军，2009；高燕和曹伟，2010；万方

双子叶植物

浩等，2012；长春地区，曲同宝等，2015），**JS**（徐海根和强胜，2004，2011；解焱，2008；万方浩等，2012；寿海洋等，2014；严辉等，2014），**JX**（徐海根和强胜，2004，2011；解焱，2008；季春峰等，2009；王宁，2010；鞠建文等，2011；万方浩等，2012），**LN**（李振宇和解焱，2002；曲波，2003；徐海根和强胜，2004，2011；齐淑艳和徐文铎，2006；曲波等，2006a，2006b；解焱，2008；车晋滇，2009；沈阳，付海滨等，2009；高燕和曹伟，2010；万方浩等，2012；大连，张淑梅等，2013），**NM**（李振宇和解焱，2002；徐海根和强胜，2004，2011；苏亚拉图等，2007；解焱，2008；车晋滇，2009；万方浩等，2012；庞立东等，2015），**SA**（徐海根和强胜，2004，2011；解焱，2008；万方浩等，2012；栾晓睿等，2016），**SC**（李振宇和解焱，2002；解焱，2008；周小刚等，2008；车晋滇，2009；马丹炜等，2009；邛海湿地，杨红，2009；万方浩等，2012），**SD**（潘怀剑和田家怡，2001；田家怡和吕传笑，2004；衣艳君等，2005；黄河三角洲，刘庆年等，2006；宋楠等，2006；吴彤等，2006；惠洪者，2007；昆嵛山，赵宏和董翠玲，2007；青岛，罗艳和刘爱华，2008；张绪良等，2010；昆嵛山，赵宏和丛海燕，2012），**SH**（李振宇和解焱，2002；解焱，2008；车晋滇，2009；万方浩等，2012；张晴柔等，2013），**SX**（李振宇和解焱，2002；徐海根和强胜，2004，2011；解焱，2008；车晋滇，2009；万方浩等，2012），**TW**（李振宇和解焱，2002；解焱，2008；车晋滇，2009；万方浩等，2012），**XJ**（李振宇和解焱，2002；解焱，2008；车晋滇，2009；万方浩等，2012），**XZ**（李振宇和解焱，2002；解焱，2008；车晋滇，2009；万方浩等，2012），**YN**（李振宇和解焱，2002；徐海根和强胜，2004，2011；丁莉等，2006；红河流域，徐成东等，2006；徐成东和陆树刚，2006；李乡旺等，2007；解焱，2008；车晋滇，2009；申时才等，2012；万方浩等，2012；杨忠兴等，2014），**ZJ**（徐海根和强胜，2004，2011；解焱，2008；万方浩等，2012；闫小玲等，2014）；黄河三角洲地区（赵怀浩等，2011）；东北地区（郑美林和曹伟，2013）；东北草地（石洪山等，2016）。

安徽、重庆、福建、广西、贵州、河北、河南、黑龙江、湖北、湖南、吉林、江苏、江西、辽宁、内蒙古、宁夏、陕西、山东、上海、四川、台湾、西藏、香港、新疆、云南、浙江；原产于欧洲；归化于温带地区。

串叶松香草 有待观察
chuan ye song xiang cao

Silphium perfoliatum Linnaeus, Syst. Nat. (ed. 10) 2: 1232. 1759. **(FOC)**

HB（喻大昭等，2011），**JL**（长白山区，周繇，2003；长白山区，苏丽涛和马立军，2009），**LN**（曲波，2003；曲波等，2006a，2006b；沈阳，付海滨等，2009），**SA**（栾晓睿等，2016）。

安徽、北京、广西、甘肃、黑龙江、湖北、吉林、江苏、江西、辽宁、陕西、山东、山西、上海、天津、新疆、浙江；原产于北美洲。

水飞蓟 有待观察
shui fei ji

小飞蓟

Silybum marianum (Linnaeus) Gaertner, Fruct. Sem. Pl. 2 (3): 378. 1791. **(FOC)**

AH（陈明林等，2003；淮北地区，胡刚等，2005b；何家庆和葛结林，2008；何冬梅等，2010），**HJ**（徐海根和强胜，2004，2011；龙茹等，2008；解焱，2008；秦皇岛，李顺才等，2009），**HY**（储嘉琳等，2016），**JS**（徐海根和强胜，2004，2011；解焱，2008；寿海洋等，2014；严辉等，2014；胡长松等，2016），**LN**（徐海根和强胜，2004，2011；解焱，2008），**SD**（衣艳君等，2005），**SH**（秦卫华等，2007；张晴柔等，2013；汪远等，2015），**ZJ**（郭水良和李扬汉，1995；闫小玲等，2014）。

安徽、北京、福建、广西、河北、河南、江苏、江西、辽宁、山东、上海、四川、浙江；原产于地中海地区和俄罗斯。

包果菊 有待观察
bao guo ju

Smallanthus uvedalia (Linnaeus) Mackenzie, Man. S. E. Fl. 1509. 1933. **(FOC)**
Syn. *Polymnia uvedalia* (Linnaeus) Linnaeus, Sp. Pl. (ed. 2) 2: 1303. 1763.

AH（陈明林等，2003；臧敏等，2006），**JS**（郭水良和李扬汉，1995；寿海洋等，2014；严辉等，2014），**SH**（郭水良和李扬汉，1995），**ZJ**（郭水良和李扬汉，1995；闫小玲等，2014）。

安徽、江苏、上海、浙江；原产于中美洲和北美洲。

加拿大一枝黄花　　　　1
jia na da yi zhi huang hua

霸王花 白根草 北美一枝黄花 黄花草 黄莺（花）加拿大一枝花 金棒草 满山草 麒麟草 蛇头王 幸福草 高大一枝黄花 高茎一枝黄花

Solidago canadensis Linnaeus, Sp. Pl. 2: 878. 1753. **(FOC)**

Solidago altissima auct. non Linnaeus: 齐艳红等，2004；周兴文等，2007.

AH（郭水良和李扬汉，1995；李振宇和解焱，2002；陈明林等，2003；徐海根和强胜，2004，2011；淮北地区，胡刚等，2005b；臧敏等，2006；徐国伟，2006；合肥，陈红等，2007；董莹雪等，2007；黄山，汪小飞等，2007；何家庆和葛结林，2008；解焱，2008；张国良等，2008；车晋滇，2009；王晓辉等，2009；何冬梅等，2010；环境保护部和中国科学院，2010；万方浩等，2012），**BJ**（车晋滇，2004；杨景成等，2009），**CQ**（刘朝萍，2010），**FJ**（黄振裕等，2005；刘巧云和王玲萍，2006；厦门，欧健和卢昌义，2006b；闫淑君等，2006；宁昭玉等，2007；罗明永，2008；张国良等，2008；杨坚和陈恒彬，2009；徐海根和强胜，2011；胡嘉贝和沈佳，2012；万方浩等，2012；长乐，林为涂，2013；福州，彭海燕和高关平，2013；武夷山市，李国平等，2014），**GD**（吴海荣等，2010a；岳茂峰等，2011；曾宪锋等，2011b；林建勇等，2012；万方浩等，2012；乐昌，邹滨等，2015），**GS**（刘玲玲，2007），**GX**（陈秋霞等，2008；唐赛春等，2008b），**GZ**（贵阳市，陈菊艳等，2016），**HB**（李振宇和解焱，2002；刘胜祥和秦伟，2004；徐海根和强胜，2004，2011；张国良等，2008；车晋滇，2009；环境保护部和中国科学院，2010；喻大昭等，2011；万方浩等，2012；章承林等，2012；百色，贾桂康，2013），**HJ**（解焱，2008；石家庄，乔建国等，2010），**HN**（周祖光，2011；罗文启等，2015），**HX**（郴州，陈国发，2006；彭兆普等，2008；张国良等，2008；湘西地区，刘兴锋等，2009；湘西地区，徐亮等，2009；郴州，环境保护部和中国科学院，2010；长沙市，游翔和潘捷，2010；徐海根和强胜，2011；万方浩等，2012；长沙，张磊和刘尔潞，2013），**HY**（董东平和叶永忠，2007；张国良等，2008；李长看等，2011；徐海根和强胜，2011；万方浩等，2012；储嘉琳等，2016），**JL**（长春地区，李斌等，2007），**JS**（郭水良和李扬汉，1995；李振宇和解焱，2002；徐海根和强胜，2004，2011；董莹雪等，2007；李亚等，2008；解焱，2008；张国良等，2008；车晋滇，2009；海门，梁宇峰，2009；董红云等，2010a；环境保护部和中国科学院，2010；苏州，林敏等，2012；万方浩等，2012；季敏等，2014；寿海洋等，2014；严辉等，2014；南京城区，吴秀臣和芦建国，2015；胡长松等，2016），**JX**（洞庭湖区，彭友林等，2008；李振宇和解焱，2002；徐海根和强胜，2004，2011；陈坚波和陈国中，2005；解焱，2008；张国良等，2008；车晋滇，2009；季春峰等，2009；环境保护部和中国科学院，2010；雷平等，2010；王宁，2010；鞠建文等，2011；萍乡市，刘文萍等，2011；万方浩等，2012；南昌市，朱碧华和杨凤梅，2012；熊兴旺，2013；朱碧华和朱大庆，2013；朱碧华等，2014；江西南部，程淑媛等，2015），**LN**（齐淑艳和徐文铎，2006；曲波等，2006a，2006b；阜新，刘旭昕和方芳，2011；万方浩等，2012；大连，张淑梅等，2013），**SA**（西安地区，祁云枝等，2010；栾晓睿等，2016），**SC**（徐海根和强胜，2004；周小刚等，2008；邛海湿地，杨红，2009；车晋滇，2009；万方浩等，2012；陈开伟，2013），**SH**（郭水良和李扬汉，1995；李振宇和解焱，2002；方芳等，2004；徐海根和强胜，2004，2011；印丽萍等，2004；秦卫华等，2007；董莹雪等，2007；解焱，2008；张国良等，2008；车晋滇，2009；崇明东滩，陈晨等，2009；环境保护部和中国科学院，2010；青浦，左倬等，2010；廖夏伟等，2011；万方浩等，2012；张晴柔等，2013；汪远等，2015），**SX**（石瑛等，2006），**TW**（解焱，2008；万方浩等，2012），**XJ**（陈丽，2012；郭文超等，2012；万方浩等，2012），**YN**（丁莉等，2006；徐成东和陆树刚，2006；李乡旺等，2007；张国良等，2008；德宏州，马柱芳和谷芸，2011；申时才等，2012；万方浩等，2012），**ZJ**

（郭水良和李扬汉，1995；李振宇和解焱，2002；徐海根和强胜，2004，2011；杭州，陈小永等，2006；陈坚波和陈国中，2005；李根有等，2006；董莹雪等，2007；金华市郊，胡天印等，2007a，2007b；金华市郊，李娜等，2007；台州，陈模舜，2008；温州，高末等，2008；杭州市，王嫩仙，2008；解焱，2008；张国良等，2008；车晋滇，2009；陈志伟等，2009；杭州西湖风景区，梅笑漫等，2009；西溪湿地，舒美英等，2009；张建国和张明如，2009；张明如等，2009；环境保护部和中国科学院，2010；天目山自然保护区，陈京等，2011；温州，丁炳扬和胡仁勇，2011；温州地区，胡仁勇等，2011；温州，缪崇崇等，2011；西溪湿地，缪丽华等，2011；舟山市，杨飞等，2011；万方浩等，2012；温州，吴庆玲等，2012；杭州，谢国雄等，2012；宁波，徐颖等，2014；闫小玲等，2014；杭州，金祖达等，2015；周天焕等，2016）；华东六省一市（印丽萍，2003）；东北地区（郑美林和曹伟，2013）。

安徽、北京、重庆、福建、甘肃、广东、广西、贵州、海南、河北、河南、湖北、湖南、吉林、江苏、江西、辽宁、陕西、山东、山西、上海、四川、台湾、天津、新疆、云南、浙江；原产于北美洲；归化于北温带地区。

裸柱菊   3
luo zhu ju

假吐金菊 座地菊

Soliva anthemifolia (Jussieu) Sweet, Hort. Brit. 243. 1826. **(FOC)**

AH（徐海根和强胜，2004，2011；臧敏等，2006；范志伟等，2008；何家庆和葛结林，2008；解焱，2008；万方浩等，2012），**FJ**（郭水良和李扬汉，1995；李振宇和解焱，2002；徐海根和强胜，2004，2011；厦门地区，陈恒彬，2005；厦门，欧健和卢昌义，2006a，2006b；范志伟等，2008；罗明永，2008；解焱，2008；杨坚和陈恒彬，2009；万方浩等，2012；长乐，林为淦，2013），**GD**（李振宇和解焱，2002；鼎湖山，贺握权和黄忠良，2004；徐海根和强胜，2004，2011；深圳，严岳鸿等，2004；珠海市，黄辉宁等，2005b；范志伟等，2008；中山市，蒋谦才等，2008；白云山，李海生等，2008；广州，王忠等，2008；解焱，2008；

王芳等，2009；粤东地区，曾宪锋等，2009；岳茂峰等，2011；佛山，黄益燕等，2011；林建勇等，2012；万方浩等，2012；粤东地区，朱慧，2012；乐昌，邹滨等，2015，2016），**GX**（邓晰朝和卢旭，2004；吴桂容，2006；谢云珍等，2007；唐赛春等，2008b；林建勇等，2012；梧州市，马多等，2012），**GZ**（孙庆文等，2010b），**HK**（李振宇和解焱，2002；范志伟等，2008；Leung等，2009；万方浩等，2012），**HN**（李振宇和解焱，2002；安锋等，2007；范志伟等，2008；解焱，2008；林建勇等，2012；万方浩等，2012），**HX**（李振宇和解焱，2002；范志伟等，2008；湘西地区，徐亮等，2009；衡阳市，谢红艳等，2011；万方浩等，2012；谢红艳和张雪芹，2012；曾宪锋等，2014），**JS**（严辉等，2014），**JX**（郭水良和李扬汉，1995；李振宇和解焱，2002；徐海根和强胜，2004，2011；范志伟等，2008；解焱，2008；季春峰等，2009；鄱阳湖国家级自然保护区，葛刚等，2010；雷平等，2010；王宁，2010；鞠建文等，2011；万方浩等，2012；朱碧华和朱大庆，2013；江西南部，程淑媛等，2015），**MC**（王发国等，2004），**SC**（周小刚等，2008；马丹炜等，2009），**SH**（郭水良和李扬汉，1995），**TW**（李振宇和解焱，2002；徐海根和强胜，2004，2011；范志伟等，2008；解焱，2008；万方浩等，2012），**ZJ**（郭水良和李扬汉，1995；李振宇和解焱，2002；李根有等，2006；金华市郊，胡天印等，2007b；台州，陈模舜，2008；范志伟等，2008；温州，高末等，2008；杭州市，王嫩仙，2008；杭州西湖风景区，梅笑漫等，2009；张建国和张明如，2009；温州，丁炳扬和胡仁勇，2011；温州地区，胡仁勇等，2011；西溪湿地，缪丽华等，2011；万方浩等，2012；杭州，谢国雄等，2012；闫小玲等，2014；杭州，金祖达等，2015；周天焕等，2016）。

安徽、澳门、重庆、福建、广东、广西、贵州、海南、湖南、江苏、江西、上海、四川、台湾、香港、浙江；原产于南美洲。

翼子裸柱菊   有待观察
yi zi luo zhu ju

翅果裸柱菊

Soliva pterosperma (Jussieu) Lessing, Syn. Gen. Compos. 268. 1832. **(FOC)**

SH（郭水良和李扬汉，1995）。

上海、台湾；原产于南美洲。

花叶滇苦菜　4
hua ye dian ku cai

石白头　续断菊

Sonchus asper (Linnaeus) Hill, Herb. Brit. 1: 47. 1769. **(FOC)**

AH（徐海根和强胜，2011），**BJ**（徐海根和强胜，2011；王苏铭等，2012），**CQ**（徐海根和强胜，2011），**FJ**（徐海根和强胜，2011），**GD**（徐海根和强胜，2011；岳茂峰等，2011；林建勇等，2012），**GS**（徐海根和强胜，2011；赵慧军，2012），**GX**（北部湾经济区，林建勇等，2011a，2011b；徐海根和强胜，2011；林建勇等，2012；防城金花茶自然保护区，吴传华和李福阳，2012），**GZ**（徐海根和强胜，2011；贵阳市，陈菊艳等，2016），**HB**（徐海根和强胜，2011；喻大昭等，2011），**HJ**（徐海根和强胜，2011），**HL**（徐海根和强胜，2011），**HN**（徐海根和强胜，2011；林建勇等，2012；陈玉凯等，2016），**HX**（徐海根和强胜，2011），**HY**（李长看等，2011；储嘉琳等，2016），**JL**（徐海根和强胜，2011；长春地区，曲同宝等，2015），**JS**（徐海根和强胜，2011；苏州，林敏等，2012；季敏等，2014；寿海洋等，2014；严辉等，2014；南京城区，吴秀臣和芦建国，2015；胡长松等，2016），**JX**（徐海根和强胜，2011；朱碧华和朱大庆，2013），**LN**（徐海根和强胜，2011），**NM**（徐海根和强胜，2011），**NX**（徐海根和强胜，2011），**QH**（徐海根和强胜，2011），**SA**（徐海根和强胜，2011；栾晓睿等，2016），**SC**（徐海根和强胜，2011），**SD**（青岛，罗艳和刘爱华，2008；徐海根和强胜，2011），**SH**（徐海根和强胜，2011；张晴柔等，2013；汪远等，2015），**SX**（徐海根和强胜，2011），**TW**（徐海根和强胜，2011），**XJ**（徐海根和强胜，2011），**XZ**（徐海根和强胜，2011），**YN**（徐海根和强胜，2011；申时才等，2012；怒江流域，沈利峰等，2013；杨忠兴等，2014），**ZJ**（徐海根和强胜，2011；杭州，谢国雄等，2012；温州，凌文婷等，2013；宁波，徐颖等，2014；闫小玲等，2014；杭州，金祖达等，2015；周天焕等，2016）；海河流域滨岸带（任颖等，2015）。

安徽、北京、重庆、福建、广东、广西、贵州、海南、河北、河南、黑龙江、湖北、湖南、吉林、江苏、江西、辽宁、内蒙古、宁夏、青海、陕西、山东、山西、上海、四川、台湾、西藏、新疆、云南、浙江；原产于欧洲和地中海地区。

苦苣菜　4
ku ju cai

滇苦菜　苦菜　苦荬菜　苦滇菜

Sonchus oleraceus Linnaeus, Sp. Pl. 2: 794. 1753. **(FOC)**

AH（徐海根和强胜，2004，2011；淮北地区，胡刚等，2005b；何家庆和葛结林，2008；张中信，2009；何冬梅等，2010），**BJ**（徐海根和强胜，2011；王苏铭等，2012），**CQ**（金佛山自然保护区，孙娟等，2009；金佛山自然保护区，滕永青，2008；徐海根和强胜，2011；万州区，余顺慧和邓洪平，2011a，2011b；北碚区，严桧等，2016），**FJ**（徐海根和强胜，2004，2011；长乐，林为涂，2013；武夷山市，李国平等，2014），**GD**（徐海根和强胜，2004，2011；中山市，蒋谦才等，2008；广州，王忠等，2008；王芳等，2009；粤东地区，曾宪锋等，2009；Fu 等，2011；岳茂峰等，2011；付岚等，2012；林建勇等，2012；粤东地区，朱慧，2012；广州，李许文等，2014；广州南沙黄山鲁森林公园，李海生，2015；乐昌，邹滨，2015，2016），**GS**（徐海根和强胜，2004，2011；金塔地区，董平等，2010；赵慧军，2012；河西地区，陈叶等，2013），**GX**（徐海根和强胜，2004，2011；桂林，陈秋霞等，2008；北部湾经济区，林建勇等，2011a，2011b；林建勇等，2012；胡刚和张忠华，2012；梧州市，马多等，2012；郭成林等，2013；来宾市，林春华等，2015；灵山县，刘在松，2015；北部湾海岸带，刘熊，2017），**GZ**（徐海根和强胜，2004，2011；贵阳市，石登红和李灿，2011），**HB**（徐海根和强胜，2004，2011；天门市，沈体忠等，2008；李儒海等，2011；黄石市，姚发兴，2011；喻大昭等，2011），**HJ**（徐海根和强胜，2004，2011；衡水湖，李惠欣，2008；龙茹等，2008；秦皇岛，李顺才等，2009；衡水市，牛玉璐和李建明，2010；武安国家森林公园，张浩等，2012），**HK**（Leung 等，2009），**HL**（徐海根和强胜，2004，2011；鲁萍等，2012；郑宝江和潘磊，2012），**HN**（徐海根和强胜，2004，2011；

　　　　　　　　　　　　　　　　　　双子叶植物

单家林等，2006；王伟等，2007；范志伟等，2008；霸王岭自然保护区，胡雪华等，2011；林建勇等，2012；曾宪锋等，2014；陈玉凯等，2016），**HX**（徐海根和强胜，2004，2011；彭兆普等，2008；湘西地区，刘兴锋等，2009；常德市，彭友林等，2009；湘西地区，徐亮等，2009；益阳市，黄含吟等，2016），**HY**（徐海根和强胜，2004，2011；东部，张桂宾，2006；朱长山等，2007；李长看等，2011；新乡，许桂芳和简在友，2011；储嘉琳等，2016），**JL**（长白山区，周繇，2003；徐海根和强胜，2004，2011；孙仓等，2007；长白山区，苏丽涛和马立军，2009；长春地区，曲同宝等，2015），**JS**（南京，吴海荣和强胜，2003；南京，吴海荣等，2004；徐海根和强胜，2004，2011；苏州，林敏等，2012；季敏等，2014；严辉等，2014；南京城区，吴秀臣和芦建国，2015；胡长松等，2016），**JX**（徐海根和强胜，2004，2011；庐山风景区，胡天印等，2007c；季春峰等，2009；王宁，2010；鞠建文等，2011；朱碧华和朱大庆，2013；江西南部，程淑媛等，2015），**LN**（徐海根和强胜，2004，2011；齐淑艳和徐文铎，2006；大连，张淑梅等，2013），**NM**（徐海根和强胜，2004，2011；苏亚拉图等，2007；张永宏和袁淑珍，2010；庞立东等，2015），**NX**（徐海根和强胜，2004，2011），**QH**（徐海根和强胜，2004，2011），**SA**（徐海根和强胜，2004，2011；杨凌地区，何纪琳等，2013；栾晓睿等，2016），**SC**（徐海根和强胜，2004，2011；周小刚等，2008；孟兴等，2015），**SD**（徐海根和强胜，2004，2011；昆嵛山，赵宏和董翠玲，2007；青岛，罗艳和刘爱华，2008；南四湖湿地，王元军，2010；昆嵛山，赵宏和丛海燕，2012），**SH**（青浦，左倬等，2010；徐海根和强胜，2011；张晴柔等，2013；汪远等，2015），**SX**（徐海根和强胜，2004，2011；石瑛等，2006；马世军和王建军，2011；阳泉市，张垚，2016），**TW**（徐海根和强胜，2004，2011；苗栗地区，陈运造，2006），**XZ**（徐海根和强胜，2004，2011），**XJ**（徐海根和强胜，2004，2011；乌鲁木齐，张源，2007），**YN**（徐海根和强胜，2004，2011；丁莉等，2006；怒江干热河谷区，胡发广等，2007；申时才等，2012；怒江流域，沈利峰等，2013；杨忠兴等，2014），**ZJ**（徐海根和强胜，2004，2011；金华市郊，胡天印等，2007b；杭州市，王嫩仙，2008；杭州西湖风景区，梅笑漫等，2009；西溪湿地，舒美英等，2009；杭

州，张明如等，2009；天目山自然保护区，陈京等，2011；温州，丁炳扬和胡仁勇，2011；温州地区，胡仁勇等，2011；西溪湿地，缪丽华等，2011；杭州，谢国雄等，2012；宁波，徐颖等，2014；杭州，金祖达，2015；周天焕等，2016）；从辽宁至华南各省区都有分布（范志伟等，2008；解焱，2008；万方浩等，2012）；各地均有分布（车晋滇，2009）；东北地区（郑美林和曹伟，2013）；东北草地（石洪山等，2016）。

安徽、澳门、北京、重庆、福建、甘肃、广东、广西、贵州、海南、河北、河南、黑龙江、湖北、湖南、吉林、江苏、江西、辽宁、内蒙古、宁夏、青海、陕西、山东、山西、上海、四川、台湾、天津、西藏、香港、新疆、云南、浙江；原产于欧洲和地中海沿岸；世界广布。

南美蟛蜞菊   2
nan mei peng qi ju

穿地龙 地锦花 美洲蟛蜞菊 三裂蟛蜞菊 三裂叶蟛蜞菊

Sphagneticola trilobata (Linnaeus) Pruski, Mem. New York Bot. Gard. 87: 114. 1996. **(FOC)**

Syn. *Wedelia trilobata* (Linnaeus) Hitchcock, Rep. (Annual) Missouri Bot. Gard. 4: 99. 1893.

FJ（南部，李振宇和解焱，2002；徐海根和强胜，2004，2011；厦门地区，陈恒彬，2005；厦门，欧健和卢昌义，2006a，2006b；南部，范志伟等，2008；闫淑君等，2006；解焱，2008；张国良等，2008；车晋滇，2009；杨坚和陈恒彬，2009；万方浩等，2012；长乐，林为涂，2013），**GD**（李振宇和解焱，2002；白云山，黄彩萍和曾丽梅，2003；曾宪锋，2003；徐海根和强胜，2004，2011；深圳，严岳鸿，2004；珠海市，黄辉宁等，2005b；吴彦琼等，2005；惠州红树林自然保护区，曹飞等，2007；范志伟等，2008；中山市，蒋谦才等，2008；白云山，李海生等，2008；广州，王忠等，2008；解焱，2008；张国良等，2008；车晋滇，2009；鼎湖山国家级自然保护区，宋小玲等，2009；王芳等，2009；粤东地区，曾宪锋等，2009；Fu等，2011；北师大珠海分校，吴杰等，2011，2012；岳茂峰等，2011；佛山，黄益燕等，2011；付岚等，2012；林

建勇等，2012；万方浩等，2012；稔平半岛，于飞等，2012；粤东地区，朱慧，2012；潮州市，陈丹生等，2013；深圳，张春颖等，2013；广州，李许文等，2014；深圳，蔡毅等，2015；广州南沙黄山鲁森林公园，李海生等，2015；乐昌，邹滨等，2015，2016），**GX**（邓晰朝和卢旭，2004；吴桂容，2006；谢云珍等，2007；桂林，陈秋霞等，2008；唐赛春等，2008b；车晋滇，2009；柳州市，石亮成等，2009；和太平等，2011；贾洪亮等，2011；北部湾经济区，林建勇等，2011a，2011b；徐海根和强胜，2011；林建勇等，2012；胡刚和张忠华，2012；梧州市，马多等，2012；郭成林等，2013；百色，贾桂康，2013；来宾市，林春华等，2015；灵山县，刘在松，2015；北部湾海岸带，刘熊，2017），**HK**（李振宇和解焱，2002；徐海根和强胜，2004，2011；严岳鸿等，2005；范志伟等，2008；解焱，2008；张国良等，2008；车晋滇，2009；Leung 等，2009；万方浩等，2012），**HN**（李振宇和解焱，2002；徐海根和强胜，2004，2011；单家林等，2006；安锋等，2007；邱庆军等，2007；王伟等，2007；范志伟等，2008；铜鼓岭国家级自然保护区、东寨港国家级自然保护区，秦卫华等，2008；解焱，2008；张国良等，2008；车晋滇，2009；甘什岭自然保护区，张荣京和邢福武，2011；周祖光，2011；林建勇等，2012；万方浩等，2012；曾宪锋等，2014；罗文启等，2015；陈玉凯等，2016），**MC**（王发国等，2004；林鸿辉等，2008；张国良等，2008），**SC**（周小刚等，2008；陈开伟，2013），**TW**（李振宇和解焱，2002；徐海根和强胜，2004，2011；苗栗地区，陈运造，2006；范志伟等，2008；解焱，2008；张国良等，2008；车晋滇，2009；万方浩等，2012），**YN**（西双版纳，管志斌等，2006；陶川，2006；西双版纳，车晋滇，2009；徐海根和强胜，2011；普洱，陶川，2012），**ZJ**（温州，丁炳扬和胡仁勇，2011；温州地区，胡仁勇等，2011；闫小玲等，2014）。

澳门、福建、广东、广西、海南、江西、辽宁、四川、台湾、香港、云南、浙江；原产于墨西哥和热带美洲；归化于旧大陆热带地区。

钻叶紫菀 1
zuan ye zi wan

剪刀菜 美洲紫菀 扫帚菊 燕尾菜 窄叶紫菀 钻形紫菀 夏威夷紫菀

Symphyotrichum subulatum (Michaux) G. L. Nesom, Phytologia77 (3): 293. 1994[1995]. (FOC)
Syn. *Aster subulatus* Michaux, Fl. Bor. -Amer. 2: 111. 1803; *Aster sandwicensis* (A. Gray ex H. Mann) Hieronymus, Bot. Jahrb. Syst. 29 (1): 20. 1901.

AH（郭水良和李扬汉，1995；李振宇和解焱，2002；徐海根和强胜，2004，2011；臧敏等，2006；黄山，汪小飞等，2007；何家庆和葛结林，2008；解焱，2008；车晋滇，2009；张中信，2009；何冬梅等，2010；万方浩等，2012；环境保护部和中国科学院，2014；黄山市城区，梁宇轩等，2015），**BJ**（车晋滇，2009；林秦文等，2009；杨景成等，2009；万方浩等，2012；环境保护部和中国科学院，2014），**CQ**（李振宇和解焱，2002；石胜璋等，2004；黔江区，邓绪国，2006；金佛山自然保护区，林茂祥等，2007；解焱，2008；杨丽等，2008；车晋滇，2009；徐海根和强胜，2011；万方浩等，2012；环境保护部和中国科学院，2014；北碚区，杨柳等，2015；北碚区，严桧等，2016），**FJ**（李振宇和解焱，2002；厦门地区，陈恒彬，2005；厦门，欧健和卢昌义，2006a，2006b；罗明永，2008；解焱，2008；车晋滇，2009；杨坚和陈恒彬，2009；万方浩等，2012；长乐，林为涂，2013；环境保护部和中国科学院，2014；武夷山市，李国平等，2014），**GD**（李振宇和解焱，2002；深圳，严岳鸿等，2004；中山市，蒋谦才等，2008；广州，王忠等，2008；解焱，2008；车晋滇，2009；王芳等，2009；粤东地区，曾宪锋等，2009；Fu 等，2011；佛山，黄益燕等，2011；付岚等，2012；林建勇等，2012；万方浩等，2012；稔平半岛，于飞等，2012；粤东地区，朱慧，2012；广州，李许文等，2014；环境保护部和中国科学院，2014；深圳，蔡毅等，2015；乐昌，邹滨等，2015，2016），**GS**（尚斌，2012），**GX**（李振宇和解焱，2002；吴桂容，2006；谢云珍等，2007；桂林，陈秋霞等，2008；唐赛春等，2008b；解焱，2008；车

双子叶植物

晋滇，2009；柳州市，石亮成等，2009；贾洪亮等，2011；北部湾经济区，林建勇等，2011a，2011b；林建勇等，2012；胡刚和张忠华，2012；万方浩等，2012；郭成林等，2013；环境保护部和中国科学院，2014；来宾市，林春华等，2015；灵山县，刘在松，2015；金子岭风景区，贾桂康和钟林敏，2016；于永浩等，2016），**GZ**（李振宇和解焱，2002；徐海根和强胜，2004，2011；黔南地区，韦美玉等，2006；大沙河自然保护区，林茂祥等，2008；解焱，2008；车晋滇，2009；申敬民等，2010；贵阳市，石登红和李灿，2011；万方浩等，2012；环境保护部和中国科学院，2014；贵阳市，陈菊艳等，2016），**HB**（李振宇和解焱，2002；屠玉麟，2002；刘胜祥和秦伟，2004；徐海根和强胜，2004，2011；星斗山国家级自然保护区，卢少飞等，2005；天门市，沈体忠等，2008；解焱，2008；车晋滇，2009；李儒海等，2011；黄石市，姚发兴，2011；喻大昭等，2011；万方浩等，2012；环境保护部和中国科学院，2014），**HJ**（万方浩等，2012；曾宪锋等，2012c；环境保护部和中国科学院，2014），**HK**（环境保护部和中国科学院，2014），**HN**（曾宪锋等，2014），**HX**（湘西地区，刘兴锋等，2009；湘西地区，徐亮等，2009；衡阳市，谢红艳等，2011；长沙，张磊和刘尔潞，2013；环境保护部和中国科学院，2014），**HY**（李振宇和解焱，2002；徐海根和强胜，2004，2011；田朝阳等，2005；董东平和叶永忠，2007；朱长山等，2007；解焱，2008；车晋滇，2009；许昌市，姜罡丞，2009；李长看等，2011；新乡，许桂芳和简在友，2011；万方浩等，2012；环境保护部和中国科学院，2014；储嘉琳等，2016），**JS**（郭水良和李扬汉，1995；李振宇和解焱，2002；南京，吴海荣和强胜，2003；南京，吴海荣等，2004；徐海根和强胜，2004，2011；李亚等，2008；解焱，2008；车晋滇，2009；董红云等，2010a；苏州，林敏等，2012；万方浩等，2012；环境保护部和中国科学院，2014；寿海洋等，2014；严辉等，2014；南京城区，吴秀臣和芦建国，2015），**JX**（郭水良和李扬汉，1995；李振宇和解焱，2002；徐海根和强胜，2004，2011；庐山风景区，胡天印等，2007c；解焱，2008；车晋滇，2009；季春峰等，2009；王宁，2010；鞠建文等，2011；万方浩等，2012；朱碧华和朱大庆，2013；环境保护部和中国科学院，2014；江西南部，程淑媛等，2015），**LN**（老铁山自然保护区，吴晓姝等，2010；曾宪锋等，2012c；大连，张淑梅等，2013；环境保护部和中国科学院，2014；大连，张恒庆等，2016），**MC**（王发国等，2004；环境保护部和中国科学院，2014），**SA**（杨凌地区，何纪琳等，2013；汉丹江流域，黎斌等，2015；栾晓睿等，2016），**SC**（李振宇和解焱，2002；解焱，2008；周小刚等，2008；车晋滇，2009；马丹炜等，2009；万方浩等，2012；环境保护部和中国科学院，2014；孟兴等，2015），**SD**（田家怡和吕传笑，2004；衣艳君等，2005；黄河三角洲，刘庆年等，2006；宋楠等，2006；吴彤等，2006；惠洪者，2007；青岛，罗艳和刘爱华，2008；南四湖湿地，王元军，2010；张绪良等，2010；昆嵛山，赵宏和丛海燕，2012；环境保护部和中国科学院，2014），**SH**（郭水良和李扬汉，1995；秦卫华等，2007；青浦，左倬等，2010；张晴柔等，2013；环境保护部和中国科学院，2014；汪远等，2015；），**TJ**（万方浩等，2012；环境保护部和中国科学院，2014），**TW**（李振宇和解焱，2002；苗栗地区，陈运造，2006；解焱，2008；车晋滇，2009；万方浩等，2012；环境保护部和中国科学院，2014），**YN**（李振宇和解焱，2002；徐海根和强胜，2004，2011；丁莉等，2006；红河流域，徐成东等，2006；徐成东和陆树刚，2006；李乡旺等，2007；解焱，2008；车晋滇，2009；申时才等，2012；普洱，陶川，2012；万方浩等，2012；环境保护部和中国科学院，2014；杨忠兴等，2014），**ZJ**（郭水良和李扬汉，1995；金华，郭水良等，2002；李振宇和解焱，2002；徐海根和强胜，2004，2011；金华，陈坚波和陈国中，2005；杭州，陈小永等，2006；李根有等，2006；金华市郊，胡天印等，2007b；金华市郊，李娜等，2007；台州，陈模舜，2008；温州，高末等，2008；杭州市，王嫩仙，2008；解焱，2008；车晋滇，2009；杭州西湖风景区，梅笑漫等，2009；西溪湿地，舒美英等，2009；张建国和张明如，2009；杭州，张明如等，2009；温州，丁炳扬和胡仁勇，2011；温州地区，胡仁勇等，2011；西溪湿地，缪丽华等，2011；万方浩等，2012；杭州，谢国雄等，2012；环境保护部和中国科学院，2014；宁波，徐颖等，2014；闫小玲等，2014；杭州，金祖达等，2015；周天焕等，2016）；黄河三角洲地区（赵怀浩等，2011）；海河流域滨岸带（任颖等，2015）。

安徽、澳门、北京、重庆、福建、甘肃、广东、广西、贵州、海南、河北、河南、湖北、湖南、江苏、江西、辽宁、陕西、山东、上海、四川、台湾、天津、香港、云南、浙江；原产于美洲；归化于非洲。

古巴紫菀
gu ba zi wan

有待观察

Symphyotrichum subulatum var. *parviflorum* (Nees) S. D. Sundberg, Sida 21 (2): 907. 2004. (Tropicos)

Syn. *Aster subulatus* var. *cubensis* (de Candolle) Shinners, Field & Lab. 21 (4): 161. 1953.

GD（排牙山，李沛琼，2012）。

福建、广东（南部）；原产于加勒比海地区。

金腰箭
jin yao jian

2

黑点旧 金腰菊

Synedrella nodiflora (Linnaeus) Gaertner, Fruct. Sem. Pl. 2 (3): 456. 1791. (FOC)

CQ（徐海根和强胜，2011；万州区，余顺慧和邓洪平，2011a，2011b），FJ（南部，李振宇和解焱，2002；徐海根和强胜，2004，2011；南部，范志伟等，2008；解焱，2008；南部，解焱，2008；车晋滇，2009；杨坚和陈恒彬，2009；万方浩等，2012），GD（南部，李振宇和解焱，2002；鼎湖山，贺握权和黄忠良，2004；徐海根和强胜，2004，2011；深圳，严岳鸿等，2004；珠海市，黄辉宁等，2005b；南部，范志伟等，2008；中山市，蒋谦才等，2008；白云山，李海生等，2008；解焱，2008；广州，王忠等，2008；车晋滇，2009；鼎湖山国家级自然保护区，宋小玲等，2009；王芳等，2009；粤东地区，曾宪锋等，2009；岳茂峰等，2011；林建勇等，2012；万方浩等，2012；稔平半岛，于飞等，2012；粤东地区，朱慧，2012；潮州市，陈丹生等，2013；广州，李许文等，2014；广州南沙黄山鲁森林公园，李海生等，2015；乐昌，邹滨等，2015，2016），GX（南部，李振宇和解焱，2002；徐海根和强胜，2004，2011；吴桂容，2006；谢云珍等，2007；南部，范志伟等，2008；解焱，2008；唐赛春等，2008b；南部，解焱，2008；车晋滇，2009；柳州市，石亮

成等，2009；北部湾经济区，林建勇等，2011a，2011b；林建勇等，2012；胡刚和张忠华，2012；梧州市，马多等，2012；万方浩等，2012；防城金花茶自然保护区，吴儒华和李福阳，2012；郭成林等，2013；来宾市，林春华等，2015；灵山县，刘在松，2015；北部湾海岸带，刘熊，2017），HK（李振宇和解焱，2002；徐海根和强胜，2004，2011；严岳鸿等，2005；范志伟等，2008；解焱，2008；车晋滇，2009；Leung 等，2009；万方浩等，2012），HN（李振宇和解焱，2002；徐海根和强胜，2004，2011；单家林等，2006；安锋等，2007；王伟等，2007；范志伟等，2008；铜鼓岭国家级自然保护区、东寨港国家级自然保护区、大田国家级自然保护区，秦卫华等，2008；石灰岩地区，秦新生等，2008；解焱，2008；车晋滇，2009；霸王岭自然保护区，胡雪华等，2011；周祖光，2011；林建勇等，2012；万方浩等，2012；曾宪锋等，2014；陈玉凯等，2016），JX（江西南部，程淑媛等，2015），MC（李振宇和解焱，2002；王发国等，2004；徐海根和强胜，2004，2011；解焱，2008；车晋滇，2009；万方浩等，2012），SC（周小刚等，2008），TW（李振宇和解焱，2002；徐海根和强胜，2004，2011；苗栗地区，陈运造，2006；范志伟等，2008；解焱，2008；车晋滇，2009；万方浩等，2012），YN（南部，李振宇和解焱，2002；徐海根和强胜，2004，2011；丁莉等，2006；西双版纳，管志斌等，2006；红河流域，徐成东等，2006；徐成东和陆树刚，2006；怒江干热河谷区，胡发广等，2007；李乡旺等，2007；瑞丽，赵见明，2007；南部，范志伟等，2008；纳板河自然保护区，刘峰等，2008；解焱，2008；南部山地，赵金丽等，2008b；车晋滇，2009；申时才等，2012；南部，万方浩等，2012；杨忠兴等，2014；西双版纳自然保护区，陶永祥等，2017）。

澳门、重庆、福建、广东、广西、海南、湖南、江西、上海、四川、台湾、香港、云南、浙江；原产于热带美洲；归化于热带、亚热带地区。

万寿菊
wan shou ju

4

臭芙蓉 大万寿菊

Tagetes erecta Linnaeus, Sp. Pl. 2: 887. 1753. (FOC)

双子叶植物

Syn. *Tagetes patula* Linnaeus, Sp. Pl. 2: 887. 1753.

AH（何家庆和葛结林，2008；何冬梅等，2010），**BJ**（刘全儒等，2002；彭程等，2010；王苏铭等，2012），**CQ**（金佛山自然保护区，孙娟等，2009；徐海根和强胜，2011；北碚区，杨柳等，2015），**FJ**（武夷山市，李国平等，2014），**GD**（徐海根和强胜，2004，2011；中山市，蒋谦才等，2008；解焱，2008；车晋滇，2009；林建勇等，2012；乐昌，邹滨等，2015），**GX**（邓晰朝和卢旭，2004；吴桂容，2006；谢云珍等，2007；桂林，陈秋霞等，2008；柳州市，石亮成等，2009；北部湾经济区，林建勇等，2011a，2011b；林建勇等，2012；胡刚和张忠华，2012；百色，贾桂康，2013），**GZ**（黔南地区，韦美玉等，2006；贵阳市，石登红和李灿，2011；徐海根和强胜，2004，2011；解焱，2008；车晋滇，2009；万方浩等，2012；贵阳市，陈菊艳等，2016），**HB**（黄石市，姚发兴，2011；喻大昭等，2011），**HJ**（秦皇岛，李顺才等，2009），**HN**（安锋等，2007；大田国家级自然保护区，秦卫华等，2008；林建勇等，2012；彭宗波等，2013），**HX**（湘西地区，徐亮等，2009），**HY**（李长看等，2011；新乡，许桂芳和简在友，2011），**JS**（徐海根和强胜，2004，2011；车晋滇，2009；苏州，林敏等，2012；寿海洋等，2014；严辉等，2014；南京城区，吴秀臣和芦建国，2015），**JX**（朱碧华和朱大庆，2013；朱碧华等，2014；江西南部，程淑媛等，2015），**LN**（大连，张淑梅等，2013），**SA**（西安地区，祁云枝等，2010；杨凌地区，何纪琳等，2013；栾晓睿等，2016），**SC**（解焱，2008；周小刚等，2008；车晋滇，2009；马丹炜等，2009；邛海湿地，杨红，2009；徐海根和强胜，2011，2004；万方浩等，2012；陈开伟，2013），**SD**（吴彤等，2006；青岛，罗艳和刘爱华，2008；南四湖湿地，王元军，2010），**SH**（张晴柔等，2013），**SX**（石瑛等，2006；阳泉市，张垚，2016），**YN**（徐海根和强胜，2004，2011；丁莉等，2006；西双版纳，管志斌等，2006；李乡旺等，2007；解焱，2008；车晋滇，2009；洱海流域，张桂彬等，2011；申时才等，2012；万方浩等，2012），**ZJ**（台州，陈模舜，2008；天目山自然保护区，陈京等，2011；杭州市，王嫩仙，2008；闫小玲等，2014）；海河流域滨岸带（任颖等，2015）。

安徽、澳门、北京、重庆、福建、广东、广西、贵州、海南、河北、河南、黑龙江、湖北、湖南、江苏、江西、辽宁、内蒙古、陕西、山东、山西、上海、四川、天津、香港、西藏、新疆、云南、浙江；原产于北美洲。

印加孔雀草 3
yin jia kong que cao

细花万寿菊

Tagetes minuta Linnaeus, Sp. Pl. 2: 887. 1753. **(FOC)**

Tagetes minima auct. non Linnaeus: 刘全儒等，2002；车晋滇，2004.

BJ（刘全儒等，2002；车晋滇，2004；张劲林等，2014；刘全儒和张劲林，2014），**JS**（董振国等，2013；胡长松等，2016），**TW**（台中县，Wang和Chen，2006），**XZ**（许敏和扎西次仁，2015）。

北京、江苏、江西、山东、台湾、西藏；原产于南美洲。

伞房匹菊
san fang pi ju

有待观察

Tanacetum parthenifolium (Willdenow) S. Bipontinus, Tanaceteen 56. 1844. **(FOC)**

Bas. *Pyrethrum parthenifolium* Willdenow, Sp. Pl. 3 (3): 2156. 1803.

YN（徐海根和强胜，2004，2011；丁莉等，2006；解焱，2008；申时才等，2012）。

江西、云南；原产于中亚和西亚。

药用蒲公英 4
yao yong pu gong ying

蒲公英 西洋蒲公英

Taraxacum officinale F. H. Wiggers, Prim. Fl. Holsat. 56. 1780. **(FOC)**

GD（珠海市，黄辉宁等，2005b），**HY**（储嘉琳等，2016），**JS**（寿海洋等，2014），**SA**（栾晓睿等，2016），**TW**（苗栗地区，陈运造，2006；杨宜津，2008）。

重庆、甘肃、广东、广西、河北、河南、黑龙江、湖北、江苏、江西、内蒙古、青海、陕西、山西、上海、四川、台湾、香港、新疆、浙江；原产于欧洲；归化于亚洲和北美洲。

肿柄菊   1
zhong bing ju

柄肿菊 假向日葵 树菊 王爷葵

Tithonia diversifolia (Hemsley) A. Gray, Proc. Amer. Acad. Arts 16: 5. 1883. **(FOC)**

Tithonia rotundifolia auct. non (Miller) S. F. Blake: 欧健和卢昌义，2006b；马柱芳和谷芸，2011。

    FJ（刘巧云和王玲萍，2006；厦门，欧健和卢昌义，2006b；罗明永，2008；张国良等，2008；徐海根和强胜，2011；万方浩等，2012），**GD**（王四海等，2004；徐海根和强胜，2004，2011；深圳，严岳鸿等，2004；珠海市，黄辉宁等，2005b；范志伟等，2008；中山市，蒋谦才等，2008；广州，王忠等，2008；解焱，2008；张国良等，2008；王芳等，2009；粤东地区，曾宪锋等，2009；岳茂峰等，2011；林建勇等，2012；万方浩等，2012；粤东地区，朱慧，2012；乐昌，邹滨等，2015，2016），**GX**（王四海等，2004；谢云珍等，2007；唐赛春等，2008b；张国良等，2008；北部湾经济区，林建勇等，2011a，2011b；徐海根和强胜，2011；林建勇等，2012；胡刚和张忠华，2012；万方浩等，2012；防城金花茶自然保护区，吴儒华和李福阳，2012；郭成林等，2013；百色，贾桂康，2013；来宾市，林春华等，2015；灵山县，刘在松，2015；于永浩等，2016），**GZ**（张国良等，2008），**HN**（单家林等，2006；范志伟等，2008；石灰岩地区，秦新生等，2008；解焱，2008；张国良等，2008；徐海根和强胜，2011；林建勇等，2012；万方浩等，2012；曾宪锋等，2014），**JS**（寿海洋等，2014），**MC**（王发国等，2004；万方浩等，2012），**TW**（王四海等，2004；苗栗地区，陈运造，2006；杨宜津，2008；张国良等，2008；徐海根和强胜，2011；万方浩等，2012），**YN**（王四海等，2004；徐海根和强胜，2004，2011；丁莉等，2006；西双版纳，管志斌等，2006；西双版纳，李园等，2006；红河流域，徐成东等，2006；徐成东和陆树刚，2006；李乡旺等，2007；瑞丽，赵见明，2007；范志伟等，2008；

纳板河自然保护区，刘峰等，2008；解焱，2008；张国良等，2008；南部山地，赵金丽等，2008b；陈建业等，2010；德宏州，马柱芳和谷芸，2011；申时才等，2012；普洱，陶川，2012；万方浩等，2012；许美玲等，2014；西双版纳自然保护区，陶永祥等，2017），**ZJ**（万方浩等，2012）。

    澳门、福建、广东、广西、贵州、海南、湖北、江苏、江西、青海、台湾、山西、香港、云南；原产于墨西哥；归化于热带亚洲地区。

羽芒菊   2
yu mang ju

长柄菊

Tridax procumbens Linnaeus, Sp. Pl. 2: 900. 1753. **(FOC)**

Tridax trilobata auct. non (Cavanilles) Hemsley: 李许文等，2014

    FJ（李振宇和解焱，2002；徐海根和强胜，2004，2011；厦门地区，陈恒彬，2005；厦门，欧健和卢昌义，2006a，2006b；范志伟等，2008；车晋滇，2009；杨坚和陈恒彬，2009；万方浩等，2012），**GD**（李振宇和解焱，2002；鼎湖山，贺握权和黄忠良，2004；徐海根和强胜，2004，2011；范志伟等，2008；中山市，蒋谦才等，2008；广州，王忠等，2008；解焱，2008；车晋滇，2009；王芳等，2009；粤东地区，曾宪锋等，2009；Fu等，2011；岳茂峰等，2011；佛山，黄益燕等，2011；付岚等，2012；林建勇等，2012；万方浩等，2012；稔平半岛，于飞等，2012；粤东地区，朱慧，2012；广州，李许文等，2014），**GX**（谢云珍等，2007；车晋滇，2009；北部湾经济区，林建勇等，2011a，2011b；徐海根和强胜，2011；林建勇等，2012；万方浩等，2012；郭成林等，2013；百色，贾桂康，2013；北部湾海岸带，刘熊，2017），**HK**（李振宇和解焱，2002；徐海根和强胜，2004，2011；严岳鸿等，2005；范志伟等，2008；车晋滇，2009；万方浩等，2012；Leung 等，2009），**HN**（李振宇和解焱，2002；徐海根和强胜，2004，2011；单家林等，2006；安锋等，2007；王伟等，2007；范志伟等，2008；铜鼓岭国家级自然保护区、东寨港国家级自然保护区、大田国家级自然保护区，秦卫华等，2008；石灰岩地区，秦新生等，2008；解焱，2008；

双子叶植物

车晋滇，2009；甘什岭自然保护区，张荣京和邢福武，2011；周祖光，2011；林建勇等，2012；万方浩等，2012；曾宪锋等，2014；陈玉凯等，2016），**JS**（胡长松等，2016），**MC**（李振宇和解焱，2002；王发国等，2004；徐海根和强胜，2004，2011；车晋滇，2009；万方浩等，2012），**SC**（周小刚等，2008；马丹炜等，2009），**TW**（李振宇和解焱，2002；徐海根和强胜，2004，2011；苗栗地区，陈运造，2006；范志伟等，2008；解焱，2008；杨宜津，2008；车晋滇，2009；万方浩等，2012），**YN**（李振宇和解焱，2002；徐海根和强胜，2004，2011；西双版纳，管志斌等，2006；红河流域，徐成东等，2006；徐成东和陆树刚，2006；李乡旺等，2007；范志伟等，2008；解焱，2008；南部山地，赵金丽等，2008b；车晋滇，2009；申时才等，2012；万方浩等，2012；杨忠兴等，2014；西双版纳自然保护区，陶永祥等，2017）。

澳门、福建、广东、广西、贵州、海南、河北、江苏、江西、四川、台湾、香港、云南、浙江；原产于墨西哥和热带美洲；归化于旧大陆热带地区。

意大利苍耳 2
yi da li cang er

Xanthium italicum Moretti, Giorn. Fis.,ser. 2, 5: 326. 1822.

BJ（车晋滇和孙国强，1992；刘全儒等，2002；车晋滇，2004，2009；车晋滇等，2004；车晋滇和胡彬，2007；刘慧圆和明冠华，2008；林秦文等，2009；杨景成等，2009；焦宇和刘龙，2010；万方浩等，2012；王苏铭等，2012），**GD**（林建勇等，2012；万方浩等，2012），**GX**（桂林，陈秋霞等，2008；林建勇等，2012），**HJ**（万方浩等，2012），**HL**（鲁萍等，2012），**LN**（李楠等，2010；老铁山自然保护区，吴晓姝等，2010；大连，万方浩等，2012；大连，张淑梅等，2013；大连，张恒庆等，2016），**SD**（万方浩等，2012），**XJ**（杜珍珠等，2012；迪丽达尔·亚森江和努尔巴依·阿不都沙力克，2014）。

安徽、北京、广东、广西、河北、黑龙江、辽宁、山东、新疆；原产于欧洲和北美洲。

北美苍耳 3
bei mei cang er
蒙古苍耳

Xanthium chinense Miller, Gard. Dict. (cd. 8) no. 4. 1768. **(Tropicos)**
Syn. *Xanthium mongolicum* Kitagawa, Rep. First Sci. Exped. Manchoukuo 4: f. 97. 1936.

GX（来宾市，林春华等，2015），**GZ**（孙庆文等，2010a，2010b），**HY**（储嘉琳等，2016），**LN**（曲波等，2010），**XJ**（杜珍珠等，2012；郭文超等，2012）；东北草地（石洪山等，2016）。

北京、广西、贵州、海南、河北、河南、黑龙江、湖北、湖南、吉林、江西、辽宁、内蒙古、陕西、山东、新疆、云南、浙江。原产于墨西哥。

刺苍耳 2
ci cang er

Xanthium spinosum Linnaeus, Sp. Pl. 2: 987. 1753. **(FOC)**

AH（李振宇和解焱，2002；陈明林等，2003；徐海根和强胜，2004，2011；淮北地区，胡刚等，2005a，2005b；黄山，汪小飞等，2007；何家庆和葛结林，2008；解焱，2008；车晋滇，2009；环境保护部和中国科学院，2014），**BJ**（李振宇和解焱，2002；刘全儒等，2002；车晋滇，2004，2009；徐海根和强胜，2004，2011；贾春虹等，2005；龙茹等，2008；解焱，2008；杨景成等，2009；环境保护部和中国科学院，2014），**GZ**（黔南地区，韦美玉等，2006；贵阳市，石登红和李灿，2011），**HJ**（徐海根和强胜，2004，2011；龙茹等，2008；车晋滇，2009；环境保护部和中国科学院，2014），**HN**（安锋等，2007；彭宗波等，2013），**HX**（解焱，2008；湘西地区，刘兴锋等，2009；林建勇等，2012），**HY**（杜卫兵等，2002；李振宇和解焱，2002；徐海根和强胜，2004，2011；开封，张桂宾，2004；田朝阳等，2005；东部，张桂宾，2006；董东平和叶永忠，2007；朱长山等，2007；解焱，2008；车晋滇，2009；许昌市，姜罢丞，2009；李长看等，2011；环境保护部和中国科学院，2014；储嘉琳等，2016），**JL**（孙仓等，2007；长春地区，曲同宝等，2015），

LN（李振宇和解焱，2002；曲波，2003；徐海根和强胜，2004，2011；齐淑艳和徐文铎，2006；曲波等，2006a，2006b；解焱，2008；车晋滇，2009；沈阳，付海滨等，2009；高燕和曹伟，2010；老铁山自然保护区，吴晓妹等，2010；大连，张淑梅等，2013；环境保护部和中国科学院，2014），**NM**（赵利清等，2006；环境保护部和中国科学院，2014；庞立东等，2015），**NX**（赵利清等，2006；环境保护部和中国科学院，2014），**XJ**（乌鲁木齐，张源，2007；杜珍珠等，2012；宋珍珍等，2012a，2012b；环境保护部和中国科学院，2014），**YN**（红河州，何艳萍等，2010）；东北地区（郑美林和曹伟，2013）；海河流域滨岸带（任颖等，2015）；东北草地（石洪山等，2016）。

安徽、北京、广东、贵州、海南、河北、湖南、河南、吉林、辽宁、内蒙古、宁夏、新疆、云南；原产于美洲；归化于欧亚。

百日菊 有待观察
bai ri ju

Zinnia elegans Jacquin, Icon. Pl. Rar. 3: 15, pl. 589. 1792. **(TPL)**
Syn. *Zinnia violacea* Cavanilles, Icon. 1 (3): 57, pl. 81. 1791.
GD（乐昌，邹滨等，2015），**HB**（喻大昭等，2011）。

安徽、北京、重庆、福建、甘肃、广东、广西、贵州、海南、河北、黑龙江、河南、湖北、湖南、江苏、江西、辽宁、陕西、山东、山西、上海、四川、天津、西藏、新疆、云南（西双版纳、蒙自）；原产于墨西哥。

多花百日菊 4
duo hua bai ri ju
多花百日草 山菊花 五色梅

Zinnia peruviana Linnaeus, Syst. Nat. (ed. 10) 2: 1221. 1759. **(FOC)**
AH（何家庆和葛结林，2008），**BJ**（刘全儒等，2002；车晋滇，2009），**GD**（林建勇等，2012），**GS**（徐海根和强胜，2004，2011；解焱，2008；车晋滇，2009；万方浩等，2012；赵慧军，2012），**GX**（北部湾经济区，林建勇等，2011a，2011b；林

建勇等，2012），**HB**（喻大昭等，2011），**HJ**（徐海根和强胜，2004，2011；龙茹等，2008；解焱，2008；车晋滇，2009；秦皇岛，李顺才等，2009；万方浩等，2012），**HN**（林建勇等，2012），**HY**（徐海根和强胜，2004，2011；朱长山等，2007；解焱，2008；车晋滇，2009；万方浩等，2012；储嘉琳等，2016），**JL**（长春地区，曲同宝等，2015），**JS**（苏州，林敏等，2012；寿海洋等，2014；严辉等，2014），**SA**（徐海根和强胜，2004，2011；解焱，2008；车晋滇，2009；西安地区，祁云枝等，2010；万方浩等，2012；栾晓睿等，2016），**SC**（徐海根和强胜，2004，2011；解焱，2008；周小刚等，2008；车晋滇，2009；马丹炜等，2009；万方浩等，2012），**SD**（徐海根和强胜，2011），**SX**（石瑛等，2006），**TJ**（徐海根和强胜，2011），**YN**（徐海根和强胜，2004，2011；丁莉等，2006；解焱，2008；车晋滇，2009；申时才等，2012；万方浩等，2012），**ZJ**（李惠茹等，2016b）。

安徽、北京、甘肃、广东、广西、海南、河北、河南、湖北、湖南、吉林、江苏、陕西、山东、山西、四川、台湾、天津、云南、浙江；原产于墨西哥；归化于南美洲。

双子叶植物

被子植物

単子叶植物

禾叶慈姑

有待观察

he ye ci gu

Sagittaria graminea Michaux, Fl. Bor. -Amer. 2: 190. 1803. **(Tropicos)**

鸭绿江河口湿地（张彦文等，2011）。

广东、辽宁；原产于北美洲东部。

黄花蔺

有待观察

huang hua lin

Limnocharis flava (Linnaeus) Buchenau, Abh. Naturwiss. Vereins Bremen 2: 2. 1869. **(FOC)**

GD（徐海根和强胜，2011），HK（徐海根和强胜，2011），YN（徐海根和强胜，2011；杨忠兴等，2014）。

澳门、广东、海南、湖北、香港、云南；原产于热带美洲；归化于热带亚洲。

水蕴草

有待观察

shui yun cao

Egeria densa Planchon, Ann. Sci. Nat., Bot., sér. 3. 11: 80. 1849. **(FOC)**

TW（苗栗地区，陈运造，2006；兰阳平原，吴永华，2006）。

广东、台湾、香港、浙江；原产于南美洲。

假韭

有待观察

jia jiu

Nothoscordum gracile (Aiton) Stearn, Taxon 35 (2): 338. 1986. **(Tropicos)**

FJ（解焱，2008），YN（丁莉等，2006；解焱，2008；申时才等，2012）。

福建、云南；原产于热带美洲。

龙舌兰

有待观察

long she lan

Agave americana Linnaeus, Sp. Pl. 1: 323. 1753. **(FOC)**

GD（粤东地区，曾宪锋等，2009；粤东地区，朱慧，2012），HN（曾宪锋等，2014）。

重庆、福建、广东、广西、贵州、海南、湖北、上海、四川、台湾、天津、香港、云南、浙江；原产于美洲。

花朱顶红

有待观察

hua zhu ding hong

朱顶红

Hippeastrum vittatum (L' Héritier) Herbert, Appendix 31. 1821. **(Tropicos)**

CQ（金佛山自然保护区，孙娟等，2009），GD（粤东地区，曾宪锋等，2009；粤东地区，朱慧，2012），JS（寿海洋等，2014），JX（江西南部，程淑媛等，2015）。

重庆、福建、广东、广西、海南、河南、江苏、江西、天津、香港、云南、浙江；原产于南美洲。

葱莲

有待观察

cong lian

葱兰 玉帘

Zephyranthes candida (Lindley) Herbert, Bot. Mag. 53: pl. 2607. 1826. **(FOC)**

AH（黄山，汪小飞等，2007），CQ（金佛山自然保护区，孙娟等，2009），JS（寿海洋等，2014；严辉等，2014；胡长松等，2016），JX（江西南部，程淑媛等，2015），SA（栾晓睿等，2016），SD（吴彤等，2006），ZJ（杭州，陈小永等，2006；杭州西湖风景区，梅笑漫等，2009；张建国和张明如，2009）。

安徽、澳门、重庆、福建、广东、广西、贵州、海南、河北、湖北、湖南、江苏、江西、陕西、山东、上海、四川、天津、西藏、香港、云南、浙江；原产于南美洲。

韭莲
jiu lian

有待观察

风雨花

Zephyranthes carinata Herbert, Bot. Mag. 52: t. 2594. 1825. **(FOC)**

Syn. *Zephyranthes grandiflora* Lindley, Bot. Reg. 11: pl. 902. 1825.

AH（黄山，汪小飞等，2007），**GD**（乐昌，邹滨等，2015，2016），**HN**（曾宪锋等，2014），**JS**（寿海洋等，2014；严辉等，2014），**SD**（吴彤等，2006），**YN**（丁莉等，2006；申时才等，2012）。

安徽、澳门、北京、重庆、福建、广东、广西、湖北、江苏、江西、山东、四川、天津、香港、云南、浙江；原产于墨西哥、哥伦比亚和中美洲。

雨久花科 Pontederiaceae

凤眼蓝
feng yan lan

1

布袋莲 凤眼兰 凤眼莲 假水仙 水浮莲 水荷花 水葫芦 水生风信子 洋水仙

Eichhornia crassipes (Martius) Solms, Monogr. Phan. 4: 527. 1883. **(FOC)**

AH（郭水良和李扬汉，1995；陈明林等，2003；徐海根和强胜，2004，2011；淮北地区，胡刚等，2005a，2005b；臧敏等，2006；黄山，汪小飞等，2007；何家庆和葛结林，2008；解焱，2008；张国良等，2008；黄山，张慧冲和周冠，2008；何冬梅等，2010；万方浩等，2012；黄山市城区，梁宇轩等，2015），**BJ**（解焱，2008；彭程等，2010），**CQ**（石胜璋等，2004；金佛山自然保护区，林茂祥等，2007；杨丽等，2008；解焱，2008；张国良等，2008；徐海根和强胜，2011；万州区，余顺慧和邓洪平，2011a，2011b；万方浩等，2012；北碚区，杨柳等，2015；北碚区，严桧等，2016），**FJ**（郭水良和李扬汉，1995；江贵波，2004；李博等，2004；

任明迅等，2004；吴虹玥等，2004；徐海根和强胜，2004，2011；厦门地区，陈恒彬，2005；厦门，欧健和卢昌义，2006a，2006b；闫淑君等，2006；陈刚等，2007；宁昭玉等，2007；罗明永，2008；解焱，2008；张国良等，2008；杨坚和陈恒彬，2009；胡嘉贝和沈佳，2012；万方浩等，2012；武夷山市，李国平等，2014），**GD**（白云山，黄彩萍和曾丽梅，2003；鼎湖山，贺握权和黄忠良，2004；江贵波，2004；李博等，2004；孙小燕和丁洪，2004；吴虹玥等，2004；徐海根和强胜，2004，2011；深圳，严岳鸿等，2004；珠海市，黄辉宁等，2005a，2005b；惠州，郑洲翔等，2006；惠州红树林自然保护区，曹飞等，2007；揭阳市，邱东萍等，2007；中山市，蒋谦才等，2008；白云山，李海生等，2008；张国良等，2008；王芳等，2009；广州，王忠等，2008；解焱，2008；龙永彬，2009；粤东地区，曾宪锋，2009；周伟等，2010；Fu等，2011；北师大珠海分校，吴杰等，2011，2012；岳茂峰等，2011；佛山，黄益燕等，2011；付岚等，2012；林建勇等，2012；万方浩等，2012；稔平半岛，于飞等，2012；粤东地区，朱慧，2012；潮州市，陈丹生等，2013；深圳，张春颖等，2013；广州，李许文等，2014；乐昌，邹滨等，2015，2016），**GX**（邓晰朝和卢旭，2004；任明迅等，2004；徐海根和强胜，2004，2011；吴桂容，2006；乐业旅游景区，贾桂康，2007a；谢云珍等，2007；桂林，陈秋霞等，2008；商显坤等，2008；唐赛春等，2008b；解焱，2008；张国良等，2008；柳州市，石亮成等，2009；贾洪亮等，2011；北部湾经济区，林建勇等，2011a，2011b；林建勇等，2012；胡刚和张忠华，2012；万方浩等，2012；桂林会仙岩溶湿地，徐广平等，2012；郭成林等，2013；百色，贾桂康，2013；来宾市，林春华等，2015；灵山县，刘在松，2015；于永浩等，2016），**GZ**（屠玉麟，2002；徐海根和强胜，2004，2011；黔南地区，韦美玉等，2006；大沙河自然保护区，林茂祥等，2008；解焱，2008；张国良等，2008；申敬民等，2010；贵阳市，石登红和李灿，2011；万方浩等，2012），**HB**（刘胜祥和秦伟，2004；任明迅等，2004；孙小燕和丁洪，2004；吴虹玥等，2004；徐海根和强胜，2004，2011；天门市，沈体忠等，2008；解焱，2008；张国良等，2008；白莲河水库，郑宝清，2010；黄石市，姚发兴，2011；喻大昭等，2011；万方浩等，2012），

单子叶植物

HJ（龙茹等，2008；秦皇岛，李顺才等，2009），**HK**（解焱，2008），**HN**（任明迅等，2004；徐海根和强胜，2004，2011；单家林等，2006；安锋等，2007；邱庆军等，2007；范志伟等，2008；解焱，2008；张国良等，2008；周祖光，2011；林建勇等，2012；万方浩等，2012；曾宪锋等，2014；罗文启等，2015；陈玉凯等，2016），**HX**（孙小燕和丁洪，2004；吴虹玥等，2004；徐海根和强胜，2004，2011；南岳自然保护区，谢红艳等，2007；彭兆普等，2008；洞庭湖区，彭友林等，2008；解焱，2008；张国良等，2008；湘西地区，刘兴锋等，2009；常德市，彭友林等，2009；湘西地区，徐亮等，2009；衡阳市，谢红艳等，2011；万方浩等，2012；谢红艳和张雪芹，2012），**HY**（杜卫兵等，2002；南部，孙小燕和丁洪，2004；南部，吴虹玥等，2004；开封，张桂宾，2004；田朝阳等，2005；东部，张桂宾，2006；董东平和叶永忠，2007；朱长山等，2007；解焱，2008；张国良等，2008；许昌市，姜罡丞，2009；王列富和陈元胜，2009；李长看等，2011；新乡，许桂芳和简在友，2011；万方浩等，2012），**JL**（长春地区，李斌等，2007），**JS**（郭水良和李扬汉，1995；江贵波，2004；李博等，2004；孙小燕和丁洪，2004；吴虹玥等，2004；徐海根和强胜，2004，2011；苏南和苏中，李亚等，2008；解焱，2008；张国良等，2008；苏州，林敏等，2012；万方浩等，2012；寿海洋，2014；严辉等，2014；南京城区，吴秀臣和芦建国，2015），**JX**（徐海根和强胜，2004，2011；解焱，2008；南昌，詹书侠等，2008；张国良等，2008；季春峰等，2009；鄱阳湖国家级自然保护区，葛刚等，2010；雷平等，2010；王宁，2010；鞠建文等，2011；万方浩等，2012；南昌市，朱碧华和杨凤梅，2012；熊兴旺，2013；朱碧华等，2014；江西南部，程淑媛等，2015），**LN**（南部，李振宇和解焱，2002；南部，环境总局和中国科学院，2003；缪绅裕和李冬梅，2003；曲波，2003；南部，徐海根和强胜，2004；齐淑艳和徐文铎，2006；曲波等，2006a，2006b；沈阳，付海滨等，2009；万方浩等，2012），**MC**（王发国等，2004），**NM**（庞立东等，2015），**SA**（西安地区，祁云枝等，2010；栾晓睿等，2016），**SC**（孙小燕和丁洪，2004；吴虹玥等，2004；徐海根和强胜，2004，2011；凉山州，袁颖和王志民，2006；解焱，2008；张国良等，2008；周小刚等，2008；成都，朱栩等，2008；马丹炜等，2009；乐山市，刘忠等，2009；邛海湿地，杨红，2009；万方浩等，2012；陈开伟，2013；周小刚等，2014），**SD**（潘怀剑和田家怡，2001；肖素荣等，2003；田家怡和吕传笑，2004；衣艳君等，2005；宋楠等，2006；吴彤等，2006，2007；解焱，2008；南四湖湿地，王元军，2010；张绪良等，2010），**SH**（郭水良和李扬汉，1995；杨凤辉等，2002；江贵波，2004；任明迅等，2004；吴虹玥等，2004；金樑等，2005；解焱，2008；张国良等，2008；青浦，左倬等，2010；徐海根和强胜，2011；万方浩等，2012；张晴柔等，2013；汪远等，2015），**SX**（石瑛等，2006），**TW**（袁秋英等，1994；徐海根和强胜，2004，2011；苗栗地区，陈运造，2006；兰阳平原，吴永华，2006；解焱，2008；杨宜津，2008；张国良等，2008；万方浩等，2012），**XJ**（郭文超等，2012），**YN**（万方浩等，2002；路瑞锁和宋豫秦，2003；江贵波，2004；李博等，2004；刘鹏程，2004；任明迅等，2004；孙小燕和丁洪，2004；吴虹玥等，2004；印丽萍等，2004；徐海根和强胜，2004，2011；张玉娟等，2004；丁莉等，2006；西双版纳，管志斌等，2006；红河流域，徐成东等，2006；徐成东和陆树刚，2006；怒江干热河谷区，胡发广等，2007；李乡旺等，2007；瑞丽，赵见明，2007；纳板河自然保护区，刘峰等，2008；解焱，2008；张国良等，2008；陈建业等，2010；德宏州，马柱芳和谷芸，2011；洱海流域，张桂彬等，2011；申时才等，2012；普洱，陶川，2012；万方浩等，2012；文山州，杨焓妤，2012；许美玲等，2014；杨忠兴，2014；西双版纳自然保护区，陶永祥等，2017），**ZJ**（郭水良和李扬汉，1995；江贵波，2004；李博等，2004；孙小燕和丁洪，2004；吴虹玥等，2004；徐海根和强胜，2004，2011；杭州，陈小永等，2006；李根有等，2006；金华市郊，李娜等，2007；赵月琴和卢剑波，2007；台州，陈模舜，2008；杭州市，王嫩仙，2008；解焱，2008；张国良等，2008；杭州西湖风景区，梅笑漫等，2009；西溪湿地，舒美英等，2009；张建国和张明如，2009；张明如等，2009；天目山自然保护区，陈京等，2011；温州，丁炳扬和胡仁勇，2011；温州地区，胡仁勇等，2011；西溪湿地，缪丽华等，2011；万方浩等，2012；温州，吴庆玲等，2012；杭州，谢国雄等，2012；杭州，金祖达等，2015；周天焕等，2016）；辽宁南部、华北、华东、华中和华南的 19 个省（自治区、直辖市）有栽培，在长江流域及其以南地区逸生为杂草（李振宇和解焱，2002；环境总局和中国科学院，2003；缪绅裕和李冬梅，2003；范志伟等，2008）；各地均有分布（车晋滇，2009）；东北地区（郑美林和曹伟，2013）；赤水河中游地区（窦全丽等，2015）。

安徽、澳门、北京、重庆、福建、广东、广西、贵州、海南、河北、河南、湖北、湖南、吉林、江苏、江西、辽宁、陕西、山东、山西、上海、四川、台湾、天津、香港、新疆、云南、浙江；原产于巴西；归化于热带、温带地区。

鸢尾科 Iridaceae

雄黄兰
xiong huang lan

有待观察

观音兰

Crocosmia × crocosmiiflora (Lemoine) N. E. Brown, Trans. Roy. Soc. South Africa 20 (3): 264. 1932. **(Tropicos)**
Syn. *Tritonia × crocosmiiflora* (Lemoine) G. Nicholson, Ill. Dict. Gard. 4: 94. 1887.

TW（苗栗地区，陈运造，2006）。

重庆、福建、广西、贵州、江苏、江西、四川、台湾、云南；园艺杂交起源（南非）。

鸭跖草科 Commelinaceae

洋竹草
yang zhu cao

有待观察

铺地锦竹草

Callisia repens Linnaeus, Sp. Pl.,ed. 2, 1: 62. 1762. **(FOC)**

FJ（曾宪锋等，2014），**GD**（曾宪锋等，2014），**TW**（苗栗地区，陈运造，2006）。

福建、广东、台湾、香港；原产于美洲。

直立孀泪花
zhi li shuang lei hua

有待观察

Tinantia erecta (Jacquin) Schlechtendal, Lin-

naea 25: 185. 1852. **(Tropicos)**

课题组观察资料。

四川、云南；原产于美洲。

白花紫露草
bai hua zi lu cao

有待观察

巴西水竹叶

Tradescantia fluminensis Vellozo, Fl. Flumin. 3: 140, pl. 152. 1825. **(Tropicos)**

TW（Yang 等，2008；Wu 等，2010；周富三等，2015）。

重庆、福建、广东、贵州、湖北、江苏、江西、上海、台湾、天津、浙江；原产于南美洲。

紫竹梅
zi zhu mei

有待观察

Tradescantia pallida (J. N. Rose) D. R. Hunt, Kew Bull. 30 (3): 452. 1975. **(Tropicos)**
Syn. *Setcreasea purpurea* Boom, Acta Bot. Neerl. 4: 167. 1955.

GX（来宾市，林春华等，2015），**HX**（益阳市，黄含吟等，2016），**JX**（江西南部，程淑媛等，2015），**ZJ**（杭州，陈小永等，2006；张建国和张明如，2009）。

澳门、重庆、广西、福建、湖北、湖南、江西、上海、四川、台湾、天津、香港、云南、浙江；原产于墨西哥。

吊竹梅
diao zhu mei

有待观察

吊竹草

Tradescantia zebrina Bosse, Vollst. Handb. Blumengärtnerei 4: 655. 1846. **(FOC)**

GX（来宾市，林春华等，2015），**JX**（江西南部，程淑媛等，2015），**TW**（苗栗地区，陈运造，2006）。

澳门、重庆、福建、广东、广西、湖南、江西、台湾、天津、香港、云南；原产于墨西哥和热带美洲。

单子叶植物

山羊草 2

shan yang cao

Aegilops tauschii Cosson, Notes Pl. Crit. 69. 1850. **(FOC)**

Aegilops squarrosa auct. non Linnaeus: 徐海根和强胜，2004；衣艳君等，2005；宋楠等，2006；何家庆和葛结林，2008；李惠欣，2008；解焱，2008；周小刚等，2008；车晋滇，2009；牛玉璐和李建民，2010；祁云枝等，2010；张绪良等，2010；李长看等，2011；许桂芳和简在友，2011；*Aegilops triuncialis* auct. non Linnaeus: 马金双，2013；寿海洋等，2014；严辉等，2014；栾晓睿等，2016.

AH（何家庆和葛结林，2008），**BJ**（车晋滇，2009），**CQ**（万方浩等，2012），**HJ**（衡水湖，李惠欣，2008；车晋滇，2009；衡水市，牛玉璐和李建明，2010；徐海根和强胜，2011；万方浩等，2012），**HY**（徐海根和强胜，2004，2011；董东平和叶永忠，2007；朱长山等，2007；解焱，2008；车晋滇，2009；许昌市，姜罡丞，2009；李长看等，2011；新乡，许桂芳和简在友，2011；万方浩等，2012；储嘉琳等，2016），**JS**（徐海根和强胜，2004，2011；车晋滇，2009；万方浩等，2012；寿海洋等，2014；严辉等，2014），**NM**（万方浩等，2012），**SA**（徐海根和强胜，2004，2011；解焱，2008；车晋滇，2009；西安地区，祁云枝等，2010；万方浩等，2012；栾晓睿等，2016），**SC**（周小刚等，2008），**SD**（徐海根和强胜，2004，2011；衣艳君等，2005；宋楠等，2006；车晋滇，2009；张绪良等，2010；万方浩等，2012），**SX**（车晋滇，2009；徐海根和强胜，2011；万方浩等，2012）。

安徽、北京、重庆、河北、河南、江苏、内蒙古、青海、陕西、山东、山西、四川、新疆；原产于欧洲、中亚和地中海地区。

燕麦草 有待观察

yan mai cao

Arrhenatherum elatius (Linnaeus) P. Beauvois ex J. Presl & C. Presl, Fl. Čech. 17. 1819. **(FOC)**

JS（李亚等，2008；寿海洋等，2014）。

江苏、江西、山东、山西、台湾；原产于北亚、西亚、北非和欧洲。

野燕麦 2

ye yan mai

铃铛麦 乌麦 香麦 燕麦草

Avena fatua Linnaeus, Sp. Pl. 1: 80. 1753. **(FOC)**

AH（淮北地区，胡刚等，2005b；黄山，汪小飞等，2007；解焱，2008；张中信，2009；徐海根和强胜，2011；万方浩等，2012；环境保护部和中国科学院，2016），**BJ**（杨景成等，2009；徐海根和强胜，2011；王苏铭等，2012；环境保护部和中国科学院，2016），**CQ**（石胜璋等，2004；金佛山自然保护区，林茂祥等，2007；金佛山自然保护区，滕永青，2008；解焱，2008；杨丽等，2008；金佛山自然保护区，孙娟等，2009；徐海根和强胜，2011；万州区，余顺慧和邓洪平，2011a，2011b；万方浩等，2012；北碚区，杨柳等，2015；北碚区，严桧等，2016；环境保护部和中国科学院，2016），**FJ**（厦门，欧健和卢昌义，2006a，2006b；解焱，2008；杨坚和陈恒彬，2009；北部，徐海根和强胜，2011；万方浩等，2012；环境保护部和中国科学院，2016），**GD**（鼎湖山，贺握权和黄忠良，2004；北部，徐海根和强胜，2011；乐昌，邹滨等，2015，2016；环境保护部和中国科学院，2016），**GS**（解焱，2008；金塔地区，董平等，2010；徐海根和强胜，2011；尚斌，2012；万方浩等，2012；河西地区，陈叶等，2013），**GX**（吴桂容，2006；谢云珍等，2007；唐赛春等，2008b；解焱，2008；北部湾经济区，林建勇等，2011a，2011b；徐海根和强胜，2011；林建勇等，2012；胡刚和张忠华，2012；万方浩等，2012；百色，贾桂康，2013；灵山县，刘在松，2015；环境保护部和中国科学院，2016；北部湾海岸带，刘熊，2017），**GZ**（大沙河自然保护区，林茂祥等，2008；解焱，2008；申敬民等，2010；徐海根和强胜，2011；万方浩等，2012；环境保护部和中国科学院，2016），**HB**（刘胜祥和秦伟，2004；星斗山国家级自然保护区，卢少飞等，2005；天门市，沈体忠等，2008；解焱，2008；李儒海等，2011；徐海根和强胜，2011；黄石市，姚发兴，2011；喻大昭等，2011；万方浩等，2012；环境保护部和中国科学院，2016），**HJ**（龙茹等，2008；秦皇岛，李顺才等，2009；衡水市，牛玉璐和李建明，2010；徐海根和强胜，2011；陈超等，2012；环境保护部和中国科学院，2016），**HK**（环境保护部和中国科学院，2016），**HL**（李玉生等，2005；解焱，2008；徐海根和强胜，2011；鲁萍等，2012；万方浩等，2012；郑宝江和潘磊，2012；环境保护部和中国科学院，2016），**HN**（环境保护部和中国科学院，2016），**HX**（南岳自然保护区，谢红艳等，2007；彭兆普等，2008；洞庭湖区，彭友林等，2008；解焱，2008；湘西地区，刘兴锋等，2009；常德市，彭友林等，2009；湘西地区，徐亮等，2009；衡阳市，谢红艳等，2011；徐海根和强胜，2011；万方浩等，2012；谢红艳和张雪芹，2012；长沙，张磊和刘尔潞，2013；环境保护部和中国科学院，2016），**HY**（开封，张桂宾，2004；田朝阳等，2005；东部，张桂宾，2006；董东平和叶永忠，2007；朱长山等，2007；解焱，2008；许昌市，姜罡丞，2009；王列富和陈元胜，2009；李长看等，2011；徐海根和强胜，2011；高均昭，2012；高均昭和王增琪，2012；万方浩等，2012；王增琪和高均昭，2012；储嘉琳等，2016；环境保护部和中国科学院，2016），**JL**（孙仓等，2007；解焱，2008；徐海根和强胜，2011；万方浩等，2012；长春地区，曲同宝等，2015；环境保护部和中国科学院，2016），**JS**（解焱，2008；徐海根和强胜，2011；苏州，林敏等，2012；万方浩等，2012；季敏等，2014；严辉等，2014；南京城区，吴秀臣和芦建国，2015；环境保护部和中国科学院，2016；胡长松等，2016），**JX**（庐山风景区，胡天印等，2007c；解焱，2008；鄱阳湖国家级自然保护区，葛刚等，2010；雷平等，2010；鞠建文等，2011；徐海根和强胜，2011；万方浩等，2012；朱碧华和朱大庆，2013；江西南部，程淑媛等，2015；环境保护部和中国科学院，2016），**LN**（解焱，2008；徐海根和强胜，2011；万方浩等，2012；环境保护部和中国科学院，2016；大连，张恒庆等，2016），**MC**（环境保护部和中国科学院，2016），**NM**（解焱，2008；徐海根和强胜，2011；陈超等，2012；万方浩等，2012；庞立东等，2015；环境保护部和中国科学院，2016），**NX**（解焱，2008；徐海根和强胜，2011；万方浩等，2012；环境保护部和中国科学院，2016），**QH**（解焱，2008；徐海根和强胜，2011；万方浩等，2012；环境保护部和中国科学院，2016），**SA**（解焱，2008；西安地区，

祁云枝等，2010；徐海根和强胜，2011；万方浩等，2012；环境保护部和中国科学院，2016；栾晓睿等，2016），**SC**（解焱，2008；周小刚等，2008；马丹炜等，2009；徐海根和强胜，2011；万方浩等，2012；孟兴等，2015；环境保护部和中国科学院，2016），**SD**（田家怡和吕传笑，2004；黄河三角洲，刘庆年等，2006；宋楠等，2006；惠洪者，2007；昆嵛山，赵宏和董翠玲，2007；青岛，罗艳和刘爱华，2008；解焱，2008；南四湖湿地，王元军，2010；张绪良等，2010；徐海根和强胜，2011；万方浩等，2012；昆嵛山，赵宏和丛海燕，2012；环境保护部和中国科学院，2016），**SH**（秦卫华等，2007；青浦，左倬等，2010；徐海根和强胜，2011；张晴柔等，2013；汪远等，2015；环境保护部和中国科学院，2016），**SX**（石瑛等，2006；解焱，2008；马世军和王建军，2011；徐海根和强胜，2011；万方浩等，2012；环境保护部和中国科学院，2016），**TJ**（徐海根和强胜，2011；环境保护部和中国科学院，2016），**TW**（解焱，2008；万方浩等，2012；环境保护部和中国科学院，2016），**XJ**（乌鲁木齐，张源，2007；解焱，2008；徐海根和强胜，2011；万方浩等，2012；环境保护部和中国科学院，2016），**XZ**（解焱，2008；徐海根和强胜，2011；万方浩等，2012；环境保护部和中国科学院，2016），**YN**（红河流域，徐成东等，2006；徐成东和陆树刚，2006；怒江干热河谷区，胡发广等，2007；李乡旺等，2007；解焱，2008；徐海根和强胜，2011；申时才等，2012；万方浩等，2012；许美玲等，2014；杨忠兴等，2014；环境保护部和中国科学院，2016），**ZJ**（杭州，陈小永等，2006；台州，陈模舜，2008；杭州市，王嫩仙，2008；解焱，2008；杭州西湖风景区，梅笑漫等，2009；张建国和张明如，2009；天目山自然保护区，陈京等，2011；温州，丁炳扬和胡仁勇，2011；温州地区，胡仁勇等，2011；西溪湿地，缪丽华等，2011；徐海根和强胜，2011；万方浩等，2012；杭州，谢doctor雄等，2012；闫小玲等，2014；杭州，金祖达等，2015 环境保护部和中国科学院，2016；周天焕等，2016）；我国南北各地均分布（李振宇和解焱，2002；车晋滇，2009）；分布于我国南北各省区（李扬汉，1998）；黄河三角洲地区（赵怀浩等，2011）；华北农牧交错带（陈超等，2012）；东北地区（郑美林和曹伟，2013）；东北草地（石洪山等，2016）。

安徽、澳门、北京、重庆、福建、甘肃、广东、广

西、贵州、海南、河北、河南、黑龙江、湖北、湖南、吉林、江苏、江西、辽宁、内蒙古、宁夏、青海、陕西、山东、山西、上海、四川、台湾、天津、西藏、香港、新疆、云南、浙江；原产于欧洲南部、中亚和西亚；归化于温带地区。

地毯草　有待观察
di tan cao

大叶油草　热带地毯草

Axonopus compressus (Swartz) P. Beauvois, Ess. Agrostogr. 12. 1812. **(FOC)**

　　BJ（彭程等，2010；松山自然保护区，刘佳凯等，2012；松山自然保护区，王惠惠等，2014），**FJ**（李振宇和解焱，2002；徐海根和强胜，2004，2011；厦门地区，陈恒彬，2005；厦门，欧健和卢昌义，2006a，2006b；范志伟等，2008；解焱，2008；车晋滇，2009；杨坚和陈恒彬，2009；万方浩等，2012；福州，彭海燕和高关平，2013），**GD**（李振宇和解焱，2002；鼎湖山，贺握权和黄忠良，2004；徐海根和强胜，2004，2011；珠海市，黄辉宁等，2005b；惠州红树林自然保护区，曹飞等，2007；范志伟等，2008；中山市，蒋谦才等，2008；白云山，李海生等，2008；广州，王忠等，2008；解焱，2008；车晋滇，2009；鼎湖山国家级自然保护区，宋小玲等，2009；王芳等，2009；粤东地区，曾宪锋等，2009；Fu等，2011；北师大珠海分校，吴杰等，2011，2012；岳茂峰等，2011；付岚等，2012；林建勇等，2012；万方浩等，2012；粤东地区，朱慧，2012；广州南沙黄山鲁森林公园，李海生等，2015；乐昌，邹滨等，2015，2016），**GX**（李振宇和解焱，2002；徐海根和强胜，2004，2011；十万大山自然保护区，韦原莲等，2006；吴桂容，2006；谢云珍，2007；桂林，陈秋霞等，2008；范志伟等，2008；唐赛春等，2008b；解焱，2008；十万大山自然保护区，叶铎等，2008；车晋滇，2009；柳州市，石亮成等，2009；和太平等，2011；贾洪亮等，2011；北部湾经济区，林建勇等，2011a，2011b；林建勇等，2012；胡刚和张忠华，2012；万方浩等，2012；郭成林等，2013；来宾市，林春华等，2015；灵山县，刘在松，2015；金子岭风景区，贾桂康和钟林敏，2016；北部湾海岸带，刘熊，2017），**GZ**（解焱，2008；申敬民等，2010），**HK**（李振宇

和解焱，2002；徐海根和强胜，2004，2011；严岳鸿等，2005；范志伟等，2008；解焱，2008；车晋滇，2009；Leung等，2009；万方浩等，2012），**HN**（李振宇和解焱，2002；徐海根和强胜，2004，2011；单家林等，2006；安锋等，2007；王伟等，2007；范志伟等，2008；铜鼓岭国家级自然保护区、东寨港国家级自然保护区，秦卫华等，2008；解焱，2008；车晋滇，2009；霸王岭自然保护区，胡雪华等，2011；甘什岭自然保护区，张荣京和邢福武，2011；周祖光，2011；林建勇等，2012；万方浩等，2012；曾宪锋等，2014；陈玉凯等，2016），**HX**（彭兆普等，2008；湘西地区，刘兴锋等，2009），**MC**（王发国等，2004），**SC**（陈开伟，2013），**TW**（李振宇和解焱，2002；徐海根和强胜，2004，2011；苗栗地区，陈运造，2006；范志伟等，2008；解焱，2008；车晋滇，2009；万方浩等，2012），**YN**（李振宇和解焱，2002；徐海根和强胜，2004，2011；丁莉等，2006；西双版纳，管志斌等，2006；红河流域，徐成东等，2006；徐成东和陆树刚，2006；李乡旺等，2007；范志伟等，2008；纳板河自然保护区，刘峰等，2008；解焱，2008；车晋滇，2009；红河州，何艳萍等，2010；申时才等，2012；万方浩等，2012；许美玲等，2014；杨忠兴等，2014；西双版纳自然保护区，陶永祥等，2017）。

　　澳门、北京、福建、广东、广西、贵州、海南、湖南、四川、台湾、香港、云南；原产于热带美洲。

珊状臂形草　有待观察
shan zhuang bi xing cao

旗草

Brachiaria brizantha (Hochstetter ex A. Richard) Stapf, Fl. Trop. Afr. 9: 531. 1919. **(Tropicos)**

　　GD（范志伟等，2008），**GX**（范志伟等，2008），**HN**（范志伟等，2008）。

　　广东、广西、海南、山西、香港；原产于热带非洲；归化于热带地区。

巴拉草　2
ba la cao

疏毛臂形草

Brachiaria mutica (Forskaol) Stapf, Fl. Trop. Afr. 9: 526. 1919. **(FOC)**

FJ（解焱，2008），GD（徐海根和强胜，2004，2011；珠海市，黄辉宁等，2005b；范志伟等，2008；王芳等，2009；Fu等，2011；岳茂峰等，2011；付岚等，2012；林建勇等，2012；万方浩等，2012），GX（林建勇等，2012；万方浩等，2012），HK（解焱，2008），HN（范志伟等，2008；曾宪锋等，2014），HX（湘西地区，彭兆普等，2008），TW（徐海根和强胜，2004，2011；苗栗地区，陈运造，2006；兰阳平原，吴永华，2006；范志伟等，2008；解焱，2008；杨宜津，2008；万方浩等，2012）。

澳门、福建、广东、海南、湖南、台湾、香港；原产于热带非洲；归化于热带亚洲和美洲。

田雀麦

tian que mai

野雀麦

有待观察

Bromus arvensis Linnaeus, Sp. Pl. 1: 77. 1753. **(FOC)**

BJ（车晋滇，2009），GS（车晋滇，2009），HJ（车晋滇，2009），JS（车晋滇，2009），SX（车晋滇，2009）。

北京、甘肃、河北、江苏、陕西、山东、四川、云南；原产于欧洲、地中海及高加索地区；归化于美洲。

扁穗雀麦

bian sui que mai

2

Bromus catharticus Vahl, Symb. Bot. 2: 22. 1791. **(FOC)**

Syn. *Bromus unioloides* Kunth, Nov. Gen. Sp. 1: 151. 1815.

BJ（万方浩等，2012），GS（万方浩等，2012），GX（林建勇等，2012；万方浩等，2012），GZ（贵阳市，石登红和李灿，2011；万方浩等，2012；贵阳市，陈菊艳等，2016），HB（喻大昭等，2011），HY（储嘉琳等，2016），JS（南京，吴海荣等，2004；徐海根和强胜，2004，2011；解焱，2008；南京，车晋滇，2009；苏州，林敏等，2012；万方浩等，2012；寿海洋等，2014；严辉等，2014），NM（解焱，2008；万方浩等，2012），QH（解焱，2008；

万方浩等，2012），SA（解焱，2008；万方浩等，2012；栾晓睿等，2016），SC（周小刚等，2008；万方浩等，2012），SH（张晴柔等，2013；汪远等，2015），XJ（万方浩等，2012），YN（徐海根和强胜，2004，2011；丁莉等，2006；解焱，2008；车晋滇，2009；申时才等，2012；万方浩等，2012；杨忠兴等，2014），ZJ（杭州，金祖达等，2015；周天焕等，2016）。

安徽、北京、重庆、福建、甘肃、广东、广西、贵州、河北、黑龙江、河南、湖北、江苏、江西、内蒙古、青海、陕西、山西、上海、四川、台湾、新疆、云南、浙江；原产于南美洲。

野牛草

ye niu cao

有待观察

Buchloe dactyloides (Nuttall) Engelmann, Trans. Acad. Sci. St. Louis 1: 432. 1859. **(FOC)**

BJ（刘全儒等，2002；徐海根和强胜，2004，2011；雷霆等，2006；建成区，赵娟娟等，2010），HJ（秦皇岛，李顺才等，2009；衡水市，牛玉璐和李建明，2010；武安国家森林公园，张浩等，2012），LN（徐海根和强胜，2004，2011；齐淑艳和徐文铎，2006），SA（西安地区，祁云枝等，2010；栾晓睿等，2016），SX（石瑛等，2006；阳泉市，张垚，2016）；东北地区（郑美林和曹伟，2013）。

北京、甘肃、河北、江苏、辽宁、内蒙古、陕西、山东、山西、青海、天津、新疆；原产于北美洲。

蒺藜草

ji li cao

刺蒺藜草 棘蒺藜草 野巴夫草

2

Cenchrus echinatus Linnaeus, Sp. Pl. 2: 1050. 1753. **(FOC)**

Cenchrus calyculatus auct. non Cavanilles: 安锋等，2007；苏亚拉图等，2007；林秦文等，2009；高燕和曹伟，2010；陈超等，2012；郑美林和曹伟，2013；石洪山等，2016.

BJ（车晋滇，2004；林秦文等，2009；杨景成等，2009），FJ（李振宇和解焱，2002；厦门地区，陈恒彬，2005；厦门，欧健和卢昌义，2006a，2006b；范志伟等，2008；解焱，2008；车晋滇，2009；杨坚和陈恒彬，2009；环境保护部和中国科学院，2010；徐海根和强胜，2011；万方浩等，2012），**GD**（李振宇和解焱，2002；范志伟等，2008；中山市，蒋谦才等，2008；解焱，2008；车晋滇，2009；粤东地区，曾宪锋等，2009；环境保护部和中国科学院，2010；Fu 等，2011；佛山，黄益燕等，2011；徐海根和强胜，2011；岳茂峰等，2011；付岚等，2012；林建勇等，2012；万方浩等，2012；稔平半岛，于飞等，2012；粤东地区，朱慧，2012），**GX**（李振宇和解焱，2002；吴桂容，2006；谢云珍等，2007；范志伟等，2008；唐赛春等，2008b；解焱，2008；车晋滇，2009；环境保护部和中国科学院，2010；徐海根和强胜，2011；胡刚和张忠华，2012；林建勇等，2012；万方浩等，2012；郭成林等，2013），**HJ**（龙茹等，2008；陈超等，2012），**HK**（李振宇和解焱，2002；范志伟等，2008；解焱，2008；车晋滇，2009；环境保护部和中国科学院，2010；徐海根和强胜，2011；万方浩等，2012），**HN**（安锋等，2007；范志伟等，2008；铜鼓岭国家级自然保护区，秦卫华等，2008；解焱，2008；徐海根和强胜，2011；万方浩等，2012；曾宪锋等，2014），**JX**（鞠建文等，2011），**LN**（高燕和曹伟，2010），**MC**（王发国等，2004），**NM**（苏亚拉图等，2007；陈超等，2012），**TW**（李振宇和解焱，2002；解焱，2008；车晋滇，2009；环境保护部和中国科学院，2010；徐海根和强胜，2011；万方浩等，2012），**YN**（南部，李振宇和解焱，2002；红河流域，徐成东等，2006；徐成东和陆树刚，2006；李乡旺等，2007；南部，范志伟等，2008；南部，解焱，2008；车晋滇，2009；南部，环境保护部和中国科学院，2010；南部，徐海根和强胜，2011；申时才等，2012；南部，万方浩等，2012；杨忠兴等，2014），**ZJ**（周天焕等，2016）；东北地区（郑美林和曹伟，2013）；东北草地（石洪山等，2016）。

安徽、澳门、北京、福建、广东、广西、海南、河北、江西、辽宁、内蒙古、台湾、香港、云南、浙江；原产于热带美洲；归化于热带、亚热带地区。

光梗蒺藜草　2
guang geng ji li cao

草狗子　草蒺藜　刺蒺藜草　少花蒺藜草　疏花蒺藜草　长刺蒺藜草

Cenchrus incertus M. A. Curtis, Boston J. Nat. Hist. 1 (2): 135-136. 1835. **(FOC)**
Syn. *Cenchrus pauciflorus* Bentham, Bot. Voy. Sulphur 56. 1844; *Cenchrus calyculatus* auct. non Cavanilles: 陈超等，2012.

BJ（万方浩等，2012；环境保护部和中国科学院，2014），**FJ**（徐海根和强胜，2011；朱明星，2012），**GD**（徐海根和强胜，2011；朱明星，2012），**GX**（徐海根和强胜，2011；朱明星，2012），**HB**（天门市，沈体忠等，2008；章承林等，2012），**HJ**（秦皇岛，李顺才等，2009；徐海根和强胜，2011；涿州，朱明星，2012；环境保护部和中国科学院，2014），**HK**（徐海根和强胜，2011；朱明星，2012），**JL**（张国良等，2008；车晋滇，2009；徐海根和强胜，2011；孙英华等，2011；吕林有等，2011；朱明星，2012；环境保护部和中国科学院，2014；长春地区，曲同宝等，2015），**LN**（王巍和韩志松，2005；解焱，2008；张国良等，2008；车晋滇，2009；阜新，郑国良和孟庆国，2009；曲波等，2010；阜新，刘旭昕和方芳，2011；吕林有等，2011；孙英华等，2011；徐海根和强胜，2011；万方浩等，2012；朱明星，2012；王坤芳等，2013；环境保护部和中国科学院，2014；安瑞军等，2015），**NM**（张国良等，2008；车晋滇，2009；吕林有等，2011；万方浩等，2012；徐海根和强胜，2011；徐军等，2012；朱明星，2012；科尔沁，周立业等，2013；环境保护部和中国科学院，2014；安瑞军等，2015；庞立东等，2015），**SD**（环境保护部和中国科学院，2014），**TW**（徐海根和强胜，2011；朱明星，2012），**YN**（南部，徐海根和强胜，2011；南部，朱明星，2012）；东北地区（郑美林和曹伟，2013）；东北草地（石洪山等，2016）；华北农牧交错带（陈超等，2012）。

北京、福建、广东、广西、河北、湖北、吉林、辽宁、内蒙古、山东、台湾、香港、云南；原产于美洲。

非洲虎尾草　有待观察
fei zhou hu wei cao

Chloris gayana Kunth, Révis. Gramin. 1: 293, pl. 58. 1830. **(FOC)**

GD（范志伟等，2008），**HN**（范志伟等，2008）。
广东、海南、河北、台湾、云南；原产于非洲。

香根草 4
xiang gen cao

培地茅 岩兰草

Chrysopogon zizanioides (Linnaeus) Roberty, Bull. Inst. Franç. Afrrique Noire 22: 106. 1960. **(FOC)**

Syn. *Vetiveria zizanioides* (Linnaeus) Nash, Fl. S. E. U. S. 67, 1326. 1903.

    CQ（李彬等，2014），**FJ**（厦门，欧健和卢昌义，2006a，2006b；范志伟等，2008；解焱，2008；杨坚和陈恒彬，2009；徐海根和强胜，2011），**GD**（范志伟等，2008；广州，王忠等，2008；解焱，2008；王芳等，2009；徐海根和强胜，2011；林建勇等，2012），**GX**（吴桂容，2006；唐赛春等，2008b；解焱，2008；贾洪亮等，2011；北部湾经济区，林建勇等，2011a，2011b；林建勇等，2012；胡刚和张忠华，2012），**HN**（安锋等，2007；范志伟等，2008；解焱，2008；徐海根和强胜，2011；林建勇等，2012；曾宪锋等，2014），**JS**（范志伟等，2008；解焱，2008；徐海根和强胜，2011；寿海洋等，2014；严辉等，2014），**SC**（范志伟等，2008；解焱，2008；周小刚等，2008；徐海根和强胜，2011），**SH**（张晴柔等，2013），**TW**（范志伟等，2008；解焱，2008；徐海根和强胜，2011），**YN**（申时才等，2012），**ZJ**（李根有等，2006；范志伟等，2008；杭州市，王嫩仙，2008；解焱，2008；张建国和张明如，2009；徐海根和强胜，2011；杭州，谢国雄等，2012；闫小玲等，2014；杭州，金祖达等，2015）；江苏、浙江、福建、台湾、广东、海南及四川均有引种，栽培于平原、丘陵和山坡，在华南局部地区形成了一定面积的野生单优群落（李振宇和解焱，2002）。

    重庆、福建、广东、广西、海南、江苏、上海、四川、台湾、云南、浙江；原产于印度。

亚香茅 有待观察
ya xiang mao

香茅

Cymbopogon nardus (Linnaeus) Rendle in Hiern, Cat. Afr. Pl. 2: 155. 1899. **(FOC)**

    TW（苗栗地区，陈运造，2006）。

安徽、福建、广东、广西、海南、江苏、四川、台湾、香港、云南；原产于印度和斯里兰卡；归化于热带、亚热带。

渐尖二型花 有待观察
jian jian er xing hua

Dichanthelium acuminatum (Swartz) G. & C. A. Clark, Ann. Missouri Bot. Gard. 65 (4): 1121. 1978. **(Tropicos)**

    JX（郭水良和李扬汉，1995）。

    江西、四川；原产于北美洲。

弯穗草 有待观察
wan sui cao

Dinebra retroflexa (Vahl) Panzer, Ideen Revis. Gräs. 59-60. 1813. **(FOC)**

    FJ（泉州，陈文俐和林彦云，2004），**YN**（陈文俐和林彦云，2004；郭怡卿等，2010；申时才等，2012）。

    福建、山东、云南；原产于印度和非洲。

皱稃草 有待观察
zhou fu cao

Ehrharta erecta Lamarck, Encycl. 2 (1): 347. 1786. **(FOC)**

    SC（周小刚等，2008），**YN**（彭华等，2000；徐海根和强胜，2004，2011；丁莉等，2006；解焱，2008；申时才等，2012）。

    四川、云南；原产于非洲；归化于南北半球。

弯叶画眉草 有待观察
wan ye hua mei cao

Eragrostis curvula (Schrader) Nees, Fl. Afr. Austral. Ill. 397. 1841. **(FOC)**

    JS（胡长松等，2016），**LN**（曲波等，2006a，2006b）。

    福建、甘肃、广西、湖北、江苏、辽宁、内蒙古、陕西、台湾、香港、新疆、云南、浙江；原产于非洲。

曹伟，2013）；东北草地（石洪山等，2016）。

北京、甘肃、河北、黑龙江、吉林、江苏、辽宁、内蒙古、青海、山东、山西、新疆；原产于北美洲和俄罗斯西伯利亚地区。

苇状羊茅 有待观察
wei zhuang yang mao

Festuca arundinacea Schreber, Spic. Fl. Lips. 57. 1771. **(FOC)**

HY（储嘉琳等，2016），SA（栾晓睿等，2016），SC（陈开伟，2013），XJ（解焱，2008），YN（申时才等，2012）。

安徽、北京、重庆、甘肃、广东、河北、河南、黑龙江、湖北、湖南、吉林、江苏、江西、辽宁、内蒙古、青海、陕西、山东、山西、上海、四川、台湾、天津、西藏、新疆、云南、浙江；原产于欧洲。

草甸羊茅 有待观察
cao dian yang mao

Festuca pratensis Hudson, Fl. Angl. 37. 1762. **(FOC)**

HL（高燕和曹伟，2010），JL（高燕和曹伟，2010），LN（高燕和曹伟，2010），NM（高燕和曹伟，2010）；东北地区（郑美林和曹伟，2013）。

北京、重庆、贵州、河北、黑龙江、吉林、江苏、辽宁、内蒙古、青海、四川、西藏、新疆、云南；原产于西亚和欧洲。

芒颖大麦 4
mang ying da mai

芒麦草 芒颖大麦草

Hordeum jubatum Linnaeus, Sp. Pl. 1: 85. 1753. **(FOC)**

GS（高海宁等，2016），HL（徐海根和强胜，2004，2011；解焱，2008；高燕和曹伟，2010；鲁萍等，2012；万方浩等，2012），JL（长白山区，周繇，2003；徐海根和强胜，2004，2011；解焱，2008；长白山区，苏丽涛和马立军，2009；万方浩等，2012；长春地区，曲同宝等，2015），JS（寿海洋等，2014），LN（徐海根和强胜，2004，2011；齐淑艳和徐文铎，2006；解焱，2008；高燕和曹伟，2010；万方浩等，2012；大连，张淑梅等，2013；大连，张恒庆等，2016），NM（陈超等，2012）；华北农牧交错带（陈超等，2012）；东北地区（郑美林和

多花黑麦草 4
duo hua hei mai cao

意大利黑麦草

Lolium multiflorum Lamarck, Fl. Franç. 3: 621. 1778. **(FOC)**

AH（陈明林等，2003；徐海根和强胜，2004，2011；淮北地区，胡刚等，2005a，2005b；臧敏等，2006；何家庆和葛结林，2008），BJ（刘全儒等，2002；徐海根和强胜，2004，2011；建成区，郎金顶等，2008；林秦文等，2009），CQ（徐海根和强胜，2011），GS（徐海根和强胜，2004，2011；赵慧军，2012），GX（林建勇等，2012），GZ（屠玉麟，2002；徐海根和强胜，2004，2011；黔南地区，韦美玉等，2006；申敬民等，2010），HB（徐海根和强胜，2011；喻大昭等，2011；章承林等，2012），HJ（徐海根和强胜，2004，2011；衡水湖，李惠欣，2008；龙茹等，2008；秦皇岛，李顺才等，2009），HX（彭兆普等，2008；徐海根和强胜，2011），HY（杜卫兵等，2002；徐海根和强胜，2004，2011；储嘉琳等，2016），JS（南京，吴海荣等，2004；徐海根和强胜，2004，2011；苏州，林敏等，2012；寿海洋等，2014；严辉等，2014；胡长松等，2016），LN（徐海根和强胜，2004，2011；齐淑艳和徐文铎，2006；大连，张淑梅等，2013），NX（徐海根和强胜，2011），QH（徐海根和强胜，2004，2011），SA（徐海根和强胜，2004，2011；西安地区，祁云枝等，2010；栾晓睿等，2016），SC（周小刚等，2008；邛海湿地，杨红，2009；徐海根和强胜，2011；陈开伟，2013；孟兴等，2015），SD（徐海根和强胜，2004，2011），SH（郭水良和李扬汉，1995；徐海根和强胜，2011；张晴柔等，2013），XJ（徐海根和强胜，2011），YN（徐海根和强胜，2004，2011；丁莉等，2006），ZJ（徐海根和强胜，2004，2011；李根有等，2006；杭州西湖风景区，梅笑漫等，2009；张建国和张明如，2009；闫小玲等，2014）；东北地区（郑美林和曹伟，2013）。

安徽、北京、重庆、福建、甘肃、广东、贵州、河

北、河南、湖北、湖南、江苏、江西、辽宁、内蒙古、宁夏、青海、陕西、山东、上海、四川、台湾、新疆、云南、浙江；原产于欧洲、西亚和北非。

黑麦草　4
hei mai cao

Lolium perenne Linnaeus, Sp. Pl. 1: 83. 1753. **(FOC)**

AH（陈明林等，2003；徐海根和强胜，2004，2011；何家庆和葛结林，2008；万方浩等，2012），**BJ**（刘全儒等，2002；建成区，郎金顶等，2008；建成区，赵娟娟等，2010；徐海根和强胜，2011；万方浩等，2012），**CQ**（徐海根和强胜，2011），**FJ**（武夷山市，李国平等，2014），**GD**（粤东地区，曾宪锋等，2009；粤东地区，朱慧，2012；乐昌，邹滨等，2015，2016），**GS**（徐海根和强胜，2004，2011；万方浩等，2012；赵慧军，2012；河西地区，陈叶等，2013），**GZ**（徐海根和强胜，2004，2011；黔南地区，韦美玉等，2006；万方浩等，2012），**HB**（徐海根和强胜，2004，2011；喻大昭等，2011；万方浩等，2012；章承林等，2012），**HJ**（徐海根和强胜，2004，2011；龙茹等，2008；万方浩等，2012；武安国家森林公园，张浩等，2012），**HL**（徐海根和强胜，2004；万方浩等，2012），**HN**（曾宪锋等，2014），**HX**（湘西地区，彭兆普等，2008；常德市，彭友林等，2009；徐海根和强胜，2011），**HY**（徐海根和强胜，2004，2011；新乡，许桂芳和简在友，2011；万方浩等，2012；储嘉琳等，2016），**JL**（徐海根和强胜，2004，2011；万方浩等，2012），**JS**（徐海根和强胜，2004，2011；万方浩等，2012；寿海洋等，2014；严辉等，2014；南京城区，吴秀臣和芦建国，2015；胡长松等，2016），**JX**（徐海根和强胜，2004，2011；庐山风景区，胡天印等，2007c；季春峰等，2009；王宁，2010；鞠建文等，2011；万方浩等，2012），**LN**（徐海根和强胜，2004，2011；万方浩等，2012；大连，张淑梅等，2013），**NM**（徐海根和强胜，2004，2011；万方浩等，2012；庞立东等，2015），**NX**（徐海根和强胜，2004，2011），**QH**（徐海根和强胜，2004，2011；万方浩等，2012），**SA**（徐海根和强胜，2004，2011；西安地区，祁云枝等，2010；万方浩等，2012；栾晓睿等，2016），**SC**（徐海根和强胜，

2004，2011；周小刚等，2008；万方浩等，2012；孟兴等，2015），**SD**（徐海根和强胜，2004，2011；衣艳君等，2005；宋楠等，2006；青岛，罗艳和刘爱华，2008；南四湖湿地，王元军，2010；万方浩等，2012），**SH**（张晴柔等，2013），**SX**（徐海根和强胜，2004，2011；万方浩等，2012），**TJ**（徐海根和强胜，2011），**XJ**（徐海根和强胜，2004，2011；万方浩等，2012），**YN**（徐海根和强胜，2004，2011；丁莉等，2006；申时才等，2012；万方浩等，2012），**ZJ**（徐海根和强胜，2004，2011；杭州，陈小永等，2006；台州，陈模舜，2008；杭州市，王嫩仙，2008；西溪湿地，舒美英等，2009；张建国和张明如，2009；西溪湿地，缪丽华等，2011；万方浩等，2012；闫小玲等，2014；杭州，金祖达等，2015）；海河流域滨岸带（任颖等，2015）。

安徽、北京、重庆、福建、甘肃、广东、广西、贵州、河北、河南、黑龙江、湖北、湖南、吉林、江苏、江西、辽宁、内蒙古、宁夏、青海、陕西、山东、山西、上海、四川、台湾、天津、香港、西藏、新疆、云南、浙江；原产于欧洲、北非、西亚、中亚和南亚。

欧黑麦草　有待观察
ou hei mai cao

波斯毒麦　波斯黑麦草　欧毒麦

Lolium persicum Boissier & Hohenacker, Diagn. Pl. Orient. 2 (13): 66. 1853. **(FOC)**

AH（何家庆和葛结林，2008），**BJ**（刘全儒等，2002），**GS**（徐海根和强胜，2004，2011；赵慧军，2012），**HY**（董东平和叶永忠，2007；储嘉琳等，2016），**QH**（解焱，2008），**SA**（西安地区，祁云枝等，2010；栾晓睿等，2016），**SC**（周小刚等，2008），**SD**（田家怡和吕传笑，2004；宋楠等，2006；张绪良等，2010），**YN**（徐海根和强胜，2004，2011；红河流域，徐成东等，2006；徐成东和陆树刚，2006；解焱，2008；申时才等，2012；杨忠兴等，2014）；海河流域滨岸带（任颖等，2015）。

安徽、北京、甘肃、河北、河南、内蒙古、青海、陕西、山东、四川、新疆、云南、浙江；原产于欧洲至西亚。

单子叶植物

疏花黑麦草
shu hua hei mai cao
细穗毒麦

有待观察

Lolium remotum Schrank, Baier. Fl. 1: 382. 1789. **(FOC)**

SH (李惠茹等, 2017), **YN** (红河流域, 徐成东等, 2006; 徐成东和陆树刚, 2006; 申时才等, 2012)。

北京、黑龙江、上海、新疆、云南; 原产于欧洲。

毒麦
du mai

黑麦子 迷糊 闹心麦 小尾巴麦 (子)

1

Lolium temulentum Linnaeus, Sp. Pl. 1: 83. 1753. **(FOC)**

AH (郭水良和李扬汉, 1995; 陈明林等, 2003; 徐海根和强胜, 2004, 2011; 淮北地区, 胡刚等, 2005a, 2005b; 臧敏等, 2006; 何家庆和葛结林, 2008; 张国良等, 2008; 万方浩等, 2012), **BJ** (刘全儒等, 2002; 车晋滇, 2004; 车晋滇等, 2004; 林秦文等, 2009; 杨景成等, 2009; 建成区, 赵娟娟等, 2010; 焦宇和刘龙, 2010; 万方浩等, 2012; 王苏铭等, 2012), **CQ** (石胜璋等, 2004), **FJ** (闫淑君等, 2006; 宁昭玉等, 2007; 张国良等, 2008; 杨坚和陈恒彬, 2009), **GD** (张国良等, 2008; 林建勇等, 2012; 乐昌, 邹滨等, 2015, 2016), **GS** (徐海根和强胜, 2004, 2011; 张国良等, 2008; 尚斌, 2012; 万方浩等, 2012; 赵慧军, 2012), **GX** (吴桂容, 2006; 谢云珍等, 2007; 唐赛春等, 2008b; 林建勇等, 2012; 郭成林等, 2013), **GZ** (申敬民等, 2010; 万方浩等, 2012), **HB** (刘胜祥和秦伟, 2004; 徐海根和强胜, 2004, 2011; 天门市, 沈体忠等, 2008; 张国良等, 2008; 喻大昭等, 2011; 万方浩等, 2012), **HJ** (衡水湖, 李惠欣, 2008; 秦皇岛, 李顺才等, 2009; 万方浩等, 2012; 武安国家森林公园, 张浩等, 2012), **HL** (徐海根和强胜, 2004, 2011; 李玉生等, 2005; 张国良等, 2008; 高燕和曹伟, 2010; 鲁萍等, 2012; 万方浩等, 2012; 郑宝江和潘磊, 2012), **HX** (湘西地区, 彭兆普等, 2008; 常德市, 彭友良等, 2009; 张国良等, 2008; 衡阳市, 谢红艳等, 2011; 谢红艳和张雪芹, 2012), **HY** (杜卫兵等, 2002; 徐海根和强胜, 2004, 2011; 开封, 张桂宾, 2004; 田朝阳等, 2005; 东部, 张桂宾, 2006; 董东平和叶永忠, 2007; 朱长山等, 2007; 张国良等, 2008; 许昌市, 姜罡丞, 2009; 王列富和陈元胜, 2009; 李长看等, 2011; 新乡, 许桂芳和简在友, 2011; 万方浩等, 2012; 储嘉琳等, 2016), **JL** (长白山区, 周繇, 2003; 王虹扬等, 2004; 徐海根和强胜, 2004, 2011; 孙仓等, 2007; 张国良等, 2008; 长白山区, 苏丽涛和马立军, 2009; 高燕和曹伟, 2010; 万方浩等, 2012; 长春地区, 曲同宝等, 2015), **JS** (郭水良和李扬汉, 1995; 徐海根和强胜, 2004, 2011; 李亚等, 2008; 张国良等, 2008; 寿海洋等, 2014; 严辉等, 2014), **JX** (徐海根和强胜, 2004, 2011; 张国良等, 2008; 季春峰等, 2009; 王宁, 2010; 鞠建文等, 2011; 万方浩等, 2012; 朱碧华和朱大庆, 2013), **LN** (徐海根和强胜, 2004, 2011; 齐淑艳和徐文铎, 2006; 曲波等, 2006a, 2006b, 2010; 张国良等, 2008; 高燕和曹伟, 2010; 万方浩等, 2012), **NM** (徐海根和强胜, 2004, 2011; 张国良等, 2008; 万方浩等, 2012; 庞立东等, 2015), **NX** (徐海根和强胜, 2004, 2011; 张国良等, 2008), **QH** (徐海根和强胜, 2004, 2011; 张国良等, 2008; 万方浩等, 2012), **SA** (徐海根和强胜, 2004, 2011; 张国良等, 2008; 西安地区, 祁云枝等, 2010; 万方浩等, 2012), **SC** (张国良等, 2008; 周小刚等, 2008; 万方浩等, 2012; 陈开伟, 2013; 周小刚等, 2014), **SD** (潘怀剑和田家怡, 2001; 田家怡和吕传笑, 2004; 徐海根和强胜, 2004, 2011; 衣艳君等, 2005; 宋楠等, 2006; 吴彤等, 2006, 2007; 张国良等, 2008; 张绪良等, 2010; 万方浩等, 2012), **SH** (郭水良和李扬汉, 1995; 印丽萍等, 2004; 张国良等, 2008; 张晴柔等, 2013; 汪远等, 2015), **SX** (万方浩等, 2012), **XJ** (徐海根和强胜, 2004, 2011; 张国良等, 2008; 郭文超等, 2012; 万方浩等, 2012), **XZ** (徐海根和强胜, 2004, 2011; 张国良等, 2008), **YN** (徐海根和强胜, 2004, 2011; 丁莉等, 2006; 红河流域, 徐成东等, 2006; 徐成东和陆树刚, 2006; 李乡旺等, 2007; 张国良等, 2008; 德宏州, 马柱芳和谷芸, 2011; 洱海流域, 张桂彬等, 2011; 申时才等, 2012; 万方浩等, 2012), **ZJ** (杭州, 陈小永

等，2006；李根有等，2006；张国良等，2008；张建国和张明如，2009；张明如等，2009；万方浩等，2012；闫小玲等，2014；周天焕等，2016）；除西藏、台湾外，各省（区）都曾有过报道（李振宇和解焱，2002；环境总局和中国科学院，2003；缪绅裕和李冬梅，2003；车晋滇，2009）；除华南以外，全国各地都有分布（解焱，2008）；东北地区（郑美林和曹伟，2013）；海河流域滨岸带（任颖等，2015）；东北草地（石洪山等，2016）。

安徽、北京、重庆、福建、甘肃、广东、广西、贵州、河北、河南、黑龙江、湖北、湖南、吉林、江苏、江西、辽宁、内蒙古、宁夏、青海、陕西、山东、山西、上海、四川、天津、西藏、新疆、云南、浙江；原产于欧洲。

田野黑麦草　　　　　　　　4
tian ye hei mai cao

长芒毒麦　田毒麦

Lolium temulentum Linnaeus var. *arvense* (Withering) Liljeblad, Svensk Fl. 3: 80. 1816. **(FOC)**

Lolium temulentum auct. non Linnaeus: 张晴柔等，2013；栾晓睿等，2016.

AH（何家庆和葛结林，2008），**GZ**（徐海根和强胜，2004，2011；解焱，2008），**JS**（徐海根和强胜，2004，2011；解焱，2008；寿海洋等，2014），**JX**（徐海根和强胜，2004，2011；解焱，2008；季春峰等，2009；王宁，2010；鞠建文等，2011），**QH**（徐海根和强胜，2004，2011；解焱，2008），**SA**（栾晓睿等，2016），**SC**（周小刚等，2008），**SH**（张晴柔等，2013），**XJ**（徐海根和强胜，2004，2011），**YN**（徐海根和强胜，2004，2011；丁莉等，2006；红河流域，徐成东等，2006；徐成东和陆树刚，2006；解焱，2008；申时才等，2012）。

安徽、甘肃、贵州、河北、河南、湖南、黑龙江、江苏、江西、青海、上海、陕西、新疆、云南、浙江；原产于欧洲。

红毛草　　　　　　　　　　3
hong mao cao

笔仔草　红茅草　金丝草　文笔草

Melinis repens (Willdenow) Zizka, Biblioth. Bot. 138: 55. 1988. **(FOC)**

Syn. *Rhynchelytrum repens* (Willdenow) C. E. Hubbard, Bull. Misc. Inform. Kew 1934 (3): 110. 1934.

FJ（李振宇和解焱，2002；厦门地区，陈恒彬，2005；厦门，欧健和卢昌义，2006b；范志伟等，2008；杨坚和陈恒彬，2009；徐海根和强胜，2011），**GD**（李振宇和解焱，2002；深圳，严岳鸿等，2004；珠海市，黄辉宁等，2005b；范志伟等，2008；中山市，蒋谦才等，2008；白云山，李海生等，2008；广州，王忠等，2008；解焱，2008；王芳等，2009；粤东地区，曾宪锋等，2009；Fu等，2011；北师大珠海分校，吴杰等，2011，2012；徐海根和强胜，2011；岳茂峰等，2011；付岚等，2012；林建勇等，2012；万方浩等，2012；稔平半岛，于飞等，2012；粤东地区，朱慧，2012；广州南沙黄山鲁森林公园，李海生等，2015），**GX**（郭成林等，2013），**HK**（李振宇和解焱，2002；严岳鸿等，2005；范志伟等，2008；徐海根和强胜，2011），**HN**（李振宇和解焱，2002；单家林等，2006；安锋等，2007；范志伟等，2008；大田国家级自然保护区，秦卫华等，2008；石灰岩地区，秦新生等，2008；霸王岭自然保护区，胡雪华等，2011；徐海根和强胜，2011；甘什岭自然保护区，张荣京和邢福武，2011；林建勇等，2012；曾宪锋等，2014），**MC**（王发国等，2004；林鸿辉等，2008），**TW**（李振宇和解焱，2002；苗栗地区，陈运造，2006；范志伟等，2008；解焱，2008；杨宜津，2008；徐海根和强胜，2011；万方浩等，2012），**YN**（纳板河自然保护区，刘峰等，2008；申时才等，2012）。

澳门、福建、广东、广西、海南、江西、台湾、香港、云南；原产于非洲；归化于泛热带地区。

洋野黍　　　　　　　　　　4
yang ye shu

Panicum dichotomiflorum Michaux, Fl. Bor. -Amer. 1: 48. 1803. **(FOC)**

BJ（徐海根和强胜，2011），**FJ**（徐海根和强胜，2011），**TW**（徐海根和强胜，2011）。

北京、福建、广东、广西、上海、台湾、香港、云南；原产于北美洲；归化于热带亚洲。

大黍 3

da shu

坚尼草 普通大黍 天竺草 羊草

Panicum maximum Jacquin, Icon. Pl. Rar. 1: 2, pl. 13. 1781. **(FOC)**

  FJ（李振宇和解焱，2002；厦门地区，陈恒彬，2005；厦门，欧健和卢昌义，2006a，2006b；范志伟等，2008；解焱，2008；杨坚和陈恒彬，2009；徐海根和强胜，2011），**GD**（李振宇和解焱，2002；范志伟等，2008；广州，王忠等，2008；解焱，2008；王芳等，2009；粤东地区，曾宪锋等，2009；Fu等，2011；徐海根和强胜，2011；岳茂峰等，2011；付岚等，2012；林建勇等，2012；粤东地区，朱慧，2012；深圳，蔡毅等，2015；广州南沙黄山鲁森林公园，李海生等，2015），**GX**（李振宇和解焱，2002；吴桂容，2006；谢云珍等，2007；桂林，陈秋霞等，2008；范志伟等，2008；唐赛春等，2008b；解焱，2008；北部湾经济区，林建勇等，2011a，2011b；徐海根和强胜，2011；林建勇等，2012；胡刚和张忠华，2012；郭成林等，2013；百色，贾桂康，2013；来宾市，林春华等，2015；灵山县，刘在松，2015；金子岭风景区，贾桂康和钟林敏，2016），**HK**（李振宇和解焱，2002；范志伟等，2008；解焱，2008；Leung等，2009；徐海根和强胜，2011），**HN**（李振宇和解焱，2002；单家林等，2006；安锋等，2007；范志伟等，2008；解焱，2008；徐海根和强胜，2011；林建勇等，2012；曾宪锋等，2014），**MC**（王发国等，2004），**TW**（李振宇和解焱，2002；苗栗地区，陈运造，2006；范志伟等，2008；解焱，2008；杨宜津，2008；徐海根和强胜，2011），**YN**（南部，李振宇和解焱，2002；西双版纳，管志斌等，2006；红河流域，徐成东等，2006；徐成东和陆树刚，2006；李乡旺等，2007；南部，范志伟等，2008；南部，解焱，2008；南部，徐海根和强胜，2011；申时才等，2012；杨忠兴等，2014）。

  澳门、福建、广东、广西、贵州、海南、台湾、香港、云南、浙江；原产于热带非洲。

铺地黍 2

pu di shu

枯骨草 苦拉丁 硬骨草

Panicum repens Linnaeus, Sp. Pl. (ed. 2) 1: 87. 1762. **(FOC)**

  FJ（厦门地区，陈恒彬，2005；厦门，欧健和卢昌义，2006a，2006b；罗明永，2008；解焱，2008；车晋滇，2009；杨坚和陈恒彬，2009；徐海根和强胜，2011；长乐，林为凃，2013；武夷山市，李国平等，2014），**GD**（鼎湖山，贺握权和黄忠良，2004；中山市，蒋谦才等，2008；白云山，李海生等，2008；广州，王忠等，2008；解焱，2008；车晋滇，2009；王芳等，2009；Fu等，2011；徐海根和强胜，2011；岳茂峰等，2011；付岚等，2012；林建勇等，2012；广州，李许文等，2014；深圳，蔡毅等，2015；广州南沙黄山鲁森林公园，李海生等，2015；乐昌，邹滨等，2015，2016），**GX**（十万大山自然保护区，韦原莲等，2006；吴桂容，2006；谢云珍等，2007；桂林，陈秋霞等，2008；唐赛春等，2008b；解焱，2008；十万大山自然保护区，叶铎等，2008；车晋滇，2009；柳州市，石亮成等，2009；和太平等，2011；北部湾经济区，林建勇等，2011a，2011b；徐海根和强胜，2011；林建勇等，2012；胡刚和张忠华，2012；郭成林等，2013；百色，贾桂康，2013；灵山县，刘在松，2015；北部湾海岸带，刘熊，2017），**GZ**（黔南地区，韦美玉等，2006；申敬民等，2010），**HK**（车晋滇，2009），**HN**（单家林等，2006；安锋等，2007；范志伟等，2008；铜鼓岭国家级自然保护区、大田国家级自然保护区，秦卫华等，2008；解焱，2008；车晋滇，2009；徐海根和强胜，2011；周祖光，2011；林建勇等，2012；曾宪锋等，2014；陈玉凯等，2016），**HX**（车晋滇，2009），**JS**（解焱，2008；寿海洋等，2014；严辉等，2014），**JX**（解焱，2008；江西南部，程淑媛等，2015），**MC**（王发国等，2004），**SH**（张晴柔等，2013；汪远等，2015），**TW**（苗栗地区，陈运造，2006；解焱，2008；车晋滇，2009；徐海根和强胜，2011），**YN**（西双版纳，管志斌等，2006；李乡旺等，2007；解焱，2008；申时才等，2012），**ZJ**（李根有等，2006；台州，陈模舜，2008；解焱，2008；车晋滇，2009；张建国和张明如，2009；温州，丁炳扬和胡仁勇，2011；温州地区，胡仁勇等，2011；徐海根和强胜，2011；闫小玲等，2014；周天焕等，2016）；在华东、华南地区有记载（李振宇和解焱，2002；范志伟等，2008；万方浩等，2012）。

澳门、福建、广东、广西、贵州、海南、湖南、江苏、江西、山东、上海、台湾、香港、云南、浙江；原产于欧洲南部和非洲；归化于热带、亚热带地区。

假牛鞭草　　　　　　　　有待观察
jia niu bian cao

Parapholis incurva (Linnaeus) C. E. Hubbard, Blumea, Suppl. 3: 14. 1946. **(FOC)**

FJ（南日岛、湄洲岛，林来官和张永田，1995），**SH**（奉贤，上海科学院，1999），**ZJ**（普陀，林泉，1993）。

福建、江苏、上海、浙江；原产于欧洲、北非和亚洲。

两耳草　　　　　　　　　　　4
liang er cao

八字草 叉仔草 大肚草

Paspalum conjugatum P. J. Bergius, Acta Helv. Phys. -Math. 7: 129, pl. 8. 1772. **(FOC)**

BJ（车晋滇，2004；杨景成等，2009），**FJ**（李振宇和解焱，2002；厦门地区，陈恒彬，2005；厦门，欧健和卢昌义，2006a，2006b；范志伟等，2008；解焱，2008；车晋滇，2009；杨坚和陈恒彬，2009；徐海根和强胜，2011；万方浩等，2012），**GD**（李振宇和解焱，2002；鼎湖山，贺握权和黄忠良，2004；范志伟等，2008；中山市，蒋谦才等，2008；白云山，李海生等，2008；广州，王忠等，2008；解焱，2008；车晋滇，2009；王芳等，2009；粤东地区，曾宪锋等，2009；Fu等，2011；徐海根和强胜，2011；岳茂峰等，2011；付岚等，2012；林建勇等，2012；万方浩等，2012；粤东地区，朱慧，2012；广州，李许文等，2014；深圳，蔡毅等，2015；广州南沙黄山鲁森林公园，李海生等，2015；乐昌，邹滨等，2016），**GX**（李振宇和解焱，2002；吴桂容，2006；谢云珍等，2007；桂林，陈秋霞等，2008；范志伟等，2008；唐赛春等，2008b；解焱，2008；车晋滇，2009；北部湾经济区，林建勇

等，2011a，2011b；徐海根和强胜，2011；林建勇等，2012；胡刚和张忠华，2012；万方浩等，2012；郭成林等，2013；百色，贾桂康，2013；灵山县，刘在松，2015），**GZ**（李振宇和解焱，2002；范志伟等，2008；解焱，2008；车晋滇，2009；徐海根和强胜，2011；万方浩等，2012），**HK**（李振宇和解焱，2002；范志伟等，2008；解焱，2008；车晋滇，2009；Leung等，2009；徐海根和强胜，2011；万方浩等，2012），**HN**（李振宇和解焱，2002；单家林等，2006；安锋等，2007；范志伟等，2008；铜鼓岭国家级自然保护区、东寨港国家级自然保护区，秦卫华等，2008；石灰岩地区，秦新生等，2008；解焱，2008；车晋滇，2009；霸王岭自然保护区，胡雪华等，2011；徐海根和强胜，2011；林建勇等，2012；万方浩等，2012；曾宪锋等，2014），**HX**（南部，李振宇和解焱，2002；南部，范志伟等，2008；彭兆普等，2008；南部，解焱，2008；车晋滇，2009；南部，徐海根和强胜，2011；南部，万方浩等，2012），**HY**（万方浩等，2012；储嘉琳等，2016），**JS**（寿海洋等，2014；严辉，2014），**JX**（李振宇和解焱，2002；范志伟等，2008；解焱，2008；车晋滇，2009；徐海根和强胜，2011；万方浩等，2012），**MC**（王发国等，2004），**SC**（李振宇和解焱，2002；范志伟等，2008；解焱，2008；周小刚等，2008；车晋滇，2009；徐海根和强胜，2011；万方浩等，2012；孟兴等，2015），**TW**（李振宇和解焱，2002；苗栗地区，陈运造，2006；兰阳平原，吴永华，2006；范志伟等，2008；解焱，2008；车晋滇，2009；徐海根和强胜，2011；万方浩等，2012），**XZ**（东南部，李振宇和解焱，2002；东南部，范志伟等，2008；东南部，解焱，2008；东南部，车晋滇，2009；东南部，徐海根和强胜，2011；东南部，万方浩等，2012），**YN**（李振宇和解焱，2002；丁莉等，2006；西双版纳，管志斌等，2006；红河流域，徐成东等，2006；徐成东和陆树刚，2006；怒江干热河谷区，胡发广等，2007；李乡旺等，2007；瑞丽，赵见明，2007；范志伟等，2008；纳板河自然保护区，刘峰等，2008；解焱，2008；车晋滇，2009；红河州，何艳萍等，2010；徐海根和强胜，2011；申时才等，2012；普洱，陶川，2012；万方浩等，2012；杨忠兴等，2014；西双版纳自然保护区，陶永祥等，2017）。

澳门、北京、重庆、福建、广东、广西、贵州、海南、河北、河南、湖南、江苏、江西、四川、台湾、西

藏、香港、云南；原产于热带美洲；归化于热带、亚热带地区。

毛花雀稗

mao hua que bai

有待观察

宜安草

Paspalum dilatatum Poiret, Encycl. 5: 35. 1804. **(FOC)**

AH（徐海根和强胜，2004，2011；何家庆和葛结林，2008），**FJ**（徐海根和强胜，2004，2011；武夷山市，李国平等，2014），**GD**（惠州红树林自然保护区，曹飞等，2007；范志伟等，2008；解焱，2008；Fu等，2011；岳茂峰等，2011；付岚等，2012；林建勇等，2012），**GX**（桂林，陈秋霞等，2008；范志伟等，2008；林建勇等，2012），**GZ**（屠玉麟，2002；黔南地区，韦美玉等，2006；申敬民等，2010；林建勇等，2012；贵阳市，陈菊艳等，2016），**HB**（武昌，范志伟等，2008；南部，解焱，2008；喻大昭等，2011；章承林等，2012），**HN**（范志伟等，2008），**JS**（南京，吴海荣和强胜，2003；南京，吴海荣等，2004；徐海根和强胜，2004，2011；李亚等，2008；寿海洋等，2014；严辉等，2014），**SC**（周小刚等，2008），**SH**（范志伟等，2008；解焱，2008；徐海根和强胜，2011；张晴柔等，2013），**TW**（徐海根和强胜，2004，2011；苗栗地区，陈运造，2006；范志伟等，2008；解焱，2008），**YN**（徐海根和强胜，2004，2011；丁莉等，2006；范志伟等，2008；解焱，2008；申时才等，2012；杨忠兴等，2014），**ZJ**（徐海根和强胜，2004，2011；李根有等，2006；台州，陈模舜，2008；范志伟等，2008；解焱，2008；张建国和张明如，2009；闫小玲等，2014；杭州，金祖达等，2015；周天焕等，2016）。

安徽、福建、广东、广西、贵州、海南、湖北、江苏、上海、四川、台湾、香港、云南、浙江；原产于南美洲；归化于热带地区。

双穗雀稗

shuang sui que bai

3

Paspalum distichum Linnaeus, Syst. Nat. (ed. 10): 855. 1759. **(FOC)**

Syn. *Paspalum paspalodes* (Michaux)Scribner, Mem. Torrey Bot. Club 5(3): 29. 1894.

GD（珠海市，黄辉宁等，2005b），**GX**（来宾市，林春华等，2015），**JS**（季敏等，2014），**TW**（兰阳平原，吴永华，2006），**YN**（西双版纳，管志斌等，2006；申时才等，2012）；长江流域及其以南各省区（车晋滇，2009）。

安徽、澳门、重庆、福建、广东、广西、贵州、海南、河南、湖北、湖南、江苏、江西、山东、上海、四川、台湾、香港、云南、浙江；可能原产于美洲；广泛分布于热带、亚热带地区。

裂颖雀稗

lie ying que bai

有待观察

缘毛雀稗

Paspalum fimbriatum Kunth, Nov. Gen. Sp. 1: 93. 1816. **(FOC)**

TW（徐海根和强胜，2004，2011；苗栗地区，陈运造，2006；解焱，2008）。

台湾；原产于热带美洲。

百喜草

bai xi cao

有待观察

Paspalum notatum Alain ex Flüggé, Gram. Monogr., Paspalum 106. 1810. **(FOC)**

JX（鞠建文等，2011）。

澳门、福建、甘肃、广东、河北、湖南、江西、台湾、云南；原产于墨西哥和热带美洲。

开穗雀稗

kai sui que bai

有待观察

多穗雀稗

Paspalum paniculatum Linnaeus, Syst. Nat., ed. 10, 2: 855. 1759. **(FOC)**

TW（苗栗地区，陈运造，2006）。

湖南、台湾、浙江；原产于墨西哥和热带美洲。

丝毛雀稗

si mao que bai

3

Paspalum urvillei Steudel, Syn. Pl. Glumac. 1: 24. 1855. **(FOC)**

FJ（曾宪锋和邱贺媛，2013b），GX（曾宪锋，2013c），HX（曾宪锋，2013b），JX（曾宪锋和邱贺媛，2013a），ZJ（温州，丁炳扬和胡仁勇，2011；温州地区，胡仁勇等，2011；闫小玲等，2014；周天焕等，2016）。

北京、福建、广东、广西、湖南、江西、台湾、香港、浙江；原产于南美洲。

铺地狼尾草 3
pu di lang wei cao

东非狼尾草 隐花狼尾草

Pennisetum clandestinum Hochstetter ex Chiovenda, Annuario Reale Ist. Bot. Roma 8: 41, pl. 5, f. 2. 1903. **(FOC)**

GD（徐海根和强胜，2011），GX（徐海根和强胜，2011），HN（徐海根和强胜，2011），HX（徐海根和强胜，2011），YN（解焱，2008；昆明，徐海根和强胜，2011）。

广东、广西、海南、湖南、台湾、香港、云南；原产于东非。

牧地狼尾草 有待观察
mu di lang wei cao

多穗狼尾草

Pennisetum polystachion (Linnaeus) Schultes, Mant. 2: 146. 1824. **(FOC)**
Syn. *Pennisetum setosum* (Swartz) Richard, Syn. Pl. 1: 72. 1805.

FJ（曾宪锋等，2011a；武夷山市，李国平等，2014），GD（王芳等，2009；岳茂峰等，2011；林建勇等，2012），GX（林建勇等，2012），HK（徐海根和强胜，2011），HN（徐海根和强胜，2004，2011；王伟等，2007；范志伟等，2008；解焱，2008；林建勇等，2012；曾宪锋等，2014；陈玉凯等，2016），TW（徐海根和强胜，2004，2011；苗栗地区，陈运造，2006；范志伟等，2008；解焱，2008）。

澳门、福建、广东、广西、海南、台湾、香港；原产于热带非洲或印度。

象草 3
xiang cao

紫狼尾草

Pennisetum purpureum Schumacher, Beskr. Guin. Pl. 44. 1827. **(FOC)**

FJ（范志伟等，2008；徐海根和强胜，2011），GD（深圳，严岳鸿等，2004；珠海市，黄辉宁等，2005a，2005b；范志伟等，2008；中山市，蒋谦才等，2008；解焱，2008；王芳等，2009；粤东地区，曾宪锋等，2009；徐海根和强胜，2011；岳茂峰等，2011；粤东地区，朱慧，2012；乐昌，邹滨等，2015），GX（谢云珍等，2007；桂林，陈秋霞等，2008；范志伟等，2008；解焱，2008；和太平等，2011；徐海根和强胜，2011；郭成林等，2013；来宾市，林春华等，2015；灵山县，刘在松，2015），GZ（范志伟等，2008；徐海根和强胜，2011），HB（范志伟等，2008），HK（Leung等，2009），HN（单家林等，2006；安锋等，2007；范志伟等，2008；曾宪锋等，2014），HX（范志伟等，2008；徐海根和强胜，2011），JS（范志伟等，2008；寿海洋等，2014；严辉等，2014），JX（范志伟等，2008；解焱，2008；徐海根和强胜，2011），MC（王发国等，2004），SC（范志伟等，2008；解焱，2008；周小刚等，2008；徐海根和强胜，2011），TW（苗栗地区，陈运造，2006；兰阳平原，吴永华，2006；范志伟等，2008；解焱，2008；杨宜津，2008；徐海根和强胜，2011），YN（西双版纳，管志斌等，2006；范志伟等，2008；解焱，2008；徐海根和强胜，2011；申时才等，2012；许美玲等，2014；西双版纳自然保护区，陶永祥等，2017），ZJ（范志伟等，2008）。

安徽、澳门、重庆、福建、广东、广西、贵州、海南、河南、湖北、湖南、江苏、江西、山东、上海、四川、台湾、香港、云南、浙江；原产于非洲；归化于热带。

细虉草 有待观察
xi yi cao

欧洲虉草 小虉草 小穗虉草

Phalaris minor Retzius, Observ. Bot. 2: 8. 1783. **(FOC)**

HY（储嘉琳等，2016），JS（寿海洋等，2014），YN（张维奇和殷英，1997；徐海根和强胜，2004，2011；丁莉等，2006；解焱，2008；郭怡卿等，2010；申时才等，2012）。

福建、河南、江苏、云南；原产于地中海地区。

奇虉草 有待观察
qi yi cao

奇异虉草 小籽虉草 异形虉草

Phalaris paradoxa Linnaeus, Sp. Pl. 2: 1665. 1763. (FOC)

HY（储嘉琳等，2016），JS（寿海洋等，2014），YN（徐海根和强胜，2004，2011；丁莉等，2006；解焱，2008；郭怡卿等，2010；申时才等，2012）。

河南、江苏、云南；原产于北非、西亚和南欧。

梯牧草 4
ti mu cao

猫尾草

Phleum pratense Linnaeus, Sp. Pl. 1: 59. 1753. (FOC)

AH（徐海根和强胜，2004，2011；臧敏等，2006；何家庆和葛结林，2008；张中信，2009），GS（徐海根和强胜，2004，2011；解焱，2008；赵慧军，2012），GZ（屠玉麟，2002；黔南地区，韦美玉等，2006；申敬民等，2010），HB（刘胜祥和秦伟，2004；天门市，沈体忠等，2008；喻大昭等，2011），HJ（徐海根和强胜，2004，2011；龙茹等，2008；解焱，2008；武安国家森林公园，张浩等，2012），HY（徐海根和强胜，2004，2011；董东平和叶永忠，2007；解焱，2008；许昌市，姜罡丞，2009），JL（长白山区，周繇，2003；长春地区，曲同宝等，2015），JS（徐海根和强胜，2004，2011；严辉，2014），JX（庐山风景区，胡天印等，2007c），LN（齐淑艳和徐文铎，2006；高燕和曹伟，2010），NX（徐海根和强胜，2004，2011；解焱，2008），SA（西安地区，祁云枝等，2010；栾晓睿等，2016），SC（周小刚等，2008；陈开伟，2013），SD（田家怡和吕传笑，2004；徐海根和强胜，2004，2011；衣艳君等，2005；黄河三角洲，刘庆年等，

2006；宋楠等，2006；吴彤等，2006；惠洪者，2007；青岛，罗艳和刘爱华，2008；解焱，2008；张绪良等，2010），SH（张晴柔等，2013），YN（申时才等，2012），ZJ（徐海根和强胜，2004，2011）；东北地区（郑美林和曹伟，2013）。

安徽、重庆、甘肃、广西、贵州、河北、河南、黑龙江、湖北、湖南、吉林、江苏、江西、辽宁、内蒙古、宁夏、陕西、山东、上海、四川、西藏、新疆、云南、浙江；原产于欧洲和俄罗斯。

黑麦 有待观察
hei mai

Secale cereale Linnaeus, Sp. Pl. 1: 84. 1753. (FOC)

BJ（刘全儒等，2002；车晋滇，2004；松山自然保护区，刘佳凯等，2012；松山自然保护区，王惠惠等，2014），JS（寿海洋等，2014），SA（栾晓睿等，2016）。

安徽、北京、重庆、福建、甘肃、广西、贵州、河北、河南、黑龙江、湖北、吉林、江苏、江西、内蒙古、宁夏、陕西、山东、山西、上海、四川、台湾、新疆、云南；原产于西亚。

幽狗尾草 有待观察
you gou wei cao

莠狗尾草

Setaria parviflora (Poiret) Kerguélen, Lejeunia, n. s. 120: 161. 1987. (FOC)
Syn. *Setaria geniculata* P. Beauvois, Ess. Agrostogr. 51, 169, 178. 1812.

FJ（解焱，2008；武夷山市，李国平等，2014），GD（中山市，蒋谦才等，2008；解焱，2008；王芳等，2009；岳茂峰等，2011；乐昌，邹滨等，2016），GX（解焱，2008），HX（解焱，2008），JX（解焱，2008），TW（解焱，2008），YN（解焱，2008；申时才等，2012）。

澳门、重庆、福建、广东、广西、贵州、海南、河北、河南、湖北、湖南、吉林、江苏、江西、陕西、山东、四川、台湾、香港、云南、浙江；原产于美洲。

南非鸽草
nan fei ge cao

有待观察

Setaria sphacelata (Schumacher) Stapf & C. E. Hubbard ex M. B. Moss, Kew Bull. 1929 (6): 195. 1929. **(TPL)**

> **TW**（苗栗地区，陈运造，2006）。
>
> 重庆、海南、台湾；原产于非洲。

黑高粱
hei gao liang

有待观察

Sorghum × almum Parodi, Revista Argent. Agron. 10: 361. 1943. **(TPL)**

Syn. *Sorghum almum* Parodi, Revista Argent. Agron. 10: 361. 1943.

> **GX**（桂林，徐海根和强胜，2011）。
>
> 广西；原产于中美洲和南美洲。

石茅
shi mao

1

阿拉伯高粱 假高粱 琼生草 石茅高粱 宿根高粱 亚刺伯高粱 约翰逊草

Sorghum halepense (Linnaeus) Persoon, Syn. Pl. 1: 101. 1805. **(FOC)**

Syn. *Sorghum halepense* (Linnaeus) Persoon f. *muticum* (Hackel) C. E. Hubbard, Hooker's Icon. Pl. 34: t. 3364. 1938; *Pseudosorghum fasciculare* auct. non (Roxburgh) A. Camus: 罗文启等, 2015.

> **AH**（李振宇和解焱，2002；环境总局和中国科学院，2003；缪绅裕和李冬梅，2003；徐海根和强胜，2004，2011；臧敏等，2006；范志伟等，2008；何家庆和葛结林，2008；解焱，2008；张国良等，2008；车晋滇，2009；张中信，2009；万方浩等，2012），**BJ**（李振宇和解焱，2002；刘全儒等，2002；环境总局和中国科学院，2003；车晋滇，2004，2009；车晋滇等，2004；徐海根和强胜，2004，2011；秦大唐和蔡博峰，2004；贾春虹等，2005；范志伟等，2008；解焱，2008；张国良等，2008；杨景成等，2009；焦宇和刘龙，2010；万方浩等，2012；王苏铭等，2012），**CQ**（李振宇和解焱，2002；环境总局和中国科学院，2003；鼎湖山，贺握权和黄忠良，2004；石胜璋等，2004；徐海根和强胜，2004，2011；范志伟等，2008；张国良等，2008；车晋滇，2009；万方浩等，2012；张昌伦等，2013），**FJ**（李振宇和解焱，2002；环境总局和中国科学院，2003；徐海根和强胜，2004，2011；欧健和卢昌义，2006a，2006b；闫淑君等，2006；宁昭玉等，2007；范志伟等，2008；解焱，2008；张国良等，2008；车晋滇，2009；杨坚和陈恒彬，2009；万方浩等，2012；武夷山市，李国平等，2014），**GD**（李振宇和解焱，2002；环境总局和中国科学院，2003；缪绅裕和李冬梅，2003；徐海根和强胜，2004，2011；范志伟等，2008；广州，王忠等，2008；解焱，2008；张国良等，2008；车晋滇，2009；王芳等，2009；粤东地区，曾宪锋等，2009；岳茂峰等，2011；林建勇等，2012；万方浩等，2012；粤东地区，朱慧，2012），**GX**（李振宇和解焱，2002；环境总局和中国科学院，2003；缪绅裕和李冬梅，2003；吴志红，2003；徐海根和强胜，2004，2011；张强等，2004；吴桂容，2006；谢云珍等，2007；桂林，陈秋霞等，2008；范志伟等，2008；唐赛春等，2008b；解焱，2008；张国良等，2008；车晋滇，2009；胡刚和张忠华，2012；万方浩等，2012；郭成林等，2013；百色，贾桂康，2013；于永浩等，2016），**HB**（徐海根和强胜，2011；喻大昭等，2011；章承林等，2012），**HJ**（李振宇和解焱，2002；环境总局和中国科学院，2003；徐海根和强胜，2004，2011；曲红等，2007；范志伟等，2008；龙茹等，2008；解焱，2008；张国良等，2008；车晋滇，2009；秦皇岛，李顺才等，2009；万方浩等，2012），**HK**（李振宇和解焱，2002；环境总局和中国科学院，2003；缪绅裕和李冬梅，2003；徐海根和强胜，2004，2011；范志伟等，2008；解焱，2008；张国良等，2008；车晋滇，2009；万方浩等，2012），**HL**（张国良等，2008），**HN**（李振宇和解焱，2002；环境总局和中国科学院，2003；缪绅裕和李冬梅，2003；徐海根和强胜，2004，2011；单家林等，2006；安锋等，2007；王伟等，2007；范志伟等，2008；东寨港国家级自然保护区、大田国家级自然保护区，秦卫华等，2008；解焱，2008；张国良等，2008；车晋滇，2009；万方浩等，2012；曾宪锋等，2014；罗文启等，2015；

陈玉凯等，2016），**HX**（李振宇和解焱，2002；环境总局和中国科学院，2003；徐海根和强胜，2004，2011；范志伟等，2008；彭兆普等，2008；洞庭湖区，彭友林等，2008；解焱，2008；张国良等，2008；车晋滇，2009；常德市，彭友林等，2009；衡阳市，谢红艳等，2011；万方浩等，2012；谢红艳和张雪芹，2012；长沙，张磊和刘尔潞，2013），**HY**（董东平和叶永忠，2007；张国良等，2008；许昌市，姜罡丞，2009；新乡，许桂芳和简在友，2011），**JS**（郭水良和李扬汉，1995；李振宇和解焱，2002；环境总局和中国科学院，2003；南京，吴海荣等，2004；徐海根和强胜，2004，2011；张强等，2004；范志伟等，2008；张国良等，2008；车晋滇，2009；万方浩等，2012；寿海洋等，2014；严辉等，2014），**JX**（江西南部，程淑媛等，2015），**LN**（李振宇和解焱，2002；环境总局和中国科学院，2003；徐海根和强胜，2004，2011；齐淑艳和徐文铎，2006；范志伟等，2008；解焱，2008；张国良等，2008；车晋滇，2009；高燕和曹伟，2010；曲波等，2010；万方浩等，2012），**MC**（王发国等，2004），**SA**（张国良等，2008；栾晓睿等，2016），**SC**（李振宇和解焱，2002；环境总局和中国科学院，2003；徐海根和强胜，2004，2011；范志伟等，2008；解焱，2008；张国良等，2008；周小刚等，2008；车晋滇，2009；万方浩等，2012），**SD**（潘怀剑和田家怡，2001；田家怡和吕传笑，2004；张强等，2004；衣艳君等，2005；黄河三角洲，刘庆年等，2006；宋楠等，2006；吴彤等，2006，2007；惠洪者，2007；张绪良等，2010；徐海根和强胜，2011；万方浩等，2012），**SH**（郭水良和李扬汉，1995；李振宇和解焱，2002；环境总局和中国科学院，2003；徐海根和强胜，2004，2011；印丽萍等，2004；范志伟等，2008；解焱，2008；张国良等，2008；车晋滇，2009；万方浩等，2012；张晴柔等，2013；汪远等，2015），**TJ**（张国良等，2008），**TW**（李振宇和解焱，2002；环境总局和中国科学院，2003；缪绅裕和李冬梅，2003；范志伟等，2008；解焱，2008；张国良等，2008；车晋滇，2009；万方浩等，2012），**YN**（李振宇和解焱，2002；环境总局和中国科学院，2003；徐海根和强胜，2004，2011；丁莉等，2006；红河流域，徐成东等，2006；徐成东和陆树刚，2006；李乡旺等，2007；范志伟等，2008；解焱，2008；张国良等，2008；车晋滇，2009；申时

才等，2012；万方浩等，2012；曲靖市，王艳和成志荣，2012；杨忠兴等，2014），**ZJ**（郭水良和李扬汉，1995；张强等，2004；李根有等，2006；台州，陈模舜，2008；张建国和张明如，2009；张明如等，2009；温州，丁炳扬和胡仁勇，2011；温州地区，胡仁勇等，2011；宁波，徐颖等，2014；闫小玲等，2014；杭州，金祖达等，2015；周天焕等，2016）；黄河三角洲地区（赵怀浩等，2011）；东北地区（郑美林和曹伟，2013）。

安徽、澳门、北京、重庆、福建、广东、广西、海南、河北、河南、黑龙江、湖北、湖南、江苏、江西、辽宁、陕西、山东、山西、上海、四川、台湾、天津、香港、云南、浙江；原产于地中海地区。

苏丹草　　　　　　　　　　　　有待观察
su dan cao

Sorghum sudanense (Piper) Stapf, Fl. Trop. Afr. 9: 113. 1917. **(FOC)**

AH（徐海根和强胜，2004，2011；何家庆和葛结林，2008；车晋滇，2009），**BJ**（徐海根和强胜，2004，2011；车晋滇，2009），**FJ**（徐海根和强胜，2004，2011；车晋滇，2009），**GS**（徐海根和强胜，2004，2011；车晋滇，2009；赵慧军，2012），**HB**（徐海根和强胜，2004，2011；车晋滇，2009；喻大昭等，2011），**HJ**（徐海根和强胜，2004，2011；龙茹等，2008；车晋滇，2009），**HX**（徐海根和强胜，2004，2011；彭兆普等，2008；车晋滇，2009），**HY**（徐海根和强胜，2004，2011；车晋滇，2009），**JS**（徐海根和强胜，2004，2011；车晋滇，2009；寿海洋等，2014；严辉等，2014；胡长松等，2016），**JX**（徐海根和强胜，2004，2011；车晋滇，2009；季春峰等，2009；王宁，2010；鞠建文等，2011），**LN**（齐淑艳和徐文铎，2006），**SA**（徐海根和强胜，2004，2011；车晋滇，2009；栾晓睿等，2016），**SC**（徐海根和强胜，2004，2011；周小刚等，2008；车晋滇，2009），**SD**（徐海根和强胜，2004，2011；车晋滇，2009），**SH**（徐海根和强胜，2004，2011；车晋滇，2009；张晴柔等，2013），**SX**（徐海根和强胜，2004，2011；车晋滇，2009），**ZJ**（徐海根和强胜，2004，2011；台州，陈模舜，2008；车晋滇，2009；闫小玲等，2014；周天焕等，2016）；中南、西南各省（解焱，2008）；东北地区（郑美林和

曹伟，2013）；东北草地（石洪山等，2016）。

安徽、北京、福建、甘肃、广东、贵州、河北、河南、黑龙江、湖北、湖南、吉林、江苏、辽宁、内蒙古、宁夏、陕西、山东、山西、上海、四川、天津、香港、新疆、浙江；原产于非洲。

互花米草　　　　　　　　　　1
hu hua mi cao

Spartina alterniflora Loiseleur, Fl. Gall. 719. 1807. (FOC)

FJ（李振宇和解焱，2002；环境总局和中国科学院，2003；缪绅裕和李冬梅，2003；朱晓佳和钦佩，2003；徐海根和强胜，2004，2011；厦门地区，陈恒彬，2005；厦门，欧健和卢昌义，2006a，2006b；刘佳等，2007；宁昭玉等，2007；解焱，2008；泉州湾，蔡娜娜，2009；许珠华，2010；杨坚和陈恒彬，2009；左平等，2009；胡嘉贝和沈佳，2012；万方浩等，2012；长乐，林为凃，2013；福州，彭海燕和高关平，2013），**GD**（李振宇和解焱，2002；环境总局和中国科学院，2003；缪绅裕和李冬梅，2003；朱晓佳和钦佩，2003；徐海根和强胜，2004，2011；珠海市，黄辉宁等，2005a，2005b；王芳等，2009；左平等，2009；周伟等，2010；北师大珠海分校，吴杰等，2011，2012；岳茂峰等，2011；林建勇等，2012；万方浩等，2012），**GX**（谢云珍等，2007；山口红树林保护区，李武峥，2008；左平等，2009；贾洪亮等，2011；北部湾经济区，林建勇等，2011a，2011b；徐海根和强胜，2011；林建勇等，2012；郭成林等，2013；北部湾海岸带，刘熊，2017），**HB**（章承林等，2012），**HJ**（左平等，2009），**HK**（李振宇和解焱，2002；环境总局和中国科学院，2003；缪绅裕和李冬梅，2003；万方浩等，2012），**JS**（朱晓佳和钦佩，2003；徐海根和强胜，2004，2011；沿海滩涂，李亚等，2008；解焱，2008；万方浩等，2012；寿海洋等，2014；严辉等，2014），**LN**（解焱，2008；左平等，2009；万方浩等，2012），**SD**（朱晓佳和钦佩，2003；宋楠等，2006；解焱，2008；左平等，2009；徐海根和强胜，2004，2011；万方浩等，2012），**SH**（崇明岛，李振宇和解焱，2002；崇明岛，环境总局和中国科学院，2003；崇明，缪绅裕和李冬梅，2003；秦卫华等，2004，2007；徐海根和强胜，2004，2011；崇明，

陈中义等，2005a，2005b；李贺鹏等，2006；崇明岛，王智晨等，2006；解焱，2008；赵广琦和李贺鹏，2008；左平等，2009；崇明东滩，王卿，2011；崇明东滩，祝振昌等，2011；万方浩等，2012；张晴柔等，2013；汪远等，2015），**TJ**（解焱，2008；左平等，2009；万方浩等，2012），**ZJ**（李振宇和解焱，2002；环境总局和中国科学院，2003；缪绅裕和李冬梅，2003；朱晓佳和钦佩，2003；徐海根和强胜，2004，2011；李根有等，2006；赵月琴和卢剑波，2007；台州，陈模舜，2008；解焱，2008；张建国和张明如，2009；张明如等，2009；左平等，2009；袁连奇和张利权，2010；温州，丁炳扬和胡仁勇，2011；温州地区，胡仁勇等，2011；万方浩等，2012；杭州，谢国雄等，2012；闫小玲等，2014；周天焕等，2016）；黄河三角洲（于祥等，2009）；黄河三角洲地区（赵怀浩等，2011）。

福建、广东、广西、河北、湖北、湖南、江苏、辽宁、山东、上海、台湾、天津、香港、浙江；原产于北美大西洋沿岸。

大米草　　　　　　　　　　2
da mi cao

互花米草

Spartina anglica C. E. Hubbard, Bot. J. Linn. Soc. 76 (4): 364. 1978. (FOC)

FJ（徐慈根，1999；阮少江，2002；商明清和常兆芝，2004；闫淑君等，2006；宁昭玉等，2007；罗明永，2008；泉州湾，蔡娜娜，2009；杨坚和陈恒彬，2009；徐海根和强胜，2011；胡嘉贝和沈佳，2012；万方浩等，2012），**GD**（商明清和常兆芝，2004；深圳，严岳鸿等，2004；王芳等，2009；徐海根和强胜，2011；林建勇等，2012；万方浩等，2012），**GX**（吴桂容，2006；谢云珍等，2007；唐赛春等，2008b；贾洪亮等，2011；徐海根和强胜，2011；万方浩等，2012；郭成林等，2013；于永江等，2016），**HJ**（徐海根和强胜，2004，2011；龙茹等，2008；秦皇岛，李顺才等，2009；万方浩等，2012），**HN**（安锋等，2007；曾宪锋等，2014），**JS**（商明清和常兆芝，2004；徐海根和强胜，2004，2011；沿海滩涂，李亚等，2008；张国良等，2008；万方浩等，2012；寿海洋等，2014；严辉等，2014），**LN**（徐海根和强胜，2004，2011；万方浩等，

单子叶植物

2012）, **MC**（王发国等，2004）, **SC**（邛海湿地，杨红，2009；陈开伟，2013）, **SD**（潘怀剑和田家怡，2001；肖素荣等，2003；商明清和常兆芝，2004；徐海根和强胜，2004，2011；衣艳君等，2005；黄河三角洲，刘庆年等，2006；吴彤等，2006，2007；惠洪者，2007；青岛，罗艳和刘爱华，2008；张绪良等，2010；万方浩等，2012）, **SH**（印丽萍等，2004；万方浩等，2012；汪远等，2015）, **TJ**（徐海根和强胜，2011；万方浩等，2012）, **ZJ**（徐海根和强胜，2004，2011；李根有等，2006；台州，陈模舜，2008；张建国和张明如，2009；万方浩等，2012；闫小玲等，2014；周天焕等，2016）；辽宁（锦西）至广东（电白）80多个县（市）（解焱，2008）；黄河三角洲（于祥等，2009）；黄河三角洲地区（赵怀浩等，2011）。

澳门、北京、福建、广东、广西、海南、河北、江苏、辽宁、山东、四川、天津、浙江；原产于英国。

具枕鼠尾粟　　　　　　　　　有待观察
ju zhen shu wei su

Sporobolus pyramidatus (Lamarck) Hitchcock, Man. Grasses W. Ind. 84. 1936. **(Tropicos)**
Syn. *Sporobolus pulvinatus* Swallen, J. Wash. Acad. Sci. 31 (8): 351, f. 4. 1941.

HY（朱长山等，2007；李长看等，2011；储嘉琳等，2016）。

甘肃、河南、天津；原产于美洲。

大薸　　　　　　　　　　　　1
da piao

大萍　肥猪草　水白菜　水浮莲

Pistia stratiotes Linnaeus, Sp. Pl. 2: 963. 1753. **(FOC)**

AH（郭水良和李扬汉，1995；李振宇和解焱，2002；淮北地区，胡刚等，2005b；范志伟等，2008；何家庆和葛结林，2008；解焱，2008；车晋滇，2009；何冬梅等，2010；徐海根和强胜，2011；万方浩等，2012）, **CQ**（李振宇和解焱，2002；石胜璋等，2004；范志伟等，2008；车晋滇，2009；徐

海根和强胜，2011；万方浩等，2012）, **FJ**（郭水良和李扬汉，1995；李振宇和解焱，2002；厦门地区，陈恒彬，2005；厦门，欧健和卢昌义，2006a，2006b；宁昭玉等，2007；范志伟等，2008；罗明永，2008；解焱，2008；车晋滇，2009；杨坚和陈恒彬，2009；徐海根和强胜，2011；万方浩等，2012；武夷山市，李国平等，2014）, **GD**（李振宇和解焱，2002；鼎湖山，贺握权和黄忠良，2004；范志伟等，2008；中山市，蒋谦才等，2008；广州，王忠等，2008；解焱，2008；车晋滇，2009；王芳等，2009；粤东地区，曾宪锋等，2009；Fu等，2011；徐海根和强胜，2011；岳茂峰等，2011；付岚等，2012；林建勇等，2012；万方浩等，2012；稔平半岛，于飞等，2012；粤东地区，朱慧，2012；乐昌，邹滨等，2015，2016）, **GX**（李振宇和解焱，2002；吴桂容，2006；谢云珍等，2007；桂林，陈秋霞等，2008；范志伟等，2008；唐赛春等，2008b；解焱，2008；车晋滇，2009；柳州市，石亮成等，2009；贾洪亮等，2011；北部湾经济区，林建勇等，2011a，2011b；徐海根和强胜，2011；林建勇等，2012；胡刚和张忠华，2012；万方浩等，2012；郭成林等，2013；百色，贾桂康，2013；来宾市，林春华等，2015；灵山县，刘在松，2015）, **GZ**（李振宇和解焱，2002；范志伟等，2008；解焱，2008；车晋滇，2009；申敬民等，2010；徐海根和强胜，2011；万方浩等，2012）, **HB**（李振宇和解焱，2002；刘胜祥和秦伟，2004；范志伟等，2008；解焱，2008；车晋滇，2009；徐海根和强胜，2011；黄石市，姚发兴，2011；喻大昭等，2011；万方浩等，2012）, **HK**（李振宇和解焱，2002；范志伟等，2008；解焱，2008；车晋滇，2009；徐海根和强胜，2011；万方浩等，2012）, **HN**（李振宇和解焱，2002；范志伟等，2008；解焱，2008；车晋滇，2009；徐海根和强胜，2011；林建勇等，2012；万方浩等，2012；曾宪锋等，2014）, **HX**（李振宇和解焱，2002；范志伟等，2008；彭兆普等，2008；解焱，2008；车晋滇，2009；湘西地区，徐亮等，2009；衡阳市，谢红艳等，2011；徐海根和强胜，2011；万方浩等，2012）, **HY**（解焱，2008）, **JS**（郭水良和李扬汉，1995；李振宇和解焱，2002；范志伟等，2008；解焱，2008；车晋滇，2009；徐海根和强胜，2011；万方浩等，2012；寿海洋等，2014；严辉等，2014）, **JX**（李振宇和解焱，2002；解焱，2008；车晋滇，

2009；鞠建文等，2011；徐海根和强胜，2011；朱碧华等，2014；江西南部，程淑媛等，2015），**MC**（王发国等，2004），**SC**（李振宇和解焱，2002；范志伟等，2008；解焱，2008；车晋滇，2009；乐山市，刘忠等，2009；马丹炜等，2009；徐海根和强胜，2011；万方浩等，2012），**SD**（李振宇和解焱，2002；宋楠等，2006；吴彤等，2006；范志伟等，2008；解焱，2008；车晋滇，2009；南四湖湿地，王元军，2010；张绪良等，2010；徐海根和强胜，2011；万方浩等，2012），**SH**（郭水良和李扬汉，1995；青浦，左倬等，2010；张晴柔等，2013；汪远等，2015），**TW**（李振宇和解焱，2002；苗栗地区，陈运造，2006；兰阳平原，吴永华，2006；范志伟等，2008；解焱，2008；杨宜津，2008；车晋滇，2009；徐海根和强胜，2011；万方浩等，2012），**XZ**（察隅，李振宇和解焱，2002；察隅，范志伟等，2008；解焱，2008；车晋滇，2009；徐海根和强胜，2011；察隅，万方浩等，2012），**YN**（李振宇和解焱，2002；丁莉等，2006；西双版纳，管志斌等，2006；红河流域，徐成东等，2006；徐成东和陆树刚，2006；李乡旺等，2007；瑞丽，赵见明，2007；范志伟等，2008；解焱，2008；车晋滇，2009；德宏州，马柱芳和谷芸，2011；徐海根和强胜，2011；申时才等，2012；南部，万方浩等，2012；许美玲等，2014；杨忠兴等，2014），**ZJ**（郭水良和李扬汉，1995；李振宇和解焱，2002；李根有等，2006；范志伟等，2008；杭州市，王嫩仙，2008；解焱，2008；车晋滇，2009；杭州西湖风景区，梅笑漫等，2009；西溪湿地，舒美英等，2009；张建国和张明如，2009；天目山自然保护区，陈京等，2011；温州，丁炳扬和胡仁勇，2011；温州地区，胡仁勇等，2011；西溪湿地，缪丽华等，2011；徐海根和强胜，2011；万方浩等，2012；杭州，谢国雄等，2012；闫小玲等，2014；杭州，金祖达等，2015；周天焕等，2016）；黄河以南均有分布（环境保护部和中国科学院，2010）。

安徽、澳门、重庆、福建、广东、广西、贵州、海南、河南、湖北、湖南、江苏、江西、山东、上海、四川、台湾、天津、西藏、香港、云南、浙江；原产于美洲；归化于热带、亚热带地区。

千年芋　　　　　　　　　　　　　有待观察
qian nian yu

Xanthosoma sagittifolium (Linnaeus) Schott, Melet. Bot. 19. 1832. **(TPL)**

TW（苗栗地区，陈运造，2006）。

台湾、云南；原产于南美洲。

浮萍科 Lemnaceae

稀脉浮萍　　　　　　　　　　　　有待观察
xi mai fu ping

三脉浮萍

Lemna aequinoctialis Welwitsch, Apont. 578. 1858. **(FOC)**

Syn. *Lemna trinervis* (Austin) Small, Fl. S. E. U. S. 230, 1328. 1903.

JS（寿海洋等，2014），**SA**（栾晓睿等，2016），**SC**（邛海湿地，杨红，2009）。

安徽、福建、广东、贵州、海南、河北、河南、湖北、江苏、江西、辽宁、青海、陕西、山东、山西、四川、台湾、云南、浙江；起源不详；世界广布。

莎草科 Cyperaceae

黄香附　　　　　　　　　　　　　有待观察
huang xiang fu

Cyperus esculentus Linnaeus, Sp. Pl. 1: 45. 1753. **(TPL)**

YN（郭怡卿等，2010；申时才等，2012）。

北京、广西、黑龙江、辽宁、山东、台湾、新疆、云南；原产于地中海地区。

风车草　　　　　　　　　　　　　有待观察
feng che cao

轮伞莎草

Cyperus involucratus Rottbøll, Descr. Pl. Rar. 22. 1772. **(FOC)**

Syn. *Cyperus alternifolius* Linnaeus subsp.

flabelliformis Kükenthal, Pflanzenr. Ⅳ 20 (101): 193. 1936；*Cyperus flabelliformis* auct. non Rottb：单家林等 , 2006；杨忠兴等 , 2014

　　GD（粤东地区，曾宪锋等，2009；粤东地区，朱慧，2012；乐昌，邹滨等，2016），**GX**（来宾市，林春华等，2015），**HK**（Leung 等，2009），**HN**（范志伟等，2008；曾宪锋等，2014），**JS**（寿海洋等，2014），**TW**（苗栗地区，陈运造，2006）；我国南北各省区（范志伟等，2008）。

　　澳门、广东、广西、湖南、江苏、山西、上海、天津、台湾、香港、云南、浙江；原产于东非和阿拉伯半岛。

苏里南莎草　　4
su li nan suo cao

Cyperus surinamensis Rottbøll, Descr. Pl. Rar. 20. 1772. **(FOC)**

　　TW（Chen 等，2009；Wu 等，2010）。

　　澳门、福建、广东、海南、江西、台湾；原产于美洲。

第二部分

建议排除种和中国国产种

蕨类植物

裸子蕨科 Hemionitidaceae

粉叶蕨
fen ye jue

Pityrogramma calomelanos (Linnaeus) Link, Handb. Gewachse 3: 20. 1833. **(FOC)**

　　TW（苗栗地区，陈运造，2006）。

　　澳门、广东、广西、海南、台湾、香港、云南；原产于墨西哥、中美洲和南美洲。

木麻黄科 Casuarinaceae

木麻黄
mu ma huang

Casuarina equisetifolia Linnaeus, Amoen. Acad. 4: 143. 1759. **(FOC)**

　　GD（珠海市，黄辉宁等，2005a）；大陆沿海广为种植，在台湾兰屿报道有危害（解焱，2008）；**JS**（寿海洋等，2014；严辉等，2014）。

　　澳门、重庆、福建、广东、广西、海南、江苏、上海、四川、台湾、香港、云南、浙江；原产于大洋洲；归化于热带地区。

荨麻科 Urticaceae

火焰桑叶麻
huo yan sang ye ma

Laportea aestuans (Linnaeus) Chew, Gard. Bull. Singapore 21: 200. 1965. **(FOC)**

　　TW（苗栗地区，陈运造，2006）
　　台湾；可能原产于非洲。

蓼科 Polygonaceae

竹节蓼
zhu jie liao

Homalocladium platycladum (F. J. Müller) Liberty Hyde Bailey, Gentes Herb. 2 (1): 58. 1929. **(Tropicos)**

　　AH（陈明林等，2003），**GD**（粤东地区，曾宪锋等，2009；粤东地区，朱慧，2012），**HN**（曾宪锋等，2014）。

　　安徽、澳门、福建、广东、广西、海南、上海、天津、浙江；原产于所罗门群岛。

光叶子花
guang ye zi hua

宝巾

Bougainvillea glabra Choisy, Prodr. 13 (2): 437. 1849. **(FOC)**

FJ（解焱，2008），GD（白云山，李海生等，2008；解焱，2008；乐昌，邹滨等，2015），GX（解焱，2008），HN（解焱，2008），JS（寿海洋等，2014），JX（江西南部，程淑媛等，2015），MC（王发国等，2004）。

澳门、重庆、福建、广东、广西、贵州、海南、江苏、江西、上海、四川、天津、云南、浙江；原产于巴西。

叶子花
ye zi hua

三角梅

Bougainvillea spectabilis Willdenow, Sp. Pl. 2 (1): 348. 1799. **(FOC)**

HN（曾宪锋等，2014），SC（邛海湿地，杨红，2009），YN（西双版纳自然保护区，陶永祥等，2017）。

澳门、北京、福建、广东、广西、贵州、海南、湖北、湖南、江苏、江西、山东、上海、四川、台湾、天津、香港、云南、浙江；原产于巴西。

夜香紫茉莉
ye xiang zi mo li

Oxybaphus nyctagineus (Michaux) Sweet, Hort. Brit. 334. 1826. **(TPL)**
Syn. *Mirabilis nyctaginea* (Michaux) MacMillan, Metasp. Minnesota Valley 217. 1892.

BJ（刘全儒和张劲林，2014）。

北京；原产于美国。

大花马齿苋
da hua ma chi xian

松叶牡丹

Portulaca grandiflora Hooker, Bot. Mag. 56: pl. 2885. 1829. **(FOC)**

AH（黄山，汪小飞等，2007；黄山市城区，梁宇轩等，2015），GD（曾宪锋等，2009；粤东地区，朱慧，2012；乐昌，邹滨等，2016），HN（范志伟等，2008），JL（长白山区，周繇，2003；长白山区，苏丽涛和马立军，2009），JS（寿海洋等，2014），JX（江西南部，程淑媛等，2015），SA（栾晓睿等，2016），ZJ（西溪湿地，缪丽华等，2011；闫小玲等，2014）。

安徽、澳门、北京、重庆、福建、广东、广西、贵州、海南、河北、黑龙江、湖北、湖南、吉林、江苏、江西、辽宁、陕西、山东、上海、四川、台湾、天津、云南、浙江；原产于南美洲。

肥皂草
fei zao cao

草桂 草桃 石碱草

Saponaria officinalis Linnaeus, Sp. Pl. 1: 408. 1753. **(FOC)**

GS（徐海根和强胜，2011），HB（万方浩等，2012），HL（高燕和曹伟，2010；万方浩等，2012；郑宝江和潘磊，2012），JL（长白山区，周繇，2003；长白山区，苏丽涛和马立军，2009；万方浩等，2012；长春地区，曲同宝等，2015），JS（寿海洋等，2014；严辉等，2014），LN（曲波，2003；曲波等，2006a，2006b；沈阳，付海滨等，2009；高燕和曹伟，2010；大连，徐海根和强胜，2011；万方浩等，2012），SA（栾晓睿等，2016），SD（吴彤等，2006；青岛，徐海根和强胜，2011；万方浩等，2012）；东北地区（郑美林和曹伟，2013）。

北京、重庆、甘肃、广东、广西、河北、河南、黑龙江、湖北、吉林、江苏、江西、辽宁、陕西、山东、山西、天津、西藏、新疆、浙江；原产于西亚和欧洲。

大爪草
da zhua cao

Spergula arvensis Linnaeus, Sp. Pl. 1: 440. 1753. **(FOC)**

FJ（解焱，2008），HL（解焱，2008；鲁萍等，2012），SC（周小刚等，2008），SD（解焱，2008），XZ（解焱，2008），YN（丁莉等，2006；解焱，2008；郭怡卿等，2010；申时才等，2012；昭通，季青梅，2014）。

重庆、福建、广西、贵州、黑龙江、湖南、江苏、山东、四川、台湾、西藏、新疆、云南、浙江；原产于欧洲；归化于北温带。

苋科 Amaranthaceae

锦绣苋
jin xiu xian

红草

Alternanthera bettzickiana (Regel) G. Nicholson, Ill. Dict. Gard. 1: 59. 1884. **(FOC)** Syn. *Alternanthera versicolor* (Lemaire) Regel, Gartenflora 18: 101. 1869.

FJ（武夷山市，李国平等，2014），HN（范志伟等，2008），JS（寿海洋等，2014），YN（申时才等，2012）；我国各地（范志伟等，2008）。

澳门、北京、福建、广东、广西、海南、河北、河南、黑龙江、湖南、江苏、江西、山西、上海、四川、台湾、天津、香港、新疆、云南、浙江；原产于南美洲；归化于东南亚。

千日红
qian ri hong

Gomphrena globosa Linnaeus, Sp. Pl. 1: 224. 1753. **(FOC)**

AH（何家庆和葛结林，2008；何冬梅等，2010），HB（黄石市，姚发兴，2011），HN（范志伟等，2008），JS（寿海洋等，2014；严辉等，2014），JX（江西南部，程淑媛等，2015），MC（王发国等，2004），SA（栾晓睿等，2016），YN（申时才等，

2012）；全国各省均有（范志伟等，2008）。

安徽、澳门、北京、重庆、福建、甘肃、广东、广西、贵州、海南、河北、黑龙江、河南、湖北、湖南、江苏、江西、吉林、辽宁、陕西、山东、上海、四川、天津、香港、新疆、云南、浙江；原产于热带美洲；归化于热带亚洲。

毛茛科 Ranunculaceae

飞燕草
fei yan cao

Consolida ajacis (Linnaeus) Schur, Verh. Mitth. Siebenburg. Vereins Naturwiss. Hermannstadt 4 (3): 47. 1853. **(Tropicos)**

AH（陈明林等，2003），JS（寿海洋等，2014；严辉等，2014）。

安徽、澳门、北京、重庆、甘肃、广东、河南、湖北、江苏、辽宁、内蒙古、陕西、四川、上海、天津、西藏、新疆、浙江；原产于南欧和西亚。

胡椒科 Piperaceae

蒌叶
lou ye

Piper betle Linnaeus, Sp. Pl. 1: 28-29. 1753. **(FOC)**

HN（范志伟等，2008；曾宪锋等，2014），TW（范志伟等，2008）；东起台湾，经东南至西南各省区（范志伟等，2008）。

澳门、广东、广西、贵州、海南、四川、台湾、香港、云南；原产于马来西亚半岛；归化于热带亚洲及非洲马达加斯加。

罂粟科 Papaveraceae

野罂粟
ye ying su

山罂粟

Papaver nudicaule Linnaeus, Sp. Pl. 1: 507. 1753. **(FOC)**

HL（解焱，2008），HY（杜卫兵等，2002），JL（长春地区，曲同宝等，2015），NM（解焱，2008；庞立东等，2015）。

安徽、北京、重庆、甘肃、广东、广西、河北、河南、黑龙江、湖北、吉林、内蒙古、宁夏、青海、陕西、山东、山西、上海、四川、天津、新疆、西藏、云南、浙江；原产于中亚、北亚、北欧和北美洲。

虞美人
yu mei ren

Papaver rhoeas Linnaeus, Sp. Pl. 1: 507. 1753. **(FOC)**

JL（孙仓等，2007），JS（寿海洋等，2014；严辉等，2014），SA（杨凌地区，何纪琳等，2013；栾晓睿等，2016）。

安徽、北京、重庆、福建、甘肃、广东、广西、河北、河南、黑龙江、湖北、湖南、吉林、江苏、江西、辽宁、内蒙古、青海、陕西、山东、山西、上海、四川、天津、新疆、云南、浙江；原产于欧洲、西亚和北非。

山柑科 Capparaceae

醉蝶花
zui die hua

Tarenaya hassleriana (Chodat) Iltis, Novon 17 (4): 450. 2007. **(FOC)**
Syn. *Cleome spinosa* Jacquin, Enum. Syst. Pl. 26. 1760.

HN（曾宪锋等，2014）；JL（长春地区，曲同宝等，2015）。

安徽、北京、重庆、福建、甘肃、广东、广西、贵州、海南、河北、黑龙江、河南、湖北、湖南、吉林、江苏、辽宁、内蒙古、陕西、山东、山西、上海、四川、台湾、天津、香港、云南、浙江；原产于南美洲（阿根廷、巴西、巴拉圭）；偶见归化于热带和温带地区；世界广泛栽培。

十字花科 Brassicaceae（Cruciferae）

辣根
la gen

Armoracia rusticana P. G. Gaertner, B. Meyer & Scherbius, Oekon. Fl. Wetterau, 2: 426. 1800. **(FOC)**

BJ（徐海根和强胜，2011），HL（徐海根和强胜，2011），JL（徐海根和强胜，2011），JS（寿海洋等，2014；严辉等，2014），LN（徐海根和强胜，2011）。

北京、黑龙江、吉林、江苏、辽宁、上海、云南；原产于欧洲。

芥菜
jie cai

野芥菜 野油菜 油芥菜

Brassica juncea (Linnaeus) Czernajew, Consp. Pl. Charc. 8. 1859. **(FOC)**
Syn. *Brassica juncea* (Linnaeus) Czernajew var. *gracilis* M. Tsen & S. H. Lee, Hortus Sinicus 2: 26. 1942.

HB（李儒海等，2011；喻大昭等，2011），HL（鲁萍等，2012），HN（范志伟等，2008），HX（彭兆普等，2008；湘西地区，徐亮等，2009），JS（南京，吴海荣等，2004），SC（周小刚等，2008），YN（申时才等，2012），ZJ（西溪湿地，舒美英等，2009）；全国各地都有分布（解焱，2008）；全国各地（范志伟等，2008）。

澳门、安徽、北京、重庆、福建、甘肃、广东、广西、贵州、海南、河北、河南、黑龙江、湖北、湖南、吉林、江苏、江西、辽宁、内蒙古、宁夏、青海、陕西、山东、山西、上海、四川、天津、西藏、香港、新疆、云南、浙江；起源不详（自古栽培）；世界栽培。

芝麻菜
zhi ma cai

Eruca vesicaria (Linnaeus) Cavanilles subsp. ***sativa*** (Miller) Thellung, Ill. Fl. Mitt. -Eur. 4 (1): 201. 1918. **(FOC)**
Bas. *Eruca sativa* Miller, Gard. Dict.,ed. 8, Eruca no. 1. 1768.

BJ（刘全儒 等，2002），HJ（陈超 等，2012），NM（苏亚拉图等，2007；陈超等，2012；庞立东等，2015）；华北农牧交错带（陈超等，2012）。

北京、重庆、甘肃、广东、广西、河北、河南、黑龙江、江苏、辽宁、内蒙古、宁夏、青海、陕西、山西、上海、四川、天津、新疆、浙江；原产于欧洲、西亚和北非。

白芥
bai jie

胡芥

Sinapis alba Linnaeus, Sp. Pl. 2: 668. 1753. **(FOC)**

AH（徐海根和强胜，2011），LN（徐海根和强胜，2011），SC（徐海根和强胜，2011），SA（栾晓睿等，2016），SD（徐海根和强胜，2011），SX（徐海根和强胜，2011），XJ（徐海根和强胜，2011）。

安徽、北京、重庆、甘肃、广西、河北、辽宁、青海、陕西、山东、山西、四川、天津、新疆、浙江；原产于欧洲、南亚、西亚和北非；归化于各地。

东方大蒜芥
dong fang da suan jie

西亚大蒜芥

Sisymbrium orientale Linnaeus, Sp. Pl. 2: 666. 1753. **(FOC)**

YN（申时才等，2012）。

福建、江苏、山西、云南；原产于欧洲、南亚、西亚和北非；各地栽培。

净土树
jing tu shu

三球悬铃木

Platanus orientalis Linnaeus, Sp. Pl. 2: 999. 1753. **(FOC)**

HB（黄石市，姚发兴，2011）。

湖北、陕西（户县）；原产于亚洲西南部及欧洲东南部。

大叶落地生根
da ye luo di sheng gen

落地生根

Bryophyllum daigremontianum (Raymond-Hamet & H. Perrier) A. Berger, Nat. Pflanzenfam. (ed. 2) 18a: 412. 1930. **(FNA)** Syn. *Kalanchoe daigremontiana* Raymond-Hamet & H. Perrier, Ann. Mus. Colon. Marseille, sér. 2, 2: 128-132. 1914.

HN（霸王岭自然保护区，胡雪华等，2011）。

北京、福建、广东、广西、澳门、海南、江苏、上海、四川、新疆；原产于马达加斯加。

大叶相思
da ye xiang si

Acacia auriculiformis A. Cunningham ex Bentham, London J. Bot. 1: 377. 1842. **(FOC)**

GD（珠海市，黄辉宁等，2005a），JX（江西南部，程淑媛等，2015）。

澳门、重庆、福建、广东、广西、贵州、海南、湖南、江西、四川、云南、浙江；原产于澳大利亚至新几内亚。

灰金合欢
hui he huan

苏门答腊金合欢

Acacia glauca (Linnaeus) Moench, Methodus 466. 1794. **(FOC)**

GX（谢云珍等，2007；百色，贾桂康，2013）。

福建、广东、广西、贵州、海南、云南、浙江；原产于热带美洲。

紫穗槐
zi sui huai

椒条 穗花槐

Amorpha fruticosa Linnaeus, Sp. Pl. 2: 713.

1753. **(FOC)**

AH（何家庆和葛结林，2008），**BJ**（刘全儒等，2002；王苏铭等，2012），**HY**（储嘉琳等，2016），**JL**（长白山区，周繇，2003；长白山区，苏丽涛和马立军，2009；高燕和曹伟，2010；长春地区，曲同宝等，2015），**JS**（寿海洋等，2014；严辉等，2014），**LN**（大连，张淑梅等，2013），**SA**（西安地区，祁云枝等，2010；栾晓睿等，2016），**SD**（昆嵛山，赵宏和董翠玲，2007；南四湖湿地，王元军，2010），**SX**（阳泉市，张垚，2016），**ZJ**（杭州西湖风景区，梅笑漫等，2009；西溪湿地，缪丽华等，2011；闫小玲等，2014；杭州，金祖达等，2015；周天焕等，2016）；东北地区（郑美林和曹伟，2013）；东北草地（石洪山等，2016）。

安徽、北京、重庆、福建、甘肃、广东、广西、贵州、河北、河南、黑龙江、湖北、湖南、吉林、江苏、江西、辽宁、内蒙古、宁夏、青海、陕西、山东、山西、上海、四川、台湾、天津、西藏、新疆、云南、浙江；原产于美国；归化于北亚和欧洲。

蔓花生①
man hua sheng

Arachis duranensis Krapovickas & W. C. Gregory, Bonplandia (Corrientes) 8: 120-122, f. 3. 1994. **(Tropicos)**

FJ（范志伟等，2008），**GD**（范志伟等，2008），**HN**（范志伟等，2008；曾宪锋等，2014），**TW**（范志伟等，2008）。

澳门、福建、广东、广西、海南、江西、台湾、云南；原产于南美洲。

金凤花
jin feng hua
洋金凤

Caesalpinia pulcherrima (Linnaeus) Swartz, Observ. Bot. 166. 1791. **(FOC)**

GD（范志伟等，2008），**GX**（范志伟等，2008），**HN**（范志伟等，2008；曾宪锋等，2014），

---

① 深圳植物志2：361，2010记载蔓花生学名为*Arachis pintoi*，但没有提及入侵，故本书没有收入。

TW（范志伟等，2008），**YN**（范志伟等，2008）。

澳门、福建、广东、广西、贵州、海南、内蒙古、台湾、香港、云南；原产地不详。

印度黄檀
yin du huang tan

Dalbergia sissoo Roxburgh ex de Candolle, Prodr. 2: 416. 1825. **(FOC)**

TW（苗栗地区，陈运造，2006）。

福建、广东、海南、台湾、浙江；原产于南亚和西亚。

龙牙花
long ya hua

Erythrina corallodendron Linnaeus, Sp. Pl. 2: 706. 1753. **(FOC)**

CQ（金佛山自然保护区，孙娟等，2009），**GD**（范志伟等，2008），**GX**（范志伟等，2008），**GZ**（范志伟等，2008），**HN**（范志伟等，2008；曾宪锋等，2014），**JS**（寿海洋等，2014），**JX**（江西南部，程淑媛等，2015），**TW**（范志伟等，2008），**YN**（西双版纳，范志伟等，2008），**ZJ**（范志伟等，2008）。

澳门、北京、重庆、福建、广东、广西、贵州、海南、河北、湖北、江苏、江西、山东、四川、台湾、天津、香港、云南、浙江；原产于西印度群岛和美国南部。

扁豆
bian dou
鹊豆

Lablab purpureus (Linnaeus) Sweet, Hort. Brit. 481. 1826. **(FOC)**
Syn. *Dolichos lablab* Linnaeus, Sp. Pl. 2: 725. 1753.

BJ（刘全儒等，2002），**CQ**（金佛山自然保护区，孙娟等，2009），**FJ**（武夷山市，李国平等，2014），**HN**（曾宪锋等，2014），**SA**（西安地区，祁云枝等，2010），**TW**（苗栗地区，陈运造，2006）。

安徽、北京、重庆、福建、甘肃、广东、广西、贵州、海南、河北、湖北、湖南、江苏、江西、辽宁、陕

西、山东、山西、上海、四川、台湾、天津、香港、云南、浙江；原产于非洲；广泛栽培于热带地区。

假含羞草
jia han xiu cao

Neptunia plena (Linnaeus) Bentham, J. Bot. (Hooker) 4 (31): 355. 1841. **(FOC)**

  FJ（徐海根和强胜，2011），**GD**（粤东地区，曾宪锋等，2009；徐海根和强胜，2011；粤东地区，朱慧，2012）。

  福建、广东、台湾；原产于美洲。

豆薯
dou shu

沙葛

Pachyrhizus erosus (Linnaeus) Urban, Symb. Antill. 4 (2): 311. 1905. **(FOC)**

  AH（黄山，汪小飞等，2007），**GD**（深圳，严岳鸿等，2004），**HK**（严岳鸿等，2005），**MC**（王发国等，2004），**TW**（苗栗地区，陈运造，2006）。

  安徽、澳门、北京、重庆、福建、甘肃、广东、广西、贵州、海南、湖北、湖南、江苏、江西、山西、四川、台湾、香港、云南、浙江；原产于美洲；归化于旧大陆热带地区。

荷包豆
he bao dou

芸豆

Phaseolus coccineus Linnaeus, Sp. Pl. 2: 724. 1753. **(FOC)**

  BJ（松山自然保护区，刘佳凯等，2012；松山自然保护区，王惠惠等，2014），**CQ**（金佛山自然保护区，孙娟等，2009），**SA**（西安地区，祁云枝等，2010）。

  北京、重庆、甘肃、贵州、河北、河南、黑龙江、湖北、湖南、吉林、辽宁、内蒙古、陕西、山西、上海、四川、天津、江西、云南；原产于热带美洲。

棉豆
mian dou

荷包豆

Phaseolus lunatus Linnaeus, Sp. Pl. 2: 724. 1753. **(FOC)**

  BJ（刘全儒等，2002）。

  北京、重庆、福建、甘肃、广东、广西、贵州、海南、河北、湖南、江西、山东、上海、山西、四川、云南、浙江；原产于热带美洲。

菜豆
cai dou

Phaseolus vulgaris Linnaeus, Sp. Pl. 2: 723. 1753. **(FOC)**

  BJ（刘全儒等，2002），**CQ**（金佛山自然保护区，孙娟等，2009），**SA**（西安地区，祁云枝等，2010；杨凌地区，何纪琳等，2013）。

  安徽、北京、重庆、福建、甘肃、广东、广西、贵州、河南、黑龙江、湖北、湖南、吉林、江苏、辽宁、内蒙古、宁夏、陕西、山东、山西、上海、四川、天津、香港、新疆、西藏、云南、浙江；原产于美洲。

多花决明
duo hua jue ming

繁花决明

Senna* × *floribunda (Cavanilles) H. S. Irwin & Barneby, Mem. New York Bot. Gard. 25: 360. 1982. **(Tropicos)**
Bas. *Cassia floribunda* Cavanilles, Descr. Pl. 132. 1802.

  GD（范志伟等，2008），**GX**（范志伟等，2008），**HN**（范志伟等，2008），**TW**（苗栗地区，陈运造，2006）；**YN**（丁莉等，2006）。

  福建、广东、广西、海南、台湾、云南、浙江；原产于美洲。

  双子叶植物

黄槐决明
huang huai jue ming

粉叶决明

Senna surattensis (Burman f.) H. S. Irwin & Barneby, Mem. New York Bot. Gard. 35: 81. 1982. **(FOC)**

Syn. *Cassia surattensis* Burman f.,Fl. Indica 97. 1768.

AH（黄山，汪小飞等，2007），**HK**（Leung 等，2009），**HN**（曾宪锋等，2014），**JX**（江西南部，程淑媛等，2015）。

安徽、澳门、重庆、福建、广东、广西、贵州、海南、湖北、江西、上海、四川、台湾、香港、云南、浙江；可能原产于澳大利亚。

亚麻科 Linaceae

亚麻
ya ma

Linum usitatissimum Linnaeus, Sp. Pl. 1: 277. 1753. **(FOC)**

HL（郑宝江和潘磊，2012），**JL**（长春地区，曲同宝等，2015），**JS**（胡长松等，2016），**SD**（衣艳君等，2005）；东北地区（郑美林和曹伟，2013）。

安徽、澳门、北京、重庆、福建、甘肃、广东、广西、贵州、河北、河南、黑龙江、湖北、湖南、吉林、江苏、江西、辽宁、内蒙古、宁夏、青海、陕西、山东、山西、上海、四川、天津、西藏、香港、新疆、云南、浙江；可能原产于西亚、欧洲及地中海一带；广泛栽培。

大戟科 Euphorbiaceae

麻风树
ma feng shu

柴油树 臭油桐 芙蓉树 膏桐 黑皂树 麻疯树 木花生 小桐子 油芦子

Jatropha curcas Linnaeus, Sp. Pl. 2: 1006. 1753. **(FOC)**

FJ（范志伟等，2008；徐海根和强胜，2011），**GD**（珠海市，黄辉宁等，2005b；范志伟等，2008；粤东地区，曾宪锋等，2009；徐海根和强胜，2011；粤东地区，朱慧，2012），**GX**（谢云珍等，2007；范志伟等，2008；和太平等，2011；徐海根和强胜，2011；百色，贾桂康，2013），**GZ**（范志伟等，2008；徐海根和强胜，2011），**HN**（安锋等，2007；范志伟等，2008；徐海根和强胜，2011；曾宪锋等，2014），**MC**（王发国等，2004），**SC**（范志伟等，2008；徐海根和强胜，2011），**TW**（范志伟等，2008；徐海根和强胜，2011），**YN**（孙卫邦和向其柏，2004；范志伟等，2008；徐海根和强胜，2011）。

澳门、福建、广东、广西、贵州、海南、湖南、内蒙古、山西、四川、台湾、香港、云南；原产于热带美洲。

木薯
mu shu

Manihot esculenta Crantz, Inst. Rei Herb. 1: 167. 1766. **(FOC)**

GD（中山市，蒋谦才等，2008；乐昌，邹滨等，2015），**GX**（谢云珍等，2007；和太平等，2011；百色，贾桂康，2013），**HN**（霸王岭自然保护区，胡雪华等，2011；曾宪锋等，2014）。

澳门、福建、广东、广西、贵州、海南、上海、四川、台湾、香港、云南、浙江；原产于巴西；归化于泛热带地区。

红雀珊瑚
hong que shan hu

Pedilanthus tithymaloides (Linnaeus) Poiteau, Ann. Mus. Hist. Nat. 19: 390, pl. 19. 1812. **(FOC)**

GD（南部，范志伟等，2008），**GX**（范志伟等，2008），**HN**（范志伟等，2008；曾宪锋等，2014），**YN**（范志伟等，2008）。

澳门、北京、福建、广东、广西、海南、香港、云南；原产于中美洲。

杧果
mang guo

芒果

Mangifera indica Linnaeus, Sp. Pl. 1: 200. 1753. **(FOC)**

MC（王发国等，2004）。

澳门、福建、广东、广西、海南、河南、湖南、江苏、四川、台湾、香港、云南、浙江；原产于东南亚；世界栽培。

复叶枫
fu ye feng

复叶槭 糖槭 梣叶槭

Acer negundo Linnaeus, Sp. Pl. 2: 1056. 1753. **(FOC)**

HL（鲁萍等，2012；郑宝江和潘磊，2012），JL（长白山区，周繇，2003；长白山区，苏丽涛和马立军，2009），JS（寿海洋等，2014），LN（曲波，2003；曲波等，2006a，2006b；沈阳，付海滨等，2009），SA（栾晓睿等，2016）；东北地区（郑美林和曹伟，2013）。

安徽、北京、重庆、甘肃、广东、贵州、河北、河南、黑龙江、湖北、吉林、江苏、江西、辽宁、内蒙古、宁夏、青海、陕西、山东、山西、上海、四川、天津、新疆、西藏、云南、浙江；原产于北美洲。

苏丹凤仙花
su dan feng xian hua

非洲凤仙花

Impatiens walleriana Hooker f.,Fl. Trop. Afr. 1: 302. 1868. **(FOC)**

GZ（贵阳市，陈菊艳等，2016），JS（寿海洋等，2014），SA（栾晓睿等，2016），TW（苗栗地区，陈运造，2006；解焱，2008）。

澳门、北京、福建、广东、广西、贵州、海南、河北、黑龙江、湖北、湖南、吉林、江苏、陕西、上海、四川、台湾、天津、香港、新疆、云南；原产于东非；世界栽培。

咖啡黄葵
ka fei huang kui

秋葵

Abelmoschus esculentus (Linnaeus) Moench, Methodus, 2: 617. 1794. **(FOC)**

JS（寿海洋等，2014），SA（西安地区，祁云枝等，2010；栾晓睿等，2016），YN（申时才等，2012）。

澳门、重庆、福建、广东、广西、海南、河北、湖北、湖南、江苏、江西、陕西、山东、上海、四川、天津、香港、云南、浙江；原产于印度。

瓜栗
gua li

大果木棉 马拉巴栗

Pachira aquatica Aublet, Hist. Pl. Guiane 2: 726. 1775. **(FOC)**

Syn. *Pachira macrocarpa* (Schlechtendal & Chamisso) Walpers, Repert. Bot. Syst. 1: 329. 1842.

TW（苗栗地区，陈运造，2006）。

澳门、广东、台湾、云南；原产于热带美洲；归化于热带地区。

甜瓜
tian gua

马泡瓜 马包 小马泡

Cucumis melo Linnaeus, Sp. Pl. 2: 1011. 1753. **(FOC)**

Syn. *Cucumis bisexualis* A. M. Lu & G. C.

Wang, Bull. Bot. Res. Harbin 4 (2): 126-127, f. 1-6. 1984.

AH（徐海根和强胜，2004；何家庆和葛结林，2008；解焱，2008），**HY**（朱长山等，2007；新乡，许桂芳和简在友，2011），**JS**（徐海根和强胜，2004；解焱，2008；苏州，林敏等，2012；胡长松等，2016），**SA**（杨凌地区，何纪琳等，2013），**SD**（徐海根和强胜，2004；解焱，2008），**SH**（张晴柔等，2013），**SX**（石瑛等，2006）。

安徽、澳门、北京、重庆、福建、甘肃、广东、广西、海南、河北、河南、黑龙江、湖北、湖南、江苏、江西、吉林、辽宁、内蒙古、陕西、山东、山西、上海、四川、天津、香港、新疆、云南、浙江；原产于中亚；广泛栽培。

菜瓜
cai gua

马泡瓜

Cucumis melo Linnaeus subsp. ***agrestis*** (Naudin) Pangalo in Zhukovskii, Zemledel'ch. Turtsiya. 534. 1933. **(FOC)**
Syn. *Cucumis melo* Linnaeus var. *agrestis* Naudin, Ann. Sci. Nat.,Bot.,sér. 4 11: 73-74. 1859.

AH（何家庆和葛结林，2008），**GD**（林建勇等，2012），**GX**（北部湾经济区，林建勇等，2011a，2011b；林建勇等，2012），**HL**（鲁萍等，2012），**HN**（林建勇等，2012），**HX**（彭兆普等，2008），**SD**（南四湖湿地，王元军，2010）。

安徽、广东、广西、河南、黑龙江、湖北、湖南、内蒙古、陕西、山东、山西、上海、四川、新疆、浙江；原产于旧大陆热带地区。

苦瓜
ku gua

野苦瓜

Momordica charantia Linnaeus, Sp. Pl. 2: 1009. 1753. **(FOC)**

HN（曾宪锋等，2014），**TW**（苗栗地区，陈运造，2006）。

安徽、澳门、重庆、福建、甘肃、广东、广西、贵州、海南、河北、河南、湖北、湖南、江苏、江西、上海、四川、台湾、天津、香港、云南、浙江；可能原产于非洲和亚洲的亚热带、热带地区。

佛手瓜
fo shou gua

佛掌瓜

Sechium edule (Jacquin) Swartz, Fl. Ind. Occid. 2 (2): 1150. 1800. **(FOC)**

MC（王发国等，2004），**TW**（苗栗地区，陈运造，2006）。

澳门、福建、广东、广西、湖北、江苏、江西、辽宁、台湾、天津、香港、云南、浙江；原产于墨西哥。

桃金娘科 Myrtaceae

蒲桃
pu tao

水蒲桃 水石榴 响鼓 香果

Syzygium jambos (Linnaeus) Alston, Handb. Fl. Ceylon 6: 115. 1931. **(FOC)**

FJ（解焱，2008；徐海根和强胜，2011），**GD**（解焱，2008；徐海根和强胜，2011），**GX**（解焱，2008；徐海根和强胜，2011），**GZ**（解焱，2008；徐海根和强胜，2011），**HK**（Leung 等，2009），**HN**（解焱，2008），**TW**（苗栗地区，陈运造，2006；解焱，2008；徐海根和强胜，2011），**YN**（解焱，2008；徐海根和强胜，2011）。

澳门、重庆、福建、广东、广西、贵州、海南、青海、四川、台湾、香港、云南、浙江；可能原产于热带亚洲。

柳叶菜科 Onagraceae

倒挂金钟
dao gua jin zhong

Fuchsia hybrida horticultural usage ex Siebert & Voss, Vilm. Blumengärtn. ed. 3 1: 332. 1894. **(Tropicos)**

SA（西安地区，祁云枝等，2010；栾晓睿等，

2016）。

安徽、北京、重庆、甘肃、广西、河北、河南、江苏、辽宁、青海、陕西、山西、上海、四川、天津、云南、浙江；杂交起源；园艺品种很多，广泛栽培于全世界。

山桃草
shan tao cao

Gaura lindheimeri Engelmann & A. Gray, Boston J. Nat. Hist. 5 (2): 217-218. 1845. **(FOC)**

JS（寿海洋等，2014），**LN**（高燕和曹伟，2010；大连，张恒庆等，2016），**SA**（栾晓睿等，2016）；东北地区（郑美林和曹伟，2013）。

安徽、北京、重庆、河北、河南、湖北、江苏、江西、辽宁、陕西、山东、上海、四川、香港、云南、浙江；原产于北美洲。

伞形科 Apiaceae（Umbelliferae）

芫荽
yan sui

胡荽 香菜 香荽

Coriandrum sativum Linnaeus, Sp. Pl. 1: 256. 1753. **(FOC)**

AH（陈明林等，2003；徐海根和强胜，2004，2011；何家庆和葛结林，2008；何冬梅等，2010），**BJ**（刘全儒等，2002；彭程等，2010；王苏铭等，2012），**CQ**（北碚区，杨柳等，2015），**GS**（徐海根和强胜，2004，2011；赵慧军，2012），**GD**（林建勇等，2012），**GX**（邓晰朝和卢旭，2004；吴桂容，2006；北部湾经济区，林建勇等，2011a，2011b；林建勇等，2012），**GZ**（贵阳市，石登红和李灿，2011），**HB**（黄石市，姚发兴，2011；喻大昭等，2011），**HN**（安锋等，2007；林建勇等，2012），**HJ**（徐海根和强胜，2004，2011；秦皇岛，李顺才等，2009），**HY**（徐海根和强胜，2004，2011；李长看等，2011；新乡，许桂芳和简在友，2011；储嘉琳等，2016），**JS**（徐海根和强胜，2004，2011；苏州，林敏等，2012），**SA**（徐海根和强胜，2004，2011；西安地区，祁云枝等，2010；杨凌地区，何纪琳等，2013），**SC**（周小刚等，2008），**SD**（徐海根和强胜，2004，2011），**SH**（青浦，左倬等，2010；

张晴柔等，2013），**SX**（徐海根和强胜，2004，2011），**YN**（申时才等，2012），**ZJ**（杭州，陈小永等，2006；台州，陈模舜，2008；张建国和张明如，2009）；各地有栽培，逸生（解焱，2008）；赤水河中游地区（窦全丽等，2015）。

安徽、澳门、北京、重庆、福建、甘肃、广东、广西、贵州、海南、河北、河南、黑龙江、湖北、湖南、吉林、江苏、江西、辽宁、内蒙古、宁夏、青海、陕西、山东、山西、上海、四川、台湾、天津、西藏、香港、新疆、云南、浙江；原产于地中海地区。

茴香
hui xiang

Foeniculum vulgare Miller, Gard. Dict. ed. 8, Foeniculum no. 1. 1768. **(FOC)**

AH（陈明林等，2003），**BJ**（刘全儒等，2002），**HN**（范志伟等，2008；曾宪锋等，2014），**SA**（西安地区，祁云枝等，2010），**YN**（申时才等，2012）；各省市区（范志伟等，2008）。

安徽、北京、重庆、福建、甘肃、广东、广西、贵州、海南、河北、河南、黑龙江、湖北、湖南、吉林、江苏、江西、辽宁、内蒙古、宁夏、青海、陕西、山东、山西、上海、四川、台湾、天津、西藏、香港、新疆、云南、浙江；原产于地中海沿岸；归化于北美洲等地；广泛栽培。

木樨科 Oleaceae

美国白蜡树
mei guo bai la shu

Fraxinus americana Linnaeus, Sp. Pl. 2: 1057. 1753. **(TPL)**

HL（鲁萍等，2012）。
黑龙江；原产于北美洲。

旋花科 Convolvulaceae

番薯
fan shu

甘薯

双子叶植物

Ipomoea batatas (Linnaeus) Lamarck, Tabl. Encycl. 1: 465. 1793. **(FOC)**

CQ（金佛山自然保护区，孙娟等，2009），**GD**（乐昌，邹滨等，2015），**SA**（栾晓睿等，2016），**TW**（苗栗地区，陈运造，2006）。

安徽、澳门、北京、重庆、福建、广东、广西、贵州、海南、河南、河北、黑龙江、湖北、湖南、江苏、江西、辽宁、陕西、山东、山西、上海、四川、台湾、天津、香港、云南；原产于南美洲；世界各地均有栽培。

马鞭草科 Verbenaceae

假连翘
jia lian qiao

番仔刺 花墙刺 金露花 篱笆树 洋刺

Duranta erecta Linnaeus, Sp. Pl. 2: 637. 1753. **(FOC)**
Syn. *Duranta repens* Linnaeus, Sp. Pl. 2: 637. 1753.

FJ（厦门，欧健和卢昌义，2006a，2006b；解焱，2008；徐海根和强胜，2011；福州，彭海燕和高关平，2013），**GD**（解焱，2008；徐海根和强胜，2011；乐昌，邹滨等，2015），**GX**（解焱，2008；徐海根和强胜，2011），**HN**（解焱，2008；徐海根和强胜，2011；曾宪锋等，2014），**SC**（陈开伟，2013），**TW**（苗栗地区，陈运造，2006；解焱，2008；徐海根和强胜，2011），**YN**（孙卫邦和向其柏，2004；解焱，2008；徐海根和强胜，2011；普洱，陶川，2012；西双版纳自然保护区，陶永祥等，2017）。

澳门、重庆、福建、广东、广西、海南、湖南、江西、山东、山西、上海、四川、台湾、香港、云南、浙江；原产于美洲；归化于热带、亚热带地区。

唇形科 Lamiaceae（Labiatae）

皱叶留兰香
zhou ye liu lan xiang

Mentha crispata Schrader ex Willdenow, Enum. Pl. 2: 608. 1809. **(FOC)**

JS（寿海洋等，2014），**ZJ**（李根有等，2006；

张建国和张明如，2009；闫小玲等，2014）。

北京、重庆、江苏、江西、上海、四川、云南、浙江；原产于西亚和欧洲。

留兰香
liu lan xiang

Mentha spicata Linnaeus, Sp. Pl. 2: 576. 1753. **(FOC)**

GD（粤东地区，曾宪锋等，2009；粤东地区，朱慧，2012），**JS**（寿海洋等，2014），**SA**（栾晓睿等，2016）。

北京、重庆、福建、广东、广西、贵州、海南、河北、黑龙江、湖北、湖南、江苏、江西、陕西、上海、四川、天津、西藏、新疆、云南、浙江；原产于欧洲。

一串红
yi chuan hong

Salvia splendens Sellow ex Nees, Flora 4 (1): 300-301. 1821. **(Tropicos)**

JX（江西南部，程淑媛等，2015），**SA**（杨凌地区，何纪琳等，2013），**YN**（孙卫邦和向其柏，2004）。

安徽、重庆、福建、甘肃、广东、广西、贵州、河北、湖北、湖南、吉林、江西、辽宁、内蒙古、青海、陕西、山西、上海、四川、天津、新疆、香港、云南、浙江；原产于南美洲。

茄科 Solanaceae

鸳鸯茉莉
yuan yang mo li

Brunfelsia acuminata Bentham, Prodr. 10: 199. 1846. **(Tropicos)**

GX（邹蓉等，2009）。

澳门、重庆、福建、广东、广西、海南、江苏、山东、香港、云南；原产于热带美洲。

辣椒
la jiao

Capsicum annuum Linnaeus, Sp. Pl. 1: 188-189. 1753. **(FOC)**

Syn. *Capsicum frutescens* Linnaeus, Sp. Pl. 1: 189. 1753.

CQ（金佛山自然保护区，孙娟等，2009），**GX**（邹蓉等，2009），**MC**（王发国等，2004），**SA**（杨凌地区，何纪琳等，2013），**YN**（丁莉等，2006）。

安徽、澳门、北京、重庆、福建、广东、广西、贵州、海南、河北、河南、黑龙江、湖北、湖南、吉林、江苏、江西、辽宁、内蒙古、宁夏、陕西、山东、山西、上海、四川、台湾、天津、香港、新疆、云南、浙江；原产于热带美洲。

毛茎夜香树
mao jing ye xiang shu

红花夜来香

Cestrum elegans (Brongniart) Schlechtendal, Linnaea 19: 261-262. 1847. **(FOC)**

GX（邹蓉等，2009）。

广东、广西、山西、云南；原产于墨西哥。

夜香树
ye xiang shu

Cestrum nocturnum Linnaeus, Sp. Pl. 1: 191. 1753. **(FOC)**

CQ（金佛山自然保护区，孙娟等，2009），**FJ**（范志伟等，2008），**GD**（范志伟等，2008），**GX**（范志伟等，2008；邹蓉等，2009），**HN**（范志伟等，2008），**YN**（范志伟等，2008）。

澳门、重庆、福建、广东、广西、贵州、海南、湖南、山东、山西、上海、天津、香港、云南、浙江；原产于美洲。

树番茄
shu fan qie

Cyphomandra betacea (Cavanilles) Sendtner, Flora 28 (11): 172-173, pl. 4, f. 1-6. 1845. **(FOC)**

GX（邹蓉等，2009）。

广西、四川、台湾、西藏、云南；原产于南美洲；

热带、亚热带地区栽培。

番茄
fan qie

Lycopersicon esculentum Miller, Gard. Dict. (ed. 8) no. 2. 1768. **(FOC)**

CQ（金佛山自然保护区，孙娟等，2009），**GX**（邹蓉等，2009），**MC**（王发国等，2004），**SA**（杨凌地区，何纪琳等，2013），**TW**（苗栗地区，陈运造，2006）。

安徽、澳门、北京、重庆、福建、广东、广西、贵州、海南、黑龙江、河南、湖北、湖南、吉林、江苏、江西、辽宁、内蒙古、青海、陕西、山东、山西、上海、四川、台湾、天津、香港、云南、浙江；原产于热带美洲。

烟草
yan cao

Nicotiana tabacum Linnaeus, Sp. Pl. 1: 180. 1753. **(FOC)**

GX（邹蓉等，2009）。

安徽、澳门、重庆、福建、甘肃、广东、广西、贵州、海南、黑龙江、湖北、江苏、江西、上海、四川、台湾、天津、香港、新疆、云南、浙江；原产于南美洲。

碧冬茄
bi dong qie

Petunia hybrida Vilmorin, Fl. Pleine Terre 1: 615-616. 1863. **(FOC)**

GX（邹蓉等，2009），**HN**（范志伟等，2008）；全国各省区（范志伟等，2008）。

安徽、澳门、北京、重庆、福建、甘肃、广东、广西、贵州、海南、河北、河南、江苏、江西、辽宁、内蒙古、青海、陕西、山东、山西、上海、四川、台湾、天津、香港、云南、浙江；杂交起源；世界栽培。

乳茄
ru qie

Solanum mammosum Linnaeus, Sp. Pl. 1:

双子叶植物

187. 1753. **(FOC)**

GX（邹蓉等，2009）。

澳门、福建、广东、广西、贵州、海南、上海、香港、云南、浙江；原产于热带美洲。

玄参科 Scrophulariaceae

毛地黄
mao di huang

Digitalis purpurea Linnaeus, Sp. Pl. 2: 621-622. 1753. **(FOC)**

JS（寿海洋等，2014），SA（栾晓睿等，2016），TW（杨宜津，2008）。

安徽、重庆、福建、广东、广西、贵州、河北、黑龙江、湖北、江苏、江西、陕西、山西、上海、四川、台湾、天津、云南、浙江；原产于欧洲。

紫葳科 Bignoniaceae

炮仗花
pao zhang hua

Pyrostegia venusta (K. Gawler) Miers, Proc. Roy. Hort. Soc. London 3: 188. 1863. **(FOC)**

FJ（刘巧云和王玲萍，2006；罗明永，2008），GD（白云山，黄彩萍和曾丽梅，2003）。

澳门、福建、广东、广西、海南、湖南、上海、台湾、香港、云南；原产于南美洲；归化于热带亚洲。

火焰树
huo yan shu

Spathodea campanulata Palisot de Beauvois, Fl. Oware 1: 47-48. 1805. **(FOC)**

TW（苗栗地区，陈运造，2006）。

澳门、福建、广东、河北、河南、台湾、香港、云南；原产于非洲；归化于印度和斯里兰卡。

爵床科 Acanthaceae

穿心莲
chuan xin lian

Andrographis paniculata (Burman f.) Wallich ex Nees, Pl. Asiat. Rar. 3: 116. 1832. **(FOC)**

FJ（范志伟等，2008），GD（范志伟等，2008），GX（范志伟等，2008），HN（单家林等，2006；范志伟等，2008；曾宪锋等，2014），JS（范志伟等，2008；寿海洋等，2014），SA（范志伟等，2008；栾晓睿等，2016），YN（范志伟等，2008），ZJ（闫小玲等，2014）。

安徽、澳门、重庆、福建、甘肃、广东、广西、贵州、海南、湖北、湖南、江苏、江西、陕西、四川、天津、香港、云南、浙江；原产于印度和斯里兰卡。

黄脉爵床
huang mai jue chuang

Sanchezia nobilis Hooker, Bot. Mag. 92: t. 5594. 1866. **(Tropicos)**

HN（安锋等，2007；彭宗波等，2013）。

澳门、广东、广西、海南、湖南、香港、云南；原产于南美洲。

菊科 Asteraceae（Compositae）

春黄菊
chun huang ju

Anthemis tinctoria Linnaeus, Sp. Pl. 2: 896. 1753. **(FOC)**

JL（解焱，2008），LN（解焱，2008）。

北京、福建、甘肃、黑龙江、河南、湖北、吉林、辽宁、陕西、上海、四川、新疆、云南；原产于欧洲。

雏菊
chu ju

Bellis perennis Linnaeus, Sp. Pl. 2: 886. 1753. **(FOC)**

HB（喻大昭等，2011）。

重庆、福建、广东、广西、贵州、河北、湖北、江苏、江西、青海、陕西、山东、山西、四川、台湾、天津、西藏、云南、浙江；我国各地庭园栽培为花坛观赏植物；原产于非洲北部（摩洛哥）、亚洲西南部和欧洲；各地归化。

金盏菊
jin zhan ju

金盏花

Calendula officinalis Linnaeus, Sp. Pl. 2: 921. 1753. **(FOC)**

HB（喻大昭等，2011）。

起源不详；中国各地公园栽培作观赏植物。

大丽花
da li hua

大丽菊

Dahlia pinnata Cavanilles, Icon. 1 (3): 57, t. 80. 1791. **(FOC)**

GX（桂林，陈秋霞等，2008），HB（喻大昭等，2011；章承林等，2012），SA（杨凌地区，何纪琳等，2013），ZJ（杭州，陈小永等，2006；杭州市，王嫩仙，2008；张建国和张明如，2009）。

安徽、澳门、北京、重庆、福建、甘肃、广东、广西、贵州、海南、河北、河南、湖北、湖南、江苏、江西、辽宁、青海、陕西、山东、山西、上海、四川、天津、西藏、香港、新疆、云南、浙江；原产于中美洲和哥伦比亚。

非洲菊
fei zhou ju

扶郎花

Gerbera jamesonii Adlam, Gard. Chron., ser. 33 (78): 775. 1888. **(FOC)**

GX（桂林，陈秋霞等，2008；百色，贾桂康，2013）。

澳门、重庆、广东、广西、河南、湖北、山东、上海、四川、天津、香港、云南、浙江；原产于非洲。

蒿子秆
hao zi gan

小茼蒿

Glebionis carinata (Schousboe) Tzvelev, Bot. Zhum. (Moscow & Leningrad) 84 (7): 117. 1999. **(FOC)**
Bas. *Chrysanthemum carinatum* Schousboe, Iagttag. Vextrig. Marokko 198-199, pl. 6. 1800.

AH（徐海根和强胜，2004，2011；何家庆和葛结林，2008；解焱，2008；何冬梅等，2010），HJ（徐海根和强胜，2004，2011；龙茹等，2008；解焱，2008），HL（徐海根和强胜，2004，2011；解焱，2008），JL（徐海根和强胜，2004，2011；解焱，2008），JS（寿海洋等，2014；严辉等，2014），LN（徐海根和强胜，2004，2011；解焱，2008），NM（徐海根和强胜，2004，2011；解焱，2008；庞立东等，2015），SC（周小刚等，2008），SD（青岛，罗艳和刘爱华，2008）。

安徽、北京、重庆、广东、贵州、海南、河北、黑龙江、河南、湖北、湖南、吉林、江苏、辽宁、内蒙古、青海、山东、上海、四川、天津、西藏、新疆、云南、浙江；原产于非洲（摩洛哥）。

美丽向日葵
mei li xiang ri kui

Helianthus × laetiflorus Persoon. Syn. Pl. 2: 476. 1807. **(Tropicos)**

BJ（刘全儒等，2002），SA（西安地区，祁云枝等，2010）。

北京、江苏、江西、陕西；杂交起源。

菊芋
ju yu

地姜 鬼仔姜 洋姜 洋生姜

Helianthus tuberosus Linnaeus, Sp. Pl. 2: 905. 1753. **(FOC)**

AH（郭水良和李扬汉，1995；徐海根和强胜，2004，2011；黄山，汪小飞等，2007；何家庆和葛结林，2008；解焱，2008；张中信，2009；何冬梅等，2010），**BJ**（刘全儒等，2002；雷霆等，2006；彭程等，2010；建成区，赵娟娟等，2010；徐海根和强胜，2011；王苏铭等，2012），**CQ**（金佛山自然保护区，孙娟等，2009；徐海根和强胜，2011；万州区，余顺慧和邓洪平，2011a，2011b），**FJ**（郭水良和李扬汉，1995；徐海根和强胜，2004，2011；解焱，2008；武夷山市，李国平等，2014），**GD**（惠州红树林自然保护区，曹飞等，2007；林建勇等，2012；乐昌，邹滨等，2015，2016），**GX**（邓晰朝和卢旭，2004；徐海根和强胜，2004，2011；吴桂容，2006；解焱，2008；北部湾经济区，林建勇等，2011a，2011b；林建勇等，2012），**GZ**（徐海根和强胜，2004，2011；解焱，2008；贵阳市，石登红和李灿，2011；贵阳市，陈菊艳等，2016），**HB**（徐海根和强胜，2004，2011；解焱，2008；黄石市，姚发兴，2011；喻大昭等，2011），**HJ**（秦皇岛，李顺才等，2009；衡水市，牛玉璐和李建明，2010；徐海根和强胜，2011），**HL**（徐海根和强胜，2011；郑宝江和潘磊，2012），**HN**（林建勇等，2012），**HX**（徐海根和强胜，2004，2011；郴州，陈国发，2006；彭兆普等，2008；解焱，2008；湘西地区，徐亮等，2009；益阳市，黄含吟等，2016），**HY**（徐海根和强胜，2004，2011；朱长山等，2007；解焱，2008；李长看等，2011；新乡，许桂芳和简在友，2011），**JL**（长白山区，周繇，2003；长春地区，李斌等，2007；孙仓等，2007；长白山区，苏丽涛和马立军，2009；徐海根和强胜，2011；长春地区，曲同宝等，2015），**JS**（郭水良和李扬汉，1995；南京，吴海荣等，2004；徐海根和强胜，2004，2011；解焱，2008；苏州，林敏等，2012；寿海洋等，2014；严辉等，2014；南京城区，吴秀臣和芦建国，2015），**JX**（郭水良和李扬汉，1995；徐海根和强胜，2004，2011；庐山风景区，胡天印等，2007c；解焱，2008；季春峰等，2009；王宁，2010；鞠建文等，2011；江西南部，程淑媛等，2015），**LN**（曲波，2003；徐海根和强胜，2004，2011；齐淑艳和徐文铎，2006；曲波等，2006a，2006b；沈阳，付海滨等，2009；大连，张淑梅等，2013；大连，张恒庆等，2016），**SA**（西安地区，祁云枝等，2010；杨凌地区，何纪琳等，2013；栾晓睿等，2016），**SC**（徐海根和强胜，2004，2011；解焱，2008；周小刚等，2008），**SD**（徐海根和强胜，2004，2011；衣艳君

等，2005；昆嵛山，赵宏和董翠玲，2007；青岛，罗艳和刘爱华，2008；解焱，2008；昆嵛山，赵宏和丛海燕，2012），**SH**（郭水良和李扬汉，1995；徐海根和强胜，2011；张晴柔等，2013），**YN**（徐海根和强胜，2004，2011；解焱，2008；申时才等，2012），**ZJ**（郭水良和李扬汉，1995；徐海根和强胜，2004，2011；杭州，陈小永等，2006；金华市郊，李娜等，2007；杭州市，王嫩仙，2008；解焱，2008；台州，陈模舜，2008；杭州西湖风景区，梅笑漫等，2009；张建国和张明如，2009；天目山自然保护区，陈京等，2011；温州，丁炳扬和胡仁勇，2011；温州地区，胡仁勇等，2011；杭州，谢国雄等，2012；闫小玲等，2014）；各地均有分布（车晋滇，2009）；东北地区（郑美林和曹伟，2013）；海河流域滨岸带（任颖等，2015）；东北草地（石洪山等，2016）。

安徽、北京、重庆、福建、甘肃、广东、贵州、海南、河北、河南、黑龙江、湖北、湖南、吉林、江苏、江西、辽宁、青海、陕西、山东、山西、上海、四川、天津、新疆、云南、浙江；原产于北美洲；广泛栽培于温带地区。

莴苣
wo ju

Lactuca sativa Linnaeus, Sp. Pl. 2: 795. 1753. **(FOC)**

CQ（金佛山自然保护区，孙娟等，2009），**LN**（大连，张淑梅等，2013），**SA**（杨凌地区，何纪琳等，2013），**ZJ**（金华市郊，李娜等，2007）。

澳门、福建、重庆、甘肃、广东、广西、贵州、海南、河北、河南、湖北、湖南、吉林、江苏、江西、辽宁、内蒙古、青海、陕西、山东、上海、四川、天津、香港、新疆、云南、浙江；可能原产于地中海地区至西亚。

滨菊
bin ju

法国菊

Leucanthemum vulgare Tournefort ex Lamarck, Fl. Franç. 2: 137. 1778. **(FOC)**

AH（黄山，汪小飞等，2007），**GS**（徐海根和强胜，2004，2011；解焱，2008；赵慧军，2012），

HX（湘西地区，徐亮等，2009），**HY**（徐海根和强胜，2004，2011；解焱，2008），**JS**（徐海根和强胜，2004，2011；解焱，2008；苏州，林敏等，2012；寿海洋等，2014；严辉等，2014；南京城区，吴秀臣和芦建国，2015），**JX**（徐海根和强胜，2004，2011；解焱，2008；季春峰等，2009；王宁，2010；鞠建文等，2011；朱碧华和朱大庆，2013；朱碧华等，2014），**SH**（张晴柔等，2013），**TW**（杨宜津，2008；徐海根和强胜，2011），**ZJ**（杭州市，王嫩仙，2008）。

安徽、重庆、福建、甘肃、广东、河北、河南、湖北、湖南、江苏、江西、青海、上海、台湾、香港、云南；原产于欧洲。

蛇目菊
she mu ju

Sanvitalia procumbens Lamarck, J. Hist. Nat. 2: 178, pl. 33. 1792. **(FOC)**

AH（郭水良和李扬汉，1995），**JS**（南京城区，吴秀臣和芦建国，2015），**SH**（郭水良和李扬汉，1995；张晴柔等，2013），**ZJ**（郭水良和李扬汉，1995；杭州市，王嫩仙，2008；闫小玲等，2014）。

安徽、福建、湖北、江苏、江西、山西、上海、四川、香港、浙江；原产于中美洲。

被子植物

百合科 Liliaceae

凤尾兰
feng wei lan

丝兰

Yucca gloriosa Linnaeus, Sp. Pl. 1: 319. 1753. **(Tropicos)**

HX（益阳市，黄含吟等，2016），**JS**（寿海洋等，2014；严辉等，2014），**JX**（江西南部，程淑媛等，2015），**YN**（孙卫邦和向其柏，2004），**ZJ**（杭州，陈小永等，2006；杭州市，王嫩仙，2008；杭州西湖风景区，梅笑漫等，2009；温州，丁炳扬和胡仁勇，2011；温州地区，胡仁勇等，2011；闫小玲等，2014）。

安徽、福建、广东、海南、湖南、江苏、江西、天津、云南、浙江；原产于北美洲东部和东南部。

石蒜科 Amaryllidaceae

剑麻
jian ma

Agave sisalana Perrine ex Engelmann, Trans. Acad. Sci. St. Louis 3: 305, 316, pl. 2-4. 1875. **(FOC)**

GD（粤东地区，曾宪锋等，2009；粤东地区，朱慧，2012；乐昌，邹滨等，2015）。

澳门、福建、广东、广西、贵州、海南、四川、台湾、云南、浙江；原产于中美洲。

鸢尾科 Iridaceae

唐菖蒲
tang chang pu

小唐菖蒲

Gladiolus* × *hybridus C. Morren, Ann. Soc. Roy. Agric. Gand 3: t. 815. 1847. **(Tropicos)**

TW（杨宜津，2008）。

澳门、重庆、福建、甘肃、广东、广西、贵州、海南、河南、湖北、湖南、江苏、江西、吉林、辽宁、青海、陕西、上海、山西、四川、台湾、天津、香港、新疆、云南、浙江；非洲种杂交起源。

黄菖蒲
huang chang pu

黄鸢尾

Iris pseudacorus Linnaeus, Sp. Pl. 1: 38. 1753. **(Tropicos)**

SA（栾晓睿等，2016），ZJ（西溪湿地，缪丽华等，2011；闫小玲等，2014）。

北京、重庆、福建、广西、湖北、江苏、江西、陕西、上海、浙江；原产于欧洲、北非和地中海地区。

燕麦
yan mai

Avena sativa Linnaeus, Sp. Pl. 1: 79. 1753. **(FOC)**

GS（河西地区，陈叶等，2013），JL（孙仓等，2007）。

北京、重庆、福建、甘肃、贵州、河南、黑龙江、湖北、湖南、吉林、江苏、辽宁、内蒙古、陕西、上海、四川、西藏、香港、云南、浙江；栽培起源。

香茅
xiang mao

柠檬香茅

Cymbopogon citratus (de Candolle) Stapf, Bull. Misc. Inform. Kew 1906: 357. 1906. **(FOC)**

TW（苗栗地区，陈运造，2006）。

安徽、澳门、重庆、福建、甘肃、广东、广西、贵州、海南、湖北、台湾、云南、浙江；起源不详；栽培于热带亚洲。

球茎大麦
qiu jing da mai

Hordeum bulbosum Linnaeus, Cent. Pl. Ⅱ 8, 115. 1756. **(Tropicos)**

JS（解焱，2008）。

北京、河南、江苏、宁夏、青海；原产于地中海地区和西亚。

加拿大早熟禾
jia na da zao shu he

Poa compressa Linnaeus, Sp. Pl. 1: 69. 1753. **(FOC)**

AH（徐海根和强胜，2004，2011；何家庆和葛结林，2008；解焱，2008），HJ（徐海根和强胜，2004，2011；龙茹等，2008；解焱，2008），JS（徐海根和强胜，2004，2011；李亚等，2008；解焱，2008；寿海洋等，2014；严辉等，2014），JX（徐海根和强胜，2004，2011；解焱，2008；季春峰等，2009；王宁，2010；鞠建文等，2011），SD（徐海根和强胜，2004，2011；衣艳君等，2005；青岛，罗艳和刘爱华，2008；解焱，2008；曲阜，赵灏，2015），SH（张晴柔等，2013），YN（申时才等，2012）。

安徽、河北、吉林、江苏、江西、青海、山东、四川、台湾、天津、西藏、新疆、云南、浙江；原产于非洲、西亚和欧洲。

美人蕉
mei ren jiao

莲蕉

Canna indica Linnaeus, Sp. Pl. 1: 1. 1753. **(FOC)**

Syn. *Canna edulis* K. Gawler, Bot. Meg. 9: t. 775. 1824.

CQ（金佛山自然保护区，孙娟等，2009），HN（霸王岭自然保护区，胡雪华等，2011；曾宪锋等，2014），JX（朱碧华等，2014），SA（杨凌地区，何纪琳等，2013），**TW**（苗栗地区，陈运造，2006），**ZJ**（杭州，陈小永等，2006）。

澳门、重庆、福建、广东、广西、海南、河北、黑龙江、湖北、湖南、江苏、江西、辽宁、陕西、山东、山西、上海、四川、台湾、天津、香港、云南、浙江；原产于热带美洲。

竹芋科 Marantaceae

再力花
zai li hua

Thalia dealbata Fraser, Thaiszia t. 1. 1794. **(Tropicos)**

ZJ（西溪湿地，缪丽华等，2011）。

澳门、福建、广东、江苏、山东、上海、浙江；原产于北美洲。

蕨类植物

卷柏科 Selaginellaceae

翠云草
cui yun cao

Selaginella uncinata (Desvaux ex Poiret) Spring, Bull. Acad. Roy. Sci. Bruxelles 10 (1): 141. 1843. **(FOC)**

TW（苗栗地区，陈运造，2006）。

安徽、澳门、重庆、福建、广东、广西、贵州、海南、河北、黑龙江、河南、湖北、湖南、江苏、江西、辽宁、内蒙古、陕西、山东、山西、四川、台湾、香港、云南、浙江。

木贼科 Equisetaceae

问荆
wen jing

Equisetum arvense Linnaeus, Sp. Pl. 2: 1061. 1753. **(Tropicos)**

AH（李扬汉，1998；汪小飞等，2007），**JS**（李扬汉，1998），**SC**（李扬汉，1998），**SD**（李扬汉，1998），**XJ**（李扬汉，1998），**XZ**（李扬汉，1998），**ZJ**（李扬汉，1998）；分布于我国东北、华北、西北、西南等地（李扬汉，1998）。

安徽、北京、重庆、福建、甘肃、广西、贵州、河北、河南、黑龙江、湖北、湖南、吉林、江苏、江西、辽宁、内蒙古、宁夏、青海、陕西、山东、山西、上海、四川、天津、西藏、新疆、云南、浙江；欧洲、北美洲。

节节草
jie jie cao

Equisetum ramosissimum Desfontaines, Fl. Atlant. 2: 398-399. 1799. **(FOC)**

AH（汪小飞等，2007），GX（郭成林等，2013），GZ（贵阳市，陈菊艳等，2016），JL（长春地区，曲同宝等，2015），JS（胡长松等，2016），SD（曲阜，赵灏，2015）；东北、华东、西南各地（解焱，2008）；赤水河中游地区（窦全丽等，2015）。

安徽、澳门、北京、重庆、福建、甘肃、广东、广西、贵州、海南、河北、河南、黑龙江、湖北、湖南、吉林、江苏、江西、内蒙古、宁夏、青海、陕西、山西、山东、上海、四川、台湾、天津、西藏、香港、新疆、云南、浙江；亚洲、非洲、欧洲、南太平洋岛屿。

满江红
man jiang hong

Azolla pinnata subsp. ***asiatica*** R. M. K. Saunders & K. Fowler, Bot. J. Linn. Soc. 109: 349. 1992. **(FOC)**
Syn. *Azolla imbricata* (Roxburgh ex Griffith) Nakai, Bot. Mag. 39 (463): 185. 1925.

BJ（雷霆等，2006），JL（长白山，周繇，2003；长白山区，苏丽涛和马立军，2009）。

安徽、北京、重庆、福建、广东、广西、贵州、海南、河南、湖北、湖南、吉林、江苏、江西、辽宁、山东、上海、四川、台湾、天津、香港、云南、浙江；日本、朝鲜半岛、泰国、越南；非洲、亚洲、大洋洲、太平洋群岛。

蘋
pin
苹

Marsilea quadrifolia Linnaeus, Sp. Pl. 2: 1099. 1753. **(FOC)**

JL（长白山区，周繇，2003；长白山区，苏丽涛和马立军，2009），LN（李扬汉，1998），SA（李扬汉，1998）；我国长江以南、华北等地（李扬汉，1998）。

安徽、北京、重庆、福建、甘肃、广东、广西、贵州、海南、河北、河南、黑龙江、湖北、湖南、吉林、江苏、江西、吉林、辽宁、内蒙古、宁夏、青海、陕西、山东、山西、上海、四川、台湾、天津、香港、云南、浙江；泛热带地区。

槐叶蘋
huai ye pin

Salvinia natans (Linnaeus) Allioni, Fl. Pedem. 2: 289. 1785. **(FOC)**

ZJ（杭州，金祖达等，2015；周天焕等，2016）。
长江流域广布；印度、泰国、越南；亚洲、非洲、欧洲。

被子植物

桑科 Moraceae

葎草
lü cao

Humulus scandens (Loureiro) Merrill, Trans. Amer. Philos. Soc.,n. s.,24 (2): 138. 1935. **(FOC)**
Syn. *Humulus japonicus* Siebold & Zuccarini, Fl. Jap. 2: 89. 1846.

AH（黄山市城区，梁宇轩等，2015），**JX**（庐山风景区，胡天印等，2007c；吉安市，曹裕松等，2011；鞠建文等，2011；江西南部，程淑媛等，2015），**ZJ**（天目山自然保护区，陈京等，2011）；除青海和新疆外，各地均有分布（李扬汉，1998）。

安徽、北京、重庆、福建、甘肃、广东、广西、贵州、海南、河北、河南、黑龙江、湖北、湖南、吉林、江苏、江西、辽宁、内蒙古、陕西、山东、山西、上海、四川、台湾、天津、西藏、香港、新疆、云南、浙江；日本、朝鲜半岛、越南。

桑寄生科 Loranthaceae

桑寄生
sang ji sheng

Taxillus sutchuenensis (Lecomte) Danser, Bull. Jard. Bot. Buitenzorg, sér. 3, 10: 355. 1929. **(FOC)**

CQ（杨德等，2011）。

安徽、重庆、福建、甘肃、广东、广西、贵州、河南、湖北、湖南、江西、陕西、山西、四川、台湾、西藏、云南、浙江。

柿寄生
shi ji sheng

棱枝槲寄生

Viscum diospyrosicola Hayata, Icon. Pl. Formosan. 5: 192-193, f. 67-68. 1915. **(FOC)**

FJ（刘巧云和王玲萍，2006）。

重庆、福建、甘肃、广东、广西、贵州、海南、湖北、湖南、江西、陕西、四川、台湾、西藏、云南、浙江。

蓼科 Polygonaceae

荞麦
qiao mai

Fagopyrum esculentum Moench, Methodus 290. 1794. **(FOC)**
Syn. *Fagopyrum fagopyrum* (Linnaeus) H. Karsten, Deut. Fl. 522. 1881；*Fagopyrum sagittatum* Gilibert in Exercitia Phytologica 2: 435. 1792.

BJ（刘全儒等，2002；松山自然保护区，刘佳凯等，2012；松山自然保护区，王惠惠等，2014），**JL**（长白山区，周繇，2003；长白山区，苏丽涛和马立军，2009；高燕和曹伟，2010），**LN**（大连，张淑梅等，2013），**TW**（苗栗地区，陈运造，2006），**YN**（申时才等，2012）。

安徽、北京、重庆、福建、甘肃、广东、广西、贵州、海南、河北、河南、黑龙江、湖北、湖南、吉林、江苏、江西、辽宁、内蒙古、宁夏、青海、陕西、山东、山西、上海、四川、台湾、天津、西藏、新疆、云南、浙江；亚洲、大洋洲、欧洲和北美洲广泛栽培。

蔓首乌
man shou wu

卷茎蓼 荞麦蔓

Fallopia convolvulus (Linnaeus) Á. Löve, Taxon 19 (2): 300. 1970. **(FOC)**
Bas. *Polygonum convolvulus* Linnaeus, Sp. Pl. 1: 364. 1753.

YN（郭怡卿等，2010；申时才等，2012）；东北、华北等地（车晋滇，2009）。

安徽、北京、重庆、甘肃、贵州、河北、河南、黑龙江、湖北、吉林、江苏、辽宁、内蒙古、宁夏、青海、陕西、山东、上海、山西、四川、西藏、新疆、云南；亚洲、欧洲、非洲北部和北美洲。

何首乌
he shou wu

Fallopia multiflora (Thunberg) Haraldson, Symb. Bot. Upsa. 22 (2): 77. 1978. **(FOC)**
Bas. *Polygonum multiflorum* Thunberg, Syst. Veg. (ed. 14) 379. 1784.

JL（长白山区，周繇，2003；长白山区，苏丽涛和马立军，2009）。

安徽、澳门、重庆、福建、甘肃、广东、广西、贵州、甘肃、海南、河南、黑龙江、湖北、湖南、吉林、江苏、江西、辽宁、青海、陕西、山东、山西、上海、四川、台湾、香港、云南、浙江；日本。

帚扁蓄
zhou bian xu

银鞘蓼

Polygonum argyrocoleon Steudel ex Kunze, Linnaea 20 (1): 17-18. 1847. **(FOC)**

SH（郭水良和李扬汉，1995）。

甘肃、河北、内蒙古、青海、山东、上海、新疆、西藏；中亚、西亚。

扁蓄
bian xu

Polygonum aviculare Linnaeus, Sp. Pl. 1: 362. 1753. **(FOC)**

JL（长春地区，曲同宝等，2015）；分布于全国各地（李扬汉，1998）。

安徽、北京、重庆、福建、甘肃、广东、广西、贵州、海南、河北、河南、黑龙江、湖北、湖南、吉林、江苏、江西、辽宁、内蒙古、宁夏、青海、陕西、山东、山西、上海、四川、台湾、天津、西藏、新疆、云南、浙江；北温带。

柳叶刺蓼
liu ye ci liao

Polygonum bungeanum Turczaninow, Bull. Soc. Imp. Naturalistes Moscou 13 (1): 77-78. 1840. **(FOC)**

SH（郭水良和李扬汉，1995）。

甘肃、广东、贵州、河北、黑龙江、河南、湖南、吉林、江苏、辽宁、内蒙古、宁夏、山东、山西、上海、天津；日本、朝鲜半岛、俄罗斯远东。

马蓼
ma liao

酸模叶蓼

Polygonum lapathifolium Linnaeus, Sp. Pl. 1: 360. 1753. **(FOC)**

GS（李扬汉，1998），TW（李扬汉，1998），XZ（李扬汉，1998），分布于东北、华北、华东、华中、西南等地（李扬汉，1998）。

安徽、澳门、北京、重庆、福建、甘肃、广东、广西、贵州、海南、河北、河南、黑龙江、湖北、湖南、吉林、江苏、江西、辽宁、内蒙古、宁夏、青海、陕西、山东、山西、上海、四川、台湾、天津、西藏、香港、云南、浙江；亚洲、北非、大洋洲、欧洲、北美洲。

绵毛马蓼
mian mao ma liao

绵毛酸模叶蓼

Polygonum lapathifolium Linnaeus var. *salicifolium* Sibthorp, Fl. Oxon. 129. 1794. **(FOC)**

分布几遍全国（李扬汉，1998）。

安徽、北京、重庆、福建、甘肃、广东、广西、贵州、海南、河北、河南、黑龙江、湖北、湖南、吉林、江苏、江西、辽宁、内蒙古、宁夏、青海、陕西、山东、山西、上海、四川、台湾、天津、香港、云南、浙江；朝鲜半岛、印度、印度尼西亚、日本、缅甸、蒙古、俄罗斯西伯利亚地区。

红蓼
hong liao

Polygonum orientale Linnaeus, Sp. Pl. 1: 362. 1753. **(FOC)**

SH（Hsu，2010）。

安徽、北京、重庆、福建、甘肃、广东、广西、贵州、海南、河北、河南、黑龙江、湖北、湖南、吉林、江苏、江西、辽宁、内蒙古、宁夏、青海、陕西、山东、山西、上海、四川、台湾、天津、香港、新疆、云南、浙江；亚洲、大洋洲、欧洲。

虎杖
hu zhang

Reynoutria japonica Houttuyn, Nat. Hist. 2 (8): 640, pl. 51, f. 1. 1777. **(FOC)**

SD（南四湖湿地，王元军，2010）。

安徽、澳门、北京、重庆、福建、甘肃、广东、广西、贵州、海南、河南、湖北、湖南、江苏、江西、辽宁、陕西、山东、山西、上海、四川、台湾、天津、香港、云南、浙江；日本、朝鲜半岛、俄罗斯远东。

酸模
suan mo

Rumex acetosa Linnaeus, Sp. Pl. 1: 337-338. 1753. **(FOC)**

CQ（金佛山自然保护区，孙娟等，2009），**GS**（河西地区，陈叶等，2013），**TW**（苗栗地区，陈运造，2006）。

安徽、北京、重庆、福建、甘肃、广西、贵州、河北、河南、黑龙江、湖北、湖南、吉林、江苏、江西、辽宁、宁夏、内蒙古、青海、陕西、山东、山西、上海、四川、台湾、天津、西藏、新疆、云南、浙江；亚洲、欧洲、北美洲。

小酸模
xiao suan mo

Rumex acetosella Linnaeus, Sp. Pl. 1: 338. 1753. **(FOC)**

HY（储嘉琳等，2016），**JS**（胡长松等，2016），**TW**（苗栗地区，陈运造，2006），**YN**（云南省畜牧局，1991；毕玉芬等，2004），**ZJ**（闫小玲等，2014；周天焕等，2016）。

安徽、北京、福建、广西、河北、河南、黑龙江、湖北、湖南、江苏、江西、内蒙古、宁夏、青海、山东、四川、台湾、新疆、云南、浙江；亚洲、欧洲、北美洲。

羊蹄
yang ti

土大黄

Rumex japonicus Houttuyn, Nat. Hist. 2 (8): 394, pl. 47, f. 2. 1777. **(FOC)**

BJ（刘全儒等，2002），**CQ**（金佛山自然保护区，孙娟等，2009），**TW**（苗栗地区，陈运造，2006）。

安徽、福建、甘肃、广东、广西、贵州、海南、河北、河南、黑龙江、湖北、湖南、吉林、江苏、江西、辽宁、内蒙古、青海、陕西、山东、山西、上海、四川、台湾、香港、浙江；日本、朝鲜半岛、俄罗斯远东。

尼泊尔酸模
ni bo er suan mo

土大黄

Rumex nepalensis Sprengel, Syst. Veg. 2: 159. 1825. **(FOC)**

YN（申时才等，2006）。

重庆、甘肃、广西、贵州、河南、湖北、湖南、青海、陕西、山东、四川、西藏、云南；南亚、西亚。

商陆科 Phytolaccaceae

商陆
shang lu

Phytolacca acinosa Roxburgh, Fl. Ind., ed. 1832, 2: 458. 1832. **(FOC)**

HY（董东平和叶永忠，2007）。

安徽、澳门、北京、重庆、福建、甘肃、广东、广西、贵州、河北、河南、黑龙江、湖北、湖南、吉林、江苏、江西、辽宁、内蒙古、陕西、山东、山西、上海、四川、台湾、天津、西藏、香港、新疆、云南、浙江；南亚、东亚。

双子叶植物

马齿苋
ma chi xian

Portulaca oleracea Linnaeus, Sp. Pl. 1: 445. 1753. **(FOC)**

GS（金塔地区，董平等，2010），**GX**（来宾市，林春华等，2015），**JS**（胡长松等，2016），**SA**（杨凌地区，何纪琳等，2013）；分布遍及全国（李扬汉，1998）。

安徽、澳门、重庆、北京、福建、甘肃、广东、广西、贵州、海南、河北、河南、黑龙江、湖北、湖南、江苏、江西、辽宁、内蒙古、宁夏、陕西、山东、山西、上海、四川、台湾、天津、西藏、香港、新疆、云南、浙江；广布于欧亚大陆和北非；归化于北美洲。

无心菜
wu xin cai

蚤缀

Arenaria serpyllifolia Linnaeus, Sp. Pl. 1: 423. 1753. **(FOC)**

BJ（车晋滇，2004）。

安徽、北京、重庆、福建、甘肃、广东、广西、贵州、河北、河南、黑龙江、湖北、湖南、吉林、江苏、江西、辽宁、陕西、山东、山西、上海、四川、台湾、天津、西藏、新疆、云南、浙江；亚洲、欧洲、非洲、北美洲。

薄蒴草
bao shuo cao

Lepyrodiclis holosteoides (C. A. Meyer) Fenzl ex Fischer & C. A. Meyer, Enum. Pl. Nov. 1: 93, 110. 1841. **(FOC)**

SH（郭水良和李扬汉，1995）。

安徽、甘肃、河南、内蒙古、宁夏、青海、江苏、陕西、上海、四川、西藏、新疆；中亚、西亚。

鹅肠菜
e chang cai

Myosoton aquaticum (Linnaeus) Moench, Methodus 225. 1794. **(FOC)**

HY（储嘉琳等，2016），**JS**（严辉等，2014），**SA**（栾晓睿等，2016），**SH**（Hsu，2010）；**ZJ**（闫小玲等，2014）。

安徽、澳门、北京、重庆、福建、甘肃、广东、广西、贵州、海南、河北、河南、黑龙江、湖北、湖南、吉林、江苏、江西、辽宁、内蒙古、宁夏、青海、陕西、山东、山西、上海、四川、台湾、天津、西藏、香港、新疆、云南、浙江；广泛分布于北半球温带及亚热带地区。

漆姑草
qi gu cao

Sagina japonica (Swartz) Ohwi, J. Jap. Bot. 13 (6): 438. 1937. **(FOC)**

BJ（车晋滇，2004）。

安徽、澳门、北京、重庆、福建、甘肃、广东、广西、贵州、河北、河南、黑龙江、湖北、湖南、吉林、江苏、江西、辽宁、内蒙古、青海、陕西、山东、山西、上海、四川、台湾、天津、西藏、香港、新疆、云南、浙江；朝鲜半岛、俄罗斯、喜马拉雅地区。

白玉草
bai yu cao

狗筋麦瓶草

Silene vulgaris (Moench) Garcke, Fl. N. Mitt. -Deutschland 64. 1869. **(FOC)**
Syn. *Silene venosa* (Gilibert) Ascherson, Fl. Brandenburg 2: 23. 1864.

HL（解焱，2008；鲁萍等，2012；郑宝江和潘磊，2012），**JL**（长白山区，周繇，2003；长白山区，苏丽涛和马立军，2009），**NM**（解焱，2008），**SH**（郭水良和李扬汉，1995），**XZ**（解焱，2008）；东北地区（郑美林和曹伟，2013）。

北京、重庆、黑龙江、吉林、江苏、江西、内蒙古、上海、西藏、新疆；印度、蒙古、尼泊尔；西亚、北非、欧洲。

雀舌草
que she cao

滨繁缕 天蓬草

Stellaria alsine Grimm, Nov. Actorum Acad. Caes. Leop. -Carol. Nat. Cur. 3. App. 313. 1767. **(FOC)**
Syn. *Stellaria uliginosa* Murray, Prodr. Stirp. Gott. 55, 1770.

SH（Hsu, 2010）；分布于东北、华北、华中、华东及华南等省区；北半球温带地区广布（李扬汉，1998）。

安徽、澳门、重庆、福建、甘肃、广东、广西、贵州、河北、河南、湖北、湖南、江苏、江西、内蒙古、陕西、上海、四川、台湾、西藏、香港、云南、浙江；不丹、印度、日本、朝鲜半岛、尼泊尔、巴基斯坦、越南；欧洲。

繁缕
fan lü

小繁缕

Stellaria media (Linnaeus) Villars, Hist. Pl. Dauphiné 3 (1): 615. 1789. **(FOC)**

AH（淮北地区，胡刚等，2005b），**FJ**（武夷山市，李国平等，2014），**JX**（朱碧华和朱大庆，2013）；分布几遍布全国各地（李扬汉，1998）。

安徽、澳门、北京、重庆、福建、甘肃、广东、广西、贵州、河北、河南、黑龙江、湖北、湖南、吉林、江苏、江西、辽宁、内蒙古、宁夏、青海、陕西、山东、山西、上海、四川、台湾、天津、西藏、香港、新疆、云南、浙江；亚洲、欧洲。

藜科 Chenopodiaceae

异苞滨藜
yi bao bin li

Atriplex micrantha C. A. Meyer, Icon. Pl. 1: 11, pl. 43. 1829. **(FOC)**

SH（郭水良和李扬汉，1995）。

上海、新疆；亚洲、欧洲。

滨藜
bin li

Atriplex patens (Litvinov) Iljin, Izv. Glavn. Bot. Sada S. S. S. R. 26: 415. 1927. **(FOC)**

SH（郭水良和李扬汉，1995）。

北京、广东、甘肃、河北、黑龙江、吉林、辽宁、内蒙古、宁夏、青海、陕西、山东、山西、上海、天津、新疆、云南、浙江；俄罗斯；中亚、西亚、南欧。

藜
li

发苋 灰菜 灰条菜

Chenopodium album Linnaeus, Sp. Pl. 1: 219. 1753. **(FOC)**

CQ（杨德等，2011），**GD**（珠海市，黄辉宁等，2005b；王芳等，2009），**GS**（尚斌，2012；河西地区，陈叶等，2013），**JX**（庐山风景区，胡天印等，2007c），**ZJ**（天目山自然保护区，陈京等，2011）；除西藏外，我国各地都有分布（李扬汉，1998）。

安徽、澳门、北京、重庆、福建、甘肃、广东、广西、贵州、海南、河北、河南、黑龙江、湖北、湖南、吉林、江苏、江西、辽宁、内蒙古、宁夏、青海、陕西、山东、山西、上海、四川、台湾、天津、西藏、香港、新疆、云南、浙江；热带和温带地区。

小藜
xiao li

灰灰菜 市藜 小灰菜

Chenopodium ficifolium Smith, Fl. Brit. 1: 276. 1800. **(FOC)**
Chenopodium serotinum auct. non Linnaeus: 李扬汉，1998；车晋滇，2009；赵慧军，2012；任颖等，2015.

GS（赵慧军，2012），**HY**（储嘉琳等，2016），**JS**（严辉等，2014；胡长松等，2016），**ZJ**（闫小玲等，2014），**SA**（栾晓睿等，2016）；除西藏外，各省区均有分布（车晋滇，2009）；除西藏外，全国都有分布（李扬汉，1998）；海河流域滨岸带（任颖

双子叶植物

等，2015)。

安徽、澳门、北京、重庆、福建、甘肃、广东、广西、贵州、海南、河北、河南、黑龙江、湖北、湖南、吉林、江苏、江西、辽宁、内蒙古、宁夏、青海、陕西、山东、山西、上海、四川、台湾、天津、香港、新疆、云南、浙江；亚洲、欧洲；归化于北美洲。

灰绿藜
hui lü li

Chenopodium glaucum Linnaeus, Sp. Pl. 1: 220. 1753. **(FOC)**

AH（黄山，汪小飞等，2007），**BJ**（林秦文等，2009），**GS**（赵慧军，2012），**JL**（长春地区，曲同宝等，2015），**HX**（李扬汉，1998），**HY**（李扬汉，1998；储嘉琳等，2016），**JS**（李扬汉，1998；严辉等，2014），**QH**（海北站，李文靖和张堰铭，2007），**SA**（杨凌地区，何纪琳等，2013；栾晓睿等，2016），**SD**（李扬汉，1998），**XZ**（李扬汉，1998），**ZJ**（李扬汉，1998；周天焕等，2016）；分布于东北、华北、西北等区（李扬汉，1998）；海河流域滨岸带（任颖等，2015）。

安徽、澳门、北京、重庆、福建、甘肃、广东、广西、贵州、海南、河北、河南、黑龙江、湖北、湖南、吉林、江苏、江西、辽宁、内蒙古、宁夏、青海、陕西、山东、山西、上海、四川、台湾、天津、西藏、香港、新疆、云南、浙江；广泛分布于全球温带地区。

刺藜
ci li

矮藜

Dysphania aristata (Linnaeus) Mosyakin & Clemants, Ukrajins'k. Bot. Žurn. 59 (4): 383. 2002. **(FOC)**

Syn. *Chenopodium aristatum* Linnaeus, Sp. Pl. 1: 221. 1753; *Chenopodium minimum* P. Y. Fu & W. Wang, Fl. Pl. Herb. Chin. Bor. -Orient. 2: 111. 1959.

SH（郭水良和李扬汉，1995）。

北京、甘肃、广西、贵州、河北、河南、湖南、黑龙江、吉林、江苏、辽宁、内蒙古、宁夏、青海、陕西、山东、山西、上海、四川、新疆；亚洲、欧洲；归

化于北美洲。

菊叶香藜
ju ye xiang li

Dysphania schraderiana (Schultes) Mosyakin & Clemants, Ukrajins'k. Bot. Žurn. 59: 383. 2002. **(FOC)**

Syn. *Chenopodium foetidum* Lamarck, Fl. Franç. 3: 244. 1778.

BJ（林秦文等，2009），**GS**（赵慧军，2012）。

安徽、北京、甘肃、河北、辽宁、内蒙古、宁夏、青海、陕西、山西、四川、西藏、新疆、云南；西亚、南欧、非洲。

地肤
di fu

地肤子 扫帚菜

Kochia scoparia (Linnaeus) Schrader, Neues J. Bot. 3: 85. 1809. **(FOC)**

GS（河西地区，陈叶等，2013），**GX**（来宾市，林春华等，2015），**JX**（庐山风景区，胡天印等，2007c；鞠建文等，2011），**SA**（杨凌地区，何纪琳等，2013），**ZJ**（天目山自然保护区，陈京等，2011）；各地均有分布，尤以北方各省市发生最普遍（车晋滇，2009）。

安徽、北京、重庆、福建、甘肃、广东、广西、贵州、海南、河北、河南、黑龙江、湖北、湖南、吉林、江苏、江西、辽宁、内蒙古、宁夏、青海、陕西、山东、山西、上海、四川、台湾、天津、西藏、香港、新疆、云南、浙江；亚洲、欧洲；归化于大洋洲、非洲和美洲。

猪毛菜
zhu mao cai

Salsola collina Pallas, Ill. Pl. 34, pl. 26. 1803. **(FOC)**

SH（郭水良和李扬汉，1995）。

安徽、北京、甘肃、广东、广西、贵州、河北、河南、黑龙江、湖北、湖南、吉林、江苏、辽宁、内蒙古、宁夏、青海、陕西、山东、山西、上海、四川、天

津、西藏、新疆、云南；朝鲜半岛、蒙古、巴基斯坦、俄罗斯；中亚；归化于欧洲和北美洲。

土牛膝

tu niu xi

倒扣草

Achyranthes aspera Linnaeus, Sp. Pl. 1: 204. 1753. **(FOC)**

FJ（范志伟等，2008），GD（范志伟等，2008），GX（范志伟等，2008），GZ（范志伟等，2008），HN（范志伟等，2008），HX（范志伟等，2008），JX（范志伟等，2008），SC（范志伟等，2008），TW（范志伟等，2008），YN（范志伟等，2008）。

安徽、澳门、北京、重庆、福建、广东、广西、贵州、海南、河北、黑龙江、河南、湖北、湖南、江苏、江西、陕西、山东、上海、四川、台湾、西藏、香港、云南、浙江；亚洲、欧洲、非洲。

莲子草

lian zi cao

虾钳菜

Alternanthera sessilis (Linnaeus) R. Brown ex de Candolle, Cat. Pl. Horti Monsp. 77. 1813. **(FOC)**

Syn. *Gomphrena sessilis* Linnaeus, Sp. Pl. 1: 225. 1753.

AH（黄山，汪小飞等，2007），BJ（刘全儒等，2002；车晋滇，2004）。

安徽、澳门、北京、重庆、福建、广东、广西、贵州、海南、河南、黑龙江、湖北、湖南、江苏、江西、辽宁、山东、山西、上海、四川、台湾、西藏、香港、云南、浙江；南亚、喜马拉雅地区。

腋花苋

ye hua xian

Amaranthus roxburghianus H. W. Kung, Fl. Ill. Nord China 4: 19, pl. 8. 1935. **(FOC)**

HX（洞庭湖区，彭友林等，2008；常德市，彭友

林等，2009）SH（郭水良和李扬汉，1995；张晴柔等，2013）。

北京、甘肃、河北、河南、湖南、江苏、宁夏、陕西、山西、上海、四川、天津、新疆；印度、斯里兰卡。

青葙

qing xiang

野鸡冠花

Celosia argentea Linnaeus, Sp. Pl. 1: 205. 1753. **(FOC)**

AH（黄山，汪小飞等，2007），GD（深圳，严岳鸿等，2004；中山市，蒋谦才等，2008；广州，王忠等，2008；王芳等，2009；岳茂峰等，2011；佛山，黄益燕等，2011；林建勇等，2012；稔平半岛，于飞等，2012；广州，李许文等，2014；乐昌，邹滨等，2015，2016），FJ（长乐，林为涂，2013；武夷山市，李国平等，2014），GX（谢云珍等，2007；桂林，陈秋霞等，2008；和太平等，2011；北部湾经济区，林建勇等，2011a，2011b；林建勇等，2012；胡刚和张忠华，2012；郭成林等，2013；百色，贾桂康，2013；来宾市，林春华等，2015；灵山县，刘在松，2015），HJ（李扬汉，1998），HN（单家林等，2006；范志伟等，2008；霸王岭自然保护区，胡雪华等，2011；林建勇等，2012；曾宪锋等，2014；陈玉凯等，2016），HY（李扬汉，1998；储嘉琳等，2016），JS（季敏等，2014；寿海洋等，2014；严辉等，2014；胡长松等，2016），JX（鞠建文等，2011；江西南部，程淑媛等，2015），MC（王发国等，2004），SA（李扬汉，1998；杨凌地区，何纪琳等，2013；栾晓睿等，2016），SD（李扬汉，1998），SH（汪远等，2015），TW（苗栗地区，陈运造，2006），YN（西双版纳，管志斌等，2006；怒江干热河谷区，胡发广等，2007；申时才等，2012；西双版纳自然保护区，陶永祥等，2017），ZJ（李根有等，2006；张建国和张明如，2009；西溪湿地，缪丽华等，2011；闫小玲等，2014）；几遍全国（范志伟等，2008）；大部分省区均有分布（车晋滇，2009）；分布于长江流域和以南各省区（李扬汉，1998）。

安徽、澳门、北京、重庆、福建、甘肃、广东、广西、贵州、海南、河北、河南、黑龙江、湖北、湖南、吉林、江苏、江西、辽宁、内蒙古、宁夏、青海、陕西、山东、山西、上海、四川、台湾、天津、西藏、香

港、新疆、云南、浙江；原产于印度；归化于热带和温带地区。

樟科 Lauraceae

无根藤
wu gen teng

Cassytha filiformis Linnaeus, Sp. Pl. 1: 35-36. 1753. **(FOC)**

FJ（刘巧云和王玲萍，2006），**ZJ**（李根有等，2006；张建国和张明如，2009）。

澳门、福建、广东、广西、贵州、海南、湖南、江苏、江西、山西、四川、台湾、西藏、香港、云南、浙江；旧大陆热带地区。

毛茛科 Ranunculaceae

毛茛
mao gen

Ranunculus japonicus Thunberg, Trans. Linn. Soc. London 2: 337. 1794. **(FOC)**

AH（黄山，汪小飞等，2007），**GS**（河西地区，陈叶等，2013）。

安徽、北京、重庆、福建、甘肃、广东、广西、贵州、河北、河南、黑龙江、湖北、湖南、吉林、江苏、江西、辽宁、内蒙古、宁夏、青海、陕西、山东、山西、上海、四川、台湾、天津、西藏、新疆、云南、浙江；日本、蒙古、俄罗斯远东。

石龙芮
shi long rui

Ranunculus sceleratus Linnaeus, Sp. Pl. 1: 551. 1753. **(FOC)**

SH（Hsu，2010）。

安徽、澳门、北京、重庆、福建、甘肃、广东、广西、贵州、海南、河北、河南、黑龙江、湖北、湖南、吉林、江苏、江西、辽宁、内蒙古、宁夏、青海、陕西、山东、山西、上海、四川、台湾、天津、西藏、香港、新疆、云南、浙江；亚洲、欧洲、北美洲。

唐松草
tang song cao

Thalictrum aquilegiifolium Linnaeus var. *sibiricum* Linnaeus, Fl. Ajan. 23. 1858. **(FOC)**
Thalictrum aquilegiifolium auct. non Linnaeus: 刘佳凯等，2012.

BJ（松山自然保护区，刘佳凯等，2012）。

安徽、北京、甘肃、广西、贵州、河北、黑龙江、河南、湖南、吉林、江苏、江西、辽宁、内蒙古、宁夏、青海、陕西、山东、山西、四川、西藏、浙江；日本、朝鲜半岛、蒙古、俄罗斯西伯利亚地区。

藤黄科 Clusiaceae（Guttiferae）

红花金丝桃
hong hua jin si tao
地耳草

Triadenum japonicum (Blume) Makino, Nippon Shokobutsu-Zukwan 326, f. 629. 1925. **(FOC)**

JL（长白山区，周繇，2003；长白山区，苏丽涛和马立军，2009）。

福建、黑龙江、吉林、内蒙古、浙江；东亚、俄罗斯远东。

罂粟科 Papaveraceae

地丁草
di ding cao

Corydalis bungeana Turczanonow, Bull. Soc. Imp. Naturalistes Moscou 13: 62. 1840. **(FOC)**

JL（长白山区，周繇，2003；长白山区，苏丽涛和马立军，2009）。

北京、甘肃、贵州、河北、河南、湖北、湖南、吉林、江苏、江西、辽宁、内蒙古、宁夏、陕西、山东、山西、上海、天津、云南；朝鲜半岛、蒙古、俄罗斯远东。

羊角菜
yang jiao cai

白花菜

Gynandropsis gynandra (Linnaeus) Briquet, Annuaire Conserv. Jard. Bot. Genève 17: 382-383. 1914. **(FOC)**

Bas. *Cleome gynandra* Linnaeus, Sp. Pl. 1: 671. 1753.

HN（曾宪锋等，2014），GX（谢云珍等，2007；百色，贾桂康，2013）。

安徽、澳门、北京、重庆、福建、广东、广西、贵州、海南、河北、河南、湖北、湖南、江苏、江西、内蒙古、山东、山西、四川、上海、台湾、天津、香港、云南、浙江；热带亚洲和非洲；归化于美洲。

荠
ji

荠菜

Capsella bursa-pastoris (Linnaeus) Medikus, Pfl. -Gatt. 85. 1792. **(FOC)**

HY（储嘉琳等，2016），JL（长春地区，曲同宝等，2015），JS（严辉等，2014），HX（益阳市，黄含吟等，2016），QH（海北站，李文靖和张堰铭，2007），SA（杨凌地区，何纪琳等，2013；栾晓睿等，2016），ZJ（闫小玲等，2014；周天焕等，2016）；分布几遍全国（李扬汉，1998）；海河流域滨岸带（任颖等，2015）。

安徽、澳门、北京、重庆、福建、甘肃、广东、广西、贵州、海南、河北、河南、黑龙江、湖北、湖南、吉林、江苏、江西、辽宁、内蒙古、宁夏、青海、陕西、山东、山西、上海、四川、台湾、天津、西藏、香港、新疆、云南、浙江；世界广布。

碎米荠
sui mi ji

Cardamine hirsuta Linnaeus, Sp. Pl. 2: 655. 1753. **(FOC)**

BJ（车晋滇，2004），FJ（李扬汉，1998）；分布于长江流域及西南等地（李扬汉，1998）。

安徽、北京、重庆、福建、甘肃、广东、广西、贵州、河北、河南、湖北、湖南、吉林、江苏、江西、辽宁、陕西、山东、山西、上海、四川、台湾、天津、西藏、香港、云南、浙江；东亚、南亚、西亚、欧洲；归化于南非、大洋洲和美洲。

群心菜
qun xin cai

Cardaria draba (Linnaeus) Desvaux, J. Bot. Agric. 3 (4): 163. 1814. **(FOC)**

LN（曲波等，2006a，2006b；高燕和曹伟，2010；大连，张淑梅等，2013；大连，张恒庆等，2016）；东北地区（郑美林和曹伟，2013）。

甘肃、辽宁、内蒙古、山东、四川、西藏、新疆；中亚、西亚、欧洲；归化于南非、大洋洲和美洲。

播娘蒿
bo niang hao

Descurainia sophia (Linnaeus) Webb ex Prantl, Nat. Pflanzenfam. 3 (2): 192. 1891. **(FOC)**

GS（河西地区，陈叶等，2013），QH（海北站，李文靖和张堰铭，2007），SA（栾晓睿等，2016），SC（李扬汉，1998）；分布于华北、东北、西北、华东等地（李扬汉，1998）。

安徽、北京、重庆、福建、甘肃、广东、广西、贵州、海南、河北、河南、黑龙江、湖北、湖南、吉林、江苏、江西、辽宁、内蒙古、宁夏、青海、陕西、山东、山西、上海、四川、天津、西藏、新疆、云南、浙江；东亚、中亚、西亚、北非、欧洲。

菘蓝
song lan

板蓝根 大青叶

Isatis tinctoria Linnaeus, Sp. Pl. 2: 670. 1753. **(FOC)**

各地均有栽培（车晋滇，2009）。

安徽、北京、福建、甘肃、广东、广西、贵州、河北、河南、湖北、湖南、江苏、辽宁、内蒙古、宁夏、陕西、山东、山西、上海、四川、天津、西藏、新疆、云南、浙江；亚洲、欧洲。

宽叶独行菜
kuan ye du xing cai

Lepidium latifolium Linnaeus, Sp. Pl. 2: 644. 1753. (FOC)

GS（赵慧军，2012）。

北京、甘肃、广西、海南、河北、黑龙江、河南、辽宁、内蒙古、宁夏、青海、陕西、山东、山西、上海、四川、新疆、西藏；北非、亚洲、南欧。

广州蔊菜
guang zhou han cai

细籽蔊菜

Rorippa cantoniensis (Loureiro) Ohwi, Acta Phytotax. Geobot. 6 (1): 55. 1937. (FOC)

BJ（刘全儒等，2002；车晋滇，2004）。

安徽、北京、重庆、福建、广东、广西、贵州、海南、河北、河南、湖北、湖南、江苏、江西、辽宁、陕西、山东、上海、四川、台湾、香港、云南、浙江；东亚、俄罗斯远东。

无瓣蔊菜
wu ban han cai

Rorippa dubia (Persoon) H. Hara, J. Jap. Bot. 30 (7): 196. 1955. (FOC)

BJ（车晋滇，2004）；东北地区（郑美林和曹伟，2013）。

安徽、澳门、北京、重庆、福建、甘肃、广东、广西、贵州、海南、河北、河南、湖北、湖南、江苏、江西、辽宁、陕西、山东、上海、四川、台湾、西藏、香港、云南、浙江；热带亚洲；归化于美洲。

新疆白芥
xin jiang bai jie

田芥菜　野油菜

Sinapis arvensis Linnaeus, Sp. Pl. 2: 668. 1753. (FOC)

Syn. *Brassica kaber* (de Candolle) L. C. Wheeler, Rhodora 40 (476): 306. 1938.

AH（徐海根和强胜，2004，2011；车晋滇，2009），BJ（车晋滇，2009），CQ（北碚区，杨柳等，2015），FJ（徐海根和强胜，2004，2011；车晋滇，2009；万方浩等，2012），GS（徐海根和强胜，2004，2011；车晋滇，2009；万方浩等，2012；赵慧军，2012），GZ（徐海根和强胜，2004，2011；车晋滇，2009；贵阳市，石登红和李灿，2011；万方浩等，2012），HB（徐海根和强胜，2004，2011；车晋滇，2009；徐海根和强胜，2011；万方浩等，2012），HJ（徐海根和强胜，2004，2011；车晋滇，2009；万方浩等，2012），HL（徐海根和强胜，2004；车晋滇，2009；鲁萍等，2012；万方浩等，2012），HX（徐海根和强胜，2004，2011；车晋滇，2009；万方浩等，2012），HY（徐海根和强胜，2004，2011；车晋滇，2009），JL（徐海根和强胜，2004，2011；车晋滇，2009；万方浩等，2012），JS（徐海根和强胜，2004，2011；车晋滇，2009；万方浩等，2012；严辉等，2014），JX（徐海根和强胜，2004，2011；车晋滇，2009；季春峰等，2009；王宁，2010；鞠建文等，2011；万方浩等，2012；江西南部，程淑媛等，2015），LN（徐海根和强胜，2004，2011；车晋滇，2009；万方浩等，2012），NM（徐海根和强胜，2004，2011；车晋滇，2009；万方浩等，2012；庞立东等，2015），NX（徐海根和强胜，2004，2011；车晋滇，2009；万方浩等，2012），QH（徐海根和强胜，2004，2011；车晋滇，2009），SA（徐海根和强胜，2004，2011；车晋滇，2009；万方浩等，2012；栾晓睿等，2016），SC（徐海根和强胜，2004，2011；周小刚等，2008；车晋滇，2009；万方浩等，2012），SD（徐海根和强胜，2004，2011；车晋滇，2009；万方浩等，2012），SH（张晴柔等，2013），SX（徐海根和强胜，2004，2011；车晋滇，2009；万方浩等，2012），TW（苗栗地区，陈运造，2006；解焱，2008），XJ（徐海根和强胜，2004，2011；车晋滇，2009；万方浩等，2012），XZ（徐海根和强胜，2004，2011；车晋滇，2009；万方浩等，2012），YN（徐海根和强胜，2004，2011；车晋滇，2009；申时才等，2012；万方浩等，2012；杨忠兴等，2014），ZJ（徐海根和强胜，2004，2011；车晋滇，2009；万方浩等，2012；闫小玲等，2014）。

安徽、北京、重庆、福建、甘肃、贵州、河北、河南、黑龙江、湖北、湖南、吉林、江苏、江西、辽宁、内蒙古、宁夏、青海、陕西、山东、山西、四川、台湾、新疆（野生）、云南、浙江；中亚、西亚、北非、欧洲；归化于各地。

菥蓂
xi mi

败酱草 遏蓝菜 梨头菜

Thlaspi arvense Linnaeus, Sp. Pl. 2: 646. 1753. **(FOC)**

GS（河西地区，陈叶等，2013）；全省区几乎均有分布（车晋滇，2009）；分布几遍全国（李扬汉，1998）。

安徽、北京、重庆、甘肃、广西、海南、河北、河南、黑龙江、湖北、湖南、吉林、江苏、江西、辽宁、内蒙古、宁夏、青海、陕西、山东、山西、上海、四川、台湾、天津、西藏、新疆、云南；亚洲、非洲；归化于美洲。

匙叶伽蓝菜
shi ye jia lan cai

Kalanchoe integra (Medikus) Kuntze, Revis. Gen. Pl. 1: 229. 1891. **(FOC)**
Syn. *Kalanchoe spathulata* de Candolle, Hist. Pl. Grasses pl. 65. 1799.

GX（柳州市，石亮成等，2009）。

重庆、福建、广东、广西、贵州、海南、青海、台湾、西藏、云南；亚洲。

虎耳草
hu er cao

Saxifraga stolonifera Curtis, Philos. Trans. 64 (1): 308, no. 2541. 1774. **(FOC)**

BJ（车晋滇，2004；车晋滇等，2004）。

安徽、澳门、北京、重庆、福建、甘肃、广东、广西、贵州、海南、河北、河南、湖北、湖南、吉林、江苏、江西、辽宁、陕西、山东、山西、上海、四川、台

湾、天津、新疆、云南、浙江；东亚。

匍枝委陵菜
pu zhi wei ling cai

Potentilla flagellaris Willdenow ex Schlechtendal, Ges. Naturf. Freunde Berlin Mag. Neuesten Entdeck. Gesammten Naturk. 7: 291. 1816. **(FOC)**

SH（郭水良和李扬汉，1995）。

北京、甘肃、河北、河南、黑龙江、湖北、吉林、江苏、辽宁、内蒙古、宁夏、陕西、山东、山西、上海、天津；朝鲜半岛、蒙古、俄罗斯。

朝天委陵菜
chao tian wei ling cai

Potentilla supina Linnaeus, Sp. Pl. 1: 497. 1753. **(FOC)**

SH（Hsu，2010）。

安徽、北京、福建、甘肃、广东、广西、贵州、海南、河北、河南、黑龙江、湖北、湖南、吉林、江苏、江西、辽宁、内蒙古、宁夏、陕西、山东、山西、上海、四川、台湾、西藏、新疆、云南、浙江；北半球和亚热带广布。

儿茶
er cha

Acacia catechu (Linnaeus f.) Willdenow, Sp. Pl. 4 (2): 1079. 1806. **(FOC)**

GX（谢云珍等，2007）。

福建、广东、广西、贵州、海南、山西、四川、台湾、云南（野生）、浙江；热带亚洲。

台湾相思
tai wan xiang si

台湾相思树

Acacia confusa Merrill, Philipp. J. Sci. 5 (1): 27-28. 1910. **(FOC)**

GX（乐业旅游景区，贾桂康，2007a），HK（Leung 等，2009）。

澳门、北京、重庆、福建、甘肃、广东、广西、海南、河北、湖南、江苏、江西、四川、台湾、香港、云南、浙江；热带亚洲。

合萌
he meng

田皂角

Aeschynomene indica Linnaeus, Sp. Pl. 2: 713-714. 1753. **(FOC)**

AH（黄山，汪小飞等，2007），JL（长白山区，周繇，2003；长白山区，苏丽涛和马立军，2009），JS（苏州，林敏等，2012；胡长松等，2016）。

安徽、澳门、北京、重庆、福建、广东、广西、贵州、海南、河北、河南、湖北、湖南、吉林、江苏、江西、辽宁、陕西、山东、山西、上海、四川、台湾、天津、香港、云南、浙江；东亚、南亚、西亚、热带非洲、大洋洲、南美洲。

合欢
he huan

含羞草

Albizia julibrissin Durazzini, Mag. Tosc. 3 (4): 11. 1772. **(FOC)**

SD（吴彤等，2007）。

安徽、澳门、北京、重庆、福建、甘肃、广东、广西、贵州、河北、河南、湖北、湖南、江苏、江西、辽宁、陕西、山东、山西、上海、四川、台湾、天津、西藏、香港、云南、浙江；东亚、中亚、西亚；归化于北美洲。

山槐
shan huai

山合欢

Albizia kalkora (Roxburgh) Prain, J. Asiat. Soc. Bengal, Pt. 2, Nat. Hist. 66: 511. 1897. **(FOC)**

CQ（金佛山自然保护区，孙娟等，2009）。

安徽、北京、重庆、福建、甘肃、广东、广西、贵州、海南、河北、黑龙江、河南、湖北、湖南、吉林、江苏、江西、青海、陕西、山东、山西、上海、四川、台湾、天津、云南、浙江；印度、日本、缅甸、越南。

木蓝
mu lan

Indigofera tinctoria Linnaeus, Sp. Pl. 2: 751. 1753. **(FOC)**

AH（舒城，范志伟等，2008），HN（范志伟等，2008），TW（高雄，范志伟等，2008）。

安徽、福建、广东、广西、贵州、海南、河北、河南、湖北、湖南、江苏、江西、山西、四川、台湾、香港、新疆、云南、浙江；旧大陆热带；归化于热带美洲。

百脉根
bai mai gen

牛角花

Lotus corniculatus Linnaeus, Sp. Pl. 2: 775-776. 1753. **(FOC)**

GS（解焱，2008），GX（解焱，2008），GZ（解焱，2008），HB（解焱，2008；章承林等，2012），HX（彭兆普等，2008；解焱，2008），JL（长春地区，曲同宝等，2015），SA（解焱，2008），SC（解焱，2008；周小刚等，2008），SD（吴彤等，2006），YN（解焱，2008；申时才等，2012）。

北京、重庆、甘肃、广西、贵州、河北、河南、湖北、湖南、吉林、江苏、江西、内蒙古、宁夏、陕西、山东、山西、上海、四川、台湾、天津、西藏、新疆、云南；东亚、南亚、西亚、东非、北非、欧洲；归化于大洋洲和北美洲。

天蓝苜蓿
tian lan mu xu

Medicago lupulina Linnaeus, Sp. Pl. 2: 779. 1753. **(FOC)**

JS（季敏等，2014）。

中国广布；亚洲、欧洲。

小苜蓿

xiao mu xu

Medicago minima (Linnaeus) Bartalini, Cat. Piante Siena, 61. 1776. **(FOC)**

AH（黄山，汪小飞等，2007；徐海根和强胜，2011），**GS**（徐海根和强胜，2011），**HB**（解焱，2008；徐海根和强胜，2011），**HX**（徐海根和强胜，2011），**HY**（解焱，2008；徐海根和强胜，2011），**JS**（解焱，2008；徐海根和强胜，2011），**NX**（徐海根和强胜，2011），**QH**（徐海根和强胜，2011），**SA**（解焱，2008；徐海根和强胜，2011），**SC**（解焱，2008；徐海根和强胜，2011），**SH**（张晴柔等，2013），**SX**（解焱，2008），**XJ**（徐海根和强胜，2011），**YN**（申时才等，2012）。

安徽、北京、重庆、福建、甘肃、广东、广西、贵州、河北、黑龙江、河南、湖北、湖南、吉林、江苏、江西、辽宁、内蒙古、宁夏、青海、陕西、山东、山西、上海、四川、台湾、天津、西藏、云南、浙江；亚洲、非洲、欧洲；归化于美洲。

食用葛

shi yong ge

葛藤

Pueraria edulis Pampanini, Nuovo Giorn. Bor. Ital.,n. s. 17 (1): 28-29, f. 8. 1910. **(FOC)**

CQ（金佛山自然保护区，滕永青，2008；金佛山自然保护区，孙娟等，2009）。

重庆、广东、广西、海南、湖北、江苏、四川、云南；喜马拉雅地区。

葛麻姆

ge ma mu

野葛

Pueraria montana (Loureiro) Merrill var. ***lobata*** (Willdenow) Maesen & Sarah M. Almeida ex Sanjappa & Predeep, Legumes India 288. 1992. **(FOC)**

Syn. *Pueraria lobata* (Willdenow) Ohwi, Bull. Tokyo Sci. Mus. 18: 16. 1947.

ZJ（金华市郊，李娜等，2007）。

安徽、澳门、福建、甘肃、广东、广西、贵州、海南、湖北、湖南、辽宁、江西、陕西、上海、四川、台湾、天津、香港、云南、浙江；热带亚洲、大洋洲。

三裂叶野葛

san lie ye ye ge

爪哇葛藤

Pueraria phaseoloides (Roxburgh) Bentham, J. Linn. Soc.,Bot. 9: 125. 1867. **(FOC)**

FJ（范志伟等，2008），**GD**（范志伟等，2008），**GX**（范志伟等，2008），**HN**（范志伟等，2008），**YN**（范志伟等，2008；申时才等，2012），**ZJ**（范志伟等，2008）。

澳门、福建、广东、广西、海南、湖北、湖南、江苏、江西、内蒙古、台湾、香港、云南、浙江；南亚、喜马拉雅地区。

决明

jue ming

草决明 还瞳子 假绿豆 马蹄决明 羊角豆

Senna tora (Linnaeus) Roxburgh, Fl. Ind. 2: 340. 1832. **(FOC)**

Bas. *Cassia tora* Linnaeus, Sp. Pl. 1: 376. 1753.

AH（徐海根和强胜，2004；黄山，汪小飞等，2007；范志伟等，2008；何家庆和葛结林，2008；解焱，2008；车晋滇，2009；万方浩等，2012），**BJ**（车晋滇，2009；徐海根和强胜，2011；万方浩等，2012），**CQ**（徐海根和强胜，2011），**FJ**（徐海根和强胜，2004，2011；范志伟等，2008；解焱，2008；车晋滇，2009；万方浩等，2012），**GD**（徐海根和强胜，2004，2011；深圳，严岳鸿等，2004；范志伟等，2008；中山市，蒋谦才等，2008；广州，王忠等，2008；解焱，2008；车晋滇，2009；王芳等，2009；粤东地区，曾宪锋等，2009；Fu等，2011；付岚等，2012；林建勇等，2012；万方浩等，2012；粤东地区，朱慧，2012；乐昌，邹滨等，2015），**GX**（邓晰朝和卢旭，2004；徐海根和强胜，2004，2011；吴桂容，2006；桂林，陈秋霞等，2008；范志伟等，2008；解焱，2008；车晋滇，2009；柳州市，石亮成等，2009；和太平等，2011；北部湾经济区，林建勇等，2011a，2011b；林建勇等，2012；胡刚和张忠华，2012；万方浩等，2012；郭成林等，2013；百色，贾桂康，2013；来宾市，林春华等，2015；灵山县，刘在松，2015；金子岭风景区，贾桂康和钟林敏，2016），**GZ**（黔南地区，韦美玉等，2006；贵阳市，石登红和李灿，2011；万方浩等，2012），**HB**（喻大昭等，2011），**HJ**（徐海根和强胜，2004，2011；范志伟等，2008；龙茹等，2008；解焱，2008；车晋滇，2009；秦皇岛，李顺才等，2009），**HN**（徐海根和强胜，2004，2011；单家林等，2006；安锋等，2007；王伟等，2007；范志伟等，2008；铜鼓岭国家级自然保护区、东寨港国家级自然保护区、大田国家级自然保护区，秦卫华等，2008；解焱，2008；车晋滇，2009；霸王岭自然保护区，胡雪华等，2011；甘什岭自然保护区，张荣京和邢福武，2011；林建勇等，2012；万方浩等，2012；曾宪锋等，2014；陈玉凯等，2016），**HX**（洞庭湖区，彭友林等，2008；车晋滇，2009；常德市，彭友林等，2009；湘西地区，徐亮等，2009），**HY**（新乡，许桂芳和简在友，2011；储嘉琳等，2016），**JS**（徐海根和强胜，2004，2011；范志伟等，2008；解焱，2008；车晋滇，2009；胡长松等，2016），**JX**（万方浩等，2012；朱碧华和朱大庆，2013；江西南部，程淑媛等，2015），**LN**（齐淑艳和徐文铎，2006），**MC**（王发国等，2004），**SC**（周小刚等，2008；马丹炜等，2009），**SD**（田家怡和吕传笑，2004；徐海根和强胜，2004，2011；黄河三角洲，刘庆年等，2006；宋楠等，2006；吴彤等，2006；惠洪者，2007；范志伟等，2008；青岛，罗艳和刘爱华，2008；解焱，2008；车晋滇，2009），**SH**（秦卫华等，2007；张晴柔等，2013），**SX**（石瑛等，2006），**TW**（徐海根和强胜，2004，2011；范志伟等，2008；解焱，2008；车晋滇，2009；万方浩等，2012），**YN**（徐海根和强胜，2004，2011；丁莉等，2006；西双版纳，管志斌等，2006；瑞丽，赵见明，2007；范志伟等，2008；解焱，2008；车晋滇，2009；申时才等，2012；万方浩等，2012；西双版纳自然保护区，陶永祥等，2017），**ZJ**（徐海根和强胜，2004，2011；杭州，陈小永等，2006；范志伟等，2008；杭州市，王嫩仙，2008；解焱，2008；西溪湿地，舒美英等，2009；张建国和张明如，2009；西溪湿地，缪丽华等，2011；万方浩等，2012；杭州，谢国雄等，

2012；杭州，金祖达等，2015；周天焕等，2016）；黄河三角洲地区（赵怀浩等，2011）。

安徽、澳门、北京、重庆、福建、广东、广西、贵州、海南、河北、河南、湖北、湖南、江苏、江西、辽宁、内蒙古、陕西、山东、山西、上海、四川、台湾、天津、西藏、香港、云南、浙江。

草莓车轴草
cao mei che zhou cao

草莓三叶草 叶首蓿

Trifolium fragiferum Linnaeus, Sp. Pl. 2: 772. 1753. **(FOC)**

HY（徐海根和强胜，2011），**XJ**（徐海根和强胜，2011）。

广西、黑龙江、河南、新疆（野生）；中亚、西亚、北非、欧洲。

北野豌豆
bei ye wan dou

贝加尔野豌豆

Vicia ramuliflora (Maximowicz) Ohwi, J. Jap. Bot. 12 (5): 331. 1936. **(FOC)**
Syn. *Vicia baicalensis* (Turczaninow ex Maximowicz) B. Fedtschenko, Fl. URSS 13: 424. 1948.

AH（黄山，汪小飞等，2007）。

安徽、北京、河北、河南、湖南、江苏、江西、黑龙江、吉林、辽宁、内蒙古、山东、四川、浙江；东亚、蒙古、俄罗斯的中东部地区。

救荒野豌豆
jiu huang ye wan dou

草藤 大巢菜 山扁豆 苕子 野菉菜 野绿豆 野豌豆

Vicia sativa Linnaeus, Sp. Pl. 2: 736. 1753. **(FOC)**
Vicia gigantea auct. non Bunge: 吴秀臣和芦建国，2015。

AH（徐海根和强胜，2011），**BJ**（徐海根和强胜，2011），**CQ**（徐海根和强胜，2011），**FJ**（北部，徐海根和强胜，2011），**GD**（粤东地区，曾宪锋等，

2009；北部，徐海根和强胜，2011；粤东地区，朱慧，2012），**GS**（徐海根和强胜，2011；河西地区，陈叶等，2013），**GX**（徐海根和强胜，2011），**GZ**（徐海根和强胜，2011），**HB**（徐海根和强胜，2011），**HJ**（徐海根和强胜，2011），**HL**（徐海根和强胜，2011），**HX**（徐海根和强胜，2011），**HY**（徐海根和强胜，2011），**JL**（徐海根和强胜，2011），**JS**（徐海根和强胜，2011；苏州，林敏等，2012；南京城区，吴秀臣和芦建国，2015；胡长松等，2016），**JX**（徐海根和强胜，2011），**LN**（徐海根和强胜，2011；大连，张恒庆等，2016），**NM**（徐海根和强胜，2011），**NX**（徐海根和强胜，2011），**QH**（徐海根和强胜，2011），**SA**（徐海根和强胜，2011；栾晓睿等，2016），**SC**（徐海根和强胜，2011），**SD**（徐海根和强胜，2011），**SH**（徐海根和强胜，2011；张晴柔等，2013），**SX**（徐海根和强胜，2011），**TJ**（徐海根和强胜，2011），**XJ**（乌鲁木齐，张源，2007；徐海根和强胜，2011），**XZ**（徐海根和强胜，2011），**YN**（徐海根和强胜，2011），**ZJ**（徐海根和强胜，2011）；各省区均有分布（车晋滇，2009）。

安徽、澳门、北京、重庆、福建、甘肃、广东、广西、贵州、河北、河南、黑龙江、湖北、湖南、吉林、江苏、江西、辽宁、内蒙古、宁夏、青海、陕西、山东、山西、上海、四川、台湾、天津、西藏、香港、新疆、云南、浙江；亚洲、非洲、欧洲。

窄叶野豌豆
zhai ye ye wan dou

狭叶野豌豆

Vicia sativa Linnaeus subsp. ***nigra*** (Linnaeus) Ehrhart, Hannover. Mag. 15: 229. 1780. **(FOC)**

Syn. *Vicia angustifolia* Linnaeus, Amoen. Acad. 4: 105. 1759.

AH（黄山，汪小飞等，2007），**FJ**（刘巧云和王玲萍，2006），**GS**（河西地区，陈叶等，2013），**TW**（苗栗地区，陈运造，2006）。

安徽、北京、重庆、福建、甘肃、福建、广东、广西、贵州、河南、湖北、湖南、江苏、江西、宁夏、青海、陕西、山东、山西、上海、四川、台湾、西藏、新疆、云南、浙江；中亚、喜马拉雅地区、西亚、欧洲。

赤小豆
chi xiao dou

Vigna umbellata (Thunberg) Ohwi & H. Ohashi, J. Jap. Bot. 44 (1): 31. 1969. **(FOC)**

ZJ（李根有等，2006；张建国和张明如，2009）。

安徽、北京、重庆、福建、甘肃、广东、广西、贵州、海南、河北、河南、黑龙江、湖北、湖南、吉林、江苏、江西、内蒙古、陕西、山东、山西、上海、四川、台湾、香港、新疆、云南、浙江；东南亚；广泛栽培于热带地区。

酢浆草科 Oxalidaceae

酢浆草
cu jiang cao

Oxalis corniculata Linnaeus, Sp. Pl. 1: 435. 1753. **(FOC)**

GD（粤东地区，曾宪锋等，2009），**GX**（来宾市，林春华等，2015），**NM**（苏亚拉图等，2007）。

安徽、澳门、北京、重庆、福建、甘肃、广东、广西、贵州、海南、河北、河南、黑龙江、湖北、湖南、江苏、江西、辽宁、内蒙古、青海、陕西、山东、山西、上海、四川、台湾、天津、西藏、香港、云南、浙江；亚热带和温带地区。

大戟科 Euphorbiaceae

铁苋菜
tie xian cai

Acalypha australis Linnaeus, Sp. Pl. 2: 1004. 1753. **(FOC)**

除新疆外，分布几遍及全国（李扬汉，1998）。

安徽、澳门、北京、重庆、福建、甘肃、广东、广西、贵州、海南、河北、河南、黑龙江、湖北、湖南、吉林、江苏、江西、辽宁、宁夏、青海、陕西、山东、山西、上海、四川、台湾、天津、西藏、香港、云南、浙江；东亚、菲律宾、俄罗斯东部地区、老挝、越南。

乳浆大戟
ru jiang da ji

Euphorbia esula Linnaeus, Sp. Pl. 1: 461. 1753. **(FOC)**

HX（湘西地区，徐亮等，2009）。

安徽、澳门、北京、重庆、福建、甘肃、广东、广西、河北、河南、黑龙江、湖北、湖南、吉林、江苏、江西、辽宁、内蒙古、宁夏、青海、陕西、山东、山西、上海、四川、台湾、天津、香港、新疆、云南、浙江；东亚、中亚、西亚、蒙古、欧洲。

泽漆
ze qi

猫儿眼 乳腺草 五朵云

Euphorbia helioscopia Linnaeus, Sp. Pl. 1: 459. 1753. **(FOC)**

AH（陈明林等，2003；淮北地区，胡刚等，2005b；黄山，汪小飞等，2007），**BJ**（车晋滇，2004），**CQ**（杨德等，2011），**GZ**（屠玉麟，2002；黔南地区，韦美玉等，2006；申敬民等，2010；贵阳市，陈菊艳等，2016），**HB**（刘胜祥和秦伟，2004；星斗山国家级自然保护区，卢少飞等，2005；李儒海等，2011；黄石市，姚发兴，2011；喻大昭等，2011），**HJ**（衡水市，牛玉璐和李建明，2010），**HL**（郑宝江和潘磊，2012），**HX**（谢红艳和张雪芹，2012），**HY**（杜卫兵等，2002；开封，张桂宾，2004；东部，张桂宾，2006），**JS**（季敏等，2014；胡长松等，2016），**JX**（庐山风景区，胡天印等，2007c；雷平等，2010；鞠建文等，2011），**LN**（齐淑艳和徐文铎，2006；曲波等，2010；大连，张恒庆等，2016），**NM**（庞立东等，2015），**SA**（西安地区，祁云枝等，2010；杨凌地区，何纪琳等，2013），**SC**（邛海湿地，杨红，2009），**SD**（潘怀剑和田家怡，2001；田家怡和吕传笑，2004；衣艳君等，2005；黄河三角洲，刘庆年等，2006；宋楠等，2006；惠洪者，2007；昆嵛山，赵宏和董翠玲，2007；青岛，罗艳和刘爱华，2008；南四湖湿地，王元军，2010；张绪良等，2010；昆嵛山，赵宏和丛海燕，2012），**YN**（丁莉等，2006；怒江干热河谷区，胡发广等，2007；申时才等，2012），**ZJ**（李根有等，

2006；金华市郊，胡天印等，2007b；张建国和张明如，2009；天目山自然保护区，陈京等，2011；西溪湿地，缪丽华等，2011；杭州，金祖达等，2015；周天焕等，2016）；除新疆、西藏以外的全国各省区（解焱，2008）；黄河三角洲地区（赵怀浩等，2011）；东北地区（郑美林和曹伟，2013）；赤水河中游地区（窦全丽等，2015）。

安徽、北京、重庆、福建、甘肃、广东、广西、贵州、海南、河北、河南、黑龙江、湖北、湖南、江苏、江西、辽宁、内蒙古、宁夏、青海、陕西、山东、山西、四川、天津、香港、新疆、云南、浙江；欧洲、非洲、美洲。

地锦
di jin

Euphorbia humifusa Willdenow, Enum. Pl., Suppl. 27. 1814. **(FOC)**

SH（Hsu, 2010）。

安徽、澳门、北京、重庆、福建、甘肃、广东、广西、贵州、河北、河南、黑龙江、湖北、湖南、吉林、江苏、江西、辽宁、内蒙古、宁夏、青海、陕西、山东、山西、上海、四川、台湾、天津、西藏、香港、新疆、云南、浙江；欧亚大陆。

续随子
xu sui zi

Euphorbia lathyris Linnaeus, Sp. Pl. 1: 457. 1753. **(FOC)**

GX（谢云珍等，2007；和太平等，2011；百色，贾桂康，2013），**ZJ**（杭州，陈小永等，2006；张建国和张明如，2009）。

安徽、北京、重庆、福建、甘肃、广东、广西、贵州、海南、河北、河南、湖北、湖南、吉林、江苏、江西、辽宁、内蒙古、青海、陕西、山东、山西、上海、四川、天津、西藏、新疆、云南、浙江；非洲、美洲、亚洲、欧洲。

千根草
qian gen cao

Euphorbia thymifolia Linnaeus, Sp. Pl. 1:

454. 1753. **(FOC)**

东北地区（郑美林和曹伟，2013）。

北京、福建、广东、广西、贵州、海南、河南、湖北、湖南、江苏、江西、辽宁、台湾、西藏、香港、云南、浙江；广泛分布于气候温暖的国家

乌桕
wu jiu

Triadica sebifera (Linnaeus) Small, Florida Trees, 59. 1913. **(FOC)**
Syn. *Sapium sebiferum* (Linnaeus) Roxburgh, Hort. Bengal. 69. 1814.

TW（苗栗地区，陈运造，2006）。

安徽、澳门、北京、重庆、福建、甘肃、广东、广西、贵州、海南、河北、河南、湖北、湖南、江西、内蒙古、青海、江苏、陕西、山东、山西、上海、四川、台湾、天津、香港、云南、浙江；日本、越南。

木油桐
mu you tong
千年桐

Vernicia montana Loureiro, Fl. Cochinch. 2: 586. 1790. **(FOC)**

TW（苗栗地区，陈运造，2006）。

安徽、澳门、福建、广东、广西、贵州、海南、湖北、湖南、江苏、江西、辽宁、台湾、香港、云南、浙江；南亚。

无患子科 Sapindaceae

倒地铃
dao di ling
风船葛

Cardiospermum halicacabum Linnaeus, Sp. Pl. 1: 366-367. 1753. **(FOC)**

GD（珠海市，黄辉宁等，2005b），**JS**（胡长松等，2016），**TW**（苗栗地区，陈运造，2006），**YN**（西双版纳，管志斌等，2006）。

澳门、北京、重庆、福建、广东、广西、贵州、海南、河北、河南、湖北、湖南、江苏、江西、辽宁、陕西、山东、山西、上海、四川、台湾、天津、香港、云南、浙江；热带、亚热带地区。

龙眼
long yan

Dimocarpus longan Loureiro, Fl. Cochinch. 1: 233. 1790. **(FOC)**

HK（Leung 等，2009），**TW**（苗栗地区，陈运造，2006）。

澳门、福建、广东、广西、海南、四川、台湾、香港、云南、浙江；热带亚洲。

葡萄科 Vitaceae

乌蔹莓
wu lian mei

Cayratia japonica (Thunberg) Gagnepain, Notul. Syst. (Paris) 1: 349. 1911. **(FOC)**

BJ（刘全儒等，2002；建成区，郎金顶等，2008）。

安徽、澳门、北京、重庆、福建、甘肃、广东、广西、贵州、海南、河北、河南、黑龙江、湖北、湖南、江苏、江西、辽宁、内蒙古、陕西、山东、上海、四川、台湾、西藏、香港、云南、浙江；热带亚洲、大洋洲。

椴树科 Tiliaceae

黄麻
huang ma

Corchorus capsularis Linnaeus, Sp. Pl. 1: 529. 1753. **(FOC)**

TW（苗栗地区，陈运造，2006）。

安徽、福建、甘肃、广东、广西、贵州、海南、湖北、湖南、江苏、江西、陕西、山东、上海、四川、台湾、香港、云南、浙江；热带亚洲。

黄葵
huang kui

Abelmoschus moschatus Medikus, Malvenfam. 46. 1787. **(FOC)**

GD（粤东地区，曾宪锋等，2009；粤东地区，朱慧，2012）。

福建、广东、广西、贵州、海南、湖北、湖南、江西、上海、四川、台湾、香港、云南、浙江；热带亚洲地区。

药葵
yao kui

药蜀葵

Althaea officinalis Linnaeus, Sp. Pl. 2: 686. 1753. **(FOC)**

JS（寿海洋等，2014），**SA**（栾晓睿等，2016），**XJ**（乌鲁木齐，张源，2007）。

北京、甘肃、贵州、黑龙江、江苏、陕西、上海、天津、新疆（野生）、云南；亚洲、欧洲。

野葵
ye kui

Malva verticillata Linnaeus, Sp. Pl. 2: 689. 1753. **(FOC)**

AH（黄山，汪小飞等，2007），**GS**（赵慧军，2012）。

安徽、北京、重庆、福建、甘肃、广东、广西、贵州、河北、河南、黑龙江、湖北、湖南、吉林、江苏、江西、辽宁、内蒙古、宁夏、青海、陕西、山东、山西、上海、四川、台湾、天津、西藏、香港、新疆、云南、浙江；朝鲜半岛、印度、缅甸、欧洲。

拔毒散
ba du san

Sida szechuensis Matsuda, Bot. Mag. (Tokyo) 32: 165. 1918. **(FOC)**

HB（曲红等，2007）。

福建、广东、广西、贵州、海南、河北、湖北、江西、山东、四川、西藏、香港、云南、浙江。

地桃花
di tao hua

肖梵天花

Urena lobata Linnaeus, Sp. Pl. 2: 692. 1753. **(FOC)**

HN（安锋等，2007；彭宗波等，2013）。

安徽、澳门、甘肃、重庆、福建、广东、广西、贵州、海南、河北、湖北、湖南、江苏、江西、辽宁、陕西、山东、四川、台湾、西藏、香港、云南、浙江；泛热带地区。

木棉
mu mian

Bombax ceiba Linnaeus, Sp. Pl. 1: 511. 1753. **(FOC)**

Syn. *Bombax malabaricum* de Candolle, Prodr. 1: 479. 1824.

TW（苗栗地区，陈运造，2006）。

澳门、福建、广东、广西、贵州、海南、江西、四川、台湾、香港、云南；热带亚洲至大洋洲。

紫花地丁
zi hua di ding

Viola philippica Cavanilles, Icon. 6: 19. 180. **(FOC)**

Syn. *Viola yedoensis* Makino, Bot. Mag. (Tokyo) 26 (305): 148-151. 1912.

JL（长春地区，曲同宝等，2015）。

安徽、北京、重庆、福建、甘肃、广东、广西、贵州、海南、河北、黑龙江、河南、湖北、湖南、江苏、江西、吉林、辽宁、内蒙古、宁夏、青海、陕西、山东、山西、四川、台湾、天津、新疆、云南、浙江；亚洲。

红瓜
hong gua

金瓜

Coccinia grandis (Linnaeus) Voigt, Hort. Suburb. Calcutt. 59. 1845. **(FOC)**

Syn. *Coccinia cordifolia* (Linnaeus) Cogniaux, Monogr. Phan. 3: 529. 1881.

FJ（徐海根和强胜，2004；厦门地区，陈恒彬，2005；解焱，2008），**GD**（徐海根和强胜，2004；解焱，2008；林建勇等，2012），**GX**（徐海根和强胜，2004；围洲岛，解焱，2008；北部湾经济区，林建勇等，2011a，2011b；林建勇等，2012），**HN**（徐海根和强胜，2004；王伟等，2007；林建勇等，2012；曾宪锋等，2014），**YN**（徐海根和强胜，2004；丁莉等，2006；解焱，2008；申时才等，2012）。

澳门、福建、广东、广西、海南、台湾、香港、云南；旧大陆热带地区。

多花水苋菜
duo hua shui xian cai

多花水苋

Ammannia multiflora Roxburgh, Fl. Ind. 1: 447. 1820. **(FOC)**

BJ（刘全儒等，2002；车晋滇，2004）。

安徽、北京、重庆、福建、广东、广西、贵州、海南、河北、河南、湖北、江苏、江西、辽宁、陕西、山东、上海、四川、台湾、天津、香港、云南、浙江；旧大陆热带地区。

千屈菜
qian qu cai

Lythrum salicaria Linnaeus, Sp. Pl. 1: 446. 1753. **(FOC)**

AH（陈明林等，2003；淮北地区，胡刚等，2005b），**GS**（河西地区，陈叶等，2013），**GX**（贾洪亮等，2011），**JX**（朱碧华等，2014）。

安徽、北京、重庆、福建、甘肃、广东、广西、河北、河南、黑龙江、湖北、湖南、吉林、江苏、江西、辽宁、内蒙古、宁夏、青海、陕西、山东、山西、上海、四川、天津、西藏、新疆、云南、浙江；北温带。

节节菜
jie jie cai

Rotala indica (Willdenow) Koehne, Bot. Jahrb. Syst. 1 (2): 172. 1880. **(FOC)**

BJ（刘全儒等，2002；车晋滇，2004）。

安徽、北京、重庆、福建、甘肃、广东、广西、贵州、海南、河南、湖北、湖南、江苏、江西、辽宁、陕西、山西、四川、台湾、香港、云南、浙江；热带亚洲、中亚。

轮叶节节菜
lun ye jie jie cai

Rotala mexicana Schlechtendal & Chamisso, Linnaea 5: 567. 1830. **(FOC)**

HY（储嘉琳等，2016），**JS**（严辉等，2014），**ZJ**（杭州，陈小永等，2006；张建国和张明如，2009）。

贵州、海南、河南、江苏、陕西、山东、山西、四川、台湾、浙江；世界广布。

野牡丹
ye mu dan

Melastoma malabathricum Linnaeus, Sp. Pl. 1: 390. 1753. **(FOC)**

Syn. *Melastoma candidum* D. Don, Mem. Wern. Nat. Hist. Soc. 4: 288. 1823.

HN（安锋等，2007；周祖光，2011；彭宗波等，2013；陈玉凯等，2016）。

澳门、福建、广东、广西、贵州、海南、湖南、江西、四川、台湾、西藏、香港、云南、浙江；日本、南亚、太平洋岛屿。

草龙
cao long

Ludwigia hyssopifolia (George Don) Exell, Garcia de Orta 5: 471. 1957. **(FOC)**
Syn. *Jussiaea linifolia* Vahl, Eclogae Americanae 2: 32. 1798.

BJ（刘全儒等，2002；车晋滇，2004；车晋滇等，2004；松山自然保护区，刘佳凯等，2012；松山自然保护区，王惠惠等，2014），GD（粤东地区，曾宪锋等，2009；粤东地区，朱慧，2012；乐昌，邹滨等，2016），HN（曾宪锋等，2014）；主要分布于长江以南各省区（车晋滇，2009）。

澳门、北京、福建、广东、广西、海南、湖南、江西、台湾、西藏、香港、云南、浙江；亚洲、非洲、大洋洲、太平洋群岛、南美洲。

毛草龙
mao cao long

Ludwigia octovalvis (Jacquin) P. H. Raven, Kew Bull. 15 (3): 476. 1962. **(FOC)**

YN（西双版纳，管志斌等，2006）。

安徽、澳门、福建、广东、广西、贵州、海南、江苏、江西、辽宁、山东、四川、台湾、西藏、香港、云南、浙江；世界广布。

丁香蓼
ding xiang liao

Ludwigia prostrata Roxburgh, Fl. Ind. 1: 441. 1820. **(FOC)**

BJ（刘全儒等，2002；车晋滇，2004；松山自然保护区，刘佳凯等，2012），HY（董东平和叶永忠，2007；许昌市，姜罡丞，2009），JL（长白山区，周繇，2003；长白山区，苏丽涛和马立军，2009）；分布几遍全国，但主要在长江以南各省区（李扬汉，1998）。

安徽、北京、重庆、福建、甘肃、广东、广西、贵州、海南、河北、河南、黑龙江、湖北、湖南、吉林、江苏、江西、辽宁、内蒙古、陕西、山东、上海、四川、台湾、天津、西藏、云南、浙江；南亚、喜马拉雅地区。

葛缕子
ge lü zi

Carum carvi Linnaeus, Sp. Pl. 1: 263. 1753. **(FOC)**

JL（长白山区，周繇，2003；长白山区，苏丽涛和马立军，2009）。

安徽、北京、重庆、福建、甘肃、海南、河北、河南、江苏、江西、吉林、辽宁、内蒙古、宁夏、青海、陕西、山东、山西、四川、西藏、新疆、云南、浙江；亚洲、欧洲。

蛇床
she chuang

Cnidium monnieri (Linnaeus) Cusson, Mém. Soc. Méd. Emul. Paris, 280. 1782. **(FOC)**

HJ（武安国家森林公园，张浩等，2012）。

几乎遍及中国；亚洲、欧洲、北美洲。

鸭儿芹
ya er qin

山芹菜

Cryptotaenia japonica Hasskarl, Retzia 1: 113. 1855. **(FOC)**

TW（苗栗地区，陈运造，2006）。

安徽、重庆、福建、甘肃、广东、广西、贵州、河北、河南、黑龙江、湖北、湖南、江苏、江西、陕西、山西、上海、四川、台湾、云南、浙江；东亚。

扁叶刺芹
bian ye ci qin

欧亚刺芹

Eryngium planum Linnaeus, Sp. Pl. 1: 233. 1753. **(FOC)**

LN（高燕和曹伟，2010），SA（西安地区，祁云枝等，2010；栾晓睿等，2016）；东北地区（郑美林和曹伟，2013）。

甘肃、海南、河北、辽宁、陕西、新疆（野生）；

欧洲、亚洲。

天胡荽
tian hu sui

Hydrocotyle sibthorpioides Lamarck, Encycl. 3 (1): 153. 1789. **(FOC)**

BJ（刘全儒等，2002；车晋滇，2004；车晋滇等，2004；建成区，赵娟娟等，2010），**SH**（汪远等，2015）。

安徽、澳门、北京、重庆、福建、甘肃、广东、广西、贵州、海南、河南、湖北、湖南、江苏、江西、陕西、上海、四川、台湾、天津、西藏、香港、云南、浙江；旧大陆热带地区。

香根芹
xiang gen qin

野胡萝卜

Osmorhiza aristata (Thunberg) Rydberg, Bot. Surv. Nebraska, 3: 37. 1894. **(FOC)**

AH（黄山，汪小飞等，2007）。

安徽、重庆、甘肃、广东、河南、湖北、湖南、吉林、江苏、江西、辽宁、宁夏、山西、上海、四川、西藏、云南、浙江；东亚、喜马拉雅地区、蒙古、俄罗斯西伯利亚地区；北美洲。

报春花科 Primulaceae

泽珍珠菜
ze zhen zhu cai

Lysimachia candida Lindley, J. Hort. Soc. London 1: 301. 1846. **(FOC)**

BJ（刘全儒等，2002；林秦文等，2009）。

安徽、重庆、北京、福建、甘肃、广东、广西、贵州、海南、河北、河南、湖北、湖南、江苏、江西、陕西、山东、山西、上海、四川、台湾、西藏、云南、浙江；日本、缅甸、越南。

白花丹科 Plumbaginaceae

白花丹
bai hua dan

乌面马

Plumbago zeylanica Linnaeus, Sp. Pl. 1: 151. 1753. **(FOC)**

TW（苗栗地区，陈运造，2006）。

澳门、重庆、福建、广东、广西、贵州、海南、湖南、江苏、江西、辽宁、四川、台湾、香港、新疆、云南、浙江；旧大陆地区。

龙胆科 Gentianaceae

回旋扁蕾
hui xuan bian lei

Gentianopsis contorta (Royle) Ma, Acta Phytotax. Sin. 1 (1): 14. 1951. **(FOC)**

Syn. *Gentiana contorta* Royle, Ill. Bot. Himal. Mts. 1: 278. 1835.

BJ（松山自然保护区，刘佳凯等，2012）。

北京、甘肃、贵州、河北、吉林、黑龙江、辽宁、青海、山东、山西、四川、西藏、云南；日本、尼泊尔。

夹竹桃科 Apocynaceae

糖胶树
tang jiao shu

黑板树

Alstonia scholaris (Linnaeus) R. Brown, Mem. Wern. Nat. Hist. Soc. 1: 76. 1811. **(FOC)**

TW（苗栗地区，陈运造，2006）。

福建、广东、广西（野生）、海南、湖南、台湾、云南（野生）；亚洲、大洋洲。

夹竹桃
jia zhu tao

Nerium oleander Linnaeus, Sp. Pl. 1: 209. 1753. **(FOC)**

Syn. *Nerium indicum* Miller, Gard. Dict. (ed. 8)

no. 2. 1768.

CQ（金佛山自然保护区，滕永青，2008；金佛山自然保护区，孙娟等，2009），FJ（武夷山市，李国平等，2014），HN（范志伟等，2008；霸王岭自然保护区，胡雪华等，2011），各省区（范志伟等，2008）。

安徽、澳门、北京、重庆、福建、甘肃、广东、广西、贵州、海南、河北、河南、湖北、湖南、吉林、江苏、江西、辽宁、陕西、山东、上海、四川、天津、香港、云南、浙江；亚洲、欧洲、北美洲。

猪殃殃
zhu yang yang

Galium spurium Linnaeus, Sp. Pl. 1: 106. 1753. **(FOC)**
Syn. *Galium aparine* Linnaeus var. *tenerum* (Grenier & Godron) H. G. Reichenbach, Icon. Fl. Germ. Helv. 17: 94. 1855.

分布范围最北至辽宁，南至广东、广西（李扬汉，1998）。

安徽、澳门、北京、重庆、福建、甘肃、广东、广西、贵州、河北、河南、黑龙江、湖北、湖南、吉林、江苏、江西、辽宁、内蒙古、宁夏、青海、陕西、山东、山西、上海、四川、台湾、天津、西藏、香港、新疆、云南、浙江；旧大陆；归化于新大陆。

蓬子菜
peng zi cai

Galium verum Linnaeus, Sp. Pl. 1: 107. 1753. **(FOC)**

GS（河西地区，陈叶等，2013），JL（孙仓等，2007）。

安徽、北京、重庆、甘肃、广东、广西、河北、河南、黑龙江、湖北、湖南、吉林、江苏、江西、辽宁、内蒙古、宁夏、青海、陕西、山东、山西、上海、四川、天津、西藏、新疆、云南、浙江；喜马拉雅地区、南亚、中亚、西亚、欧洲；归化于美洲等地。

耳草
er cao

Hedyotis auricularia Linnaeus, Sp. Pl. 1: 101. 1753. **(FOC)**

BJ（车晋滇，2004），YN（申时才等，2012）。

安徽、澳门、北京、福建、广东、广西、贵州、海南、湖南、江西、香港、云南、浙江；日本、热带亚洲、大洋洲。

伞房花耳草
san fang hua er cao

Hedyotis corymbosa (Linnaeus) Lamarck, Tabl. Encycl. 1: 272. 1791. **(FOC)**

BJ（车晋滇，2004；车晋滇等，2004），GX（来宾市，林春华等，2015）。

澳门、北京、福建、广东、广西、贵州、海南、湖南、江西、上海、四川、台湾、香港、云南、浙江；旧大陆热带地区；归化于美洲和太平洋岛屿。

鸡矢藤
ji shi teng
鸡屎藤 臭鸡矢藤

Paederia foetida Linnaeus, Mant. Pl. 1: 52. 1767. **(FOC)**
Syn. *Paederia scandens* (Loureiro) Merrill, Contr. Arnold Arbor. 8: 163. 1934.

BJ（刘全儒等，2002；建成区，郎金顶等，2008；林秦文等，2009；刘华杰，2009b；建成区，赵娟娟等，2010）。

安徽、北京、澳门、重庆、福建、甘肃、广东、广西、贵州、海南、河北、河南、湖北、湖南、江苏、江西、辽宁、陕西、山东、山西、上海、四川、台湾、香港、云南、浙江；东亚、热带亚洲；归化于北美洲南部。

丰花草
feng hua cao

Spermacoce pusilla Wallich, Fl. Ind. 1: 379. 1820. **(FOC)**

Borreria stricta auct. non (Linnaeus f.) G. Meyer: 车晋滇, 2004; 丁莉等, 2006; 申时才等, 2012; 郭成林等, 2013.

BJ（车晋滇, 2004）, **GX**（郭成林等, 2013）, **YN**（丁莉等, 2006; 申时才等, 2012）。

安徽、澳门、北京、福建、广东、广西、贵州、海南、湖南、江苏、江西、山东、四川、台湾、香港、云南、浙江; 热带亚洲; 归化于非洲。

打碗花
da wan hua

Calystegia hederacea Wallich in Roxburgh, Fl. Ind. 2: 94. 1824. **(FOC)**

广布于全国各地（李扬汉, 1998）。

安徽、北京、重庆、福建、甘肃、广东、广西、贵州、海南、河北、河南、黑龙江、湖北、湖南、吉林、江苏、江西、辽宁、内蒙古、宁夏、青海、陕西、山东、山西、上海、四川、台湾、天津、香港、新疆、云南、浙江; 亚洲、北非。

旋花
xuan hua

篱打碗花

Calystegia sepium (Linnaeus) R. Brown, Prodr. 483. 1810. **(Tropicos)**

分布于东北、华北、西北、华东、华中、西南及华南部分省区, 尤以华东及西北地区为重发区（李扬汉, 1998）。

安徽、北京、重庆、福建、甘肃、广东、广西、贵州、河北、黑龙江、河南、湖北、湖南、吉林、江苏、江西、辽宁、内蒙古、宁夏、青海、陕西、山东、上海、山西、四川、天津、新疆、西藏、云南、浙江; 东亚、俄罗斯。

田旋花
tian xuan hua

箭叶旋花 中国旋花

Convolvulus arvensis Linnaeus, Sp. Pl. 1:

153. 1753. **(FOC)**

GS（河西地区, 陈叶等, 2013）, **HJ**（衡水市, 牛玉璐和李建明, 2010）, **HL**（郑宝江和潘磊, 2012）, **HX**（湘西地区, 徐亮等, 2009）, **HY**（董东平和叶永忠, 2007; 许昌市, 姜罡丞, 2009）, **JL**（长春地区, 曲同宝等, 2015）, **JS**（胡长松等, 2016）, **LN**（齐淑艳和徐文铎, 2006; 大连, 张淑梅等, 2013; 大连, 张恒庆等, 2016）, **SA**（杨凌地区, 何纪琳等, 2013）, **SC**（李扬汉, 1998）, **SD**（田家怡和吕传笑, 2004; 黄河三角洲, 刘庆年等, 2006; 宋楠等, 2006; 惠洪者, 2007; 青岛, 罗艳和刘爱华, 2008; 昆嵛山, 赵宏和董翠玲, 2007; 南四湖湿地, 王元军, 2010; 张绪良等, 2010）, **XZ**（李扬汉, 1998）; 各地均有分布（车晋滇, 2009）; 分布于东北、华北、西北、四川、西藏等省区（李扬汉, 1998）; 黄河三角洲地区（赵怀浩等, 2011）; 东北地区（郑美林和曹伟, 2013）。

安徽、北京、重庆、甘肃、广西、贵州、河北、河南、黑龙江、湖北、湖南、吉林、江苏、江西、辽宁、内蒙古、宁夏、青海、陕西、山东、山西、上海、四川、天津、西藏、新疆、浙江; 欧亚大陆、美洲温带地区。

南方菟丝子
nan fang tu si zi

欧洲菟丝子

Cuscuta australis R. Brown, Prodr. 1: 491. 1810. **(FOC)**

AH（李扬汉, 1998; 黄山, 汪小飞等, 2007; 何家庆和葛结林, 2008）, **FJ**（李扬汉, 1998）, **GD**（李扬汉, 1998）, **GS**（李扬汉, 1998）, **GX**（于永浩等, 2016）, **HB**（李扬汉, 1998）, **HJ**（李扬汉, 1998）, **HL**（李扬汉, 1998）, **HX**（李扬汉, 1998; 常德市, 彭友林等, 2009）, **HY**（李扬汉, 1998）, **JL**（李扬汉, 1998; 长春地区, 曲同宝等, 2015）, **JS**（李扬汉, 1998）, **JX**（李扬汉, 1998）, **LN**（李扬汉, 1998）, **NM**（李扬汉, 1998）, **NX**（李扬汉, 1998）, **SC**（李扬汉, 1998）, **SD**（李扬汉, 1998; 田家怡和吕传笑, 2004; 黄河三角洲, 刘庆年等, 2006; 宋楠等, 2006; 惠洪者, 2007; 昆嵛山, 赵宏和董翠玲, 2007; 张绪良等, 2010; 昆嵛山, 赵宏和丛海燕, 2012）, **SX**（李扬汉, 1998）, **TW**（李

扬汉，1998），**XJ**（李扬汉，1998），**YN**（李扬汉，1998；普洱，陶川，2012），**ZJ**（李扬汉，1998；西溪湿地，缪丽华等，2011）；黄河三角洲地区（赵怀浩等，2011）。

安徽、北京、澳门、重庆、福建、甘肃、广东、广西、贵州、海南、河北、河南、黑龙江、湖北、湖南、吉林、江苏、江西、辽宁、内蒙古、宁夏、青海、陕西、山东、上海、山西、四川、台湾、天津、香港、新疆、云南、浙江；亚洲、大洋洲、欧洲。

菟丝子
tu si zi

中国菟丝子

Cuscuta chinensis Lamarck, Encycl. 2 (1): 229. 1786. **(FOC)**

AH（李扬汉，1998），**FJ**（李扬汉，1998），**GD**（李扬汉，1998），**GS**（李扬汉，1998），**GZ**（贵阳市，陈菊艳等，2016），**HB**（李扬汉，1998），**HJ**（李扬汉，1998），**HL**（李扬汉，1998），**HX**（李扬汉，1998；彭兆普等，2008），**HY**（李扬汉，1998），**JL**（李扬汉，1998），**JS**（李扬汉，1998），**JX**（李扬汉，1998），**LN**（李扬汉，1998），**NM**（李扬汉，1998；张永宏和袁淑珍，2010），**NX**（李扬汉，1998），**SC**（李扬汉，1998），**SD**（李扬汉，1998），**SX**（李扬汉，1998），**TW**（李扬汉，1998），**XJ**（李扬汉，1998），**YN**（李扬汉，1998；），**ZJ**（李扬汉，1998）。

安徽、北京、重庆、福建、甘肃、广东、广西、贵州、海南、河北、河南、黑龙江、湖北、湖南、吉林、江苏、江西、辽宁、内蒙古、宁夏、青海、陕西、山东、山西、四川、台湾、天津、香港、西藏、新疆、云南、浙江；亚洲、非洲、大洋洲。

欧洲菟丝子
ou zhou tu si zi

Cuscuta europaea Linnaeus, Sp. Pl. 1: 124. 1753. **(FOC)**

JL（长春地区，曲同宝等，2015），**NM**（庞立东等，2015）。

重庆、甘肃、河北、黑龙江、湖南、江苏、吉林、内蒙古、宁夏、青海、陕西、山西、四川、新疆、西藏；亚洲、北非、欧洲。

金灯藤
jin deng teng

北方菟丝子　日本菟丝子

Cuscuta japonica Choisy, Syst. Verz. 2: 130, 134. 1854. **(FOC)**

AH（黄山，汪小飞等，2007），**CQ**（金佛山自然保护区，孙娟等，2009；万州区，余顺慧和邓洪平，2011a；北碚区，杨柳等，2015；北碚区，严桧等，2016），**FJ**（刘巧云和王玲萍，2006），**GD**（乐昌，邹滨等，2015），**GX**（郭成林等，2013），**HB**（黄石市，姚发兴，2011），**HJ**（石家庄，乔建国等，2010），**HX**（洞庭湖区，彭友林等，2008；常德市，彭友林等，2009），**HY**（董东平和叶永忠，2007；许昌市，姜罡丞，2009），**JX**（鞠建文等，2011），**SD**（田家怡和吕传笑，2004；黄河三角洲，刘庆年等，2006；宋楠等，2006；惠洪者，2007；张绪良等，2010），**YN**（申时才等，2012），**ZJ**（西溪湿地，舒美英等，2009）；全国都有分布（李扬汉，1998）；黄河三角洲地区（赵怀浩等，2011）。

安徽、北京、重庆、福建、甘肃、广东、广西、贵州、海南、河北、河南、黑龙江、湖北、湖南、吉林、江苏、江西、辽宁、内蒙古、宁夏、青海、陕西、山东、山西、上海、四川、台湾、天津、香港、新疆、云南、浙江；东亚、越南。

啤酒花菟丝子
pi jiu hua tu si zi

Cuscuta lupuliformis Krocker, Fl. Siles. 1: 261, pl. 36. 1787. **(FOC)**

GS（河西地区，陈叶等，2013），**SD**（宋楠等，2006；张绪良等，2010）。

北京、甘肃、贵州、河北、黑龙江、湖北、湖南、吉林、辽宁、内蒙古、陕西、山东、山西、新疆；亚洲、欧洲。

蕹菜
weng cai

空心菜

Ipomoea aquatica Forsskål, Fl. Aegypt.

-Arab. 44. 1775. **(FOC)**

TW（苗栗地区，陈运造，2006）。

澳门、北京、福建、广东、广西、贵州、海南、河南、湖北、湖南、江苏、四川、上海、台湾、天津、香港、云南、浙江；亚洲、大洋洲、非洲、南美洲。

小心叶薯
xiao xin ye shu

野牵牛

Ipomoea obscura (Linnaeus) K. Gawler, Bot. Reg. 3: t. 239. 1817. **(FOC)**

TW（苗栗地区，陈运造，2006）。

澳门、福建、广东、广西、海南、内蒙古、台湾、香港、云南；热带亚洲、东非、澳大利亚北部。

金钟藤
jin zhong teng

多花山猪菜

Merremia boisiana (Gagnepain) Oif0tstroom, Blumea 3 (2): 343. 1939. **(FOC)**

GD（广州，徐声杰和李伟雄，1994；广州，陈炳辉等，2005；广州，曾宋君等，2005a，2005b；练琚蒔等，2007；广州，王忠等，2008；解焱，2008；龙永彬，2009；王芳等，2009），HN（吴林芳等，2007），YN（红河州，何艳萍等，2010）。

广东、广西、贵州、海南、内蒙古、云南；热带亚洲。

山猪菜
shan zhu cai

Merremia umbellata (Linnaeus) Hallier f. subsp. *orientalis* (Hallier f.) Ooststroom, Fl. Malesiana, Ser. 1, 4 (4): 449. 1953. **(FOC)**
Merremia umbellata auct. non (Linnaeus) Hallier f: 李海生等，2008.

GD（白云山，李海生等，2008）。

广东、广西、海南、四川、台湾、香港、云南；热带亚洲、东非、澳大利亚北部。

糙草
cao cao

Asperugo procumbens Linnaeus, Sp. Pl. 1: 138. 1753. **(FOC)**

SH（郭水良和李扬汉，1995）。

安徽、甘肃、河北、内蒙古、宁夏、青海、陕西、山西、上海、四川、西藏、新疆；中亚、西亚、非洲、欧洲。

鹤虱
he shi

Lappula myosotis Moench, Methodus 417. 1794. **(FOC)**

SH（郭水良和李扬汉，1995）。

北京、甘肃、河北、河南、黑龙江、辽宁、内蒙古、宁夏、青海、陕西、山东、山西、上海、天津、新疆、云南；中亚、西亚、南非、欧洲、北美洲。

田紫草
tian zi cao

麦家公

Lithospermum arvense Linnaeus, Sp. Pl. 1: 132. 1753. **(FOC)**

BJ（秦大唐和蔡博峰，2004）。

安徽、北京、重庆、福建、甘肃、河北、黑龙江、河南、湖北、吉林、江苏、江西、辽宁、陕西、山东、山西、上海、四川、新疆、云南、浙江；亚洲、欧洲。

细叶砂引草
xi ye sha yin cao

Tournefortia sibirica Linnaeus var. *angustior* (de Candolle) G. L. Chu & M. G. Gilbert, Novon 5 (1): 17. 1995. **(FOC)**
Messerschmidia sibirica auct. non (Linnaeus) Linnaeus: 郭水良和李扬汉，1995.

SH（郭水良和李扬汉，1995）。

北京、甘肃、河北、河南、黑龙江、湖北、湖南、辽宁、内蒙古、宁夏、陕西、山东、山西、上海、浙江；中亚、俄罗斯。

附地菜
fu di cai

Trigonotis peduncularis (Treviranus) Bentham ex Baker & S. Moore, J. Linn. Soc.,Bot. 17 (102): 384. 1879. **(FOC)**

　　JL（长春地区，曲同宝等，2015）。

　　安徽、北京、重庆、福建、甘肃、广东、广西、河北、黑龙江、河南、湖北、湖南、江苏、江西、吉林、辽宁、内蒙古、宁夏、青海、陕西、山东、山西、上海、新疆、西藏、云南、浙江；温带亚洲、欧洲东部。

重瓣臭茉莉
chong ban chou mo li

臭茉莉

Clerodendrum chinense (Osbeck) Mabberley, Pl. -Book 707. 1989. **(FOC)**
Syn. *Clerodendrum philippinum* Schauer, Prodr. 11: 667. 1847.

　　GD（粤东地区，曾宪锋等，2009；粤东地区，朱慧，2012），**TW**（苗栗地区，陈运造，2006）。

　　安徽、澳门、重庆、福建、广东、广西、河南、湖北、湖南、江西、四川、台湾、香港、云南；亚洲热带和亚热带地区。

马鞭草
ma bian cao

Verbena officinalis Linnaeus, Sp. Pl. 1: 20-21. 1753. **(FOC)**

　　GD（珠海市，黄辉宁等，2005b；北师大珠海分校，吴杰等，2011，2012），**JS**（胡长松等，2016）。

　　安徽、澳门、北京、重庆、福建、甘肃、广东、广西、贵州、海南、河北、黑龙江、湖北、湖南、江苏、江西、陕西、山东、山西、上海、四川、台湾、天津、西藏、香港、新疆、云南、浙江；北温带、热带。

多花筋骨草
duo hua jin gu cao

Ajuga multiflora Bunge, Mém. Acad. Imp. Sci. St. -Pétersbourg Divers Savans 2: 125. 1833. **(FOC)**

　　SH（郭水良和李扬汉，1995）。

　　安徽、福建、河北、黑龙江、湖北、湖南、江苏、辽宁、内蒙古、山东、上海、四川；朝鲜半岛、俄罗斯。

风轮菜
feng lun cai

Clinopodium chinense (Bentham) Kuntze, Revis. Gen. Pl. 2: 515. 1891. **(FOC)**

　　JL（长白山区，周繇，2003；长白山区，苏丽涛和马立军，2009）。

　　安徽、北京、重庆、福建、甘肃、广东、广西、贵州、河北、河南、黑龙江、湖北、湖南、吉林、江苏、江西、辽宁、内蒙古、陕西、山东、上海、四川、台湾、天津、西藏、云南、浙江；日本。

香薷
xiang ru

Elsholtzia ciliata (Thunberg) Hylander, Bot. Not. 1941: 129. 1941. **(FOC)**

　　分布几遍及全国各地（李扬汉，1998）。

　　安徽、澳门、北京、重庆、福建、甘肃、广东、广西、贵州、海南、河北、河南、黑龙江、湖北、湖南、吉林、江苏、江西、辽宁、内蒙古、宁夏、青海、陕西、山东、山西、上海、四川、台湾、天津、香港、新疆、云南、浙江；日本、南亚、蒙古。

密花香薷
mi hua xiang ru

咳嗽草 野香荏 野紫苏

Elsholtzia densa Bentham, Labiat. Gen. Spec. 7: 714. 1835. **(FOC)**

　　CQ（杨德等，2011），**GS**（赵慧军，2012）。

安徽、北京、重庆、甘肃、广东、河北、黑龙江、湖南、江西、辽宁、内蒙古、宁夏、青海、内蒙古、宁夏、陕西、山西、四川、西藏、新疆、云南、浙江；喜马拉雅地区、中亚。

日本活血丹
ri ben huo xue dan

Glechoma grandis (Asa Gray) Kuprian, Bot. Žurn. (Moscow & Leningrad) 33 (2): 237. 1948. **(FOC)**

SH（郭水良和李扬汉，1995）。

福建、广东、河南、江苏、陕西、上海、台湾；日本。

宝盖草
bao gai cao

Lamium amplexicaule Linnaeus, Sp. Pl. 2: 579. 1753. **(FOC)**

SH（Hsu, 2010）。

安徽、北京、重庆、福建、甘肃、广东、广西、贵州、河北、河南、湖北、湖南、江苏、江西、宁夏、青海、陕西、山东、上海、四川、西藏、新疆、云南、浙江；日本、中亚、西亚、欧洲。

薄荷
bo he

野薄荷

Mentha canadensis Linnaeus, Sp. Pl. 2: 577. 1753. **(FOC)**
Syn. *Mentha haplocalyx* Briquet, Bull. Trav. Soc. Bot. Geneve 5: 39-42. 1889.

AH（黄山，汪小飞等，2007），**CQ**（杨德等，2011），**GS**（赵慧军，2012；河西地区，陈叶等，2013），**SA**（杨凌地区，何纪琳等，2013）。

安徽、澳门、北京、重庆、福建、甘肃、广东、广西、贵州、海南、河北、河南、黑龙江、湖北、湖南、吉林、江苏、江西、辽宁、内蒙古、宁夏、青海、陕西、山东、山西、上海、四川、台湾、天津、西藏、香港、新疆、云南、浙江；亚洲、北美洲。

苏州荠苎
su zhou ji zhu

土荆芥

Mosla soochowensis Matsuda, Bot. Mag. (Tokyo) 26 (305): 134. 1912. **(FOC)**

GZ（大沙河自然保护区，林茂祥等，2008），**ZJ**（金华市郊，李娜等，2007）。

安徽、甘肃、贵州、江苏、江西、海南、湖北、湖南、上海、四川、浙江。

紫苏
zi su

Perilla frutescens (Linnaeus) Britton, Mem. Torrey Bot. Club 5: 277. 1894. **(FOC)**

TW（苗栗地区，陈运造，2006）。

安徽、澳门、北京、重庆、福建、甘肃、广东、广西、贵州、海南、河北、河南、湖北、湖南、吉林、江苏、江西、辽宁、内蒙古、宁夏、青海、陕西、山西、山东、上海、四川、台湾、天津、西藏、香港、云南、浙江；东亚、热带亚洲。

夏枯草
xia ku cao

欧洲夏枯草

Prunella vulgaris Linnaeus, Sp. Pl. 2: 600. 1753. **(FOC)**

HY（董东平和叶永忠，2007；许昌市，姜罡丞，2009），**SD**（宋楠等，2006；昆嵛山，赵宏和董翠玲，2007；张绪良等，2010；昆嵛山，赵宏和丛海燕，2012）。

安徽、北京、重庆、福建、甘肃、广东、广西、贵州、河北、河南、湖北、湖南、吉林、江苏、江西、辽宁、陕西、山东、山西、上海、四川、台湾、西藏、新疆、云南、浙江；东亚、喜马拉雅地区、中亚、西亚、非洲、欧洲、北美洲。

甘露子
gan lu zi

Stachys sieboldii Miquel, Ann. Mus. Bot.

Lugduno-Batavi 2: 112. 1865. **(FOC)**

JL（长白山区，周繇，2003）。

安徽、北京、重庆、福建、甘肃、广西、贵州、河北、黑龙江、河南、湖北、湖南、吉林、江苏、江西、辽宁、内蒙古、宁夏、青海、陕西、山东、山西、四川、西藏、新疆、云南、浙江；日本、欧洲、北美洲。

茄科 Solanaceae

天仙子
tian xian zi

菲沃斯 黑莨菪 山烟

Hyoscyamus niger Linnaeus, Sp. Pl. 1: 179-180. 1753. **(FOC)**

JL（长白山区，周繇，2003；孙仓等，2007；长白山区，苏丽涛和马立军，2009；长春地区，曲同宝等，2015），ZJ（杭州，陈小永等，2006；张建国和张明如，2009）；华北、西北、西南（车晋滇，2009）；东北地区（郑美林和曹伟，2013）；东北草地（石洪山等，2016）。

北京、重庆、福建、甘肃、广西、贵州、河北、河南、黑龙江、湖北、吉林、江苏、辽宁、内蒙古、宁夏、青海、陕西、山东、山西、上海、四川、天津、西藏、新疆、云南、浙江；亚洲、北非、欧洲。

酸浆
suan jiang

红姑娘

Physalis alkekengi Linnaeus, Sp. Pl. 1: 183. 1753. **(FOC)**

JL（孙仓等，2007）。

安徽、澳门、北京、重庆、福建、甘肃、广东、广西、贵州、海南、河北、河南、黑龙江、湖北、湖南、吉林、江苏、江西、辽宁、内蒙古、宁夏、青海、陕西、山东、山西、上海、四川、台湾、天津、香港、新疆、云南、浙江；亚洲、欧洲。

龙葵
long kui

Solanum nigrum Linnaeus, Sp. Pl. 1: 186. 1753. **(FOC)**

SH（Hsu，2010）。

安徽、北京、重庆、福建、甘肃、广东、广西、贵州、海南、河北、黑龙江、河南、湖北、湖南、江苏、江西、吉林、辽宁、内蒙古、宁夏、青海、陕西、山东、山西、上海、四川、台湾、天津、西藏、香港、新疆、云南、浙江；日本、印度、西亚、欧洲。

野茄
ye qie

Solanum undatum Lamarck, Tabl. Encycl. 2: 22. 1794. **(FOC)**

Solanum coagulans auct. non Forsskål: 谢云珍等，2007；和太平等，2011；*Solanum indicum* auct. non Linnaeus: 孙娟等，2009.

CQ（金佛山自然保护区，孙娟等，2009），GX（谢云珍等，2007；和太平等，2011）。

澳门、重庆、广东、广西、贵州、海南、湖南、江西、台湾、香港、云南；中亚、南亚、西亚、非洲。

黄果茄
huang guo qie

颠茄 癫茄 丁茄 牛茄子

Solanum virginianum Linnaeus, Sp. Pl. 1: 187. 1753. **(FOC)**

Syn. *Solanum surattense* Burman f.,Fl. Indica 57. 1832.

FJ（范志伟等，2008），GD（范志伟等，2008；中山市，蒋谦才等，2008；广州，王忠等，2008；王芳等，2009；岳茂峰等，2011），GX（谢云珍等，2007；和太平等，2011；胡刚和张忠华，2012；郭成林等，2013；百色，贾桂康，2013；灵山县，刘在松，2015），GZ（范志伟等，2008；申敬民等，2010；贵阳市，陈菊艳等，2016），HB（刘胜祥和秦伟，2004；喻大昭等，2011），HK（范志伟等，2008），HN（安锋等，2007；范志伟等，2008；铜鼓岭国家级自然保护区、大田国家级自然保护区，秦卫华等，2008），**HX**（范志伟等，2008），**HY**（储嘉琳等，2016），**JX**（范志伟等，2008；江西南部，程淑媛等，2015），**SC**（范志伟等，2008），**TW**（范志伟等，2008），**YN**（范志伟等，2008；西双版纳自然保护区，陶永祥等，2017），**ZJ**（温州地区，胡仁勇等，2011）。

重庆、福建、广东、广西、贵州、海南、河南、湖北、湖南、江苏、江西、辽宁、山东、四川、上海、台湾、香港、云南、浙江；东亚、南亚、西亚、非洲。

玄参科 Scrophulariaceae

假马齿苋
jia ma chi xian

Bacopa monnieri (Linnaeus) Wettstein, Nat. Pflanzenfam. 4 (3b): 77. 1891. **(FOC)**

HN（安锋等，2007；彭宗波等，2013），**YN**（杨忠兴等，2014）。

澳门、福建、广东、广西、海南、江苏、陕西、四川、台湾、香港、云南；热带、亚热带地区。

黑草
hei cao

鬼羽箭

Buchnera cruciata Buchanan-Hamilton ex D. Don, Prodr. Fl. Nepal. 91. 1825. **(FOC)**

HN（安锋等，2007）。

安徽、福建、广东、广西、贵州、海南、湖北、湖南、江苏、江西、四川、西藏、香港、云南、浙江；热带亚洲。

野胡麻
ye hu ma

Dodartia orientalis Linnaeus, Sp. Pl. 2: 633. 1753. **(FOC)**

BJ（刘全儒等，2002）。

北京、甘肃、湖北、湖南、江西、内蒙古、宁夏、青海、四川、新疆；中亚。

独脚金
du jiao jin

Striga asiatica (Linnaeus) Kuntze, Revis. Gen. Pl. 2: 466. 1891. **(FOC)**

FJ（范志伟等，2008；解焱，2008），**GD**（范志伟等，2008；解焱，2008；乐昌，邹滨等，2015），**GX**（范志伟等，2008；解焱，2008），**GZ**（范志伟等，2008；解焱，2008），**HN**（安锋等，2007；范志伟等，2008；解焱，2008），**HX**（范志伟等，2008；彭兆普等，2008），**JX**（范志伟等，2008；解焱，2008），**TW**（苗栗地区，陈运造，2006；范志伟等，2008；解焱，2008），**YN**（范志伟等，2008；解焱，2008）。

安徽、澳门、福建、广东、广西、贵州、海南、湖南、江苏、江西、四川、台湾、香港、云南；南亚、非洲、美洲。

毛蕊花
mao rui hua

大毛叶 毒鱼草 一炷香

Verbascum thapsus Linnaeus, Sp. Pl. 1: 177. 1753. **(FOC)**

SA（秦巴山区，车晋滇，2009），**SC**（车晋滇，2009），**XJ**（车晋滇，2009），**XZ**（车晋滇，2009），**YN**（车晋滇，2009），**ZJ**（车晋滇，2009）。

安徽、海南、河南、湖北、湖南、江苏、江西、辽宁、青海、陕西、四川、上海、西藏、新疆、云南、浙江；亚洲、欧洲。

小婆婆纳
xiao po po na

小叶婆婆纳

Veronica serpyllifolia Linnaeus, Sp. Pl. 1: 12. 1753. **(FOC)**

SH（郭水良和李扬汉，1995）。

重庆、甘肃、贵州、河北、湖北、湖南、吉林、辽宁、陕西、山西、上海、四川、西藏、新疆、云南、浙江；广布于北温带和亚热带高山地区。

双子叶植物

水苦荬

shui ku mai

Veronica undulata Wallich ex Jack in Roxburgh, Fl. Ind. 1: 147. 1820. **(FOC)**

SH（Hsu，2010）。

安徽、澳门、北京、重庆、福建、甘肃、广东、广西、贵州、海南、河北、河南、黑龙江、湖北、湖南、吉林、江苏、江西、辽宁、内蒙古、青海、陕西、山东、山西、上海、四川、台湾、天津、香港、新疆、云南、浙江；东亚、南亚、喜马拉雅地区。

白接骨

bai jie gu

Asystasia neesiana (Wallich) Nees, Pl. Asiat. Rar. 3: 89. 1832. **(FOC)**
Syn. *Asystasia chinensis* Spencer Moore, J. Bot. 13: 228. 1875.

BJ（刘全儒等，2002）。

安徽、北京、重庆、福建、广东、广西、贵州、河南、湖北、湖南、江苏、江西、陕西、四川、台湾、云南、浙江；热带亚洲。

假杜鹃

jia du juan

蓝花假杜鹃

Barleria cristata Linnaeus, Sp. Pl. 2: 636. 1753. **(FOC)**

GD（珠海市，黄辉宁等，2005b），**YN**（西双版纳，管志斌等，2006）。

澳门、重庆、福建、广东、广西、贵州、海南、湖北、湖南、江西、江苏、内蒙古、四川、台湾、西藏、香港、云南；热带亚洲。

爵床

jue chuang

Justicia procumbens Linnaeus, Sp. Pl. 1: 15.

175. **(FOC)**

Syn. *Rostellularia procumbens* (Linnaeus) Nees, Prodr. 11: 371. 1847.

BJ（刘全儒等，2002；建成区，郎金顶等，2008）。

安徽、澳门、北京、重庆、福建、广东、广西、贵州、海南、河北、河南、湖北、湖南、江苏、江西、辽宁、陕西、上海、四川、台湾、西藏、香港、云南、浙江；热带亚洲。

山牵牛

shan qian niu

大花老鸦嘴

Thunbergia grandiflora Roxburgh, Bot. Reg. 6: 495. 1820. **(FOC)**

GD（解焱，2008；乐昌，邹滨等，2015），**GX**（解焱，2008），**LN**（解焱，2008），**YN**（解焱，2008）。

澳门、广东、广西、福建、海南、辽宁、香港、云南；南亚。

欧亚列当

ou ya lie dang

向日葵列当

Orobanche cernua Loefling var. ***cumana*** (Wallroth) Beck, Monogr. Orob. 143, pl. 2, f. 33 (3) . 1890. **(FOC)**
Bas. *Orobanche cumana* Wallroth, Orobanches Gen. Diask. 58. 1825.

LN（曲波等，2006a，2006b，2010）；东北地区（郑美林和曹伟，2013）；东北草地（石洪山等，2016）。

北京、甘肃、河北、湖北、吉林、辽宁、内蒙古、宁夏、青海、陕西、山西、新疆；亚洲、欧洲。

列当

lie dang

Orobanche coerulescens Stephan, Sp. Pl. 3 (1): 349. 1800. **(FOC)**

SD（宋楠等，2006；昆嵛山，赵宏和董翠玲，2007；张绪良，2010；昆嵛山，赵宏和丛海燕，2012）；黄河三角洲地区（赵怀浩等，2011）。

北京、重庆、福建、甘肃、广西、贵州、河北、河南、黑龙江、湖北、湖南、吉林、江苏、辽宁、内蒙古、宁夏、青海、陕西、山东、山西、上海、四川、台湾、天津、西藏、新疆、云南、浙江；亚洲、欧洲。

黄花列当
huang hua lie dang

Orobanche pycnostachya Hance, J. Linn. Soc.,Bot. 13: 84. 1873. **(FOC)**

SD（田家怡和吕传笑，2004；宋楠等，2006；张绪良等，2010）。

安徽、北京、福建、甘肃、贵州、河北、河南、黑龙江、湖北、江苏、吉林、辽宁、内蒙古、宁夏、陕西、山东、山西、四川、天津、西藏、新疆、浙江；朝鲜半岛、蒙古、俄罗斯。

苦槛蓝
ku jian lan

Pentacoelium bontioides Siebold & Zuccarini, Abh. Math. -Phys. Cl. Königl. Bayer. Akad. Wiss. 4 (3): 151. 1846. **(FOC)**
Syn. *Myoporum bontioides* (Siebold & Zuccarini) A. Gray, Proc. Amer. Acad. Arts 6: 52. 1862.

ZJ（温州，丁炳扬和胡仁勇，2011；温州地区，胡仁勇等，2011）。

福建、广东、广西、海南、台湾、香港、浙江；日本、越南。

车前
che qian

车茶草 车轮菜 蛤婆草 钱贯草 野甜菜

Plantago asiatica Linnaeus, Sp. Pl. 1: 113. 1753. **(FOC)**

CQ（杨德等，2011），JL（长春地区，曲同宝等，2015），SA（杨凌地区，何纪琳等，2013）。

安徽、北京、重庆、福建、甘肃、广东、广西、贵州、海南、河北、河南、黑龙江、湖北、湖南、吉林、江苏、江西、辽宁、内蒙古、宁夏、青海、陕西、山东、山西、上海、四川、台湾、天津、西藏、新疆、云南、浙江；东亚、南亚。

平车前
ping che qian

车前草

Plantago depressa Willdenow, Enum. Pl. Suppl. : 8. 1813. **(FOC)**

GS（赵慧军，2012）。

安徽、北京、重庆、福建、甘肃、广东、广西、贵州、海南、河北、黑龙江、河南、湖北、湖南、江苏、江西、吉林、辽宁、内蒙古、宁夏、青海、陕西、山东、山西、上海、四川、天津、新疆、西藏、云南、浙江；亚洲。

长叶车前
chang ye che qian

车辙子 老牛舌 欧车前 窄叶车前 披针叶车前

Plantago lanceolata Linnaeus, Sp. Pl. 1: 113-114. 1753. **(FOC)**

BJ（万方浩等，2012），GS（解焱，2008；万方浩等，2012），HB（喻大昭等，2011），HY（徐海根和强胜，2004；储嘉琳等，2016），JL（长白山区，周繇，2003；长春地区，李斌等，2007；长白山区，苏丽涛和马立军，2009；长春地区，曲同宝等，2015），JS（徐海根和强胜，2004；解焱，2008；车晋滇，2009；万方浩等，2012；严辉等，2014；胡长松等，2016），JX（徐海根和强胜，2004；解焱，2008；车晋滇，2009；季春峰等，2009；王宁，2010；鞠建文等，2011；万方浩等，2012），LN（徐海根和强胜，2004；齐淑艳和徐文铎，2006；解焱，2008；车晋滇，2009；老铁山自然保护区，吴晓姝等，2010；万方浩等，2012；大连，张淑梅等，2013；大连，张恒庆等，2016），SA（解焱，2008；

万方浩等，2012；栾晓睿等，2016），**SC**（周小刚等，2008），**SD**（徐海根和强胜，2004；青岛，罗艳和刘爱华，2008；解焱，2008；车晋滇，2009；万方浩等，2012），**SH**（张晴柔等，2013），**TW**（徐海根和强胜，2004；苗栗地区，陈运造，2006；解焱，2008；车晋滇，2009；万方浩等，2012），**XJ**（徐海根和强胜，2004；解焱，2008；万方浩等，2012），**YN**（解焱，2008；申时才等，2012；万方浩等，2012），**ZJ**（徐海根和强胜，2004；解焱，2008；车晋滇，2009；万方浩等，2012；闫小玲等，2014）；东北草地（石洪山等，2016）。

北京、福建、甘肃、广西、河南、湖北、江苏、江西、辽宁、陕西、山东、上海、四川、台湾、西藏、香港、新疆（野生）、云南、浙江；亚洲、北非、欧洲、北美洲。

桔梗科 Campanulaceae

半边莲
ban bian lian

Lobelia chinensis Loureiro, Fl. Cochinch. 2: 514. 1790. **(FOC)**

BJ（车晋滇，2004；车晋滇等，2004）。

安徽、澳门、北京、福建、广东、广西、贵州、海南、河南、湖北、湖南、江苏、江西、青海、陕西、山东、山西、上海、四川、台湾、天津、香港、云南、浙江；热带亚洲。

菊科 Asteraceae（Compositae）

高山蓍
gao shan shi

蓍

Achillea alpina Linnaeus, Sp. Pl. 2: 899. 1753. **(FOC)**

HB（喻大昭等，2011）。

安徽、北京、福建、甘肃、广东、河北、黑龙江、湖北、湖南、江苏、江西、吉林、辽宁、内蒙古、宁夏、青海、陕西、山西、四川、云南、浙江；日本、朝鲜半岛、蒙古、尼泊尔、俄罗斯。

下田菊
xia tian ju

Adenostemma lavenia (Linnaeus) Kuntze, Revis. Gen. Pl. 1: 304. 1891. **(FOC)**

GD（潮州市，陈丹生等，2013）。

安徽、重庆、福建、甘肃、广东、广西、贵州、海南、河南、湖北、湖南、江苏、江西、辽宁、南海诸岛、陕西、四川、台湾、西藏、云南、浙江；亚洲、澳大利亚。

牛蒡
niu bang

Arctium lappa Linnaeus, Sp. Pl. 2: 816. 1753. **(FOC)**

ZJ（天目山自然保护区，陈京等，2011）。

安徽、澳门、北京、重庆、福建、甘肃、广东、广西、贵州、河北、河南、黑龙江、湖北、湖南、吉林、江苏、江西、辽宁、内蒙古、宁夏、青海、陕西、山东、山西、上海、四川、天津、西藏、香港、新疆、云南、浙江；东亚、喜马拉雅地区，西亚、欧洲。

黄花蒿
huang hua hao

黄蒿 苦蒿 香蒿

Artemisia annua Linnaeus, Sp. Pl. 2: 847-848. 1753. **(FOC)**

AH（黄山，汪小飞等，2007），**CQ**（杨德等，2011），**GS**（赵慧军，2012）。

安徽、北京、重庆、福建、甘肃、广东、广西、海南、贵州、河北、河南、黑龙江、湖北、湖南、吉林、江苏、江西、辽宁、内蒙古、宁夏、青海、陕西、山东、山西、上海、四川、台湾、天津、西藏、香港、新疆、云南、浙江；亚洲、北非、欧洲、北美洲。

金盏银盘
jin zhan yin pan

鬼针草

Bidens biternata (Loureiro) Merrill & Sherff,

Bot. Gaz. 88 (3): 293. 1929. **(FOC)**

YN（怒江干热河谷区，胡发广等，2007）。

安徽、北京、重庆、福建、甘肃、广东、广西、贵州、海南、河北、河南、湖北、湖南、江苏、江西、辽宁、陕西、山东、上海、山西、四川、台湾、香港、云南、浙江；亚洲、非洲。

狼杷草
lang pa cao

大狼杷草

Bidens tripartita Linnaeus, Sp. Pl. 2: 831-832. 1753. **(FOC)**

AH（张中信，2009），GS（河西地区，陈叶等，2013），HL（鲁萍等，2012），JS（南京，吴海荣等，2004），JX（庐山风景区，胡天印等，2007c；鞠建文等，2011），YN（许美玲等，2014），ZJ（西溪湿地，舒美英等，2009）。

安徽、北京、重庆、福建、甘肃、广东、广西、贵州、河北、河南、黑龙江、湖北、湖南、吉林、江苏、江西、辽宁、内蒙古、宁夏、青海、陕西、山东、山西、上海、四川、台湾、天津、西藏、新疆、云南、浙江；亚洲、北非、大洋洲、欧洲、北美洲。

天名精
tian ming jing

Carpesium abrotanoides Linnaeus, Sp. Pl. 2: 860. 1753. **(FOC)**

SH（Hsu，2010）。

安徽、北京、重庆、福建、甘肃、广东、广西、贵州、海南、河北、河南、湖北、湖南、江苏、江西、辽宁、青海、陕西、山东、上海、四川、台湾、西藏、香港、云南、浙江；东亚、喜马拉雅地区、西亚、欧洲。

刺儿菜
ci er cai

七七菜 青青菜 小蓟 野红花

Cirsium arvense (Linnaeus) Scopoli var. ***integrifolium*** Wimmer & Grabowski, Fl. Siles. 2 (2): 92. 1829. **(FOC)**

Syn. *Cephalonoplos segetum* (Bunge) Kitamura, Acta Phytotax. Geobot. 3 (1): 8. 1934.

CQ（杨德等，2011），YN（郭怡卿等，2010；申时才等，2012）；全国均有分布和危害（李扬汉，1998）。

安徽、重庆、福建、甘肃、贵州、河北、河南、黑龙江、湖北、湖南、吉林、江苏、江西、辽宁、内蒙古、宁夏、青海、陕西、山东、山西、上海、四川、天津、西藏、新疆、云南、浙江；亚洲、欧洲。

藤菊
teng ju

Cissampelopsis volubilis (Blume) Miquel, Fl. Ned. Ind. 2: 103. 1856. **(FOC)**

GD（鼎湖山国家级自然保护区，宋小玲等，2009）。

广东、广西、贵州、海南、江西、辽宁、云南；南亚。

芙蓉菊
fu rong ju

Crossostephium chinense (Linnaeus) Makino, Bot. Mag. (Tokyo) 20 (229): 33-34. 1906. **(FOC)**

CQ（金佛山自然保护区，孙娟等，2009），MC（王发国等，2004），SA（杨凌地区，何纪琳等，2013）。

澳门、重庆、福建、广东、广西、海南、江苏、江西、陕西、上海、台湾、天津、香港、云南、浙江；日本。

鱼眼草
yu yan cao

Dichrocephala integrifolia (Linnaeus f.) Kuntze, Revis. Gen. Pl. 1: 333. 1891. **(FOC)**
Syn. *Dichrocephala auriculata* (Thunberg) Drunce, Rep. Bot. Soc. Exch. Club Brit. Isles 4: 619. 1917.

双子叶植物

BJ（刘全儒等，2002；车晋滇，2004）。

澳门、北京、重庆、福建、甘肃、广东、广西、贵州、海南、湖北、湖南、江西、陕西、上海、四川、台湾、西藏、香港、云南、浙江；热带亚洲、非洲、西亚。

鳢肠
li chang

毛鳢肠

Eclipta prostrata (Linnaeus) Linnaeus, Mant. Pl. 2: 286. 1771. **(FOC)**

Syn. *Eclipta zippeliana* Blume, Bijdr. Fl. Ned. Ind. 914. 1826.

GD（乐昌，邹滨等，2016），GX（来宾市，林春华等，2015），HX（益阳市，黄含吟等，2016），HY（储嘉琳等，2016），JS（严辉等，2014），SA（栾晓睿等，2016），TW（苗栗地区，陈运造，2006）；分布几遍全国（李扬汉，1998）；海河流域滨岸带（任颖等，2015）。

安徽、澳门、福建、甘肃、广东、广西、贵州、河北、河南、湖南、吉林、江苏、江西、辽宁、陕西、山东、山西、上海、四川、台湾、天津、香港、云南、浙江；广泛分布于温带、亚热带地区。

地胆草
di dan cao

地胆头

Elephantopus scaber Linnaeus, Sp. Pl. 2: 814. 1753. **(FOC)**

FJ（范志伟等，2008），GD（范志伟等，2008），GX（范志伟等，2008），GZ（范志伟等，2008），HN（单家林等，2006；安锋等，2007；范志伟等，2008），HX（范志伟等，2008），HN（曾宪锋等，2014），JX（范志伟等，2008），TW（范志伟等，2008），YN（范志伟等，2008），ZJ（范志伟等，2008）。

澳门、福建、广东、广西、贵州、海南、湖北、湖南、江苏、江西、山西、四川、台湾、香港、云南、浙江；热带。

一点红
yi dian hong

Emilia sonchifolia (Linnaeus) de Candolle, Contr. Bot. India 24. 1834. **(FOC)**

BJ（刘全儒等，2002；车晋滇，2004）。

安徽、北京、重庆、福建、广东、广西、贵州、海南、河北、河南、湖北、湖南、江苏、江西、陕西、上海、四川、台湾、香港、云南、浙江；泛热带地区。

紫背草
zi bei cao

缨绒花

Emilia sonchifolia (Linnaeus) de Candolle var. *javanica* (N. L. Burman) Mattfeld, Bot. Jahrb. Syst. 62: 445. 1929. **(FOC)**

Syn. *Emilia javanica* (N. L. Burman) C. B. Robinson, Philipp. J. Sci. 3: 217. 1907.

TW（苗栗地区，陈运造，2006）。

安徽、澳门、福建、广东、海南、湖南、上海、台湾、浙江；热带亚洲。

飞蓬
fei peng

Erigeron acris Linnaeus, Sp. Pl. 2: 863-864. 1753. **(FOC)**

JL（孙仓等，2007）。

甘肃、广东、广西、河北、河南、黑龙江、湖北、湖南、吉林、江西、辽宁、内蒙古、青海、陕西、山西、四川、西藏、新疆、云南；亚洲、欧洲、北美洲。

白酒草
bai jiu cao

Eschenbachia japonica (Thunberg) J. T. Koster, Blumea 7: 290. 1952. **(FOC)**

Syn. *Conyza japonica* (Thunberg) Lessing, Prodr. 5: 382. 1836.

ZJ（西溪湿地，缪丽华等，2011）。

安徽、重庆、福建、甘肃、广东、广西、贵州、湖南、江苏、江西、四川、台湾、西藏、香港、云南、浙江；日本、南亚。

匙叶合冠鼠麹草
shi ye he guan shu qu cao

匙叶鼠麹草

Gamochaeta pensylvanica (Willdenow) Cabrera, Bol. Soc. Argent. Bot. 9: 375. 1961. **(FOC)**

Syn. *Gnaphalium pensylvanicum* Willdenow, Enum. Pl. 2: 867. 1809.

CQ（徐海根和强胜，2011），**FJ**（徐海根和强胜，2011），**GD**（徐海根和强胜，2011；乐昌，邹滨等，2015），**GX**（徐海根和强胜，2011；郭成林等，2013），**HK**（徐海根和强胜，2011），**HX**（徐海根和强胜，2011），**JX**（徐海根和强胜，2011），**SC**（徐海根和强胜，2011），**TW**（徐海根和强胜，2011），**YN**（徐海根和强胜，2011），**ZJ**（徐海根和强胜，2011）。

重庆、福建、广东、广西、贵州、海南、湖南、江西、上海、四川、台湾、西藏、香港、云南、浙江；亚洲、非洲、大洋洲、欧洲、美洲。

多茎鼠麹草
duo jing shu qu cao

Gnaphalium polycaulon Persoon, Syn. Pl. 2: 421. 1807. **(FOC)**

BJ（车晋滇，2004）。

安徽、澳门、北京、重庆、福建、广东、广西、贵州、海南、湖北、湖南、上海、台湾、西藏、香港、云南、浙江；日本、印度、巴基斯坦、泰国；非洲、热带美洲、大洋洲。

红凤菜
hong feng cai

紫背菜

Gynura bicolor (Roxburgh ex Willdenow) de Candolle, Prodr. 6: 299. 1838. **(FOC)**

TW（苗栗地区，陈运造，2006）。

澳门、北京、重庆、福建、广东、广西、贵州、海南、湖北、湖南、辽宁、四川、台湾、云南、浙江；不丹、印度、日本、缅甸、尼泊尔、泰国。

泥胡菜
ni hu cai

猪兜菜 艾草

Hemisteptia lyrata (Bunge) Fischer & C. A. Meyer, Index Sem. Hort. Petrop. 2: 38. 1836. **(FOC)**

分布于全国各地（李扬汉，1998）。

安徽、北京、福建、甘肃、广东、广西、贵州、海南、河北、河南、黑龙江、湖北、湖南、吉林、江苏、江西、辽宁、陕西、山东、山西、上海、四川、台湾、天津、香港、云南、浙江；东亚、南亚、大洋洲。

野莴苣
ye wo ju

刺莴苣 毒莴苣 欧洲山莴苣

Lactuca serriola Linnaeus, Cent. Pl. 2: 29. 1756. **(FOC)**

HN（罗文启等，2015），**JL**（孙仓等，2007），**LN**（杨期和等，2002；曲波等，2010；大连，张淑梅等，2013），**XJ**（杨期和等，2002；郭文超等，2012），**YN**（文山州，杨焓妤，2012），**ZJ**（郭水良等，2006；金华市郊，李娜等，2007；宁波，徐颖等，2014）；东北地区（郑美林和曹伟，2013）；东北草地（石洪山等，2016）。

安徽、福建、海南、河南、吉林、辽宁、陕西、山东、上海、台湾、新疆（野生）、云南、浙江；中亚、西亚、北非、欧洲。

母菊
mu ju

Matricaria chamomilla Linnaeus, Sp. Pl. 2: 891. 1753. **(FOC)**

Syn. *Matricaria recutita* Linnaeus, Sp. Pl. 2: 891. 1753.

AH（郭水良和李扬汉，1995），**JS**（郭水良和李扬汉，1995），**ZJ**（郭水良和李扬汉，1995）。

安徽、北京、甘肃、广西、河北、河南、江苏、江西、辽宁、青海、陕西、山东、上海、四川、天津、新疆、云南；中亚、欧洲；归化于北美洲。

同花母菊
tong hua mu ju

Matricaria matricarioides (Lessing) Porter, Mem. Torrey Bot. Club 5 (22): 341. 1894. **(FOC)**

JL（孙仓等，2007；长春地区，曲同宝等，2015）；东北地区（郑美林和曹伟，2013）；东北草地（石洪山等，2016）。

甘肃、广东、黑龙江、江苏、吉林、辽宁、内蒙古、台湾；东亚、喜马拉雅地区、中亚、北亚、欧洲。

卤地菊
lu di ju

Melanthera prostrata (Hemsley) W. L. Wagner & H. E. Robinson, Brittonia 53: 557. 2002. **(FOC)**

Syn. *Wedelia prostrata* Hemsley, J. Linn. Soc.,Bot. 23 (157): 434. 1888.

GD（鼎湖山，贺握权和黄忠良，2004）。

安徽、福建、广东、广西、海南、台湾、香港、浙江；东亚、南亚。

栉叶蒿
zhi ye hao

Neopallasia pectinata (Pallas) Poljakov, Bot. Mater. Gerb. Bot. Inst. Komarova Acad. Nauk S. S. S. R. 17: 430. 1955. **(FOC)**

SH（郭水良和李扬汉，1995）

甘肃、河北、黑龙江、吉林、辽宁、内蒙古、青海、宁夏、陕西、山西、上海、四川、西藏、新疆、云南；中亚、蒙古、俄罗斯。

北千里光
bei qian li guang
欧洲千里光

Senecio dubitabilis C. Jeffrey & Y. L. Chen, Kew Bull. 39 (2): 427. 1984. **(FOC)**

BJ（刘全儒等，2002；杨景成等，2009），**HL**（郑宝江和潘磊，2012），**SC**（邛海湿地，杨红，2009）。

北京、甘肃、河北、黑龙江、辽宁、内蒙古、青海、陕西、山西、四川、西藏、新疆、云南；印度西北部、中亚、俄罗斯。

苣荬菜 ①
qu mai cai
野苦荬

Sonchus wightianus de Candolle, Prodr. 7: 187. 1838. **(FOC)**

Sonchus arvensis auct. non Linnaeus：黄辉宁等，2005b；苏亚拉图等，2007；Leung 等，2009；张永宏和袁淑珍，2010；董平等，2010；岳茂峰等，2011；马金双，2013；窦全丽等，2015；杨柳等，2015.

CQ（北碚区，杨柳等，2015），**GD**（珠海市，黄辉宁等，2005b；岳茂峰等，2011），**GS**（金塔地区，董平等，2010），**HK**（Leung 等，2009），**NM**（苏亚拉图等，2007；张永宏和袁淑珍，2010）；赤水河中游地区（窦全丽等，2015）。

澳门、北京、重庆、福建、甘肃、广东、广西、贵州、海南、河北、河南、湖北、湖南、江苏、江西、吉林、辽宁、内蒙古、宁夏、青海、陕西、山东、山西、上海、四川、天津、西藏、香港、新疆、云南、浙江；东亚、南亚、东南亚。

长裂苦苣菜
chang lie ku ju cai
长裂苣荬菜 苣荬菜 匍茎苦荬 取荬菜

Sonchus brachyotus de Candolle, Prodr. 7 (1): 1186. 1838. **(FOC)**

NM（庞立东等，2015）；分布于东北、华北、西北、华东、华中及西南地区（李扬汉，1998）；东北、

---

① 国内文献大多将苣荬菜 *S. wightianus*（国产种）错误鉴定为相似种欧洲苣荬菜 *S. arvensis*（主要分布于欧洲）（Flora of China，1994-2014）

华北、西北、华东、华中、西南等地（车晋滇，2009）。

北京、福建、甘肃、广东、广西、河北、河南、黑龙江、湖南、吉林、江苏、江西、辽宁、内蒙古、宁夏、青海、陕西、山东、山西、上海、四川、西藏、新疆、云南、浙江；日本、中亚、蒙古、俄罗斯。

蟛蜞菊
peng qi ju

天蓬草舅

Sphagneticola calendulacea (Linnaeus) Pruski, Novon 6 (4): 411. 1996. **(FOC)**
Syn. *Wedelia chinensis* (Osbeck) Merrill, Philipp. J. Sci. 12 (2): 111. 1917.

AH（陈明林等，2003；臧敏等，2006），**FJ**（向言词等，2002a，2002b），**GD**（向言词等，2002a，2002b；江贵波，2004；中山市，蒋谦才等，2008；乐昌，邹滨等，2015），**GX**（谢云珍等，2007；梧州市，马多等，2012；百色，贾桂康，2013；灵山县，刘在松，2015），**HN**（江贵波，2004），**LN**（向言词等，2002a，2002b），**MC**（林鸿辉等，2008），**TW**（向言词等，2002a，2002b）。

安徽、澳门、福建、广东、广西、贵州、海南、湖南、江西、辽宁、上海、台湾、香港、云南、浙江；热带亚洲。

蒙古蒲公英
meng gu pu gong ying

蒲公英

Taraxacum mongolicum Handel-Mazzetti, Monogr. Gatt. Taraxacum 67, pl. 2, f. 13. 1907. **(FOC)**

JL（长春地区，曲同宝等，2015）。

安徽、北京、重庆、福建、甘肃、广东、广西、贵州、海南、河北、黑龙江、河南、湖北、湖南、江苏、江西、吉林、辽宁、内蒙古、陕西、山东、上海、山西、四川、天津、西藏、新疆、云南、浙江。

狗舌草
gou she cao

Tephroseris kirilowii (Turczaninow ex de

Candolle) Holub, Folia Geobot. Phytotax. 12: 249. 1977. **(FOC)**

JL（长春地区，曲同宝等，2015）。

安徽、北京、福建、甘肃、广东、广西、贵州、河北、黑龙江、河南、湖北、湖南、江苏、江西、吉林、辽宁、内蒙古、青海、陕西、山东、山西、四川、台湾、云南、浙江；日本、朝鲜半岛、蒙古、俄罗斯远东。

霜毛婆罗门参
shuang mao po luo men shen

长喙婆罗门参

Tragopogon dubius Scopoli, Fl. Carniol. (ed. 2) 2: 95. 1772. **(FOC)**

BJ（苗雪鹏和李学东，2016），**LN**（高燕和曹伟，2010；老铁山自然保护区，吴晓姝等，2010；万方浩等，2012；大连，张淑梅等，2013）；东北地区（郑美林和曹伟，2013）。

北京、辽宁、山东、新疆（野生）、浙江；欧洲、温带亚洲。

夜香牛
ye xiang niu

Vernonia cinerea (Linnaeus) Lessing, Linnaea 4 (3): 291. 1829. **(FOC)**

BJ（刘全儒等，2002）。

澳门、北京、福建、广东、广西、贵州、海南、河南、湖北、湖南、江苏、江西、吉林、辽宁、四川、台湾、西藏、香港、云南、浙江；旧大陆热带地区。

苍耳
cang er

艾耳 苍耳草 苍耳子 刺苍耳 老苍子 羊带来 野茄子 意大利苍耳 平滑苍耳 北美苍耳

Xanthium strumarium Linnaeus, Sp. Pl. 2: 987. 1753. **(FOC)**
Syn. *Xanthium sibiricum* Patrin ex Widder, Repert. Spec. Nov. Regini Veg. Beih. 20: 32-38, pl. 1, f. 6-8. 1923; *Xanthium strumarium Linnaeus var. glabratum* (de Candolle)

Cronquist, Rhodora 47 (564): 403. 1945；

AH（黄山，汪小飞等，2007；黄山市城区，梁宇轩等，2015），BJ（车晋滇和孙国强，1992；刘全儒等，2002；车晋滇，2004，2009；车晋滇等，2004；车晋滇和胡彬，2007；林秦文等，2009；杨景成等，2009；焦宇和刘龙，2010；徐海根和强胜，2011），CQ（杨德等，2011），FJ（武夷山市，李国平等，2014），GD（深圳，蔡毅等，2015），GS（赵慧军，2012；河西地区，陈叶等，2013），GX（桂林，陈秋霞等，2008；徐海根和强胜，2011），HN（曾宪锋等，2014），LN（李楠等，2010；老铁山自然保护区，吴晓姝等，2010；大连，张恒庆等，2016），SC（孟兴等，2015），TW（苗栗地区，陈运造，2006；徐海根和强胜，2011），XJ（郭文超等，2012），ZJ（张建国和张明如，2009；杭州，金祖达等，2015；周天焕等，2016）；全国各地广布（李扬汉，1998）。

安徽、北京、重庆、福建、甘肃、广东、广西、贵州、海南、河北、河南、黑龙江、湖北、湖南、吉林、江苏、江西、辽宁、内蒙古、宁夏、青海、陕西、山东、山西、上海、四川、台湾、天津、西藏、香港、新疆、云南、浙江；东亚、西亚、北亚、北美。

被子植物

泽泻科 Alismataceae

矮慈姑
ai ci gu

Sagittaria pygmaea Miquel, Ann. Mus. Bot. Lugduno-Batavi 2: 138. 1865. **(FOC)**

SA（李扬汉，1998），HY（李扬汉，1998）；分布于长江流域及其以南地区（李扬汉，1998）。

安徽、重庆、福建、甘肃、广东、广西、贵州、海南、河南、湖北、湖南、江苏、江西、陕西、山东、上海、四川、台湾、天津、云南、浙江；东亚、南亚。

野慈姑
ye ci gu

慈姑

Sagittaria trifolia Linnaeus, Sp. Pl. 2: 993. 1753. **(FOC)**

分布几遍全国（李扬汉，1998）。

安徽、北京、重庆、福建、甘肃、广东、广西、贵州、海南、河北、河南、黑龙江、湖北、江苏、江西、吉林、辽宁、内蒙古、宁夏、陕西、山东、山西、上海、四川、台湾、天津、新疆、云南、浙江；亚洲、欧洲。

水鳖科 Hydrocharitaceae

龙舌草
long she cao

水车前

Ottelia alismoides (Linnaeus) Persoon, Syn. Pl. 1: 400. 1805. **(FOC)**

JL（长白山区，周繇，2003；长白山区，苏丽涛和马立军，2009）。

安徽、福建、广东、广西、贵州、海南、河北、河南、黑龙江、湖北、湖南、江苏、江西、四川、台湾、香港、云南、浙江；旧大陆热带地区。

苦草
ku cao

Vallisneria natans (Loureiro) H. Hara, J. Jap. Bot. 49: 136. 1974. **(FOC)**
Syn. *Vallisneria gigantea* Graebner, Bot. Jahrb. Syst. 49 (1): 68-69. 1912.

TW（兰阳平原，吴永华，2006）。

安徽、澳门、重庆、福建、广东、广西、贵州、海南、河北、河南、湖北、湖南、吉林、江苏、江西、辽宁、陕西、山东、上海、四川、台湾、天津、香港、云南、浙江；热带亚洲至澳大利亚。

眼子菜科 Potamogetonaceae

小节眼子菜
xiao jie yan zi cai

马来眼子菜

Potamogeton nodosus Poiret, Encycl.,Suppl. 4 (2): 535. 1816. **(FOC)**
Syn. *Potamogeton malaianus* Miquel, Ill. Fl. Archip. Ind. 46. 1871.

ZJ（杭州，金祖达等，2015）。

广西、陕西、新疆、云南、浙江；亚洲、非洲、欧洲、美洲、太平洋岛屿。

百合科 Liliaceae

薤白
xie bai

Allium macrostemon Bunge, Enum. Pl. China Bor. 65. 1833. **(FOC)**

SA（栾晓睿等，2016）；全国多数省份有分布，尤以长江流域及其以北地区较为普遍（李扬汉，1998）。

安徽、北京、重庆、福建、甘肃、广东、广西、河北、河南、黑龙江、湖北、湖南、吉林、江苏、江西、辽宁、内蒙古、宁夏、青海、陕西、山东、上海、山西、四川、天津、西藏、新疆、云南、浙江；东亚、蒙古、俄罗斯远东。

石刁柏
shi diao bai

Asparagus officinalis Linnaeus, Sp. Pl. 1: 313. 1753. **(FOC)**

东北地区（郑美林和曹伟，2013）；东北草地（石洪山等，2016）。

安徽、北京、重庆、福建、甘肃、广东、广西、贵州、海南、河北、黑龙江、河南、湖南、吉林、江苏、江西、辽宁、内蒙古、宁夏、陕西、山东、山西、上海、四川、天津、西藏、香港、新疆、云南、浙江；非洲、亚洲、欧洲；世界广泛栽培。

萱草
xuan cao

Hemerocallis fulva (Linnaeus) Linnaeus, Sp. Pl.,ed. 2. 1: 462. 1762. **(FOC)**

BJ（松山自然保护区，刘佳凯等，2012），**SA**（杨凌地区，何纪琳等，2013）。

安徽、北京、重庆、福建、甘肃、广东、广西、贵州、河北、黑龙江、河南、湖北、湖南、吉林、江苏、江西、辽宁、青海、陕西、山东、上海、山西、四川、台湾、天津、西藏、新疆、云南、浙江；印度、日本、朝鲜半岛、俄罗斯。

鸭跖草科 Commelinaceae

竹节菜
zhu jie cai

节节草

Commelina diffusa N. L. Burman, Fl. Indica 18, pl. 7, f. 2. 1768. **(FOC)**

AH（黄山市城区，梁宇轩等，2015）。

安徽、澳门、北京、重庆、福建、广东、广西、贵州、海南、河北、河南、湖北、湖南、吉林、江苏、江西、陕西、山西、四川、台湾、西藏、云南；分布于世界范围的热带、亚热带地区。

单子叶植物

水竹叶
shui zhu ye

Murdannia triquetra (Wallich ex C. B. Clarke) G. Brückner, Nat. Pfl. -Syst. (ed. 2) 15a: 173. 1930. **(FOC)**

JL（长白山区，周繇，2003；长白山区，苏丽涛和马立军，2009）。

安徽、重庆、福建、甘肃、广东、广西、贵州、海南、黑龙江、河南、湖北、湖南、吉林、江苏、江西、青海、陕西、上海、四川、台湾、香港、云南、浙江；南亚。

禾本科 Poaceae（Gramineae）

冰草
bing cao

Agropyron cristatum (Linnaeus) Gaertner, Novi Comment. Acad. Sci. Imp. Petrop. 14: 540. 1770. **(FOC)**

BJ（松山自然保护区，刘佳凯等，2012）。

北京、重庆、甘肃、海南、河北、黑龙江、河南、内蒙古、宁夏、青海、陕西、山东、山西、四川、西藏、新疆；亚洲、欧洲、北美洲。

看麦娘
kan mai niang

Alopecurus aequalis Sobolewsky, Fl. Petrop. 16. 1799. **(FOC)**

BJ（秦大唐和蔡博峰，2004），GS（河西地区，陈叶等，2013），GZ（黔南地区，韦美玉等，2006），SA（李扬汉，1998；西安地区，祁云枝等，2010）；分布于华东、中南省区（李扬汉，1998）。

安徽、澳门、北京、重庆、福建、甘肃、广东、广西、贵州、河北、河南、黑龙江、湖北、湖南、吉林、江苏、江西、辽宁、内蒙古、陕西、山东、山西、上海、四川、台湾、天津、西藏、香港、新疆、云南、浙江；北温带。

日本看麦娘
ri ben kan mai niang

Alopecurus japonicus Steudel, Syn. Pl. Glumac. 1: 149. 1854. **(FOC)**

BJ（车晋滇，2004），GD（乐昌，邹滨等，2015），GX（郭成林等，2013），HX（洞庭湖区，彭友林等，2008），JS（季敏等，2014），YN（申时才等，2012），ZJ（西溪湿地，缪丽华等，2011）。

安徽、北京、重庆、福建、广东、广西、贵州、河南、湖北、湖南、江苏、江西、陕西、山东、上海、四川、香港、新疆、云南、浙江；东亚。

大看麦娘
da kan mai niang

Alopecurus pratensis Linnaeus, Sp. Pl. 1: 60. 1753. **(FOC)**

JS（李亚等，2008）。

北京、重庆、甘肃、黑龙江、湖北、湖南、江苏、辽宁、内蒙古、宁夏、青海、山西、四川、新疆、云南；中亚、西亚、欧洲。

芦竹
lu zhu

Arundo donax Linnaeus, Sp. Pl. 1: 81. 1753. **(FOC)**

GD（珠海市，黄辉宁等，2005b），SD（南四湖湿地，王元军，2010）。

安徽、北京、重庆、福建、广东、广西、贵州、海南、河北、湖北、湖南、江苏、江西、内蒙古、陕西、山东、山西、上海、四川、台湾、西藏、新疆、香港、云南、浙江；旧大陆。

簕竹
le zhu

刺竹

Bambusa blumeana J. H. Schultes in Schultes & J. H. Schultes, Syst. Veg. 7 (2): 1343. 1830. **(FOC)**

Syn. *Bambusa stenostachya* Hackel, Bull. Herb. Boissier 7 (9): 725. 1899.

TW（苗栗地区，陈运造，2006）。

澳门、重庆、福建、广东、广西、台湾、四川、云南；热带亚洲。

茵草
wang cao

Beckmannia syzigachne (Steudel) Fernald, Rhodora 30: 27. 1928. **(FOC)**

分布遍及全国（李扬汉，1998）。

安徽、北京、福建、甘肃、广东、河北、河南、黑龙江、湖北、湖南、吉林、江苏、江西、辽宁、内蒙古、青海、陕西、山东、上海、山西、四川、天津、西藏、新疆、云南、浙江；北温带。

臂形草
bi xing cao

Brachiaria eruciformis (Smith) Grisebach, Fl. Ross. 4 (14): 469. 1853. **(FOC)**

FJ（徐海根和强胜，2004；解焱，2008），GX（林建勇等，2012），SH（张晴柔等，2013），YN（徐海根和强胜，2004；丁莉等，2006；解焱，2008；申时才等，2012）。

福建、广西、贵州、湖北、四川、香港、云南；旧大陆热带地区。

雀麦
que mai

Bromus japonicus Houttuyn, Nat. Hist. 2 (13): Aanwyzing Pl. [2], 315, t. 91, fig. 4. 1782. **(FOC)**

BJ（刘全儒等，2002），NM（苏亚拉图等，2007；庞立东等，2015）。

安徽、北京、重庆、福建、甘肃、广东、广西、海南、河北、河南、湖北、湖南、江苏、江西、辽宁、内蒙古、宁夏、青海、陕西、山东、山西、上海、四川、台湾、西藏、新疆、云南、浙江；非洲、亚洲、欧洲。

旱雀麦
han que mai

Bromus tectorum Linnaeus, Sp. Pl. 1: 77. 1753. **(FOC)**

BJ（车晋滇，2009），GS（车晋滇，2009），LN（车晋滇，2009；大连，张恒庆等，2016），QH（车晋滇，2009），SC（车晋滇，2009），XJ（车晋滇，2009）。

北京、重庆、福建、甘肃、广东、湖北、湖南、江苏、江西、辽宁、青海、宁夏、陕西、四川、西藏、新疆、云南、浙江；印度西北部、中亚、西亚、北非；归化于美洲。

假淡竹叶
jia dan zhu ye

酸模芒

Centotheca lappacea (Linnaeus) Desvaux, Nouv. Bull. Sci. Soc. Philom. Paris 2: 189. 1810. **(FOC)**

SH（郭水良和李扬汉，1995）。

澳门、重庆、福建、广东、广西、海南、江西、上海、台湾、香港、云南；旧大陆热带地区。

孟仁草
meng ren cao

Chloris barbata Swartz, Fl. Ind. Occid. 1: 200. 1797. **(FOC)**

TW（苗栗地区，陈运造，2006；杨宜津，2008）。

澳门、福建、广东、海南、台湾、云南、香港；热带。

虎尾草
hu wei cao

Chloris virgata Swartz, Fl. Ind. Occid. 1: 203. 1797. **(FOC)**

BJ（建成区，赵娟娟等，2010），HY（储嘉琳等，2016），JL（长春地区，曲同宝等，2015），JS（寿海洋等，2014），SA（栾晓睿等，2016）；海河流域滨岸带（任颖等，2015）。

安徽、北京、重庆、福建、甘肃、广东、海南、河北、河南、湖北、湖南、黑龙江、吉林、江苏、江西、辽宁、内蒙古、宁夏、青海、陕西、山东、山西、上海、四川、台湾、天津、西藏、香港、新疆、云南；亚洲、非洲、大洋洲、美洲。

薏苡
yi yi

Coix lacryma-jobi Linnaeus, Sp. Pl. 2: 972. 1753. **(FOC)**

TW（苗栗地区，陈运造，2006），ZJ（天目山自然保护区，陈京等，2011）。

安徽、澳门、北京、重庆、福建、广东、广西、贵州、海南、河北、河南、黑龙江、湖北、湖南、吉林、江苏、江西、辽宁、内蒙古、宁夏、陕西、山东、山西、上海、四川、台湾、天津、西藏、香港、新疆、云南、浙江；热带亚洲；归化于热带和亚热带地区。

弓果黍
gong guo shu

Cyrtococcum patens (Linnaeus) Aimée Camus, Bull. Mus. Natl. Hist. Nat. 27 (1): 118. 1921. **(FOC)**

HN（安锋等，2007；周祖光，2011；彭宗波等，2013；陈玉凯等，2016）。

澳门、重庆、福建、广东、广西、贵州、海南、湖南、江西、四川、台湾、西藏、新疆、香港、云南；热带亚洲。

龙爪茅
long zhua mao

Dactyloctenium aegyptium (Linnaeus) Willdenow, Enum. Pl. 2: 1029. 1809. **(FOC)**

BJ（车晋滇，2004）。

澳门、北京、福建、广东、广西、贵州、海南、湖北、湖南、江西、上海、四川、台湾、香港、云南、浙江；旧大陆热带、亚热带地区。

麻竹
ma zhu

Dendrocalamus latiflorus Munro, Trans. Linn. Soc. London 26: 152. 1868. **(FOC)**

TW（苗栗地区，陈运造，2006）。

澳门、重庆、福建、广东、广西、贵州、海南、湖南、江苏、江西、四川、台湾、香港、云南、浙江；南亚。

马唐
ma tang

Digitaria sanguinalis (Linnaeus) Scopoli, Fl. Carniol., ed. 2. 1: 52. 1771. **(FOC)**

TW（苗栗地区，陈运造，2006；兰阳平原，吴永华，2006）；以秦岭、淮河一线以北地区发生面积最大，长江流域、西南、华南也都有大面积发生和危害（李扬汉，1998）。

安徽、澳门、北京、重庆、福建、甘肃、广东、广西、贵州、海南、河北、河南、黑龙江、湖北、湖南、吉林、江苏、江西、辽宁、内蒙古、宁夏、陕西、山东、山西、上海、四川、台湾、天津、西藏、香港、新疆、云南、浙江；温带和亚热带地区。

稗
bai

稗草 稗子

Echinochloa crus-galli (Linnaeus) P. Beauvois, Ess. Agrostogr. 1: 53, 161, 169, pl. 11, f. 2. 1812. **(FOC)**

AH（张中信，2009），FJ（武夷山市，李国平等，2014），GD（中山市，蒋谦才等，2008；乐昌，邹滨等，2015），GS（河西地区，陈叶等，2013），GX（郭成林等，2013），GZ（贵阳市，石登红和李灿，2011），HB（天门市，沈体忠等，2008），HN（范志伟等，2008），HX（彭兆普等，2008），HY（新乡，许桂芳和简在友，2011），JL（长春地区，曲同宝等，2015），JS（季敏等，2014），JX（朱碧华和朱大庆，2013），SC（周小刚等，2008），SD（曲阜，赵灏，2015），YN（怒江干热河谷区，胡发广等，2007；申时才等，2012），**ZJ**（杭州西湖风景区，梅笑漫等，2009）；全国稻区（范志伟等，2008）。

安徽、澳门、北京、重庆、福建、甘肃、广东、广西、贵州、海南、河北、河南、黑龙江、湖北、湖南、吉林、江苏、江西、辽宁、内蒙古、青海、陕西、山东、山西、上海、四川、台湾、天津、西藏、香港、新疆、云南、浙江；温带和亚热带地区。

无芒稗
wu mang bai

Echinochloa crus-galli (Linnaeus) P. Beauvois var. *mitis* (Pursh) Petermann, Fl. Lips. Excurs. 82. 1838. **(FOC)**

全国水稻种植区均有分布（李扬汉，1998）。

安徽、澳门、北京、重庆、福建、甘肃、广东、广西、贵州、海南、河北、河南、黑龙江、湖北、湖南、吉林、江苏、江西、辽宁、内蒙古、宁夏、青海、陕西、山东、山西、上海、四川、台湾、天津、西藏、香港、新疆、云南、浙江；亚热带和温带地区。

牛筋草
niu jin cao
千斤草 蟋蟀草 野鸭脚粟

Eleusine indica (Linnaeus) Gaertner, Fruct. Sem. Pl. 1: 8. 1788. **(FOC)**

AH（陈明林等，2003；淮北地区，胡刚等，2005a，2005b；臧敏等，2006；黄山，汪小飞等，2007；黄山市城区，梁宇轩等，2015），**BJ**（刘全儒等，2002；建成区，郎金顶等，2008；林秦文等，2009；杨景成等，2009；建成区，赵娟娟等，2010；王苏铭等，2012），**CQ**（金佛山自然保护区，孙娟等，2009；杨德等，2011；北碚区，杨柳等，2015；北碚区，严检等，2016），**FJ**（刘巧云和王玲萍，2006；厦门，欧健和卢昌义，2006a，2006b；罗明永，2008；解焱，2008；长乐，林为涂，2013；武夷山市，李国平等，2014），**GD**（深圳，严岳鸿等，2004；惠州，郑洲翔等，2006；惠州红树林自然保护区，曹飞等，2007；中山市，蒋谦才等，2008；白云山，李海生等，2008；广州，解焱，2008；粤东地区，曾宪锋等，2009；Fu 等，2011；佛山，黄益燕等，2011；付岚等，2012；稔平半岛，

于飞等，2012；粤东地区，朱慧，2012；潮州市，陈丹生等，2013；乐昌，邹滨等，2015），**GS**（河西地区，陈叶等，2013），**GX**（谢云珍等，2007；桂林，陈秋霞等，2008；胡刚和张忠华，2012；百色，贾桂康，2013；灵山县，刘在松，2015；金子岭风景区，贾桂康和钟林敏，2016），**GZ**（屠玉麟，2002；黔南地区，韦美玉等，2006；申敬民等，2010；和太平等，2011；贵阳市，陈菊艳等，2016），**HB**（刘胜祥和秦伟，2004；星斗山国家级自然保护区，卢少飞等，2005；李儒海等，2011；黄石市，姚发兴，2011；喻大昭等，2011），**HJ**（衡水市，牛玉璐和李建明，2010；陈超等，2012），**HK**（严岳鸿等，2005），**HN**（单家林等，2006；范志伟等，2008；霸王岭自然保护区，胡雪华等，2011），**HX**（洞庭湖区，彭友林等，2008；湘西地区，刘兴锋等，2009；常德市，彭友林等，2009），**HY**（杜卫兵等，2002；开封，张桂宾，2004；东部，张桂宾，2006；董东平和叶永忠，2007；许昌市，姜罡丞，2009），**JL**（长白山区，周繇，2003；长春地区，李斌等，2007；长白山区，苏丽涛和马立军，2009），**JS**（解焱，2008；季敏等，2014；胡长松等，2016），**JX**（庐山风景区，胡天印等，2007c；雷平等，2010；鞠建文等，2011；南昌市，朱碧华和杨凤梅，2012；朱碧华和朱大庆，2013），**LN**（曲波，2003；曲波等，2006a，2006b；沈阳，付海滨等，2009；医巫闾山自然保护区，吴晓姝等，2010；大连，张恒庆等，2016），**NM**（苏亚拉图等，2007；陈超等，2012；庞立东等，2015），**MC**（王发国等，2004），**SA**（西安地区，祁云枝等，2010；杨凌地区，何纪琳等，2013），**SC**（邛海湿地，杨红，2009；孟兴等，2015），**SD**（潘怀剑和田家怡，2001；田家怡和吕传笑，2004；衣艳君等，2005；黄河三角洲，刘庆年等，2006；宋楠等，2006；惠洪者，2007；昆嵛山，赵宏和董翠玲，2007；南四湖湿地，王元军，2010；张绪良等，2010），**TW**（兰阳平原，吴永华，2006），**YN**（西双版纳，管志斌等，2006；怒江干热河谷区，胡发广等，2007；解焱，2008；申时才等，2012；普洱，陶川，2012；西双版纳自然保护区，陶永祥等，2017），**ZJ**（李根有等，2006；金华市郊，李娜等，2007；张建国和张明如，2009；天目山自然保护区，陈京等，2011；西溪湿地，缪丽华等，2011）；全国南北各省区（范志伟等，2008）；分布几乎遍及全国，但以黄河流域和长江流域及其以南地区发生为多（李扬，1998）；黄河三角

单子叶植物

洲地区（赵怀浩等，2011）；华北农牧交错带（陈超等，2012）；东北地区（郑美林和曹伟，2013）。

安徽、澳门、北京、重庆、福建、广东、甘肃、广西、贵州、海南、河北、河南、黑龙江、湖北、湖南、吉林、江苏、江西、辽宁、内蒙古、陕西、山东、山西、上海、四川、台湾、天津、西藏、香港、云南、浙江；热带、亚热带地区。

偃麦草
yan mai cao

Elytrigia repens (Linnaeus) Desvaux ex Nevski, Trudy Bot. Inst. Akad. Nauk S. S. S. R.,Ser. 1, Fl. Sist. Vyssh. Rast. 1: 14. 1933. **(FOC)**

东北地区（郑美林和曹伟，2013）；东北草地（石洪山等，2016）。

北京、甘肃、河北、黑龙江、吉林、辽宁、内蒙古、青海、山东、四川、新疆、西藏、云南；亚洲、欧洲。

紫羊茅
zi yang mao

Festuca rubra Linnaeus, Sp. Pl. 1: 74. 1753. **(FOC)**

YN（申时才等，2012）。

中国广布；北半球温带地区。

白茅
bai mao

Imperata cylindrica (Linnaeus) Raeuschel, Nomencl. Bot. (ed. 3) 33: 10. 1797. **(FOC)**

FJ（武夷山市，李国平等，2014），**GD**（中山市，蒋谦才等，2008；乐昌，邹滨等，2015），**GS**（河西地区，陈叶等，2013），**GX**（郭成林等，2013），**GZ**（贵阳市，陈菊艳等，2016），**JL**（长春地区，曲同宝等，2015），**JX**（朱碧华和朱大庆，2013），**SC**（孟兴等，2015），**SD**（曲阜，赵灏，2015），**YN**（申时才等，2012；西双版纳自然保护区，陶永祥等，2017）；遍及全国包括台湾（解焱，2008）；分布几遍全国，尤以黄河流域以南各省区危害较重（李扬汉，1998）。

安徽、北京、重庆、福建、甘肃、广东、广西、贵州、海南、河北、河南、黑龙江、湖北、湖南、吉林、江苏、江西、辽宁、内蒙古、青海、陕西、山东、山西、上海、四川、台湾、天津、西藏、新疆、云南、浙江；亚洲、非洲、大洋洲、南欧。

大白茅
da bai mao

白茅

Imperata cylindrica (Linnaeus) Raeuschel var. ***major*** (Nees) C. E. Hubbard in C. E. Hubbard & R. E. Vaughan, Grasses Mauritius Rodriguez. 96. 1940. **(FOC)**

TW（兰阳平原，吴永华，2006）。

澳门、安徽、北京、重庆、福建、甘肃、广东、广西、贵州、海南、河北、河南、黑龙江、湖北、湖南、江苏、江西、辽宁、内蒙古、陕西、山东、山西、上海、四川、台湾、天津、西藏、香港、新疆、云南、浙江；热带亚洲、澳大利亚。

千金子
qian jin zi

Leptochloa chinensis (Linnaeus) Nees, Syll. Pl. Nov. 1: 4. 1824. **(FOC)**

BJ（刘全儒等，2002；车晋滇，2004；林秦文等，2009），**SA**（李扬汉，1998）；长江流域及其以南各省（李扬汉，1998）。

安徽、澳门、北京、重庆、福建、广东、广西、贵州、海南、河北、河南、黑龙江、湖北、湖南、江苏、江西、陕西、山西、山东、上海、四川、台湾、香港、云南、浙江；热带亚洲和非洲。

虮子草
ji zi cao

Leptochloa panicea (Retzius) Ohwi, Bot. Mag. 55: 311. 1941. **(FOC)**

SA（李扬汉，1998），**HY**（李扬汉，1998），**BJ**（车晋滇，2004）；分布于华东、华中、华南、西南等地（李扬汉，1998）。

安徽、澳门、北京、重庆、福建、广东、广西、贵州、海南、河南、湖北、湖南、江苏、江西、陕西、山东、上海、四川、台湾、天津、香港、云南、浙江；热带亚洲、非洲和美洲。

羊草
yang cao

Leymus chinensis (Triticum) Tzvelev, Rast. Tsentr. Azii 4: 205. 1968. **(FOC)**

GD（稔平半岛，于飞等，2012）。

安徽、北京、甘肃、广东、河北、黑龙江、河南、吉林、辽宁、内蒙古、青海、陕西、山东、山西、四川、西藏、新疆；朝鲜半岛、蒙古、俄罗斯。

赖草
lai cao

Leymus secalinus (Georgi) Tzvelev, Rast. Tsentr. Azii 4: 209. 1968. **(FOC)**

GS（赵慧军，2012）。

甘肃、河北、黑龙江、河南、吉林、江西、辽宁、内蒙古、宁夏、青海、陕西、山西、上海、四川、新疆、西藏；亚洲。

五节芒
wu jie mang

Miscanthus floridulus (Labillardière) Warburg ex K. Schumann & Lauterbach, Fl. Schutzgeb. Südsee, 166. 1901. **(FOC)**

CQ（金佛山自然保护区，滕永青，2008；金佛山自然保护区，孙娟等，2009）。

安徽、澳门、重庆、福建、甘肃、广东、广西、贵州、海南、河北、河南、湖北、湖南、江苏、江西、辽宁、陕西、山东、上海、四川、台湾、香港、云南、浙江；南亚。

糠稷
kang ji

Panicum bisulcatum Thunberg, Nova Acta Regiae Soc. Sci. Upsal. 7: 141. 1815. **(FOC)**

BJ（刘全儒等，2002；建成区，赵娟娟等，

2010），JL（长白山区，周繇，2003；长白山区，苏丽涛和马立军，2009）。

安徽、北京、重庆、福建、甘肃、广东、广西、贵州、海南、河北、河南、黑龙江、湖北、湖南、吉林、江苏、江西、辽宁、陕西、山东、上海、四川、台湾、云南、浙江；东亚、南亚、大洋洲、太平洋岛屿。

雀稗
que bai

Paspalum thunbergii Kunth ex Steudel, Nomencl. Bot.,ed. 2. 2: 273. 1841. **(FOC)**

SC（孟兴等，2015）。

安徽、重庆、福建、甘肃、广东、广西、贵州、海南、河北、黑龙江、湖北、湖南、江苏、江西、青海、陕西、山东、上海、四川、台湾、云南、浙江；南亚、东亚。

芦苇
lu wei

Phragmites australis (Cavanilles) Trinius ex Steudel, Nomencl. Bot.,ed. 2, 1: 143. 1840. **(FOC)**

Syn. *Phragmites communis* Trinius, Fund. Agrost. 134. 1820.

分布几遍及全国（李扬汉，1998）。

安徽、澳门、北京、重庆、福建、甘肃、广东、广西、贵州、海南、河北、河南、黑龙江、湖北、湖南、吉林、江苏、江西、辽宁、内蒙古、宁夏、青海、陕西、山东、山西、上海、四川、台湾、天津、西藏、香港、新疆、云南、浙江；世界广布。

毛竹
mao zhu

孟宗竹

Phyllostachys edulis (Carrière) J. Houzeau, Bambou (Mons) 39. 1906. **(FOC)**

Syn. *Phyllostachys pubescens* Mazel ex J. Houzeau, Bambou (Mons) 1: 7, 97. 1906.

TW（苗栗地区，陈运造，2006）。

安徽、重庆、福建、甘肃、广东、广西、贵州、河

南、湖北、湖南、江苏、江西、陕西、上海、四川、台湾、云南、浙江。

早熟禾
zao shu he

Poa annua Linnaeus, Sp. Pl. 1: 68. 1753. **(FOC)**

SA（杨凌地区，何纪琳等，2013），SH（Hsu，2010）。

安徽、重庆、福建、甘肃、广东、广西、贵州、海南、河北、河南、黑龙江、湖北、湖南、吉林、江苏、江西、辽宁、内蒙古、青海、陕西、山东、山西、上海、四川、台湾、西藏、香港、新疆、云南、浙江；亚洲、非洲、大洋洲、欧洲、美洲。

普通早熟禾
pu tong zao shu he
粗茎早熟禾

Poa trivialis Linnaeus, Sp. Pl. 1: 67. 1753. **(FOC)**

SC（解焱，2008）。

河北、黑龙江、吉林、江苏、江西、内蒙古、陕西、山西、四川、新疆、云南；欧亚大陆。

棒头草
bang tou cao

Polypogon fugax Nees ex Steudel, Syn. Pl. Glumac. 1: 184. 1854. **(FOC)**

除东北、西北外几广布于全国各省区（李扬汉，1998）。

安徽、北京、重庆、福建、甘肃、广东、广西、贵州、海南、河北、黑龙江、河南、湖北、湖南、江苏、江西、陕西、山东、山西、上海、四川、台湾、天津、西藏、香港、新疆、云南、浙江；亚洲。

粱
liang
小米

Setaria italica (Linnaeus) P. Beauvois, Ess. Agrostogr. 51. 1812. **(FOC)**

TW（苗栗地区，陈运造，2006）。

安徽、北京、重庆、福建、甘肃、广东、广西、贵州、海南、河南、河北、黑龙江、湖北、湖南、吉林、江苏、江西、内蒙古、宁夏、青海、陕西、山东、山西、上海、四川、台湾、天津、西藏、香港、新疆、云南、浙江；栽培起源。

棕叶狗尾草
zong ye gou wei cao
雏茅 大风草 箬叶莘 台风草 樱叶草 棕茅 棕叶草 竹头草

Setaria palmifolia (Johann König) Stapf, J. Linn. Soc., Bot. 42: 186. 1914. **(FOC)**

AH（陈明林等，2003；臧敏等，2006；黄山，汪小飞等，2007；何家庆和葛结林，2008），CQ（黔江区，邓绪国，2006；金佛山自然保护区，滕永青，2008；金佛山自然保护区，孙娟等，2009；杨德等，2011；万州区，余顺慧和邓洪平，2011a，2011b；万方浩等，2012；北碚区，杨柳等，2015；北碚区，严桧等，2016），FJ（徐海根和强胜，2004；欧健和卢昌义，2006a，2006b；范志伟等，2008；解焱，2008；万方浩等，2012；长乐，林为涂，2013；武夷山市，李国平等，2014），GD（徐海根和强胜，2004；范志伟等，2008；中山市，蒋谦才等，2008；广州，王忠等，2008；解焱，2008；鼎湖山国家级自然保护区，宋小玲等，2009；王芳等，2009；粤东地区，曾宪锋等，2009；岳茂峰等，2011；林建勇等，2012；万方浩等，2012；粤东地区，朱慧，2012；乐昌，邹滨等，2015，2016），GX（徐海根和强胜，2004；桂林，陈秋霞等，2008；范志伟等，2008；解焱，2008；北部湾经济区，林建勇等，2011a，2011b；林建勇等，2012；万方浩等，2012；郭成林等，2013；来宾市，林春华等，2015；金子岭风景区，贾桂康和钟林敏，2016；北部湾海岸带，刘熊，2017），GZ（屠玉麟，2002；徐海根和强胜，2004；黔南地区，韦美玉等，2006；范志伟等，2008；解焱，2008；申敬民等，2010；万方浩等，2012；贵阳市，陈菊艳等，2016），HB（范志伟等，2008；解焱，2008；喻大昭等，2011），HN（徐海根和强胜，2004；单家林等，2006；安锋等，2007；王伟等，2007；范志伟等，2008；解焱，2008；林建勇等，2012；万方浩等，2012；曾宪锋等，2014；陈玉凯等，2016），HX（徐海根和强胜，2004；范志伟等，2008；彭兆普等，2008；解焱，2008；湘西地区，徐亮等，2009；万方浩等，2012；谢红艳和张雪芹，2012；益阳市，黄含吟等，2016），**JX**（徐海根和强胜，2004；范志伟等，2008；解焱，2008；季春峰等，2009；雷平等，2010；王宁，2010；鞠建文等，2011；万方浩等，2012；江西南部，程淑媛等，2015），**SC**（徐海根和强胜，2004；范志伟等，2008；解焱，2008；周小刚等，2008；邛海湿地，杨红，2009；万方浩等，2012；陈开伟，2013；孟兴等，2015），**TW**（苗栗地区，陈运造，2006；范志伟等，2008；解焱，2008），**XZ**（范志伟等，2008；解焱，2008），**YN**（徐海根和强胜，2004；丁莉等，2006；西双版纳，管志斌等，2006；范志伟等，2008；解焱，2008；申时才等，2012；万方浩等，2012；西双版纳自然保护区，陶永祥等，2017），**ZJ**（徐海根和强胜，2004；范志伟等，2008；解焱，2008；杭州西湖风景区，梅笑漫等，2009；张建国和张明如，2009；西溪湿地，缪丽华等，2011；万方浩等，2012；杭州，谢国雄等，2012；杭州，金祖达等，2015；周天焕等，2016）。

安徽、澳门、重庆、福建、广东、广西、贵州、海南、湖北、湖南、江苏、江西、内蒙古、青海、陕西、上海、四川、台湾、西藏、香港、云南、浙江；亚洲；归化于南美洲、北美洲。

金色狗尾草
jin se gou wei cao

Setaria pumila (Poiret) Roemer & Schultes, Syst. Veg. 2: 891. 1817. **(FOC)**
Setaria glauca auct. non (Linnaeus) P. Beauvois: 李扬汉，1998.

我国南北各省都有分布和危害（李扬汉，1998）。

安徽、北京、福建、甘肃、广东、广西、贵州、海南、河北、黑龙江、河南、湖北、湖南、江苏、江西、宁夏、陕西、山东、上海、四川、台湾、天津、香港、新疆、西藏、云南、浙江；欧亚大陆。

狗尾草
gou wei cao

谷莠子 莠草

Setaria viridis (Linnaeus) P. Beauvois, Ess.

Agrostogr. 51. 1812. **(FOC)**

CQ（杨德等，2011），**GD**（粤东地区，曾宪锋等，2009；粤东地区，朱慧，2012；潮州市，陈丹生等，2013；广州南沙黄山鲁森林公园，李海生等，2015），**GS**（赵慧军，2012；河西地区，陈叶等，2013），**GZ**（贵阳市，陈菊艳等，2016），**HL**（松花江林区，朱天博和石春玲，2006），**JL**（长春地区，曲同宝等，2015），**SC**（孟兴等，2015）。

安徽、澳门、北京、重庆、福建、甘肃、广东、广西、贵州、海南、河北、河南、黑龙江、湖北、湖南、吉林、江苏、江西、辽宁、内蒙古、宁夏、青海、陕西、山东、山西、上海、四川、台湾、天津、西藏、香港、新疆、云南、浙江；旧大陆温带和亚热带地区。

黄背草
huang bei cao

日本苞子草

Themeda triandra Forsskål, Fl. Aegypt. -Arab. 178. 1775. **(FOC)**
Syn. *Themeda japonica* (Willdenow) Tanaka, Bult. Sci. Fak. Terk. Kjusu Imp. Univ. 1 (4): 194. 1925.

TW（苗栗地区，陈运造，2006）。

安徽、北京、重庆、福建、甘肃、广东、广西、贵州、海南、河北、黑龙江、河南、湖北、湖南、江苏、江西、辽宁、内蒙古、陕西、山东、山西、四川、台湾、天津、西藏、新疆、香港、云南、浙江；东亚、南亚、西亚、非洲、澳大利亚。

沟叶结缕草
gou ye jie lü cao

马尼拉草

Zoysia matrella (Linnaeus) Merrill, Philipp. J. Sci. 7: 230. 1912. **(FOC)**

HB（黄石市，姚发兴，2011）。

安徽、重庆、福建、广东、广西、海南、河北、河南、湖北、吉林、江苏、江西、辽宁、内蒙古、山东、上海、台湾、天津、浙江；印度、印度尼西亚、日本（九州南部、琉球群岛）、马来西亚、菲律宾、斯里兰卡、泰国、越南。

芋
yu

Colocasia esculenta (Linnaeus) Schott in Schott & Endlicher, Melet. Bot. 18. 1832. **(FOC)**

TW（苗栗地区，陈运造，2006）。

安徽、澳门、重庆、福建、甘肃、广东、广西、贵州、海南、河南、湖北、湖南、江苏、江西、陕西、四川、上海、台湾、天津、西藏、香港、云南、浙江；热带和亚热带地区。

无根萍
wu gen ping
芜萍

Wolffia globosa (Roxburgh) Hartog & Plas, Blumea 18: 367. 1970. **(FOC)**

SH（Hsu, 2010）。

福建、广东、海南、河南、湖北、吉林、江苏、上海、台湾、云南、浙江；热带亚洲。

扁秆荆三棱
bian gan jing san leng

Bolboschoenus planiculmis (F. Schmidt) T. V. Egorova in Grubov, Rast. Tsentral. Azii 3: 20. 1967. **(FOC)**
Syn. *Scirpus planiculmis* F. Schmidt, Mém. Acad. Imp. Sci. Saint Pétersbourg, Sér. 7 12 (2): 190. 1868.

分布于东北、华北、华东、华南及西北等地（李扬汉，1998）。

安徽、北京、福建、甘肃、广东、河北、河南、黑龙江、湖北、吉林、江苏、辽宁、内蒙古、宁夏、青海、陕西、山东、山西、上海、台湾、新疆、云南、浙江；亚洲、欧洲。

异型莎草
yi xing suo cao

Cyperus difformis Linnaeus, Cent. Pl. 2: 6. 1756. **(FOC)**

NX（李扬汉，1998），**GS**（李扬汉，1998），分布于东北、华北、华东、华中、西南（李扬汉，1998）。

安徽、澳门、北京、重庆、福建、甘肃、广东、广西、贵州、海南、河北、河南、黑龙江、湖北、湖南、吉林、江苏、江西、辽宁、内蒙古、宁夏、陕西、山东、山西、上海、四川、台湾、天津、香港、新疆、云南、浙江；旧大陆。

碎米莎草
sui mi suo cao

Cyperus iria Linnaeus, Sp. Pl. 1: 45. 1753. **(FOC)**

全国几都有分布，尤以长江流域及其以南地区发生普遍（李扬汉，1998）。

安徽、澳门、北京、重庆、福建、甘肃、广东、广西、贵州、海南、河北、河南、黑龙江、湖北、湖南、吉林、江苏、江西、辽宁、内蒙古、陕西、山东、山西、上海、四川、台湾、天津、西藏、香港、新疆、云南、浙江；亚洲、澳大利亚、热带非洲。

具芒碎米莎草
ju mang sui mi suo cao
莎草 小碎米莎草

Cyperus microiria Steudel, Syn. Pl. Glumac. 2: 23. 1855. **(FOC)**

SD（张绪良等，2010）；分布几遍全国（李扬汉，1998）。

安徽、北京、重庆、福建、甘肃、广东、广西、贵州、河北、河南、黑龙江、湖北、湖南、吉林、江苏、江西、辽宁、内蒙古、陕西、山东、山西、上海、四川、天津、西藏、云南、浙江；东亚、南亚。

香附子

xiang fu zi

莎草 香附 香头草

Cyperus rotundus Linnaeus, Sp. Pl. 1: 45. 1753. **(FOC)**

AH（陈明林等，2003；淮北地区，胡刚等，2005b；臧敏等，2006；黄山，汪小飞等，2007；黄山市城区，梁宇轩等，2015），**BJ**（刘全儒等，2002；杨景成等，2009；建成区，赵娟娟等，2010），**CQ**（金佛山自然保护区，孙娟等，2009；杨德等，2011），**FJ**（罗明永，2008；长乐，林为淦，2013；武夷山市，李国平等，2014），**GD**（粤东地区，曾宪锋等，2009；Fu等，2011；付岚等，2012；粤东地区，朱慧，2012；乐昌，邹滨等，2016），**GX**（邓晰朝和卢旭，2004；桂林，陈秋霞等，2008；百色，贾桂康，2013；来宾市，林春华等，2015；灵山县，刘在松，2015），**GZ**（屠玉麟，2002；黔南地区，韦美玉等，2006；申敬民等，2010），**HN**（单家林等，2006；范志伟等，2008；曾宪锋等，2014），**HX**（谢红艳和张雪芹，2012），**HY**（储嘉琳等，2016），**JL**（长春地区，曲同宝等，2015），**JS**（季敏等，2014；严辉等，2014；胡长松等，2016），**JX**（Fu等，2011；付岚等，2012），**SA**（西安地区，祁云枝等，2010；栾晓睿等，2016），**SC**（邛海湿地，杨红，2009），**SD**（田家怡和吕传笑，2004；衣艳君等，2005；黄河三角洲，刘庆年等，2006；宋楠等，2006；惠洪者，2007；昆嵛山，赵宏和董翠玲，2007；青岛，罗艳和刘爱华，2008；南四湖湿地，王元军，2010；昆嵛山，赵宏和丛海燕，2012），**YN**（西双版纳，管志斌等，2006；申时才等，2012），**ZJ**（金华市郊，李娜等，2007；西溪湿地，缪丽华等，2011；杭州，金祖达等，2015；周天焕等，2016）；全国各地（范志伟等，2008）；分布几遍全国各地（李扬汉，1998）；黄河三角洲地区（赵怀浩等，2011）；海河流域滨岸带（任颖等，2015）。

安徽、澳门、北京、重庆、福建、甘肃、广东、广西、贵州、海南、河北、河南、湖北、湖南、吉林、江苏、江西、辽宁、青海、陕西、山东、山西、上海、四川、台湾、西藏、香港、云南、浙江；亚洲、非洲、美洲、欧洲、大洋洲。

水莎草

shui suo cao

Cyperus serotinus Rottbøll, Descr. Icon. Rar. Pl. 31. 1773. **(FOC)**

Syn. *Juncellus serotinus* (Rottbøll) C. B. Clarke, Fl. Brit. India 6 (18): 594. 1893.

FJ（李扬汉，1998），**GD**（李扬汉，1998），**GX**（李扬汉，1998），**GZ**（李扬汉，1998），**HN**（李扬汉，1998），**YN**（李扬汉，1998）；东北、华北、西北、华东、华中有分布，以长江流域地区发生和危害重（李扬汉，1998）。

安徽、北京、重庆、福建、甘肃、广东、广西、贵州、河北、河南、黑龙江、湖北、湖南、吉林、江苏、江西、辽宁、内蒙古、宁夏、陕西、山东、山西、上海、四川、台湾、天津、新疆、云南、浙江；中亚、西亚、欧洲。

牛毛毡

niu mao zhan

Eleocharis yokoscensis (Franchet & Savatier) Tang & F. T. Wang, Fl. Reipubl. Popularis Sin. 11: 54. 1961. **(FOC)**

全国各地均有分布（李扬汉，1998）。

安徽、北京、重庆、福建、广东、广西、贵州、河北、河南、黑龙江、湖北、湖南、吉林、江苏、江西、辽宁、内蒙古、陕西、山东、山西、上海、四川、台湾、天津、香港、新疆、云南、浙江；东亚、南亚、蒙古、俄罗斯远东。

短叶水蜈蚣

duan ye shui wu gong

水蜈蚣

Kyllinga brevifolia Rottbøll, Descr. Icon. Rar. Pl. 13, pl. 4, f. 3. 1773. **(FOC)**

BJ（雷霆等，2006）。

安徽、澳门、北京、重庆、福建、甘肃、广东、广西、贵州、海南、河北、河南、黑龙江、湖北、湖南、吉林、江苏、江西、辽宁、陕西、山东、山西、上海、四川、台湾、西藏、香港、云南、浙江；热带地区。

姜花
jiang hua

蝴蝶姜 穗花山奈 野姜花

Hedychium coronarium J. König in Retzius, Observ. Bot. 3: 73. 1783. **(FOC)**

TW（苗栗地区，陈运造，2006）。

澳门、重庆、福建、广东、广西、贵州、湖南、江西、四川、香港、台湾、西藏、云南、浙江；亚洲、澳大利亚。

Bai F, Chisholm R, Sang W G, *et al*. Spatial risk assessment of alien invasive plants in China. Environmental science & technology, 2013, 47（14）: 7624-7632.

Feng J M, Nan R Y, Zhang Z. Plant invasions in China: What can we learn from the checklists of alien invasive plants during 1998-2008?. Advanced Materials Research, 2011, 281: 25-29.

Jiang H, Fan Q, Li J T, *et al*. Naturalization of alien plants in China. Biodiversity and Conservation, 2011, 20（7）: 1545-1556.

Liu J, Dong M, Miao S L, *et al*. Invasive alien plants in China: role of clonality and geographical origin. Biological Invasions, 2006, 8（7）: 1461-1470.

Liu J, Liang S C, Liu F H, *et al*. Invasive alien plant species in China: regional distribution patterns. Diversity and Distributions, 2005, 11（4）: 341-347.

Shou H Y, Yan X L, Ma J S. Nomenclatural Notes on Alien Invasive Vascular Plants in China（2）. Plant Diversity and Resources, 2012, 34（4）: 347-353.

Weber E, Li B. Plant invasions in China: What is to be expected in the wake of economic development? Bioscience, 2008, 58（5）: 437-444.

Weber E, Sun S G, Li B. Invasions alien plants in China: diversity and ecological insights. Biological Invasions, 2008, 10（8）: 1411-1429.

Wu S H, Aleck Yang T Y, Teng Y C, *et al*. Insights of the latest naturalized flora of Taiwan: change in the past eight years. Taiwania, 2010, 55（2）: 139-159.

Wu S H, Hsieh C F, Rejmánek M. Catalogue of the naturalized flora of Taiwan. Taiwania, 2004, 49（1）: 16-31.

Wu S H, Sun H T, Teng Y C, *et al*. Patterns of plant invasions in China: Taxonomic, biogeographic, climatic approaches and anthropogenic effects. Biological Invasions, 2010, 12（7）: 2179-2206.

Wu Z Y, Raven P H. Flora of China. Beijing & St. Louis: China Science Press & Missouri Botanical Garden Press, 1994-2014, Vol. 1-25.

Xie G W, Zheng Y S, Li F F, *et al*. Status analysis of the ecological risk assessment of invasive alien plants in China. Chinese Perspective on Risk Analysis and Crisis Response, 2010, 13: 174-179.

Xie Y, Li Z Y, Gregg W G, *et al*. Invasive species in China-an overview. Biodiversity and Conservation, 2001, 10（8）: 1317-1341.

Yan X L, Ma J S. Nomenclatural Notes on Alien Invasive Vascular Plants in China. Plant Diversity and Resources, 2011, 33（1）: 132-142.

曹坳程, 郭美霞, 张向才, 等. 我国主要的外来恶性杂草及防治技术. 中国植保导刊, 2004, （3）: 5-8.

丁晖, 徐海根, 强胜, 等. 中国生物入侵的现状与趋势. 生态与农村环境学报, 2011, 27（3）: 35-41.

冯建孟, 董晓东, 徐成东. 中国外来入侵植物物种多样性的空间分布格局.西南大学学报（自然科学版），2010，32（6）：50-57.

傅俊范.中国外来有害生物入侵现状及控制对策.沈阳农业大学学报，2005，36（4）：387-391.

黄华，郭水良，强胜.中国境内外来杂草的特点危害及其综合治理对策.农业环境科学学报，2003，22（4）：509-512.

刘万学，杨宝东.入侵我国的有害杂草.大自然，2004，（2）：35-38.

齐艳红，赵映慧，殷秀琴.中国生物入侵的生态分布.生态环境，2004，13（3）：414-416.

强胜，陈国奇，李保平，等.中国农业生态系统外来种入侵及其管理现状.生物多样性，2010，18（6）：647-659.

王伯荪，王勇军，廖文波，等.外来杂草薇甘菊的入侵生态及其治理.北京：科学出版社.2004.

王宁，杜丽，周兵，等.中国外来观赏入侵植物的种类与来源及其风险评价.华中农业大学学报，2013，32（4）：28-32.

徐海根，强胜.花卉与外来物种入侵.中国花卉园艺，2004，（14）：6-7.

徐海根，强胜，韩正敏，等.中国外来入侵种的分布与传入路径分析.生物多样性，2004，12（6）：626-638.

闫小玲，刘全儒，寿海洋，等.中国外来入侵植物的等级划分与地理分布格局分析.生物多样性，2014，22（5）：667-676.

闫小玲，寿海洋，马金双.中国外来入侵植物研究现状及存在的问题.植物分类与资源学报，2012，34（3）：287-313.

衣艳君.我国外来杂草的研究进展与展望.国土与自然资源研究，2005，（1）：83-85.

俞红，王红玲，喻大昭，等.中国外来物种入侵的社会经济影响因素及区域比较分析.统计与决策，2011，（17）：107-109.

张帅，郭水良，管铭，等.我国入侵植物多样性的区域分异及其影响因素——以74个地区数据为基础.生态学报，2010，30（16）：4241-4256.

张伟，范晓虹，赵宏.外来入侵杂草——银毛龙葵.植物检疫，2013，27（4）：72-76.

周兴文，江丕文，昌恩梓，等.我国外来植物的来源及其利害辨析.沈阳教育学院学报，2007，9（3）：99-102.

Chen S H, Wu M Z. A revision of the herbaceous *Phyllanthus* L. (Euphorbiaceae)in Taiwan. Taiwania, 1997, 42(3): 239-261.

Chen S H, Weng S H, Wu M J. *Cyperus surinamensis* Rottb.,a newly naturalized sedge species in Taiwan. Taiwania, 2009, 54(4): 393-402.

Fu L, Zhao M F, Gong L, *et al*. Investigation and risk assessment of alien invasive plants in Riparian Zone of Dongjiang Rever. Agricultural Science & Technology, 2011, 12(12): 1897-1904.

Hsu P S. The exotic flora of Shanghai: A comparison with Hong Kong and Singapore. Shanghai Science & Technology Museum, 2010, 2(4): 1-24.

Hu G X, Xiang C L, Liu E D. Invasion status and risk assessment for *Salvia tiliifolia*, a recently recognised introduction to China. Weed Research, 2013, 53(5): 355-361.

Leung G P C, Hau B C H, Corlett R T. Exotic plant invasion in the highly degraded upland landscape of Hong Kong, China. Biodiversity and conservation, 2009, 18(1): 191-202.

Marhold K, Šlenker M, Kudoh H, *et al*. *Cardamine occulta*, the correct species name for invasive Asian plants previously classified as *C. flexuosa*, and its occurrence in Europe. PhytoKeys, 2016, (62): 57.

Wang C M, Chen C H. *Tagetes minuta* L. (Asteraceae), a newly naturalized plant in Taiwan. Taiwania, 2006, 51(1): 32-35.

Wu S H, Aleck Yang T Y, Teng Y C, *et al*. Insights of the latest naturalized flora of Taiwan: change in the past eight years. Taiwania, 2010, 55(2): 139-159.

Wu S H, Hsieh C F, Rejmánek M. Catalogue of the naturalized flora of Taiwan. Taiwania, 2004, 49(1): 16-31.

Yang C K, Chang C H, Chou F S. *Tradescantia fluminensis* Vell. (Commelinaceae), a Naturalized Plant in Taiwan. Jour. Exp. For. Nat. Taiwan Univ.,2008, 22(1): 49-53.

Yang S Z. A new record and invasive species in Taiwan-*Clidemia hirta*(L.)D. Don. Taiwania, 2001, 46(3): 232-237.

安锋, 阚丽艳, 谢贵水, 等. 海南外来植物入侵的现状与对策. 西北林学院学报, 2007, 22（5）: 198-206.

安瑞军, 王永忠, 田迅. 外来入侵植物——少花蒺藜草研究进展. 杂草科学, 2015, 33（1）: 27-31.

包黎明, 赵培智. 警惕生物入侵者——生态环境中的"非法移民". 中国检验检疫, 2000,（6）: 22-23.

毕玉芬, 车伟光, 杨允菲, 等. 小酸模生物学特性及危害规律的研究. 草业科学, 2004, 21（12）: 84-87.

蔡娜娜. 米草对泉州湾滩涂生态环境的影响及治理对策. 农技服务, 2009, 26（9）: 130-131.

蔡延骄, 骆争荣, 李乐, 等. 温州地区黑荆树的种群结构与更新的研究. 科技通报, 2009, 25（6）: 58-764.

蔡毅, 曾祥划, 王珏, 等. 深圳湾凤塘河口的外来入侵植物.价值工程，2015，（2）：321-322.

曹飞，宋小玲，何云核，等.惠州红树林自然保护区外来入侵植物调查.植物资源与环境学报，2007，16（4）：61-66.

曹洪麟，葛学军，叶万辉.外来入侵种飞机草在广东的分布与危害.广东林业科技，2004，20（2）：57-59.

曹裕松，傅声雷，周兵，等.吉安市三种破碎生境中植物多样性研究.井冈山大学学报（自然科学版），2011，32（4）：117-123.

车晋滇.北京市外来杂草调查及其防除对策.杂草科学，2004，（2）：9-12.

车晋滇.外来入侵杂草长芒苋.杂草科学，2008，（1）：58-60.

车晋滇.中国外来杂草原色图鉴.北京：化学工业出版社.2009.

车晋滇，贯潞生，孟昭萍.北京市外来入侵杂草调查研究初报.中国农技推广，2004，（2）：57-58.

车晋滇，胡彬.外来入侵杂草意大利苍耳.杂草科学，2007，（2）：58-59+57.

车晋滇，贾峰勇，梁铁双.北京首次发现外来入侵植物刺果瓜.杂草科学，2013，31（1）：66-68.

车晋滇，刘全儒，胡彬.外来入侵杂草刺萼龙葵.杂草科学，2006，（3）：58-60.

车晋滇，孙国强.北京新发现二种杂草平滑苍耳和意大利苍耳.病虫测报，1992，（1）：39-40.

陈炳辉，王瑞江，黄向旭，等.金钟藤——广东分布新记录.热带亚热带植物学报，2005，13（1）：76-77.

陈超，黄顶，王堃，等.华北农牧交错带外来植物入侵特征分析.草原与草坪，2012，32（1）：24-28.

陈晨，傅盈盈，黄璐，等.上海崇明东滩加拿大一枝黄花根际部分可培养细菌的多样性分析.上海师范大学学报（自然科学版），2009，38（5）：516-521.

陈丹生，马瑞君，庄哲煌，等.潮州市三个景区入侵植物种类的调查与统计.湖北农业科学，2013，52（6）：1323-1324+1333.

陈刚，王传耀，刘琳.福建机械法治理凤眼莲的思考.龙岩学院学报，2007，25（3）：78-81+84.

陈国发.郴州市农业外来入侵物种分布与防控对策研究初报.植物保护，2006，32（6）：124-126.

陈恒彬.厦门地区的有害外来植物.亚热带植物科学，2005，34（1）：50-55.

陈红，何方，吴楠，等.基于GIS研究"加拿大一枝黄花"在合肥地区的分布特点.安徽农学通报，2007，13（7）：

64-66.

陈吉斌，刘胜祥，彭光银，等.贵州乌江洪家渡水电站植物的新记录——紫茎泽兰.湖北林业科技，2008，（2）：74.

陈坚波，陈国中.浅谈几种影响土著药用植物分布的外来植物及人工干预对策.中华医学实践杂志，2005，4（5）：455-457.

陈建业，段昌群，于福科，等.云南公路外来入侵植物现状与防治对策.植物检疫，2010，24（5）：38-41.

陈进军，黎秋旋，肖俊梅.飞机草在广东的分布、危害及化学成分预试.生态环境，2005，14（5）：686-689.

陈京，徐攀，姚振生.天目山自然保护区的外来植物入侵种的分析及防治.中国医药导报，2011，8（9）：137-139.

陈菊艳，刘童童，田茂娟，等.贵阳市乌当区外来入侵植物调查及对策研究.贵州林业科技，2016，44（2）：32-40.

陈丽.新疆外来入侵种现状研究.新疆环境保护，2012，34（1）：21-27.

陈亮，李会娜，杨民和，等.入侵植物薇甘菊和三叶鬼针草对土壤细菌群落的影响.中国农学通报，2011，27（8）：63-68.

陈令静，李振宇，洪德元.中国桔梗科一新记录属——异檐花属.植物分类学报，1992，30（5）：473-475.

陈明林，张小平，苏登山.安徽省外来杂草的初步研究.生物学杂志，2003，20（6）：24-27.

陈模舜.台州市外来植物区系组成与分布特征的研究.台州学院学报，2008，30（6）：43-48.

陈秋霞，韦春强，唐赛春，等.广西桂林外来入侵植物调查.亚热带植物科学，2008，37（3）：55-58+66.

陈伟，兰国玉，安锋，等.海南外来杂草——假臭草群落生态位特征研究.西北林学院学报，2007，22（2）：24-27.

陈文俐，林彦云.弯穗草——一种在福建新归化的外来杂草.武夷科学，2004，20（1）：127-129.

陈小永，王海燕，丁炳扬，等.杭州外来杂草的种类组成与生境特点.植物研究，2006，26（2）：242-249.

陈艳.凉山州在西部大开发中的生物入侵风险——紫茎泽兰的启示.西南民族大学学报（自然科学版），2003，29（3）：352-355.

陈叶，高海宁，郑天翔，等.甘肃河西地区农田外来杂草调查和危害评价.作物杂志，2013，（1）：120-123.

陈又生.蓝花野茼蒿，中国菊科一新记录归化种.热带亚热带植物学报，2010，18（1）：47-48.

陈玉菌，刘正宇，张军，等.重庆恶性外来入侵植物1新纪录属：银胶菊属．贵州农业科学，2016，44（10）：153-155.

陈玉凯，杨小波，李东海，等．海南岛维管植物物种多样性的现状．生物多样性，2016，24（8）：948-956.

陈运造．苗栗地区重要外来入侵植物图志．苗栗：行政院农业委员会苗栗区农业改良场．2006.

曹志艳，张金林，王艳辉，等．外来入侵杂草刺果瓜（*Sicyos angulatus* L.）严重危害玉米．植物保护，2014，40（2）：187-188.

陈开伟．四川省西昌市邛海湿地外来入侵物种的生态危害及防治对策．江西教育学院学报，2013，34（3）：39-42.

陈志伟，杨京平，王荣洲，等．浙江省加拿大一枝黄花（*Solidago canadensis*）的空间分布格局及其与人类活动的关系．生态学报，2009，29（1）：120-129.

陈中义，李博，陈家宽．互花米草与海三棱藨草的生长特征和相对竞争能力．生物多样性，2005a，13（2）：130-136.

陈中义，李博，陈家宽．长江口崇明东滩土壤盐度和潮间带高程对外来种互花米草生长的影响．长江大学学报（自科版），2005b，2（2）：6-9+103-104.

陈佐忠，董保华，杨宗贵．北京地区火炬树的调查．林业资源管理，2006，（1）：54-58.

程淑媛，刘仁林，王桔红．江西南部入侵植物多样性特征分析．南方林业科学，2015，43（6）：7-14.

程树志，曹子余．刺瓜属—中国葫芦科一归化属．植物分类学报，2002，40（5）：462-464.

储嘉琳，张耀广，王帅，等．河南省外来入侵植物研究．河南农业大学学报，2016，50（3）：389-395.

达良俊，王晨曦，田志慧，等．上海佘山地区外来入侵物种三裂叶豚草群落的新分布．华东师范大学学报（自然科学版），2008，（2）：37-40.

丹阳，唐赛春．广西茄科药用植物资源调查．广州中医药大学学报，2012，29（1）：75-81.

邓晰朝，卢旭．宜州市外来入侵植物的初步研究．河池师专学报，2004，24（2）：72-74.

邓旭，王娟，谭济才．湖南省不同居群豚草种群遗传多样性ISSR分析．广东农业科学，2011，（14）：124-127.

邓绪国．黔江区入侵植物的危害现状及防治对策研究．重庆林业科技，2006，（2）：31-35.

迪丽达尔·亚森江，努尔巴依·阿不都沙力克．意大利苍耳在伊犁的分布特征．安徽农业科学，2014，42（1）：75-76.

丁炳扬，胡仁勇．温州外来入侵植物及其研究．杭州：浙江科学技术出版社．2011.

丁炳扬，于明坚，金孝锋，等．水盾草在中国的分布特点和入侵途径．生物多样性，2003，11（3）：223-230.

丁莉，杜凡，张大才．云南外来入侵植物研究．西部林业科学，2006，35（4）：98-103+108.

董东平，叶永忠．河南外来入侵植物区系成分与成灾机制．河南科学，2007，25（5）：765-769.

董红云，李亚，汪庆，等．江苏省3个自然保护区外来入侵植物的调查及分析．植物资源与环境学报，2010a，19（1）：86-91.

董红云，李亚，汪庆，等．外来入侵植物牛膝菊和野茼蒿水浸提液化感作用的生物测定．植物资源与环境学报，2010b，19（2）：48-53+91.

董杰，杨建国，岳瑾，等．北京农田发现外来杂草刺果藤危害．中国植保导刊，2014，34（7）：58-60.

董平，陈学林，张慕华，等．金塔地区外来植物调查研究．北方园艺，2010，（19）：37-43.

董世魁，崔保山，刘世梁，等．滇缅国际通道沿线紫茎泽兰（*Eupatorium adenophorum*）的分布规律及其与环境因子的关系．环境科学学报，2008，28（2）：278-288.

董旭，陈秀芝，郭水良．上海地区发现新外来入侵种——草胡椒．杂草科学，2012，30（4）：5-6.

董莹雪，马玲，吴海荣，等．华东3省1市加拿大一枝黄花分布和发生规律的定量调查研究．安徽农业科学，2007，35（27）：8563-8565+8634.

董振国，刘启新，胡君，等．中国大陆归化植物新记录．广西植物，2013，33（3）：432-434.

窦全丽，张仁波，魏志琴．赤水河中游地区外来植物入侵现状及风险评价．生态科学，2015，34（1）：179-184.

杜德俊，高力行．香港生态情报．香港：郊野公园之友会．2004.

杜卫兵，叶永忠，彭少麟．小花山桃草季节生长动态及入侵特性．生态学报，2003，23（8）：1679-1684.

杜卫兵，叶永忠，张秀艳，等．河南主要外来有害植物的初步研究．河南科学，2002，20（1）：52-55.

杜珍珠，徐文斌，阎平，等．新疆苍耳属3种外来入侵新植物．新疆农业科学，2012，49（5）：879-886.

段惠，强胜，苏秀红，等．用AFLP技术分析紫茎泽兰的遗传多样性．生态学报，2005，25（8）：2109-2114.

范志伟，沈奕德，刘丽珍．海南外来入侵杂草名录．热带作物学报，2008，29（6）：781-792.

方芳，郭水良，黄林兵．入侵杂草加拿大一枝黄花的化感作用．生态科学，2004，23（4）：331-334.

冯惠玲，曹洪麟，梁晓东，等．薇甘菊在广东的分布与危害．热带亚热带植物学报，2002，10（3）：263-270.

冯莉，岳茂峰，田兴山，等．豚草在广东的分布及其生长发育特性．生物安全学报，2012，21（3）：210-215.

冯士明，王玉，冯峻．云南12种外来林业有害生物的危害分析．西部林业科学，2005，34（3）：75-78.

冯幼义，董晓慧，胡仁勇，等．温州外来入侵植物风险评价体系研究——以黑荆为例．植物资源与环境学报，2010，19（3）：79-84.

付登高，阎凯，李博，等．滇中地区公路沿线紫茎泽兰的分布格局及其生境因子．生态学杂志，2010，29（3）：566-571.

付海滨，张敏，康凯，等．沈阳地区主要农林外来入侵有害生物及防控对策．环境保护科学，2009，35（3）：31-33+52.

付岚，赵鸣飞，龚玲，等．东江流域河岸带外来入侵植物调查分析及其风险评估．安徽农业科学，2012，40（3）：1689-1693+1788.

付增娟，张川红，郑勇奇，等．黑荆和银荆的繁殖扩散与入侵潜力．林业科学，2006，42（10）：48-53.

符剑，黄青良．浅议海南城镇园林绿化中引种外来植物的问题．热带林业，2010，38（2）：44-45.

高芳，徐驰．潜在危险性外来物种——刺萼龙葵．生物学通报，2005，40（9）：11-12.

高芳，徐驰，周云龙．外来植物刺萼龙葵潜在危险性评估及其防治对策．北京师范大学学报（自然科学版），2005，41（4）：420-424.

高海宁，张永，马占仓，等．入侵植物芒颖大麦在甘肃省的分布．河西学院学报，2016，32（5）：69-71.

高均昭，董东平，陈国甫．河南省生态高速公路植物入侵和生物多样性保护的调查研究．路基工程，2012，（3）：1-3+6.

高均昭，王增琪．高速公路边坡外来入侵植物调查与防范．水土保持通报，2012，32（5）：231-234.

高末，丁炳扬，罗清应，等．阔叶丰花草——浙江茜草科一新归化种．植物研究，2006，26（5）：520-521.

高末，骆争荣，戈丽清，等．温州菊科入侵植物的分布特点及其扩散特征．温州大学学报（自然科学版），2008，29（5）：17-24.

高天刚，刘演．中国菊科泽兰族的一个新归化属——裸冠菊属．植物分类学报，2007，45（3）：329-332.

高贤明，唐廷贵，梁宇，等．外来植物黄顶菊的入侵警报及防控对策．生物多样性，2004，12（2）：274-279.

高燕，曹伟．中国东北外来入侵植物的现状与防治对策．中国科学院研究生院学报，2010，27（2）：191-198.

葛刚，李恩香，吴和平，等．鄱阳湖国家级自然保护区的外来入侵植物调查．湖泊科学，2010，（1）：93-97.

管志斌，邓文华，黄志玲，等．西双版纳外来入侵植物初步调查．热带农业科技，2006，29（4）：35-38.

郭成亮，胡文多，朱敏峰，等．有害杂草黄顶菊在河北衡水的入侵途径调查．植物检疫，2007，21（3）：187-188.

郭成林，马永林，马跃峰，等．广西农业生态系统外来入侵杂草发生与危害现状分析．南方农业科学，2013，44（5）：778-783.

郭水良，方芳，黄华，等．外来入侵植物北美车前繁殖及光合生理生态学研究．植物生态学报，2004，28（6）：787-793.

郭水良，方芳，倪丽萍，等．检疫性杂草毒莴苣的光合特征及其入侵地群落学生态调查．应用生态学报，2006，17（12）：2316-2320.

郭水良，李扬汉．我国东南地区外来杂草研究初报．杂草科学，1995，（2）：4-8.

郭水良，毛郁蕙，强胜．温度对六种外来杂草过氧化物酶同工酶谱的影响．广西植物，2002，22（6）：557-562.

郭文超，吐尔逊，周桂玲，等．新疆农林外来生物入侵现状、趋势及对策．新疆农业科学，2012，49（1）：86-100.

郭晓艳，张精哲，郭卫东，等．外来入侵植物——黄花刺茄的生物学特性、危害与防控．内蒙古林业调查设计，2012，35（6）：73-75.

郭怡卿，赵国晶，陈勇，等．云南农田外来杂草及其危害现状．西南农业学报，2010，23（4）：1352-1355.

郭宗锋，邓卿艳，魏琴，等．洪水对紫茎泽兰入侵繁殖的影响．水土保持研究，2007，14（3）：371-373.

韩诗畴，李丽英，彭统序，等．薇甘菊的天敌调查初报．昆虫天敌，2001，13（3）：119-126.

郝建华，强胜．外来入侵性杂草——胜红蓟．杂草科学，2005，（4）：54-58.

何春光，王虹扬，盛连喜．吉林省外来物种入侵特征的初步研究．生态环境，2004，13（2）：197-199.

何冬梅，鲁小珍，伊贤贵，等．安徽省蚌埠市外来入侵植物调查及对策研究．安徽农业科学，2010，38（6）：3081-3083+3097.

何纪琳，刘迎强，郝文芳．杨凌地区外来植物的初步研究．黑龙江农业科学，2013，（4）：53-60.

何家庆，葛结林．安徽省外来入侵植物现状及与其他地区比

较 . 安徽大学学报（自然科学版），2008，32（4）：82-89.

何金星，黄成，万方浩，等 . 水盾草在江苏省重要湿地的入侵与分布现状 . 应用与环境生物学报，2011，17（2）：186-190.

何萍，刘勇 . 四川凉山天然草场遭受外来物种入侵的调查研究 . 草业科学，2003，20（4）：31-33.

和太平，李玉梅，陆山风，等 . 广西南友高速公路路域外来入侵植物调查研究 . 广西林业科学，2011，40（4）：277-280.

何艳萍，王自强，钱石生，等 . 红河州林地外来有害生物入侵与防控对策研究 . 林业调查规划，2010，35（3）：39-43.

贺俊英，哈斯巴根，孟根其其格，等 . 内蒙古新外来入侵植物—黄花刺茄（*Solanum rostratum* Dunal）. 内蒙古师范大学学报（自然科学版），2011，40（3）：288-290.

贺握权，黄忠良 . 外来植物种对鼎湖山自然保护区的入侵及其影响 . 广东林业科技，2004，20（3）：42-45.

洪岚，沈浩，杨期和，等 . 外来入侵植物三叶鬼针草种子萌发与贮藏特性研究 . 武汉植物学研究，2004，22（5）：433-437.

洪思思，缪崇崇，方本基，等 . 浙江省阔叶丰花草入侵群落物种多样性、生态位及种间联结研究 . 武汉植物学研究，2008，26（5）：501-508.

侯元同，舒凤月，董士香，等 . 水盾草——南四湖外来水生植物新记录及其生境特点 . 水生生物学报，2012，36（5）：1005-1008.

胡长松，陈瑞辉，董贤忠，等 . 江苏粮食口岸外来杂草的监测调查 . 植物检疫，2016，30（4）：63-67.

胡迪琴，梁永禧，徐国栋，等 . 薇甘菊蔓延的危害及防治对策 . 广州环境科学，2003，18（4）：40-42.

胡发广，段春芳，刘光华 . 云南怒江干热河谷区农田外来入侵杂草的调查 . 杂草科学，2007，（4）：20-23.

胡刚，张忠华 . 南宁的外来入侵植物 . 热带亚热带植物学报，2012，20（5）：497-505.

胡刚，张忠华，董金廷，等 . 安徽淮北地区外来入侵植物初步研究 . 合肥学院学报（自然科学版），2005a，15（2）：41-45.

胡刚，张忠华，梁士楚 . 淮北地区外来杂草的研究 . 安徽农业科学，2005b，33（5）：789-790+819.

胡嘉贝，沈佳 . 泉州地区生物入侵现状与防范对策 . 山西农业科学，2012，40（7）：775-778+799.

胡仁勇，丁炳扬，陈贤兴，等 . 温州地区外来入侵植物

的种类组成及区系特点 . 温州大学学报（自然科学版），2011，32（3）：18-25.

胡天印，方芳，郭水良，等 . 外来入侵种加拿大一枝黄花及其伴生植物光合特性研究 . 浙江大学学报（农业与生命科学版），2007a，33（4）：379-386.

胡天印，黄华，郭水良，等 . 城市郊区外来杂草生态位特点及对生物多样性影响研究 . 广西植物，2007b，27（6）：873-881.

胡天印，蒋华伟，方芳，等 . 庐山风景区的外来入侵植物 . 江西林业科技，2007c，（3）：19-21+23.

胡雪华，肖宜安，曾建军，等 . 海南霸王岭自然保护区外来入侵植物的调查和分析 . 井冈山大学学报（自然科学版），2011，32（1）：131-136.

淮虎银，高红明，张彪，等 . 外来植物空心莲子草入侵人工草坪中种群特征变化研究 . 草原与草坪，2003a，（4）：36-38.

淮虎银，金银根，张彪，等 . 外来植物空心莲子草分布的生境多样性及其特征 . 杂草科学，2003b，（1）：18-20.

环境总局，中国科学院 . 中国第一批外来入侵物种名单 . 中华人民共和国国务院公报，2003，（23）：41-46.

环境保护部，中国科学院 . 中国第二批外来入侵植物及其防除措施 . 杂草科学，2010，（1）：70-73.

环境保护部，中国科学院 . 关于发布中国外来入侵种名单（第三批）的公告 . 2014 年第 57 号 .

环境保护部，中国科学院 . 关于发布中国自然生态系统外来入侵种名单（第四批）的公告 . 2016 年第 78 号 .

黄彩萍，曾丽梅 . 外来入侵杂草对广州市白云山的危害及其防治策略的探讨 . 热带林业，2003，31（4）：24-29.

黄含吟，胡希军，陈存友，等 . 益阳市外来入侵植物的调查研究 . 绿色科技，2016，（5）：1-5.

黄红英，章家恩，秦钟，等 . 豚草入侵对韶关地区植物群落多样性的影响 . 韶关学院学报，2010，（9）：80-83.

黄辉宁，李思路，朱志辉，等 . 珠海市外来入侵植物调查 . 热带林业，2005a，33（3）：51-52.

黄辉宁，李思路，朱志辉，等 . 珠海市外来入侵植物调查 . 广东园林，2005b，（6）：24-27.

黄娇，刘忠 . 峨眉山景区预防紫茎泽兰入侵的生态评估及调查报告 . 四川林业科技，2011，32（4）：107-109+195.

黄久香，刘宪宽，庄雪影，等 . 广东豚草居群的遗传分化 . 广东农业科学，2012，39（3）：135-138.

黄益燕，吴海荣，李新芳，等 . 佛山外来杂草调查研究 . 杂草科学，2011，29（3）：58-60.

黄振裕，胡艳红，石全秀，等 . 外来入侵有害生物加拿大

一枝黄花在福建省的风险性分析.福建林业科技,2005,
（4）：146-150.

惠洪者.滨州市外来入侵农业有害生物发生及防控对策初
探.农业环境与发展,2007,24（4）：68-71.

季春峰,王智,钱萍.江西外来入侵植物的初步研究.湖北
林业科技,2009,（3）：26-29 +31.

季敏,孙国俊,储寅芳,等.江苏南部丘陵茶园外来入侵杂
草发生危害研究.植物保护,2014,40（1）：157-161.

季青梅.昭通市外来入侵生物调查研究.云南农业,2014,
（7）：31-32.

贾春虹,虞国跃,张帆,等.北京地区外来入侵生物种类调
查初报.植物保护,2005,31（3）：38-41.

贾桂康.外来入侵种紫茎泽兰在广西的分布与危害.百色学
院学报,2007a,20（3）：90-95.

贾桂康.乐业旅游景区的主要外来物种危害及其应对策略.
百色学院学报,2007b,20（6）：83-87.

贾桂康.紫茎泽兰在广西的入侵生境因子分析.百色学院学
报,2008,21（3）：62-67.

贾桂康.桂西紫茎泽兰的分布及未来入侵趋势分析.广东农
业科学,2011,38（13）：138-140.

贾桂康.外来入侵植物飞机草在广西的入侵生境因子分析.
江苏农业科学,2012,40（1）：116-119.

贾桂康.广西百色地区主要外来入侵植物的初步研究.江苏
农业科学,2013,41（6）：339-342.

贾桂康,薛跃规.飞机草在广西的分布及未来入侵趋势分
析.湖北农业科学,2011,50（14）：2882-2885.

贾桂康,钟林敏.平乐县金子岭风景区外来入侵植物的调查
与分析.湖北农业科学,2016,55（10）：2555-2558.

贾洪亮,农日升,魏国余.广西湿地外来入侵植物调查初
报.南方农业科学,2011,42（12）：1493-1496.

贾效成,李新亮,丹阳,等.广东地区外来种五爪金龙的
传粉生物学研究（英文）.生物多样性,2007,15（6）：
592-598.

姜丹玲.罗湖区薇甘菊分布与危害情况调查及防治措施.黑
龙江生态工程职业学院学报,2008,21（6）：5-6.

姜翠丞,王珂,董东平.许昌市城郊外来入侵植物调查及危
害风险评价.河南师范大学学报（自然科学版）,2009,
37（6）：168-170.

江贵波.外来入侵植物的危害及其防治措施.中国科技信
息,2004,（18）：60-63.

蒋明,曹家树,丁炳扬,等.新外来杂草——裂叶月见草的
生物学特性及防控对策.生物学通报,2004a,39（9）：
20-21.

蒋明,丁炳扬,曹家树,等.外来杂草——裂叶月见草.植
物检疫,2004b,18（5）：285-287.

蒋明康,秦卫华,王智,等.我国沿海典型自然保护区外来
物种入侵调查.环境保护,2007,（13）：37-43.

蒋谦才,林正眉,李荔,等.中山市外来入侵植物调查研
究.广东林业科技,2008,（2）：54-58.

焦宇,刘龙.北京城市绿化与生态安全探讨.北京园林,
2010,26（2）：26-28.

金樑,王晓娟,高雷,等.从上海市凤眼莲的生活史特征
与繁殖策略探讨其控制对策.生态环境,2005,14（4）：
498-502.

金祖达,谢文远,方国景.杭州重点湿地入侵植物调查及其
风险管理对策.天津农业科学,2015,21（5）：51-60.

鞠建文,王宁,郭永久,等.江西省外来入侵植物现状分
析.井冈山大学学报（自然科学版）,2011,32（1）：
126-130.

柯倩倩,南康武,郑思思,等.外来种黑荆树的群落特
征及其对物种多样性的影响.浙江大学学报（理学版）,
2010,37（3）：324-329.

郎金顶,刘艳红,芟伟.北京市建成区绿地植物物种来源分
析.植物学通报,2008,25（2）：195-202.

雷平,葛刚,陈少风,等.赣江流域河岸带外来入侵植物的
调查分析.亚热带植物科学,2010,39（3）：44-48.

雷霆,丁立建,张佳蕊,等.北京湿地自然保护区维管束
植物区系特征分析.北京林业大学学报,2006,28（6）：
67-74.

黎斌,卢元,王宇超,等.陕西省汉丹江流域外来入侵植物
新记录.陕西农业科学,2015,61（7）：71-72.

李斌,王咏,何春光.长春地区外来植物的初步研究.长春
师范学院学报（自然科学版）,2007,26（5）：85-88.

李彬,周宏波,彭秀,等.重庆地区香根草引种生物入侵风
险评价.四川林业科技,2014,35（2）：52-56.

李博,廖成章,高雷,等.入侵植物凤眼莲管理中的若干
生态学问题.复旦学报（自然科学版）,2004,43（2）：
267-274.

李长看,张云霞,贾元翔,等.河南省生物入侵种调查及对
策研究.河南农业大学学报,2011,45（6）：672-677.

李传文,逄宗润,陈勇.火炬树——一个值得警惕的危险
外来树种.中国水土保持,2004,（2）：31+38.

李根有,金水虎,哀建国.浙江省有害植物种类、特点及防
治.浙江林学院学报,2006,23（6）：614-624.

李国平,林盛,张剑,等.武夷山市入侵植物的调查与分
析.热带作物学报,2014,35（4）：794-800.

李海生，蔡惠娟，李济明，等．广州南沙黄山鲁森林公园外来入侵植物初步研究．广东第二师范学院学报，2015，35（5）：73-77．

李海生，钟化龙，刘广，等．广州白云山外来入侵植物初步研究．广东教育学院学报，2008，28（3）：65-68．

李贺鹏，张利权，王东辉．上海地区外来种互花米草的分布现状．生物多样性，2006，14（2）：114-120．

李宏庆，熊申展，陈纪云，等．上海植物区系新资料（Ⅵ）．华东师范大学学报（自然科学版），2013，（1）：139-143．

李红岩，高宝嘉，南宫自艳，等．河北省黄顶菊4个地理种群遗传结构分析．应用与环境生物学报，2010，16（1）：67-71．

李慧琪，赵力，祝培文，等．入侵植物长芒苋在中国的潜在分布．天津师范大学学报，2015，35（4）：57-61．

李惠茹，汪远，马金双．上海外来植物新记录．华东师范大学学报（自然科学版），2016a，（2）：153-159．

李惠茹，闫小玲，严靖，等．浙江归化植物新记录．杂草学报，2016b，34（1）：31-33．

李惠茹，汪远，闫小玲，等．上海植物区系新资料．华东师范大学学报（自然科学版），2017，（1）：132-138．

李惠茹，闫小玲，严靖，等．江苏省外来归化植物新记录．杂草学报，2016c，34（2）：42-44．

李惠欣．河北衡水湖自然保护区入侵植物及其管理．湿地科学与管理，2008，4（2）：51-53．

李竞峰．宽甸地区豚草发生情况及防控．新农业，2012，（9）：53．

李乐，骆争荣，李琼，等．温州地区黑荆树入侵群落的竞争与动态．生态学报，2009，29（12）：6622-6629．

李明，翟喜海，宋伟丰，等．外来入侵植物三裂叶豚草的研究进展．杂草科学，2014，32（2）：33-37．

李娜，胡天印，郭水良．浙中地区外来杂草分布与环境因子间关系的典范对应分析．杂草科学，2007，（4）：10-15．

李楠，朱丽娜，翟强，等．一种新入侵辽宁省的外来有害植物——意大利苍耳．植物检疫，2010，24（5）：49-52．

李沛琼．深圳植物志（第三卷），北京：中国林业出版社．2012．

李儒海，褚世海，万鹏，等．湖北省主要农作物田外来入侵杂草发生危害状况．湖北农业科学，2011，50（19）：3963-3966．

李顺才，刘连新，胡晓东，等．秦皇岛市外来入侵物种的调查分析．河北科技师范学院学报，2009，23（3）：14-17．

李文靖，张堰铭．海北站周围3种外来物种入侵状况的初步研究．草业科学，2007，24（11）：22-25．

李武峥．山口红树林保护区互花米草分布调查与评价．南方国土资源，2008，（7）：39-41．

李西贝阳，王永淇，李仕裕，等．广东菊科一新归化属与海南旋花科一新归化种．热带作物学报，2016，37（7）：1245-1248．

李乡旺，胡志浩，胡晓立，等．云南主要外来入侵植物初步研究．西南林学院学报，2007，27（6）：5-10．

李新华，王聪，陈钰，等．浙江天目山自然保护区鸟类对美洲商陆种子的传播．四川动物，2011，30（3）：421-423．

李许文，叶自慧，张荣京，等．广州市道路绿地植物多样性调查及评价．北方园艺，2014（6）：87-92．

李亚，姚淦，邓飞，等．江苏省外来种子植物的初步调查和分析．植物资源与环境学报，2008，17（4）：55-60．

李扬汉．中国杂草志．北京：中国农业出版社．1998．

李一农，李芳荣，娄定风，等．深、港两地外来植物有害生物入侵的管理对策．植物检疫，2007a，21（2）：114-116．

李一农，李芳荣，娄定风，等．深圳香港两地外来植物有害生物入侵现状．植物检疫，2007b，21（1）：29-31．

李永强，王亚男，何杨艳，等．干旱胁迫对外来杂草野茼蒿抗氧化系统的影响．四川师范大学学报（自然科学版），2008，31（5）：607-609．

李咏梅，罗嵘，王德海，等．云南面临多种有害生物入侵的巨大风险和压力．植物检疫，2013，27（4）：94-96．

李玉生，李振宇，姜鹏，等．黑龙江省主要外来入侵植物的危害与防除技术．林业科技，2005，30（2）：19-20．

李园，吴兆录，李丽莎，等．西双版纳外来植物的物种多样性、用途和生态危害的初步研究．植物资源与环境学报，2006，15（2）：68-72．

李振宇．长芒苋——中国苋属一新归化种．植物学通报，2003，20（6）：734-735．

李振宇．中国一种新归化植物——菱叶苋．植物研究，2004，24（3）：265-266．

李振宇，宋葆华，李法曾．泰山苋的名实问题．植物分类学报，2002，40（4）：383-384．

李振宇，解焱．中国外来入侵种．北京：中国林业出版社．2002．

李志刚，郑启恩，黎桦，等．广西隆安屏山石灰岩山地飞机草群落特征分析．热带亚热带植物学报，2006，14（3）：196-201．

练琚愉，曹洪麟，王志高，等．金钟藤入侵危害的群落学特征初探．广西植物，2007，27（3）：482-486+492.

梁宇峰．海门外来有害生物的发生特点与防治对策．植物医生，2009，22（3）：39-41.

梁宇轩，张丹，汪小飞．黄山市城区外来入侵植物调查与风险评估研究．滁州学院学报，2015，17（5）：27-31.

廖庆强，姚素莹，梁秋燊．外来入侵种薇甘菊在广州的分布与危害．广州环境科学，2010，25（3）：23-27.

廖夏伟，徐潇凡，徐晓燕，等．上海外来入侵种加拿大一枝黄花种群的遗传结构研究．湖北农业科学，2011，50（3）：517-519.

林敏，郝建华，陈国奇．苏州地区外来入侵植物组成及分布，植物资源与环境学，2012，21（3）：98-104.

林春华，唐赛春，韦春强，等．广西来宾市外来入侵植物的调查研究．杂草科学，2015，33（1）：38-44.

林淳，刘国坤．福州市五爪金龙（*Ipomoea cairica*）的主要病虫害种类．亚热带农业研究，2010，6（2）：98-101.

林鸿辉，潘永华，代色平，等．澳门公园植物资源分析．广东园林，2008，（4）：5-8.

林建勇，梁瑞龙，李娟，等．华南地区外来入侵植物调查研究．广西林业科学，2012，41（3）：237-241.

林建勇，温远光，韦洁．广西北部湾经济区外来入侵植物．广西林业科学，2011a，40（4）：281-287.

林建勇，温远光，韦洁，等．北部湾经济区外来植物入侵风险评估．现代农业科技，2011b，（8）：130-131，133.

林来官，张永田．福建植物志（第六卷）．福州：福建科学技术出版社．1995.

林茂祥，韩凤，刘正宇，等．金佛山自然保护区外来入侵植物初步研究．杂草科学，2007，（4）：26-28.

林茂祥，刘正宇，韩凤，等．贵州大沙河自然保护区外来入侵植物种调查．杂草科学，2008，（1）：31-32+51.

林敏，郝建华，陈国奇．苏州地区外来入侵植物组成及分布．植物资源与环境学报，2012，21（3）：98-104.

林秦文，邢韶华，马坤．北京市外来入侵植物新资料．北京农学院学报，2009，24（4）：42-44.

林为淦．长乐市外来入侵植物与树种替代对策．福建林业科技，2013，40（2）：142-146.

林玉，谭敦炎．一种潜在的外来入侵植物：黄花刺茄．植物分类学报，2007，45（5）：675-685.

凌文婷，赖蒙蒙，郑康，等．温州植物区系新资料．温州大学学报（自然科学版），2013，34（1）：50-53.

刘朝萍．重庆市北碚区加拿大一枝黄花的发生与防除．植物医生，2010，23（2）：38-39.

刘峰，陶国达，王东升．纳板河自然保护区外来入侵植物状况调查及防范对策．林业调查规划，2008，33（6）：112-114.

刘刚．我国科学家新发现一种外来入侵植物椴叶鼠尾草．农药市场信息，2013，（29）：47.

刘华杰．生态杀手黄顶菊逼近北京．科技潮，2009a，（4）：46.

刘华杰．鸡矢藤一种入侵北京的植物．科技潮，2009b，（2）：44.

刘慧圆，明冠华．外来入侵种意大利苍耳的分布现状及防控措施．生物学通报，2008，43（5）：15-16.

刘佳，朱小明，杨圣云．厦门海洋生物外来物种和生物入侵．厦门大学学报（自然科学版），2007，46（S1）：181-185.

刘佳凯，姚可侃，张容，等．北京松山自然保护区外来入侵植物研究．中国农学通报，2012，28（31）：91-95.

刘玲玲．甘肃省林业外来有害生物的入侵及对策．甘肃林业科技，2007，32（3）：55-56.

刘宁，刘玉升．山东省黄顶菊的发生与综合防除．杂草科学，2011，29（1）：42-43.

刘鹏程．云南省防治外来生物入侵刻不容缓．林业调查规划，2004，29（2）：94-98.

刘巧云，王玲萍．福建省外来林业有害生物入侵现状与管理对策．福建林业科技，2006，33（4）：182-184.

刘庆年，刘俊展，刘京涛，等．黄河三角洲外来入侵有害生物的初步研究．山东农业大学学报（自然科学版），2006，37（4）：581-585.

刘全儒，张劲林．北京植物区系新资料．北京师范大学学报（自然科学版），2014，50（2）：166-168.

刘全儒，于明，周云龙．北京地区外来入侵植物的初步研究．北京师范大学学报（自然科学版），2002，38（3）：399-404.

刘胜祥，秦伟．湖北省外来入侵植物的初步研究．华中师范大学学报（自然科学版），2004，38（2）：223-227.

刘文萍，刘宜，王冰清，等．江西萍乡市加拿大一枝黄花的入侵现状及防治方法．江西植保，2011，34（2）：91-92.

刘晓红．黑龙江省菟丝子种类及寄主范围．植物检疫，2009，23（3）：60.

刘兴锋，刘明红，匡青．湘西地区外来入侵植物调查与防治对策．湖南林业科技，2009，36（6）：40-42.

刘熊．北部湾海岸带外来入侵植物的调查研究．绿色科技，

2017，（6）：134-136.

刘旭昕，方芳．阜新外来入侵有害生物——杂草调查及防控建议．内蒙古林业调查设计，2011，（1）：68-69+62.

刘玉升，刘宁，付卫东，等．外来入侵植物——黄顶菊山东省发生现状调查．山东农业大学学报（自然科学版），2011，42（2）：187-190.

刘在松．灵山县外来入侵植物调查初报．广西植保，2015，28（1）：28-31.

刘忠，梁梓，黄娇，等．乐山市生物入侵现状与防治对策探讨．乐山师范学院学报，2009，24（12）：22-24.

龙茹，史风玉，孟宪东，等．河北省外来入侵植物的调查分析．北方园艺，2008，（7）：171-173.

龙永彬．5种外来入侵植物在广东省的分布．河北农业科学，2009，13（5）：84-85.

卢昌义，张明强．外来入侵植物猫爪藤概述．杂草科学，2003，（4）：46-48.

卢少飞，刘胜祥，方元平．星斗山国家级自然保护区外来入侵植物初步研究．黄冈师范学院学报，2005，25（3）：48-52.

陆秀君，董立新，李瑞军，等．黄顶菊种子传播途径及定植能力初步探讨．江苏农业科学，2009，（3）：140-141.

芦站根．小花山桃草入侵河北衡水．杂草科学，2009，（4）：73-74.

芦站根．衡水湖不同生境黄顶菊对绿豆种子化感作用研究．衡水学院学报，2010，12（1）：60-62，128.

芦站根，崔兴国，蒋文静．衡水湖黄顶菊的入侵情况的初步调查研究．衡水学院学报，2006，8（1）：69-71.

芦站根，周文杰．外来植物黄顶菊潜在危险性评估及防除对策．杂草科学，2006，（4）：4-5+53.

鲁萍，赵娜，李景欣，等．黑龙江省外来入侵植物分布格局及其影响因素．植物分类与资源学报，2012，34（4）：367-375.

路瑞锁，宋豫秦．云贵高原湖泊的生物入侵原因探讨．环境保护，2003，（8）：35-37.

栾晓睿，周子程，刘晓，等．陕西省外来植物初步研究．生态科学，2016，35（4）：179-191.

罗明永．福建主要外来入侵植物的初步调查研究．福建林业科技，2008，35（2）：167-170.

罗文启，符少怀，杨小波，等．海南岛入侵植物的分布特点及其对本地植物的影响．植物生态学报，2015，39（5）：486-500.

罗艳，刘爱华．青岛外来入侵植物的初步研究．山东科学，2008，21（4）：19-23.

吕林有，赵艳，王海新，等．刈割对入侵植物少花蒺藜草再生生长及繁殖特性的影响．草业科学，2011，28（1）：100-104.

吕玉峰，付岚，张劲林，等．苋属入侵植物在北京的分布状况及风险评估．北京农学院学报，2015，32（2）：20-23.

马丹炜，于树华，毛汝兵．四川农田维管植物杂草分布区类型初探．四川师范大学学报（自然科学版），2009，32（1）：93-97.

马德英，柴燕，玉山江·吐尼亚孜，等．新疆农田寄生杂草菟丝子种子检疫鉴别特征．新疆农业科学，2007，44（4）：429-433.

马多，和太平，郑羡．梧州市外来入侵植物调查研究．广西林业科学，2012，41（2）：155-158.

马金双．中国入侵植物名录．北京：高等教育出版社，2013.

马世军，王建军．历山自然保护区外来入侵植物研究．山西大学学报（自然科学版），2011，34（4）：662-666.

马柱芳，谷芸．云南省德宏州外来入侵生物调查与防控对策初探．农业环境与发展，2011，28（1）：68-70.

毛润乾，杨伟成，韩诗畴，等．柑桔园新入侵性杂草——假臭草．中国南方果树，2008，37（5）：27-29.

梅笑漫，丁炳扬，金孝锋．杭州西湖风景区外来杂草的调查研究．广西植物，2009，29（1）：125-131.

孟兴，王静，张蕴涵，等．四川口岸外来杂草的调查与监测．植物检疫，2015，29（1）：52-56.

孟秀祥，冯金朝，周宜君，等．四川西南紫茎泽兰（*Eupatorium adenophorum*）入侵生境因子分析．中央民族大学学报（自然科学版），2003，12（4）：293-300.

苗雪鹏，李学东．京津冀地区外来归化植物新资料．首都师范大学学报（自然科学版），2016，37（3）：47-50.

缪崇崇，郭忠海，金圣塔，等．浙江温州加拿大一枝黄花入侵群落的季节性变化研究．亚热带植物科学，2011，40（2）：50-54.

缪丽华，陈博君，季梦成，等．西溪湿地外来植物及其风险管理．湿地科学与管理，2011，7（2）：49-54.

缪绅裕，李冬梅．广东外来入侵物种的生态危害与防治对策．广州大学学报（自然科学版），2003，2（5）：414-418.

莫南．德宏州齿裂大戟发生情况调查．德宏师范高等专科学校学报，2014，23（2）：100-101+96.

莫南，王根权，赵剑锋．微甘菊在云南省德宏州的发生及防治措施．植物检疫，2007，21（5）：321-321.

莫训强，孟伟庆，李洪远．天津 3 种外来植物新记录——长芒苋、瘤梗甘薯和钻叶紫菀．天津师范大学学报（自然科学版），2017，37（2）：36-38+56.

南康武，吴庆玲，胡仁勇，等．温州裂叶月见草入侵群落和土壤种子库种类组成的季节动态．热带亚热带植物学报，2009，17（6）：535-542.

宁昭玉，胡树泉，魏远竹，等．福建外来物种入侵现状及对经济社会和生态的影响．华东昆虫学报，2007，16（4）：304-309.

牛成峰，郑长英，迟胜起．危险性外来入侵植物——黄顶菊在山东省的发生与分布．青岛农业大学学报（自然科学版），2010，27（3）：224-227.

牛玉璐，李建明．衡水市农作区外来入侵植物调查研究．湖北农业科学，2010，49（4）：881-883.

欧健，卢昌义．厦门市外来物种入侵现状及其风险评价指标体系．生态学杂志，2006a，25（10）：1240-1244.

欧健，卢昌义．厦门市外来植物入侵风险评价指标体系的研究．厦门大学学报（自然科学版），2006b，45（6）：883-888.

潘怀剑，田家怡．山东省的外来有害植物．植物检疫，2001，15（4）：245-246.

庞立东，阿马努拉·依明尼亚孜，刘桂香．内蒙古自治区外来入侵植物的问题与对策．草业科学，2015，32（12）：2037-2046.

裴鉴．江苏南部种子植物手册．北京：科学出版社．1959.

彭程，宿敏，周伟磊，等．北京地区外来植物组成特征及入侵植物分布．北京林业大学学报，2010，32（S1）：29-35.

彭海燕，高关平．福州市常见外来入侵植物种类与防治对策．现代农业科技，2013，（12）：129.

彭华，龚洵，李璐．中国禾草一新归化属——皱稃草属．云南植物研究，2000，22（2）：169-172.

彭友林，王云，周国庆，等．洞庭湖区外来有害植物种类、分布及危害的研究．安徽农业科学，2008，36（3）：1114-1116.

彭友林，王朝晖，王云，等．常德市外来有害植物种类、分布及危害的研究．湖北农业科学，2009，48（8）：1906-1909.

彭兆普，刘勇，周忠实，等．湖南主要农林外来入侵生物及其防控措施．湖南农业科学，2008，（3）：104-107.

彭宗波，王春燕，蒋英，等．海南岛外来植物入侵现状及防控策略研究．热带农业科学，2013，（4）：52-57.

平海涛．衡水学院校园植物种类调查．衡水学院学报，2010，12（4）：58-61.

齐淑艳，昌恩梓，江丕文，等．吉林 1 种新记录入侵植物——粗毛牛膝菊．广东农业科学，2012，39（23）：178-182.

齐淑艳，徐文铎．辽宁外来入侵植物种类组成与分布特征的研究．辽宁林业科技，2006，（3）：11-15.

齐淑艳，徐文铎．外来入侵植物粗毛牛膝菊在辽宁地区的新发现．辽宁林业科技，2008，（4）：20-21.

齐淑艳，徐文铎，文言．外来入侵植物牛膝菊种群构件生物量结构．应用生态学报，2006，17（12）：2283-2286.

祁云枝，杜勇军，张莹．西安地区外来入侵植物的调查研究．中国农学通报，2010，26（5）：223-227.

乔建国，孟红，马玉红．石家庄市园林生物入侵现状与防治对策．河北林业科技，2010，（4）：58-60.

秦大唐，蔡博峰．北京地区生物入侵风险分析．环境保护，2004，（1）：44-47.

秦卫华，王智，蒋明康．互花米草对长江口两个湿地自然保护区的入侵．杂草科学，2004，（4）：15-16.

秦卫华，王智，徐网谷，等．海南省 3 个国家级自然保护区外来入侵植物的调查和分析．植物资源与环境学报，2008，17（2）：44-49.

秦卫华，余水评，蒋明康，等．上海市国家级自然保护区外来入侵植物调查研究．杂草科学，2007，（1）：29-33.

秦新生，张荣京，陈红锋，等．海南岛石灰岩地区的外来植物．生态学杂志，2008，27（11）：1861-1868.

卿贵华，王甸洪，席俊林．紫茎泽兰的危害现状及其防治措施．西昌农业高等专科学校学报，2003，17（3）：78-81.

邱东萍，黄道城，庄文宋．揭阳市 4 种严重危害性外来入侵植物分析．江西农业学报，2007，19（11）：36-37.

邱娟，地里努尔·沙里木，谭敦炎．入侵植物黄花刺茄在新疆不同生境中的繁殖特性．生物多样性，2013，21（5）：590-600.

邱罗，杨志高，陈伟，等．广州薇甘菊潜在空间分布预测分析．中南林业科技大学学报，2010，30（5）：128-133.

邱庆军，朱朝华，占胜利．海南岛外来有害生物的入侵状况及防控．广西热带农业，2007，（4）：46-48.

曲波．沈阳地区外来入侵有害植物的调查．辽宁农业科学，2003，（4）：29-31.

曲波，吕国忠，杨红，等．辽宁省外来入侵有害植物初报．辽宁农业科学，2006a，（4）：22-25.

曲波，吕国忠，杨红，等．辽宁省外来入侵有害生物——杂草调查．沈阳农业大学学报，2006b，37（4）：587-592.

曲波，张微，翟强，等．辽宁省外来入侵有害生物特征初步分析．草业科学，2010，27（9）：38-44.

曲波，祝明炜，杨红，等．辽宁省刺萼龙葵入侵区和未入侵区土壤真菌多样性研究．草业学报，2011，20（3）：298-303.

曲红，路端正，王百田．河北植物新增补属、种与入侵物种新分布．河北林果研究，2007，22（3）：257-258.

曲同宝，孟繁勇，王豫．长春地区入侵植物种类组成及区系分析．生态学杂志，2015，34（4）：907-911.

任明迅，张全国，张大勇．入侵植物凤眼蓝繁育系统在中国境内的地理变异．植物生态学报，2004，28（6）：753-760.

任颖，何萍，侯利萍．海河流域河流滨岸带入侵植物等级与分布特征．环境科学研究，2015，28（9）：1430-1438.

阮少江．闽东外来生物入侵的初步研究．宁德师专学报（自然科学版），2002，14（3）：196-198.

单家林．海南岛种子植物分布新记录．福建林业科技，2009，36（3）：256-259.

单家林，杨逢春，郑学勤．海南岛的外来植物．亚热带植物科学，2006，35（3）：39-44.

尚斌．天水外来入侵植物的调查．甘肃科技纵横，2012，41（5）：84-85.

上海科学院．上海植物志（上卷）．上海：上海科学技术文献出版社．1999.

商明清，常兆芝．山东省大米草发生现状．植物检疫，2004，18（6）：342-344.

商显坤，韦德卫，周兴华，等．广西4种外来入侵植物提取物对烟蚜的生物活性．广西农业科学，2008，39（6）：763-766.

邵秀玲，梁成珠，魏晓棠，等．警惕一种外来有害杂草刺果藤．植物检疫，2006，20（5）：303-305.

邵志芳，赵厚本，邱少松，等．深圳市主要外来入侵植物调查及治理状况．生态环境，2006，15（3）：587-593.

申敬民，李茂，侯娜，等．贵州外来植物研究．种子，2010，29（6）：52-56.

申时才，Andrew W，David M．滇西北高山牧场入侵物种土大黄生态学调查．西南林学院学报，2006，26（3）：11-14.

申时才，张付斗，徐高峰，等．云南外来入侵农田杂草发生与危害特点．西南农业学报，2012，25（2）：554-561.

沈利峰，王韬，刘晔，等．怒江流域外来入侵植物的分布及其影响因素．公路交通科技（应用技术版），2013，（5）：289-293.

沈体忠，高汉红，彭哲君，等．天门市外来杂草现状和影响及其防控对策．河北农业科学，2008，12（2）：120-122.

沈脂红．水盾草一新入侵的外来种．植物杂志，2000，（2）：38-39.

石登红，李灿．贵阳市两湖一库生态功能区植物入侵情况及防范措施．贵州农业科学，2011，39（3）：94-98.

石洪山，曹伟，高燕，等．东北草地外来入侵植物现状与防治策略．草业科学，2016，33（12）：2485-2493.

石亮成，石钢，易巧玲，等．柳州市外来入侵植物调查及防除对策研究．广西科学院学报，2009，25（3）：178-182.

石胜璋，田茂洁，刘玉成．重庆外来入侵植物调查研究．西南师范大学学报（自然科学版），2004，29（5）：863-866.

石瑛，谢树莲，王惠玲．山西外来入侵植物的研究．天津师范大学学报（自然科学版），2006，26（4）：23-27.

施晓东，韩利红，袁明坤，等．曲靖师范学院校园种子植物名录及植物配置合理性的分析．曲靖师范学院学报，2008，27（3）：18-25.

寿海洋，闫小玲，叶康，等．江苏省外来入侵植物的初步研究．植物分类与资源学报，2014，36（6）：793-807.

舒美英，蔡建国，方宝生．杭州西溪湿地外来入侵植物现状与防治对策．浙江林学院学报，2009，26（5）：755-761.

宋楠，宋亚团，王仁卿，等．山东省农业外来植物入侵现状及防治对策分析．山东科学，2006，19（3）：15-21.

宋小玲，曹飞，何云核，等．广东省鼎湖山国家级自然保护区外来入侵植物调查．浙江林学院学报，2009，26（4）：538-543.

宋珍珍，谭敦炎，周桂玲．入侵植物黄花刺茄（*Solanum rostratum* Dunal.）在新疆的分布及其群落特点．干旱区研究，2013，30（1）：129-134.

宋珍珍，刘同业，谭敦炎，等．两种入侵植物对新疆当地物种多样性的影响．新疆农业科学，2012a，49（11）：2120-2126.

宋珍珍，谭敦炎，周桂玲．入侵植物刺苍耳在新疆的分布及其群落特征．西北植物学报，2012b，32（7）：1448-1453.

苏丽涛，马立军．以档案信息为依据编研长白山区外来入侵植物．通化师范学院学报，2009，30（8）：45-47.

苏亚拉图，金凤，哈斯巴根．内蒙古外来入侵植物的初步研究．内蒙古师范大学学报（自然科学版），2007，36

（4）：480-483.

孙仓，王志明，图力古尔，等.吉林省外来入侵生物的危害及防治对策.吉林农业大学学报，2007，29（4）：384-388.

孙冬.危险性杂草银胶菊在山东的发生危害及防除.植物检疫，2010，24（2）：61-62.

孙峰林.中国大陆新归化茜草科植物—雪亚迪草.仙湖，2014，13（3-4）：17-18.

孙娟，杨国锋，陈玉成，等.金佛山自然保护区外来入侵植物种及其分布情况.草业学报，2009，18（3）：34-42.

孙庆文，何顺志，杨亮，等.蒙古苍耳正在贵州及东南省区迅速蔓延.中国野生植物资源，2010a，29（5）：21-22.

孙庆文，何顺志，杨相波.2种外来新纪录物种入侵贵州的状况及防治对策.贵州农业科学，2010b，38（3）：90-92.

孙卫邦，向其柏.谈生物入侵与外来观赏植物的引种利用.中国园林，2004，20（9）：54-56.

孙小燕，丁洪.水葫芦的综合利用与防治技术.农业环境与发展，2004，（5）：35-36+38.

孙英华，吕林有，赵艳.少花蒺藜草入侵风险评估及其防控策略.安徽农业科学，2011，（8）：4580-4581.

汤东生，刘萍，傅杨.中国发现新的检疫性杂草宽叶酢浆草.中国农学通报，2013，29（9）：172-177.

唐川江，周俗.紫茎泽兰防治与利用研究概况.四川草原，2003，（6）：7-10.

唐赛春，吕仕洪，何成新，等.外来入侵植物银胶菊在广西的分布与危害.广西植物，2008a，28（2）：197-200.

唐赛春，吕仕洪，何成新，等.广西的外来入侵植物.广西植物，2008b，28（6）：775-779.

唐赛春，韦春强，潘玉梅，等.入侵植物银胶菊对不同氮、磷水平的繁殖适应性.武汉植物学研究，2010a，28（2）：213-217.

唐赛春，韦春强，莫科，等.银胶菊在不同入侵生境中的繁殖特征.中山大学学报（自然科学版），2010b，（1）：90-94.

唐樱殷，沈有信.云南南部和中部地区公路旁紫茎泽兰土壤种子库分布格局.生态学报，2011，31（12）：3368-3375.

陶川.思茅园艺植物中的外来入侵种.思茅师范高等专科学校学报，2006，22（3）：4-5.

陶川.云南普洱外来入侵植物的初步调查.思茅师范高等专科学校学报，2012，28（6）：1-5.

陶永祥，赵建伟，王兰新，等.西双版纳自然保护区外来入侵植物现状调查.山东林业科技，2017，47（1）：58-61.

滕永青.金佛山自然保护区外来植物调查研究.重庆：西南大学硕士学位论文.2008.

田朝阳，李景照，徐景文，等.河南外来入侵植物及防除研究.河南农业科学，2005，（1）：31-34.

田家怡，吕传笑.入侵山东的外来有害生物种类与地理分布.滨州师专学报，2004，20（4）：42-46.

田陌，张峰，王璐，等.入侵物种粗毛牛膝菊（Galinsoga quadriradiata）在秦岭地区的生态适应性.陕西师范大学学报（自然科学版），2011，39（5）：71-75.

童庆宣，池敏杰.蒜味草（商陆科）——中国一新归化植物.热带亚热带植物学报，2013，21（5）：423-425.

屠玉麟.生物入侵——贵州的外来有害植物.贵州环保科技，2002，8（4）：1-4.

万方浩，郭建英，王德辉.中国外来入侵生物的危害与管理对策.生物多样性，2002，10（1）：119-125.

万方浩，刘全儒，谢明等.生物入侵：中国外来入侵植物图鉴.北京：科学出版社.2012.

王伯荪，王勇军，廖文波，等.外来杂草薇甘菊的入侵生态及其治理.北京：科学出版社.2004.

王发国，邢福武，叶华谷，等.澳门的外来入侵植物.中山大学学报（自然科学版），2004，43（S1）：105-110.

王芳，王瑞江，庄平弟，等.广东外来入侵植物现状和防治策略.生态学杂志，2009，28（10）：2088-2093.

王虹扬，何春光，盛连喜.吉林省生物入侵的现状及对策.安全与环境学报，2004，4（5）：60-63.

王焕冲，万玉华，王崇云，等.云南种子植物中的新入侵和新分布种.云南植物研究，2010，32（3）：227-229.

王惠惠，刘晶岚，张容，等.北京外来入侵植物研究.农学学报，2014，4（6）：49-52.

王俊峰，冯玉龙.光强对两种入侵植物生物量分配、叶片形态和相对生长速率的影响.植物生态学报，2004，28（6）：781-786.

王俊峰，冯玉龙，李志.飞机草和兰花菊三七光合作用对生长光强的适应.植物生理与分子生物学学报，2003，（6）：542-548.

王俊峰，冯玉龙，梁红柱.紫茎泽兰光合特性对生长环境光强的适应.应用生态学报，2004，15（8）：1373-1377.

王坤芳，张晓华，王文成，等.辽宁省草原入侵植物少花蒺藜草危害与防治调查.现代畜牧兽医，2013，（12）：49-54.

王连东，李东军.山东两种外来入侵种——刺果藤和剑叶金鸡菊.山东林业科技,2007,(4):39.

王列富,陈元胜.农业生产中外来物种入侵的危害及防治.河南农业科学,2009,(8):101-104.

王嫩仙.杭州市外来入侵植物初步研究.林业调查规划,2008,33(4):125-128.

王宁.江西省外来入侵植物入侵性与克隆性研究.井冈山大学学报(自然科学版),2010,31(2):108-112.

王青,李艳,陈辰.中国马鞭草属的新纪录——长苞马鞭草.植物学通报,2005,22(1):32-34.

王卿.互花米草在上海崇明东滩的入侵历史、分布现状和扩张趋势的预测.长江流域资源与环境,2011,20(6):690-696.

王清隆,邓云飞,王祝年,等.中国大戟科一新归化种——硬毛巴豆.热带亚热带植物学报,2012,20(1):58-62.

王秋实,汪远,闫小玲,等.假刺苋——中国大陆一新归化种.热带亚热带植物学报,2015,23(3):284-288.

王四海,孙卫邦,成晓.逃逸外来植物肿柄菊在云南的生长繁殖特性、地理分布现状及群落特征.生态学报,2004,24(3):444-449.

王苏铭,张楠,于琳倩,等.北京地区外来入侵植物分布特征及其影响因素.生态学报,2012,32(15):4618-4629.

王巍,韩志松.外来入侵生物——少花蒺藜草在辽宁地区的危害与分布.草业科学,2005,22(7):63-64.

王伟,张先敏,沙林华,等.海南岛外来入侵危险性动植物名录(一).热带农业科学,2007,27(4):58-64.

王晓辉,徐会,孙世群.安徽省"加拿大一枝黄花"生物疫情防控机制研究.合肥工业大学学报(社会科学版),2009,23(1):151-155.

王艳,成志荣.曲靖市外来入侵生物的分布、危害及防治对策.云南农业科技,2012(S1):233-235.

王勇军,昝启杰,王彰九,等.入侵杂草薇甘菊的化学防除.生态科学,2003,22(1):58-62.

王元军.南四湖湿地外来入侵植物.植物学报,2010,45(2):212-219.

王增琪,高均昭.河南高速公路中的外来入侵植物调查.中国水土保持,2012,(12):47-49.

王樟华,严靖,闫小玲,等.中国菊科一新归化植物——白花金钮扣(英文).热带亚热带植物学报,2015,23(6):643-646.

王智晨,张亦默,潘晓云,等.冬季火烧与收割对互花米草地上部分生长与繁殖的影响.生物多样性,2006,14(4):275-283.

王忠,董仕勇,罗燕燕,等.广州外来入侵植物.热带亚热带植物学报,2008,16(1):29-38.

汪小飞,程轶宏,赵昌恒,等.黄山市外来入侵植物分析.江苏林业科技,2007,34(6):23-27.

汪远,李惠茹,马金双.上海外来植物及其入侵等级划分.植物分类与资源学报,2015,37(2):185-202.

韦春强,刘明超,唐赛春,等.广西岩溶石山飞机草种群的繁殖特征.热带亚热带植物学报,2011,19(4):333-338.

韦春强,潘玉梅,唐赛春,等.入侵植物薇甘菊入侵广西壮族自治区的风险评估.杂草科学,2015,33(1):32-37.

韦春强,赵志国,丁莉,等.广西新记录入侵植物.广西植物,2013,33(2):275-278.

韦美玉,刘丽萍,文治瑞.贵州黔南地区外来植物逸生及危害调查.贵州农业科学,2006,34(2):35-38.

韦原莲,叶铎,温远光,等.广西十万大山自然保护区外来入侵植物研究.林业科技开发,2006,20(6):23-26.

吴桂容.广西外来入侵植物的初步研究.广西梧州师范高等专科学校学报,2006,22(2):96-100.

吴海荣,胡学难,胡佳,等.广州野生加拿大一枝黄花的鉴定.植物检疫,2010a,24(2):19-20.

吴海荣,胡学难,强胜,等.广州地区胜红蓟物候学观察与调查研究.杂草科学,2010b,(3):18-21.

吴海荣,强胜.南京市秋季外来杂草定量调查研究.生物多样性,2003,11(5):432-438.

吴海荣,强胜,林金成.南京市春季外来杂草调查及生态位研究.西北植物学报,2004,24(11):2061-2068.

吴虹玥,包维楷,王安.外来物种水葫芦的生态环境效应.世界科技研究与发展,2004,26(2):25-29.

吴杰,覃铭,曾晓华,等.北京师范大学珠海分校校园高等植物资源调查.北京师范大学学报(自然科学版),2012,48(2):188-194.

吴杰,覃铭,廖京城,等.北京师范大学珠海分校外来入侵植物的初步研究.荆楚理工学院学报,2011,26(7):14-17.

吴林芳,梁永勤,陈康,等.金钟藤在海南的危害与防治.广东林业科技,2007,23(1):83-86.

吴孟科,胡晓惠.海南林业外来有害生物入侵现状及防控对策.热带林业,2007,35(1):40-42.

吴庆玲,夏晓岚,叶静,等.温州三垟湿地植物多样性及健康性评价.浙江大学学报(农业与生命科学版),2012,38(4):421-428.

吴儒华，李福阳．防城金花茶自然保护区外来入侵物种调查．绿色科技，2012，（11）：47-49.

吴彤，李俊祥，戴洁，等．山东省外来植物的区系特征及空间分布．生态学杂志，2007，26（4）：489-494.

吴彤，孟陈，戴洁，等．山东外来植物的危害及生态特征．山东师范大学学报（自然科学版），2006，21（4）：105-109.

吴晓姝，王丽霞，曲波．辽宁省主要自然保护区外来入侵植物的调查分析．环境保护与循环经济，2010，（3）：71-75.

吴秀臣，芦建国．南京城区绿地的外来入侵植物．江苏农业科学，2015，43（9）：169-172.

吴岩，鲁萍，孙彦坤，等．镜泊湖国家公园地区公路两侧豚草分布格局研究．东北农业大学学报，2013，44（5）：61-65.

吴彦琼，胡玉佳，陈江宁．外来植物南美蟛蜞菊的繁殖特性．中山大学学报（自然科学版），2005，44（6）：93-96.

吴永华．兰阳平原外来归化植物之入侵研究．台湾：国立宜兰大学自然资源学系．2006.

吴志红．广西外来危险性有害生物的侵入及对策．植物检疫，2003，17（2）：105-108.

武菊英，王庆海，孙振元，等．物理和化学方法对五叶地锦的防控作用．林业科学研究，2004，17（2）：237-240.

向国红，王云，彭友林．洞庭湖区外来物种苋属植物的种类、分布及危害调查．贵州农业科学，2010a，38（7）：103-106.

向国红，王云，彭友林．洞庭湖区外来苋属植物种类、分布及危害研究．杂草科学，2010b，（2）：33-35.

向俊，李翠妮，刘全儒，等．北京外来入侵植物刺萼龙葵的生态状况．生态学杂志，2011，30（3）：453-458.

向言词，彭少麟，任海，等．植物外来种的生态风险评估和管理．生态学杂志，2002a，21（5）：40-48.

向言词，彭少麟，周厚诚，等．外来种对生物多样性的影响及其控制．广西植物，2002b，22（5）：425-432.

项卫东，张亚梅．外来入侵种空心莲子草的RAPD遗传多样性分析．南京林业大学学报（自然科学版），2004，28（6）：35-38.

肖素荣，赵玉芹，左守林，等．山东省外来种子植物研究初报．山东科学，2003，16（4）：25-30.

肖正清，周冠华，权文婷．恶性外来入侵植物紫茎泽兰在云南的分布格局．自然灾害学报，2009，18（5）：82-87.

谢国雄，徐正浩，陈为民，等．杭州地区外来有害植物的入侵扩散途径·危害及防治对策．农业灾害研究，2012，2（3）：37-41+51.

谢红艳，龚玉子，左家哺．南岳自然保护区外来入侵植物的初步研究．湖南林业科技，2007，34（2）：22-24.

谢红艳，黄胜，左家哺，等．衡阳市外来入侵植物调查．湖南林业科技，2011，38（2）：51-54.

谢红艳，张雪芹．湖南省外来入侵植物研究．现代农业科技，2012，（5）：178-179+181.

谢红艳，左家哺．南岳外来有害植物红花酢浆草的入侵风险评价．中南林业调查规划，2007，26（3）：54-57.

谢世学．水花生在安康地区发生危害特点及防治．陕西农业科学，2011，57（3）：135-137.

谢云珍，王玉兵，谭伟福．广西外来入侵植物．热带亚热带植物学报，2007，15（2）：160-167.

解焱．生物入侵与中国生态安全．石家庄：河北科学技术出版社．2008.

熊兴旺．江西省外来入侵物种影响及防范对策初探．科技广场，2013，（7）：31-34.

徐成东，董晓东，陆树刚．红河流域的外来入侵植物．生态学杂志，2006，25（2）：194-200.

徐成东，陆树刚．云南的外来入侵植物．广西植物，2006，26（3）：227-234.

徐慈根．动植物入侵者——外来物种．生物学教学，1999，24（5）：41-42.

徐广平，张德楠，黄玉清，等．桂林会仙岩溶湿地入侵植物水葫芦营养成分及微量元素分析．广东微量元素科学，2012，19（5）：45-50.

徐国伟．加拿大一枝黄花在安徽省的入侵现状、机理及对策．宿州学院学报，2006，（3）：138-140+96.

徐海根，强胜．中国外来入侵生物．北京：科学出版社．2011.

徐海根，强胜．中国外来入侵物种编目．北京：中国环境科学出版社．2004.

徐军，李青丰，王树彦．光梗蒺藜草在内蒙古的入侵现状．杂草科学，2012，30（1）：26-30.

徐亮，陈功锡，张代贵，等．湘西地区外来入侵植物调查．吉首大学学报（自然科学版），2009，30（1）：98-103.

徐绍清，徐永江，金水虎，等．浙江省玄参科归化新记录——凯氏草属．防护林科技，2015，（1）：50-51+127.

徐声杰，李伟雄．木质藤本植物——金钟藤的防除方法．广东林业科技，1994，（1）：46+50.

徐颖，郑炜，施英利，等．宁波口岸外来杂草的调查研究．植物检疫，2014，28（4）：70-73.

徐永福，喻勋林．田茜（茜草科）——中国大陆新归化植物．植物科学学报，2014，32（5）：450-452.

许桂芳，简在友．河南新乡外来植物分布动态调查及其危害性评估．植物保护，2011，37（2）：127-132.

许桂芳，刘明久，李雨雷．紫茉莉入侵特性及其入侵风险评估．西北植物学报，2008，28（4）：765-770.

许瑾．外来入侵种光荚含羞草在我国的分布及防控．杂草科学，2014，32（2）：41-43.

许凯扬，叶万辉，段学武，等．Peg 诱导水分胁迫下喜旱莲子草的生理适应性．浙江大学学报（农业与生命科学版），2004，30（3）：271-277.

许凯扬，叶万辉，李国民，等．入侵种喜旱莲子草对光照强度的表型可塑性反应．武汉植物学研究，2005a，23（6）：560-563.

许凯扬，叶万辉，李静，等．入侵种喜旱莲子草对土壤水分的表型可塑性反应．华中师范大学学报（自然科学版），2005b，39（1）：100-103.

许凯扬，叶万辉，李静，等．入侵种喜旱莲子草对土壤养分的表型可塑性反应．生态环境，2005c，14（5）：723-726.

许敏，扎西次仁．青藏高原一新归化种．广西植物，2015，35（4）：554-555.

许美玲，谢恭莉，彭建松．云南普洱市湿地植物调查研究．安徽农业科学，2014，42（5）：1486-1488.

许再文，曾彦学．台湾新归化的茄科有害植物——银叶茄．特有生物研究，2003，5（1）：49-51.

许再文，蒋镇宇，彭镜毅．台湾十字花科的新归化植物——南美独行菜．特有生物研究，2005，7（1）：89-94.

许志东，丁国华，刘保东，等．假苍耳的地理分布及潜在适生区预测．草业学报，2012，21（3）：75-83.

许珠华．福建治理互花米草试验研究．海洋环境科学，2010，29（5）：767-769.

闫淑君，洪伟，吴承祯．生物入侵对福建生态安全的影响．福建林学院学报，2006，26（3）：275-280.

闫小玲，寿海洋，马金双．浙江省外来入侵植物研究．植物分类与资源学报，2014，36（1）：77-78.

严辉，郭盛，段金廒，等．江苏地区外来入侵植物及其资源化利用现状与应对策略．中国现代中药，2014，（12）：961-970+984.

严桧，杨柳，邓洪平，等．重庆市北碚区入侵植物风险评估．西南师范大学学报，2016，41（3）：76-80.

严靖，闫小玲，马金双，等．中国外来入侵植物彩色图鉴．上海：上海科学技术出版社．2016

严靖，闫小玲，王樟华，等．安徽省 5 种外来植物新记录．植物资源与环境学报，2015，24（3）：109-111.

严岳鸿，何祖霞，佘书生，等．香港东北角吉澳群岛入侵植物调查．植物研究，2005，25（2）：242-248.

严岳鸿，邢福武，黄向旭，等．深圳的外来植物．广西植物，2004，24（3）：232-238.

杨波，汪玉静，刘在哲，等．济南外来入侵植物三裂叶豚草的危害与防治．山东林业科技，2012，（2）：84+112.

杨德，刘光华，肖长明，等．重庆市农业入侵植物的现状与防治．江西农业学报，2011，23（3）：93-95.

杨飞，林雁，鲍维巨，等．舟山市加拿大一枝黄花的入侵现状及防治对策探讨．安徽农业科学，2011，39（8）：4587-4588.

杨凤辉，马涛，陈家宽，等．上海黄浦江凤眼莲灾害的发生机理及控制对策初探．复旦学报（自然科学版），2002，41（6）：599-603.

杨焙妤．文山州主要外来入侵生物现状及防控对策．云南农业科技，2012，（S1）：237-241.

杨红．邛海湿地外来入侵物种现状调查及对邛海湿地的影响．绵阳师范学院学报，2009，28（11）：58-62.

杨坚，陈恒彬．福建外来入侵植物初步研究．亚热带植物科学，2009，38（3）：47-52.

杨景成，王光美，姜闯道，等．城市化影响下北京市外来入侵植物特征及其分布．生态环境学报，2009，18（5）：1857-1862.

杨娟，葛剑平，钟章成．爆发型种群铜锤草的数量动态研究．北京师范大学学报（自然科学版），2002，38（5）：685-691.

杨娟，葛剑平，钟章成．爆发型种群铜锤草的生态适应机制初探．北京师范大学学报（自然科学版），2004，40（3）：369-374.

杨娟，钟章成．爆发型种群铜锤草增长的密度调节．生态学杂志，2004，23（6）：1-5.

杨丽，邓洪平，韩敏，等．入侵植物对重庆生态环境的风险分析评价．西南师范大学学报（自然科学版），2008，（1）：72-76.

杨柳，齐雪丹，邓洪平，等．重庆市北碚区入侵植物现状及防治对策研究．西南师范大学学报（自然科学版），2015，40（11）：31-35.

杨期和，叶万辉，邓雄，等．我国外来植物入侵的特点及入侵的危害．生态科学，2002，21（3）：269-274.

杨宜津．台湾主要归化植物之风险评估．花莲：慈济大学生命科学研究所硕士论文．2008.

杨忠兴，陶晶，郑进烜. 云南湿地外来入侵植物特征研究. 西部林业科学，2014，43（1）：54-61.

杨子林. 滇西南蔗区新有害生物——阔叶丰花草. 中国糖料，2009，（4）：41-43.

姚发兴. 湖北省黄石市外来入侵植物的调查与研究. 湖北师范学院学报（自然科学版），2011，31（4）：10-14.

叶铎，李先琨，温远光，等. 广西十万大山自然保护区外来植物的初步研究. 广西农业生物科学，2008，27（4）：445-450.

叶彦，叶国梁，陈柏健，等. 香港水生植物图鉴. 鱼农自然护理署，2015，34-35.

衣艳君，李修善，强胜. 对山东省外来杂草的初步研究. 国土与自然资源研究，2005，（3）：87-89.

易建平，印丽萍，李大春，等. 四川乐山地区紫茎泽兰的入侵定殖和风险评估. 植物检疫，2003，17（6）：333-336.

印丽萍，钱天荣，沈国辉，等. 外来入侵植物对上海生物安全的影响及防范. 上海农业学报，2004，20（4）：102-104.

印丽萍. 绿色的入侵者——加拿大一枝黄花. 植物检疫，2003，17（B09）：8-10.

殷祚云，李小川，何立平，等. 薇甘菊生态防除研究初报. 广东林业科技，2003，19（4）：17-22.

游翔，潘捷. 长沙市加拿大一枝黄花的入侵现状及其防治对策探讨. 中南林业调查规划，2010，（1）：18-20.

于飞，吴海荣，鲁勇干，等. 稔平半岛外来杂草入侵现状及防控措施. 杂草科学，2012，30（2）：11-14.

于明坚，丁炳扬，俞建，等. 水盾草入侵群落及其生境特征研究. 植物生态学报，2004，28（2）：231-239.

于祥，田家怡，李建庆，孙景宽. 黄河三角洲外来入侵物种米草的分布面积与扩展速度. 海洋环境科学，2009，28（6）：684-686+709.

于晓梅，杨逢建. 薇甘菊在深圳湾的入侵路线及其生态特征. 东北林业大学学报，2011，39（2）：51-52.

于兴军，于丹，马克平. 不同生境条件下紫茎泽兰化感作用的变化与入侵力关系的研究. 植物生态学报，2004，28（6）：773-780.

于永浩，高旭渊，曾宪儒，等. 广西及越南农业外来有害生物入侵现状. 生物安全学报，2016，25（3）：171-180.

余顺慧，邓洪平. 重庆市万州区入侵植物区系特征与成灾机制研究. 西南师范大学学报（自然科学版），2011a，36（5）：130-133.

余顺慧，邓洪平. 万州区外来入侵植物的种类与分布. 贵州农业科学，2011b，39（2）：76-79.

俞建，丁炳扬，于明坚，等. 水盾草入侵沉水植物群落的季节动态. 生态学报，2004，24（10）：2149-2156.

喻大昭，李儒海，褚世海，等. 湖北省外来入侵生物及其与社会经济活动的关系. 生物安全学报，2011，20（1）：56-63.

喻勋林，刘克明，谷志容. 湖南省新记录植物（Ⅱ）. 中南林业科技大学学报，2007，27（3）：66-69.

袁连奇，张利权. 调控淹水对互花米草生理影响的研究. 海洋与湖沼，2010，41（2）：175-179.

袁秋英，谢玉贞，蒋慕琰. 台湾本土与外来近缘植物之鉴定与族群探讨. 台湾地区植物资源之多样性发展研讨会. 行政院农业委员会花莲区农业改良场兰阳分场，1994，89-101.

袁晹晹. 贵州草海湿地水花生疯长危害及控制对策. 农技服务，2010，（5）：598-599.

袁颖，王志民. 四川省凉山州主要外来入侵杂草种类及危害. 科技信息，2006，（12）：223.

岳茂峰，樊蓓莉，田兴山，等. 广东省农业生态系统外来入侵植物的种类调查与危害评估. 生物安全学报，2011，20（2）：141-146.

岳强，李瑞军，陆秀君，等. 保定地区田间黄顶菊种群发生动态及防除适期研究. 江苏农业科学，2010，（3）：162-163+169..

云南省畜牧局. 云南草地常见植物. 昆明：云南科技出版社. 1991.

臧敏，邱筱兰，黄立发，等. 安徽省外来植物研究. 安徽农业科学，2006，34（20）：5306-5308.

曾宋君，曾惊，郑雪萍，等. 外来入侵物种金钟藤的水抽取物对菜薹种子萌发的影响. 种子，2005a，24（11）：22-24.

曾宋君，郑枫，曾惊，等. 外来物种金钟藤的危害现状及其原因分析. 福建林业科技，2005b，32（4）：6-9+24.

曾宪锋. 粤东5种有害的外来入侵植物的研究. 韩山师范学院学报，2003，24（3）：69-71.

曾宪锋. 广东省归化植物一新记录属——假酸浆属. 广东农业科学，2012，（4）：122+233.

曾宪锋. 薇甘菊在赣南的首次详实记录. 广东农业科学，2013a，（1）：181+197+237.

曾宪锋. 湖南省3种外来入侵植物新记录. 贵州农业科学，2013b，41（2）：86-87+90.

曾宪锋. 广西3种新记录外来入侵植物. 华南农业大学学报，2013c，34（3）：443-444.

曾宪锋，林晓单，邱贺媛，等．粤东地区入侵植物的调查研究．福建林业科技，2009，36（2）：174-179.

曾宪锋，邱贺媛．江西省 2 种外来入侵植物新记录．贵州农业科学，2013a，41（1）：107-108.

曾宪锋，邱贺媛．福建省 3 种新记录归化植物．福建林业科技，2013b，40（2）：110-111+130.

曾宪锋，邱贺媛．江西省入侵植物茜草科 2 种新记录．贵州农业科学，2013c，41（4）：101-102.

曾宪锋，邱贺媛，杜晓童，等．江西省新记录入侵植物赛葵、光荚含羞草．福建林业科技，2013a，40（4）：108-109+162.

曾宪锋，邱贺媛，马金双．刺轴含羞草——中国大陆新归化入侵植物（英文）．广东农业科学，2013b，（4）：72-73+237.

曾宪锋，邱贺媛，马金双．福建省 2 种新记录外来入侵植物．广东农业科学，2011a，（20）：149+221.

曾宪锋，邱贺媛，庄雪影，等．广东省 2 种新记录外来入侵植物．安徽农业科学，2011b，39（2）：675+686.

曾宪锋，邱贺媛，林静兰．福建省西番莲科 2 种新记录归化植物．福建林业科技，2012a，39（4）：109-110.

曾宪锋，邱贺媛，马瑞君，等．海南省蝶形花科 3 种新记录外来入侵植物．华南农业大学学报，2012b，33（4）：591-592.

曾宪锋，邱贺媛，齐淑艳，等．环渤海地区 1 种新记录入侵植物——钻形紫菀．广东农业科学，2012c，（24）：189+237.

曾宪锋，邱贺媛，郑泽华．海南岛外来入侵植物．仙湖，2014，13（1-2）：17-26.

詹书侠，廖鹏飞，胡小飞．南昌城市园林建设中的生态入侵及防治对策．江西植保，2008，（3）：122-124+121.

詹孝慈．黔西南州紫茎泽兰入侵现状与对策研究．北京农业，2011，（12）：18-20.

章承林，肖创伟，李春民，等．湖北省外来入侵植物研究．湖北林业科技，2012，（3）：40-43.

张昌伦，刘辉，彭洪波，等．重庆市沙坪坝区假高粱的发生与铲除．植物检疫，2013，27（4）：97-100.

张春颖，崔冰，刘永金．深圳市风景林中常见入侵物种及调控措施．现代农业科技，2013，（15）：159-160.

张芬耀，陈锋，谢文远，等．浙江省 2 种新记录植物．西北植物学报，2009，29（9）：1917-1919.

张桂宾．开封地区主要外来入侵植物研究．河南大学学报（自然科学版），2004，34（1）：56-59.

张桂宾．豫东农区外来入侵植物及其防控．商丘师范学院学报，2006，22（2）：153-156.

张桂彬，杨青，杨东，等．洱海流域湿地水生被子植物区系研究．水生态学杂志，2011，32（3）：1-8.

张国良，付卫东，刘坤．农业重大外来入侵生物．北京：科学出版社．2008.

张浩，叶嘉，杨东，等．武安国家森林公园外来入侵植物调查．湖北农业科学，2012，51（3）：513-514，517.

张恒庆，宝超慧，唐丽丽，等．大连市 3 个国家级自然保护区陆域外来入侵植物研究．辽宁师范大学学报（自然科学版），2016，39（2）：241-246.

张慧冲，周冠．黄山市水生维管植物资源的永续利用．资源开发与市场，2008，24（4）：315-317.

张建国，张明如．浙江外来有害生物入侵预警体系构建研究．福建林业科技，2009，36（1）：100-105.

张劲林，吕玉峰，边勇，等．中国境内（内地）一种新的入侵植物——印加孔雀草．植物检疫，2014，28（2）：65-67.

张劲林，孟世勇．北京水域发现水盾草．杂草科学，2013，31（2）：45-46.

张克亮，于顺利．北京境内的新外来入侵植物——刺果瓜．北京农业，2015，（3）：216.

张磊，刘尔潞．长沙霞凝新港口岸外来杂草调查．植物检疫，2013，27（5）：90-92.

张路．基于 MAXENT 模型预测齿裂大戟在中国的潜在分布区．生物安全学报，2015，24（3）：94-200.

张路，马丽清，高颖，等．外来入侵植物齿裂大戟（*Euphorbia dentata* Michx.）的生物学特性及其防治．生物学通报，2012，7（12）：43-45+64.

张明强，卢昌义，郑逢中．鼓浪屿入侵植物猫爪藤危害状况研究．漳州师范学院学报（自然科学版），2004，17（4）：92-97.

张明如，翟明普，王学勇，等．火炬树克隆植株生长和生物量特征的研究．林业科学，2004，40（3）：39-45.

张明如，张建国，王燕．浙江生物入侵现状与防范途径的研究．内蒙古农业大学学报（自然科学版），2009，30（1）：97-100.

张强，林金成，强胜．检疫口岸假高粱检出率分析及其防治．安徽农业科学，2004，32（3）：448-451.

张晴柔，蒋赏，鞠瑞亭，等．上海市外来入侵物种．生物多样性，2013，21（6）：32-737.

张荣京，邢福武．海南甘什岭自然保护区外来植物的种类组成与来源．贵州农业科学，2011，39（7）：31-33.

张淑梅，闫雪，王萌，等．大连地区外来入侵植物现状报道．辽宁师范大学学报（自然科学版），2013，36（3）：393-399.

张维奇，殷英．云南省外来有害草分布及危害调查．云南农业，1997，（7）：20-21.

张炜银，王伯荪，廖文波，等．外域恶性杂草薇甘菊研究进展．应用生态学报，2002，13（12）：1684-1688.

张小伟，谢文远，张芬耀．浙江新外来入侵植物——合被苋．亚热带植物科学，2015，44（3）：244-246.

张晓梅．从微甘菊入侵德宏浅析对外来物种侵入的防范．云南农业科技，2007，（1）：56-57.

张秀艳，叶永忠，张小平，等．空心莲子草的生殖及入侵特性．河南科学，2004，22（1）：60-62.

张绪良，李永科，徐宗军，等．山东省的外来有害植物入侵及防治对策．湖北农业科学，2010，49（1）：82-86.

张雪浓，陶世琪．豚草在江苏省的分布危害及防治．江苏农业科学，1990，（4）：37-38.

张延菊，曲波，董淑萍，等．警惕外来入侵植物——刺萼龙葵在辽宁省进一步蔓延．辽宁林业科技，2009，（6）：22-24+47.

张彦文，黄胜君，赵兴楠，等．潮汐对鸭绿江口湿地入侵种禾叶慈姑分布的影响．辽东学院学报（自然科学版），2011，18（1）：39-44.

张垚．阳泉市外来入侵植物初步研究．中国林业产业，2016，（9）：226-227.

张永宏，袁淑珍．二连浩特口岸外来杂草的调查与监测．现代农业科技，2010，（6）：180-181+184.

张玉娟，张乃明，高阳俊．云南省生物入侵现状分析．云南环境科学，2004，23（1）：10-14.

张源．乌鲁木齐市外来杂草的调查与分析．阜阳师范学院学报（自然科学版），2007，24（2）：52-55.

张正文，张雪尽．在黔中高score喀斯特脆弱生态区种植皇竹草治理紫茎泽兰的研究．贵州畜牧兽医，2003，27（3）：4-5.

张中信．安庆师范学院新校区外来入侵植物调查．安徽农学通报，2009，15（20）：48-50.

赵广琦，李贺鹏．上海地区外来植物互花米草的入侵现状与治理探讨．园林科技，2008，（1）：37-42.

赵灏．山东曲阜孔林外来入侵植物区系调查和生态环境预警．安徽农业科学，2015，43（25）：108-110.

赵宏，丛海燕．山东昆嵛山恶性杂草调查研究．河南农业科学，2012，41（9）：106-109+119.

赵宏，董翠玲．山东昆嵛山外来入侵植物调查研究．江西科学，2007，25（4）：390-396.

赵怀宝，张燕，袁文豪，等．外来物种白灰毛豆（Tephrosia candida）繁殖生物学研究．琼州学院学报，2015，22（5）：81-85.

赵怀浩，田家怡，程建光，等．黄河三角洲地区外来入侵有害生物的种类分布与防治．滨州学院学报，2011，27（6）：31-36.

赵慧军．甘肃省外来物种入侵现状调查分析．卫生职业教育，2012，30（22）：115-116.

赵见明．瑞丽主要外来入侵植物．西南林学院学报，2007，27（1）：20-24.

赵金丽，马友鑫，李红梅，等．滇中地区路旁紫茎泽兰在不同光水平下的分布格局．云南大学学报（自然科学版），2008a，30（6）：641-645.

赵金丽，马友鑫，朱华，等．云南省南部山地7种主要入侵植物沿公路两侧的扩散格局．生物多样性，2008b，16（4）：369-380.

赵娟娟，欧阳志云，郑华，等．北京建成区外来植物的种类构成．生物多样性，2010，18（1）：19-28.

赵利清，臧春鑫，杨劼．侵入种刺苍耳在内蒙古和宁夏的分布．内蒙古大学学报（自然科学版），2006，37（3）：308-310.

赵晓英，马晓东，徐郑伟．外来植物刺萼龙葵及其在乌鲁木齐出现的生态学意义．地球科学进展，2007，22（2）：167-170.

赵月琴，卢剑波．浙江省主要外来入侵种的现状及控制对策分析．科技通报，2007，23（4）：487-491.

郑宝江，潘磊．黑龙江省外来入侵植物的种类组成．生物多样性，2012，20（2）：231-234.

郑宝清．水葫芦对白莲河水库生态环境的影响及防治对策．农业科技与信息，2010，（14）：9-10.

郑国良，孟庆田．阜新外来林业有害杂草种类调查．防护林科技，2009，（6）：83+120.

郑美林，曹伟．中国东北地区外来入侵植物的风险评估．中国科学院大学学报，2013，30（5）：651-655.

郑洲翔，周纪刚，彭逸生．惠州潼湖湿地植被及其植物资源的研究．惠州学院学报，2006，26（3）：18-20.

钟晓青，黄卓，司寰，等．深圳内伶仃岛薇甘菊危害的生态经济损失分析．热带亚热带植物学报，2004，（2）：167-170.

周富三，廖俊奎，王豫煌，等．恒春半岛归化植物图鉴．台北：行政院农业委员会林业试验所．2011．林业丛刊，第226号．

周富三，廖俊奎，王豫煌，等．台湾花东地区归化植物图鉴.台北:行政院农业委员会林业试验所.2012.林业丛刊,第 235 号.

周富三,廖俊奎,王豫煌,等.台湾南部地区归化植物图鉴.台北:行政院农业委员会林业试验所.2013.林业丛刊,第 251 号.

周富三,廖俊奎,王豫煌,等.台湾中部地区归化植物图鉴.台北:行政院农业委员会林业试验所.2014.林业丛刊,第 259 号.

周富三,廖俊奎,王豫煌,等.台湾北部地区归化植物图鉴.台北:行政院农业委员会林业试验所.2015.林业丛刊,第 262 号.

周国庆,官旋,彭友林,等.常德市外来物种三叶鬼针草的形态建成与危害研究.安徽农业科学,2010,38(2):880-882.

周立业,汪丽萍,刘庭玉.科尔沁沙地人工固沙林群落中少花蒺藜草种群动态及群落多样性研究.草地学报,2013,21(1):87-91.

周明冬,刘淑华,符桂华,等.有害入侵生物刺萼龙葵在新疆的分布、危害与防治.新疆农业科技,2009,(1):56.

周俗,唐川江,张新跃.四川省紫茎泽兰危害状况与治理对策.草业科学,2004,21(1):21-26.

周天焕,陶晶,徐天乐.浙江湿地入侵植物调查研究及其风险管理对策.天津农业科学,2016,22(8):138-145.

周伟,徐瑞晶,赵倩,等.广州市花都区豚草种群监测调查.杂草科学,2010,(3):9-13.

周先叶,黄东光,昝启杰,等.薇甘菊对香港郊野公园植物群落危害的分析.生态科学,2006,25(6):530-536.

周小刚,陈庆华,张辉,等.四川农林外来入侵杂草种类的调查.西南农业学报,2008,21(3):852-858.

周小刚,赵浩宇,朱建义,等.四川农田杂草治理现状及防控对策建议.四川农业科技,2014,(5):34-35.

周繇.长白山区外来入侵植物的初步研究.首都师范大学学报(自然科学版),2003,24(4):55-58.

周祖光.海南岛外来入侵生物分析.安徽农业科学,2011,39(13):8072-8074.

朱碧华,杨凤梅.南昌城市绿地外来入侵植物及其防治对策.江西林业科技,2012,(1):35-38.

朱碧华,朱大庆.南昌市园林绿地外来入侵植物调查及防除与利用对策.南方农业学报,2013,44(4):598-601.

朱碧华,朱大庆,罗赣丰.南昌市外来入侵花卉逸生现状及预防对策.南方农业学报,2014,45(4):596-600.

朱长山,田朝阳,吕书凡,等.河南外来入侵植物调查研究及统计分析.河南农业大学学报,2007,41(2):183-187.

朱慧.粤东地区入侵植物的克隆性与入侵性研究.中国农学通报,2012,28(15):199-206.

朱慧,马瑞君.粤东地区苋科入侵植物种群的构件生物量结构.西南农业学报,2010,23(3):876-880.

朱金文,周国军,陆强,等.新入侵植物——长叶水苋菜.植物检疫,2015,29(4):64-66.

朱莉莉,郭水良.浙江境内的新外来入侵植物——春一年蓬.杂草科学,2010,(4):62-63.

朱明星.危害严重的外来入侵植物少花蒺藜草.新农业,2012,(13):20-21.

朱天博,石春玲.松花江林区林业有害生物现状及趋势分析.黑龙江生态工程职业学院学报,2006,(1):62-64.

朱晓佳,钦佩.外来种互花米草及米草生态工程.海洋科学,2003,27(12):14-19.

朱栩,钱毅,罗杰.成都市外来入侵物种调查研究.四川环境,2008,27(4):40-42.

祝振昌,张利权,肖德荣.上海崇明东滩互花米草种子产量及其萌发对温度的响应.生态学报,2011,31(6):1574-1581.

邹滨,曾繁助,罗鑫华,等.乐昌外来植物变化分析.广东林业科技,2015,31(6):16-32.

邹滨,李仕裕,郭亚男,等.乐昌市外来入侵植物调查研究.林业与环境科学,2016,32(2):34-42.

邹蓉,韦春强,唐赛春,等.广西茄科外来植物研究.亚热带植物科学,2009,38(2):60-63.

左平,刘长安,赵书河,等.米草属植物在中国海岸带的分布现状.海洋学报(中文版),2009,31(5):101-111.

左倬,蒋跃,薄芳芳,等.平原河网地区滨岸带外来植物入侵现状及影响研究——以上海青浦区为例.生态环境学报,2010,19(3):665-671.

植物学名索引

植物中文名索引